普通高等教育“十二五”规划教材（高职高专教育）

（第二版）

房屋建筑学

主　编　姬　慧
副主编　袁雪峰　张国华
编　写　庞翠平　孟宪建　赵　志
主　审　李靖颉

中国电力出版社
CHINA ELECTRIC POWER PRESS

内 容 提 要

本书是普通高等教育"十二五"规划教材（高职高专教育）。全书分两篇，第一篇包括建筑设计概论、建筑平面设计、建筑剖面设计、建筑体型和立面设计、建筑防火与安全疏散、建筑节能、民用建筑构造概述、基础与地下室、墙体构造、楼地层、楼梯、屋顶、窗和门、变形缝、民用工业化建筑体系简介；第二篇包括工业建筑概论、单层工业厂房设计、单层厂房构造、多层厂房建筑设计简介。本书以民用建筑和工业建筑的一般构造原理和常用构造方法为主，简述了民用建筑和工业建筑设计原理，同时增加了建筑节能、建筑防火及安全疏散等内容。本书每章有提要和小结，并附有多种题型的习题和实践技能训练内容，附录中编写了一个课程设计的实例，以提高学生的综合设计能力。

本书可作为高职高专院校建筑工程技术、建筑设计等土建类专业的教材，也可供相关人员参考。

图书在版编目（CIP）数据

房屋建筑学/姬慧主编. —2版. —北京：中国电力出版社，2013.10（2017.8 重印）

普通高等教育"十二五"规划教材. 高职高专教育

ISBN 978-7-5123-4845-5

Ⅰ.①房… Ⅱ.①姬… Ⅲ.①房屋建筑学—高等职业教育—教材 Ⅳ.①TU22

中国版本图书馆 CIP 数据核字（2013）第 195946 号

中国电力出版社出版、发行

（北京市东城区北京站西街 19 号 100005 http://www.cepp.sgcc.com.cn）

北京天宇星印刷厂印刷

各地新华书店经售

*

2007 年 2 月第一版

2013 年 10 月第二版 2017 年 8 月北京第十次印刷

787 毫米×1092 毫米 16 开本 23.75 印张 575 千字

定价 **42.00** 元

前　言

本书第一版自2007年出版以来，已多次重印。每次重印，都会根据建筑行业发展动态，产生的新材料、新技术、新工艺和国家发布的新规范、新标准进行修改完善，不断吐故纳新，增删、调整教材内容。本书配有制作精美、图文并茂的电子教案，使上课变得轻松，激发了学生的学习兴趣，因此一直受到高职院校广大师生的欢迎和肯定。

由于本书第一版出版后，我国相关建筑规范进行了大量修订。近期，教育部发布了《高等职业学校专业教学标准（试行）》。根据该标准对"建筑工程技术"专业教材的要求，以及建筑行业新材料、新技术、新规范急需进入课程内容的现实需求，本书主要编者会同建筑企业教学指导委员会专家，通过剖析建筑企业职业岗位（群）要求，对该课程体系、内容进行充分论证之后，在《房屋建筑学》第一版的基础上，组织编写了具有工学结合特色的《房屋建筑学（第二版）》。修订后的教材全部采用我国近年来实行的建筑行业的新规范和新标准，保证教材内容与工程技术、专业的发展同步。内容编排上，能与行业紧密结合，符合建筑工程的实际岗位需求，更加突出了教材内容的针对性、适用性和实用性。

本次修订分工如下：绪论、第一～三章为邢台职业技术学院袁雪峰教授，第五、十一章为太原大学孟宪建，其余章节为太原大学姬慧教授修订。

本书在编写和修订过程中参考了相关教材和资料，并得到了一些同行的帮助，谨此表示感谢。

限于编者的能力与水平，教材中难免存在不妥之处，欢迎读者给予批评指正。

编　者

2013年7月

第一版前言

为贯彻落实教育部《关于进一步加强高等学校本科教学工作的若干意见》和《教育部关于以就业为导向深化高等职业教育改革的若干意见》的精神，加强教材建设，确保教材质量，中国电力教育协会组织制订了普通高等教育“十一五”教材规划。该规划强调适应不同层次、不同类型院校，满足学科发展和人才培养的需求，坚持专业基础课教材与教学急需的专业教材并重、新编与修订相结合。本书为新编教材。

本教材是根据全国职业教育会议的精神，在总结了近年来各种《房屋建筑学》课程教材的基础上编写而成的。在编写过程中，针对该课程内容多，技术性和实践性强，听课容易掌握难的现状，特别突出了以下几方面特点：

1. 本教材以培养高等技术应用型人才为目标，以培养学生具有一定基本理论和实际工作能力为原则，组织全书的编写内容。以民用建筑和工业建筑的一般构造原理和常用构造方法为主，同时根据高职高专应知应会的要求，简述了民用建筑和工业建筑设计原理的基本知识。

2. 根据市场发展的需要，增加了建筑节能、建筑防火及安全疏散等内容的基本知识，从而增加了学生的知识点，增强了学生适应社会的能力。

3. 本教材涉及的国家建设规范、标准的内容一律参照最新版本，从内容上尽量体现国内外建筑技术中的新技术、新发展、新成果。

4. 本教材每章附有本章提要、学习目标和小结，以便教师组织教学，学生进行自学。

5. 为增加实践性教学内容，每章后附有多种题型的习题和实践技能训练内容，附录中编写了一个课程设计的实例，以提高学生的综合设计能力。

本书编写分工如下：绪论、第一章、第二章、第三章、第六章和附录由邢台职业技术学院袁雪峰编写；第四章由邢台职业技术学院庞翠平编写；第五章和第十一章由太原大学孟宪建编写；第七章、第八章、第十章、第十三章、第十四章和第十九章由太原大学姬慧编写；第九章、第十六章和第十七章由首钢工学院张国华编写；第十二章、第十五章和第十八章由太原城市职业技术学院赵志编写。

本书由太原大学姬慧担任主编，邢台职业技术学院袁雪峰和首钢工学院张国华担任副主编。全书由太原大学李靖颉担任主审。

本书在编写过程中，邀请了具有丰富实践经验的太原市建筑设计院王家立总工对本教材进行了审定，同时参考了大量同类教材和相关专著，引用了一些工程实例，从而使本教材与工程实际更加贴切，增强了实用性。

在本教材配套电子课件的制作过程中，太原大学田海风、黄海波、荀欢欢、曹兴亮和丁会等几位老师做了大量工作。在此，一并表示诚挚的谢意！

编　者

目　　录

第一篇　民　用　建　筑

第二篇　工　业　建　筑

绪　　论

本章提要　本章包括本课程的内容、任务及学习方法；建筑的起源和发展；建筑的构成要素；建筑的分类与分级。

学习目标　了解建筑的起源和发展；掌握建筑的构成要素以及分类和分级。

第一节　房屋建筑学研究的对象及内容

建筑是一种人工创造的空间环境，是建筑物和构筑物的总称。供人们生产、生活或进行其他活动的房屋或场所都叫做建筑物，如住宅、学校、办公楼、影剧院、体育馆、工厂的车间等，人们习惯上也将建筑物称为建筑。而人们不在其中生产、生活的建筑，则称为构筑物，如水坝、水塔、蓄水池、烟囱等。本书所讲的房屋就是上面所说的建筑物。专门研究房屋的建筑学就是房屋建筑学。

房屋建筑学包括建筑设计原理和建筑构造两部分。建筑设计原理研究一般房屋的设计原则和设计方法，包括总平面布置、平面设计、剖面设计、立面处理等方面的问题。建筑构造研究一般房屋的组成，各组成部分的构造原理和构造方法。构造原理研究各组成部分的要求，以及满足这些要求的理论；构造方法则研究在构造原理指导下，用建筑材料和制品构成构件和配件，以及构配件之间连接的方法。

第二节　学习房屋建筑学的任务及基本要求

学习房屋建筑学课程的目的是掌握房屋构造的基本理论；初步掌握建筑的一般构造作法和构造详图的绘制方法；了解一般房屋建筑设计原理和掌握建筑设计的基本知识。

房屋建筑学课程是一门实用性很强的技术专业课，学习时应注意以下几点：

（1）从具体构造和设计方案入手，牢固掌握房屋各组成部分的常用构造方法和大量性房屋的设计方案；

（2）要注意了解各构造做法和设计方案的产生和发展，加深对常用典型构造作法及设计方案的理解；

（3）多参观已建成或正在施工的建筑，多参与现场实际施工操作，在实践中验证理论，充实和记忆理论；

（4）重视绘图技能的训练。通过作业和课程设计，不断提高自己绘制和识读施工图的能力；

（5）经常查阅相关资料，丰富自己的专业知识，了解房屋建筑学的发展态势。

第三节 建筑的起源和发展

建筑从穴居、巢居发展到现在的摩天高楼，经历了漫长的发展过程。早在5000多年前的新石器时代，仰韶文化的氏族在黄河中游的黄土地带定居下来。西安半坡村遗址就是这个时期较完整的村落遗址（图0-1），其面积约4万余平方米，主要是居住区。原始社会晚期，人类进入青铜器时代，建筑技术的进步促成了巨石建筑的出现（石柱、石环、石台等）；这个时期还出现了建筑艺术的萌芽。

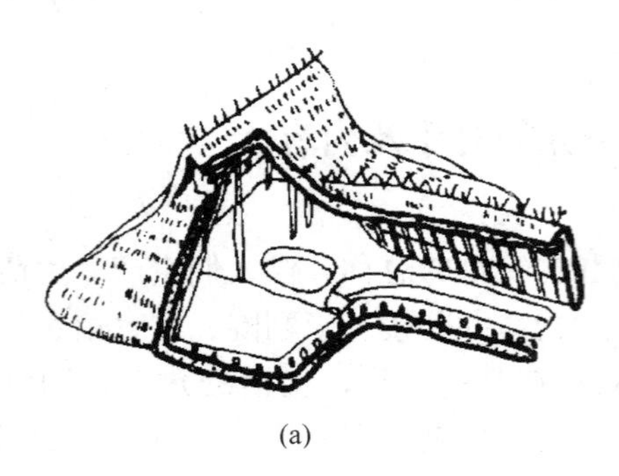

(a)

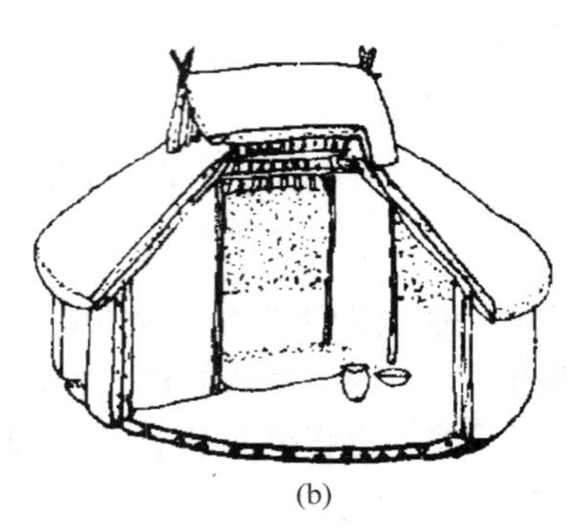

(b)

图0-1 西安半坡村原始社会住房

(a) 方形住宅；(b) 圆形住宅

图0-2 埃及的吉萨金字塔群

奴隶社会时期，奴隶主利用奴隶们的无偿劳动力，建造了大规模的建筑物。如埃及的吉萨金字塔群（图0-2），造型简单、精确、稳定，是古埃及金字塔中最为成熟的代表作。其中最大的一座为胡夫金字塔，平面呈边长约230m的正方形，高约146m，用230万块巨石干砌而成，每块石料重2.5t。此塔动用数十多万人工，历时30年建成。此外，古希腊以帕提农神庙为主体的雅典卫城，是最杰出的古希腊建筑；古罗马大斗兽场是现代体育场的雏形，也代表了古罗马建筑的杰出成就。

中国的封建社会经历了几千年，在这漫长的岁月中，中国古建筑逐步发展形成独特的建筑体系，在城市规划、园林、民居、建筑技术与艺术等方面均取得了辉煌的成就。如秦汉的万里长城、南北朝的寺观、塔楼和石窟；隋代时在河北赵县建的安济桥，跨度为37.37m，两肩各设小券，是世界上现存最早的敞肩式石拱桥（图0-3）。山西五台山的佛光寺东大殿，已反映出当时的木构架是按标准化设计制作；唐代的砖

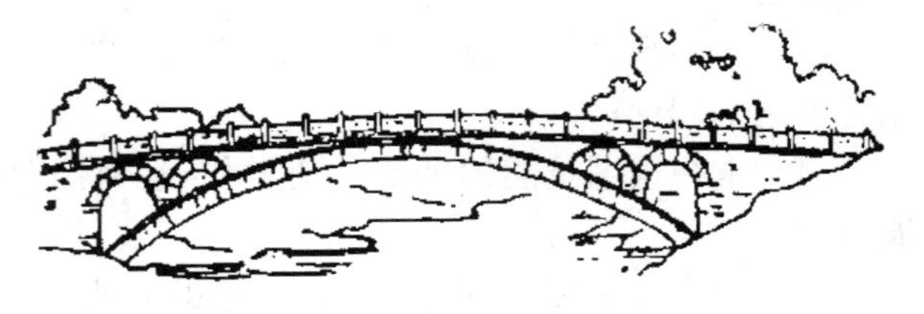

图0-3 河北赵县安济桥

建筑，如西安的大雁塔和小雁塔等，是文明世界的优秀建筑作品；宋代编著了我国历史第一部建筑专著《营造法式》，该书既总结了隋、唐、宋的建筑成就，又指定了设计模数和工料定额制度；建于辽代的山西应县的佛宫寺木塔（图 0-4），是世界上最高的木塔；明、清两代，造园艺术和建筑装饰尤为突出，如北京的故宫，俗称紫禁城，有房屋 9000 多间，周围有 10 多米高的城墙和 50 多米的护城河。

图 0-4　山西应县佛宫寺木塔

法国的封建制度在西欧最为典型，它的中世纪建筑在欧洲也有很大影响。如著名的巴黎圣母院（图 0-5），是欧洲中世纪最为著名的哥特式教堂，高耸的尖塔、轻盈的飞扶壁、繁密的雕饰、色彩斑斓的玫瑰窗，成为带有浓郁“天国尊严”宗教气氛的成功之作。

图 0-5　巴黎圣母院

图 0-6　伦敦的圣保罗教堂

始于 14 世纪以意大利为中心的文艺复兴运动，标志着资本主义萌芽时期的到来。文艺复兴是一场思想文化领域里的反封建、反宗教神学的运动，建筑家们在希腊、罗马古典建筑基础上发展了各种重叠的拱顶、券廊，“柱式”成为当时构图的主要手段，形成了西方古典建筑最基本的特征，最具有代表性的是英国伦敦的圣保罗教堂（图 0-6）和巴黎凡尔赛宫。

18 世纪末法国大革命爆发，19 世纪资本主义在欧洲全面获胜。为适应资产阶级政治、经济和文化的需要，出现了许多新建筑类型，如工厂、车站、银行、商店等，建筑技术出现了钢筋混凝土结构和钢结构，但建筑形式仍普遍采用古典和传统的方式，形成了古典主义、浪漫主义、折中主义建筑，美国国会大厦、英国国会大厦、巴黎歌剧院分别是它们的代表作。

20 世纪 20 年代以来，以格罗皮乌斯、勒·柯布西耶、密斯·凡·德·罗、赖特等建筑大师为代表设计的德国“现代建筑”形成了世界建筑的主流。代表建筑见图 0-7、图 0-8。

图 0-7 德国包豪斯校舍（1926）

图 0-8 美国流水别墅（1936）

第二次世界大战后，经济的迅速复苏，工业和科学技术的高度发展，各种新兴材料的出现，促进了建筑结构的发展，各种形式的空间结构相继出现，电梯、空调等设备的发展，使建筑形象发生了巨大的变化，出现了一个建筑“多元化”的时代。代表建筑见图 0-9～图 0-11。

图 0-9 悉尼歌剧院

图 0-10　蓬皮杜国家技术文化中心

图 0-11　美国芝加哥希尔斯大厦

1840 年鸦片战争后，中国沦为半封建半殖民地社会，中国建筑的发展非常缓慢。从 1952 年第一个五年计划开始，中国建筑才有了较为迅速的发展。今天，在中国的土地上，不论是城市还是村镇，最近 50 多年的建筑已占多数，支配着城镇生活，形成了景观风貌。这 50 多年，中国的建筑师、工程师经历了一个对现代化的认识逐步深入、全面的历程。

从大量建筑实例（图 0-12、图 0-13）可以看出，中国的现代建筑从中国的国情出发，以人为本原则为指导，具有以下基本特征和内涵：①采用和开拓使用先进的技术；②保护和改善必要的生态环境；③适应和促进新型的生活方式；④创造和发展多样的建筑文化。与此同时，存在着两个亟待解决的基本问题：①克服“低标准、高消耗、低效益”的状况，注重提高建筑物的综合效益；②注重历史文脉，增强建筑作品的文化内涵。这样就可以创作出更多、更新、更美的建筑。

图 0-12　北京人民大会堂

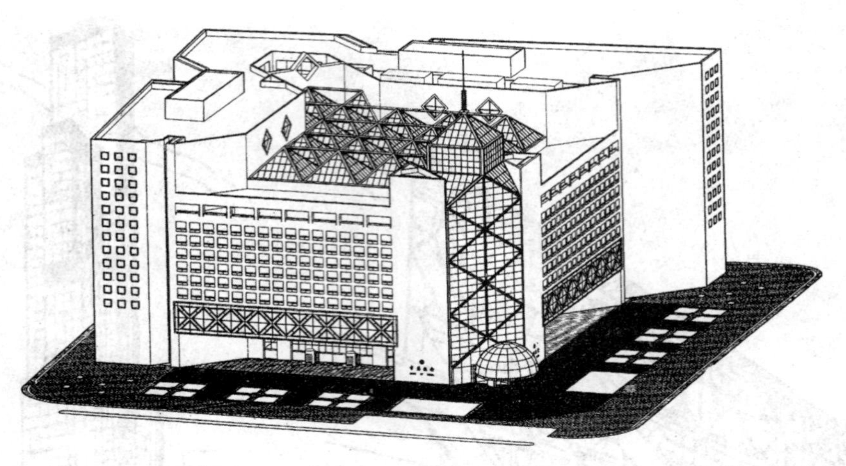

图 0-13 北京中银大厦

第四节 建筑的基本构成要素

建筑的基本构成要素有三个方面：建筑功能、建筑技术和建筑形象。

一、建筑功能

建筑功能是指建筑物在物质和精神方面必须满足的使用要求，它体现了建筑物的目的性。

例如工业建筑是为了生产，住宅建筑是为了居住，剧院是为演出提供场所。因此，满足生产、居住和演出的要求，就分别是工业建筑、住宅建筑和剧院建筑的功能要求。

二、建筑技术

建筑技术是建造房屋的手段，包括建筑材料与制品技术、结构技术、施工技术、设备技术等，建筑不可能脱离技术而存在。其中材料是物质基础，结构是构成建筑空间的骨架，施工技术是实现建筑生产的过程和方法，设备是改善建筑环境的技术条件。

三、建筑形象

构成建筑形象的因素有建筑的体型、内外部空间的组合、立面构图、细部与重点装饰处理、材料的质感与色彩、光影变化等。建筑形象是功能和技术的综合反映，建筑形象处理得当，就能产生良好的艺术效果与空间氛围，给人以美的享受。

建筑的三要素是辩证的统一体，是不可分割的，但又有主次之分。第一是建筑功能，起主导作用；第二是建筑技术，是达到目的的手段，技术对功能又有约束和促进作用；第三是建筑形象，是功能和技术的反映。充分发挥设计者的主观作用，在一定的功能和技术条件下，可以把建筑设计的更加美观。

第五节 建筑的分类和分级

一、建筑的分类

（一）按建筑的使用性质分类

1. 民用建筑

民用建筑指供人们工作、学习、生活、居住用的建筑物。民用建筑包括居住建筑和公共建筑。

居住建筑主要是指提供家庭和集体生活起居用的建筑物，如住宅、宿舍、公寓等。

公共建筑主要是指提供人们进行各种社会活动的建筑物，如，行政办公建筑、文教建筑、托幼建筑、医疗建筑、商业建筑、观演建筑、体育建筑、展览建筑、旅馆建筑、交通建筑、通讯建筑、园林建筑、纪念建筑、娱乐建筑等。

2. 工业建筑

工业建筑指为工业生产服务的生产车间、辅助车间、动力用房、仓储间等。

3. 农业建筑

农业建筑是供农业、牧业生产和加工用的建筑，如温室、畜禽饲养场、水产品养殖场、农畜产品加工厂、农产品仓库、农机修理厂（站）等。

（二）按建筑规模和数量分类

1. 大量性建筑

大量性建筑是指建筑规模不大，但建筑数量较多，与人们生活密切相关的分布面广的建筑，如住宅、中小学校、小型商店、医院、中小型工厂等，广泛分布在城市和农村。

2. 大型性建筑

大型性建筑是指规模大耗资多的建筑。如大城市火车站、机场候机厅、大型体育馆场、大型影剧场、大型展览馆等建筑。与大量性建筑相比，其修建数量是很有限的。这些建筑在一个国家或一个地区具有代表性，对城市面貌的影响也较大。

（三）按建筑的层数或总高度分类

对于住宅建筑：1～3层为低层建筑；4～6层为多层建筑；7～9层为中高层建筑；10层和10层以上的（包括首层设置商业服务网点的住宅）为高层建筑。

对于公共建筑及综合性建筑：总高度不超过24m的为单层或多层建筑，总高度超过24m的（不包括高度超过24m的单层主体建筑）为高层建筑。

无论是住宅还是公共建筑，建筑总高度超过100m时，均为超高层建筑。

二、建筑的分级

建筑等级一般按耐久性和耐火性进行划分。

（一）建筑物的耐久等级

建筑物的耐久性等级主要根据建筑物的重要性和规模大小划分，并以此作为基建投资和建筑设计的重要依据。耐久等级的指标是使用年限，使用年限的长短是依据建筑物的性质决定的。影响建筑寿命长短的主要因素是结构构件的选材和结构体系。耐久等级分为四级。

一级：耐久年限为100年以上，适用于重要的建筑和高层建筑；

二级：耐久年限为50～100年，适用于一般性建筑；

三级：耐久年限为25～50年，适用于次要建筑；

四级：耐久年限为15年以下，适用于临时性建筑。

（二）建筑物的耐火等级

在建筑设计中，应该对建筑的防火和安全给予足够的重视，特别是在选择结构材料和构造做法上，应根据其性质分别对待。建筑物的耐火等级是衡量建筑物耐火程度的标准，由建筑物构件的耐火极限和燃烧性能的最低值决定的。

1. 构件的耐火极限

构件的耐火极限是指构件在标准耐火实验条件下，建筑构件、配件或结构从受到火的作用时起，到失去稳定性、完整性或绝热性时为止的这段时间，用小时表示。

2. 构件的燃烧性能

构件的燃烧性能分为不燃烧体、难燃烧体和燃烧体三类。

不燃烧体是指用不燃材料做成的建筑构件，如天然石材、人工石材、金属材料等。

难燃烧体是指用难燃材料做成的建筑构件，或者用可燃材料做成，而用不燃材料作保护层的建筑构件，如沥青混凝土构件、木板条抹灰的构件均属于难燃烧体。

燃烧体是指用可燃材料做成的建筑构件，如木材等。

现行《建筑设计防火规范》(GB 50016—2006) 将普通建筑的耐火等级划分为四级（见表0-1）。

性质重要的或规模宏大的或具有代表性的建筑，通常按一、二级耐火等级进行设计；大量性的或一般的建筑按二、三级耐火等级设计；很次要的或临时建筑按四级耐火等级设计。

表 0-1 民用建筑建筑构件的燃烧性能和耐火极限 h

名称 构件		耐火等级			
		一级	二级	三级	四级
墙	防火墙	不燃烧体 3.00	不燃烧体 3.00	不燃烧体 3.00	不燃烧体 3.00
墙	承重墙	不燃烧体 3.00	不燃烧体 2.50	不燃烧体 2.00	难燃烧体 0.50
墙	非承重外墙	不燃烧体 1.00	不燃烧体 1.00	不燃烧体 0.50	燃烧体
墙	楼梯间的墙 电梯井的墙 住宅单元之间的墙 住宅分户墙	不燃烧体 2.00	不燃烧体 2.00	不燃烧体 1.50	难燃烧体 0.50
墙	疏散走道两侧的隔墙	不燃烧体 1.00	不燃烧体 1.00	不燃烧体 0.50	难燃烧体 0.25
墙	房间隔墙	不燃烧体 0.75	不燃烧体 0.50	难燃烧体 0.50	难燃烧体 0.25
柱		不燃烧体 3.00	不燃烧体 2.50	不燃烧体 2.00	难燃烧体 0.50
梁		不燃烧体 2.00	不燃烧体 1.50	不燃烧体 1.00	难燃烧体 0.50
楼板		不燃烧体 1.50	不燃烧体 1.00	不燃烧体 0.50	燃烧体
屋顶承重构件		不燃烧体 1.50	不燃烧体 1.00	燃烧体	燃烧体

续表

名　称	耐火等级			
构　件	一级	二级	三级	四级
疏散楼梯	不燃烧体 1.50	不燃烧体 1.00	不燃烧体 0.50	燃烧体
吊顶（包括吊顶搁栅）	不燃烧体 0.25	难燃烧体 0.25	难燃烧体 0.15	燃烧体

本章小结

建筑是一种人工创造的空间环境，是建筑物和构筑物的总称。供人们生产、生活或进行其他活动的房屋或场所都叫做建筑物，而人们不在其中生产、生活的建筑，则称为构筑物。

建筑从穴居、巢居发展到现在的摩天高楼，经历了漫长的发展过程。

建筑的基本构成要素有建筑功能、建筑技术和建筑形象三个方面。建筑的三要素是不可分割的辩证的统一体。

建筑按使用性质分为民用建筑、工业建筑和农业建筑；按规模和数量分为大量性建筑和大型性建筑；按层数或总高度分为低层、多层和高层建筑。

建筑物的耐久性等级根据建筑物的重要性和规模大小划分为4级。建筑物的耐火等级依据构件的耐火极限和燃烧性能划分为4级。

习　题

一、名词解释

1. 建筑
2. 建筑物
3. 构筑物

二、简述题

1. 构成建筑的基本要素是什么？它们之间有何关系？
2. 什么是大量性建筑和大型性建筑？
3. 低层、多层、高层建筑按什么界限划分？
4. 建筑物的耐久等级是如何划分的？
5. 什么是耐火极限？建筑物的耐火等级如何划分？

第一篇 民 用 建 筑

第一章 建 筑 设 计 概 论

本章提要　本章主要介绍了建筑设计的内容、程序和依据。

学习目标　了解建筑设计的内容和程序；加深理解建筑设计的各项依据，为后续建筑设计具体内容的学习打下基础。

第一节 建 筑 设 计 内 容

每一项建筑工程从拟定计划到建成使用，一般要经过以下几个主要阶段：提出拟建项目建议书，编制可行性研究报告，建筑工程设计，组织施工，竣工验收，交付使用。其中，建筑工程设计是一个重要阶段，具有较强的政策性、技术性和综合性。

本章建筑设计是建筑工程设计的简称，是指设计一幢建筑物或建筑群所要做的全部工作。包括建筑设计、结构设计和设备设计三个方面的内容。也就是说，每一项建筑工程的设计内容，包括很多专业的工作，需要由多个专业的互相配合，共同完成。

一、建筑设计

这里的建筑设计是指建筑工程设计中，由建筑专业的建筑师承担的那部分工作。建筑设计时，要根据审批下达的设计任务书和国家有关政策规定，综合分析其建筑功能、建筑规模、建筑标准、材料设备、施工技术、地段特点、气候条件、建筑经济及建筑艺术等要素，着重解决建筑物内部各使用功能和使用空间的合理安排，建筑物与周围环境、外部条件的协调配合，内部和外部的艺术效果，细部的构造方案，创作出既符合科学性又具有艺术性的生活或生产环境。

由建筑师完成的建筑设计在整个建筑工程设计中起着主导和先行的作用，设计时，除考虑上述要素外，还应考虑建筑与结构、建筑与设备之间的技术协调，使建筑物做到安全、适用、经济、美观。建筑设计包括建筑空间环境的组合设计和构造设计两部分内容。

建筑空间环境的组合设计：通过建筑空间的规定、塑造和组合，综合解决建筑物的功能、技术、经济和美观等问题。主要通过建筑总平面设计、建筑平面设计、建筑剖面设计、建筑体型与立面设计来完成。

建筑空间环境的构造设计：主要是确定建筑物各构造组成部分的材料及构造方式，包括对基础、墙体、楼地层、楼梯、屋顶、门窗等构配件进行详细的构造设计，也是建筑空间环境组合设计的继续和深入。

二、结构设计

结构设计是根据建筑设计方案选择切实可行的结构布置方案，进行结构计算及构件设计，一般由结构工程师完成。

三、设备设计

设备设计主要包括给水排水、电气照明、采暖通风空调、动力等方面的设计，由有关专业的工程师配合建筑设计来完成。

建筑设计是在反复分析比较，与各专业设计协调配合，贯彻国家和地方的有关政策、标准、规范和规定，反复修改的基础上，才逐步完善起来的。各专业设计的图纸、计算书、说明书及预算汇总，构成一项建筑工程的完整文件，作为建筑工程施工的依据。

第二节 建筑设计程序

由于建造房屋是一个比较复杂的物质生产过程，影响因素很多，因此，在施工前必须有一个完整的设计方案，遵循一定的设计程序，划分必要的设计阶段，才能做好建筑设计。在做好设计前的准备工作后，建筑工程设计一般按初步设计和施工图设计两阶段进行，称之为两阶段设计。对于技术复杂的工程，需各专业紧密配合，还要在初步设计和施工图设计阶段之间增加技术设计阶段，称之为三阶段设计。

一、设计前的准备工作

（一）熟悉设计任务书

具体着手设计前，首先需要熟悉设计任务书，以明确建设项目的设计要求。设计任务书的内容有：建设项目总的要求和建造目的的说明；建筑物的具体使用要求、建筑面积以及各类用途房间之间的面积分配；建设项目的总投资和单方造价，原有建筑、道路等室外设施使用情况；建设基地范围、大小，原有建筑、道路、地段环境的描述，并附地形图；供电、供水和采暖、空调等设备方面的要求，并附水源、电源的接用许可文件；设计期限和项目的建设进程要求。

设计人员应对照有关定额指标，校核任务书中单方造价、房间使用面积等内容，在设计过程中必须严格掌握建筑标准、用地范围、面积指标等有关限额。同时，设计人员在深入调查和分析设计任务以后，从合理解决使用功能、满足技术要求、节约投资等方面考虑，或从建设基地的具体条件出发，也可对任务书中一些内容提出补充或修改，但须征得建设单位的同意；涉及用地、造价、使用面积的，还须经城建部门批准。

（二）收集必要的设计原始数据

通常建设单位提出的设计任务，主要是从使用要求、建设规模、造价和建设进度方面考虑的，房屋的设计和建造，还需要收集下列有关原始数据和设计资料。

（1）气象资料：所在地区的温度、湿度、日照、雨雪、风向、风速以及冻土深度等；

（2）地形、地质、水文资料：基地地形及标高，土壤种类及承载力，地下水位以及地震烈度等；

（3）水电设备等管线资料：基地地下的给水、排水、电缆等管线布置，以及基地上的架空线等供电线路情况；

（4）设计项目的有关定额指标：国家或所在省市地区有关设计项目的定额指标，例如住宅的每户面积或每人面积定额，学校教室的面积定额，以及建筑用地、用材等指标。

（三）设计前的调查研究

设计前调查研究的主要内容有：

1. 建筑物的使用要求

深入访问使用单位中有实践经验的人员，认真调查同类已建房屋的实际使用情况，通过分析和总结，对所设计房屋的使用要求做到胸中有数。

2. 建筑材料供应和结构施工等技术条件

了解设计房屋所在地区建筑材料供应的品种、规格、价格等情况，预制混凝土制品以及门窗的种类规格，新型建筑材料的性能、价格以及采用的可能性。结合房屋使用要求和建筑空间组合的特点，了解并分析不同结构方案的选型，当地施工技术和起重、运输等设备条件。

3. 基地踏勘

根据城建部门所划定的建筑红线进行现场踏勘，深入了解现场的地形、地貌以及基地周围原有的建筑、道路、绿化等，考虑拟建房屋的位置和总平面布局的可能性。

4. 当地建筑传统经验和生活习惯

传统建筑中有许多结合当地地理、气候条件的设计布局和创作经验可以借鉴。同时在建筑设计中，也要考虑到当地的生活习惯以及人们喜闻乐见的建筑形象。

二、初步设计阶段

初步设计是建筑设计的第一阶段，它的主要任务是提出设计方案，一般不少于两个，以供建设单位选择，选定的方案经进一步的修改完善，综合成较理想的方案，送有关部门审批。批准的方案便是下一阶段设计、施工准备、材料设备订货以及基建拨款等的依据。

初步设计的内容包括确定建筑物的组合方式，选定所有建筑材料和结构方案，确定建筑物在基地的位置，说明设计意图，分析设计方案在技术上、经济上的合理性，并提出概算书。

初步设计的图纸和设计文件有：

(1) 建筑总平面。

常采用的比例是1∶500或1∶1000，应表示出用地范围，建筑物位置、大小、层数、朝向、设计标高，道路及绿化布置及经济技术指标。地形复杂时，应表示粗略的竖向设计意图。

(2) 各层平面及主要剖面、立面。

常用的比例是1∶100或1∶200，应标出建筑物的总尺寸、开间、进深、层高等各主要控制尺寸，同时要标出门窗位置，各层标高，部分室内家具和设备的布置、立面处理等。

(3) 说明书。

设计方案的主要意图及优缺点，主要结构方案及构造特点，建筑材料及装修标准，主要技术经济指标等。

(4) 工程概算书。

建筑物投资估算，主要材料用量及单位消耗量。

(5) 鸟瞰图、透视图或建筑模型。

根据设计任务的需要，可能辅以鸟瞰图、透视图或建筑模型。

三、技术设计阶段

技术设计是三阶段设计的中间阶段，它的主要任务是在初步设计的基础上，进一步确定房屋各工种之间的技术问题。技术设计的内容为各工种相互提供资料、提出要求，并共同研究和协调编制拟建工程各工种的图纸和说明书，为各工种编制施工图打下基础。经批准后的技术图纸和说明书即为编制施工图、主要材料设备订货以及基建拨款的依据文件。

技术设计图纸和设计文件，要求建筑工种的图纸标明与技术工种有关的详细尺寸，并编制建筑部分的技术说明书，结构工种应有房屋结构布置方案图，并附初步设计计算说明，设备工种也提供相应的设备图纸及说明书。

对于不太复杂的工程，技术设计阶段可以省略，把这个阶段的一部分工作纳入初步设计阶段，称为扩大初步设计，另一部分工作则留待施工图设计阶段进行。

四、施工图设计阶段

施工图设计是建筑设计的最后阶段，它的主要任务是满足施工要求，即在初步设计或技术设计的基础上，综合建筑、结构、设备各工种，相互交底，核实核对，深入了解材料供应、施工技术、设备等条件，把满足工程施工的各项具体要求反映在图纸中，做到整套图纸齐全统一，明确无误。

施工图设计的图纸及设计文件有以下几种：

1. 建筑总平面

建筑总平面图常用比例为1：500和1：1000。应详细标明基地上建筑物、道路、设施等所在位置的尺寸、标高，并附说明。城市建筑物位置的确定，应包括该建筑物城市坐标的位置，以及和道路红线的相互关系。

2. 各层建筑平面、各个立面及必要的剖面

这些图纸常用比例1：100、1：200。除表达初步设计或技术设计内容以外，还应详细标出墙段、门窗洞口及一些细部尺寸、详细索引符号等。

3. 建筑构造节点详图

建筑构造节点详图根据需要可采用1：1、1：2、1：5、1：20等比例尺，主要包括檐口、墙身和各构件的连接点，楼梯、门窗以及各部分的装饰大样等。当工程设计全部采用标准图集时，也可省去做节点大样图。

4. 各工种相应配套的施工图纸

这些图包括基础平面图和基础详图、楼板及屋顶平面图和详图、结构构造节点详图等结构施工图；给排水、电器照明以及暖气或空气调节等设备施工图。

5. 相关设计文件

相关设计文件包括建筑、结构及设备等的说明书，建筑、结构及设备设计的计算书，工程预算书等。

第三节 建筑设计依据

一、使用功能

(一) 人体尺度及活动空间尺度

建筑是人类改造自然适应自然的人工产物，其最终目的是为人服务。所以，大到建筑空间的组合，小到局部构件与设备家具的尺寸，无不以人体及其活动尺度为依据。图1-1、图1-2分别为我国标准人体基本尺寸与人体活动所需的空间尺寸。

(二) 家具、设备尺寸和使用它们所需空间

家具、设备的尺寸，以及人们在使用家具和设备时所需的空间尺寸是考虑房间内部

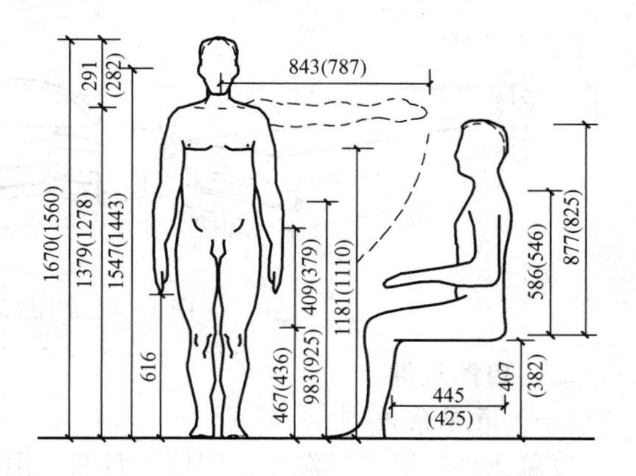

图1-1 我国中等人体地区成年人的基本尺寸
(括弧内为女子基本尺寸)

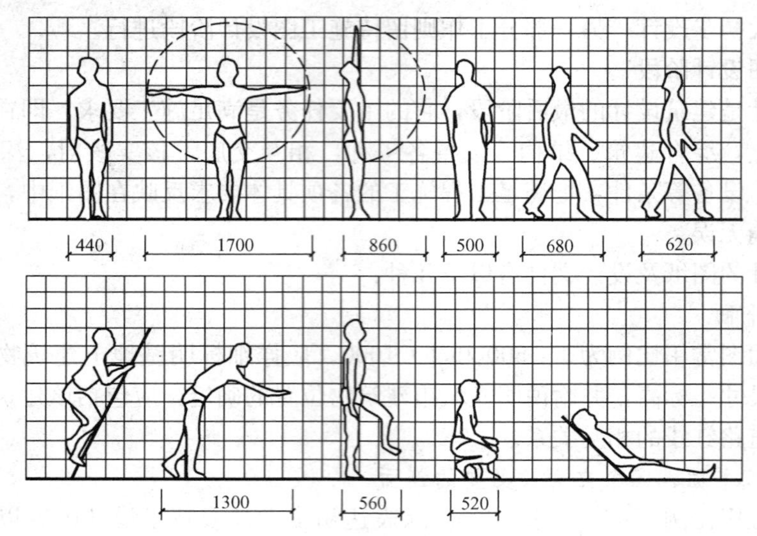

图 1-2　人体活动的空间尺寸

使用空间的重要依据，常用家具设备的尺寸见图 1-3。

图 1-3　常用家具、设备的尺寸

二、自然条件

（一）气象条件

气象条件一般包括温度、湿度、日照、雨雪、风向和风速等。气象条件对建筑设计有较大影响，例如我国南方多是湿热地区，建筑风格多以通透为主，北方干冷地区建筑风格趋向闭塞、严谨。日照与风向通常是确定房屋朝向和间距的主要因素。雨雪量的多少对建筑的屋顶形式与构造也有一定影响。

图 1 - 4 是我国部分城市的风向频率玫瑰图（简称风玫瑰图）。风向是指由外吹向地区中心。风玫瑰图是依据该地区多年来统计的各个方向吹风的平均日数的百分数按比例绘制而成，一般用 16 个罗盘方位表示。图 1 - 4 中虚线表示为夏季，系 6、7、8 三个月风速平均值；细实线表示为冬季，系 12、1、2 三个月风速平均值；粗实线表示为全年，系历年年风速的平均值。

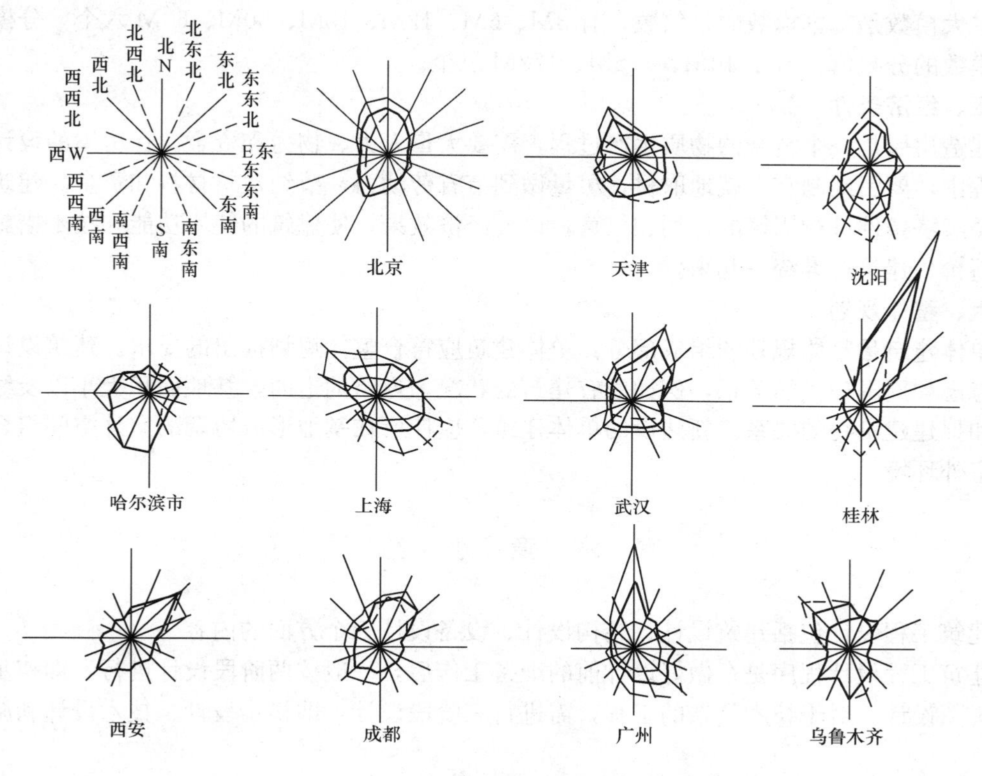

图 1 - 4　我国部分城市的风向频率玫瑰图

（二）地形、地质条件、地震烈度

基地的平缓起伏、地质构成及地下水位、土壤特性与承载力的大小，对建筑物的平面组合、结构布置与造型都有明显的影响。坡地建筑常结合地形错层建造，复杂的地质条件要求基础采用不同的结构和构造处理等。地震对建筑的破坏作用也很大，有时是毁灭性的。这就要求我们无论是从建筑的体形组合到细部构造设计必须考虑抗震措施，才能保证建筑的使用年限与坚固性。

三、技术条件

建筑设计应遵循国家制定的标准、规范、规程以及各地区或各部门颁发的标准，如建筑设计防火规范、住宅建筑设计规范、采光设计标准等，以提高建筑科学管理水平，保证建筑工程质量，加快基本建设步伐。这体现了国家的现行政策和经济技术水平。

四、建筑模数

设计标准化是实现建筑工业化的前提。只有设计标准化，做到构件定型化，减少构配件规格、类型，才有利于大规模采用工厂生产及施工的工业化，从而提高工业化水平。为此，建筑设计应执行国家规定的《建筑模数协调统一标准》(GBJ 2—1986)。

建筑模数是选定的尺寸单位，作为尺度协调中的增值单位，也是建筑设计、建筑施工、建筑材料与制品、建筑设备、建筑组合件等各部门进行尺度协调的基础。根据《建筑模数协调统一标准》(GBJ 2—1986)，基本模数是模数协调中选用的基本尺寸单位，其数值定为100mm，符号为M，即1M=100mm。同时由于建筑设计中建筑部位或构件、缝隙等的尺度大小，设计时分别采用扩大模数或分模数。

扩大模数是基本模数的整倍数，有3M、6M、12M、15M、30M、60M六个。分模数是基本模数的分数值，有1/10M、1/5M、1/2M三个。

五、经济条件

建造房屋是一个复杂的物质生产过程，需要大量人力、物力和资金。在房屋的设计和建造过程中，要因地制宜、就地取材，尽量做到节省劳动力，节约建筑材料和资金。建筑设计要依照经济条件进行周密的计划和核算，讲究经济效果，使建筑的使用功能和技术措施与相应的造价、建筑标准统一起来。

六、整体规划

单体建筑是整体规划的组成部分，单体建筑应符合整体规划提出的要求。建筑设计还要充分考虑和周围环境的关系，例如原有建筑的状况，道路的走向，基地面积大小以及绿化等方面和拟建建筑物的关系。新建设的单体建筑，应使所在基地形成协调的室外空间组合、良好的室外环境。

本 章 小 结

建筑工程设计包括建筑设计、结构设计、设备设计三个方面的内容。

建筑工程设计程序是在做好设计前的准备工作后，一般按两阶段设计进行，即初步设计和施工图设计。对于技术复杂的工程，需进行三阶段设计，即初步设计、技术设计和施工图设计。

建筑设计依据包括使用功能、自然条件、技术条件、建筑模数、经济条件和整体规划等。

习 题

1. 建筑设计包括哪几方面的内容?
2. 两阶段设计和三阶段设计的含义和适用范围是什么?
3. 简要说明建筑设计的主要依据。
4. 什么是建筑模数? 基本模数? 扩大模数? 分模数?

第二章　建筑平面设计

本章提要　本章以大量民用建筑为主，主要论述了建筑平面设计的内容和要求，主要使用房间的设计、辅助使用房间的设计、交通联系部分的设计、建筑平面的组合设计。

学习目标　了解建筑平面设计的内容和要求；理解设计意图；掌握平面设计的方法和原理。

一幢建筑物的平、立、剖面图，是这幢建筑物在不同方向的外形及剖切面的投影，这几个面之间是有机联系的，平、立、剖面综合在一起，表达一幢三度空间的建筑整体。

第一节　建筑平面的组成及设计内容

建筑平面是表示建筑物在水平方向上，各部分的组成关系。建筑平面设计主要是根据建筑物的使用功能要求，结合自然条件、经济条件、技术条件等，来确定建筑物中各房间的大小和形状，确定房间与房间之间及室内与室外空间之间的分隔与联系方式和平面布局。建筑平面设计是整个建筑设计中的一个重要组成部分，对建筑方案的确定起着决定的作用，是建筑设计的基础。但是，建筑物的平面、剖面、立面之间是相互渗透和联系的。因此，建筑设计应从建筑平面分析入手，兼顾建筑的剖面、立面，综合考虑平面、剖面和立面三者的关系，这样才能完成一个好的建筑设计。

民用建筑的建筑平面主要由使用部分和交通联系部分组成。

使用部分主要是指主要使用活动的面积和辅助使用活动的面积，即各类建筑物中的主要房间和辅助房间。主要房间如住宅中的起居室、卧室，学校中的教室、实验室，商店中的营业厅。辅助房间如住宅中的厨房、浴室、厕所以及各种电气、水暖等设备用房。

交通联系部分是指建筑物中各个房间之间、楼层之间和房间内外之间联系通行的面积，如建筑物中的走廊、门厅、过厅、楼梯、坡道以及电梯和自动扶梯等所占的面积。

建筑物的平面面积，除了以上两部分外，还有建筑构件所占的面积，如墙体、柱、隔断等。图 2-1 是住宅单元平面面积的各组成部分示意图。

建筑平面设计包括单个房间平面设计及平面组合设计。单个房间设计是在整体建筑合理而适用的基础上，确定房间的面积、形状、尺寸以及门窗的大小和位置。平面组合设计是根据各类建筑功能要求，依据主要房间、辅助房间、交通联系部分的关系，结合基地环境及其他条件，采用不同的组合方式将各单个房间合理地组合起来。

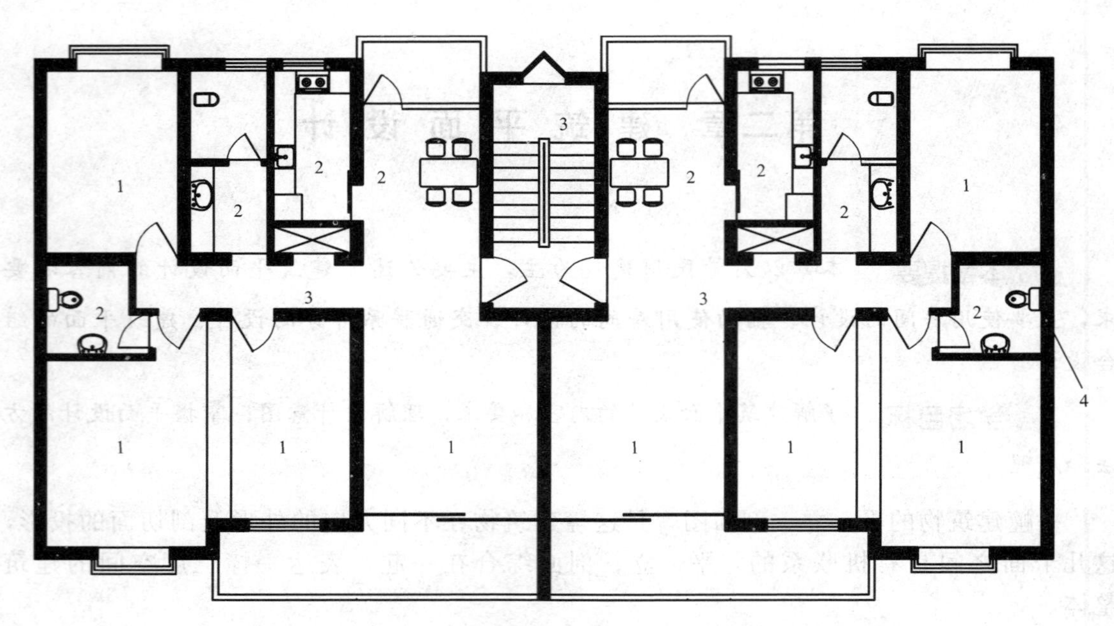

图 2-1 住宅单元平面面积的各组成部分

1—使用部分（主要房间）；2—使用部分（辅助房间）；3—交通部分；4—结构部分

第二节 主要房间的平面设计

主要房间是建筑物的核心，由于它们的使用性质要求不同，对房间的大小、形状、位置、朝向、采光通风等要求也有很大差别。因此，在平面设计时，首先要根据设计任务书和调研资料，理顺各类房间的使用要求，然后从以下几个方面研究。

一、房间的面积

房间的面积通常由以下三个因素决定：一是房间人数及人们使用所需的面积；二是家具、设备所占面积；三是室内行走需要的交通面积。卧室使用面积见图 2-2。

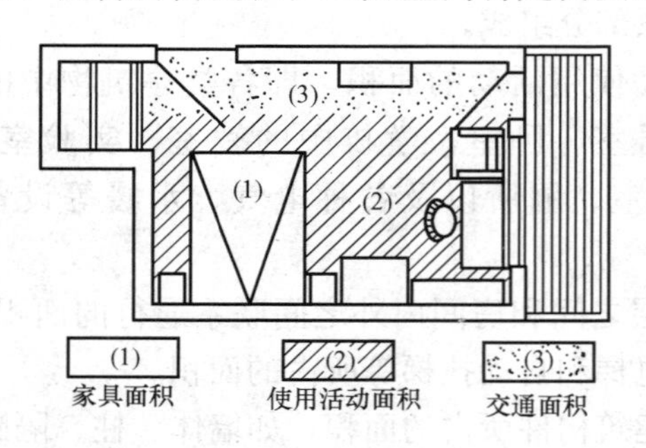

图 2-2 卧室使用面积分析示例

（一）房间人数

确定房间面积首先应确定房间的使用人数，它决定着室内家具与设备的多少，决定着交通面积的大小。确定使用人数的依据是房间的使用功能和建筑标准。在实际工作中，房间的面积主要是依据国家有关规范规定的面积定额指标，结合工程实际情况确定。例如：使用面积定额中学普通教室为 $1.12m^2$/人，实验室为 $1.8m^2$/人，办公楼中一般办公室为 $3.5m^2$/人，有桌会议室为 $2.3m^2$/人。

在具体工作中常遇到一些活动人数不固定，家具设备布置灵活性较大的房间，如展览馆、营业厅等，这就要求设计人员根据设计任务书的要求，对同类型、规模相近的建筑进行调查研究，分析总结出合理的房间面积。

（二）家具设备及人们使用活动的面积

任何房间为满足使用要求，都需要有一定数量的家具、设备，并应进行合理的布置。如教室中的课桌椅、讲台，卧室中的床、衣橱，卫生间中的大小便器、洗脸盆，这些家具、设备的数量、布置方式及人们使用这些家具设备时所需的活动面积，都直接影响到房间的面积。

（三）房间的交通面积

房间的交通面积是指连接各个使用区域的面积。如教室中课桌行与行之间的距离，一般取 550mm 左右；图 2-2 中所示的从房间到阳台的通道等。

二、房间的形状

房间的基本使用面积确定后，还需合理选定房间的平面形状，这要综合考虑房间的使用要求、结构布置、室内空间观感、整个建筑物的平面形状及建筑物周围环境等因素，但不要为追求变化而人为地将可以规整的平面复杂化。房间的平面形状可以是矩形、扇形、多边形等多种形状，如图 2-3 所示。

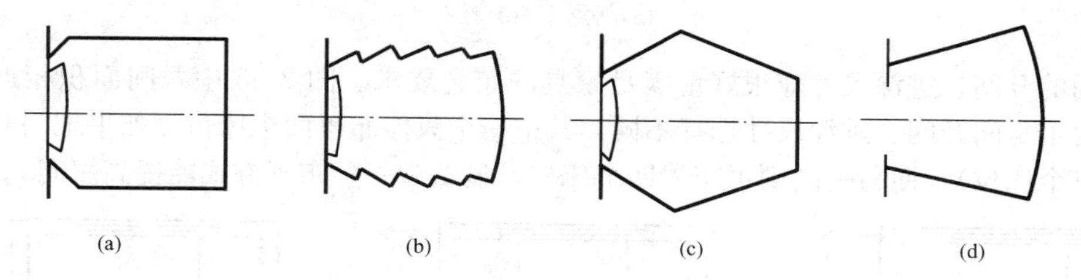

图 2-3 观众厅的平面形状示意图
（a）矩形；（b）钟形；（c）六角形；（d）扇形

办公室、宿舍、居室等大量性用途单一的房间通常采用矩形，其原因是这种平面形状便于室内家具布置，便于平面组合，室内空间观感好，易于选用定型的预制构件，有利于结构布置和方便施工。矩形平面房间开间与进深的比例以 1∶1.2～1∶1.5 为宜，方形或狭长矩形不利于使用，且空间观感欠佳。

某些特殊功能用房间的形状有特定的要求。对于某些单层大空间，如电影观众厅、杂技场、体育馆等，其房间形状首先应满足使用功能在声学、视线及疏散方面的要求，可以采用各种复杂的平面形状。观众厅的平面形状多采用矩形，钟形，扇形，六角形等（见图 2-3）。矩形平面的声场分布均匀，池座前部能接受侧墙一次反射声的区域比其他平面形状都大，当跨度较大时，前部易产生回声，故常用于小型观众厅；扇形平面由于侧墙呈倾斜状，声音能均匀地分散到大厅的各个区域，多用于大、中型观众厅；钟形平面介于矩形和扇形之间，声场分布均匀；六角形平面的声场分布均匀，但屋盖结构复杂，适用于中、小型观众厅；圆形平面的声场分布严重不均匀，观众厅很少采用，但因为视线好及疏散条件好，常用于大型体育馆。

三、房间尺寸的确定

房间尺寸是指房间的面宽和进深，而面宽常常由一个或多个开间组成。这里开间和进深并不是指房间净宽和净深尺寸，而是指房间轴线尺寸。图 2-4 是居室和教室的面宽和进深举例。

影响房间尺寸的主要因素有：房间的使用特点及容纳的人数，家具设备种类、数量及布置方式，室内交通活动，采光通风，结构经济合理性及建筑模数等。

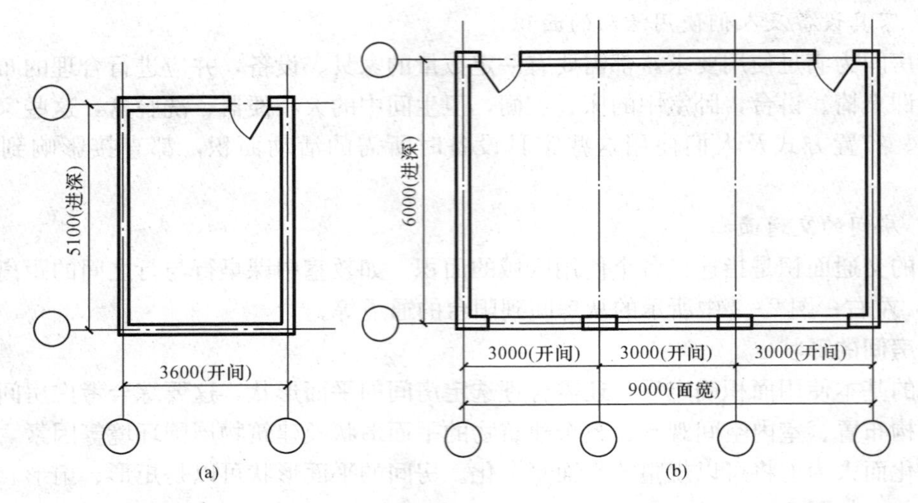

图 2-4 居室和教室的开间和进深
(a) 居室；(b) 教室

房间的开间、进深尺寸应很好地满足家具的布置要求。图 2-5 中两间面积相近的宿舍平面，由于房间开间、进深尺寸选择不同，其中一个只能布置两个床位（如果把门开在一侧能布置三个床位），而另一间则可布置四个床位，显然后一种布置方式能提高房间利用率。

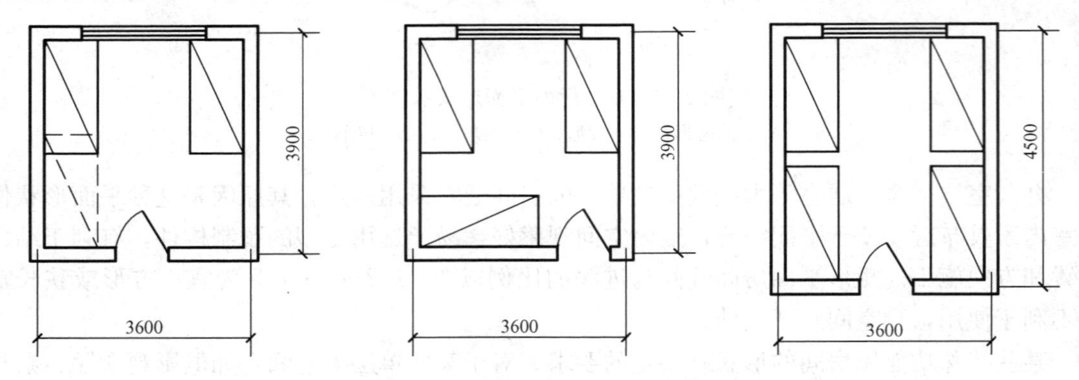

图 2-5 房间尺寸与家具布置的关系

采光通风等环境要求，在确定房间开间进深尺寸时也要给予充分考虑。作为大量性的民用建筑都要求有良好的天然采光和自然通风，特别是单侧采光的房间，如进深过大会使远离采光面一侧出现照度不够的情况，影响使用。

四、房间门窗布置

（一）房间门的设置

房间门的设置包括确定房间门的数量、宽度、位置及开启方向。

1. 门的数量

门的数量是由房间的面积和可容纳的人数确定的。按防火规范要求，当房间的面积大于 $60m^2$，房间内人数多于 50 人时，门的数量应不少于两个，两门之间应有适当间距，以保证安全疏散。一些人流大量集中的房间，如车站候车厅、商场营业厅等公共建筑房间，门的数量应根据疏散计算来确定。

2. 门的宽度

房间门的宽度由房间用途，安全疏散及搬运家具或设备的需要决定，通常门洞口宽度取900～1000mm。公共建筑的外门，例如门诊所、商店的外门一般取1200～1500mm。而辅助用房的门因较少搬运大件家具，其门宽可小些，因此，住宅厨房及阳台门多取800mm，厕所门取750mm。按防火要求房间面积大于60m²，容纳人数50人的房间单个门宽不小于900mm。

3. 门的位置

门的位置要考虑室内人流活动特点和家居布置的要求，尽可能缩短室内交通路线，避免人流拥挤和便于家具布置，同时还要考虑自然通风的需要。此外，门的位置应有利于保留较多的完整墙面，便于家具布置和充分利用空间。图2-6（a）所示门的位置分散，室内墙面不完整，家具不宜布置。如图2-6（b）所示适当调整门的位置，保留几个完整的内角，室内布置得到改善。

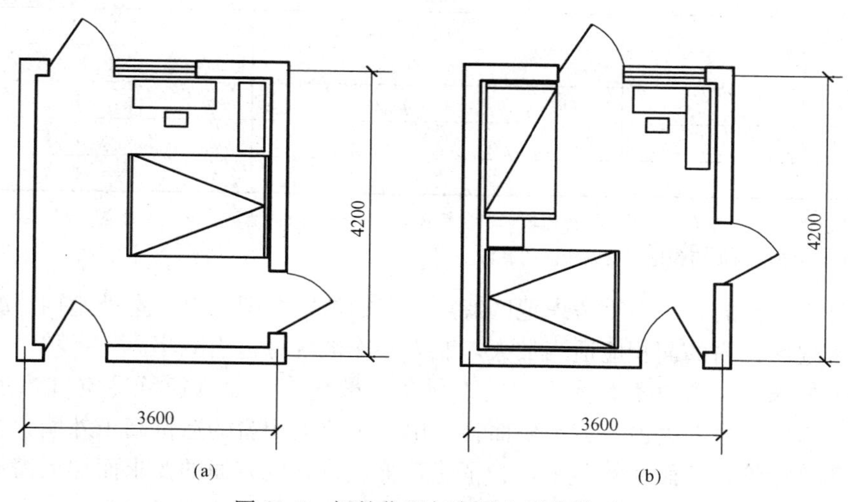

图2-6 门的位置与家具布置的关系

4. 门的开启方式

门的开启方式有多种，其中以平开门使用最为广泛。使用人数少的小房间，当走廊宽度不大时，一般尽量使通往走廊的门向房间里开启，以免影响走廊交通。使用人数较多的房间，考虑疏散安全，门应开向疏散方向。在平面组合时，由于使用需要，有时几个门的位置比较集中，要防止门扇开启时发生碰撞或遮挡。当然有的门不经常使用，在开启时有遮挡是允许的。图2-7所示为门的开启方式比较方案，其中，图（a）～图（c）不正确，图（d）和图（e）比较好。

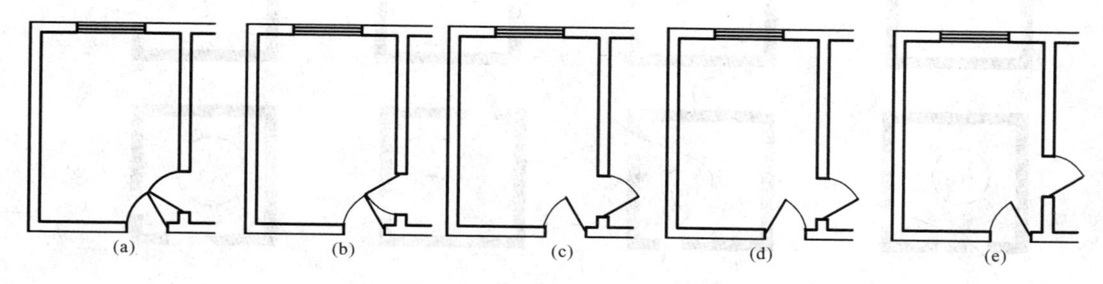

图2-7 门的开启方式比较方案

（二）房间窗的设置

决定窗的大小和位置时，要考虑室内采光、通风、立面美观、建筑节能及经济等方面的要求。

1. 窗的大小

窗的大小取决于房间采光的要求，而采光要求决定于房间用途。在天然采光中，凡需要光线强的房间，窗户面积应大些，反之则小些。一般可根据窗地面积比估算出窗的大小。窗地面积比，即窗的透光面积与房间地板面积之比。不同使用性质房间的窗地面积比在现行的《民用建筑设计通则》（GB 50352—2005）已有规定，见表 2-1。

表 2-1　　窗地面积比 A_c/A_d

采光等级	侧面采光	顶部采光
	侧窗	平天窗
Ⅰ	1/2.5	1/6
Ⅱ	1/3.5	1/8.5
Ⅲ	1/5	1/11
Ⅳ	1/7	1/18
Ⅴ	1/12	1/27

注　1. 计算条件：①Ⅲ类光气候区；②普通玻璃单层铝窗；③Ⅰ～Ⅳ级为清洁房间，Ⅴ级为一般污染房间。

2. 其他条件下的窗地面积比应乘以相应的系数。

具体设计中，窗的大小尚需考虑地区特点、窗的位置和朝向以及室外遮挡情况，进行适当修正。多雾地区，窗的面积应适当加大，北方寒冷地区可适当减小。

就建筑节能来看，窗户不宜太大。它不仅冬季散热多，而且窗缝冷空气渗透也相当可观，所以寒冷地区不宜开大窗。就造价而言，由于单位面积窗的造价高于外墙，加大窗就意味着提高了建筑造价。然而在实践中，为了建筑美观或其他方面的要求而加大窗面积的情况也经常出现。设计时应根据具体条件，进行综合分析，做到既合理又美观。

2. 窗的位置

窗的平面位置直接影响到房间的照度是否均匀和是否产生眩光。窗一般宜布置在房间或开间中部，这样阴角小，采光效率高。

在确定窗的位置时，还要考虑有利于组织良好的室内通风，应尽量减少涡流区，形成“穿堂风”。图 2-8 示出了门窗位置对房间内空气流动的影响。

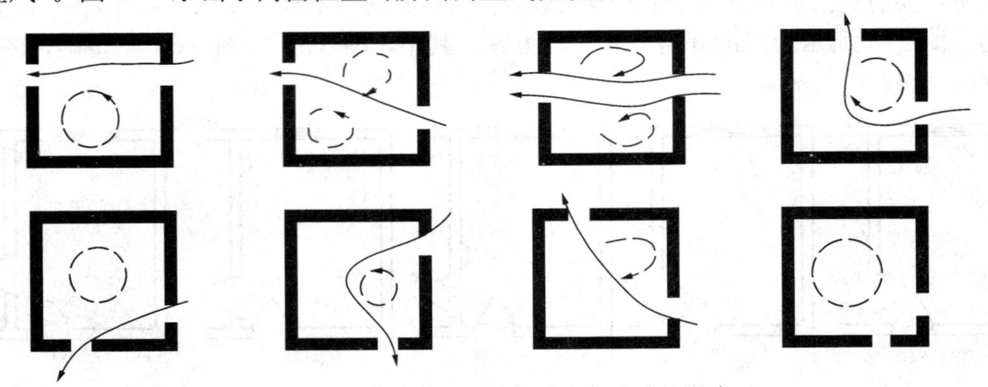

图 2-8　门窗位置对房间内空气流动的影响

窗不仅是一个物质功能构件，在建筑立面上，窗的平面位置对建筑美观影响很大，设计中常根据立面的需要适当调整窗的平面位置。

第三节　辅助房间的平面设计

辅助用房是保证主要房间正常使用的一些附属房间，包括厕所、盥洗室、浴室、厨房、配电房、水泵房等，在整个建筑中虽处于次要地位，却是建筑中不可缺少的一部分。辅助用房的设计原理和方法与主要房间基本相同。

一、厕所平面设计

厕所的面积、形状和尺寸是根据室内卫生器具的数量、布置方式及人体使用所需的基本尺度来确定的。在厕所平面设计中首先要了解各种卫生设备和人体使用它所需的尺度。

（一）卫生设备的类型及数量

厕所常用的卫生设备有大便器、小便器、洗手盆、污水池等。大便器有蹲式和坐式两种，小便器有小便斗和小便槽两种，可根据建筑的用途、规模、标准、生活习惯进行选用。图 2-9 是一般民用建筑中常用的几种卫生设备及其尺寸。

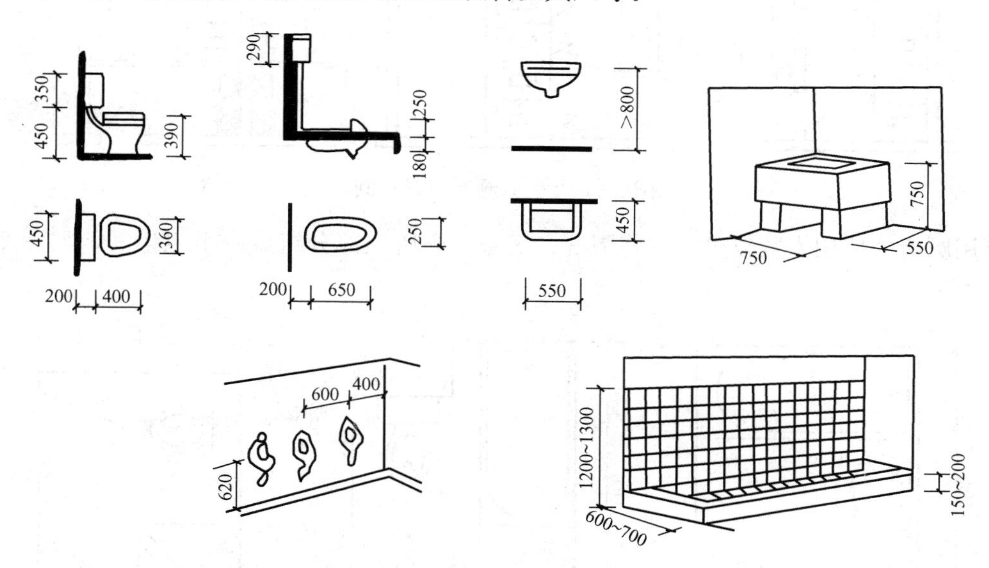

图 2-9　常用的几种卫生设备及其尺寸

卫生设备的数量主要取决于使用人数、使用对象、使用特点。一般民用建筑卫生器具个数可参考表 2-2 选用。

表 2-2　**部分民用建筑卫生设备个数参考指标**

建筑类型	男小便器（人/个）	男大便器（人/个）	女大便器（人/个）	洗手盆（人/个）	男女比例
中小学	40	40	25	100	1∶1
宿　舍	20	20	15	15	按实际情况

续表

建筑类型	男小便器（人/个）	男大便器（人/个）	女大便器（人/个）	洗手盆（人/个）	男女比例
旅 馆	20	20	12		按设计要求
办公楼	50	50	30	50～80	3∶1～5∶1
幼 托		5～10	5～10	2～5	1∶1
门诊部	50	100	50	150	1∶1

（二）厕所布置

厕所的平面形式可分为公共厕所和专用厕所。公共厕所应设置前室，以改善通往厕所走道和过厅的卫生条件，并有利于厕所的隐蔽。前室的深度一般不小于 1.5m，一般设有洗手盆和污水池（图 2-10）。

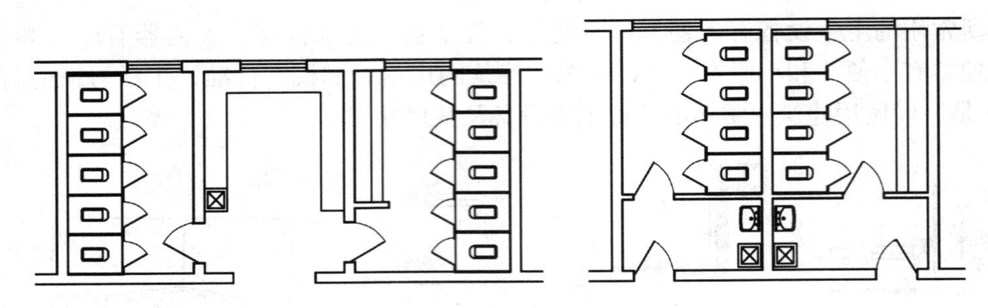

图 2-10 公共厕所布置示例

专用厕所的使用人数较少，常将盥洗、浴室、厕所三部分组成一个卫生间，如图 2-11 所示。

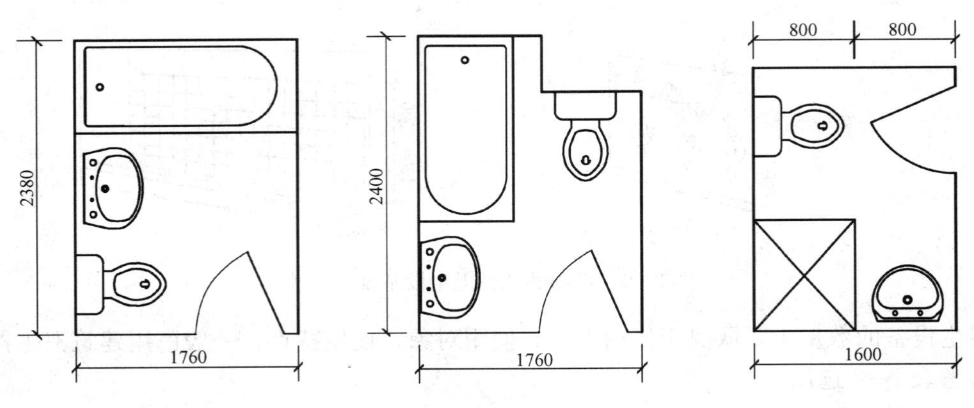

图 2-11 专用卫生间布置示例

厕所在建筑平面中位置要适当，既要隐蔽，又要与走道、大厅、过厅有方便的联系。公共建筑的厕所由于面积较大，使用人数较多，应有良好的自然采光和通风，以保证厕所内空气清新。

二、浴室、盥洗室平面设计

浴室、盥洗室的设备主要有洗手盆、淋浴器、浴盆等，其尺寸规格及布置见图 2-12。

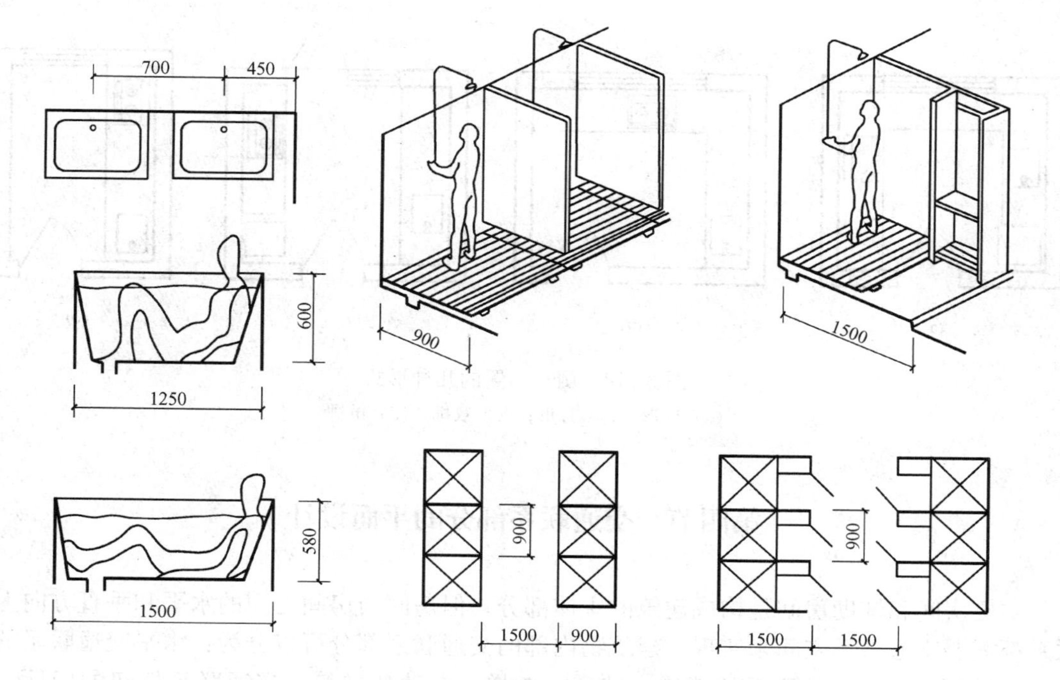

图 2-12　洗手盆、淋浴器、浴盆尺寸规格及布置

浴室、盥洗室中洗手盆及淋浴器数量可根据使用人数确定。表 2-3 是旅馆及幼托建筑浴室、盥洗室设备个数参考指标。

表 2-3　　旅馆及幼托建筑浴室、盥洗室设备个数参考指标

建筑类型	男淋浴器（人/个）	女淋浴器（人/个）	洗脸盆或龙头（人/个）
旅馆	40	8	15
幼托	每班 2 个		2～5

三、厨房设计

住宅、公寓中的厨房一般为一户独用，应设置炉灶、洗涤池、案台、固定式碗柜等设备。厨房的面积大小主要由设备布置、燃料堆放和操作空间等因素决定。设备布置宜紧凑，以减少人们往返走动的距离和方便操作。

厨房设计应满足以下要求：

(1) 厨房紧靠外墙布置，以满足采光和通风的要求。

(2) 厨房的墙面、地面应考虑防水，便于清洁，故比一般房间地面低 20～30mm。

(3) 尽量利用厨房的有效空间布置足够的储藏设施，如壁龛、吊柜等。

(4) 厨房室内布置宜符合操作流程，其形式有单排、双排、L 形、U 形几种，其中 L 形和 U 形较为理想，提供了连续案台空间，与双排式相比，避免了操作过程中频繁转身的缺点。图 2-13 所示为厨房布置的几种形式。

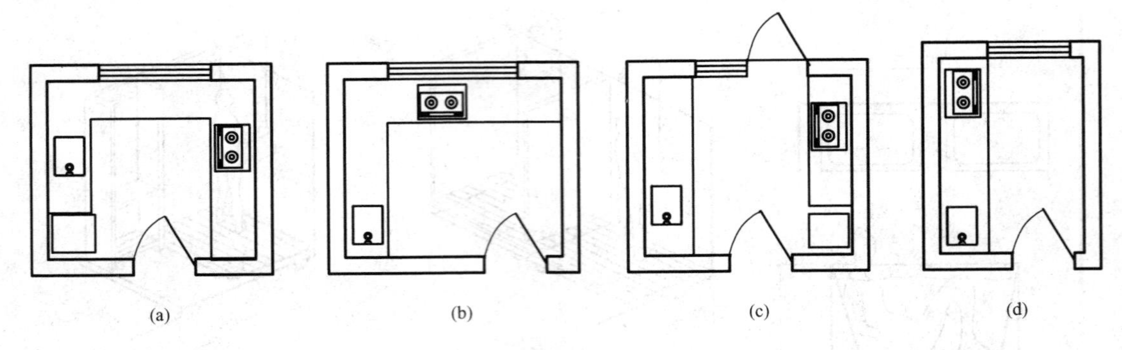

图 2-13 厨房布置的几种形式
(a) U形；(b) L形；(c) 双排；(d) 单排

第四节 交通联系部分的平面设计

主要房间和辅助房间是构成建筑的主体部分，但房间与房间之间的水平和垂直方向上的联系都需要交通联系空间来实现。建筑物内部的交通联系部分可以分为：水平交通联系的走廊、过道等，垂直交通联系的楼梯、坡道、电梯、自动扶梯等，交通联系枢纽的门厅、过厅等。

交通联系部分设计的主要要求有：流线简捷明确，通行方便；要有足够的宽度和面积，便于疏散；满足一定的采光通风要求；力求节省交通面积；同时考虑空间处理等造型问题。

进行交通联系部分的平面设计，首先需要具体确定走廊、楼梯等通行疏散要求的宽度，具体确定门厅、过厅等人们停留和通行所必需的面积；然后结合平面布局考虑交通联系部分在建筑平面中的位置以及空间组合等设计问题。

一、走道

走道也叫走廊，用来联系同层各种房间。

走道除了交通联系外，也可以兼有其他的使用功能，如教学楼走道兼设陈列橱窗，医院门诊部的走道兼供候诊之用等。

(一) 走道宽度

走道的宽度主要根据人流通行、安全疏散、走道性质、空间感受以及走道侧面门的开启方向等综合因素来确定。

专为人行的走道宽度可根据人流股数并结合门的开启方向综合考虑。一般走道均双向人流，一股人流宽约为 550mm，故走道的最小宽度不小于 1100mm。对于人携带物品为主，有车流或兼有其他功能的走道，应结合实际使用功能和走道内家具设备及人活动方式来适当加宽走道的尺寸。

学校、商店、办公楼等民用建筑中的疏散走道、安全出口、疏散楼梯以及房间疏散门的各自宽度应经计算确定，且每 100 人净宽度不应小于表 2-4 的规定。

表 2-4 **疏散走道、安全出口、疏散楼梯和房间疏散门的宽度指标** m/百人

层数	耐火等级		
	一、二级	三级	四级
地上一、二层	0.65	0.75	1.00
地上三层	0.75	1.00	—
地上四层及四层以上各层	1.00	1.25	—
与地面出入口地面的高差不超过 10m 的地下建筑	0.75	—	—
与地面出入口地面的高差超过 10m 的地下建筑	1.00	—	—

（二）走道长度

走道又分为普通走道和袋形走道。前者是位于两个外部出口之间或楼梯之间的走道，后者是只有一个出入口或楼梯间的走道（图 2-14）。这两种走道的长度，可根据建筑性质和耐火等级而定，参见表 5-4。

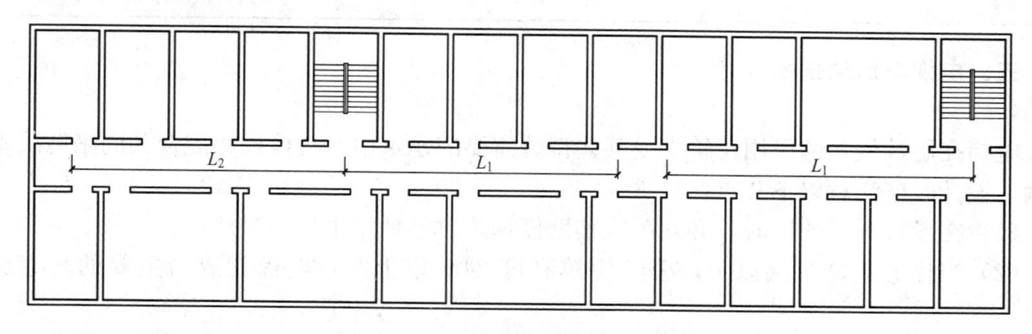

图 2-14 普通走道、袋形走道举例

L_1 —普通走道长度；L_2 —袋形走道长度

（三）采光和通风

走道的采光和通风主要依靠天然采光和自然通风。外走道由于只有一侧布置房间，可以获得较好的采光通风效果。内走道由于两侧均布置房间，如果设计不当，就会造成光线不足、通风较差。一般是通过走道尽端开窗，利用楼梯间、门厅或走道两侧房间设高窗来解决这一问题。

二、楼梯

（一）楼梯的形式

多层民用建筑中，楼梯按其平面形式划分主要有直跑、平行双跑、多跑等形式，此外还有弧形、螺旋形、剪刀式等多种形式。

（二）楼梯的位置

建筑的主要楼梯常常位于主要出入口附近或直接布置在主门厅内，成为视线的焦点，起到及时分散人流的作用，同时也可增加大厅的气氛。按照防火规范要求，两楼梯之间的距离不宜大于表 5-4 的规定，那么配合主要楼梯的次要楼梯应布置在这个范围内。消防楼梯是满足防火疏散需要的，一般布置在建筑物的端部，常做成简易式开敞楼梯。

在确定楼梯间的位置时，还应注意楼梯间要有天然采光，且不宜占用好的朝向。

（三）楼梯的数量

楼梯的数量应根据使用需要和防火要求确定。通常情况下，每一幢公共建筑内的每个防火分区、一个防火分区内的每个楼层，其安全出口的数量应经计算确定，且不应小于 2 个。当符合下列条件之一时，可设一个安全出口或疏散楼梯：

（1）除托儿所、幼儿园外，建筑面积小于等于 200m^2 且人数不超过 50 人的单层公共建筑；

（2）除医院、疗养院、老年人建筑及托儿所、幼儿园的儿童用房、儿童游乐厅等儿童活动场所等外，符合表 2-5 规定的 2、3 层公共建筑。

表 2-5　设置一个安全出口或疏散楼梯的条件

耐火等级	最多层数	每层最大建筑面积（m^2）	人数
一、二	3	500	第二层和第三层的人数之和不超过 100 人
三	3	200	第二层和第三层的人数之和不超过 50 人
四	2	200	第二层人数不超过 30 人

三、电梯与自动扶梯

（一）电梯

电梯在层数较多的民用建筑中或某些特殊需要的建筑中，与楼梯相配合共同来解决垂直运输。设计时应注意以下几点：

（1）在设置电梯的同时，必须配置辅助楼梯，供电梯发生故障时使用。

（2）当住宅建筑 7 层以上，公共建筑高度 24m 以上时，电梯就成为主要的垂直交通工具。

（3）每层电梯的出入口前，应留有等候的空间，以免进出人流形成拥挤阻塞现象。

电梯间的布置形式有单面式和对面式（图 2-15）。

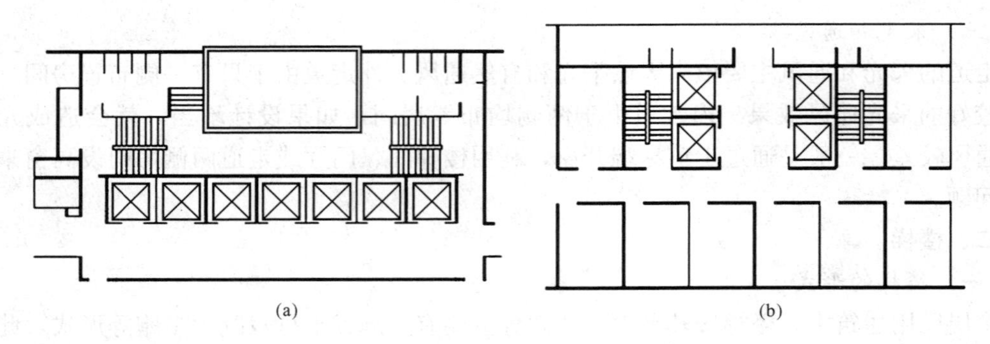

图 2-15　电梯间布置方式

（a）单面式；（b）对面式

（二）自动扶梯

自动扶梯是一种在一定方向上能大量、连续输送流动客流的装置。它除了提供乘客一种既方便又舒适的上下层间的运输工具外，还可引导乘客走一些既定路线来游览、购物，并具有良好的装饰效果。常用于百货大楼、展览馆、游乐场、火车站、地铁站、航空港等建筑。

自动扶梯应布置在明显的位置，其两端应较开敞，避免面对墙壁、死角，一般均可设在大厅的中间。公共建筑中设置自动扶梯的同时，仍需布置电梯及一般性楼梯，作为辅助性垂直交通工具。自动扶梯布置方式有重叠式、连续转角式和交叉式几种（图 2 - 16）。

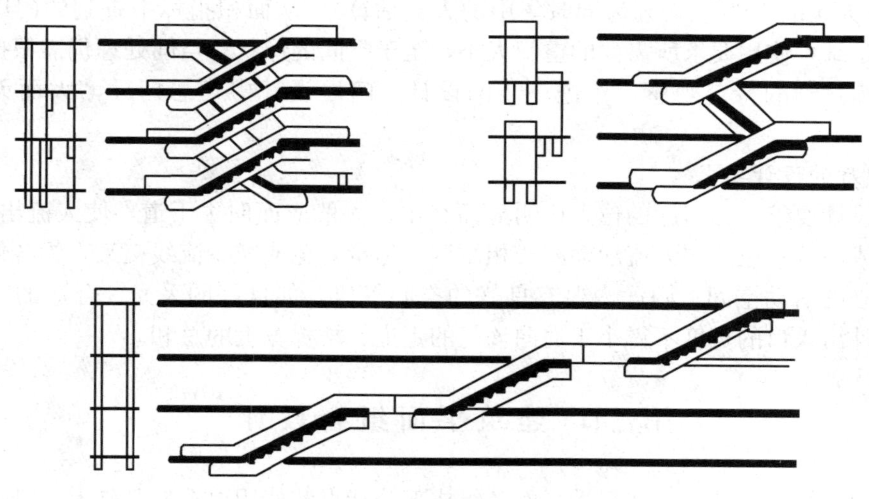

图 2 - 16　自动扶梯及其布置方式

四、门厅

公共建筑的主要出入口一般都设有一个较开敞供人流集散的空间，即门厅。门厅是建筑物内部的交通枢纽，具有人流集散、方向转换、衔接水平和垂直空间等。除此之外，门厅常根据建筑的性质，设置一定辅助空间。如行政办公建筑门厅内设有传达问讯、接待等内容，医院的门厅有办理挂号、交费、取药等功能，旅店的门厅是接待旅客、办理手续、等候及休息、会客的空间。

（一）门厅的形式

门厅的形式从布局上可分为对称式和非对称式两类（图 2 - 17）。对称式布置强调的是轴线的方向感，常用于学校、办公楼的门厅。非对称式布置灵活多样，没有明显的轴线关系，常用于旅馆、医院、电影院等建筑。

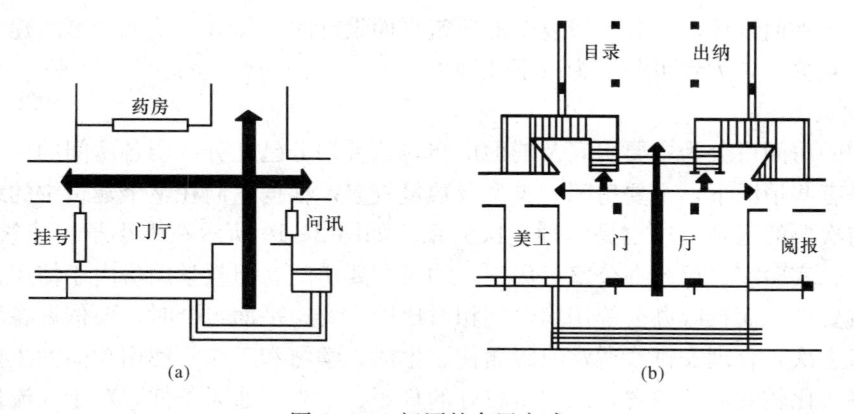

图 2 - 17　门厅的布置方式

（a）非对称式；（b）对称式

（二）门厅的面积

门厅的大小要根据各类建筑的使用性质、规模以及质量标准等因素而定。一般民用建筑的门厅大小可由定额指标查得。如中小学校为每人 0.06～0.08m^2、门诊部每人为 0.8m^2（按全日门诊人次的 10%～15%为同时集中的人数估算）。从面积指标中查到的门厅大小只确定了为满足基本使用要求所需要的空间大小，至于空间的形状、空间处理仍需根据建筑物的性质，所需达到的特定观感，作进一步的设计。门厅设计中切忌门厅“大而无用”或过小。

（三）门厅的设计要求

门厅的设计要求有：门厅的位置应明显而突出，一般应面向主干道，使人流出入方便；门厅内各组成部分的位置与人流活动路线相协调，尽量避免或减少流线交叉，为各使用部分创造相对独立的活动空间；门厅内要有良好的空间气氛，如良好的采光、合适的空间比例等；门厅对外出入口的宽度不得小于通向该门的走道、楼梯宽度的总和。

第五节 建筑平面组合设计

建筑平面的组合设计，是在熟悉平面各组成部分特点和使用要求的基础上，进一步分析建筑整体的使用功能，考虑技术经济和建筑艺术等方面的要求，结合总体规划、基地环境等具体条件，将平面各组成部分及其所有的房间，组成一个有机的整体。

一、影响平面组合的因素

（一）使用功能

建筑的使用功能对平面组合具有决定性的影响。一幢建筑物的合理性不仅体现在单个房间上，而且在很大程度上取决于各种房间按功能要求的组合上。

在建筑平面组合设计中，一般先从分析主要房间之间的功能关系着手，即通常所说的“功能分析”。功能分析是在熟悉各种房间使用特点的基础上，按照房间的性质、要求、使用顺序及相互联系的密切程度，对房间的主与次、内与外、闹与静、联系与分隔等方面加以分析研究，进行分类分组，并画出框线图表示各组成部分的相互关系。这种框线图称为功能分析图（图 2-18）。在功能分析的基础上，根据建筑物中各房间的相互关系，进行适当的功能分区。在建筑平面设计，尤其是较复杂的建筑平面设计时必须进行功能分区。建筑物中各房间之间的相互关系，大致可归结为以下几种。

1. 主次关系

建筑中的房间可分为主要房间及辅助房间，这种划分已充分说明各房间的主次关系。值得注意的是有些情况下，主要房间的类型及数量较多，根据它们在整个建筑中的地位，仍有相对主要与次要的区别，这也是一种主次关系。如图 2-19 所示在中小学校建筑中，教室、图书阅览室、实验室、行政办公室等用房，均属主要房间，但教学用房由于使用人数多，具有更大的重要性，而行政办公等用房，则相对比较次要。平面组合时，要依据各房间的使用要求，分清主次，合理安排。通常应将居住、生活、学习和工作等使用功能的主要房间，布置在朝向好、比较安静的位置，以取得较好的日照、采光、通风条件，对于人流量大的主要房间，应布置在疏散方便、接近出入口的部位。对辅助房间和较次要的房间（如卫生间等）可布置在条件较差的位置，库房、贮藏间可布置在比较隐蔽的暗角（图 2-18）。

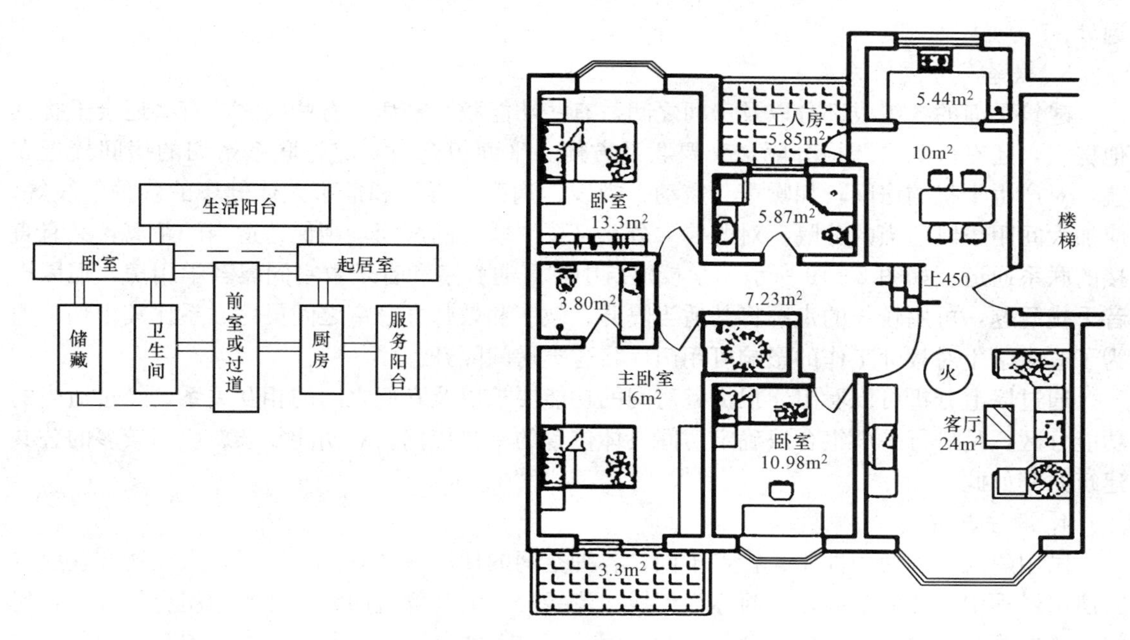

图 2-18 居住建筑的功能分析和平面组合

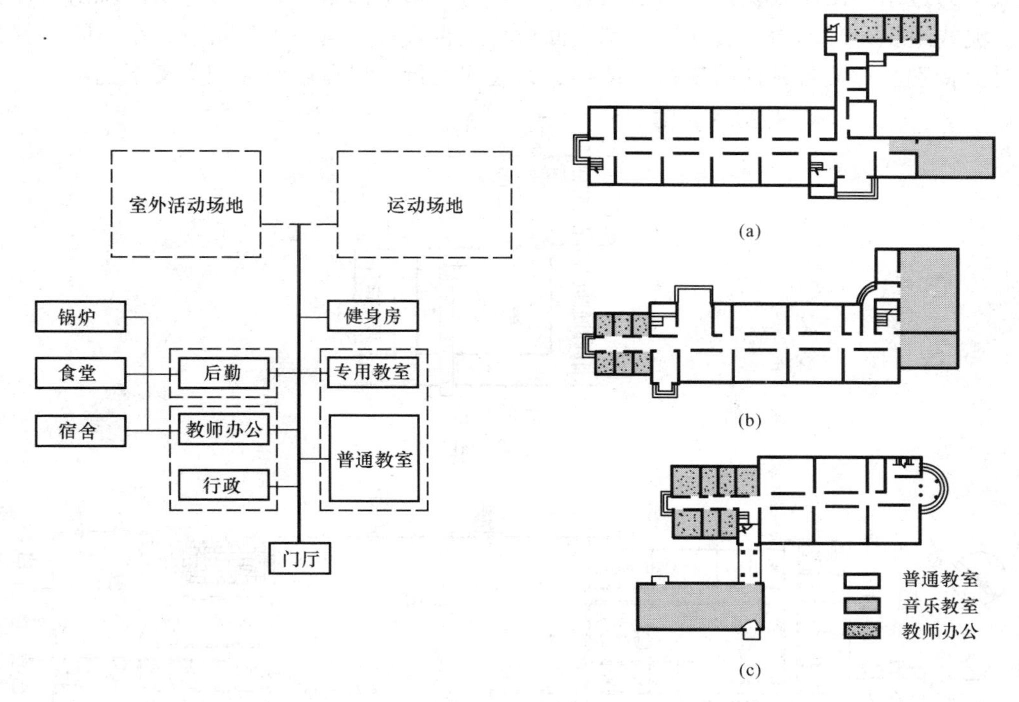

图 2-19 学校建筑的功能分析和平面组合

2. 内与外的关系

组成建筑的房间中，有的对外联系密切，其位置应设在靠近人流来往的地方或出入口处，有的则主要是供内部人员使用，房间的位置宜设在比较隐蔽的地方。图 2-18 的住宅，将客厅、餐厅、共用卫生间等安排在靠出入口处，而需要安静的卧室则安排在离出入口较远处。

3. 联系与分隔的关系

建筑平面的各组成部分以及房间之间，有些功能联系密切，有些次之，有些还会干扰其他房间，还有些既要严格分隔，又要联系方便。平面组合时，应将联系密切的房间接近布置，对产生干扰的房间，如噪声、震动、视线、病菌、毒气和危害人体健康的各种射线等，应加大间距予以适当的分隔。对既要“分”又要“联”的房间，则保持适当的距离，又有直接的联系通道。如图 2-19 所示的学校建筑中，普通教室和音乐教室同属教学用房，但因声音干扰问题，可用较长的走廊将其适当隔开；教室和教师办公室之间虽然联系比较密切，但为了避免学生对教师工作的影响可用门厅将这类房间隔开。

通过以上分析可以看出，根据各房间的功能要求以及它们之间的相互关系，经过适当的功能分区，是进行平面组合以确定房间具体位置的主要依据。对功能复杂、房间较多的公共建筑尤其如此。

4. 顺序与流线

民用建筑中因使用性质、特点不同，各种空间的使用往往有一定顺序。人或物在这些空间使用过程中流动的路线，可简称为流线。流线分人流和物流两种。在平面组合设计中，房间一般按流线顺序关系有机组合起来的，图 2-20 所示为某小型火车站流线图和平面图。这里人流分为进站和出站，货流也有进出站两种，火车站平面组合设计自然要体现出这种流线关系。流线组织合理与否，直接影响到平面组合是否合理。当一个建筑或一个空间中有多种流线时要特别注意使各种流线简捷、通畅、无迂回逆行，尽量避免互相交叉干扰。

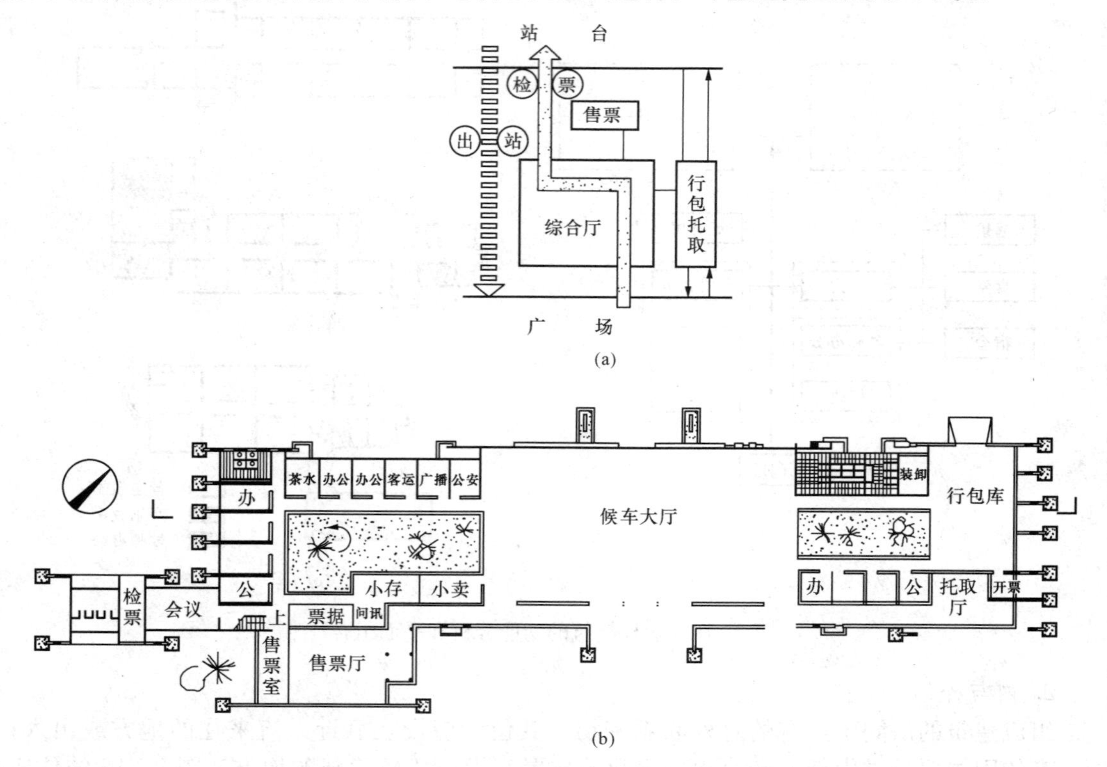

图 2-20 某小型火车站流线图和平面图

（二）结构类型

材料和结构是构造建筑物的物质基础，在很大程度上影响着建筑物的平面组合。因此，平面组合应考虑建筑物满足使用功能的前提下，采用相应的结构形式。目前常用的结构体系，可以概括为砖混结构、框架结构和空间结构等。

1. 砖混结构

建筑物主体结构由砖墙、钢筋混凝土楼板等材料构成，称之为砖混结构。其特点是：墙体既是承重构件，同时又起着围护和分隔室内外空间的作用；在平面布置上，室内空间的大小和形状受到限制，房间的组合也不够灵活。所以适用于房间不大、层数不多的学校建筑、科研楼、办公楼、医院和居住建筑等。

在平面组合中应注意：当采用横墙承重时，房间的开间应尽量统一，并符合钢筋混凝土楼板的经济跨度；当采用纵墙承重时，房间的进深应基本相同；承重墙的布置应均匀，以保证建筑物的整体刚度均匀；为了使墙体传力合理，在有楼层的建筑中，上下承重要对应重合，承重墙上门窗洞口的位置及大小，应符合墙体的传力要求；在地震区，承重墙的局部尺寸及门窗洞口的位置，还应符合抗震设计规范的规定；个别面积较大的房间，应设置在房屋的顶层或形成独立体部。

2. 框架结构

框架结构是由梁、板、柱形成的骨架承重结构系统的建筑（图 2-21）。其布置的特点是梁柱承重，墙体只起围护、分隔的作用，房间布置比较灵活，门窗开设的大小、形状都较自由，并为立面设计创造了有利条件；但钢材及水泥用量大，造价比砖混结构高。框架结构不仅适用于开间进深较大的商场、教学楼、图书馆之类的公共建筑，也多使用于高层旅馆、住宅、办公楼建筑，是适应性较大的一种结构形式。

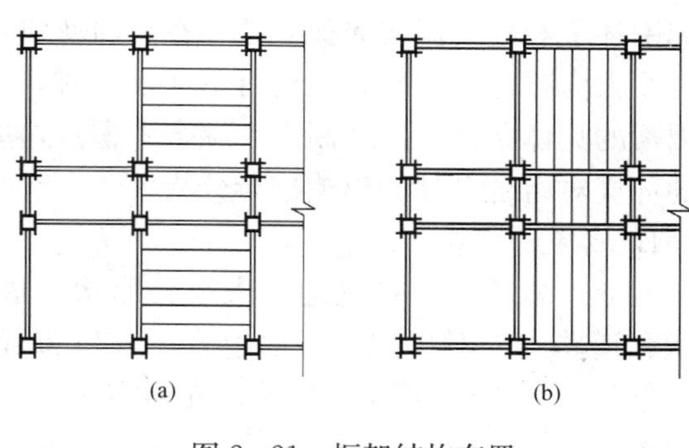

图 2-21　框架结构布置
（a）横向框架；（b）纵向框架

3. 空间结构

当房间跨度很大（一般指 35m 以上）时，常称为大跨度房间。对大跨度房间的屋面结构，如果采用砖混结构和框架结构是无法满足的，因此宜采用空间结构形式。空间结构有壳体结构、折板结构、网架结构、悬索结构等（图 2-22）。它们的特点是受力合理、用材经济、轻质高强、能跨越较大的空间，且造型美观。

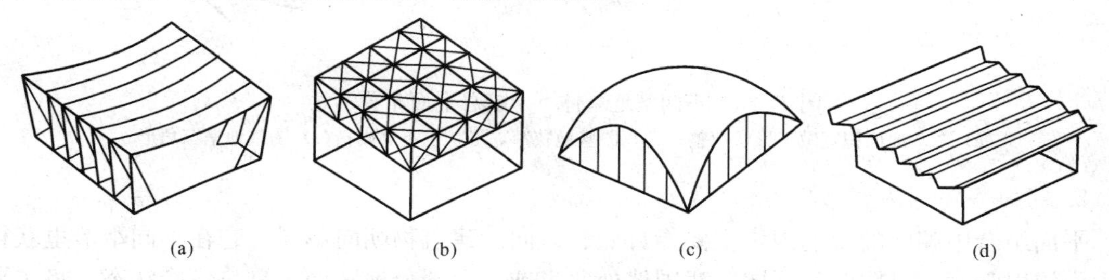

图 2-22　空间结构形式示意
（a）悬索；（b）网架；（c）壳体；（d）折板

（三）设备管线

民用建筑中的设备管线主要包括排水、采暖、空气调节以及电气照明、通讯等所需的设备管线，它们都占有一定的空间。在进行平面组合时，除应考虑一定的设备位置，恰当地布置相应的房间，如厕所、盥洗室、配电房、空调机房、水泵房等房间外，对于设备管线较多的房间，如住宅中的厨房、卫生间，办公楼中的厕所、盥洗室，旅馆中的客房卫生间、公共卫生间等，在满足使用要求的同时，应尽量将设备管线集中布置，上下对齐，方便使用，有利于施工和节约管线。

（四）建筑形象

建筑的体型及立面与平面组合设计相互制约、相互影响。建筑造型本身离不开功能要求，它一般是内部空间的反映。在平面组合设计时，要为建筑体形和立面创造有利的条件。

（五）基地环境

这里所说的环境不单是指建筑所处的空间环境，如基地的地形、地貌、相邻建筑、道路、温度、朝向、日照等，而且还包括社会、民族、文化。任何建筑，只有当它和周围环境融为一体而构成一个统一、谐调的整体时，才能充分地显示出它的价值和表现力；如果脱离了周围环境和建筑群体而孤立地存在，即使建筑物本身尽善尽美，也不可避免地会因为失去烘托而大为减色。因此，在进行平面设计时，要从整体出发，考虑总体规划的要求，结合外部因素的具体条件，因地制宜，综合考虑。这里只是就基地的地段环境，即建筑设计中总平面的环境对组合设计的影响进行分析。

1. 地形、地貌

地形、地貌主要指基地的大小、形状，道路走向以及基地的起伏情况等。基地大小、形状和道路走向对房屋的平面组合、入口布置等都有直接影响。如图 2-23 所示是在不同基地条件下，教学楼的几种平面布置形式。不同的基地条件形成了平面形式截然不同的教学楼。

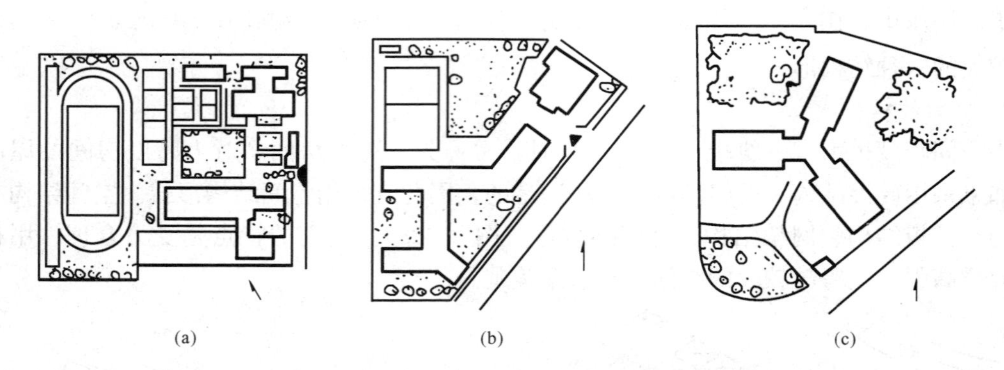

(a) (b) (c)

图 2-23 不同基地条件下学校总平面布置示意

(a) 图基地面积宽敞，形状规整；(b) 图基地狭窄，形状也不规则；(c) 图基地呈三角形

2. 朝向

平面组合中朝向的影响因素主要指日照、风向。建筑物朝向不同，它在不同季节里获得的太阳辐射强度、日照时间不同。我国地处北半球，大部分地区处于夏热冬冷状态，将主要房间朝南或南偏东、偏西少许角度，能获得良好的日照。

日照间距是保证房间有一定的日照时数的建筑物之间的距离。确定建筑物间距应根据以下因素：日照、通风等卫生条件，防火安全要求，建筑群体空间造型艺术效果，建筑物使用性质、规模和扩建要求，节约用地和建设投资要求，施工条件和室外工程管线及绿化要求等。但对于大量民用建筑，一般无特殊要求，日照间距通常是确定建筑物间距的主要因素。日照间距的计算，一般以冬至日正午正南向房屋底层房间的窗台以上墙面，能被太阳照到的高度为依据（图 2-24）。

日照间距计算式为
$$L = H/\tan h$$
式中：L 为建筑物间距；H 为南向前排房屋檐口到后排房屋底层房间的窗的垂直高度；h 为当地冬至日正午太阳的高度角。

我国大部分地区日照间距为（1.0～1.7）H，越往南日照间距越小，越往北则越大。

风向有全年主导风向和季节主导风向之分。如炎热地区建筑常垂直于主导风向展开，尽可能利用夏季主导风向，使房间有良好的通风；严寒地区则使建筑的主要入口尽可能避开冬季主导风向，以利保温。在总平面布置时，也尽可能把有气味污染的建筑放在下风向布置。

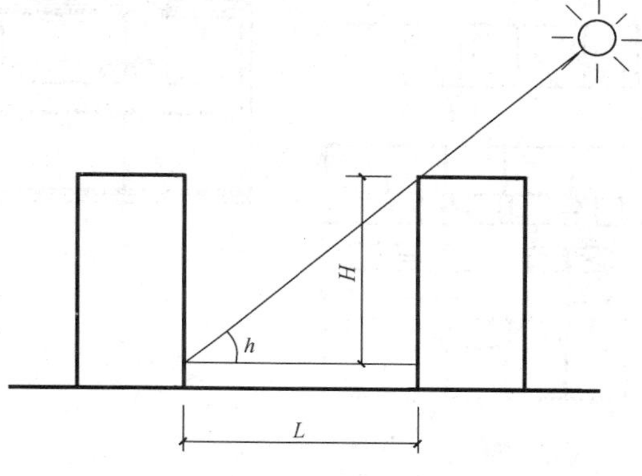

图 2-24　建筑物的日照间距

二、平面组合方式

平面组合方式有走道式、套间式、大厅式、单元式等。在工程设计中，绝对以某种单一的组合方式来组合空间是不存在的。在组合时可以某一种组合方式为主，其他方式为辅，也可以是几种组合方式并存。设计时应根据实际情况具体分析，灵活运用各种方式进行平面空间的组合。

（一）走道式组合

房间之间通过走道来联系。这种组合方式的特点是：使用空间与交通联系空间分隔明确，房间之间的干扰较少；通过走道，各房间又保持着方便的联系；走道的长短随所连接的房间的多少而变，平面组合比较灵活。走道式组合，适用于各个房间既要相对独立与分隔，又能保持适当联系的各类建筑，如办公楼、教学楼、科研楼、医院、疗养院、旅馆、宿舍等。

走道式组合有单外廊、双外廊、单内廊、双内廊等几种组合形式（图 2-25）。

（二）套间式

套间式组合把各房间相互穿套，按一定序列组合空间。这种组合方式的特点是：房间之间的相互联系简捷，面积利用率高，展览馆、商店常用这种形式。为适应不同人流活动的特点，可采用串联式或放射式的组合形式。串联式是按照一定的顺序将各房间连接起来，如图 2-26（a）所示。放射式是以一个枢纽空间作为联系中心，向两个或两个以上方向延伸，衔接布置房间，如图 2-26（b）所示。

（三）大厅式组合

大厅式组合以体量巨大的主体空间为中心，环绕着它的周围布置其他附属或辅助房间

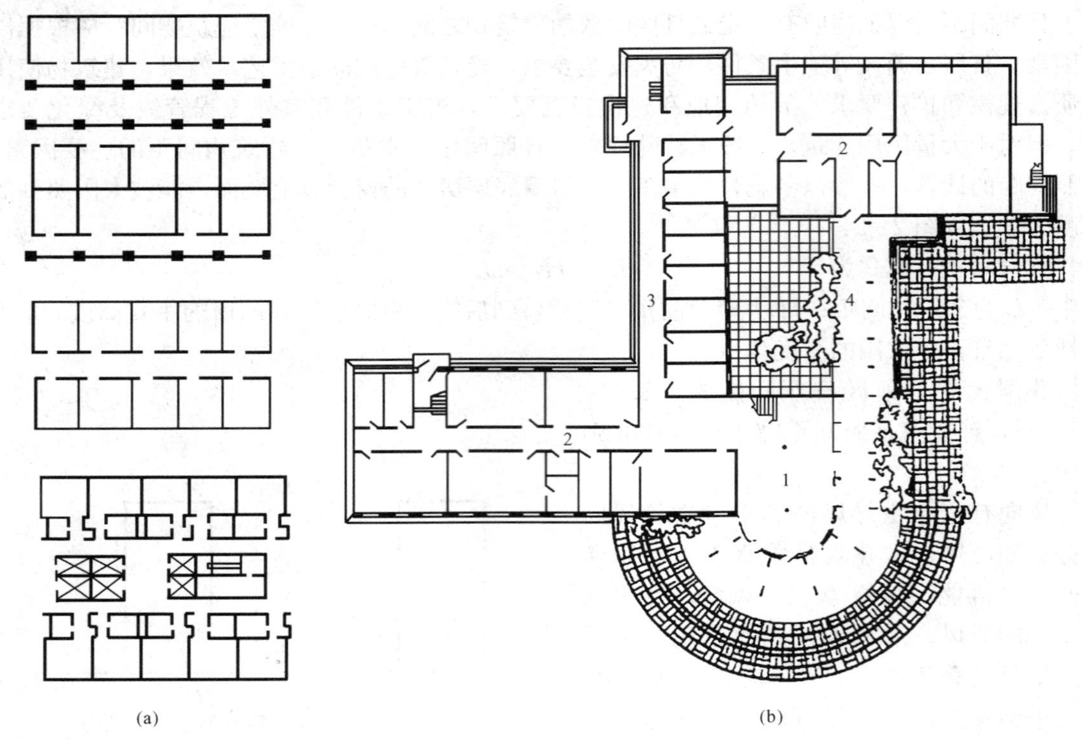

图 2-25 走廊式平面组合

(a) 走廊式组合示意；(b) 某小学教学楼平面图

1—门厅；2—内廊（双侧布置房间）；3—内廊（单侧布置房间）；4—外廊

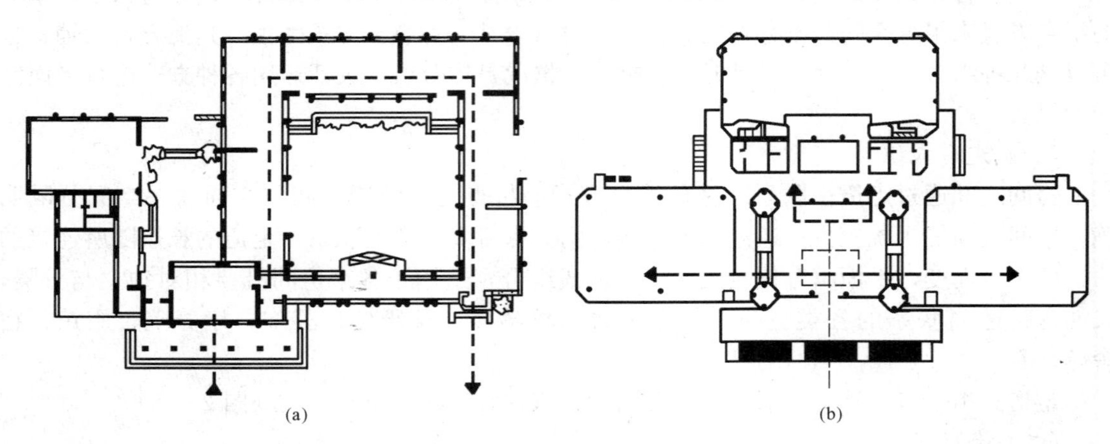

图 2-26 套间式组合

(a) 串联式组合的纪念馆；(b) 放射式组合的纪念馆

(图 2-27)。这种组合形式的特点是：主体空间突出，主从关系明确，房间之间相互联系紧密。适用于电影院、剧院、体育馆等建筑，某些菜市场、商场、铁路客站等，也常用这种组合方式。

（四）单元式组合

单元式组合以楼梯间或电梯间等垂直交通联系空间来联系各个房间，构成一个独立的单

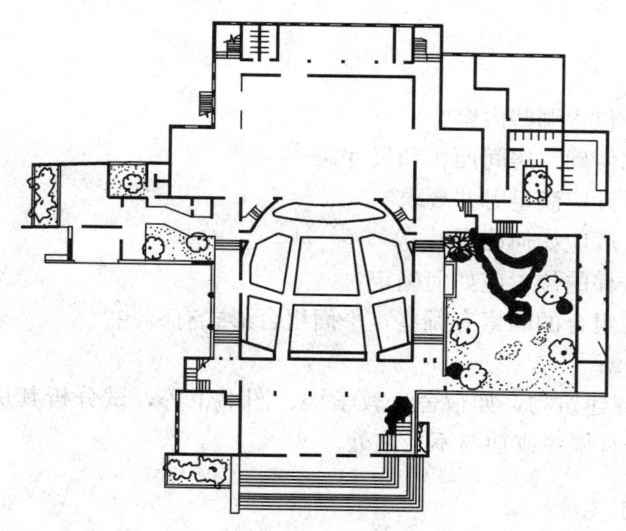

图 2-27　大厅式组合的剧院

元；或在建筑平面中，联系密切的使用房间成组出现，并形成各自独立的单元。随着建筑规模不同，一幢建筑物可由一个或几个相同的或不相同的单元组成。这种组合形式的特点是：平面集中、紧凑，单元之间互不干扰，易于保持安静，因此适用于住宅和幼儿园等建筑类型，如图 2-1 所示的一梯两户住宅单元。

本 章 小 结

民用建筑的平面设计包括房间设计和平面组合设计。各种类型的民用建筑，从组成平面各部分的使用性质来分析，都可以归纳为使用部分和交通联系部分两类。

主要使用房间设计涉及确定房间的面积、形状、尺寸以及门窗的大小和位置。

辅助用房是建筑中不可缺少的一部分，其设计原理和方法与主要房间基本相同，但这类用房设备管线较多，设计中要注意房间的布置与其他房间的位置关系。

建筑物内各房间之间的联系需要交通联系空间来实现。交通联系部分设计的主要要求有：流线简捷明确，通行方便；满足使用，便于疏散；满足一定的采光通风要求；节省面积；同时考虑空间处理等造型问题。

平面的组合设计是在首先满足不同类型建筑的使用要求的基础上，进一步分析建筑的结构类型、设备管线、建筑形象、基地环境等进行的。

平面组合方式有走道式、套间式、大厅式、单元式等。设计时应根据实际情况具体分析，灵活运用各种方式进行平面空间的组合。

习题与技能训练

一、习题

（一）名词解释

1. 开间、进深

2. 窗地面积比

(二) 简述题

1. 建筑平面设计包含哪些内容?

2. 试举例说明如何确定房间面积和尺寸。

3. 厕所的平面设计应满足哪些要求?

4. 走道宽度和长度应如何确定?

5. 建筑中主要楼梯的位置应如何确定?

6. 影响建筑平面组合的因素有哪些?平面组合形式有哪些?

二、技能训练

找身边的 2～3 幢建筑物,如宿舍、教学楼、图书馆等,试分析其房间和平面功能,运用了哪些组合方式,有哪些成功与不足之处。

第三章　建筑剖面设计

本章提要　本章主要介绍了房间剖面形状和房间各部分高度的确定；建筑层数的确定以及建筑空间的组合和利用。

学习目标　在学习中要掌握影响剖面设计的因素；了解选择剖面形式和层数的原则；熟记一些常用的数据，如一般建筑的层高范围、窗台的高度等。

由于建筑物具有三维空间，因此，在进行方案设计时，必然涉及房间的空间情况和高度方面的问题。建筑剖面设计与平面设计从两个不同的方面来反映建筑物内部空间的关系。平面设计着重解决内部空间的水平方向上的问题；而剖面设计的任务则是根据建筑物的用途、规模、环境条件及人们的使用要求，解决建筑物在高度方向的布置问题。具体设计内容包括：确定建筑物的层数，决定建筑各部分在高度方向的尺寸，进行建筑空间组合，处理室内空间并加以利用等。此外，对其他工程技术问题，如结构选型、建筑构造也要予以合理解决。

第一节　房间的剖面形状和各部分高度的确定

一、房间的剖面形状

房间的剖面形状主要根据使用要求和特点来确定，同时要考虑具体的物质技术、经济条件及特定的艺术构思，使之既满足使用要求又能达到一定的艺术效果。

（一）使用要求对剖面的影响

大多数民用建筑如居室、教室、办公室等均采用矩形。而学校的阶梯教室、电影院和体育馆的观众厅等，室内地面应按一定的坡度变化升起（图 3 - 1）。为使观众能听得清晰，观众厅的顶部剖面可以做成一定的折线形，以取得良好的音响效果（图 3 - 2）。

（二）结构、材料和施工的影响

一般民用建筑房间的剖面形状有矩形和非矩形两类。矩形剖面规整，结构简单，有利于采用梁板式结构，节约空间，施工方便，故通常采用较多。而有些大跨度建筑的空间剖面常受结构形式、材料、施工等的影响而形成特有的剖面形式。

（三）采光、通风要求对剖面的影响

一般进深不大的房间，侧窗采光和通风已满足使用要求。当房间进深较大或房间有特殊要求，侧窗不能满足要求时，常设置各种形式的天窗，从而形成不同的剖面形式。图 3 - 3 所示为不同采光方式对剖面形状的影响。对于厨房一类房间，由于使用过程中常产生大量蒸汽、油烟等，一般在顶棚设置排气窗（图 3 - 4）。

二、房屋各部分高度的确定

（一）房间的净高与层高

一般情况下，室内净高是指从楼地面至顶棚（包括结构顶棚和吊顶棚）底面的垂直距

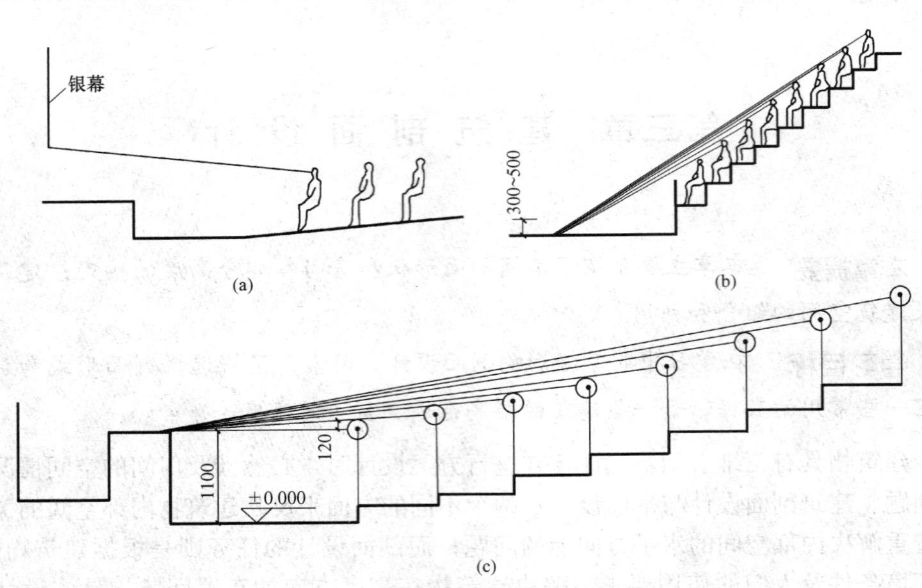

图 3-1　室内地面与视线关系

(a) 观众厅；(b) 体育馆；(c) 阶梯教室

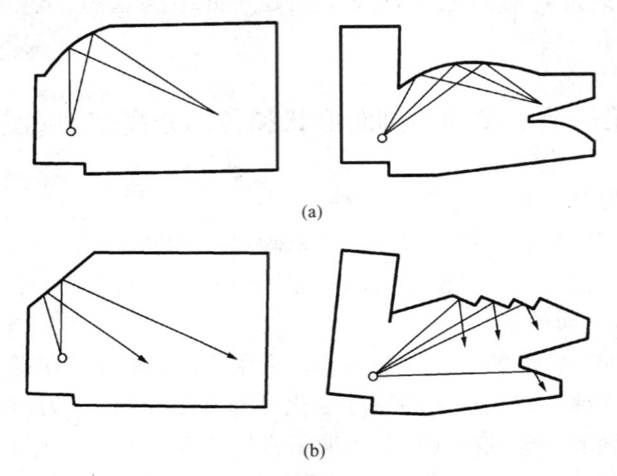

图 3-2　剖面形状与音质的关系

(a) 声音反射有聚焦；(b) 声音反射较均匀

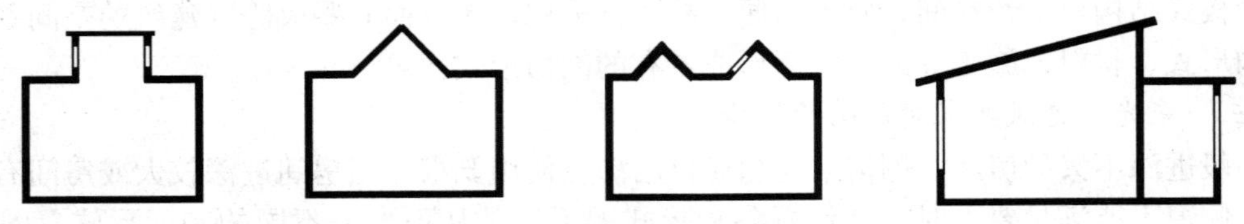

图 3-3　不同采光方式对剖面形状的影响

离。当楼盖和屋盖有下悬的构件影响空间有效使用时，室内净高则指从楼地面至下悬构件下缘的垂直距离（图 3-5）。房间净高与楼板结构构造厚度之和就是层高。房间的高度恰当与否，直接影响到房间的使用、经济以及室内空间的艺术效果，一般房间高度的确定主要考虑以下几个方面。

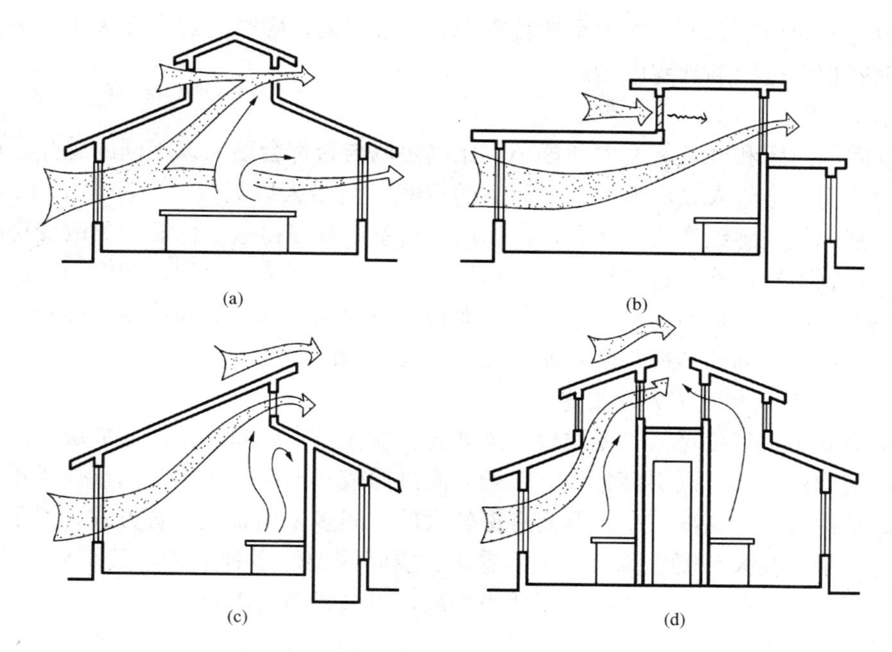

图 3-4 不同通风方式对剖面形状的影响

1. 人体活动及家具设备的使用要求

房间的净高与人体活动尺度有很大关系。一般情况下，室内最小净高应使人举手不接触到顶棚为宜，应不低于 2.2m。室内使用性质和活动特点，随房间用途而异。住宅中的居室和旅馆中的客房等生活用房，从人体活动及家具设备在高度方向的布置考虑，净高 2.6m 已能满足正常的使用要求。使用人数较多，房间面积较大的公用房间如教室、办公室等室内净高常为 3.0～3.3m。而决定影剧院观众厅净高时考虑的因素比较多，涉及观众厅容纳人数的多少及视线、音响等要求。

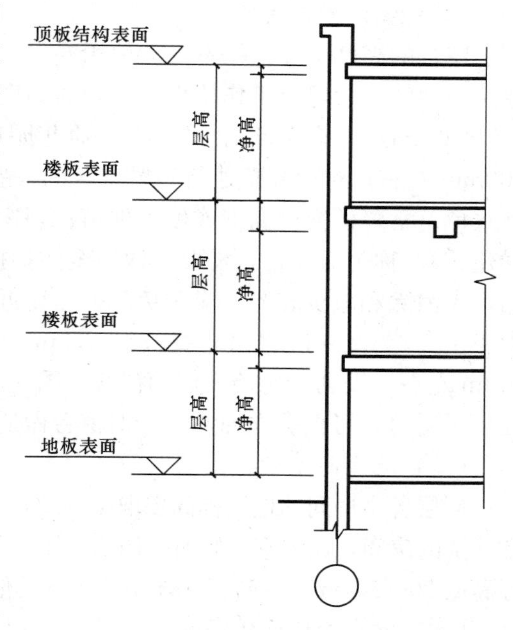

图 3-5 房间净高和层高之间的关系

还有一些房间，因使用需要，常在房间顶棚上设置某些设备，如吊灯、手术室的无影灯、剧院舞台的顶棚及天桥等。确定这些房间的高度时，应考虑到设备所占尺寸。

2. 采光、通风等卫生要求

房间的高度应有利于天然采光和自然通风，以保证房间有必要的卫生条件。一般房间层高越大，窗口上沿越高，光线照射深度越远。所以房间进深大，或要求光线照射深度远的房间，层高应大些。在一些大进深的单层房屋中，为了使室内光线均匀分布，可在屋顶设置各种形式的天窗，形成各种不同的剖面形式。

为保证房间有必要的卫生条件，除了组织好通风外，还应考虑房间必要的气容量。气容量具体取值与房间用途有关，如中小学教室为 3～5m^3/人，影剧院观众厅为 4～5m^3/人，房间所需空气容积，也影响到室内净高。

3. 室内比例及空间观感

室内空间的封闭和开敞、宽大和矮小、比例协调与否都会给人以不同的感受。如面积大而高度小的房间，会给人以压抑感，窄而高的房间又会给人以局促感。净高 2.4m，用于住宅建筑的居室，使人感到亲切、随和，但如用于教室，就显得过于低矮。要改变房间比例不协调或空间观感不好，除通过各种不同处理外，就需要改变某些尺度，如细而高的窗户，强调了竖向线条，可加大房间的视觉高度。宽而长的窗户则强调了横向线条，能降低房间的视觉高度。降低次要空间的顶棚高度，能衬托出主要空间的高度。

4. 结构层高度及构造方式的要求

结构层高度主要包括楼板、屋面板、梁和各种屋架所占的高度。层高的决定要考虑结构层的高度，结构层愈高，则层高愈大。一般开间进深较小的房间，多采用墙体承重，在墙上直接搁板，结构层所占高度较小；开间进深较大的房间多采用梁板布置方式，梁下凸，使结构层较大；对于一些大跨度建筑，多采用屋架、空间网架等多种形式，其结构层高度更大；房间如果采用吊顶构造时，层高则应再适当加高，以满足净高需要。

5. 建筑经济效益要求

为了力求节约，应尽可能地降低层高。层高降低又导致建筑总高度降低，从而可缩小建筑间距、节约土地。此外，层高降低还能减轻建筑物的自重，减少围护结构面积，节约了材料，有利于结构受力，并能降低能耗。

（二）室内窗台高度

窗台的高度主要根据室内的使用要求、人体尺度和家具或设备的高度来确定。一般民用建筑中生活、学习或工作用房，窗台的高度常采用 900mm 左右，这样的尺寸和桌子的高度（约 800mm）配合关系比较恰当；幼儿园建筑结合儿童尺度，活动室的窗台高度常采用 700mm 左右；对疗养院建筑和风景区的一些建筑物，由于要求室内阳光充足或便于观赏室外景色，常降低窗台高度或做落地窗；当窗台高度低于 900mm（住宅建筑）和 800mm（公共建筑），称为低窗台，需要采取安全防护措施。一些展览建筑，由于室内利用墙面布置展品，为消除和减少眩光，应避免陈列品靠近窗台布置，一般窗台到陈列品的距离要使保护角大于 14°，为此一般将窗台提高到 2.5m 以上；浴室、厕所走廊两侧的窗台高度可提高到 1.8m 左右，以利于遮挡人们的视线（图 3-6）。以上由房间用途确定的窗台高度，如与立面处理矛盾时，可根据立面需要，对窗台做适当调整。

（三）地面高差

同层各个房间的地面标高要取得一致，这样行走比较方便。对于一些易于积水或者需要经常冲洗的房间，如浴室、厕所、厨房、阳台及外走廊等，它们的地面标高应比其他房间的地面标高低 20～50mm，以防积水外溢，影响其他房间的使用；高差过大，不便于通行和施工。

（四）室内外地面的高差

为了防止室外雨水流入室内，防止建筑物因沉降而使室内地面标高过低，底层室内地面要高出室外地面至少 150mm。室内外地面高差要适当，高差过小难于保证基本要求，高差过大又会增加建筑高度和土方工程量。对大量民用建筑，室内外高差的取值一般为 300～600mm。

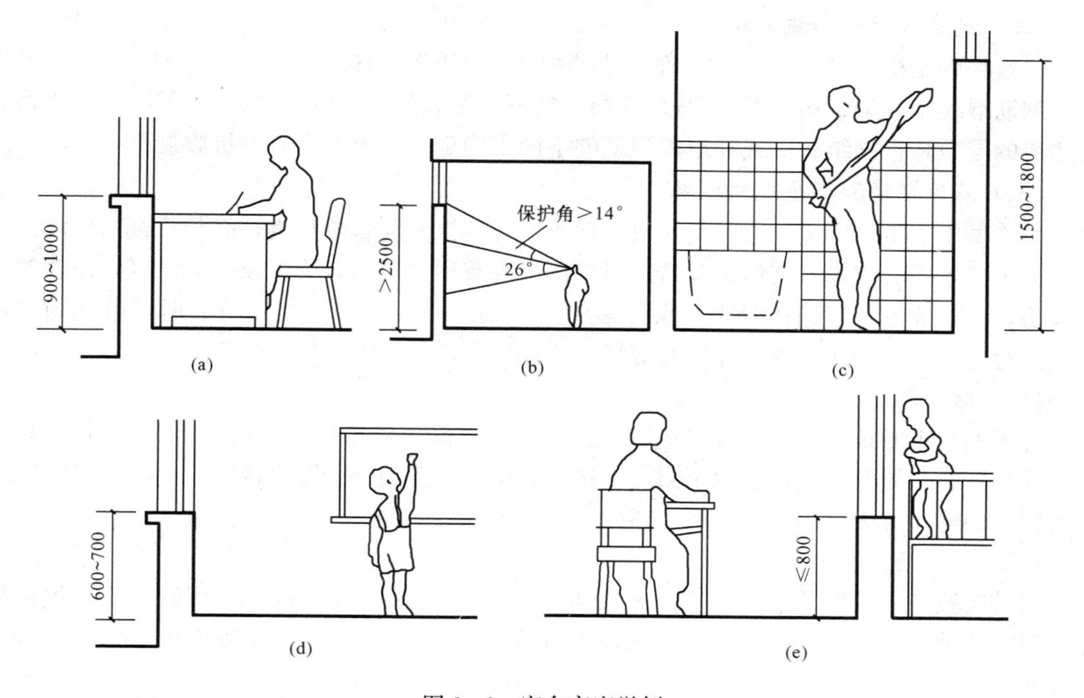

图 3-6 窗台高度举例

(a) 一般民用建筑；(b) 展览馆陈列室；(c) 卫生间；(d) 托儿所、幼儿园；(e) 儿童病房

对于一些特殊要求的建筑，室内外高差要根据使用要求、建筑性质等确定。如仓库工业建筑一般常有车辆出入，要求室内外联系方便，高差小些并做坡道联系；有些纪念性建筑常借助室内外高差值的增大来创造严肃、庄严的气氛；有些山地、坡地建筑则常结合地形、地貌确定室内外高差。

第二节 建筑层数的确定和剖面的组合方式

一、建筑层数的确定

建筑层数是在方案阶段就需要初步确定的问题，层数不确定，建筑各层平面就无法布置，剖面、立面高度也无法确定。影响建筑层数确定的因素很多，主要有建筑的使用要求、结构和材料的要求、城市规划、建筑防火以及经济条件等要求。

（一）建筑使用要求

由于建筑用途不同，使用对象不同，往往对建筑层数有不同要求。如医院门诊部、幼儿园、疗养院、养老院等建筑物，因使用者活动不便，且要求与户外联系紧密，因此，建筑层数不宜太多，一般以 1～3 层为宜；影剧院、体育馆、车站等建筑物，由于人流量大，考虑人流集散方便，也应以 1 层或低层为主；公共食堂，在使用中有大量顾客，为了就餐方便，便于排除油烟，便于供煤和清理垃圾，单独建造时，宜建成低层；对于中小学建筑，考虑到学生正在发育成长，为了安全及保护青少年健康成长，小学建筑不宜超过 3 层，中学教学楼不宜超过 4 层；大量建设的住宅、宿舍、办公楼等建筑，因使用中无特殊要求，一般可建多层，当设置电梯作垂直交通时，也可建高层。

（二）结构、材料和施工的要求

建筑物的结构和材料不同，允许建造的层数也不同。如砖混结构，一般以 6 层以下为宜；钢筋混凝土框架结构，不宜超过 15 层；钢框架不宜超过 30 层。如在地震区，建筑物允许建造的层数，根据结构形式和地震烈度的不同来确定，还要符合有关抗震规范。

（三）基地环境和城市规划要求

位于城市干道、广场、道路交叉口的建筑，对城市面貌影响很大，必须重视与环境的关系。位于风景区的建筑，其体量和造型对周围景观有很大影响，为了保护风景区，使建筑与环境协调，一般不宜建造体量大、层数多的建筑物。一般城市规划部门根据城市规划的需要，会对这类地区的建筑高度和层数等提出明确要求，设计者应遵照执行。

（四）防火要求

房屋的耐火等级不同，允许建造的层数不同。根据《建筑设计防火规范》，当建筑物耐火等级为一、二级时，建筑层数不限，三级时，最多允许建 5 层，四级时，仅允许建 2 层。高层建筑的耐火等级应为一、二级。

（五）经济条件

建筑层数与造价的关系很密切。一般情况下，5～6 层砖混结构的房屋较经济。但如果综合考虑征地、搬迁、小区建设及市政设施等投资费用，10～12 层住宅也可能是比较经济合理的层数。

二、剖面的组合方式

建筑剖面的组合方式，主要是由建筑物中各类房间的高度和剖面形状、房间的使用要求和结构布置特点等因素决定的，剖面的组合方式大体上可归纳为以下几种。

（一）单层

单层剖面便于房屋中各部分人流或物品和室外直接联系，适应于覆盖面及跨度较大的结构布置，一些顶部要求自然采光和通风的房屋，也常采用这种方式，如食堂、车站、展览大厅等。单层房屋的主要缺点是用地很不经济。如把一幢 5 层住宅和 5 幢单层的平房相比，在日照相同的条件下，用地面积要增加 2 倍左右（图 3-7），道路和室外管线设施也都相应增加。

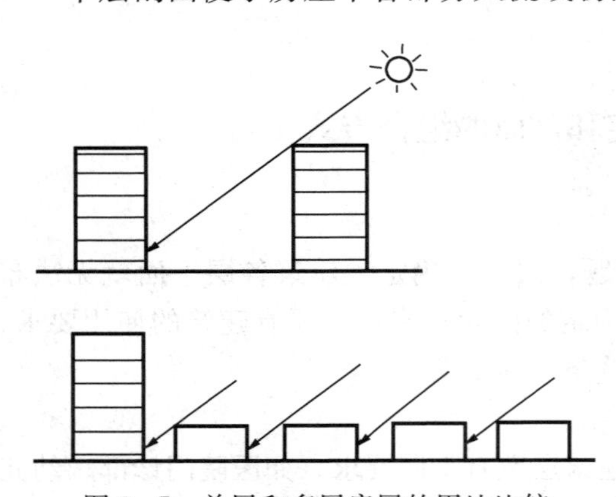

图 3-7 单层和多层房屋的用地比较

（二）多层和高层

多层剖面的室内交通联系比较紧凑，适应于较多相同高度房间的组合，垂直交通利用楼梯联系。多层剖面的组合应注意上下层墙柱等承重构件的对应关系，以及各层之间相应的面积分配。许多单元式平面的住宅和走廊式平面的学校、宿舍、办公、医院等房屋的剖面，多采用多层剖面的组合方式。

一些建筑类型如旅馆、办公楼、城市住宅等，也有采用高层剖面的组合方式。高层剖面能在占地面积较小的条件下，建造较多的使用面积，并且有利于室外辅助设施和绿化等的布置；但高层建筑的垂直交通需要电梯联系，管道设备等设施也较复杂，使用费用较高。由于高层房屋受侧向风力和地震力的问题比较突出，因此通常使用框架结合剪力墙以加强房屋的刚度。

（三）错层、复式和跃层

错层剖面的建筑物纵向或横向剖面中，房屋几部分之间的楼地面高低错开，主要适应于结合坡地地形建造住宅、宿舍等房屋。房屋剖面中的错层高差，可利用室外台阶或利用楼梯间来解决（图3-8、图3-9）。

复式剖面的建筑并不具备完整的两层空间，但层高较普通住宅（通常层高2.8m）高，可在局部掏出夹层，安排卧室或书房等，用楼梯联系上下，其目的是在有限空间里增加使用面积，提高住宅的空间利用率。

图3-8　利用室外台阶解决错层中的高差

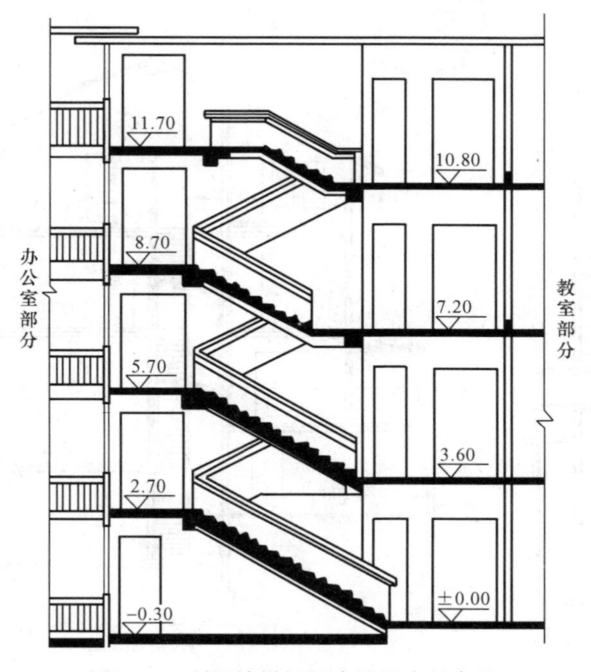

图3-9　利用楼梯间解决错层中的高差

跃层剖面的组合方式主要用于住宅中，从外观来说，跃进层式住宅是一套住宅占两个楼层，有内部楼梯联系上下层，一般在首层安排起居室、厨房、餐厅、卫生间，二层安排卧室、书房、卫生间等。这些房屋的公共走廊每隔 1～2 层设置一条，每个住户可有前后相通的一层或上下层的房间，住户内部以小楼梯上下联系（图 3-10）。跃层的特点是节约公共交通面积，各住户之间干扰较少；由于每户都有两个朝向，通风条件好；但跃层房屋的结构布置和施工比较复杂，每户面积较大，居住标准较高。

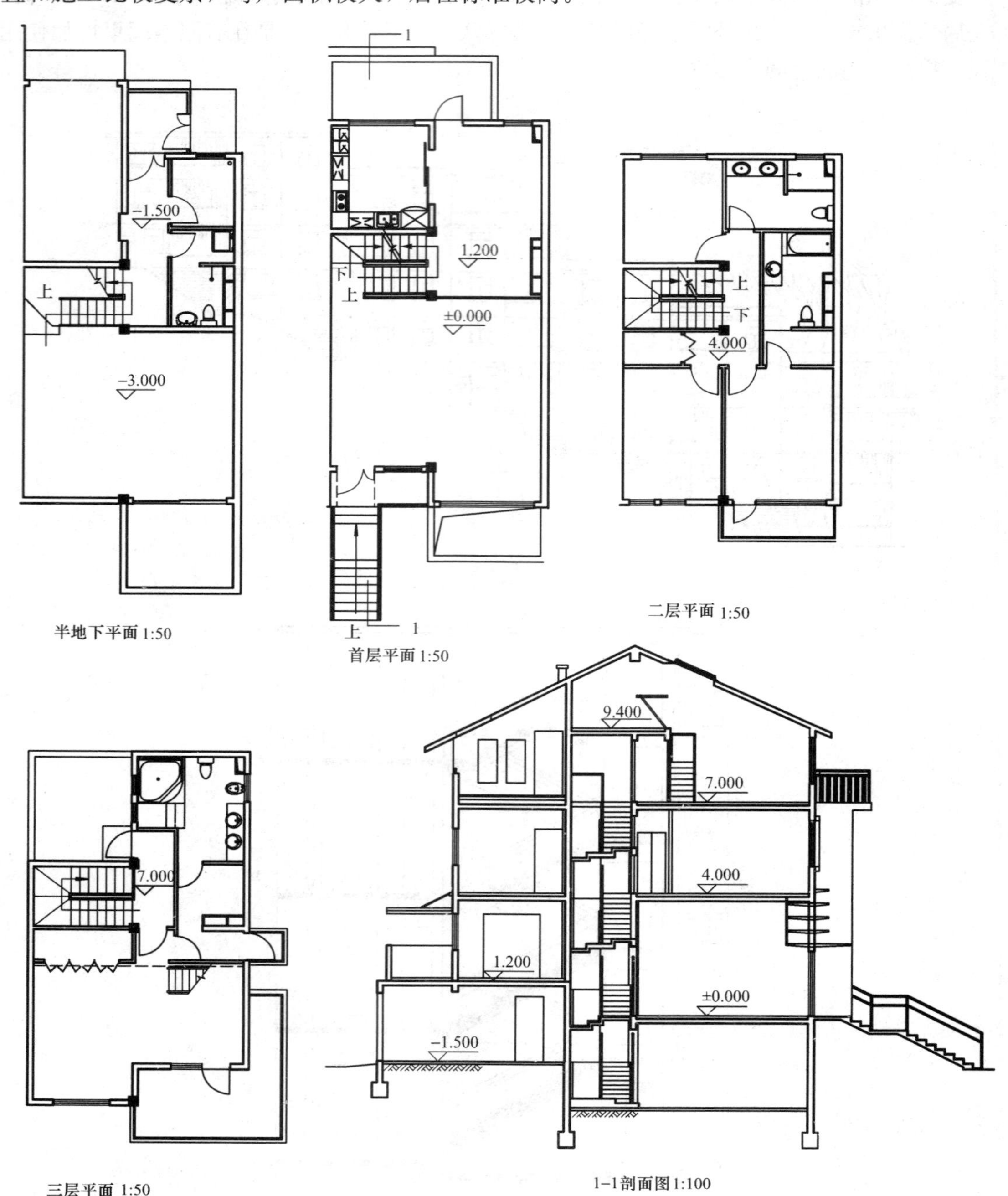

图 3-10　跃层式住宅

第三节 建筑空间的组合和利用

一、建筑空间的组合

一幢建筑物包括许多空间，它们的用途、面积和高度各有不同。如果把高低不同的房间简单地按使用要求组合起来，将会造成屋面和楼面高低错落，结构布置不合理，建筑体型零乱复杂的结果，所以在垂直方向上应当考虑各种不同高度房间合理的空间组合，以取得谐调统一的效果。实际上，在进行建筑平面空间组合设计和结构布置时，就应当对剖面空间的组合及建筑造型有所考虑。

（一）层高相同或相近的房间之间的组合

使用性质接近，而且层高相同的房间可以组合在同一层并逐层向上叠加，直至达到所定的建筑层数或高度为止。这种剖面空间组合有利于结构布置和便于施工。

对于层高相近的房间，相互之间的联系又很密切，考虑到结构布置、构造简单和施工方便等因素，在组合时需将这些房间的层高调整到该层主要房间的层高高度，并逐层叠加。而对于标准层平面面积较大，普遍调整层高不经济不合理时，可采取分区分段调整层高，并仍按前述的组合方式处理，只需在层高变化的地方加设台阶或坡道。图 3 - 11 所示是某中学教学楼的空间组合。从使用要求上需要教室、实验室与厕所、储藏室等组合在一起，因此把它们调整为同一高度。办公室由于开间进深小，层高比较低，组合中把全部办公室组织在一起，它们和教学楼活动部分的层高高差，通过走廊中踏步来解决；平面一端的阶梯大教室，它和普通教室、办公室高度相差较大，故采用单层附建于教学主楼旁。这样的空间组合方式，使用上能满足各房间的要求，结构布置也较合理，也比较经济。

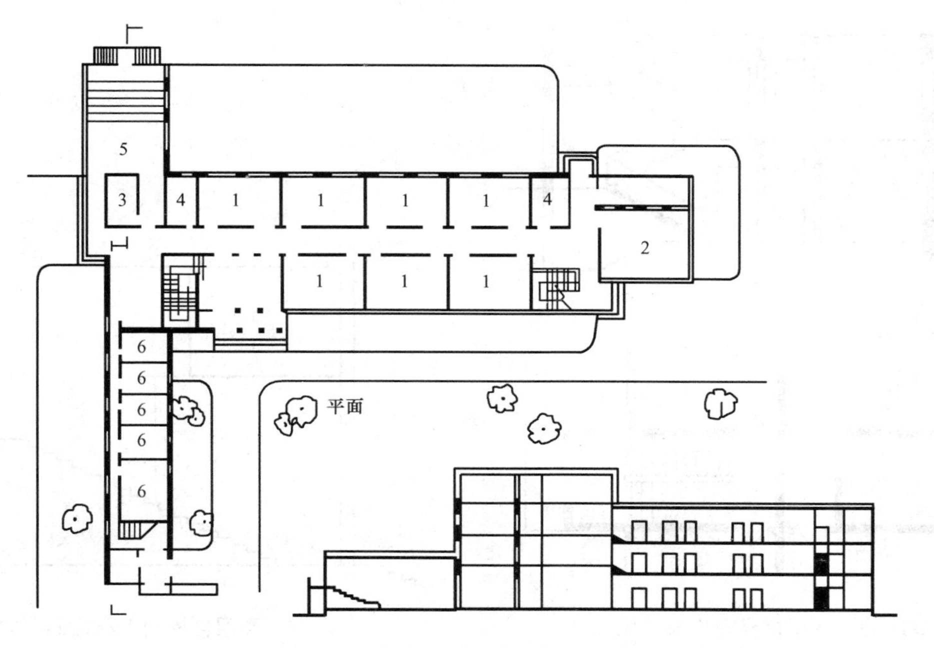

图 3 - 11 某中学教学楼空间组合方式

1—教室；2—阅览室；3—储藏室；4—厕所；5—阶梯教室；6—办公室

（二）层高相差较大的房间之间的组合

在多高层建筑中，对于层高相差较大的房间，可以把少量面积较大、层高较高的房间设置在底层、顶层或作为单独部分（裙房）附设于主体建筑旁，如图 3-12 所示。

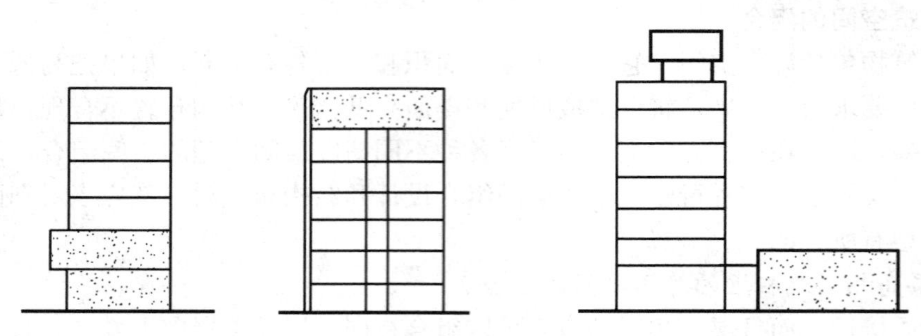

图 3-12 层高相差较大的房间组合

对于房间高度相差特别大，如体育馆和影剧院建筑的比赛厅、观众厅与办公室、厕所等空间，实际设计中常利用大厅的起坡、楼座等，把一些辅助用房布置在看台以下或大厅四周。

二、空间的利用

（一）楼梯间的利用

底层楼梯间的休息平台下的空间可为仓库或通向另一空间的通道，住宅建筑常利用这一空间做单元入口，并兼做门厅，如图 3-13 所示。如高度不够时，可适当抬高平台高度或降低平台下部地面标高，以保证通行净高要求。

顶层楼梯间上部的空间，通常可以用作储藏间。利用顶层上部空间时，应注意梯段与储藏间的净空应大于 2.2m，以保证人们通过楼梯间时，不会发生头部碰撞（图 3-14）。

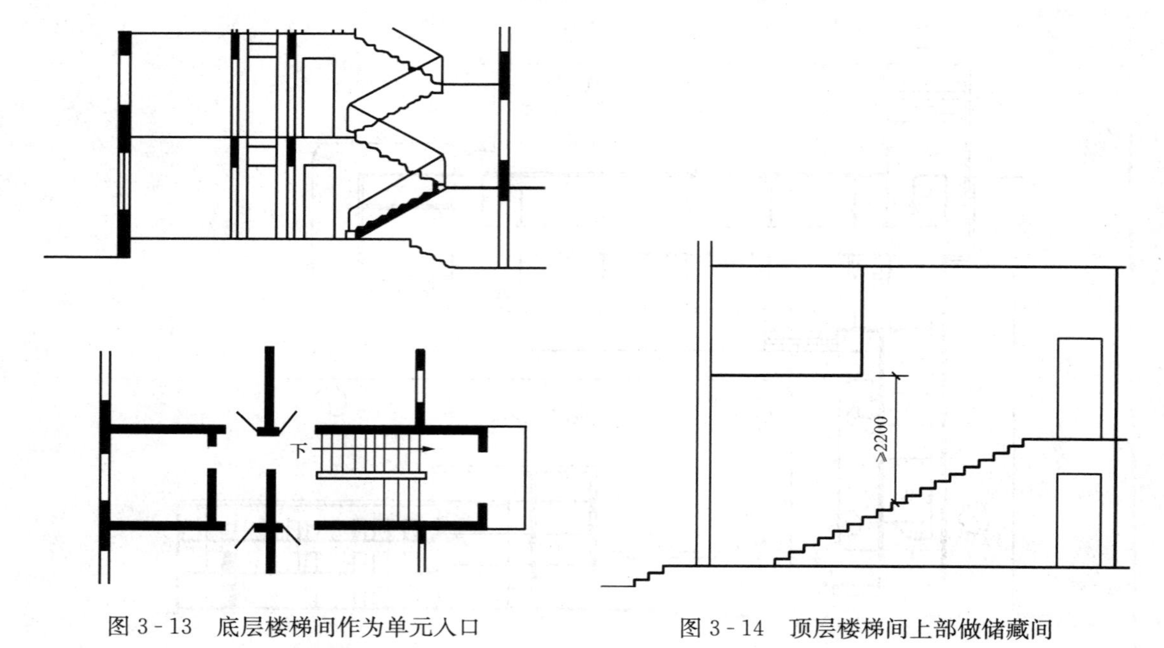

图 3-13 底层楼梯间作为单元入口

图 3-14 顶层楼梯间上部做储藏间

（二）走廊上部空间利用

多高层建筑的走廊一般较窄，净高应比其他房间低些，但为了结构简化，通常与房间的高度相同，使走廊空间造成一定的浪费。可以充分利用走廊上部空间设置通风、照明等线路和各种管道。

（三）房间内部的空间利用

居室中可设置吊柜、壁柜、搁板等，放置换季衣物、被褥和日用杂物；厨房中设置吊柜、壁龛和低柜，放置杂物、燃料和炊具等；坡屋顶的山尖部分的空间，可以作卧室或储藏室。

本章小结

剖面设计主要是确定建筑在高度方向的尺寸和形式。剖面设计包括房间剖面形状和各部分高度的确定、建筑层数的确定以及建筑空间的组合和利用。

房间剖面形状的确定应考虑使用要求，结构、材料和施工，采光、通风和经济条件等的影响。大多数房间剖面采用矩形。

层高与净高的确定要考虑室内使用功能、采光、通风、空间比例、结构及构造、经济效益等因素的影响。窗台的高度根据室内的使用要求、人体尺度和家具或设备的高度来确定。室内用水房间的地面标高一般比其他房间的地面标高低 20～50mm，以防积水外溢。室内外地面高差应考虑内外联系方便，防水、防潮要求，地形及环境条件，建筑物性格特征等因素。

建筑层数的确定应考虑建筑使用要求，结构、材料和施工的影响，基地环境和城市规划，防火及经济条件等的要求。

建筑剖面的组合有单层、多层和高层、错层和跃层等方式。剖面空间的组合包括层高相同或相近的房间之间的组合，层高相差较大的房间之间的组合等。可充分利用的空间有楼梯间首层平台下和上部、走廊上部、房间内部等。

习题与技能训练

一、习题

（一）名词解释

1. 层高

2. 净高

（二）简述题

1. 确定房间高度应考虑哪些因素？

2. 建筑层数与哪些因素有关？

3. 如何进行剖面空间的组合？

二、技能训练

绘制一内走廊式单身宿舍剖面图（1∶50，剖切面过门窗），并标注主要部位的标高。已知：三层楼，层高 3.3m，走廊宽 2.1m，房间进深 5.4m，室内外高差 450mm，砖墙厚 240mm，现浇楼板和屋面板厚 120mm。

第四章　建筑体型和立面设计

本章提要　本章主要介绍了建筑造型包括体型和立面的设计要求；建筑体型组合的方法、转折及转角处理和体量的联系与交接；建筑立面设计的方法步骤与处理方式。

学习目标　了解建筑体型和立面的设计要求，掌握建筑体型组合的方法以及建筑立面的处理方法。

建筑不仅要满足人们生产、生活等使用功能的要求，而且其外部形象要给人以美的感受，满足人们精神文化方面的需要。因此，建筑的外部形象设计也是建筑设计中十分重要的内容。建筑的外部形象包括体型和立面两个方面。体型和立面处理贯穿于整个建筑设计的始终，既不是内部空间被动地直接反映，也不是简单地在形式上进行表面加工，更不是建筑设计完成后的外形处理。建筑体型及立面设计是指在内部空间及功能合理的基础上，在物质技术条件的制约下并考虑到所处的地理位置及环境的协调，对外部形象从总的体型到各个立面以及细部，按照一定的美学规律加以处理，以求得完美的建筑形象。

第一节　建筑体型和立面设计的要求

一、反映建筑功能要求及建筑的个性特征

不同功能要求的建筑类型，具有不同的内部空间组合特点，一幢建筑的外部形象在很大程度上是其内部空间功能的表露，因此，采用那些与其功能要求相适应的外部形式，并在此基础上采用适当建筑艺术处理方法来强调该建筑的性格特征，使其更为鲜明、更为突出，从而能更有效地区别于其他建筑（图 4 - 1）。

二、体现结构、材料和施工技术特点

建筑结构体系是构成建筑物内部空间和外部形体的重要条件之一。由于结构体系的选择不同，建筑将会产生不同的外部形象和不同的建筑风格（图 4 - 2）；因此，在建筑设计工作中，要妥善利用结构体系本身所具有的美学表现力这一因素。不同的建筑材料对建筑体型和立面处理有一定的影响。如清水墙、混水墙、贴面墙和玻璃幕墙等形成不同的外形，给人以不同的感受。施工技术的工艺特点，也常形成特有的建筑外形，尤其是现代工业化建筑，建筑物建成后，在建筑物上所留下来的施工痕迹，都将使建筑物显示出工业化生产工艺造成的外形特点。

三、城市规划及环境要求

建筑是构成城市空间和环境的重要因素，不可避免地要受城市规划和基地环境的制约。建筑体型、立面必然与其所在地区的气候、地形、道路、原有建筑物及绿化等基地环境相适应。如风景区的建筑在体型设计上应同周围环境相协调，不应破坏风景区景色；山地建筑常结合地形和朝向错层布置，从而产生多变的体型；南方炎热地区的建筑，为减轻阳光的辐射和满足室内的通风要求，采用遮阳板和通透花格，使建筑立面富有节奏感和通透感。建筑物

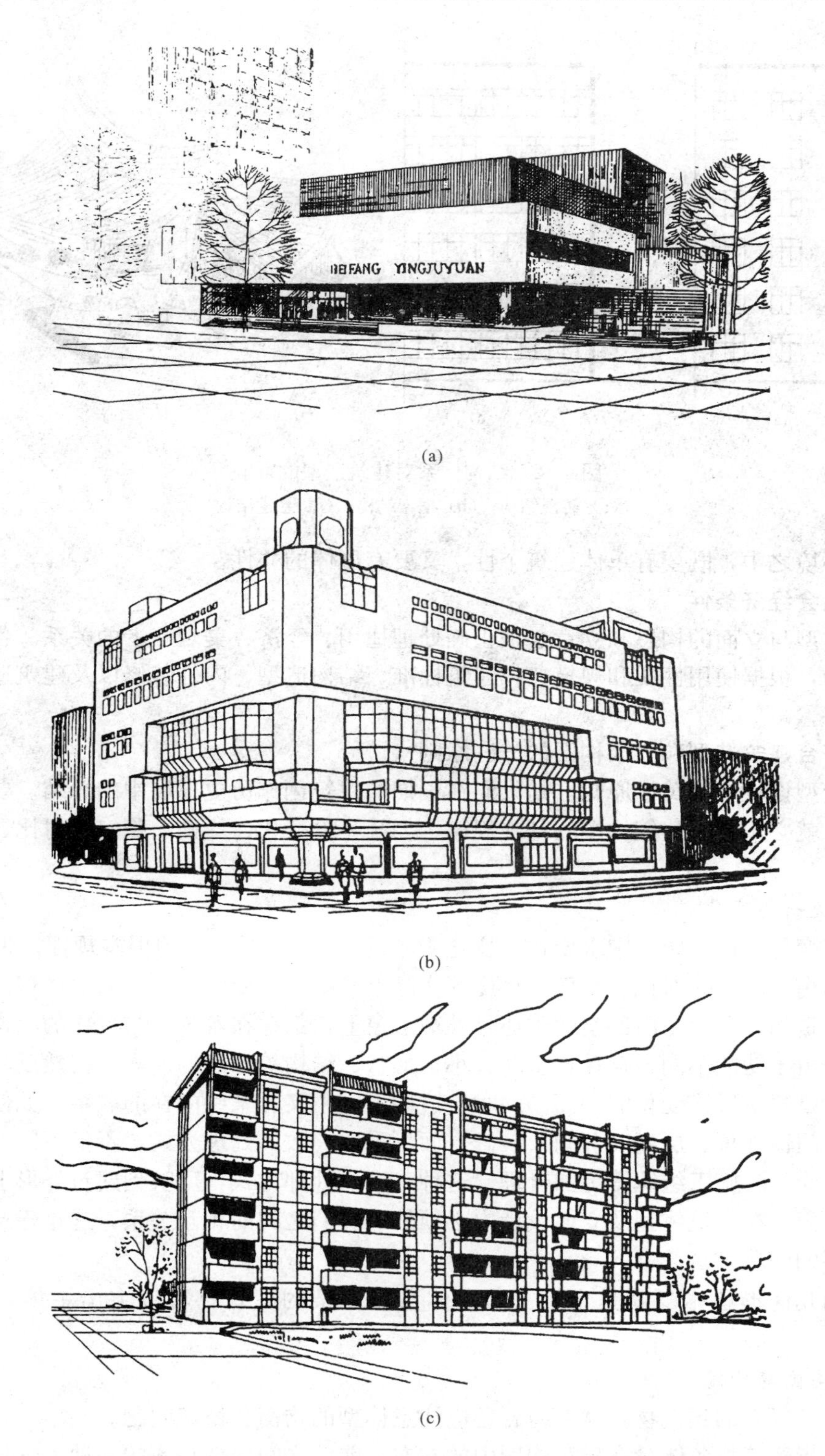

(a)

(b)

(c)

图 4-1　建筑外部形象反映不同类型建筑的性格特征

(a) 剧院建筑；(b) 商业建筑；(c) 城市住宅建筑

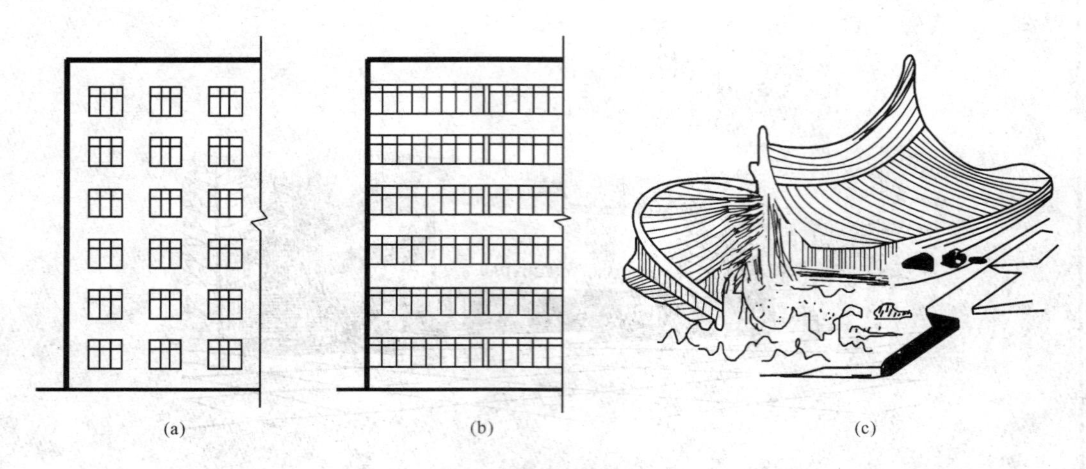

图 4-2 结构体系对建筑造型的影响
(a) 砖混结构；(b) 框架结构；(c) 悬索结构

处于群体环境之中，既要有单体建筑个性，又要有群体的共性。

四、社会经济条件

建筑体型与立面的构思和立意必须正确处理适用、经济、美观三者的关系。各种不同类型的建筑物，根据使用性质和规模，在建筑标准、结构造型、内外装修以及建筑造型等方面应区别对待。

五、符合建筑造型和立面构图的一些原则

建筑造型设计中的美学原则，是人们在长期的建筑创作历史发展中的总结。要创造美的建筑形象，就必须遵循建筑构图的基本规律，如统一、变化、均衡、稳定、对比、韵律、比例、尺度等。

（一）统一与变化

统一与变化，即“统一中求变化，变化中求统一”，是形式美的根本规律。形式美的其他方面如均衡、稳定、对比、比例、尺度等实际上是统一与变化在各方面的体现。

任何建筑物，无论是内部空间中还是外观形象上，都存在着统一与变化的因素。建筑物各组成部分由于功能不同，存在着空间大小、形状、结构等方面的差异，自然反映到建筑外形上，这就是建筑形式变化的一面。同时，这些不同中又有某些内在的联系，如使用性质不同的房间在门窗处理、层高、开间及装修方面可采取一致的处理方式，不仅不影响使用，而且能使结构受力、施工组织等更加合理。这种一致的处理方式，反映到建筑外形上，就是形式统一的一面。在建筑体型及立面设计中必须处理它们之间的相互关系，这是建筑构图中一个非常重要的问题。

简单的几何形状本身就是个统一体；体量较复杂的建筑物可以突出主体，以陪衬求统一。

（二）均衡与稳定

对一个较复杂的建筑物，体型组合还应注意体型的均衡和稳定问题。

均衡是指建筑物各体量在建筑构图中的左右、前后之间保持平衡的一种美学特征。力学的杠杆原理表明，均衡中心在支点，根据均衡中心位置的不同可把均衡分为对称均衡和不对称均衡（图 4-3）。对称均衡具有庄严肃穆的特点；不对称均衡则显得轻巧活泼。

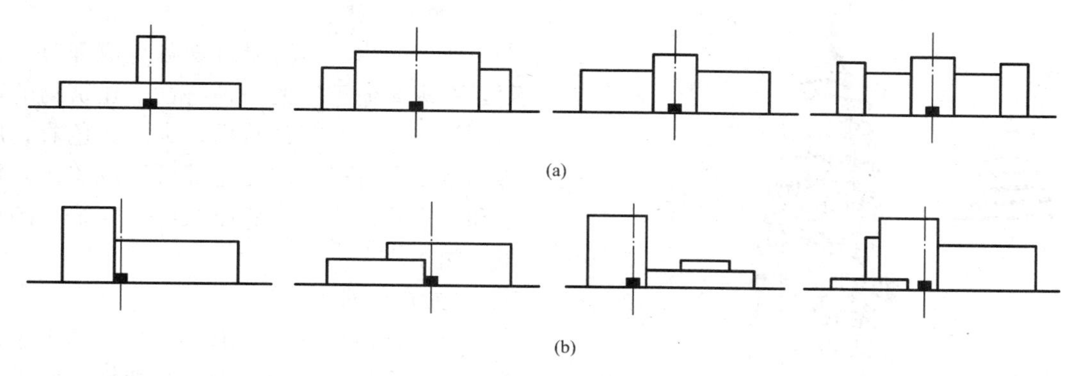

图 4-3　不同形式的均衡示意

（a）对称均衡；（b）不对称均衡

稳定是指建筑物在建筑构图上的上下之间的轻重关系。过去在人们的实际感受中，上小下大，上轻下重就能获得稳定感（图 4-4）。随着科学技术的进步和人们审美观念的发展变化，利用新材料、新结构创造出了上大下小、上重下轻的新的稳定概念（图 4-5）。

图 4-4　上小下大稳定感建筑示例

图 4-5　上大下小的新稳定感建筑示例

（三）对比

建筑物中各要素除按一定规律结合在一起外，必然存在各种差异，如体量大小、线条曲直粗细、材料质感色彩、立面的点线面等，这种差异就是对比。

对比可以相互衬托而突出各自的特点。在建筑构图中，恰当地运用对比手法，能取得对比强烈、感觉明显、和谐统一等效果。此外，充分运用钢筋水泥的雕塑感和玻璃窗洞的透明感以及大型坡道的流畅感，可协调整个建筑的统一气氛，给人们留下深刻的印象。

图 4-6 渐变韵律在建筑中的应用

（四）韵律

所谓韵律，是指建筑物各组成部分、各要素有规律地重复的一种特性。建筑物的体型、门窗、墙柱等的形状、大小、色彩、质感的重复和有组织的变化都可形成韵律来加强和丰富建筑形象，从而取得多样统一的效果（图 4-6）。

（五）比例

比例是指长宽高三个方向之间的大小关系。建筑物从整体到各局部及细部之间都存在着比例关系，如整个建筑的长宽高之比，各房间长宽高之比；立面中的门窗与墙面之比；门窗本身的高宽比等等。在建筑设计中，要注意把握建筑物及其各部分的相对尺寸关系，比如大小、长短、宽窄、高低、粗细、厚薄、深浅、多少等，只有这样才能给人以美感。

在建筑外观上，矩形最为常见，建筑物的轮廓、门窗、开间等都形成不同的矩形，如果这些矩形的对角线有某种平行或垂直、重合的关系，那将有助于探求和谐的比例关系（图 4-7）。对于高耸的建筑物或距观赏点较远的建筑部位，应该考虑因透视作用而使比例失调；相反，在设计中也可运用这一特征进行特殊处理。

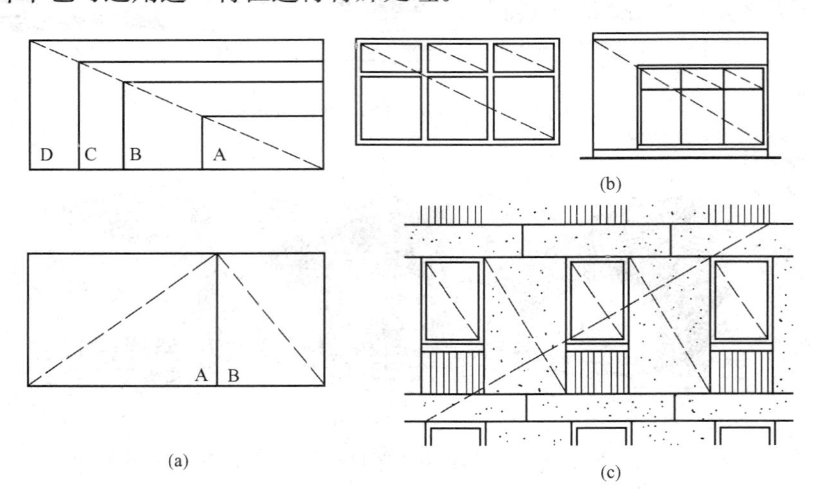

图 4-7 以相似比例求得和谐统一

（六）尺度

尺度是指建筑物的整体或局部给人感觉上的大小与真实大小之间的关系，用以表现建筑物正确的尺寸或者表现所追求的尺寸效果。

几何形状本身并没有尺度，比例也只是一种相对的尺度。只有通过与人或人所熟悉的某些建筑构件（如踏步、栏杆等）作为尺度标准进行比较，才能体现出建筑物的整体或局部的尺度感，我们称之为自然尺度，大量性建筑都应体现这种实际大小与给人印象真实大小相一致的自然尺度（图 4-8）。但有些建筑也可采用夸张尺度和亲切尺度。夸张尺度即运用夸张手法有意将建筑的尺寸设计得比实际需要大些，使人感觉建筑物雄伟、壮观，一般用于纪念性建筑和一些大型的公共建筑。亲切尺度是将建筑物的尺寸设计得比实际需要小一些，使人们获得亲切、舒适的感受，一般用于园林建筑的尺寸确定。

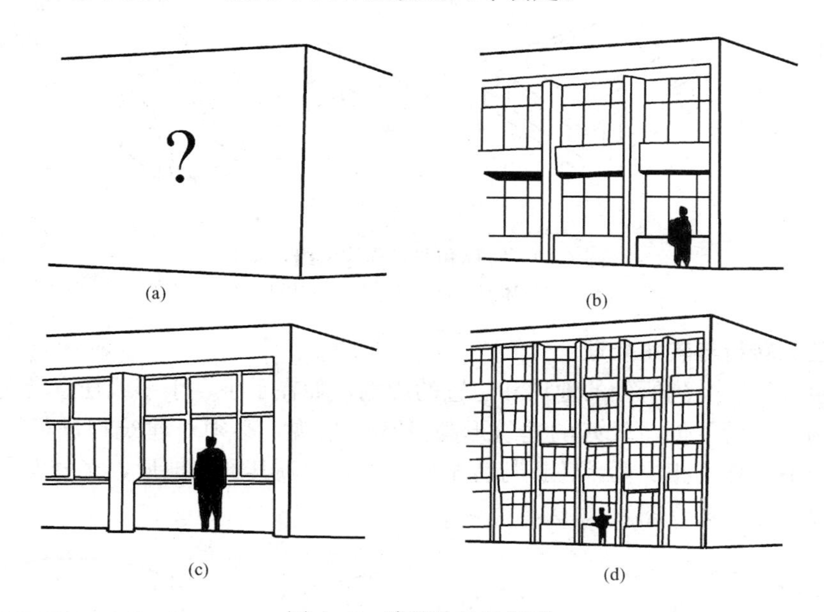

图 4-8　建筑物的尺度感

第二节　建筑体型的组合

体型是指建筑物的轮廓形状，反映出建筑物总的体量大小、组合方式及比例尺度等。不论建筑体型的简单与复杂，它们都是由一些基本的几何型体组合而成。建筑体型设计，就是以建筑的使用功能和物质技术条件为前提，运用建筑构图的基本规律，将建筑各部分体量巧妙地组合成一个有机整体。

一、体型组合方法

（一）单一体型

这类建筑的特点是平面和体型都较完整单一，平面形式多采用对称式的正方形、三角形、圆形、多边形、风车型、Y 形等单一几何形状，给人以统一、完整、简洁大方、轮廓鲜明和印象深刻的效果。这种体型设计方法是建筑造型设计中常用的方法之一。

（二）单元组合体型

单元组合体型是将几个独立体量的单元按一定方式组合起来，广泛应用于住宅、学校、幼儿园、医院等建筑类型。这种组合体型组合灵活，没有明显的均衡中心及体型的主从关系，而且单元连续重复，形成了强烈的韵律感，如图 4-1（c）所示的住宅。

（三）复杂体型

由两个以上体量组合而成的称为复杂体型。这些体量之间存在着相互协调统一的问题，要根据各体量建筑内部功能要求、体量大小和形状遵循统一变化、均衡稳定、比例尺度等构图要点，将其主要部分、次要部分分别形成主体、附体，突出重点，主次分明，并将各部分有机地联系起来，形成完整的建筑形象。复杂体型组合有对称和非对称两种（图 4 - 9）。对称体型容易获得统一均衡的效果；非对称体型要特别注意各部分的体量大小变化，以求得视觉上的均衡和统一。

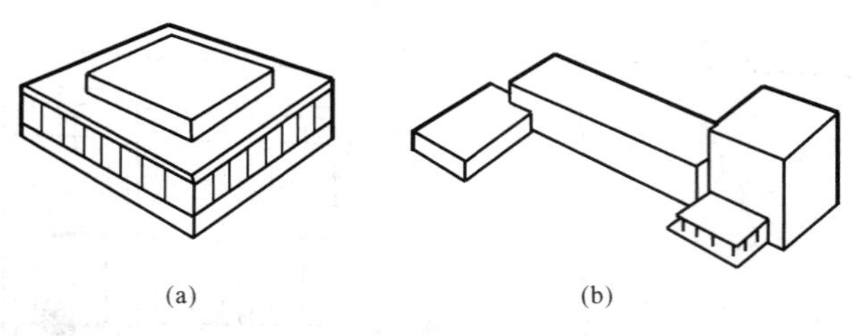

图 4 - 9 对称和非对称体型组合示意

（a）对称体型组合；（b）非对称体型组合

二、体型的转折与转角处理

体型的组合往往受到所处的地形和位置的影响，如在十字、丁字或任意转角的路口或地带布置建筑物时，为了创造较好的建筑形象及环境景观，必须对建筑物进行转折或转角处理，以保持与地形环境相协调。转折与转角处理中，应顺其自然地形，充分发挥地形环境优势，合理进行总体布局（图 4 - 10）。

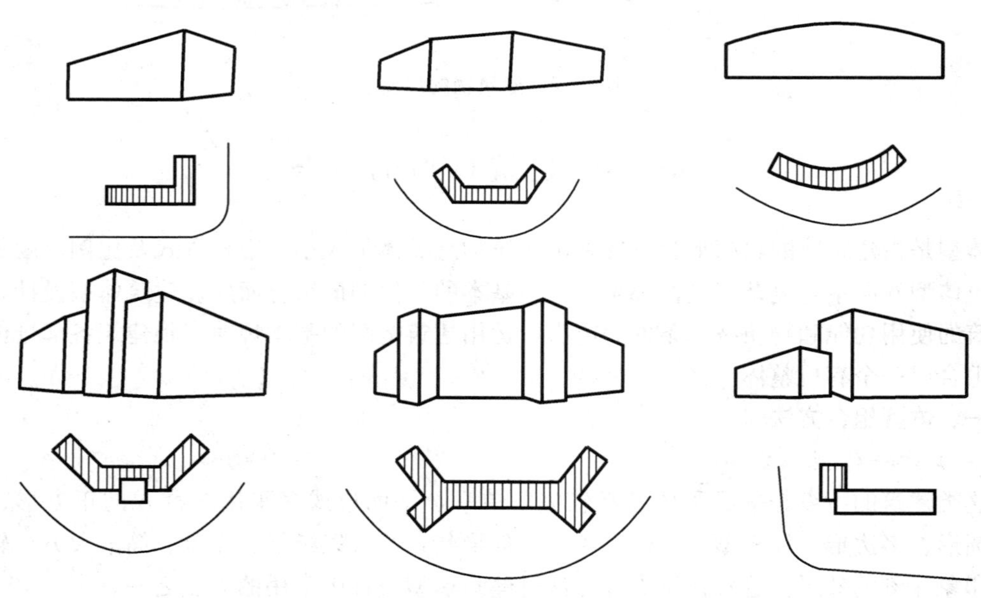

图 4 - 10 体型的转折与转角处理示意

三、体量间的联系与交接

建筑体型的组合，还要处理好各组成部分的连接关系，尽可能做到主次分明，交接明确。

各体量之间的联系和交接的形式是多种多样的，可归纳为两大类四种形式：第一类是直接连接，包括有拼接和咬接两种形式，如图 4 - 11（a）、（b）所示，直接连接具有造型集中紧凑、内部交通短捷等特点。第二类是间接连接，包括有廊连接和连接体连接两种形式，如图4-11（c）、（d），间接连接具有建筑造型丰富、轻快、舒展、空透以及各体量各自独立，有利于庭园组织等特点。

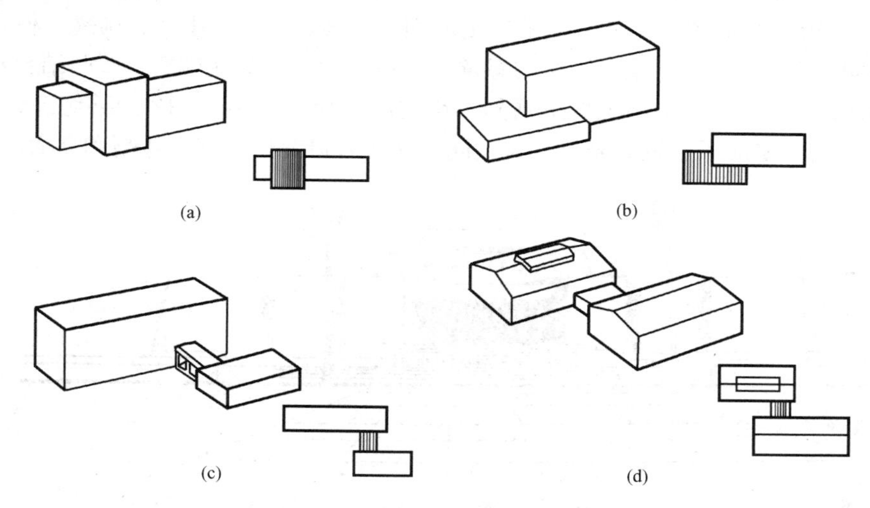

图 4-11　建筑体量间的交接形式

（a）拼接；（b）咬接；（c）廊连接；（d）连接体连接

第三节　建筑立面设计

建筑立面是表示房屋四周的外部形象。立面设计和建筑体型设计一样，也是在满足房屋使用要求的前提下，运用建筑造型和立面构图的一些规律，紧密结合平面、剖面的内部空间组合来进行的。

建筑立面由许多构部件组成，如门、窗、墙、柱、雨篷、屋顶、檐口、台基、勒脚、凹廊、阳台、线脚、花饰等。立面设计就是恰当地确定这些组成部分和构部件的比例、尺度、材料质感和色彩等，运用构图要点，设计出与总体协调、与内容统一、与内部空间相呼应的建筑立面。

进行立面设计时，通常先根据初步确定的房屋内部空间组合的平面、剖面关系，例如房屋的大小、高低、门窗位置，构部件的排列方式等，描绘出房屋各个立面的基本轮廓，作为进一步调整统一和进行立面设计的基础。设计时首先应推敲立面各部分总的比例关系，考虑建筑整体的几个立面之间的统一，相邻立面之间的连接和协调；然后着重分析各个立面上墙面的处理，门窗的调整安排；最后对入口门廊、建筑装饰等进一步作重点及细部处理。

一、立面比例和尺度

立面各部分之间比例尺度以及墙面的划分都必须根据内部功能特点，在体型组合的基础上，考虑建筑结构、构造、材料、施工等因素，仔细推敲，创造出与建筑性格特征相适应的建筑立面比例效果。如立面中窗的大小、形状，檐口方式、尺寸，阳台的长度与造型等，应借助比例尺度的手法，恰当加以运用。

二、立面虚实与凹凸

立面的虚实、凹凸关系是对比处理当中常用的手法之一。“虚”是指立面上的空虚部分，主要由玻璃、门窗洞口、门廊、空廊、凹廊等形成，能给人以不同程度的空透、开敞、轻盈的感觉；“实”是指立面上的实体部分，主要由墙面、柱面、檐口、阳台、雨篷、栏板等形成，能给人以不同程度的封闭、厚重、坚实的感觉。立面设计中对这些虚实、凹凸结合建筑功能、结构特点等加以巧妙处理，可给人留下强烈、深刻的印象。如图 4 - 12 为某纪念馆立面，运用虚实对比手法，增加了建筑的凝重气氛，同时又使入口突出，整个体型和立面简洁大方。

图 4 - 12　立面虚实关系处理举例

三、立面线条处理

建筑的构成要素，如柱、遮阳、带形窗、窗间墙、挑廊等在立面上形成了若干方向不同、长短各一的线条。正确运用这些不同类型的线条，如粗细、长短、横竖、曲直、凹凸、疏密与简繁、连续与间断、刚劲与柔和等，对建筑立面韵律的组织、比例尺度的权衡都能带来不同的效果。图 4 - 13（a）所示强调水平线条的建筑，给人以轻快、舒展、亲切的感受；图 4 - 13（b）强调垂直线条的建筑，则给人以挺拔、雄伟、庄严的感受。

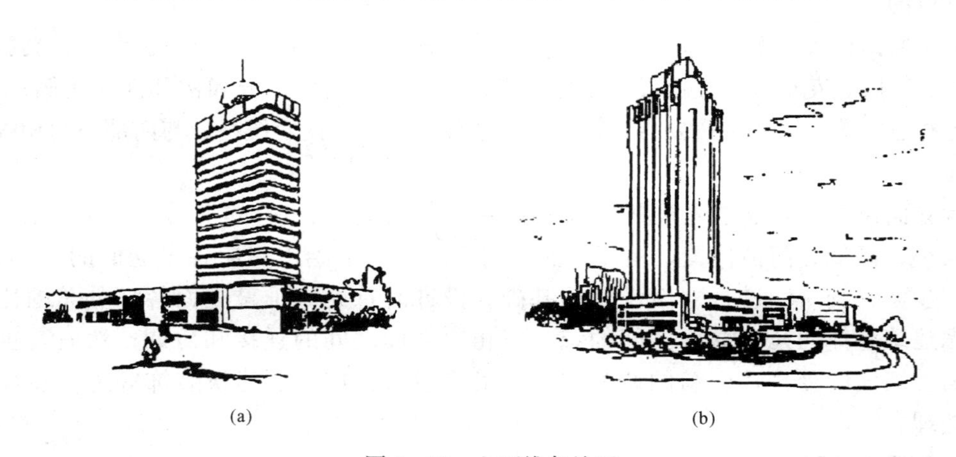

图 4 - 13　立面线条处理

（a）水平线条；（b）垂直线条

四、立面色彩与质感

色彩、质感是材料固有的特性。对于一般建筑而言，主要是通过材料色彩的变化使其相互衬托与对比来增加建筑的感染力。

建筑色彩的处理包括大面积基调色的选择和墙面上不同色彩构图两个方面的问题。一般建筑外形应有主色调，局部运用其他色调容易取得和谐效果。一般说来，立面色调以白色和浅色为主的，常使人感觉明快、清新；以深色为主的，又显得端庄、稳重；红、褐等暖色趋于热烈，蓝、绿等冷色感到宁静等等。对于各种冷暖和深浅色彩进行组合和搭配，会产生各种不同的效果。色彩运用应与周围相邻建筑、环境气氛相协调。此外，色彩运用应适应气候条件，炎热地区多采用冷色调，寒冷地区宜采用暖色调；同时还应考虑天气色彩的明暗，如常年阴雨天多，天空透明度低的地区宜选用明朗、光亮的色彩。色彩构图应该有利于实现总的调子和气氛，要全面计划，弥补基调的某些不足。色彩构图主要是强调对比或是调和。对比可以使人感到兴奋，过分强调对比又使人感到刺激；调和则使人有淡雅之感，但过于淡雅又使人感到单调乏味。

建筑立面设计中，材料的运用，质感的处理也是极其重要的。表面粗糙与光滑都能使人产生不同的心理感受，粗糙的混凝土和毛石表面显得厚重坚实，平整光滑的面砖、金属材料及玻璃表面则令人有轻巧细腻之感。立面设计应充分利用材料质感的特性，巧妙处理，有机组合，有助于加强和丰富建筑的表现力。

五、重点与细部处理

突出建筑物立面中的重点，既是建筑造型的设计手法，也是房屋使用功能的需要。在建筑立面处理中，对一些位置（如建筑物主要出入口、建筑中心、商店橱窗等）进行重点处理，以吸引人们的视线，同时也能起到“画龙点睛”的作用，增强和丰富建筑立面的艺术效果。重点处理常采用对比手法，使其与主体区分，如采用高低、大小、横竖、虚实、凹凸、色彩、质感等对比（图 4－14）。

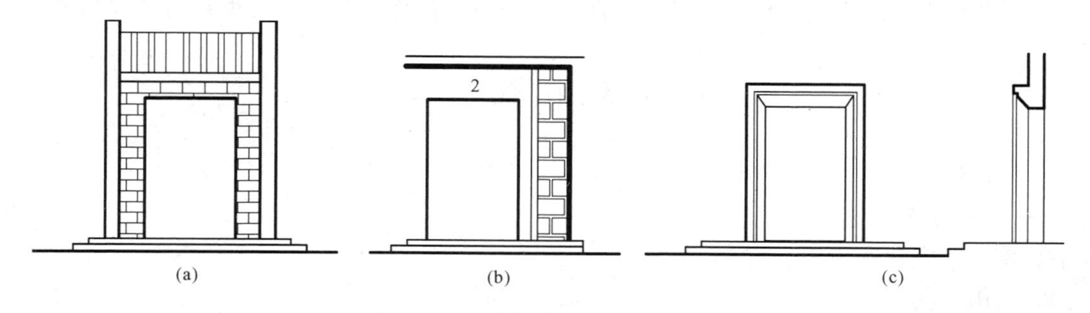

图 4－14　住宅单元入口重点处理

立面设计中对于体量较小，人们接近时能看得清的构件与细部装饰等的处理称为细部处理，如阳台、踏步、雨篷、大门、花台、檐口等局部，而其中每一部分都包括许多细部的作法。在造型设计上，首先要从大局着眼，仔细推敲，精心设计才能使整体和局部达到完整统一的效果。图 4－15 为建筑立面上的几种细部处理。

本　章　小　结

建筑体型和立面设计应反映建筑功能、技术特点、城市规划及环境要求、社会经济条件，并要符合建筑造型和立面构图的一些美学原则，如统一与变化、均衡与稳定、韵律、对比、比例、尺度等。

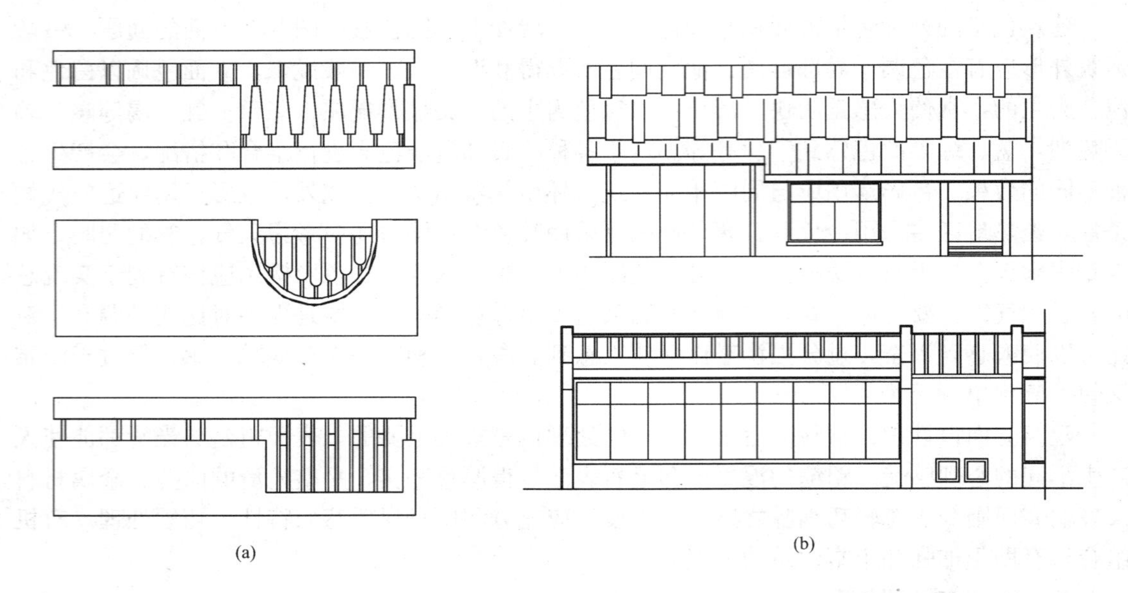

图 4-15 建筑立面上的细部处理
(a) 阳台细部；(b) 檐口细部

体型组合方法包括单一体型、单元组合体型和复杂体型的组合。在特定的环境下，体型组合应注意体型的转折与转角处理。体量之间联系和交接的形式有拼接、咬接、廊连接和连接体连接。

立面设计应注意比例、尺度、虚实、凹凸、线条、色彩、质感以及重点与细部的处理。

习 题 与 技 能 训 练

一、习题

（一）名词解释

1. 统一、变化
2. 均衡、稳定
3. 对比
4. 比例、尺度

（二）简述题

1. 建筑体型及立面设计要求有哪些？
2. 建筑体型组合的方法有哪些？
3. 如何进行立面设计？

二、技能训练

找几幢身边的建筑物，以造型中的美学原则为依据，分析一下它们的体型和立面，看哪些地方处理得好，哪些地方处理得不好。想一想，如果你设计这些建筑物，应注意哪些问题。

第五章 建筑防火与安全疏散

本章提要 本章介绍了民用建筑的火灾特点、危害及防火要求；建筑物防火间距的规定，防火、防烟分区及安全疏散距离的确定等内容。

学习目标 了解民用建筑的火灾特点、危害及防火要求；掌握建筑物防火间距，防火、防烟分区以及安全疏散距离的确定。

第一节 建筑火灾简介

建筑防火是建筑设计的重要内容之一。火灾的发生常常导致巨大的经济损失和人身伤亡，甚至造成严重的社会影响。建筑物作为人类活动的空间环境，起火的原因是多种多样的，如使用明火及用电不慎，化学物质的意外反应，人为纵火或者地震等自然灾害引起。因此在进行建筑防火设计时应首先对同类建筑物进行调查，分析该建筑物可能起火的各种因素，了解火灾发生的原因和发展途径，以便采用有效的防火、灭火措施，避免造成生命及财产的损失。

一、火灾的发展过程

火灾的发展都具有一定的规律，一般可分为三个阶段。第一阶段是火灾的初期阶段，这时燃烧往往在建筑物的局部进行，火势不稳定，室内的平均温度也不高，易被扑灭。第二阶段是火灾的猛烈燃烧阶段，这时火势已经蔓延到整个房间，室内的物体都在剧烈燃烧，室内温度可达1000℃左右，火势燃烧稳定，难于扑灭。这一阶段延续时间的长短主要取决于可燃烧物的多少和通风条件，而与起火原因无关。第三阶段，即火灾的衰减熄灭阶段，这时室内可以燃烧的物质已经所剩无几，火势逐渐减弱，室内温度逐渐下降，燃烧将自行熄灭。

建筑防火设计主要是针对火灾前两个阶段的特点，采取控制火势或减少火灾危害的措施。由于火灾第一阶段会产生烟和热辐射，可采用安装火灾自动感应报警系统，同时配置适当数量的灭火装置，把火势及时控制和消灭在起火点。对于第二阶段，可设置合理的防火间距、防火分区，限制火势发展，尽可能地将火灾限制在一定的区域内，最大限度地减少火灾危害。

二、火势的蔓延方式

在起火的房间内，从起火点开始，火势主要是依靠直接燃烧和热辐射的方式进行扩大蔓延的。在建筑物内，火由起火房间向其他房间蔓延，主要是依靠可燃构件的燃烧、热传导、热辐射和热对流的方式蔓延。

（一）热传导

指物体一端受热，通过热分子的运动，把热传到另一端。其特点是，热量必须经导热好的建筑构件或建筑设备，如金属构件、薄壁隔墙或金属设备等，直接接触，热能通过热分子运动，把高温传到低温处。如我国某市一家宾馆在没有采取安全措施的情况下，焊接风管，使包裹在风管上的保温材料温度升高，从而引发火灾。

(二) 热辐射

热由热源以电磁波的形式直接发射到周围物体上的现象称为热辐射。就像在烧得很旺的火炉旁边烘烤衣服，如果衣服靠得太近，就有可能把衣服烤着。起火的建筑物就像火炉一样烘烤、辐射附近的建筑。由于热辐射的作用，火焰会烤着邻近的建筑物，威胁邻近建筑的安全。在建筑总体布局时强调防火间距正是为了避免由热辐射而引发火灾蔓延。

(三) 热对流

灼热的烟气与冷空气之间相互流动的现象称为对流。由于热对流的作用，火势常常通过窗口、门洞口向外蔓延。据测定，在火灾初期阶段，因空气对流，烟气在水平方向的扩散速度为 0.3m/s；在火灾燃烧猛烈阶段，在高温的作用下，烟气在水平方向的扩散速度为0.5～3m/s，烟气沿楼梯间或其他竖向管井的扩散速度为 3～4m/s。例如高 100m 的建筑物，烟从竖向孔道到达屋顶只需 25～33s。烟气流动的速度远远超过人的疏散速度。

三、火势蔓延的途径

研究火灾蔓延的途径，是设置防火分区的依据。火灾的蔓延途径主要有：由外墙窗口喷出，沿窗间墙，由上层窗口进入上层室内；沿横向（主要是通过内墙门及间隔）蔓延；通过电梯、楼梯、垃圾井道、设备管道等竖井蔓延到建筑物的任意一层；通过建筑的通风管道（如机房、房间吊顶内部）蔓延。

四、建筑火灾造成伤亡的原因

根据对火灾统计资料的分析，火灾造成的死亡人数中有 60%～80%是被烟熏死的。烟中的气体并不都是有毒的，但也会妨碍人的呼吸，降低空气中氧的浓度，造成人体缺氧死亡。在被火烧死的人中，多数是先中毒窒息、晕倒后被大火烧死的。日本“千日”百货大楼火灾，死亡 118 人中有 93 人是被烟熏死的；美国米高梅饭店火灾，死亡 84 人中有 67 人是被烟熏死的。烟的浓度还阻碍了光线通过，影响视线，使人们疏散速度减慢。例如一个 $35m^3$ 的房间内，燃烧 0.15～0.2kg 常见塑料产生的浓烟可使能见度减至 1m。妨碍安全疏散的有毒气体按生物作用分类见表 5-1。

表 5-1　有毒气体按生物作用分类

分类	生物作用	气体名称举例
单纯窒息性气体	降低空气中氧气含量而使人产生窒息	甲烷、乙烷、乙炔、碳酸气
化学窒息性气体	妨碍血红蛋白的氧气交换，阻碍组织的呼吸、酶的生成	一氧化碳、硫化氢、氰化物
刺激性气体	对呼吸器官有害，刺激和损害眼结膜和肝脏	氨、丙烯醛、二氧化氮、甲醛、氯、光气、亚硫酸、氟化氢、溴氧
普通损害性毒物	能被血液吸收，伤害体内器官	砷化三氢、磷化氢、硒化氢、碳酸镍
腐蚀性酸性蒸气	对与其接触的部位造成伤害	硫酸、硝酸、盐酸、氢氟酸

第二节　单层、多层建筑防火设计

一、防火间距

为了防止火势向邻近建筑蔓延，建筑物之间应保持一定的防火间距，并合理安排消防车道、消防水源，保证消防车能够靠近建筑物，为消防补救工作提供良好条件。《建筑设计防火规范》(GB 50016—2006) 规定单层、多层民用建筑的防火间距不应小于表 5－2 所示的间距。

表 5－2　单层、多层民用建筑的防火间距

防火间距 (m) ＼ 耐火等级 耐火等级	一、二	三	四
一、二	6.0	7.0	9.0
三	7.0	8.0	10.0
四	9.0	10.0	12.0

针对表 5－2，需要进一步说明的是：

(1) 两座建筑物相邻较高一面外墙为防火墙或高出相邻较低一座一、二级耐火等级建筑物的屋面 15m 范围内的外墙为防火墙且不开设门窗洞口时，其防火间距可不限；

(2) 相邻的两座建筑物，当较低一座的耐火等级不低于二级、屋顶不设置天窗、屋顶承重构件及屋面板的耐火极限不低于 1.00h，且相邻的较低一面外墙为防火墙时，其防火间距不应小于 3.5m；

(3) 相邻的两座建筑物，当较低一座的耐火等级不低于二级，相邻较高一面外墙的开口部位设置耐火极限不低于 1.20h 的防火门窗，或设置符合现行国家标准《自动喷水灭火系统设计规范》(GB 50084—2001) (2005 版) 规定的防火分隔水幕或《建筑设计防火规范》(GB 50016—2006) 第 7.5.3 条规定的防火卷帘时，其防火间距不应小于 3.5m；

(4) 相邻两座建筑物，当相邻外墙为不燃烧体且无外露的燃烧体屋檐，每面外墙上未设置防火保护措施的门窗洞口不正对开设，且面积之和小于等于该外墙面积的 5%时，其防火间距可按本表规定减少 25%；

(5) 耐火等级低于四级的原有建筑物，其耐火等级可按四级确定；以木柱承重且以不燃烧材料作为墙体的建筑，其耐火等级应按四级确定；

(6) 防火间距应按相邻建筑物外墙的最近距离计算，当外墙有凸出的燃烧构件时，应从其凸出部分外缘算起。

二、防火分区

为了防止由于火灾蔓延而造成燃烧面积扩大、损失增加，除应减少建筑物内部可燃物数量和设置自动灭火系统外，最有效的办法是划分防火分区，即将建筑面积过大的地方用防火墙等分隔物划分成若干个防火分区。这样可将火势控制在一定的范围内，有利于消防扑救，减少火灾造成的损失。图 5－1 所示为某饭店防火分区划分示意图。

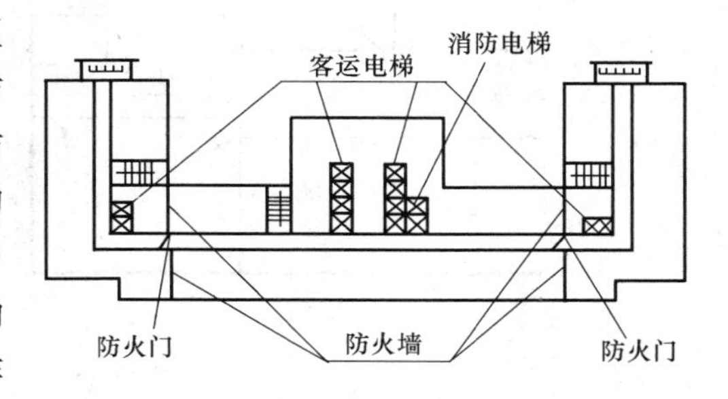

图 5－1　防火分区划分示意图

防火分区应包括水平防火分区和垂直防火分区两部分。水平防火分区就是用防火墙、防火门或防火卷帘加水幕等将各楼层在水平方向分隔为几个防火分区；垂直防火分区就是用达到设计规范要求的楼板或窗间墙 (上、下窗之间的距离不小于 1.2m) 将上下层隔开。当建筑物上、下层设有走廊，自动扶梯，传送带等开口部位时，应将相连通的各层作为一个防火分区考虑。单层、多层民用建筑的防火分区与耐火等级、层数和建筑面积的关系应符合表5-3的要求。

表5-3 民用建筑的耐火等级、最多允许层数和防火分区最大建筑面积

耐火等级	最多允许层数	防火分区的最大允许建筑面积（m^2）	备注
一、二	（1）9层及9层以下的住宅居住建筑（包括设置商业服务网点的居住建筑）； （2）建筑高度小于等于24.0m的公共其他民用建筑； （3）建筑高度大于24.0m的单层公共建筑	2500	（1）体育馆、剧院的观众厅，展览建筑的展厅，其防火分区最大允许建筑面积可根据需要放宽； （2）托儿所、幼儿园的儿童用房及儿童游乐厅等儿童活动场所不应超过3层或设置在4层及4层以上楼层或地下、半地下建筑（室）内
三	5层	1200	（1）托儿所、幼儿园的儿童用房及儿童游乐厅等儿童活动场所、老年人建筑和医院、疗养院的住院部分不应超过2层或设置在3层及3层以上楼层或地下、半地下建筑（室）内； （2）商店、学校、电影院、剧院、礼堂、食堂、菜市场不应超过2层或设置在3层及3层以上楼层
四	2层	600	学校、食堂、菜市场、托儿所、幼儿园、老年人建筑、医院等不应设置在2层
地下、半地下建筑（室）		500	—

注 建筑内设置自动灭火系统时，该防火分区的最大允许建筑面积可按本表的规定增加1.0倍。局部设置时，增加面积可按该局部面积的1.0倍计算。

三、安全疏散

当火灾发生时，建筑物内的人员应该能够迅速而有秩序地疏散到安全地带，因此安全疏散是建筑设计的重要内容之一。为了保证人员安全，必须在建筑物中设有安全疏散路线，并提供足够的安全出口。

（一）安全疏散路线

安全疏散线路一般可分为三种：①室内→室外；②室内→走道→室外；③室内→走道→楼梯（楼梯间）→室外。建筑物内的安全疏散路线应做到简捷、通畅，使人员能迅速达到安全出口，应避免图5-2所示现象出现。

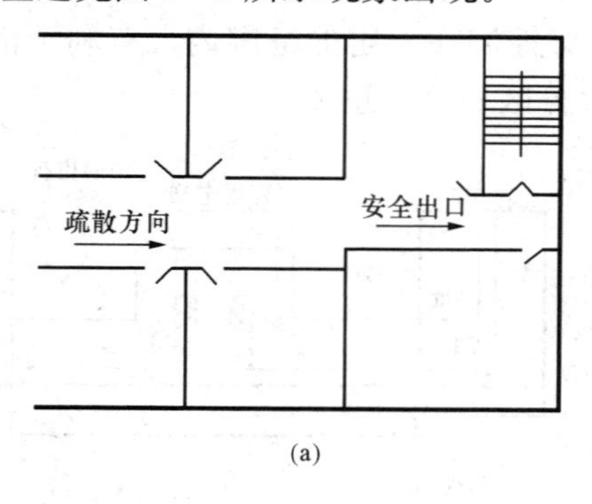

(a)

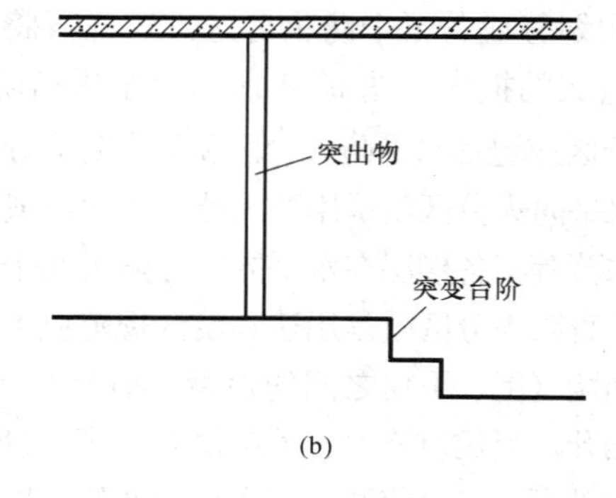

(b)

图5-2 疏散路线

（a）在疏散方向上疏散通道宽度不应变窄；（b）在人体高度内不应有突出的障碍物或突变台阶

（二）安全出口

安全出口是指凡符合《建筑设计防火规范》（GB 50016—2006）规定的疏散楼梯和室外楼梯或直通室内外安全区域的出口。安全出口应分散布置，并设明显标志，便于寻找。为保证人员疏散畅通、快捷、安全，疏散楼梯间在各层的平面位置不应改变。

1. 疏散楼梯

疏散楼梯包括具有防烟楼梯间楼梯、封闭楼梯间楼梯、室外疏散楼梯。而普通电梯在火灾时往往因电源被切断而停止使用，不能作为疏散楼梯。

《建筑设计防火规范》（GB 50016—2006）规定：疏散用的楼梯间应符合下列要求：

（1）楼梯间应能天然采光和自然通风，并宜靠外墙设置；

（2）楼梯间内不应设置烧水间、可燃材料储藏室、垃圾道；

（3）楼梯间内不应有影响疏散的凸出物或其他障碍物；

（4）楼梯间内不应敷设甲、乙、丙类液体管道；

（5）公共建筑的楼梯间内不应敷设可燃气体管道；

（6）居住建筑的楼梯间内不应敷设可燃气体管道和设置可燃气体计量表；当住宅建筑必须设置时，应采用金属套管和设置切断气源的装置等保护措施。

2. 室外楼梯

室外楼梯符合下列规定时可作为疏散楼梯：

（1）栏杆扶手的高度不应小于 1.1m，楼梯的净宽度不应小于 0.9m；

（2）倾斜角度不应大于 45°；

（3）楼梯段和平台均应采取不燃材料制作，平台的耐火极限不应低于 1.00h，楼梯段的耐火极限不应低于 0.25h；

（4）通向室外楼梯的门宜采用乙级防火门，并应向室外开启；

（5）除疏散门外，楼梯周围 2.0m 内的墙面上不应设置门窗洞口；疏散门不应正对楼梯段。

室外疏散楼梯和每层出口处平台，应采用非燃烧材料制成，平台的耐火极限不应低于 1.0h。室外疏散楼梯护栏不宜采用镂空型护栏。

疏散楼梯和疏散通道上的阶梯，不应采用螺旋楼梯和扇形踏步。因为螺旋楼梯和扇形踏步内侧深度过小，容易发生摔倒事故。如果必须使用时，踏步上下两级所形成的平面角度不应超过 10°，且每级离扶手 25cm 处的踏步深度应大于 22cm（图 5-3）。

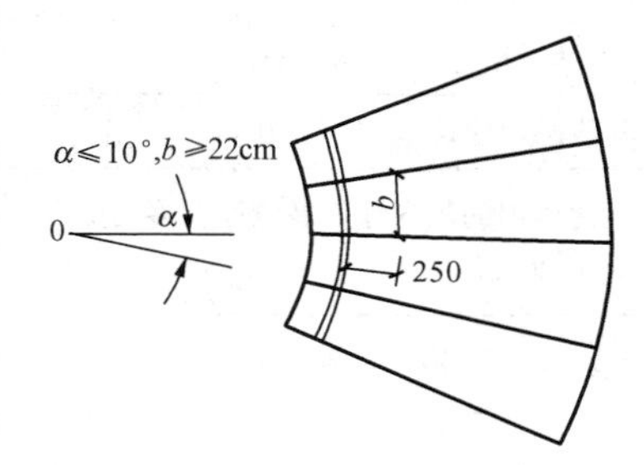

图 5-3　螺旋楼梯踏步关系

3. 疏散门

为避免发生火灾时人群由于惊慌、拥挤而压住向内开启的门扇，使之无法开启，造成不应有的伤亡事故，疏散门均应向疏散方向开启。在紧急疏散情况下不利于人群安全迅速疏散的门，如侧拉门、吊门、转门等均不允许作为疏散门。

（三）安全疏散时间和距离

民用建筑中设置安全疏散设施的目的，就在于当发生火灾时，人们能够从建筑物中迅速地疏散到安全地带，特别是影剧院、体育馆、大型会堂等人员密集的建筑物，安全疏散显得更为重要。

1. 允许疏散时间

允许疏散时间是指在发生火灾的紧急情况下，保证大量人员安全离开建筑物的时间。根据火场灾情的统计表明：一般来说允许疏散时间不长，只有几分钟。影响疏散时间的因素很多，其中主要的有两个因素，即起火后烟气和建筑结构倒塌对人员的威胁。

灾情统计显示，人员伤亡的原因多数是由于烟气中毒、高热或缺氧造成的。而火场上出现大量的有毒烟气、高热或严重缺氧的时间，多则 10～20min，少则 5～6min。建筑物倒塌的时间是由建筑构件的耐火极限决定的。建筑构件耐火性能好，则倒塌的可能性小，允许人员疏散的时间就长。例如影剧院的观众厅，由于建筑材料的性质决定了吊顶的耐火极限只有15min，它限定了允许疏散时间不能超过 15min。但由于构件达到耐火极限的时间一般都比出现有毒烟气、高热或严重缺氧的时间长，所以，在确定建筑物允许疏散时间时，应首先考虑烟气的问题。

2. 安全疏散距离

确定安全疏散距离主要考虑两个方面，一是根据人们在允许疏散时间内，能迅速疏散到安全出口的距离；二是考虑人们在疏散过程中，能够透过烟雾看到安全出口或疏散标志的距离。由于各类建筑的使用性质、容纳人数、室内可燃物数量的不同，安全疏散距离也有一定幅度的变化。《建筑设计防火规范》（GB 50016—2006）规定：单层、多层民用建筑物安全疏散距离应符合表 5-4 的要求。

表 5-4 单层、多层民用建筑的安全疏散距离

名称	房门至外部出口或封闭楼梯间的最大距离（m）					
	位于两个外部出口或楼梯间之间的房间（l_1）			位于袋形走道两侧或尽端的房间（l_2）		
	耐火等级			耐火等级		
	一、二级	三级	四级	一、二级	三级	四级
托儿所、幼儿园	25.0	20.0	—	20.0	15.0	—
医院、疗养院	35.0	30.0	—	20.0	15.0	—
学 校	35.0	30.0	—	22.0	20.0	—
其他民用建筑	40.0	35.0	25.0	22.0	20.0	15
建筑内的观众厅、展览厅、多功能厅、餐厅、营业厅和阅览室等，其室内任何一点至最近安全出口的直线距离不宜大于 30.0m						

注 1. 敞开式外廊建筑的房间门至安全出口的最大距离可按本表增加 5.0m。
2. 建筑物内全部设置自动喷水灭火系统时，其安全疏散距离可按本表规定增加 25%。
3. 房间内任一点到该房间直接通向疏散走道的疏散门的距离计算：住宅应为最远房间内任一点到户门的距离，跃层式住宅内的户内楼梯的距离可按其梯段总长度的水平投影尺寸计算。

当房间在走道中所处的位置不同时，计算安全疏散距离的方法也有所不同，如图 5-4 和图 5-5 所示。

当房间位于两座疏散楼梯之间的袋形走道两侧或尽端时（图 5-6），其安全疏散距离计算式为

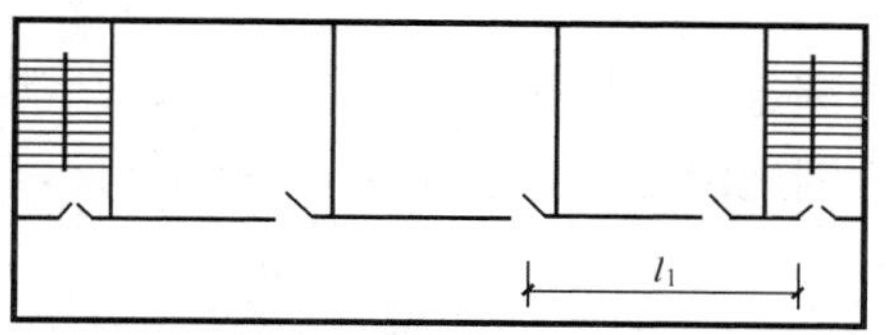

图 5-4　两个楼梯之间的房间

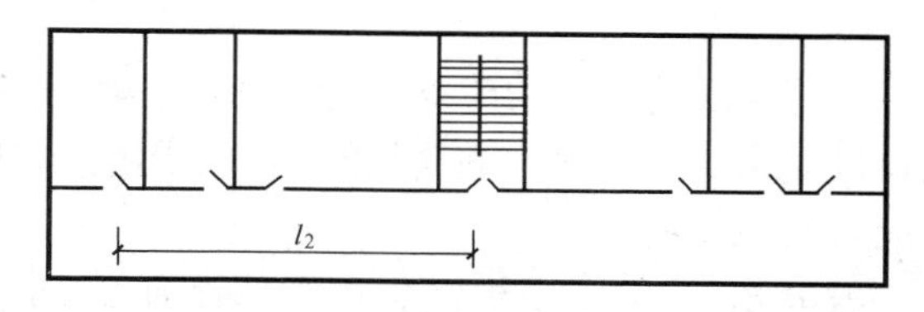

图 5-5　袋形走道的房间

$$a + 2b \leqslant c$$

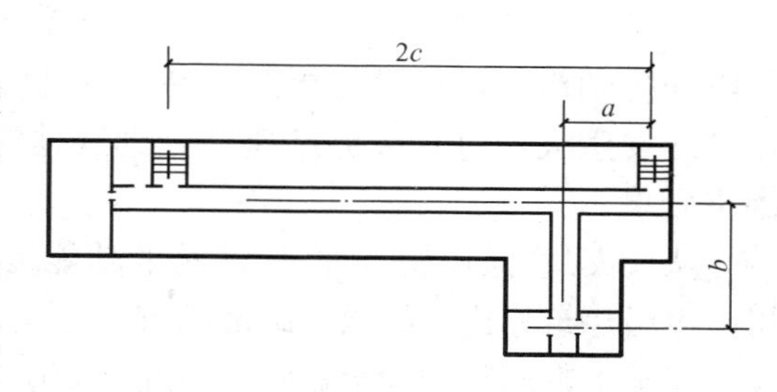

图 5-6　位于两座疏散楼梯之间的袋形走道两侧或尽端的房间安全疏散距离

式中　a——一般直道与位于两座楼梯之间的袋形走道的中心线交叉点至较近楼梯间门的距离；

b——两座楼梯之间的袋形走道端部的房间门或住宅户门至一般走道中心线交叉的距离；

c——两座楼梯间或两个外部出口之间最大允许距离的一半，即表 5-4 规定的位于两个安全出口之间房间的安全疏散距离。

为保证人员疏散的安全，建筑物应设足够数量的安全出口，并不应少于两个。当其中一个安全出口被烟火封堵时，人们可通过另外的安全出口逃生。只有当建筑物高度不高、占地面积不大、使用人数不多并且人员都有自行疏散能力时，才可考虑只设一个安全出口。

第三节　高层建筑的防火要求

10 层及 10 层以上的住宅、高度超过 24m 的公共建筑及综合性建筑属于高层建筑。随着建筑技术的发展和建筑规模的不断扩大，城市用地日益紧张，我国高层建筑发展十分迅速。与低层、多层建筑相比，高层建筑的高度较高、功能复杂、火灾隐患多，一旦发生火灾，更容易造成重大伤亡损失。

一、高层建筑的火灾特点

1. 火势蔓延快

高层建筑有楼梯间、电梯井、管道井、风道、电缆井、排气道等多种竖向管井。如果防火分隔或防火处理不好，发生火灾时各种竖向管井就像一座座烟筒，成为火势迅速蔓延的途径。

2. 疏散距离长

高层建筑的建筑高度高、层数多，疏散距离长，且普通电梯在火灾时都停止运行，消防电梯只供消防人员使用，人员疏散只能依靠楼梯，因此疏散时间长。

3. 扑救难度大

高层建筑的高度高达几十米，甚至二三百米，发生火灾时从室外对起火层进行扑救十分困难，虽然我国不少城市配备了登高消防车，但从火灾扑救的实践情况来看，登高消防车扑救 24m 以下的建筑火灾最为有效。高层建筑在多数情况下，主要依靠室内消防设施进行自救，因此扑救难度大。

4. 火灾隐患多

一些高层综合性的建筑功能复杂，可燃物多，为满足各种使用功能上的需求，常常采用大量机械化、自动化、电气化的设备，用电量增大，因此潜在火险隐患多，一旦起火，容易造成大面积火灾。

美国26层的米高梅饭店，内部设有2076套客房、4600m^{2}的赌场、1200个座位的剧场，可供11000人就餐的8个餐厅以及百货商场等；但是在建造时，采用了大量的可燃建筑装修材料，大楼又缺乏必需的防火分隔，甚至在4600m^{2}的赌场内，没有采取任何防火分隔和防烟措施，穿过楼板的各种管道缝隙也没有堵塞。因此，当1980年11月21日一楼餐厅发生火灾时，火势迅速蔓延到其他房间。这场火灾造成84人死亡、679人烧伤的惨重后果。

从火灾危害特点看，高层建筑的功能复杂，火险隐患较多，火灾蔓延的途径多，与低层、多层建筑相比，扑救、疏散困难，一旦发生火灾，会造成更为重大的伤亡事故和经济损失，甚至带来严重的社会影响。因此，高层建筑的防火安全就成为一个十分重要的问题。

二、高层建筑的分类和耐火等级

高层建筑的防火设计必须遵循“预防为主、消防结合”的消防原则，立足自防自救，严格执行《高层民用建筑设计防火规范》（GB 50045—1995）（2005版）（以下简称《高规》）。只要充分地重视，采取积极有效的措施，防止火灾发生和尽量减少火灾造成的损失是能够做到的。

在耐火等级、防火间距、防火、防烟分区、安全疏散等方面，《高规》根据各种高层民用建筑的使用性质、火灾危险性、疏散和扑救难易程度等将高层民用建筑分为两类以达到既保障各种高层建筑的消防安全，又节约投资的目的（见表5-5）。将建筑性质重要、火灾危险性大、疏散和扑救难度大的高层建筑划定为一类。这类高层建筑有时同时具备上述几方面的原因，有的则具有较为突出的一两个方面的因素。例如医院病房楼不计高度皆划为一类，这是根据病人行动不便，疏散十分困难的特点决定的。其余的划为二类。

表5-5 建筑分类

名称	一类	二类
居住建筑	19层及19层以上的普通住宅	10层及18层的住宅
公共建筑	(1) 医院； (2) 高级旅馆； (3) 建筑高度超过50m或24m以上部分的任一楼层的建筑面积超过1000m^{2}的商业楼、展览馆、综合楼、电信楼、财贸金融楼； (4) 建筑高度超过50m或24m以上部分的任一楼层的建筑面积超过1500m^{2}的商住楼； (5) 中央级和省级（含计划单列市）广播电视楼； (6) 网局级和省级（含计划单列市）电力调度楼； (7) 省级（含计划单列市）邮政楼、防灾指挥调度楼； (8) 藏书超过100万册的图书馆、书库； (9) 重要的办公楼、科研楼、档案楼； (10) 建筑高度超过50m的教学楼和普通的旅馆、办公楼、科研楼、档案楼等	(1) 除一类建筑以外的商业楼、展览楼、综合楼、电信楼、财贸金融楼、商住楼、图书馆、书库； (2) 省级以下的邮政楼、防灾指挥调度楼、广播电视楼、电力调度楼； (3) 建筑高度不超过50m的教学楼和普通的旅馆、办公楼、科研楼、档案楼等

《高规》对高层民用建筑的耐火等级和各主要建筑构件的燃烧性能和耐火极限也作了详细规定（见表5-6）。

表5-6　建筑构件的燃烧性能和耐火极限　h

构件名称 \ 燃烧性能和耐火极限（h）		耐火等级 一级	耐火等级 二级
墙	防火墙	不燃烧体 3.00	不燃烧体 3.00
墙	承重墙、楼梯间的墙、电梯井的墙、住宅单元之间的墙、住宅分户墙	不燃烧体 2.00	不燃烧体 2.00
墙	非承重墙、疏散走道两侧的隔墙	不燃烧体 1.00	不燃烧体 1.00
墙	房间隔墙	不燃烧体 0.75	不燃烧体 0.50
柱		不燃烧体 3.00	不燃烧体 2.50
梁		不燃烧体 2.00	不燃烧体 1.50
楼板、疏散楼梯、屋顶承重构件		不燃烧体 1.50	不燃烧体 1.00
吊顶		不燃烧体 0.25	难燃烧体 0.25

三、防火间距

扑救高层建筑火灾时，往往需要使用消防水罐车、曲臂车、云梯登高消防车等车辆，高层建筑应结合交通道路、小区绿化的布置与相邻建筑之间预留一定的防火间距。根据火灾扑救实践经验，为满足消防车辆的操作、停靠、通行的要求，高层建筑之间的间距不应小于13m。但由于高层民用建筑底层周围，常常设置一些附属建筑，如商店、邮电、营业厅、餐厅等服务用房，为了节约用地，这些附属建筑与高层建筑应区别对待。因此《高规》规定，高层建筑之间及高层建筑与其他民用建筑之间的防火间距应满足表5-7的要求。

表5-7　高层建筑之间及高层建筑与其他民用建筑之间的防火间距　m

建筑类别	高层建筑	裙房	其他民用建筑 耐火等级 一、二级	其他民用建筑 耐火等级 三级	其他民用建筑 耐火等级 四级
高层建筑	13	9	9	11	14
裙房	9	6	6	7	9

注　防火间距应按相邻建筑外墙的最近距离计算；当外墙有突出可燃构件时，应从其突出的部分外缘算起。

四、防火分区和防烟分区

在高层建筑设计中，防火和防烟分区是极其重要的。高层建筑规模大、用途也很广，例如商业楼、展览楼、综合大楼等。这些高层建筑空间大，其中可燃物的数量也多，一旦起火，火势蔓延迅速，烟气也会迅速扩散，必然造成重大的经济损失和人身伤亡。因此，高层建筑设计应减少建筑物内部可燃物数量、设置自动灭火系统、合理划分防火和防烟分区。

《高规》规定，高层建筑内应采用防火墙等构件划分防火分区，每个防火分区允许最大建筑面积不应超过表5-8的规定。

表 5-8 每个防火分区的允许最大建筑面积

建筑类别	每个防火分区的建筑面积（m^2）
一类建筑	1000
二类建筑	1500
地下室	500

注 1. 设有自动灭火系统的防火分区，其允许最大建筑面积可按本表增加 1.00 倍，当局部设置自动灭火系统时，增加面积可按局部面积的 1.00 倍计算。
2. 一类建筑的电信楼，其防火分区允许最大建筑面积可按本表增加 50%。

高层建筑多采用垂直排烟道（竖井）排烟，一般情况下每一个防烟区均设一个垂直烟道，每个防烟分区的面积不宜过大，否则会使高温烟气波及面积过大，不利于安全疏散和扑救。《高规》规定，每个防烟分区的建筑面积不宜超过 500m^2，并且防烟分区不应跨越防火分区；对已设置排烟设施的走道，净高不超过 6.00m 的房间，应采用挡烟垂壁、隔墙或从顶棚下突出不小于 0.50m 的梁划分防烟分区。防烟分区的做法如图 5-7 所示。

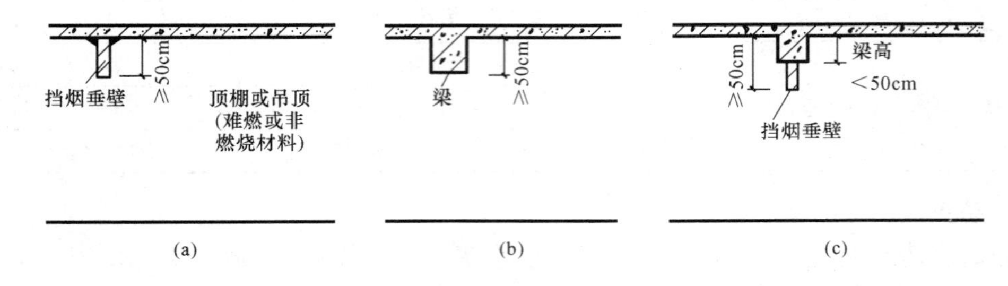

图 5-7 防烟分区做法示意
(a) 固定式挡烟垂壁；(b) 梁划分防烟分区；(c) 梁和挡烟垂壁结合

五、安全疏散

高层建筑功能复杂，人员相对集中，人流密集，人们对疏散路线不太熟悉，疏散时相对困难。在进行高层建筑平面布置时，应考虑设置足够数量的安全出口，安全疏散距离相对单层和多层建筑来讲也有必要缩短。《高规》规定，安全疏散距离应符合表 5-9 的规定。

表 5-9 安 全 疏 散 距 离

高层建筑		房间门或住宅户门至最近的外部出口或楼梯间的最大间距（m）	
		位于两个安全出口之间的房间	位于袋形走道两侧或尽端的房间
医院	病房部分	24	12
	其他部分	30	15
旅馆、展览馆、教学楼		30	15
其　　他		40	20

高层建筑每个防火分区安全出口的数量均不应少于两个。只有在一些特殊情况下，可只设一个安全出口：例如不超过 18 层的塔式住宅，每层住户不超过 8 户、每层建筑面积不超过 650m^2，且设有一座防烟楼梯间和消防电梯的塔式住宅；不超过 18 层的单元式住宅，每个单元设有一座通向屋顶的疏散楼梯，且从第 10 层起每层相邻单元设有连通阳台或凹廊的单元式住宅。

六、消防控制室

高层建筑内应设消防控制室，消防控制室宜设于建筑物的首层或地下一层，应采用耐火极限不低于 2.00h 的隔墙和 1.50h 的楼板与其他部位隔开，并设置直通室外的安全出口。

消防控制室一般应设置火灾探测系统、确认判断系统、疏散报警系统、防排烟系统、灭火系统等装置，还应布置消防水泵、固定灭火装置、电动防火门和防火帘控制系统等设施。

七、消防电梯

高层建筑的普通电梯一般布置在走道或敞开的电梯厅内，也不设置防、排水设施和备用电源，发生火灾时必须停止运行。而消防队员徒步登高能力有限，因此为使消防队员能迅速到达起火层进行扑救，高层建筑应设消防电梯。《高规》规定消防电梯的设置应符合下列要求：

（1）消防电梯宜分别设在不同的防火分区内；

（2）消防电梯间应设前室，居住建筑前室不应小于 4.50m^2，公共建筑前室不应小于 6.00m^2；当与防烟楼梯间合用前室时，居住建筑前室不应小于 6.00m^2，公共建筑前室不应小于 10m^2；

（3）消防电梯间前室宜靠外墙设置，在首层应设直通室外的出口或经过长度不超过 30m 的通道通向室外；

（4）消防电梯间前室的门，应采用乙级防火门或具有停滞功能的防火卷帘；

（5）消防电梯的载重量不应小于 800kg；

（6）消防电梯井、机房与相邻其他电梯井、机房之间，应采用耐火极限不低于 2.00h 的隔墙隔开，当在隔墙上开门时，应设甲级防火门；

（7）消防电梯的运行速度，应按从首层到顶层的运行时间不超过 60s 计算确定；

（8）消防电梯轿厢的内装修应采用不燃烧材料；

（9）动力与控制电缆、电线应采取防水措施；

（10）消防电梯轿厢内应设专用电话，并应在首层设供消防队员专用的操作按钮；

（11）消防电梯间前室门口宜设挡水设施；消防电梯的井底应设排水设施，排水井容量不应小于 2.00m^3，排水泵的排水量不应小于 10L/s；

《高规》还规定了消防电梯的设置数量和采用条件见表 5-10。

表 5-10　　消防电梯的设置数量与采用条件

采用条件	一类公共建筑、塔式住宅、12 层及 12 层以上的单元式住宅和通廊式住宅、高度超过 32m 的其他二类公共建筑		
建筑面积（m^2）	≤1500	1500～4500	＞4500
使用台数（台）	1	2	3

八、封闭楼梯间与防烟楼梯间

楼梯间的设置是防火设计中的重要内容，在高层建筑物中供疏散的楼梯间可分为封闭楼梯间与防烟楼梯间。

一类建筑及除单元式和通廊式住宅外的建筑高度超过 32m 的二类建筑以及塔式住宅，均应设防烟楼梯间，防烟楼梯间应符合下列规定：

（1）楼梯间入口处应设前室、阳台或凹廊。前室面积公共建筑小于 6.0m^2，居住面积不小于 4.5m^2。

（2）前室和楼梯间门为二级防火门且开向疏散方向。

裙层及除单元式和通廊式住宅外的建筑高度不超过 32m 的二类建筑应设封闭楼梯间，封闭楼梯间应符合下列规定：

（1）楼梯间应靠外墙，采用直接通风采光。

（2）楼梯间设乙级防火门，并开向疏散方向。

12 层～18 层的住宅采用封闭楼梯间，19 层以及 19 层以上的住宅采用防烟楼梯间。

九、安全设施

当高层建筑的高度达 100m 以上时，一旦遇有火灾，要将建筑内的全部人员完全疏散到室外是很困难的。有关研究部门通过测试证明：如果使用一座宽 1.1m 的楼梯，将高层建筑的人员疏散到室外，所用时间见表 5-11。

表 5-11　　不同层数、人数的高层建筑，使用楼梯疏散需要的时间

建筑层数	疏散时间（min）		
	每层 240 人	每层 120 人	每层 60 人
50	131	66	33
40	105	52	26
30	78	39	20
20	51	25	13
10	38	19	9

从表 5-11 中数据可以看出，当高层建筑层数在 30 层以上时，要将大量的人员在较短的时间里疏散到室外，是很难办到的。为了避免发生火灾时出现人员的大量伤亡，除了要保证疏散楼梯的畅通以外，还应考虑设置一些安全设施，如避难层、直升机停机坪等，这些安全设施为遇难人员提供临时躲避的空间，以便等待救援。

（一）避难层（间）

《高规》规定：建筑高度超过 100m 的公共建筑，应设置避难层（间），并符合下列规定（参考图 5-8）：

（1）避难层的设置，自高层建筑首层至第一个避难层或两个避难层之间，不宜超过 15 层；

（2）通向避难层的防烟楼梯应在避难层分隔、同层错位或上下层断开，但人员均必须经避难层方能上下；

（3）避难层的净面积应能满足设计避难人员避难的要求，并宜按 5.00 人/m^2 计算；

（4）避难层可兼作设备层，但设备管道宜集中布置；

（5）避难层应设消防电梯出口；

（6）避难层应设消防专线电话，并应设有消火栓和消防卷盘；

（7）封闭式避难层应设独立的防烟设施；

（8）避难层应设有应急广播和应急照明，其供电时间不应小于 1.00h，照度不应低于 1.00lx。

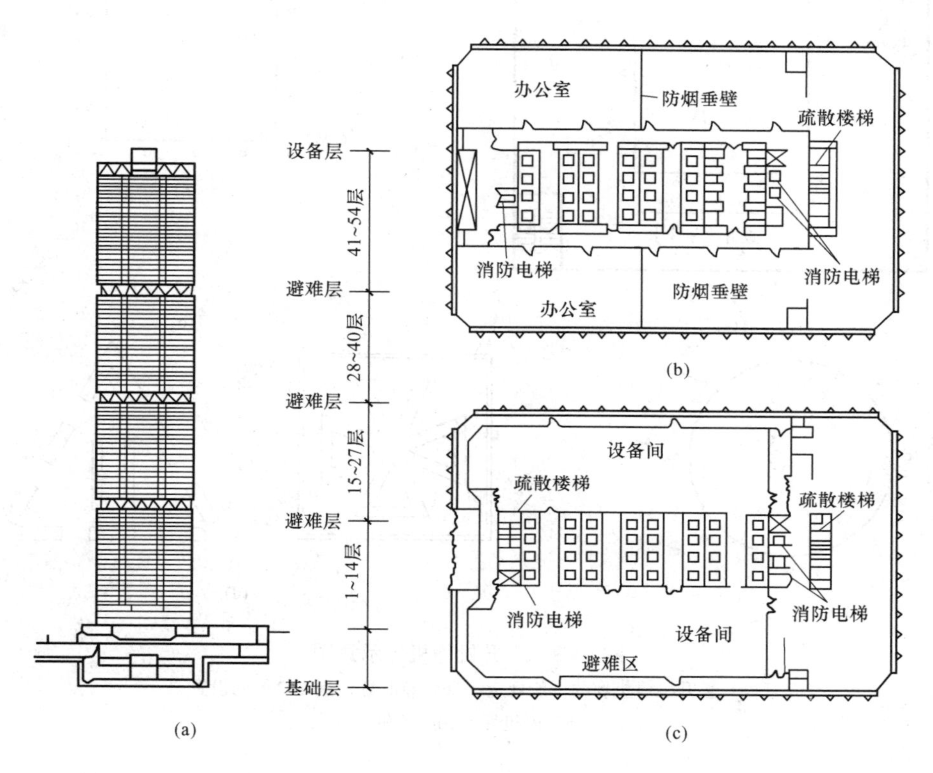

图 5-8　日本新宿中心大厦避难层的设置

(a) 立面图；(b) 标准层平面；(c) 避难层平面

（二）直升机停机坪

在高层建筑的屋顶设置直升机停机坪，当发生火灾时，可用直升机将在屋顶避难的人员疏散到安全的地方。例如：巴西圣保罗市高 31 层的安德拉斯大楼，1972 年 2 月 4 日发生火灾，当局出动 11 架直升机，经过 4 个多小时营救，救出 400 多人。1973 年 7 月 23 日，哥伦比亚波哥市高 36 层的航空大楼发生火灾，当局出动 5 架直升机，经过 10 个多小时营救，救出 250 多人。

《高规》规定：建筑高度超过 100m，并且标准层建筑面积超过 $1000m^2$ 的公共建筑，宜设置屋顶直升机停机坪或供直升机救助的设施（见图 5-9），并应符合下列规定：

（1）设在屋顶平台上的停机坪，距设备机房、电梯机房、水箱间、共用天线等突出物的距离，不应小于 5.00m；

（2）出口不应少于两个，每个出口宽度不宜小于 0.90m；

（3）在停机坪的适当位置应设置消火栓；

（4）停机坪四周应设置航空障碍灯，并应设置应急照明。

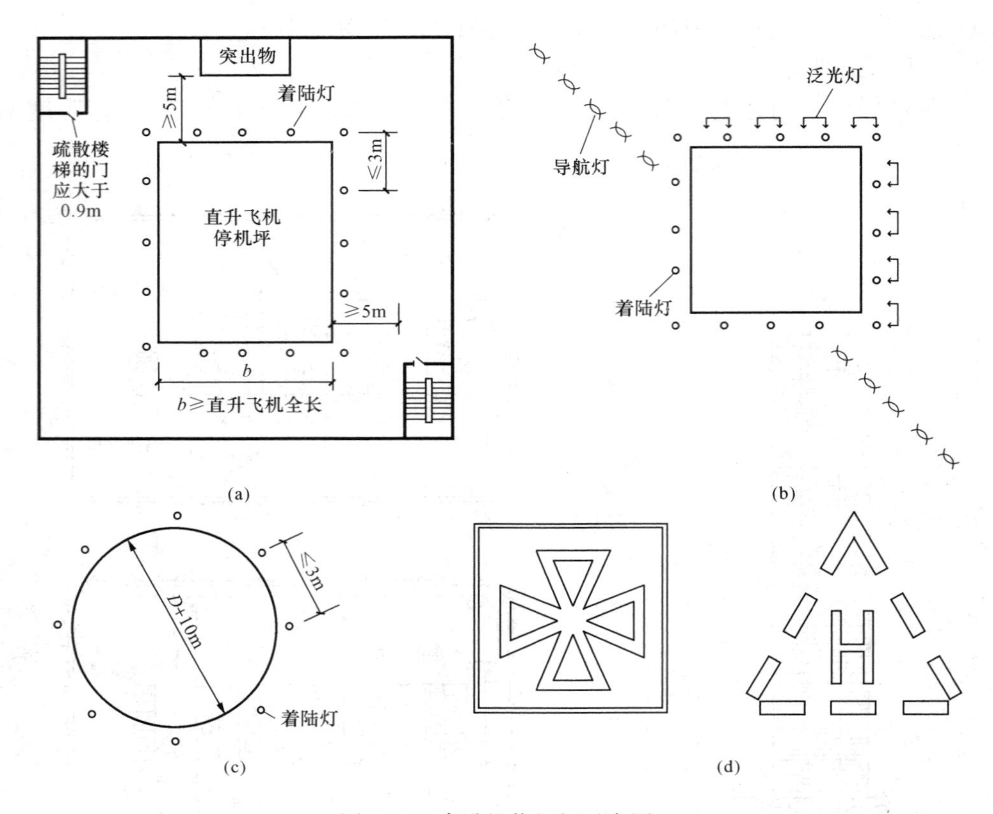

图 5-9 直升机停机坪示意图

(a) 直升机停机坪的一般规定；(b) 导航灯、泛光灯等的设置；
(c) 圆形停机坪；(d) 停机坪标志

本 章 小 结

在进行建筑防火设计时，应着重考虑以下几个方面问题：

(1) 总体布局要保证通畅安全。处理好主体和附体部分的关系，保持与其他各类建筑的防火间距，合理安排消防车道、消防水源，为消防工作提供良好条件。

(2) 在建筑平面布置中，合理进行防火分区。采用建筑物每层作水平的分区（以防火墙划分）和垂直分区（以耐火的楼板划分），力争将火势控制在起火单元加以扑灭，防止向上层和相邻的防火单元扩散。

(3) 构造设计要使建筑物的基本构件（墙、柱、梁、楼板、防火门等）具有足够的耐火极限，以保证火灾时结构的耐火支持能力和分区的隔火能力。

(4) 安全疏散路线要简捷。在靠近防火单元的两端布置疏散楼梯，控制最远房间到安全疏散出口的距离，做好疏散楼梯的防火和排烟措施，以保证人员安全迅速地撤离险区。

(5) 尽量做到建筑物内部装修、隔断、家具、陈设不燃烧或难燃烧，控制可燃物的储放数量，以减少火灾的发生和降低蔓延速度。

总之，建筑的防火设计必须严格执行国家颁布的设计防火规范，同时还要加强建筑与结构、给排水、暖通、电气等工种的配合，使防火设计成为一个完整的体系。

习题与技能训练

一、简述题

1. 火灾蔓延的方式有哪些?

2. 建筑火灾蔓延的途径有哪些?

3. 为什么要进行防火分区?《建筑设计防火规范》(GB 50016—2006) 与《高规》是如何规定防火分区面积的?

4. 什么是安全出口? 疏散楼梯的楼梯间应符合哪些要求?

5. 建筑中设置避难层的要求有哪些?

6. 建筑中设置直升机停机坪的要求有哪些?

二、技能训练

参观一幢高层建筑物，辨别消防前室、消防楼梯、防烟楼梯间或封闭楼梯间。注意防火门的配置及开启方向等细节。

第六章　建　筑　节　能

本章提要　本章主要讲述了建筑节能的含义、影响节能的因素；我国建筑节能的现状、目标及任务；建筑节能的基本原理和节能技术。

学习目标　了解建筑节能的意义；掌握建筑节能的基本原理及节能技术。

第一节　建筑节能概述

能源是经济发展的原动力，是现代文明的物质基础，安全、可靠、健康的能源供应和高效、清洁地利用能源是实现社会经济持续发展的基本保证。在我国，建筑是用能大户。随着各地经济的不断发展，采暖范围日益扩大，空调建筑迅速增加，建筑能耗的增长速度将远高于能源生产的增长速度，尤其是电力、燃气、热力等优质能源需求正在急剧增加。目前，我国城乡建筑总面积约 400 亿 m^2，这些建筑在使用过程中，其采暖、空调、通风、照明等方面消耗的能量已占全国总能耗的 30%左右，大型公共建筑单位建筑面积能耗大约是普通居住建筑的 10 倍，堪称耗能大户。

节能是指加强用能管理，采取技术上可行、经济上合理以及环境和社会可以接受的措施，减少从生产到消费各个环节中的损失和浪费，更加有效合理地利用资源。节能是国家经济发展的一项长远战略方针。为了推进人类社会节约能源，提高能源利用效率，保护环境，保障国民经济和社会的发展，国家于 1997 年 11 月 1 日出台了《中华人民共和国节约能源法》，制定了节能政策，编制了节能计划并将其纳入了国民经济和社会发展计划。同时国家鼓励和支持节能科学技术的研究与推广，加强推行能源的合理利用，并与经济发展和环境保护相协调。

一、建筑节能的含义

建筑节能就是建筑物要制止能源浪费，实行科学的设计施工，最大限度地节约能源。这个定义主要包括三层含义：第一，建筑物作为产品在建设过程中要节约能源，包括使用生产能耗低的建筑材料和最大限度节约使用建筑材料；第二，建筑物竣工后为保障使用过程中的能源节约，包括墙体、门窗、屋顶、周边地面、给排水、采暖系统、照明以及利用太阳能等，都要使用符合节能建筑质量要求的新型建筑材料，提高能源使用效率，节约能源；第三，要从建筑物生命周期的观点出发，从建筑物建设材料的生产到建筑物的生产，最后到建筑产品生命终结时，材质能得到最大限度的利用回收，以提高建筑物的节能。建筑节能与自然生态和人类社会的可持续发展结合起来，是最具积极意义的节能概念。

二、影响节能的因素

影响节能的因素有以下几个方面。

1. 体形系数

体形系数指建筑物与室外大气接触的外表面和与其所包围的体积之比。建筑物各部分围护结构传热系数与窗墙面积比不变的情况下，耗能量指标随体形系数成正比。我国节能标准规定，采暖地区建筑的体形系数不宜大于0.3。

2. 窗墙面积比

窗墙面积比是指窗户洞口面积与房间立面单元面积的比值。窗墙面积比大，对建筑采光、通风有利，立面较为美观，但显然对节能不利。

3. 换气次数

提高门、窗的气密性，降低门、窗开启次数，对节能有利。

4. 朝向

南北朝向的建筑比东西朝向的建筑对太阳能的利用率大，对节能有利。

5. 围护结构的传热系数

采用外墙外保温、保温屋顶及保温门窗（中空玻璃、双玻璃或双层窗）等，传热系数较小，节能效果将得到显著改善。

6. 建筑物入口与楼梯间的避风措施

楼梯间开敞与否均影响耗能量指标，建筑物入口处设置门斗或采取其他避风措施，有利于节能。

三、我国建筑节能的现状、目标及任务

（一）我国建筑节能的现状

我国目前尚处于从“掩蔽所”向“舒适建筑”过渡的阶段。在中西部地区和广大农村地区还没完全解决“居者有其屋”的问题，即使在经济比较发达的城市，仍然存在着部分危棚简屋、老城区旧房改造的问题。我国政府提出了“下世纪中叶我国经济发展达到中等发达国家的经济水平”的战略目标。

从20世纪80年代初期中国开始制定和实施建筑节能的政策，采取先易后难、先城市后农村、先新建后改造、从北向南逐步推进的战略。近年来，我国在建筑面积持续增加的同时，通过建筑节能，使采暖产生的大气污染得到控制，使采暖期城市大气质量更加恶化的趋势得到扭转，而且逐步有所改善。通过新建和技术改造，到2005年，初步形成了建筑保温、密封、热表、采暖调节控制等新兴建筑节能产业部门，使建筑工业产业结构趋于科学管理。

同时，颁布了一系列建筑节能法规和标准。《中华人民共和国建筑法》和《节约能源法》对建筑节能都有专门的条款和明确的要求。1996年颁布了《民用建筑节能设计标准（采暖居住建筑部分）》。2001年颁布了《夏热冬冷地区居住建筑节能设计标准》。2005年，建设部颁布了《公共建筑节能设计标准》，进一步完善了民用建筑节能标准体系，这是中国第一部关于公共建筑节能设计的综合性国家标准，其中有许多条款具有强制性。与20世纪80年代初建成的公共建筑相比，采用该标准的建筑全年供暖、通风、空调和照明的总能耗可减少50%。《公共建筑节能设计标准》适用于新建、扩建和改建的公共建筑的节能设计。这些标准的颁布，也反映了我国建筑节能由北向南，由居住建筑到公共建筑的发展轨迹。

（二）我国建筑节能的任务与目标

建筑节能作为我国节能系统工程重要的组成部分，是建筑经济链中一个备受瞩目的能源安全建设环节。其目标在于从根本上解决人居环境结构中能源的高效化利用和资源节约问题，以有效地减少能源使用过程中对人居环境和生态环境带来的种种无以回避的负面影响，促进人类居所的安全健康发展。根据建设部《建筑节能“九五”计划和2010年规划》，推进建筑节能的总体目标是：第一阶段，新建采暖建筑1996年以前在1980～1981年当地通用设

计能耗水平基础上普遍降低30%；第二阶段，1996年起在达到第一阶段要求的基础上节能30%；第三阶段，2005年起达到第二阶段要求的基础上再节能30%，2010年，新建建筑普遍实施节能率为50%，北京、天津等少数大城市率先实施节能率为65%的地方建筑节能标准。到2020年，使全社会建筑的总能耗能够达到节能65%的总目标。

目前我国建筑节能的主要任务是：在保证使用功能、建筑功能和室内热（冷）环境符合小康目标的前提下，努力实现全国城镇建筑夏季室温低于30℃，采暖区冬季室温达到18°左右的基本要求，采取各种有效措施，改善建筑围护结构的保温隔热性能，辅助必要的隔热降温措施，提高用能设备的效率和居住的热舒适性，把新建建筑的能耗大幅度地降下来，对原有建筑有计划地进行节能改造，以达到节约能源和保护环境的目的。

第二节 建筑节能的基本原理

一、建筑的传热方式

建筑的功能，随着人类的生存发展和演变，从当初的抵御外界侵害、避风避雨、防寒避暑的简单要求，发展到现代的为了居住者的舒适与健康，在各种室外气象条件下保持室内热环境处于舒适区以内。

建筑的传热的基本方式有热传导、热对流和热辐射。其中，建筑室内外的温差和辐射，通过围护结构产生传热，使室内得热或失热。得热使室内温度上升，为了抑制室温上升，将室温保持在舒适范围内，需要向室内提供冷量抵消得热；失热会使室内温度下降，为了防止室温降低到舒适范围以下，需要向室内提供热量，弥补其失热。而冷量和热量的提供都需消耗能源，从节能的角度考虑，需要提高围护结构的性能，减少热量传递。

影响热传递的主要因素是建筑围护结构的面积和热工性能，以及室内外空气交换状况等。

二、建筑的保温、隔热

（一）建筑的保温

寒冷地区及夏热冬冷地区的各类建筑，热量通过建筑物外围护构件——墙、屋顶、门窗等由室内高温一侧向室外低温一侧传递，使热量损失，室内变冷。热量在传递过程中将遇到阻力，这种阻力称为热阻，其单位是$m^2 \cdot K/W$（米^2·开/瓦）。热阻越大，通过围护构件传出的热量越少，说明围护构件的保温性能越好；反之，保温性能就越差，热量损失就越多。建筑保温就是要最大限度地争取得热，最低限度地向外散热。建筑保温处理的基本原则有：

（1）通过有效的规划、单体设计，从朝向、间距、体形上保证建筑物受太阳辐射面积最大，防止冷风的不利影响；

（2）减小建筑物的体形系数及外表面积和加强围护结构保温，以减少传热耗热量；

（3）提高门窗的气密性，减少空气渗透耗热量，提高门窗保温性，减少其传热耗热量；

（4）改善供热系统的设计和运行管理。

（二）建筑隔热

炎热地区和夏热冬冷地区，夏季高温持续时间长，太阳辐射强度大，相对湿度高。建筑物在强烈的太阳辐射和高温、高湿气候的共同作用下，通过维护构件将大量的热传入室内。

室内生活和生产也产生大量的热。这些从室外传入和室内产生的热量，会使室内变得过热，甚至会影响正常的生活和生产。

为减轻和消除室内过热现象，可采取设备降温，如设置空调来制冷等，但费用大。一般建筑，主要依靠建筑隔热措施来改善室内的温湿状况。建筑隔热的途径可简要概括为以下几个方面：

1. 降低室外综合温度

在建筑设计中降低室外综合温度的方法主要是采取合理的总体布局、选择良好的朝向、尽可能争取有利通风条件、防止西晒、绿化周围环境、减少太阳辐射和地面反射等。对建筑物本身来说，采用浅色外饰面、蓄水屋面或西墙遮阳设施等措施有利于降低室外综合温度。

2. 提高外围护构件的隔热和散热性能

外围护构件的隔热措施应能隔绝热量传入室内，同时当太阳辐射减弱，室外气温低于室内气温时能迅速散热，这要求合理选择外围护构件的材料和构造类型。

带通风间层的外围护构件既能隔热也有利于散热，因为从室外传入的热量，由于通风使传入室内的热量减少；当室外温度下降时，从室内传出的热量又可通过通风间层带走。在外围护构件中增设导热系数小的材料也有利于隔热。涂刷浅色、光滑、反射作用较大的表层材料，对防热、降温有一定的效果。另外，利用水的蒸发，吸收大量汽化热，可大大减少通过屋顶传入的热量。

第三节 建筑节能技术

一、我国的节能技术

（一）采暖建筑节能规划设计

1. 建筑选址

人类生存、身心健康、卫生、营养、工作效率均与日照有着密切的关系。对于居住的内部空间来讲，争取日照包括争取更长的日照时数、更多的日照量和更好的日照质量三个方面。

2. 建筑布局

建筑布局时，应尽可能注意使道路走向平行于当地冬季主导风向，这样有利于避免积雪。

选择合理的建筑朝向是群体组合首先考虑的问题。朝向选择需要考虑的因素有以下几点：冬季能有适量并具有一定质量的阳光射入室内；炎热季节尽量减少太阳直射室内和居室外墙面；夏季有良好的通风，冬季避免冷风吹袭；充分利用地形和节约用地；照顾建筑组合的需要。

3. 建筑形态

节能建筑的形态不仅要求体型系数小，而且需要冬季日辐射热多，还需要对避寒风有利。但满足这三个要求所需要的体型常不一致。仅从冬季得热最多的角度考虑，应尽量增大南向得热面积，往往要求进深小，即建筑的长宽比大。节能型建筑的平面形式，应追求平整、简洁，使外围面积较小。

（二）墙体的节能技术

我国传统建筑外墙一般为实心砖黏土砖墙，严寒地区为1.5～2砖，寒冷地区为1～1.5砖，不仅占用大量田地，围护结构保温隔热性也较差。墙体保温节能可采用外墙自保温、外墙内保温、外墙外保温等措施。

1. 外墙自保温

采用单一材料，如空心砖、砌块、墙板等替代黏土实心砖，节约原材料，改善使用功能，提高综合经济效益。

2. 外墙内保温

内保温复合外墙有主体结构与保温结构两部分。保温结构由保温板和空气间层组成，主体结构一般为砖砌体、混凝土墙或其他承重墙体。保温结构中空气间层的作用，一是防止保温材料受潮，二是提高外墙的热阻。但空气间层的设置主要是防止保温层受潮。

3. 外墙外保温

外保温复合外墙的构造是在主体结构的外侧贴以保温层再做饰面层。外墙外保温的优点有：保护主体结构，延长建筑物寿命；基本消除“热桥”的影响；使墙体的潮湿情况得到改善；有利于室温保持稳定；便于旧建筑物进行节能改造；可以避免装修对保温层的破坏；增加房屋使用面积。

（三）门窗的节能技术

建筑围护结构的门窗是影响室内热环境质量和建筑节能的重要因素，是围护结构中热工性能最薄弱的部位。门窗的能耗约占建筑维护结构总能耗的40%～50%。

从建筑节能的角度，建筑外门窗一方面是能耗大的构件，另一方面也是得热构件，即通过太阳光投射入室内而获得太阳热能。因此，应根据当地的建筑气候条件、功能要求，以及其他围护件的情况等因素来选择适当的门窗材料、窗型和相应的节能技术，才能获得良好的节能效果。

门窗热损失大致有三个途径：门窗框扇的热传导，门窗框扇之间、扇与玻璃之间、框与墙体之间的空气渗透热交换，窗玻璃的热辐射。

1. 限制窗墙面积比

窗户（包括阳台门透光部分）的传热能力比外墙大得多，夏季太阳辐射还通过窗户进入室内，窗墙面积比越大，进入室内的太阳辐射热就越大。因此，在充分满足采光要求的前提下，必须限制窗墙面积比：北向不大于25%；东、西向不大于30%；南向不大于35%。

2. 减少渗透量

建筑物由门窗缝隙渗入的冷空气量是由门窗两侧所承受的风压差和热压差所决定的，而影响因素很复杂。一般来说，风压差和热压差与建筑物的型式、门窗所处的高度、朝向及室内外温差等因素有关。设置密闭条，减少透气性是达到气密、隔声的必要措施之一。

3. 减少传热量

改善窗户的保温性能，减少传热量需要解决镶嵌材料（玻璃）和窗框、扇型材两部分。

镶嵌部分材料保温性能的提高主要是利用两层玻璃中间的空气间层热阻较大的原理，双层窗和单层窗都是这一原理，只是空气间层的厚度不同。密封中空双层玻璃构件是国际上的第二代产品，这种产品由于密封空间内装有一定量的干燥剂，在寒冷季节时，空气内的玻璃表面温度虽然较低，但仍然可不低于干燥空气的露点温度。这样就避免了玻璃表面结露，并保证了窗户的洁净和透明度。

框扇型材部分保温的加强采用如下办法：采用导热系数小的材料截断金属型材的热桥，这在一些窗型中试用，效果很好；采用复合型框扇如钢塑型、钢木型等；采用低导热材料的框扇材料如塑料等。

4. 外门节能

居住建筑进户门一般采用双层金属门板，中间填设 15mm 厚玻璃棉板或 18mm 厚岩棉板为保温、隔音材料。

阳台下部应采用聚苯板加芯型门心板，上部透明部分为单玻或双玻，根据阳台门临窗的玻璃层数而定，独立的阳台门上部透明部分为双层玻璃。

（四）屋顶和地面的节能技术

1. 屋顶节能技术

屋顶作为一种建筑物外围护结构，所造成的室内外温差传热耗热量，大于任何一面外墙或地面的耗热量。因此，提高屋面的保温隔热性能，对提高抵抗夏季室外热作用的能力尤其重要，也是减少空调耗能、改善室内热环境的一个重要措施。加强屋顶保温隔热对建筑造价影响不大，节能效益却很明显。

（1）保温材料的选择。选择保温材料时，不仅要考虑材料的热物理性能，还应了解材料的强度、耐久性、耐火、耐侵蚀性以及使用保温材料的构造方案、施工工艺、材料来源和经济性等。

（2）倒置式屋面。倒置式屋面与传统屋面是相对而言的。所谓倒置式屋面，就是将传统屋面构造中的保温层与防水层颠倒，把保温层放在防水层的上面。倒置式屋面的定义中，特别强调了“憎水性”保温材料，倒置式屋面性能较传统屋面优越。

（3）架空屋面。利用空气间层中气体的流动带走屋面热量，起到隔热的作用。

（4）屋面绿化。建筑实行屋面绿化，可以大幅度降低建筑能耗，减少温室气体的排放，同时可增加城市绿地面积，美化城市，改善城市气候环境。

（5）蓄水屋面。蓄水屋面就是在刚性防水屋面上蓄一层水，其目的是利用水蒸发时，带走大量水层中的热量，大量消耗晒到屋面的太阳辐射热，从而有效地减弱了屋面的传热量和降低屋面温度，是一种较好的隔热措施，是改善屋面热工性能的有效途径。

（6）浅色坡屋面。目前，大多数住宅仍采用平屋顶。在太阳辐射最强的中午时间，太阳光线对于坡屋面是斜射的，而对于平屋面是正射的。深暗色的平屋面仅反射不到 30％的日照，而非金属浅暗色的坡屋面至少反射 65％的日照。反射率高的屋面节省 20％～30％的能源消耗。

2. 地面节能技术

（1）对地板面层材料热工性能的要求。如一般居住建筑、办公、学校建筑的吸热指数为 17～23W/（$m^2 \cdot h^{1/2} \cdot K$），高级居住建筑、托幼、医疗建筑的吸热指数应小于 17W/（$m^2 \cdot h^{1/2} \cdot K$）。

（2）地板的保温处理。地板保温处理时，地板周边的保温性能应比中间好。严寒地区采暖建筑的底层地面，当建筑物周边无采暖管沟时，在外墙内侧 0.5m 的范围内应铺设保温层，其热阻值不应小于外墙的热阻值。

（五）太阳能技术

随着科学文化水平的提高，人们不仅已经认识到矿物燃料资源的有限，而且也认识到矿物燃料的大量使用会造成环境污染，导致全球环境恶化，出现生态失去平衡及温室效应等不利于社会可持续发展的现象。节约资源、改善和保护环境，发展建筑节能新技术和新材料，开发、利用新能源特别是天然资源——太阳能，对于改善建筑围护结构的室内热环境、对于环境保护及社会经济的可持续发展具有重要的意义。

太阳辐射能的直接利用分为三种：太阳能直接转换成热能，称为光—热转换；太阳能直接转换成电能，称为光—电转换；太阳能直接转换成化学能，称为光—化学转换。

我国太阳能利用有以下几个方面：

（1）太阳能热水器。太阳能热水器利用太阳能直接转换为热能，从而节省燃气、电等能源的消耗。太阳能热水器目前主要有真空管型热水器、平板型热水器和闷晒型热水器三大类。

（2）被动太阳能技术。对城镇多层住宅利用被动太阳能进行采暖及降温，从而改善建筑室内热环境。这类从合理建筑及热工设计着手，在增加有限的建筑投资下，利用被动太阳能来达到低水平的室内冬夏热环境条件的住宅，被称为“节能住宅”。

（3）主动太阳能供暖系统及制冷系统。主动太阳能供暖系统是以太阳能集热器作为热源，蓄热器和辅助热源作为备用热源的系统。

太阳能制冷主要有三种方法：一是吸收式制冷，即利用太阳辐射热能驱动溴化锂溶液氨水溶液的吸收式制冷系统；二是利用太阳能加热通过集热器内低沸点介质，经气化后通入汽轮机驱动制冷机制冷；三是太阳能经集热器产生一定压力的蒸汽实现喷射制冷。

（六）供热采暖和制冷系统的节能技术

（1）采用高效率的供热采暖和制冷系统，发展和完善以集中供热为主导、多种供热方式相结合的城镇供热采暖系统。

（2）对供热厂、热力站、锅炉房和供热管网进行节能技术改造。

（3）结合供热体制改革，开发和应用采暖温度控制与热量计量技术，包括采用温控阀、热量表、热量分配计的双管或单管采暖系统技术。

（4）开发利用多种能源、不同规模的集中式供冷系统，发展燃气空调及热电冷联产联供。

二、建筑节能新技术

目前建筑节能技术的发展趋势表现在：世界各国都在大力加强建筑节能的科学研究，采用新的节能材料和设备，除继续改进多层密封窗，开发各种高效保温材料用于复合墙体、屋面和地面以外，还在研究开发红外热反射技术、硅气凝胶材料、高效节能玻璃、太阳能利用技术、热回收技术、新的建筑节能测试和计算技术等等。与此同时，还十分注意选择经济合理的建筑节能技术，重视节能试点建筑以至节能园区的示范和推广作用，并继续修订完善建筑节能技术标准，颁布配套的行政法规，不断提高节能要求，挖掘节能潜力。

本 章 小 结

建筑节能是指建筑物要制止能源浪费，实行科学的设计施工，最大限度地节约能源。这个定义主要包括三层含义。

影响节能的因素有体形系数、窗墙面积比、换气次数、朝向、围护结构的传热系数、建筑物入口与楼梯间的避风措施等。

我国目前尚处于从“掩蔽所”向“舒适建筑”过渡的阶段，已颁布了一系列建筑节能标准并制定了建筑节能的任务与目标。

传热的基本方式有热传导、对流和辐射。其中，建筑室内外的温差和辐射，通过围护结构产生传热，使室内得热或失热。得热使室内温度上升，失热使室内温度下降。建筑要进行保温、隔热处理以节约能源。

我国的建筑节能技术主要表现在规划设计、外围护构件墙体、门窗、屋顶、地面的节能处理以及太阳能利用，供热采暖和制冷系统的节能等方面。

墙体保温节能可采用外墙自保温、外墙内保温、外墙外保温等措施。门窗的节能技术包括限制窗墙面积比、减少渗透量、减少传热量、外门节能等。屋顶节能技术包括保温材料的选择，设置倒置式屋面、架空屋面、屋面绿化、蓄水屋面、浅色坡屋面等。地面节能需合理选择地板面层材料的热工性能，并对地板做保温处理。我国太阳能利用有太阳能热水器，被动太阳能、主动太阳能供暖系统及制冷系统等方面。

目前建筑节能新技术在不断发展。

习题与技能训练

一、习题

（一）名词解释

1. 体形系数
2. 窗墙面积比

（二）简述题

1. 建筑节能的含义。
2. 影响节能的因素。
3. 建筑的保温、隔热原则有哪些?
4. 外围护结构有哪些？如何进行节能处理?

二、技能训练

结合身边的已建建筑，如宿舍、办公楼、教学楼等，分析这些建筑如何选址、布局；建筑的墙体、门窗、屋顶、地面如何处理以节约能源；有没有利用太阳能。

第七章　民用建筑构造概述

本章提要　本章主要介绍了民用建筑的构造及其作用；影响建筑物构造的因素及建筑构造设计原则。

学习目标　了解建筑构、配件的含义；掌握房屋的构造组成；理解影响建筑物构造的因素及设计原则。

一座建筑物是由许多构、配件组成的。通常我们称建筑物的墙、柱、梁、楼梯、屋顶等部分为构件，称屋面、地面、墙面、门窗、栏杆及细部装修等部分为配件。建筑构造研究的是建筑物的组成及各种构配件的构造原理和构造方法。

建筑构造原理是运用多方面技术知识，考虑影响建筑构造的各种客观因素，分析各种构配件及其细部构造的合理性，最大限度地满足建筑功能要求的理论。

建筑构造方法则是在该理论指导下，运用不同的建筑材料，有机地组合各种构、配件，使构、配件之间相互牢固连接的具体办法。

建筑构造的研究目的是根据建筑物的使用功能、技术条件、经济标准、艺术造型等要求，提出适用、经济、安全、美观的构造方案，作为解决建筑设计中各种技术问题及进行施工图设计的依据，具有实践性和综合性强的特点。只有不断丰富设计者的实践经验，综合运用建筑材料、建筑物理、建筑力学、建筑结构、建筑施工、建筑经济及建筑艺术等多方面的知识，才有可能提出理想的构造方案和构造措施，从而有效提高建筑物抵御自然界各种不利影响的能力，延长建筑物的使用年限。

第一节　民用建筑的构造组成及其作用

一幢民用建筑，一般是由基础、墙或柱、楼板层及地坪、楼梯、屋顶和门窗等几部分所组成（图 7-1）。它们处在不同的部位，起着不同的作用。

（1）基础：基础是建筑物埋在地面以下最下部的承重构件。其作用是承受建筑物的全部荷载，并将这些荷载传给地基。因此，基础必须有足够的强度和稳定性，并能抵御地下各种有害因素的侵蚀。

（2）墙或柱：在建筑物基础的上部，有些建筑是墙，有些建筑是柱。墙和柱都是建筑物的竖向承重物件，承受屋顶、楼层等构件传来的荷载，并将这些荷载传给基础。墙体不仅具有承重作用，同时还具有围护和分隔的作用。不同位置不同性质的墙，所起的作用不同。例如，承重外墙兼起承重与围护的作用；非承重外墙则只起分隔建筑物内外空间，抵御自然界各种因素对室内侵袭的作用。承重内墙兼起承重和分隔作用；而非承重内墙只起分隔建筑内部空间，保证室内具有舒适的环境的作用。因此，对于不同功能的墙体，应满足相应的强度、稳定性以及保温、隔热、隔声、环保、防火、防水、经济等性能。

为了扩大建筑使用空间，提高空间布局的灵活性及结构的需要，有时用柱来代替墙体作为建筑物的竖向承重构件，形成框架结构。此时，柱子起承重作用，承受屋顶、楼板层等构件传来的荷载，而墙体只起围护和分隔作用。由于柱子的受力面积较小，因此，它必须具有足够的强度和刚度。

（3）楼板层及地坪：楼板层及地坪是建筑物分隔水平空间的构件。楼板层承受家具、设备、人及其自重等荷载，并将这些荷载传给墙或柱；同时楼板层支撑在墙或柱上，对它们又起着水平支撑的作用，可以增强建筑的刚度和整体性。因此，楼板层必须具有足够的强度和刚度，以及隔声、防潮和防水的性能。

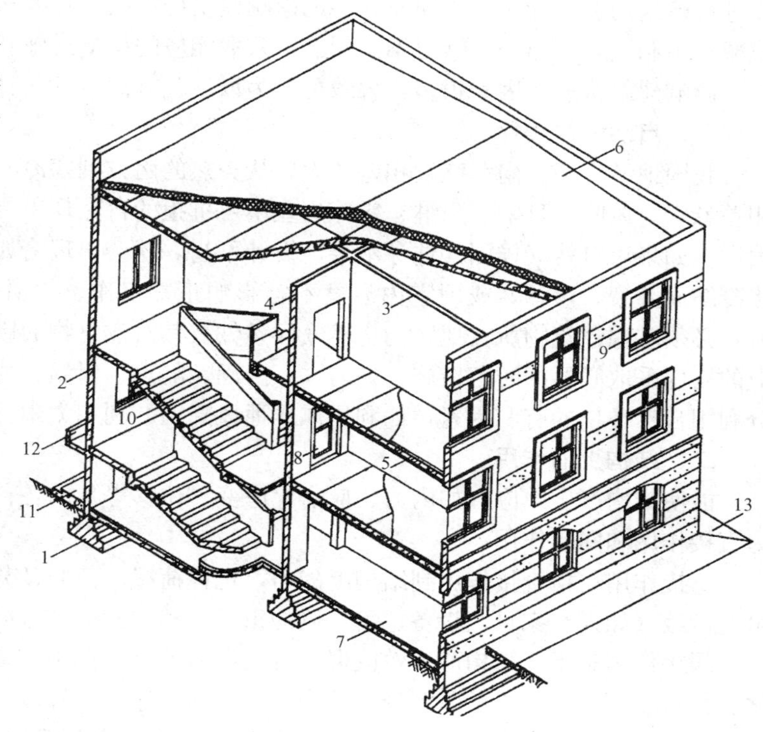

图 7-1　建筑物的基本组成

1—基础；2—外墙；3—内横墙；4—内纵墙；5—楼板；6—屋顶；7—地坪；8—门；9—窗；10—楼梯；11—台阶；12—雨篷；13—散水

地坪是首层房间与地基土层相接的构件，直接承受各种使用荷载的作用，并将这些荷载传给其下的地基。地坪除应有一定的承载力外，还应具有耐磨、防潮、防水和保温的性能。

（4）楼梯：楼梯是楼房建筑的垂直交通设施，供人们平时上下楼层和紧急疏散之用。因此，楼梯应有适宜的坡度及足够的通行能力，且应防火、防滑。

（5）屋顶：屋顶是房屋最上层的承重兼围护构件，既要承受作用于其上的风雪、自重及检修荷载，并将这些荷载传给墙或柱，又要抵抗风吹、雨淋、日晒等各种自然因素的侵袭，起到保温隔热的作用。因此，屋顶应具有足够的强度和刚度，并且有防水、保温、隔热等能力。

（6）门和窗：门和窗开在墙上，均属非承重构件，是房屋围护结构的组成部分。门主要供人们出入交通和内外联系之用，有时兼有采光和通风的作用。窗的主要作用是采光、通风和眺望，有时也有分隔和围护的作用。根据建筑使用空间的要求不同，门和窗应有一定的保温、隔声、防火和防风沙的能力。

民用建筑物中除了上述这些基本组成构件以外，还有一些为人们使用、为建筑物本身所必需的其他构件和设施，如壁橱、阳台、雨篷、烟道等。

第二节　影响建筑构造的因素

为了提高建筑物的使用质量，延长建筑物的使用寿命，更好地满足建筑物的功能要求，在进行建筑构造设计时，必须充分考虑影响建筑构造的各种因素，尽量利用有利因素，避免或减轻不利因素的影响，针对不同影响，采取相应的构造措施和构造方案。

影响建筑构造的因素很多，大致可分为以下几方面。

一、自然气候条件

我国地域辽阔，南北纬度相差较大，从炎热的南方到寒冷的北方，各地区自然气候条件相差悬殊。风吹、日晒、雨淋、霜冻这些不可抗拒的自然现象构成了影响建筑物的自然气候因素。如果对自然气候因素估计不足，设计不当，就会出现诸如建筑物的构、配件因材料热胀冷缩而开裂、渗漏，或因室内温度不宜影响正常工作、生活等问题。因此，在构造设计时，必须掌握建筑物所在地区的自然气候条件及其对建筑物的影响性质和程度，对建筑物相应的构件采取必要的防范措施，如防水、防潮、隔热、保温、加设变形缝等；同时，还应充分利用自然环境的有利因素，如利用风压通风降温，利用太阳辐射改善室内热环境。

二、结构上的作用

能使结构产生效应（如内力、应力、应变、位移等）的各种因素，称结构上的作用，分为直接作用和间接作用。

直接作用是指直接作用到结构上的力，也称荷载。荷载又分为永久荷载（如结构自重）、可变荷载（如人、家具、设备、雪、风的重量）和偶然荷载（如爆炸力、撞击力等）。

间接作用是指使结构产生效应但不直接以力的形式作用在结构上的各种因素，如温度变化、材料收缩、徐变、地基沉降、地壳运动（地震作用）等。

结构上作用的大小是结构设计的主要依据，决定着建筑物组成构件的选材、形状和尺度，与建筑构造设计密切相关。因此，在构造设计时，必须考虑结构上的作用这一影响因素，采取一些措施，保证建筑物的安全和正常使用。

在结构上的作用中，风力的影响不可忽视。风力一般随距离地面高度的增加而增大，特别是沿海地区，风力影响更大，往往是高层建筑水平荷载的主要因素。我国各地区的设计规范中都有关于风荷载的明确规定，在设计时应严格遵照执行。此外，地震对建筑物的破坏作用不可忽视。我国是世界上地震多发国家之一，地震区分布相当广泛，因此，在构造设计中必须高度重视地震作用的影响，根据概念设计的原则，按照《中国地震烈度区划图（1990）》中划定的各地区的设防烈度，对建筑物进行抗震设防，采取合理的抗震措施以增强建筑物的抗震能力。

三、各种人为因素

人类在从事生产和生活的过程中产生的机械振动、化学腐蚀、爆炸、火灾、噪声等，往往也会对建筑物造成影响。因此，在建筑构造设计时，必须有针对性地对建筑物采取如隔振、防腐、防爆、防火、隔声等相应的防护措施，来避免或减小不利的人为因素对建筑物造成的损害。

四、物质技术条件

建筑材料、建筑结构、建筑设备及施工技术是建筑的物质技术条件。它们将建筑设计变成了建筑物。没有先进的材料、结构、设备和施工技术，很多现代摩天大楼以及各种复杂的建筑物就无法实现或者不能很好地实现。在建筑发展过程中，新材料、新结构、新设备及新的施工技术迅猛发展、不断更新，促使建筑构造更加丰富多彩，建筑构造要解决的问题随之也越来越多样化、复杂化。因此，在构造设计中，就要以构造原理为理论依据，充分考虑物质技术条件的影响，在原有的、经典的构造方法基础上，不断研究，不断创新，设计出更先进更合理的构造方案。

五、经济条件

建筑物的建造需要耗费巨大的人力、物力、财力，这就使建筑与经济产生了密切关系。从建筑的发展过程看，建筑功能、建筑技术和建筑艺术的发展，归根到底都是随着社会经济条件的发展而发展的。根据经济条件进行建筑构造设计是建筑设计的原则。我国目前经济发展还比较落后，在进行建筑构造设计时，应综合地、全面地考虑经济问题，在确保建筑功能、工程质量的前提下，降低建筑造价，对于节约国家投资，积累建设资金，意义重大。同时，对不同等级和质量标准的建筑物，在经济问题上的考虑应区别对待，既要避免出现忽视标准、盲目追求豪华而带来的浪费，又要杜绝片面讲究节约而造成的安全隐患。

第三节 建筑构造设计原则

建筑构造设计是建筑设计中的重要组成部分，是建筑初步设计的继续和深入。在建筑构造设计时，应最大限度地满足适用、安全、经济、美观等各方面的要求。建筑构造设计具体应遵循以下设计原则。

一、满足建筑的功能要求

满足建筑的功能要求是建筑构造设计的主要依据。我国幅员广大、民族众多，各地自然条件、生活习惯等都不尽相同，致使不同地域、不同类型的建筑物，往往会存在不同的功能要求。北方地区要求建筑物在冬季能保温；南方地区要求建筑物在夏季能通风隔热；住宅要有良好的居住环境；剧院要有良好的视觉和声音效果；有震动的建筑要隔震；有水侵蚀的构件要防水。随着科学技术的发展和人们生活水平的日益提高，建筑功能的要求越来越复杂。因此，在建筑构造设计中，必须依靠科学技术知识，不断研究新问题，及时掌握和运用现代科技新成果，最大限度地满足人们越来越多、越来越高的物质功能和精神功能的需求。

二、确保结构的坚固、安全

在进行建筑构造设计时，除根据荷载的大小、结构的要求确定构件的必须尺度外，在构造上还必须采取一定的措施，来保证构件的整体性和构件之间连接的可靠性。对一些配件的设计，如阳台或楼梯的栏杆，顶棚、墙面、地面的装修配件，门、窗与墙体的结合部分等，也必须在构造上采取必要的措施，以确保建筑物在使用时的安全。

三、采用先进技术适应建筑工业化需要

建筑工业化把建筑业落后的、分散的手工业生产方式改变为集中的、先进的现代化工业生产方式，从而加快了建设速度，降低了劳动强度，提高了生产效率和施工质量。尽快实现建筑工业化，是摆在建筑工作者面前的迫切任务。因此，在建筑构造设计时，应大力推广先进技术，选用各种新型的建筑材料，采用标准设计和定型构件，为构、配件的生产工厂化，现场施工机械化创造有利条件。

四、考虑建筑经济的综合效益

在构造设计中，应该注意建筑物的整体经济效益，既要降低建筑的造价，节约材料消耗，又要考虑使用期间的运行、维修和管理的费用，考虑其综合的经济效益。如当采用节能建筑构造方案时，虽然一次性投资增大了，但却节省了以后的采暖费用，整体费用降下来

了。又如，提倡节约、降低造价的同时，还必须保证工程质量，绝不可以偷工减料、粗制滥造作为追求经济效益的代价。

五、注意造型美观

建筑物是人们的劳动产品，在满足了人们社会生产和生活需要的同时，又要满足人们一定的审美要求。建筑的艺术造型，能反映时代精神，体现社会风貌。因此，在构造方案的处理上，还要考虑其造型、尺度、质感、色彩等艺术和美观问题，将艺术的构思与材料、结构、施工等条件巧妙地结合起来，丰富建筑艺术的表现力。在处理一些细部构造时，如室内、外的细部装修，各种转角、收头、交接处的缝隙等，都应合理设计，相互之间保持协调美观。

六、贯彻建筑方针，执行技术政策

我们国家的建筑方针是“适用、安全、经济、美观”。这一方针反映了建筑的科学性及其内在联系，符合建筑发展的基本规律。设计时，必须将它们有机地、辩证地统一起来。

技术政策是国家在一定时期的技术政策规定。如鉴于我国不少地区面临黏土资源严重不足的情况，国家做出了节约耕地、限制或禁止使用黏土砖的规定；构造设计时，就必须避免使用黏土砖，尽可能采用轻质高强的工业废渣替代黏土作为砖的原料。

本 章 小 结

一座建筑物主要是由基础、墙或柱、楼板层及地坪、楼梯、屋顶和门窗等几部分组成。它们在建筑中的位置不同，作用也不同。

影响建筑构造的因素有自然气候条件、结构上的作用、各种人为因素、物质技术条件及经济条件等。

建筑构造设计要满足建筑的功能要求，确保结构的坚固、安全，采用先进的技术以适应建筑工业化需要，考虑建筑经济的综合效益，还要注意造型的美观，贯彻建筑方针，执行相关技术政策。

习 题 与 技 能 训 练

一、习题

（一）名词解释

1. 建筑构造原理

2. 建筑构造方法

（二）填空题

1. 一座建筑物是由许多构、配件组成的。通常我们称建筑物的______、______、______、______、______等部分为构件，称______、______、______、______、______等部分为配件。

2. 一幢民用建筑，一般是由______、______、______、______、______和______等几部分组成。

（三）简述题

1. 民用建筑的构造组成有哪些？
2. 影响建筑构造的因素有哪些？
3. 建筑构造设计的原则是什么？

二、技能训练

1. 分析身边建筑的构造组成，讲讲它们有哪些作用。
2. 以教学楼为例，分析作用在其结构上的各种作用，包括直接作用和间接作用。

第八章 基 础 与 地 下 室

本章提要 本章主要介绍地基和基础的基本概念及相互关系；基础埋置深度；影响基础埋置深度的因素；基础的类型与构造；地下室的类型及防潮、防水构造。

学习目标 掌握基础、地基、基础埋置深度、大放脚等基本概念；了解基础的类型及其构造；了解影响基础埋置深度的因素；了解地下室、人防地下室、半地下室、全地下室的定义；熟悉地下室的防潮、防水的构造做法。

第一节 基 础 和 地 基

一、基础与地基的关系

建筑工程中，将位于建筑物的最下端，埋入地下并直接作用在土壤层上的承重构件叫做基础。基础下面的土壤层叫做地基。基础和地基共同保证着房屋的坚固、耐久和安全。基础是建筑物重要的组成部分。而地基不是建筑物的组成部分，它是承受建筑物荷载的土壤层。建筑物的全部荷载最终是由基础底面传给了地基。地基土中，具有一定的地耐力、直接承受建筑荷载、并需进行力学计算的土层称为持力层。持力层下的土层称下卧层（图 8-1）。

由于基础是建筑物的重要承重构件，又是埋在地下的隐藏工程，易受潮，很难观察、维修、加固和更换，所以，在构造形式上必须使其具备足够的强度和与上部结构相适应的耐久性。

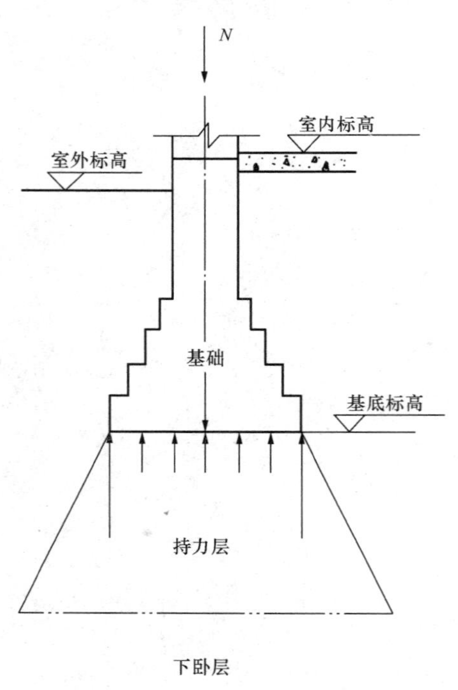

图 8-1 基础与地基

二、地基的分类

地基可分为天然地基和人工地基两大类。

天然地基是指天然土层具有足够的承载力，不需人工改善或加固便可直接承受建筑物荷载的地基。一般呈连续整体状的岩层或由岩石风化破碎成松软颗粒的土层可作为天然地基。

如果天然土层承载力较弱，缺乏足够的稳定性，不能满足承受上部建筑荷载的要求时，就必须对其先进行人工加固，以提高其承载力和稳定性。经过人工处理加固后的地基叫人工地基。人工地基较天然地基费工费料，造价较高，只有在天然土层承载力差、建筑总荷载大的情况下方可采用。

人工地基的处理措施通常有压实法、换土法和打桩法三大类。

压实法是通过用重锤夯实或压路机碾压，挤出软弱土层中土颗粒间的空气，使土中孔隙压缩，提高土的密实度，从而增加地基土承载力的方法。这种方法经济实用，适用于土层承载力与设计要求相差不大的情况。

换土法是将基础底面下一定范围的软弱土层部分或全部挖去，换以低压缩性材料，如灰土、矿石渣、粗砂、中砂等，再分层夯实。

打桩法是在软弱土层中置入桩身，把土壤挤密或把桩打到地下坚硬的土层上，来提高土层的承载力的方法。

除以上三种主要方法外，人工地基还有许多其他的处理方法，如化学加固法、电硅化法、排水法和加筋法等等人工处理地基的方法。

三、基础埋置深度及其影响因素

（一）基础埋置深度

从室外设计地坪到基础底面的垂直距离称基础埋置深度（图 8-2）。埋深大于或等于 4m 的称为深基础；埋深小于 4m 的称为浅基础；直接做在地表面上的基础称为不埋基础。从施工和造价方面考虑，一般民用建筑，基础应优先选用浅基础。但基础的埋深最少不能小于 500mm。否则，基础将受到雨水冲刷、机械破坏而影响建筑安全。

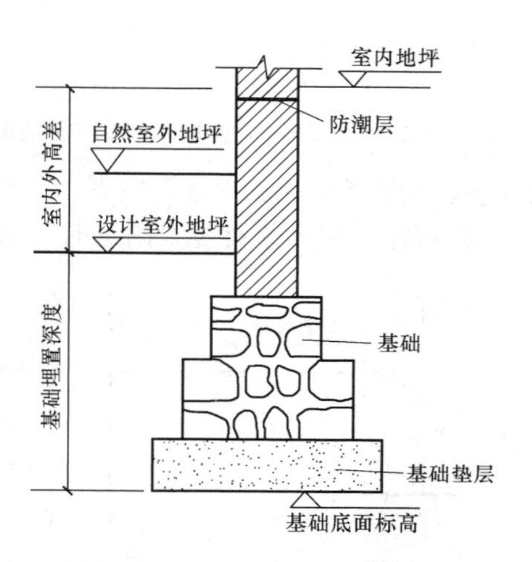

图 8-2　基础的埋置深度

（二）影响基础埋置深度的因素

基础的埋置深度，主要取决于以下几个因素。

1. 地基土质的影响

根据建筑物必须建造在坚实可靠的地基土层上的原则，基础底面应尽量埋在常年未经扰动且坚实平坦的土层（俗称“老土层”）或岩石上，而不应设置在耕植土、杂填土及淤泥质土层中。土质好，承载力高时，基础应尽量浅埋。

2. 地下水位的影响

地基土含水量的大小，对地基承载力有很大影响。如粘性土遇到水后，土颗粒间的孔隙水含量增加，土的承载力就会下降；另外，含有侵蚀性物质的地下水，对基础会产生腐蚀作用。所以，建筑物基础应尽量埋在地下水位以上，如果必须埋在地下水位以下时，应将基础底面埋置在最低地下水位 200mm 以下（图 8-3），以免因水位变化，使基础遭受水浮力的影响。埋在地下水位以下的基础，应选择具有良好耐水性的材料，如石材、混凝土等。当地下水中含有腐蚀性物质时，基础应采取防腐措施。

3. 土的冻结深度的影响

地面以下，冻结土与非冻结土的分界线称为冰冻线，从地面到冰冻线的距离即为土的冻结深度。土的冻结是指土中的水分受冷，冻结成冰，使土体冻胀的现象。地基土冻结后，会把基础抬起，而解冻后，基础又将下沉。在这个过程中，冻融是不均匀的，致使建筑物处于不均匀的升降状态中，势必会导致建筑物产生变形、开裂、倾斜等一系列的冻害。一般地，基础应埋置在冰冻线以下约 200mm 的地方（图 8-4）。

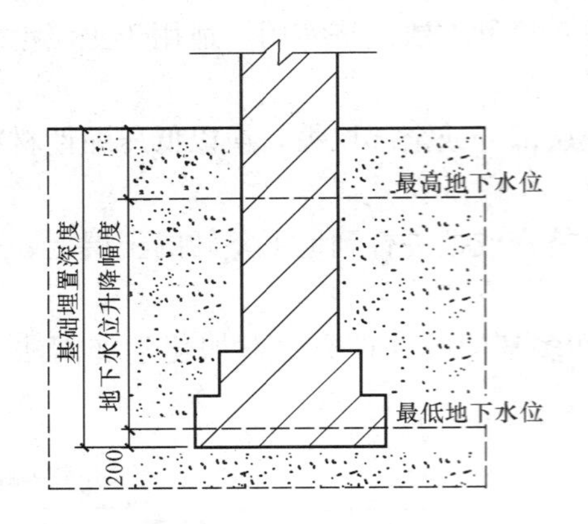

图 8-3 地下水位对埋深的影响

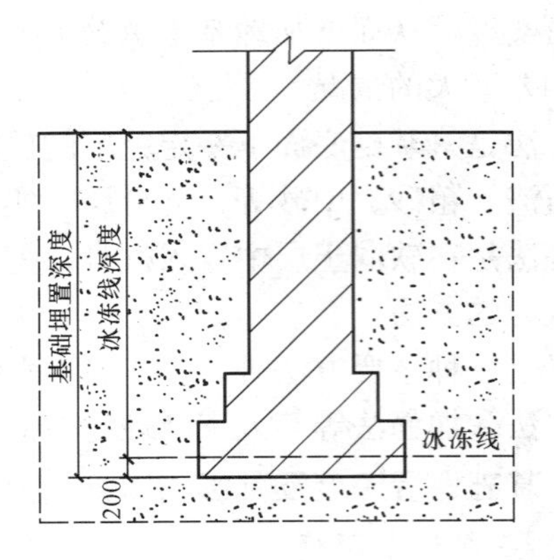

图 8-4 冰冻深度对埋深的影响

4. 相邻建筑物基础埋深的影响

当新建房屋在原有建筑附近时，一般新建房屋的基础埋置深度应小于原有建筑基础埋置深度。当新建房屋基础埋深必须大于原有建筑的埋置深度时，应使两基础间留出一定的水平距离，一般为相邻基础底面高差的1～2倍（图8-5），以保证原有房屋的安全。如不能满足此条件时，可通过对新建房屋的基础进行处理来解决。

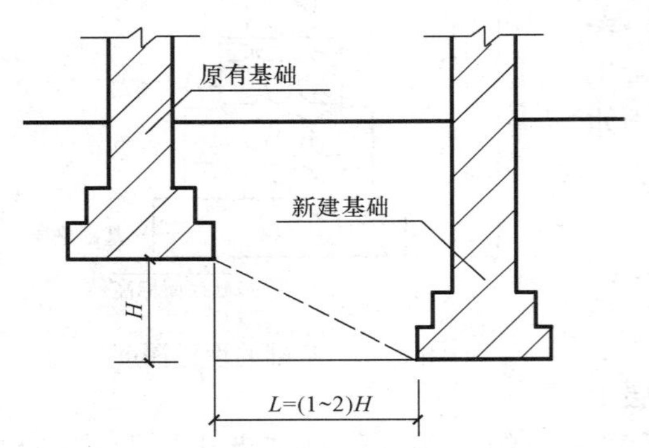

图 8-5 基础埋深与相邻基础关系

5. 连接不同埋深基础的影响

当一幢建筑物设计上要求基础的局部必须埋深时，深、浅基础的相交处应采用台阶式逐渐落深。为使基础开挖时不致松动台阶土，台阶的踏步高度应小于等于500mm，踏步的宽度不应小于2倍的踏步高度。

6. 其他因素对基础埋深的影响

基础的埋深除与以上几种影响因素有关外，还须考虑新建建筑物的高度，是否有地下室、设备基础、地下管沟等因素。另外，当地面上有较多腐蚀液体作用时，基础埋置深度不宜小于1.5m，必要时，须对基础作防护处理。

第二节 基础的类型与构造

基础的类型很多，按基础的构造形式划分，有条形基础、独立基础、十字交叉基础、筏片基础、箱形基础、桩基础；按基础所采用材料和受力特点分，有刚性基础和柔性基础；按基础的埋置深度分，有浅基础、深基础等等。基础的形式主要根据基础上部结构类型、体量高度、荷载大小、地质水文和地方材料等诸多因素而定。

一、条形基础

条形基础呈连续的带状，也称带形基础。一般用于墙下也可用于柱下（图8-6）。

当建筑物上部结构采用墙承重时，承重墙下一般采用通长的条形基础［图8-6（a)］。

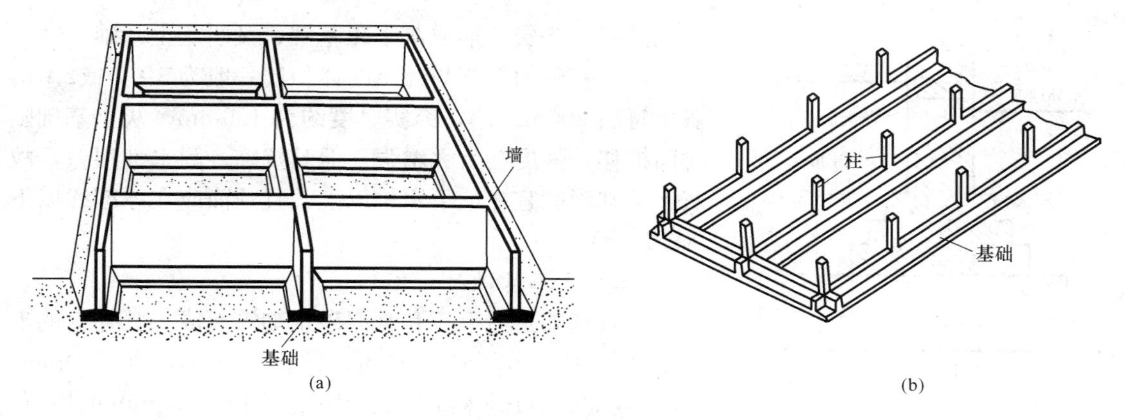

图 8-6 条形基础

(a) 墙下条形基础；(b) 柱下条形基础

当建筑物的承重构件为柱子时，若荷载大且地基软时，常用钢筋混凝土条形基础将柱下的基础连接起来，形成柱下条形基础［图 8-6（b）］，可有效地防止不均匀沉降，使建筑物的基础具有良好的整体性。

条形基础一般是由砖、毛石、混凝土、毛石混凝土和钢筋混凝土等材料制成。

（一）砖基础

用黏土砖砌筑的基础叫砖基础。它具有取材容易、价格低、施工简单等优点。适合于地基土好、地下水位较低，5 层以下的砖木结构或砖混结构中。但其大量消耗耕地土，目前，我国有些地区已限制使用黏土砖。

砖基础一般采用台阶式，逐级向下放大，形成“大放脚”。为了满足基础刚性角的限制，其台阶的宽高比应不大于 1∶1.5。一般采用每两皮砖挑出 1/4 砖或两皮砖挑出 1/4 砖与一皮砖挑出 1/4 砖相间的砌筑方法（图 8-7）。前一种偏安全，但做出的基础较深；后一种较经济，且做出的基础较浅，但施工稍繁。砌筑前基槽底面要铺不小于 100 厚砂垫层。砖的强度等级不低于 MU10，砂浆应为强度等级不低于 M5 的水泥砂浆。

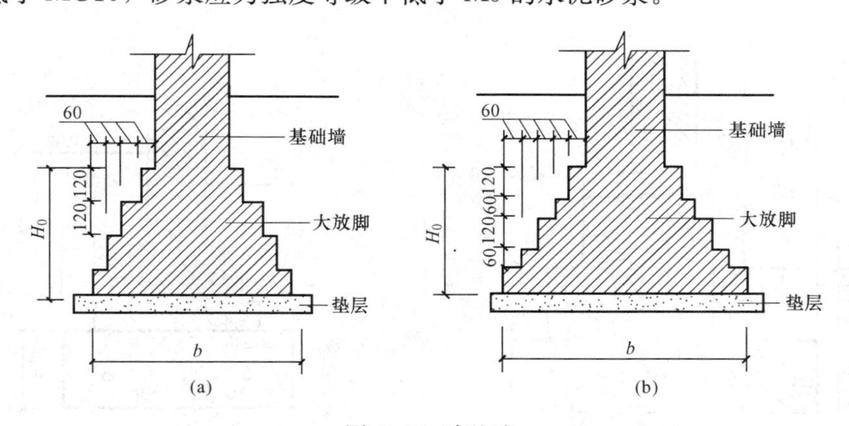

图 8-7 砖基础

(a) 两皮砖挑出 1/4 砖；(b) 两皮砖与一皮砖间隔挑出 1/4 砖

（二）灰土基础

地下水位较低的地区，低层房屋的条形砖石基础下常做一层由石灰与黏土加水拌和夯实

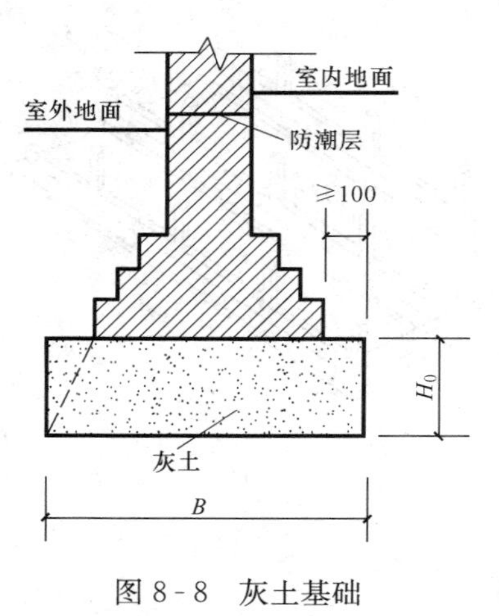

图 8-8 灰土基础

而成的灰土垫层，形成灰土砖基础，又叫灰土基础。

灰土基础的石灰与黏土的体积比一般为 3∶7 或2∶8。灰土每层 200mm 厚，夯实厚度约为 150mm。灰土基础随时间推移，强度会大大增强，但其抗冻、耐水性很差，故灰土基础深度宜在地下水位以上，且顶面应在冰冻线以下（图 8-8）。

（三）毛石基础

毛石基础是由毛石和水泥砂浆砌筑而成，其外露的毛石略经加工，形状基本方整，粒径一般不小于 300mm；中间填塞的馅石是未经加工的厚度不小于 150mm 的块石。由于石材抗压强度高，抗冻、抗水、抗腐蚀性能好，水泥砂浆也是耐水材料，所以毛石基础可用于地下水位较高、冻结深度较深的低层或多层民用建筑中，但不宜用于有振动的房屋。由于其体积大、自重大、劳动强度亦大，运输、堆放不便，故多被用在邻近石材区的一般标准的砖混结构的基础工程中。毛石基础造价要比砖基础低。

毛石基础的剖面一般为阶梯形（图 8-9），基础顶部宽度不宜小于 500mm，且要比墙或柱每边宽出 100mm。每个台阶的高度不宜小于 400mm，每个台阶挑出的宽度不应大于 200mm。当基础底面宽度小于 700mm 时，毛石基础应做成矩形截面。毛石基础顶面砌墙前应先铺一层水泥砂浆。

（四）三合土基础

如果将砖石条形基础下的灰土换成由石灰、砂、骨料（碎砖、碎石或矿渣）组成的三合土，则形成三合土基础。三合土的体积比一般为 1∶3∶6 或 1∶2∶4，加适量水拌和夯实，每层夯实厚度为 150mm，总厚度 $H_0 \geqslant 300$mm，宽度 $B \geqslant 600$mm（图 8-10）。这种基础在我国南方地区应用较广。它的优点在于施工简单、造价低廉，但强度较低，且基础深度也应在地下水位以上。

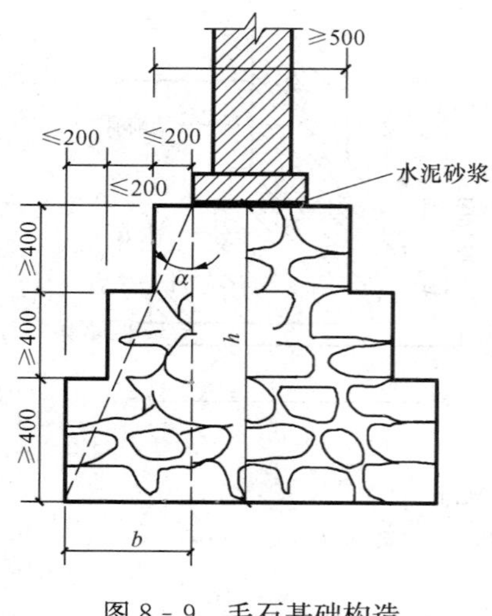

图 8-9 毛石基础构造

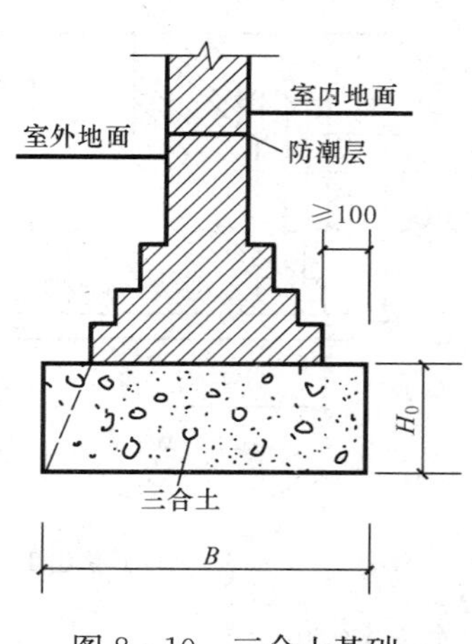

图 8-10 三合土基础

（五）混凝土基础

混凝土基础也叫素混凝土基础。它坚固、耐久、抗水，可用于有地下水和冰冻作用的基础。其断面形式有阶梯形、梯形（图 8 - 11）等。梯形截面的独立基础也叫锥形基础。

（六）毛石混凝土基础

为了节约水泥，对于体积较大的混凝土基础工程，可以在浇筑混凝土时加入 20%～30%的毛石，这种基础叫毛石混凝土基础（图 8 - 12）。

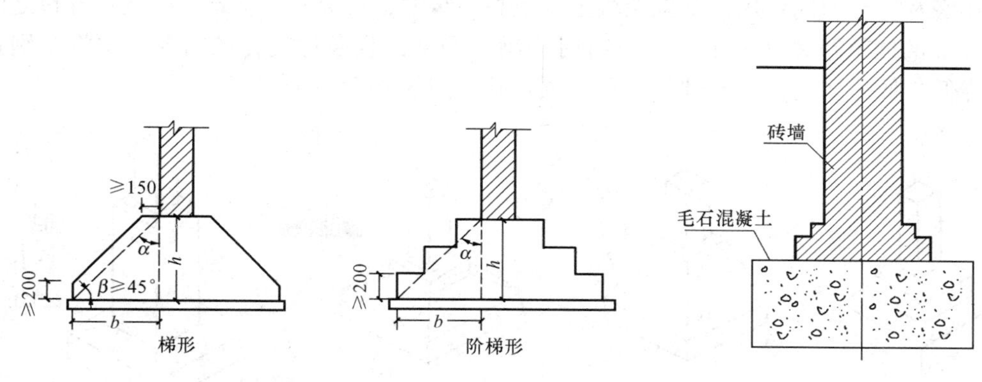

图 8 - 11 混凝土基础　　图 8 - 12 毛石混凝土基础

（七）钢筋混凝土基础

中小型建筑常采用以砖、石、混凝土、灰土、三合土等刚性材料做成的条形基础，又称刚性基础。当建筑物荷载较大，地基承载力较小时，必须加宽基础底面的宽度。而刚性基础受刚性角的限制，势必会增加基础的高度。这样，既增加了挖土工作量，对工期和造价也很不利。如果在混凝土基础的底部配以钢筋，形成钢筋混凝土基础，利用钢筋来抵抗拉应力，这样，基础的宽度就可不受刚性角的限制，可做得很宽，也可尽量浅埋（图 8 - 13）。

钢筋混凝土基础也称为柔性基础。相当于一个倒置的悬臂板，所以它的根部厚度较大，配筋较多，两边板厚较小（但不应小于 200mm），钢筋也较少。钢筋的用量通过计算而定，但直径不宜小于 8mm，间距不宜小于 200mm。混凝土强度等级也不宜低于 C20。当用等级较低的混凝土做垫层时，为使基础底面受力均匀，垫层厚度一般为 100mm。为保护基础钢筋不受锈蚀，当有垫层时，保护层厚度不宜小于 35mm，不设垫层时，保护层厚度不宜小于 70mm（图 8 - 14）。

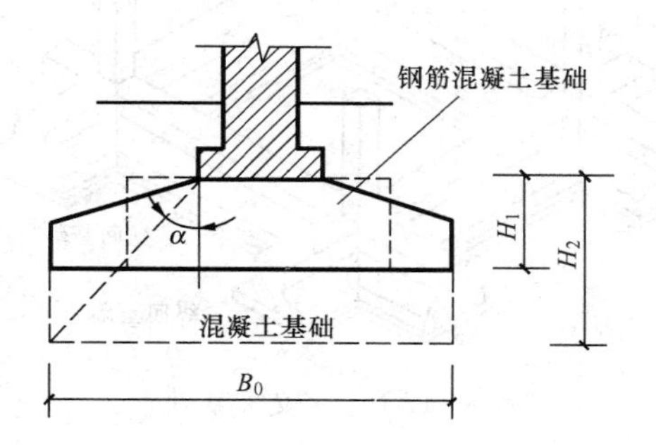

图 8 - 13 柔性基础与刚性基础比较

H_1—柔性基础埋深；H_2—刚性基础埋深

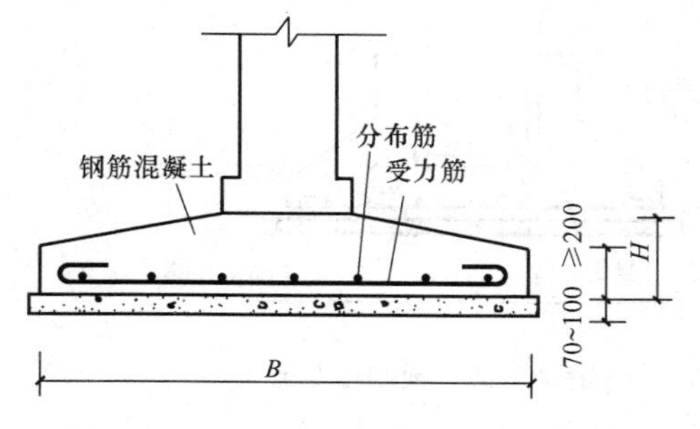

图 8 - 14 钢筋混凝土条形基础

二、独立基础

当建筑物承重体系为梁、柱组成的框架、排架或其他类似结构时，其柱下基础常采用的基本形式是独立基础。常见的断面形式有阶梯形、锥形等［图 8 - 15（a）、（b）］。当采用预制柱子嵌固在杯口内，又称杯形基础［图 8 - 15（c）］。杯形基础的杯底厚度应大于 200mm，杯壁厚一般为 150～200mm，杯口深度必须大于等于柱子长边 50mm，且不小于 500mm。为了便于柱子安装和浇筑细石混凝土，杯上口和柱边的距离一般为 75mm，底部为 50mm。施工时在杯底及杯壁四周均用比基础混凝土等级高一级的细石混凝土浇筑，柱底和杯口之间一般留 50mm 的调整距离（图 8 - 16）。有时为满足局部工程条件变化的需要，须将个别杯基础底面降低，便形成高杯口基础，也称长颈基础［图 8 - 15（d）］。

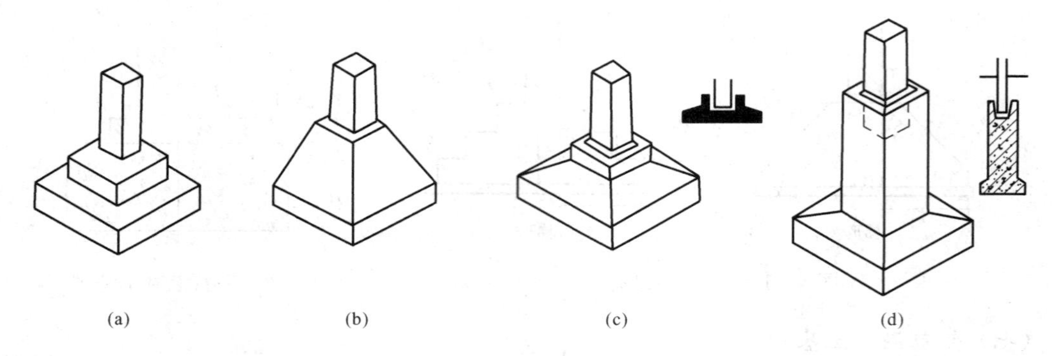

图 8 - 15　独立基础

（a）阶梯形；（b）锥形；（c）杯形基础；（d）长颈基础

三、其他类型的基础

（一）井格基础

独立基础可节约基础材料，减少土方工程量，但基础与基础之间无构件连接，整体刚度较差，当地基条件较差，或上部荷载不均匀时，为了提高建筑物的整体性，防止柱间不均匀沉降，常将柱下基础做成十字交叉的井格基础（图 8 - 17）。

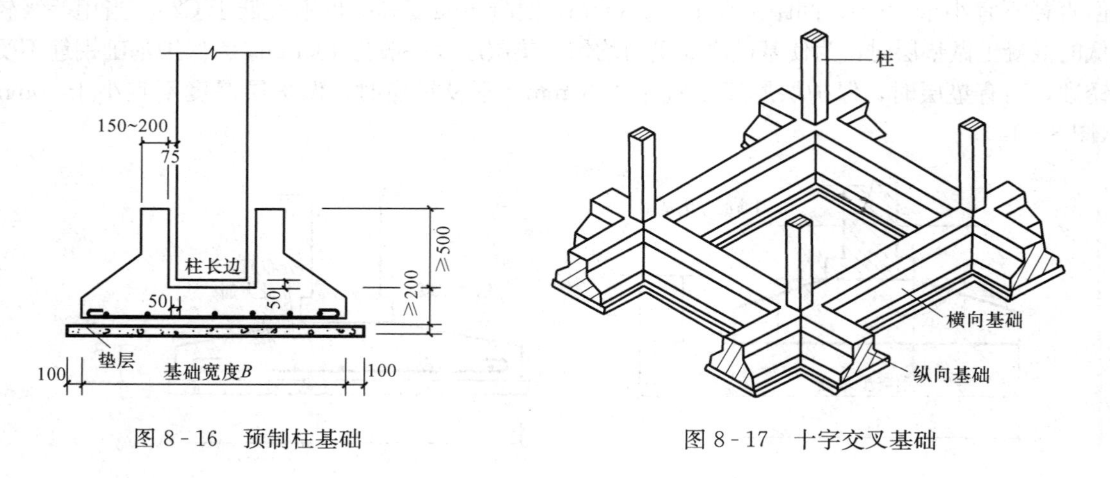

图 8 - 16　预制柱基础

图 8 - 17　十字交叉基础

（二）筏片基础

当上部结构荷载较大，而地基承载力又较低，采用柱下条形基础或十字交叉基础已不能适应地基变形需要时，常将墙或柱下基础连成一钢筋混凝土板，形成筏片基础。筏片基础有板式和梁板式两种（图 8-18）。

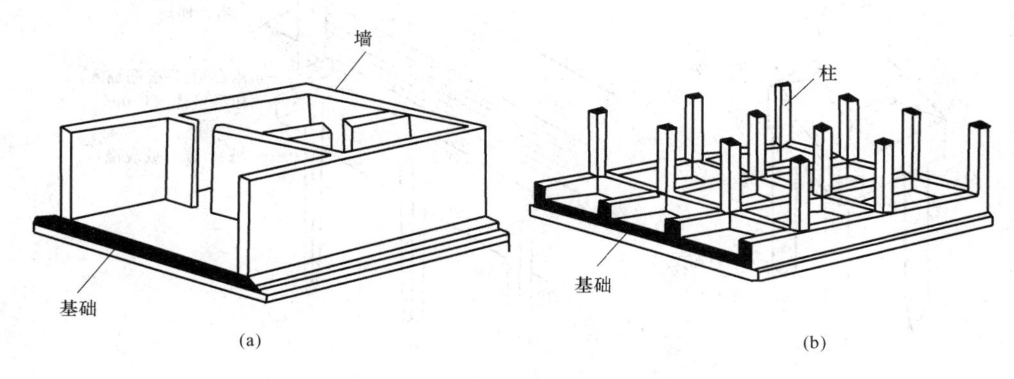

图 8-18　筏片基础

(a) 板式基础；(b) 梁板式基础

（三）箱形基础

当建筑物荷载很大，或浅层地质情况较差，基础需要埋深很大时，为了增加建筑物的整体刚度，有效抵抗地基的不均匀沉降，常采用由钢筋混凝土底板、顶板和若干钢筋混凝土纵横墙组成的空心箱体基础，即箱形基础（图 8-19）。箱形基础具有整体空间刚度大，能有效调整基底压力，且埋深大，稳定性和抗震性好的特点。且内部空间可用作地下室。因此，常用于高层建筑或在软弱地基上建造的重型建筑物。

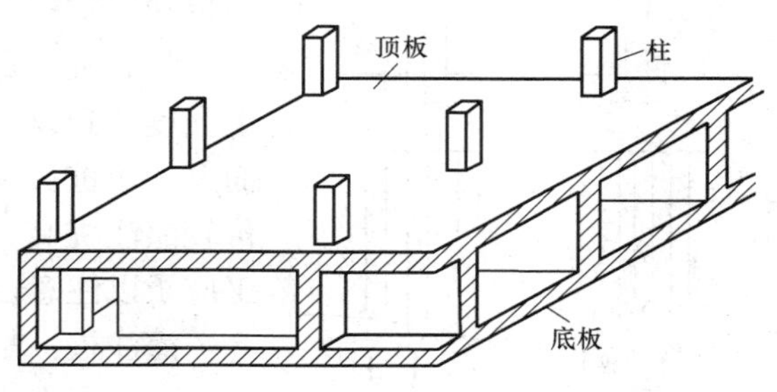

图 8-19　箱形基础

（四）桩基础

当建筑物荷载较大，地基软弱土层厚度在 5m 以上，对软弱土层进行人工处理困难和不经济时，可采用桩基础。桩基础能够节省基础材料，减少挖填土方工程量，改善工人的劳动条件，缩短工期，因此，近年来桩基础的采用逐渐普遍。

桩基础由桩身和承台组成（图 8-20）。承台是在桩顶现浇的钢筋混凝土梁或板，上部是砖墙时为承台梁，上部是钢筋混凝土柱时为承台板。承台的厚度由结构计算确定，一般不小于 300mm。桩身尺寸按设计确定，桩身位置也是根据设计布置的点位而定。钢筋混凝土承台梁（或板）设在桩身的顶部，用以支承上部墙体或柱，使建筑物荷载均匀地传给桩基。在寒冷地区，承台梁下应铺设 100～200mm 厚的粗砂或焦渣，以防止承台下的土壤受冻膨胀，引起承台梁的反拱破坏。

桩基础的类型很多，按材料不同，可分为钢筋混凝土桩、钢桩、木桩等；按桩的断面形状，可分为圆形、方形、环形、六角形及工字形桩等；按桩的入土方法可分为打入桩、振入桩、压入桩及灌入桩等；按桩的性能，又可分为摩擦桩和端承桩。

摩擦桩［图 8-21（a）］是通过桩侧表面与周围土的摩擦力来承担荷载的。适用于软土层较厚，坚硬土层较深，荷载较小的情况。端承桩［图 8-21（b）］是将建筑物的荷载通过桩端传给地基深处的坚硬土层。这种桩适合于坚硬土层较浅，荷载较大的情况。

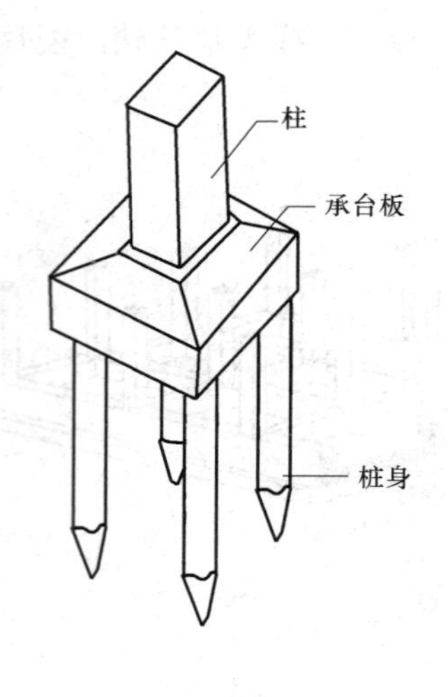

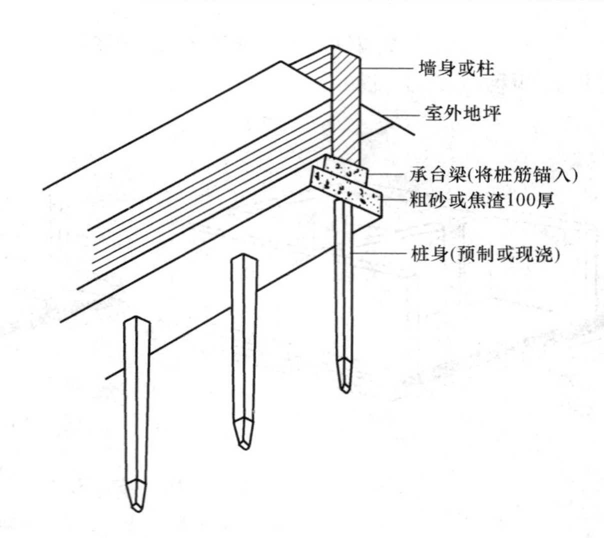

图 8-20 桩基础的组成

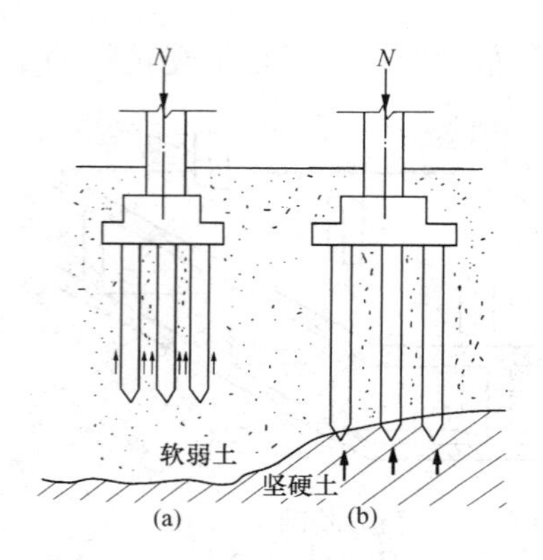

图 8-21 桩基础示意图
(a) 摩擦桩；(b) 端承桩

目前，较为多用的是钢筋混凝土桩，包括预制桩、灌注桩和爆扩桩。

预制桩：是在混凝土构件厂或施工现场预制，待混凝土强度达到设计强度100%时，进行运输打桩。这种桩的截面尺寸、桩长规格较多，制作简便，质量容易保证。但造价较灌注桩高，施工时有较大的振动和噪音，在市区内施工应予以注意。

灌注桩：是直接在地面上钻孔或打孔，然后放入钢筋笼，浇筑混凝土而成。与预制桩相比，灌注桩具有较大的优越性。首先，灌注桩的直径变化幅度大，可达到较高的承载力；其次，桩身长，深度可达到几十米；其三是施工工艺简单，节约钢材，造价低。但在施工时，要进行泥浆处理，给施工带来麻烦，且地下水位高时，易出现颈缩现象。

爆扩桩：是用机械或人工钻孔后，用炸药爆炸扩大孔底，再浇注混凝土而成。其优点是承载能力高（因有扩大端），施工速度快，劳动强度低，投资少。缺点是质量不宜保证，且施工扰民。

第三节 地下室构造

地下室是建筑物设在首层以下的房间，一般由墙身、底板、顶板、门窗、楼梯和采光井等几部分组成（图8-22）。在城市用地日趋紧张的情况下，建筑向上下两个空间发展，能够在有限的占地面积内，增加建筑的使用空间，提高建筑用地的利用率。

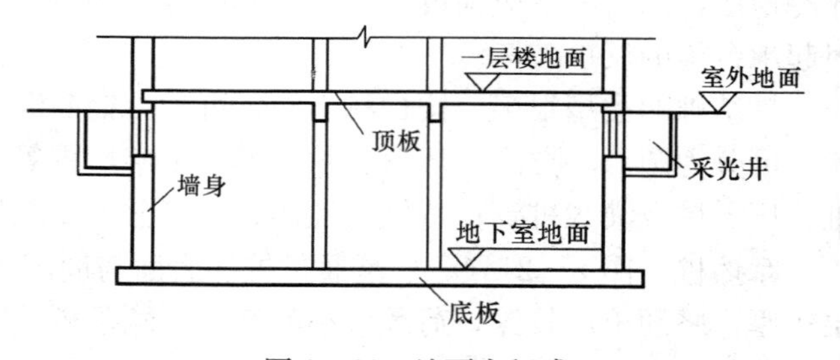

图 8-22 地下室组成

一、地下室的类型

地下室按使用功能分，有普通地下室和人防地下室；按顶板标高与室外地面的位置分，有半地下室和全地下室；按结构材料分，有砖墙地下室和混凝土墙地下室。

（一）普通地下室

普通地下室是建筑空间向地下的延伸，一般为单层，有时根据需要也可达数层。由于地下室与地上房间相比，有许多弊端，如采光通风不利，容易受潮等，但同时也具有受外界气候影响较小的特点；因此，低标准的建筑多将普通地下室作为储藏间、仓库、设备间等建筑辅助用房，高标准的建筑，在采用了机械通风、人工照明和防潮防水措施后可用做商场、餐厅、娱乐场所等有各种功能要求的用房。

（二）人防地下室

人防地下室是有人民防空要求的地下空间，可以预防现代战争中冲击波、早期核辐射、化学毒气及地面建筑倒塌等给人带来的危险。人防地下室应符合国家对人防地下室的有关建设规定和设计规范。一般应设有防护室、防毒通道、通风滤毒室、洗消间及厕所等。房间出入口应为空门洞，以确保人员疏散。与外界联系的出入口，一般至少应有两个，一个与地上楼梯连通，另一个与人防通道连接。必须设门时，应采取防护门、密闭门或防护密闭门。同时，还要考虑和平时期对人防地下室的利用，尽量使人防地下室做到平战结合。

（三）半地下室

房间地平面低于室外地平面的高度超过该房间净高的1/3，且不超过1/2者（图8－23）。半地下室相当一部分在地面以上，易于解决采光、通风的问题，可作为办公室、客房等普通地下室使用。

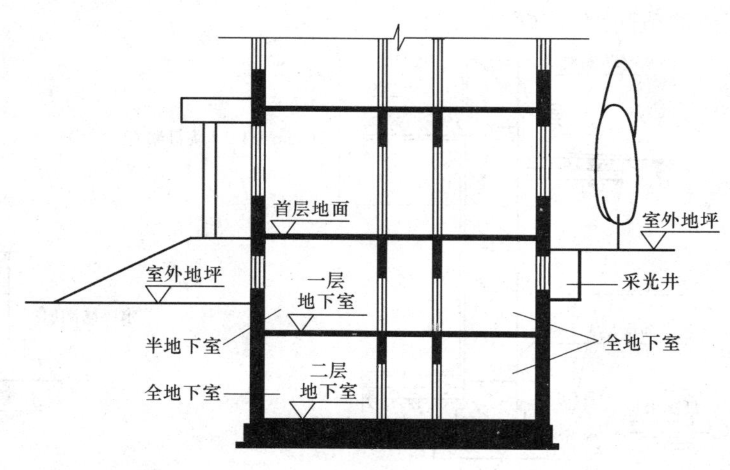

图8－23 地下室类型

（四）全地下室

当地下室顶板标高低于室外地面标高，或地下室地面低于室外地坪高度超过该房间净高的1/2时，称全地下室（图8－23）。全地下室由于埋入地下较深，通风采光较困难，一般多作为储藏仓库、设备间等建筑辅助用房。也可利用其受外界噪声、振动干扰小的特点，作为手术室和精密仪表车间；利用其受气温变化较小，冬暖夏凉的特点，作为蔬菜水果仓库；利用其墙体由厚土覆盖，受水平冲击和辐射作用小，作为人防地下室。

二、地下室的防潮防水构造

由于地下室处于地面以下的土层中，长期受地下水的影响，若没有可靠的防潮防水措施，地下室的外墙、底板将受到地潮或地下水的侵蚀。使墙面变霉、灰皮脱落等，造成不良卫生状况，严重时，还会使房屋结构损坏，直接影响建筑物的坚固性和耐久性。因此，构造设计时，必须对地下室采取相应的防潮防水措施。

(一) 地下室的防潮

当地下水的常年设计水位和最高地下水位均低于地下室地坪标高时，地下室的墙体和底板只受地潮的影响，即只受下渗的地面水和上升的毛细管水等无压水的影响。这时只需对地下室的墙身和地坪做防潮处理。

对于墙体，当墙体为混凝土或钢筋混凝土结构时，由于其本身的憎水性，使其具有较强的防潮作用，可不必再做防潮层。当采用砖砌或石砌墙体时，首先，墙体必须用强度不低于M5的水泥砂浆砌筑，且灰缝饱满；其次，应对地下室外墙做水平和垂直方向的防潮处理。

垂直防潮层的做法是：在墙外表面先抹20mm厚水泥砂浆找平层，再涂一道冷底子油和两道热沥青，也可用乳化沥青或合成树脂防水涂料。其高度应超出室外散水大于300mm。然后在外侧回填低渗透性土壤，如黏土、灰土等，并逐层夯实。土层宽度为500mm左右，以防地表水下渗，产生局部滞水，引起渗漏。

水平防潮层有两道，一道是在外墙与地下室地坪交界处，以防止土层中潮气因毛细管作用从基础侵入地下室；另一道是外墙与首层地板层交界处，用以防止潮气沿地下室墙身和勒脚处侵入地下室或上部结构。

对于地下室地坪层，一般做法是在灰土或三合土垫层上浇注密实的混凝土。当最高地下水位距地下室地坪较近时，应加强地坪的防潮效果，一般是在地面面层与垫层间加设防水砂浆或油毡防潮层（图8-24）。

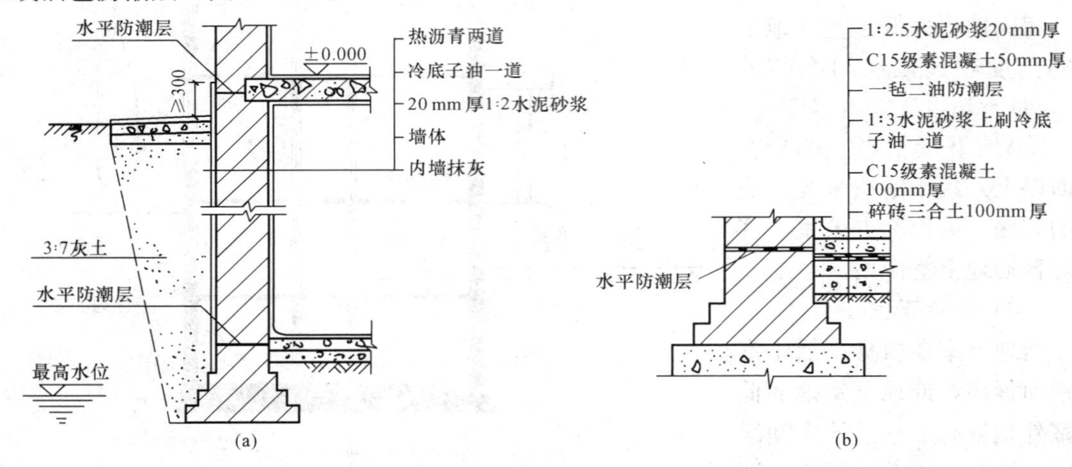

图8-24 地下室防潮构造

(a) 墙身防潮；(b) 地坪防潮

(二) 地下室防水

当设计最高地下水位高于地下室地坪标高时，地下室外墙和地坪都浸泡在水中。这时必须考虑对地下室外墙及地坪做防水处理。

防水的具体方案和构造措施，各地有很多不同的做法，但归纳起来，不外是堵、导和堵导结合三种办法，即隔水法、降排水法以及综合防水法。隔水法是利用各种材料的不透水性来隔绝地下室外围水及毛细管水的渗透；降排水法是用人工降低地下水位或排出地下水，直接消除地下水对地下室作用的防水方法；综合防水法是指采用多种防水措施来提高防水可靠性的一种办法，一般地，当地下水量较大或地下室防水要求较高时才采用。

隔水法是地下室防水采用最多的一种方法，又分材料防水和构件自防水两种。

1. 材料防水

材料防水是在地下室外墙与底板表面敷设防水材料，借材料的高效防水特性阻止水的渗入。常用的材料有防水卷材、防水涂料和防水砂浆等。

（1）卷材防水。卷材防水能够适应结构的微量变形和抵抗地下水中侵蚀性介质的作用，是一种比较可靠的传统防水做法。常用的卷材一般有高聚物改性沥青卷材和高分子卷材等。施工时，采用与卷材相适应的胶结材料胶合而成防水层。

沥青卷材具有一定的抗拉强度和延伸性，价格较低，但属热操作，施工不便，且污染环境，易老化。目前，国内市场新型沥青防水卷材品种有200多种，形成了高、中、低档次系列，应根据不同功能、不同用处、不同耐久年限和不同施工方法加以选用。一般为多层做法。

高分子卷材重量轻，应用范围广，抗拉强度高，延伸率大，对基层的变形适应性强，且是冷作业，施工操作简单，不污染环境。但目前价格偏高，且不宜用于地下含矿物油或有机溶液的地方，一般为单层做法。

按防水卷材铺贴的位置不同，卷材防水可分为外包法和内包法。

外包法是将防水层做在迎水一面，即地下室外墙的外表面。这种方法有利于保护墙体，但施工、维修不便。施工时，首先做地下室底板的防水：在地下室地基上先浇100mm厚C10混凝土垫层，以保证防水层不致因垫层的变形破裂而失效。若垫层平整，可省去找平层，直接在垫层上粘贴卷材防水层，在地面与立墙相交部位油毡应留槎，然后在防水层上抹一层20～30mm厚的1∶3水泥砂浆保护层，上面做钢筋混凝土底板和立墙。然后做垂直外墙身的防水层：先在外墙外面抹20mm厚1∶2.5水泥砂浆找平层，并涂刷一道冷底子油，再将立墙四周的油毡甩槎按一层油毡一层沥青胶顺序继续接槎铺于立墙上。从底板包上来的油毡防水层，沿墙身由下而上必须连续密封粘贴，并铺设至设计地下水位以上500～1000mm处收头，其上部分作防潮处理。最后，在防水层外侧砌120mm的保护墙，在保护墙与防水层之间缝隙中灌以水泥砂浆，以保证防水层均匀受压。保护墙下应干铺油毡一层，并沿其长度方向每隔5～8m设一通高竖向断缝，以保证紧压防水层［图8-25（a）］。

内包法是将防水层做在背水一面，即做在地下室外墙及地坪的内表面。这种做法施工方便，但墙体浸在水中，对建筑物不能起保护作用，日久会影响建筑物的耐久性，因此，一般用于修缮工程中［图8-25（b）］，新建工程不宜采用。

（2）涂料防水。涂料防水是指在施工现场将无定型液态冷涂料在常温下以刷涂、刮涂、滚涂等方法涂敷于地下室结构表面的一种防水做法。防水涂料包括有机防水涂料和无机防水涂料。在结构主体的迎水面，宜采用耐腐蚀性好的有机涂料，如反应型、水乳型、聚合物水泥涂料，并应做刚性保护层。在结构主体的背水面可选用无机防水涂料，如水泥基防水涂料、水泥基渗透结晶型涂料等。在潮湿基层宜选用与潮湿基面粘结力大的无机涂料或有机涂料，或采用先涂水泥基类无机涂料而后涂有机涂料的复合涂层。涂料的防水质量、耐老化性能均较油毡防水层好，故目前地下室防水工程应用广泛。

（3）水泥砂浆防水。水泥砂浆防水层可用于结构主体的迎水面或背水面。水泥砂浆防水层的材料有普通水泥砂浆、聚合物水泥防水砂浆、掺外加剂或掺和料防水砂浆等。施工方法有多层涂抹或喷射等方法。采用水泥砂浆防水层，施工简便、经济，便于检修；但防水砂浆的抗渗性能较弱，对结构变形敏感度大，结构基层略有变形既开裂、从而失去防水功能。因

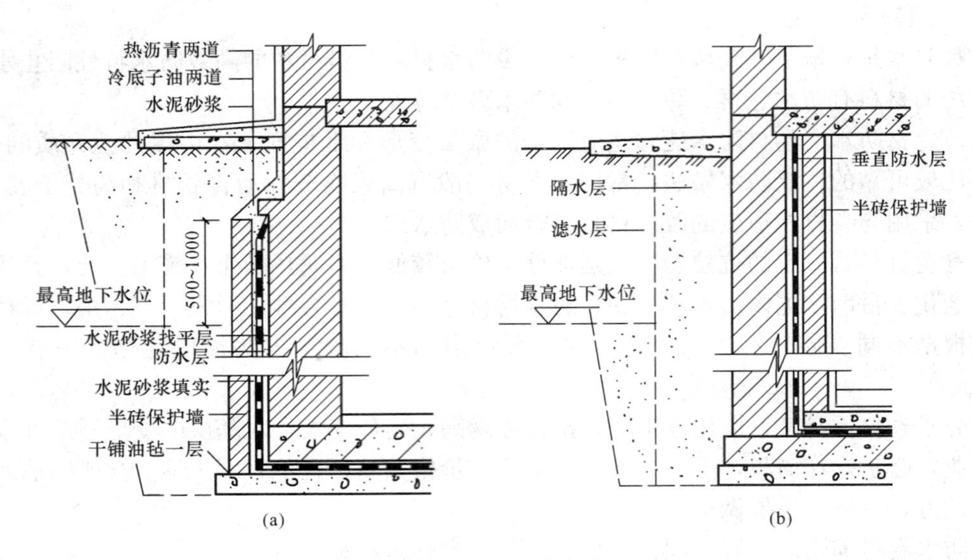

图 8 - 25 地下室防水处理
(a) 外包防水；(b) 内包防水

此，水泥砂浆防水层一般与其他防水层配合使用。

2. 构件自防水

构件自防水是用防水混凝土作为地下室外墙和底板，即通过采用调整混凝土的配合比或在混凝土中加入一定量的外加剂等手段，改善混凝土自身的密实性，从而达到防水的目的。

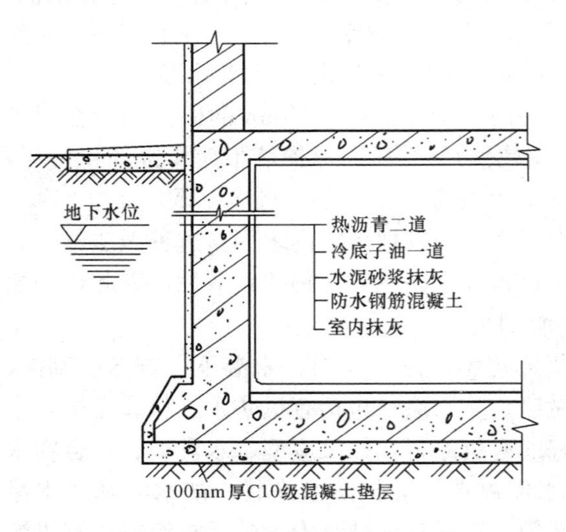

图 8 - 26 防水混凝土防水处理

调整混凝土配合比主要是采用不同粒径的骨料进行配料，同时提高混凝土中水泥砂浆的含量，使砂浆充满于骨料之间，从而堵塞因骨料间直接接触而出现的渗水通道，达到防水目的。

掺外加剂是在混凝土中掺入加气剂或密实剂以提高其抗渗透性能和密实性，使混凝土具有良好的防水性能。

防水混凝土墙和底板不能过薄，一般不应小于 250mm，迎水面钢筋保护层厚度不应小于 50mm，并应涂刷冷底子油和热沥青。防水混凝土结构底板的混凝土垫层，强度等级不应小于 C10，厚度不应小于 100mm，在软弱土中不应小于 150mm（图 8 - 26）。

本 章 小 结

基础是建筑物最下端与土层直接接触的承重构件。地基是支承基础的土壤层。基础是建筑物的组成部分，而地基不属于建筑物的组成部分。

地基可分为天然地基和人工地基。基础按构造形式可分为：条形基础、独立基础、筏片基础、箱形基础；按基础所采用材料和受力特点可分为：刚性基础和非刚性基础；按基础的埋置深度可分为：浅埋基础和深埋基础。

室外设计地面至基础底面的垂直距离称为基础的埋置深度。影响基础埋深的因素有：地基土层构造、地下水位、土的冻结深度、相邻建筑基础埋深、连接不同埋深基础等。

地下室是建筑物设在首层以下的房间。当地下水的常年设计水位和最高地下水位均低于地下室地坪标高，且地基及回填土范围内无上层滞水时，地下室的墙体和底板只需做防潮处理。当设计最高地下水位高于地下室地坪标高时，地下室的外墙和地坪都浸泡在水中，这时必须考虑对地下室的外墙、地坪采取垂直和水平防水处理。

地下室防水方案的基本原理归纳起来有三种，即隔水法、降排水法及综合防水法。

隔水法是目前采用较多的防水做法，又分材料防水和构件自防水两种。材料防水是在地下室外墙与底板表面敷设防水材料，借材料的高效防水特性阻止水的渗入。常用材料有卷材、涂料和防水砂浆等。按防水卷材铺设位置的不同，卷材防水可分为外包法和内包法。构件自防水是用防水混凝土作为地下室外墙和底板以达到防水目的。防水混凝土多采用集料级配混凝土和外加剂混凝土两种。

习题与技能训练

一、习题

（一）名词解释

1. 地基
2. 基础
3. 基础埋置深度
4. 构件自防水
5. 材料防水

（二）填空题

1. 地基可分为______地基和______地基。按基础所采用材料和受力特点可分为______基础和______基础；按基础的埋置深度可分为______基础和______基础。

2. 基础按构造形式可分为______基础、______基础、______基础、______基础。

3. 影响基础埋深的因素有______、______、______、______、______等。

4. 桩基础的类型很多，按材料不同，可分为______桩、______桩、______桩等；按桩的断面形状，可分为______形、______形、______形、______形及______形桩等；按桩的入土方法可分为______桩、______桩、______桩及______桩等；按桩的性能，又可分为______桩和______桩。

5. 地下室按使用功能分，有______地下室和______地下室；按顶板标高与室外地面的位置分，有______地下室和______地下室；按结构材料分，有______地下室和______地下室。

6. 地下室防水方案的基本原理归纳起来有三种，即______法、______法及______法。

（三）简答题

1. 地基和基础有何不同？它们的关系是怎样的？
2. 影响基础埋置深度的因素有哪些？
3. 基础的类型有哪些？它们各自的适用范围有哪些？
4. 基础中的刚性角是如何影响刚性基础的？
5. 地下室何时应做防潮处理？简述其基本构造做法。
6. 地下室何时应做防水处理？简述其基本构造做法。

二、技能训练

1. 对照基础施工图，到工地参观各种基础的工程做法。
2. 参观一个地下室的防潮、防水的施工过程。
3. 以一份工程基础施工图为例，分析其构造做法，并绘制 2～3 个基础断面图。
4. 试分析归纳内防水和外防水的适用条件和构造要点。

第九章　墙　体　构　造

本章提要　本章介绍了墙体的类型、砌体墙所用的材料、墙体的组砌方式、墙体的构造要点和细部构造、隔墙和隔断构造、幕墙构造、墙体的隔声和保温及装修构造等。

学习目标　了解幕墙以及墙体隔声的基本构造；掌握隔墙、墙体装修及墙体保温的构造与做法；重点掌握砖墙、砌体墙的构造要求和细部构造做法。

第一节　墙体类型和设计要求

一、墙体的类型

（一）按位置和方向分

墙体依其在房屋中所处位置的不同，分为内墙和外墙。位于建筑物周边的墙称为外墙；位于建筑内部的墙称为内墙。外墙属于房屋的外围护结构，起着界定室内外空间和遮风、挡雨、保温、隔热等保护室内空间良好环境的作用；内墙则用来分隔建筑物的内部空间。在一片墙上，窗与窗或门与窗之间的墙称为窗间墙；窗洞下部的墙称为窗下墙。按方向的不同可分为纵墙和横墙。沿建筑物短轴方向布置的墙称横墙；沿建筑物长轴方向布置的墙称纵墙。纵、横墙都有内、外之分，外横墙又称为山墙。

（二）按受力情况分

墙体按受力情况的不同，分为承重墙和非承重墙。承受其上部结构传来的荷载的墙体，称为承重墙；不承受上部传来荷载的墙体，称为非承重墙。非承重墙又分为隔墙、填充墙和幕墙。隔墙是用来分隔建筑的内部空间的墙体，其自重由属于建筑物结构支承系统的楼板或梁承担；填充墙是填充在框架结构柱子和梁之间的墙体，因此也叫框架间墙，可以是内墙或外墙；幕墙一般是指悬挂于建筑物外部骨架外或楼板间的轻质外墙。

（三）按材料分

根据墙体使用材料的不同，墙体还可分为用砖和砂浆砌筑的砖墙；用石块和砂浆砌筑的石墙；利用工业废料等多种材料制作的砌块砌筑的砌块墙；现浇或预制的混凝土墙；用土坯和黏土砂浆砌筑的或在模板内填充黏土夯实而成的土墙。

（四）按构造和施工方式分

墙体按构造和施工方式的不同，分为叠砌式墙、版筑墙和装配式墙。叠砌式墙包括实砌砖墙、空斗墙和砌块墙等。版筑墙则是施工时，直接在墙体部位竖立模板，然后在模板内夯筑或浇注材料捣实而成的墙体，如夯土墙、灰砂土筑墙以及以滑模、大模板等方法施工的混凝土墙体等。装配式墙是在预制厂生产墙体构件，运到施工现场进行机械安装的墙体，包括板材墙、多种组合墙和幕墙等。

二、墙体的设计要求

根据墙体所处位置和功能的不同，设计墙体时应满足以下要求：

（1）具有足够的强度和稳定性。墙体的强度与所用材料有关。如砖墙与砖、砂浆的强度等级有关，混凝土墙与混凝土的强度等级有关。

墙体的稳定性与墙的高厚比以及纵、横向墙体间的距离等因素有关。当墙身高度、长度确定后，通常可通过增加墙体厚度、提高墙体材料强度等级、增设墙垛、壁柱、圈梁等办法增加墙体稳定性。

（2）具有必要的保温、隔热等方面的性能。作为围护结构的外墙，对热工的要求十分重要。北方寒冷地区要求围护结构具有较好的保温能力，以减少室内热损失。对南方地区，为防止夏季室内温度过热，作为围护结构须具有一定的隔热性能。

（3）应满足防火要求。选用的墙体材料及墙身构造，都应满足防火规范中相应燃烧性能和耐火极限的规定。

（4）应满足隔声要求。作为房间的围护构件的墙体，必须具有足够的隔声能力，符合有关隔声标准的要求。

此外，墙体还应考虑防潮、防水、经济等方面的要求。

第二节 砖 墙

一、材料及其规格

（一）砂浆

砂浆是砌体的粘结材料。它将砖块胶结成为整体，并将砖块之间的空隙填平、密实，便于使上层砖块所承受的荷载能逐层均匀地传至下层砖块，保证砌体的强度。

砌筑墙体的砂浆常用的有水泥砂浆、石灰砂浆和混合砂浆三种。

水泥砂浆由水泥、砂加水拌和而成。它属水硬性材料，强度高，较适合于砌筑潮湿环境下的砌体。其常用配合比（重量比，水泥：砂）为1：2、1：3等。

石灰砂浆由石灰膏、砂加水拌和而成。它属气硬性材料，强度不高，多用于砌筑次要的民用建筑中地面以上的砌体。

混合砂浆由水泥、石灰膏、砂加水拌和而成。这种砂浆强度较高，和易性和保水性较好（优于水泥砂浆），常用于砌筑地面以上的砌体。其常用配合比（水泥：石灰：砂）为1：1：6、1：1：4等。

烧结普通砖砌体采用的普通砂浆的强度等级分为：M2.5、M5.0、M7.5、M10、M15等5个等级。

（二）砖

砖的种类很多，依其材料分有黏土砖、水泥砖、灰砂砖以及各种工业废料制成的砖等；依生产形状分有实心砖、多孔砖和空心砖等；依生产方法的不同，分烧结普通黏土砖和非烧硅酸盐黏土砖。

1. 砖的规格尺寸

（1）标准机制黏土砖的规格尺寸。标准机制黏土砖的实际尺寸为240mm（长）×115mm（宽）×53mm（厚）。在工程中，通常以一道灰缝厚10mm估算，则一皮砖的厚度为60mm。4个砖厚+3个灰缝=2个砖宽+1个灰缝=1个砖长（图9-1）。常见的标准砖砌筑墙体的厚度及其名称见表9-1。

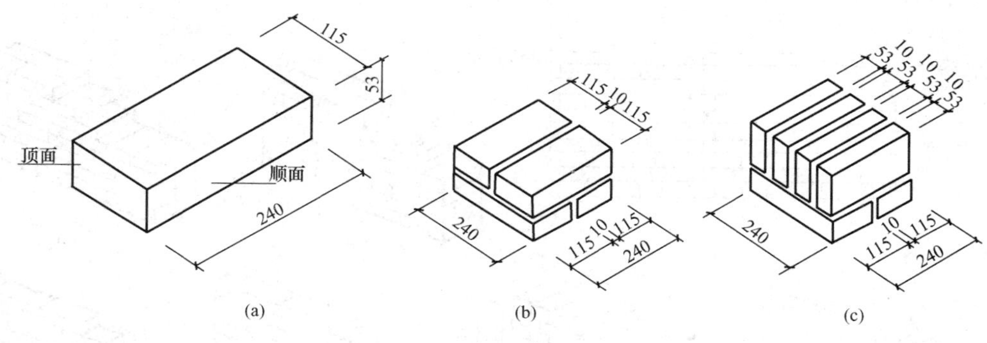

图 9-1 标准砖的尺寸关系

表 9-1 **墙 厚 名 称**

墙厚名称	习惯称呼	实际尺寸（mm）	墙厚名称	习惯称呼	实际尺寸（mm）
半砖墙	12 墙	115	一砖半墙	37 墙	365
3/4 砖墙	18 墙	178	二砖墙	49 墙	490
一砖墙	24 墙	240	二砖半墙	62 墙	615

（2）烧结承重多孔黏土砖的规格尺寸。由于实心黏土砖的使用在很多地方受到限制，烧结承重多孔黏土砖作为其替代品之一，被越来越多地使用。其类型主要有 M 型和 P 型两种。P 型的主要规格尺寸为 240mm（长）×115mm（宽）×90mm（厚）[图 9-2（b）]；M 型的主要规格的实际尺寸为 190mm（长）×190mm（宽）×90mm（厚）[图 9-2（a）]。但地面以下材料不宜采用多孔砖。

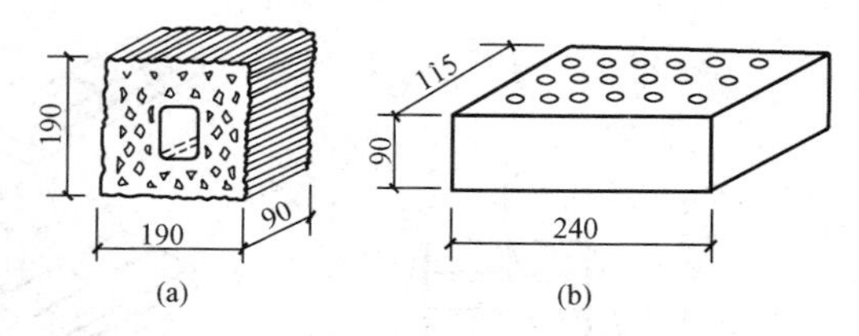

图 9-2 烧结承重多孔砖
（a）M 型；（b）P 型

2. 砖的强度

砖为刚性材料，其抗压强度较高，但抗弯、抗剪能力较差。当砖墙在建筑物中作为承重墙时，整个墙体的抗压强度主要由砖的强度决定，而不是由粘结材料的强度决定。各种砖及其砌筑砂浆的强度等级表示如下：

（1）烧结普通砖的强度分为 MU30、MU25、MU20、MU15、MU10 五个等级。

（2）烧结承重多孔黏土砖的强度分为 MU30、MU25、MU20、MU15、MU10 五个等级。

二、砖墙的组砌

砖墙的组砌方式是指砖块在砌体中的排列组合方法。砖墙在砌筑时，应满足砂浆饱满、横平竖直、错缝搭接 [图 9-3（a）]、避免通缝（图 9-4）等基本要求，以保证墙体的强度和稳定性。这一原则是所有砌块都应遵循的。

（1）实心砖砌体。用实心砖砌筑的墙体有实心墙和空心墙之分。

常见的实心墙组砌方式如下。

1）一顺一丁式：即一皮顺砖、一皮丁砖。在转角部位要加设 3/4 砖（俗称“七分头”）

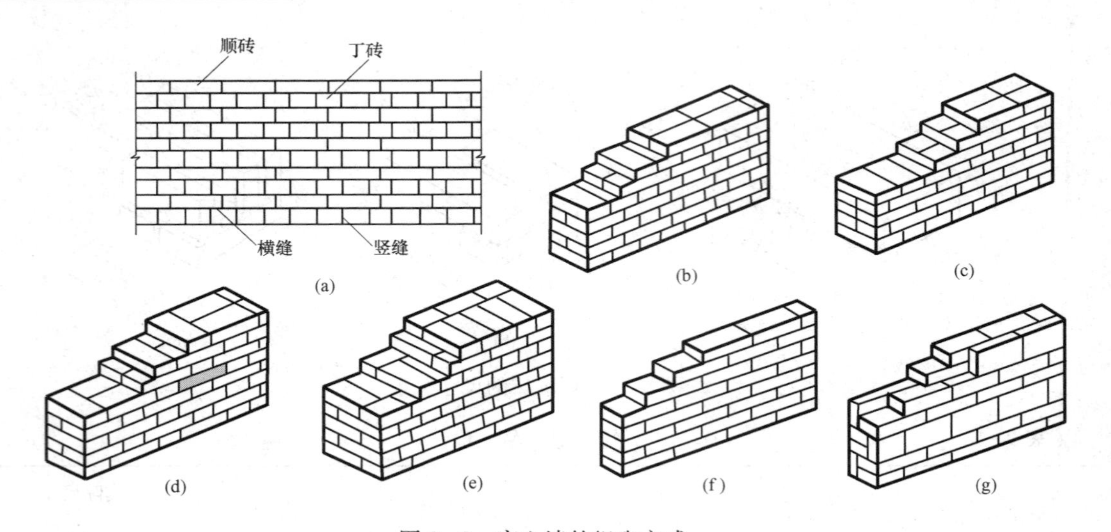

图 9-3　实心墙的组砌方式

（a）砖缝形式；（b）一顺一丁式；（c）多顺一丁式；（d）顺丁相间式（梅花丁）；
（e）370 墙组砌方式；（f）120 墙组砌方式；（g）180 墙组砌方式

进行错缝［图 9-5（c）］。这种砌法的特点是搭接好、无通缝、整体性强，因而应用较广［图 9-3（b）］。

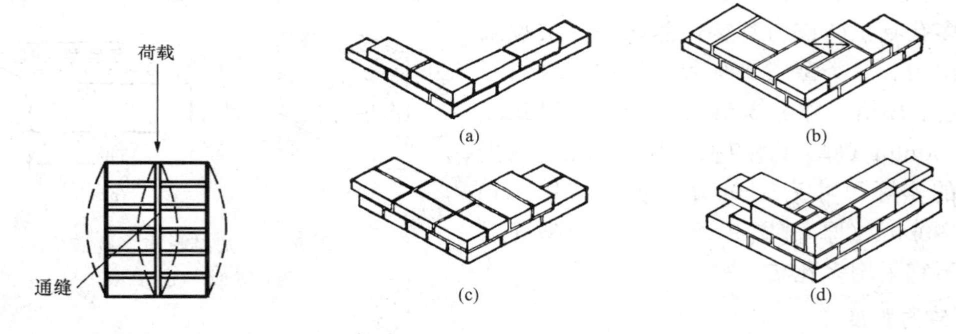

图 9-4　通缝示意图

图 9-5　实心墙转角处的组砌

（a）全顺式；（b）顺丁相间式；（c）一顺一丁式；（d）180 墙组砌方式

2）顺丁相间式：即每皮砖都是由顺砖和丁砖相间铺砌而成。这种砌法的墙厚至少为一砖墙。它整体性好，且墙面美观［图 9-3（d）］，又称梅花丁。

3）多顺一丁式：通常有三顺一丁和五顺一丁之分，其做法是每隔三皮顺砖或五皮顺砖加砌一皮丁砖。多顺一丁砌法的问题是存在通缝［图 9-3（c）］。

4）全顺式：即每皮均为顺砖组砌。上下皮左右搭接为半砖，仅用于半砖墙［图 9-3（f）］。

在实际工程中，有时需要砌筑 370 墙和 180 墙，其组砌方式见图 9-3（e）和图 9-3（g）。

空心墙（空斗墙）在我国民间流传很久。这种墙是用普通黏土砖竖放与眠放（即平放）相配合砌筑而成（图 9-6）。无眠空斗墙的稳定性较差。空斗墙不适宜在抗震设防区使用。

（2）烧结承重多孔黏土砖砌体。多孔黏土砖在砌筑时，其孔是沿竖向放置的（图 9-7）。

三、墙体的细部构造

（一）勒脚部分

勒脚是外墙墙身下部接近室外地面的部分。勒脚的作用是防止地面水、屋檐滴下的雨水

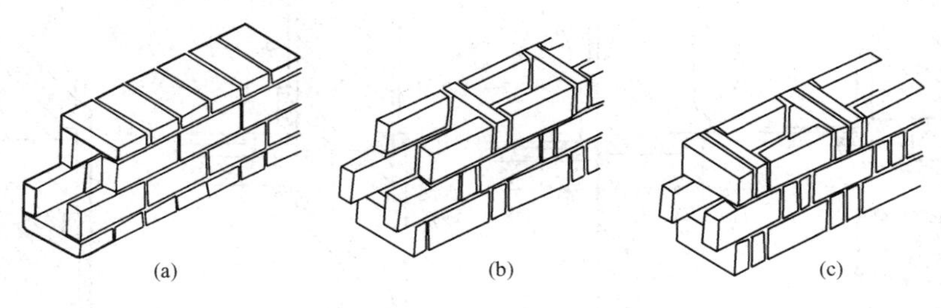

图 9-6 空斗墙组砌方式
(a) 有眠空斗墙；(b)、(c) 无眠空斗墙

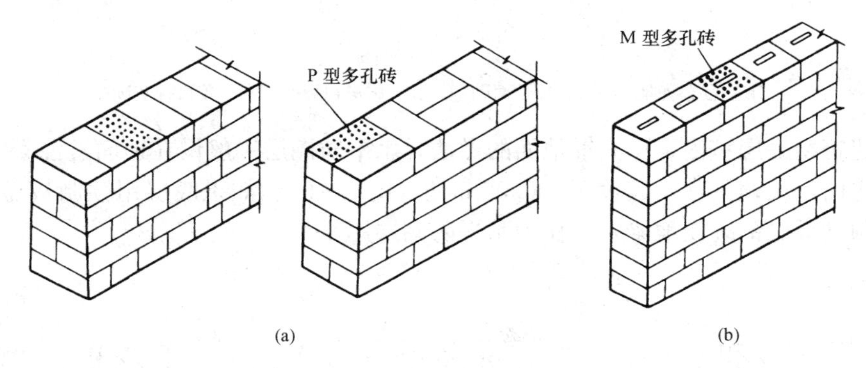

图 9-7 多孔砖墙的砌筑方式
(a) P 型多孔砖的砌筑方式；(b) M 型多孔砖的砌筑方式

对墙面的侵蚀及外界的碰撞，保护墙面，提高建筑物的耐久性。一般情况下，其高度为室内地坪与室外地面的高差部分。

1. 勒脚处外墙面处理

勒脚常采用抹水泥砂浆或水刷石、贴饰面砖或石板及加大墙厚的做法。

(1) 抹灰勒脚。一般是抹 25mm 厚 1∶2 的水泥砂浆，可在抹灰面上进行粉刷。也可采取水刷石做法，以增强建筑物坚固、稳定的感觉。有时为增强抹灰层与墙面基层的粘结性能，防止抹灰层起壳脱落，将抹灰层做成“咬口”形式［图 9-8 (c)、(d)］。

(2) 块料面层勒脚。勒脚还经常采用饰面砖或石板作为贴面材料，装饰效果良好［图 9-8 (b)］。

(3) 石砌勒脚。在山区及江南一些水乡临水的建筑物，往往直接用天然石块来砌筑基础以上直到勒脚高度部分的墙体，显得建筑物既厚重、质朴，又提高了勒脚部分的防水性能［图 9-8 (a)］。

(4) 外墙裙。将勒脚高度提高到窗台的高度或将整个底层甚至是下部 2～3 层的墙面用与上面楼层墙面不同的材料或色彩装饰，则不再称作勒脚，而称为外墙裙。墙裙通常采用粘贴饰面砖或粘贴、镶挂石板做法。

2. 勒脚处防潮层的设置

为杜绝地下潮气对墙身的影响，砌体墙应该在勒脚处设置防潮层。按照墙体所处的位置，可单设水平防潮层或者同时设置水平和垂直两种防潮层。

(1) 水平防潮层。

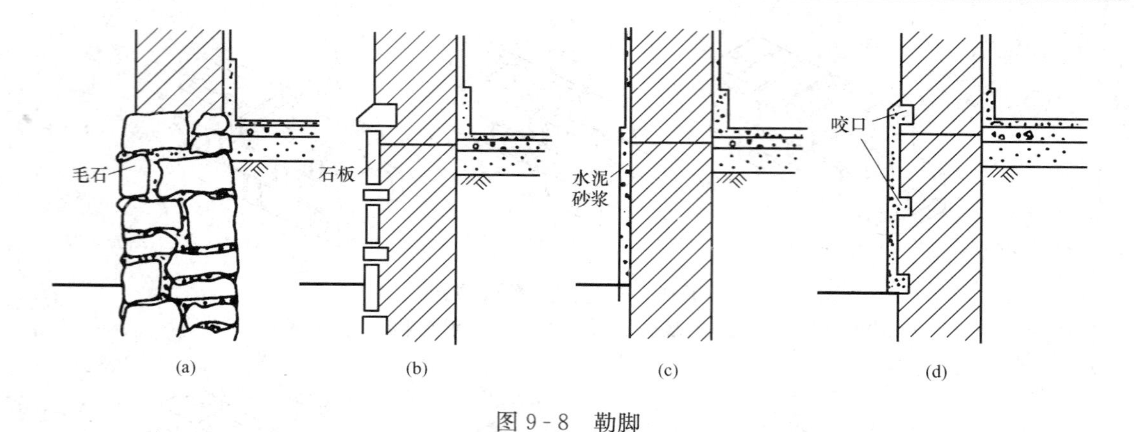

图 9-8 勒脚

(a) 毛石勒脚；(b) 石板贴面勒脚；(c) 抹灰勒脚；(d) 带咬口抹灰勒脚

如果建筑物底层室内采用实铺地面的做法，水平防潮层一般设在地面素混凝土结构层的厚度范围之内，工程中常将其设于－0.06m 处（图 9-9）。如果底层用预制板做架空处理，则可以在预制板底部统设地梁，兼作为水平防潮层用。

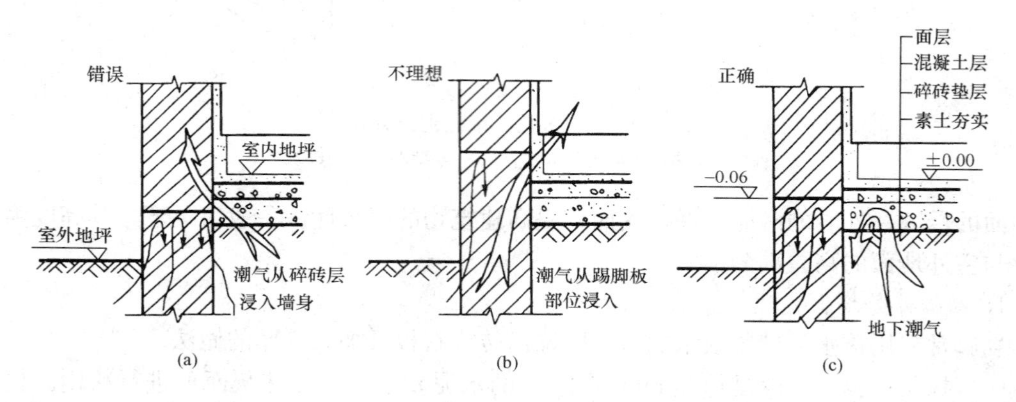

图 9-9 水平防潮层的设置部位

(a) 防潮层太低；(b) 防潮层太高；(c) 防潮层位置正确

根据材料的不同，水平防潮层一般分为油毡防潮层、防水砂浆防潮层和配筋细石混凝土防潮层等（图 9-10）。但其中油毡防潮层因降低了其上下砌体之间的粘结力，即降低了砌体的整体性，对抗震不利，而且其使用寿命较短（一般只有 10 年左右），目前已很少使用。

砂浆防潮层是在需要设置防潮层的位置做 20～25mm 厚 1∶2 的防水砂浆或用防水砂浆砌 1～2 皮砖。防水砂浆是在水泥砂浆中，加入水泥量的 3%～5%的防水剂配制而成的。防水砂浆防潮层适用于一般的砖砌体中，但由于砂浆易开裂，故不适用于地基会产生微小变形的建筑中。为了提高防潮层的抗裂性能，常采用 60mm 厚的配筋细石混凝土作为水平防潮层。由于它抗裂性能好，且能与砌体结合为一体，故适用于整体刚度要求较高的建筑中。

如果墙角采用不透水材料（如条石或混凝土等），或设有钢筋混凝土地梁时，可以不设水平防潮层。

（2）垂直防潮层。

在有些情况下，建筑物室内地坪会出现高差或室内地坪低于室外地面的标高，这时不仅

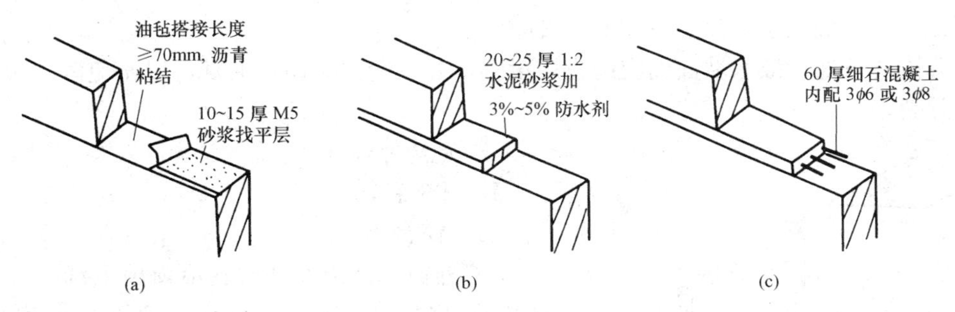

图 9 - 10 水平防潮层的构造

(a) 油毡防潮层；(b) 防水砂浆防潮层；(c) 细石混凝土防潮层

要求按地坪高差的不同在墙身与之相适应的部位设两道水平防潮层，而且还应该在有高差部分的墙面设置垂直防潮层，以避免有高差部位填土中的潮气浸入地坪部分的墙身。垂直防潮层的做法是在墙体迎向潮气的一面做 20～25mm 厚 1∶2 的防水砂浆，或者用 15mm 厚 1∶3 的水泥砂浆找平后，再涂防水涂膜 2～3 道或贴高分子防水卷材一道（图 9 - 11）。

3. 散水和明沟的设置

为保护墙基不受雨水的侵蚀，常在外墙四周做散水和明沟。

(1) 散水。散水（护坡）是在建筑物外墙四周地面设置的向外倾斜的排水坡面，用以将屋面雨水排至远处。散水坡度为 3%～5%。当采用有组织排水时，散水宽一般为 600～1000mm；当采用无组织排水时，散水宽度一般按檐口线放出 200～300mm [图 9 - 12 (a)]。湿陷性黄土地区散水宽度另有规定。

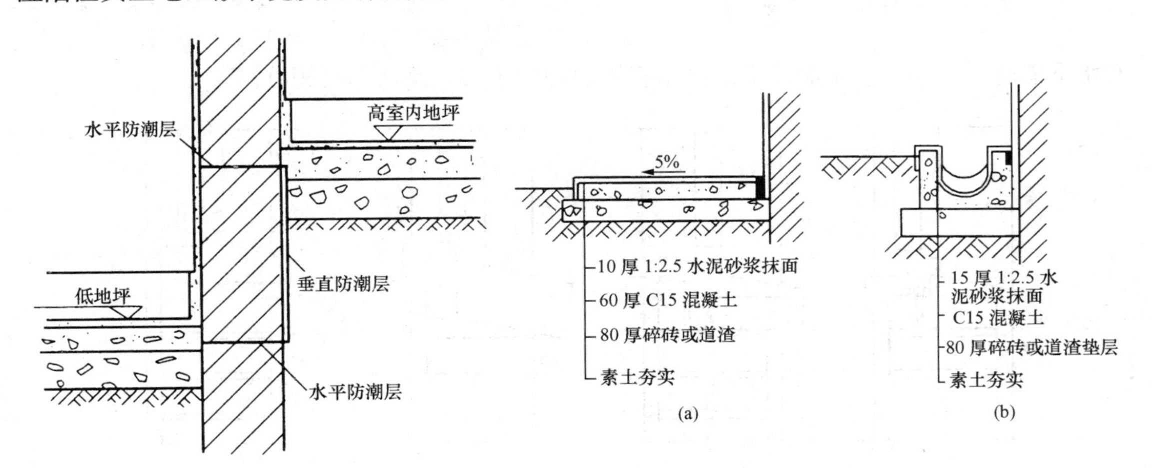

图 9 - 11 垂直防潮层设置部位

图 9 - 12 散水与明沟的构造做法

(a) 散水构造做法；(b) 明沟构造做法

(2) 明沟。在年降雨量多于 900mm 的地区还可以在外墙四周做明沟，将通过水落管流下的屋面雨水等有组织地导向地下集水井（又称集水口），然后流入排水系统 [图 9 - 12 (b)]。

散水和明沟都是在外墙面的装修完成后再做的。因为建筑物在使用过程中会发生沉降，而散水、明沟下部的回填土也会因地表和地下水的侵蚀及地面重力的作用而下沉，若散水、明沟与主体建筑之间紧密粘接，砂浆很容易被拉裂，雨水就会顺着裂缝而下；所以散水、明沟与建筑物主体之间应当留有缝隙，用油膏嵌缝。而且，勒脚抹灰还要深入到散水或明沟的

“结构层”（即混凝土层）部位（图 9 - 12）。

在墙体转角处，散水坡面的交线也应设缝，并在缝内嵌沥青油膏，以避免散水因温度变化伸缩开裂。

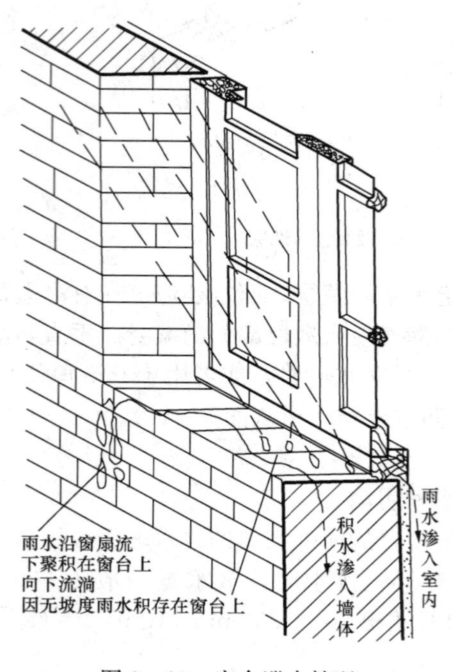

图 9 - 13　窗台泄水情况

（二）墙身部分

1. 门窗洞口

（1）窗台。

1）外窗台。当室外雨水沿窗扇下淌时，为避免雨水聚积窗下并侵入墙身且沿窗下槛向室内渗透（图 9 - 13），常于窗下靠室外一侧设置泄水构件——外窗台。窗台须向外形成 10%左右坡度，以利排水。

窗台有悬挑窗台和不悬挑窗台两种。

悬挑窗台常采用顶砌一皮砖，悬挑 60mm，表面用水泥砂浆抹灰，并于外沿下部抹出滴水线［图 9 - 14（b）］。另一种悬挑窗台是用一皮砖侧砌，亦悬挑 60mm［图 9 - 14（c）］，用水泥砂浆勾缝，称清水窗台。此外还有预制钢筋混凝土悬挑窗台［图 9 - 14（d）］。

从实践中发现，窗台即使悬挑，往往绝大多数窗台下部墙面还是出现脏水流淌的痕迹，影响墙体美观。为此，在窗台处理上不少的建筑取消了悬挑窗台，代之以不悬挑窗台［图 9 - 14（a）］。一旦窗上有水下淌时，可借窗上不断流下的雨水将墙面冲洗干净，反而不易积脏。

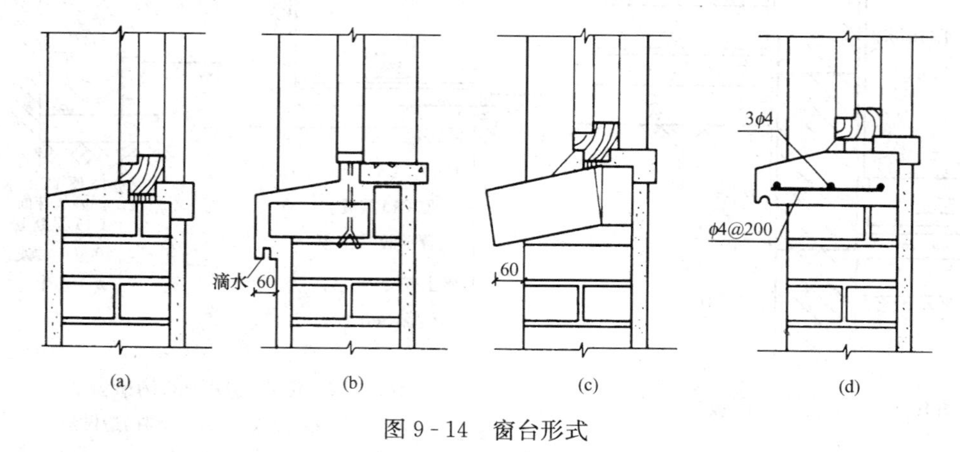

图 9 - 14　窗台形式

此外，在做窗台排水坡的抹灰时，必须注意台面抹灰与窗下槛处的交接处理，防止水沿窗下槛处向室内渗透。

2）内窗台。内窗台的做法一般是在窗台上表面抹 20mm 厚的水泥砂浆，并应突出墙面 10mm 为好［图 9 - 14（a）、（c）、（d）］。

对于装修要求较高而且窗台下设置暖气片的房间，一般均采用窗台板。窗台板可以用预制水泥板或水磨石板，还可用石板。装修要求特别高的房间，还可以采用木窗台板。为增加窗台边缘厚实感，可采用双层构造（图 9-15）。窗台板两侧宜伸进洞口墙体各 30mm。

（2）门窗过梁。为承受门窗洞口上部的荷载，并将其传到门窗两侧的墙上，以免压坏门窗框，须在门窗洞口的上部加设一横梁，称过梁。一般来说，由于砌块之间错缝搭接，过梁上部墙体的重量并不全部压在过梁上，仅有其上部三角形部分的荷载传给过梁（图 9-16）。

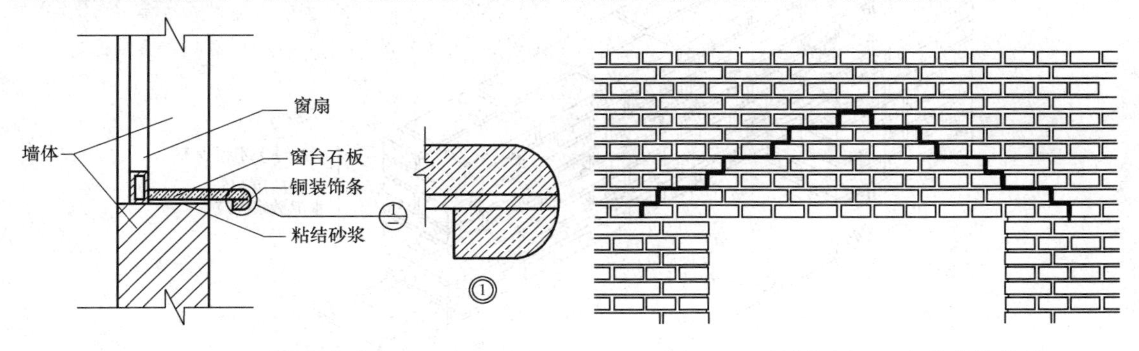

图 9-15 石板窗台构造

图 9-16 墙体洞口上方荷载的传递

过梁的形式较多，常见的有砖拱（平拱、弧拱和半圆拱）、钢筋砖过梁和钢筋混凝土过梁等几种（图 9-17）。

1）砖砌平拱过梁。砖砌平拱过梁是我国传统式做法［图 9-17（a）］。其跨度 l 最大可达 1.2m。当过梁上有集中荷载或振动荷载时，不宜采用。

2）钢筋砖过梁。钢筋砖过梁多用作跨度 l 在 2m 以内的清水墙的门窗洞口上［图 9-17（d）］。按每一砖厚墙体配 2～3 根ϕ6 钢筋，放置在第一皮砖和第二皮砖之间，亦可放置在第一皮砖下的砂浆层内。为使洞口上部的部分砌体与钢筋构成过梁，常在相当于 $l/5$ 的高度范围内（一般为 5～7 皮砖）用 M5 砂浆砌筑［图 9-17（f）］。钢筋砖过梁用砖应不低于 MU7.5。

3）钢筋混凝土过梁。钢筋混凝土过梁是应用比较普遍的一种过梁，一般不受跨度的限制［图 9-17（e）］。

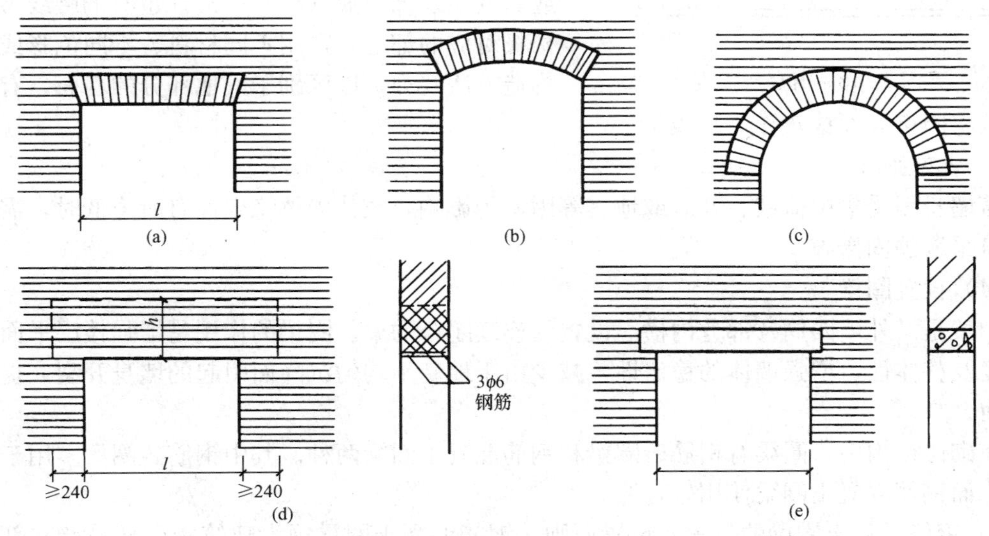

图 9-17 常见的过梁形式及构造要求（一）

（a）平拱；（b）弧拱；（c）平圆砖拱；（d）钢筋砖过梁；（e）钢筋混凝土过梁

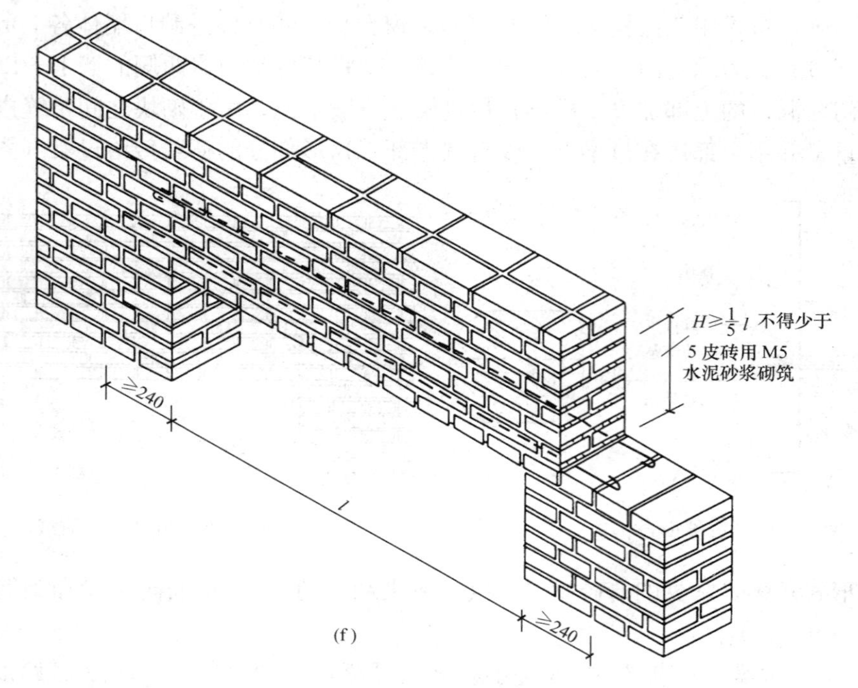

图 9-17　常见的过梁形式及构造要求（二）

（f）钢筋砖过梁钢筋放置情况及砌筑要求

2．窗套与腰线

窗套是由带挑檐的过梁、悬挑窗台和窗边挑出立砖构成，外抹水泥砂浆后，可再刷白色涂料或做其他装饰。腰线是指在外墙面上粉饰的环绕建筑物四周的装饰线条。一种做法是以过梁和窗台形成上下水平线条，外抹水泥砂浆后刷白色涂料或做其他装饰而成（图 9-18）。也有的腰线做在与楼板对应的部位，常用不同材料、不同色彩或不同构造方法装饰，以区别于其他部分的墙面。有的清水砖墙将圈梁表面抹灰作为腰线。

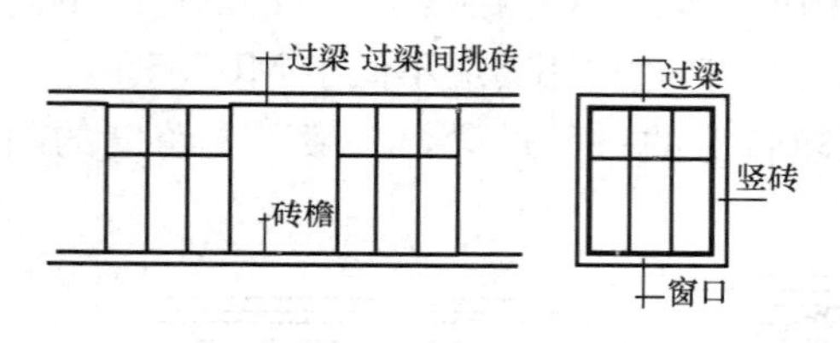

图 9-18　窗套与腰线

3．墙身加固

若墙身因受集中荷载、开洞或地震等因素的影响，致使墙体稳定性有所降低时，需考虑对墙身采取加固措施。

（1）设置圈梁。

圈梁是沿外墙四周及部分内横墙设置的连续闭合的梁。圈梁的作用是增强楼层平面的空间刚度及整体性，增强墙体的稳定性，减少由于地基不均匀沉降而引起的墙身开裂，提高抗震能力。

在砌体结构中，圈梁有钢筋砖圈梁和钢筋混凝土圈梁两种。其中钢筋砖圈梁多用于非抗震区，而钢筋混凝土圈梁使用较普遍。

1）钢筋混凝土圈梁的位置及设置原则：钢筋混凝土圈梁须沿建筑物全部外墙和部分内横墙设置，其具体位置及设置要求见表 9-2。

表 9-2 现浇钢筋混凝土圈梁设置要求

墙 类	烈 度		
	6.7	8	9
外墙和内纵墙	屋盖处及每层楼盖处	屋盖处及每层楼盖处	屋盖处及每层楼盖处
内横墙	同上；屋盖处间距不应大于4.5m；楼盖处间距不应大于7.2m；构造柱对应部位	同上；屋盖处沿所有横墙，且间距不应大于4.5m；构造柱对应部位	同上；各层所有横墙

2）钢筋混凝土圈梁的构造要求：大部分钢筋混凝土圈梁都直接“卧”在墙体上，故其宽度一般与墙厚相同，但当墙厚为240mm以上时，其宽度可为墙厚的2/3，并使圈梁侧面与墙内皮平，以阻断热桥，提高墙体的保温隔热性能。圈梁的高度一般不小于120mm，常见的为180mm、240mm。圈梁的最小截面为240mm×120mm。圈梁一般只需构造配筋。当圈梁兼作过梁时，才需进行结构方面的计算和补强。钢筋混凝土圈梁的配筋要求见表9-3。

表 9-3 钢筋混凝土圈梁配筋要求

配 筋	烈 度		
	6.7	8	9
最小纵筋	4 ϕ10	4 ϕ12	4 ϕ14
最大箍筋间距（mm）	250	200	150

钢筋混凝土圈梁最好能够在同一高度上闭合。当遇到门、窗洞口致使圈梁不能在同一高度闭合时，应在洞口部位增设相同截面的附加圈梁。附加圈梁与圈梁的搭接长度不应小于其垂直间距的两倍，并不小于1m（图9-19）。但抗震设防地区不宜如此构造，而应使圈梁完全闭合，若迫不得已被洞口截断，则要通过构造柱使得各段圈梁的钢筋连通。

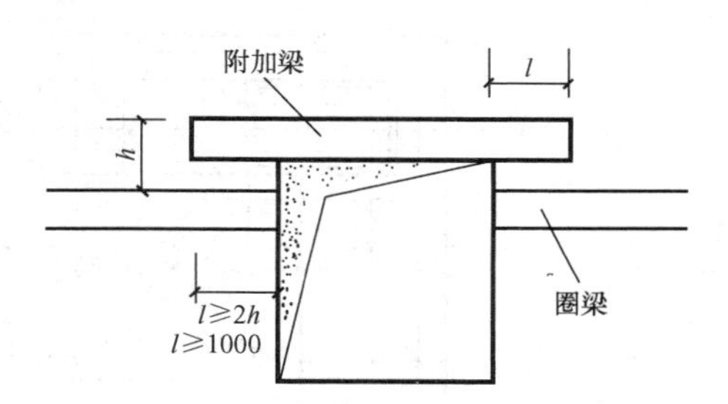

图 9-19 附加圈梁

（2）设置构造柱。

构造柱是非承重柱，在墙身中自下而上与墙体同步施工。设置钢筋混凝土构造柱，并使其与圈梁互相连通，在墙体中形成一个内骨架，从而加强建筑物的整体刚度，是砌体结构墙体主要的抗震措施。

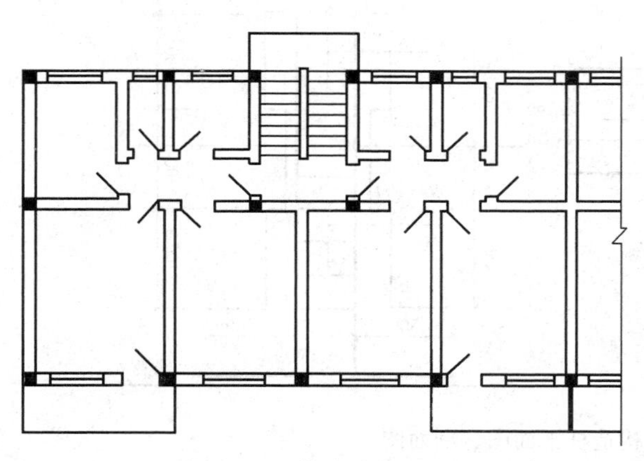

图 9-20 构造柱位置示例

1）钢筋混凝土构造柱的位置及设置原则：构造柱一般设在建筑物易于发生变形的部位，如房屋的四角、内外墙交接处、楼梯间、电梯间、有错层的部位以及某些较长的墙体中部（图9-20）。表9-4是多层砖砌体房屋构造柱的设置要求。

表 9-4　　多层砖砌体构造柱设置要求

<table>
<tr><th colspan="4">房 屋 层 数</th><th colspan="2" rowspan="2">设 置 部 位</th></tr>
<tr><th>6度</th><th>7度</th><th>8度</th><th>9度</th></tr>
<tr><td>四、五</td><td>三、四</td><td>二、三</td><td></td><td rowspan="3">楼、电梯间四角，楼梯斜梯段上下端对应的墙体处；
外墙四角和对应转角；
错层部位横墙与外纵墙交接处；
大房间内外墙交接处；
较大洞口两侧</td><td>隔 12m 或单元横墙与外纵墙交接处；
楼梯间对应的另一侧内横墙与外纵墙交接处</td></tr>
<tr><td>六</td><td>五</td><td>四</td><td>二</td><td>隔开间横墙（轴线）与外墙交接处；
山墙与内纵墙交接处</td></tr>
<tr><td>七</td><td>≥六</td><td>≥五</td><td>≥三</td><td>内墙（轴线）与外墙交接处；
内墙的局部较小墙垛处；
内纵墙与横墙（轴线）交接处</td></tr>
</table>

注　较大洞口，内墙指不小于 2.1m 的洞口；外墙在内外墙交接处已设置构造柱时应允许适当放宽，但洞侧墙体应加强。

2）多层砖砌体房屋构造柱的构造要求：构造柱最小截面可采用 240mm×180mm，墙厚为 190mm 时为 180mm×190mm。房屋四角的构造柱可适当加大截面。

构造柱纵向钢筋宜采用 4ϕ12，箍筋宜采用ϕ6 的，间距不宜大于 250mm，但在圈梁上、下不小于 1/6 层高或 450mm 范围内，宜加密至 100mm；7 度时超过 6 层、8 度时超过 5 层和 9 度时，构造柱纵向钢筋宜采用 4ϕ14，箍筋间距不应大于 200mm；房屋四角的构造柱配筋也应适当加大。与圈梁连接处，构造柱的纵筋应穿过圈梁，保证构造柱纵筋上下贯通。

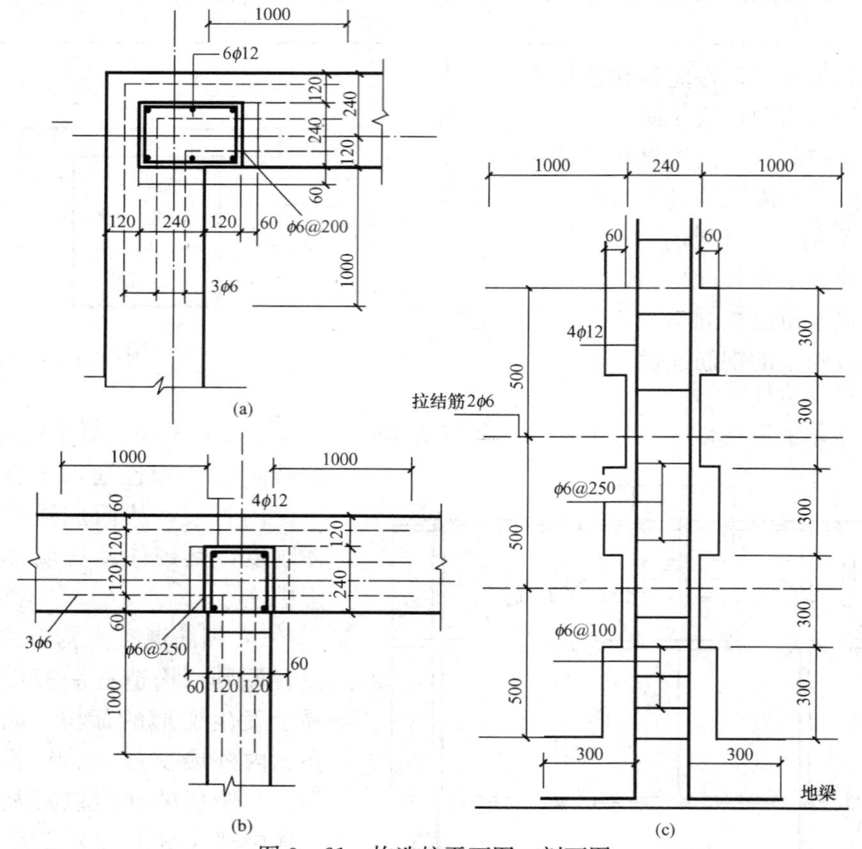

图 9-21　构造柱平面图、剖面图

（a）外墙转角处；（b）内外墙交接处；（c）构造柱局部纵剖面

构造柱与墙连接处应砌成马牙槎（图 9-21）（从下部开始先退后进），并应沿墙高每隔 500mm 设 2ϕ6 水平钢筋与ϕ4 分布短筋平面内点焊组成的拉结网片或ϕ4 点焊钢筋网片，每边伸入墙内不宜小于 1m（图 9-22）。

构造柱可不单独设置基础，但应伸入室外地面下 500mm，对于埋深小于 500mm 的基础，可锚固于钢筋混凝土基础或基础圈梁内。

（3）增设壁柱和门垛。当墙体的窗间墙上出现集中荷载，而墙厚又不足以承受其荷载时，或当墙体的长度和高度超过一定限度并影响墙体稳定性时，常在墙身局部适当位置增设凸出墙面的壁柱以提高墙体刚度［图 9-23（a)］。壁柱凸出墙面的尺寸一般为 120mm×370mm、240mm×370mm、240mm×490mm 等。当墙上门洞开在转角处或丁字交接处时，应在门靠墙的转角部位或丁字交接处的一边设置门垛，以便墙体的安装并保证墙体的稳定性［图 9-23（b)］。

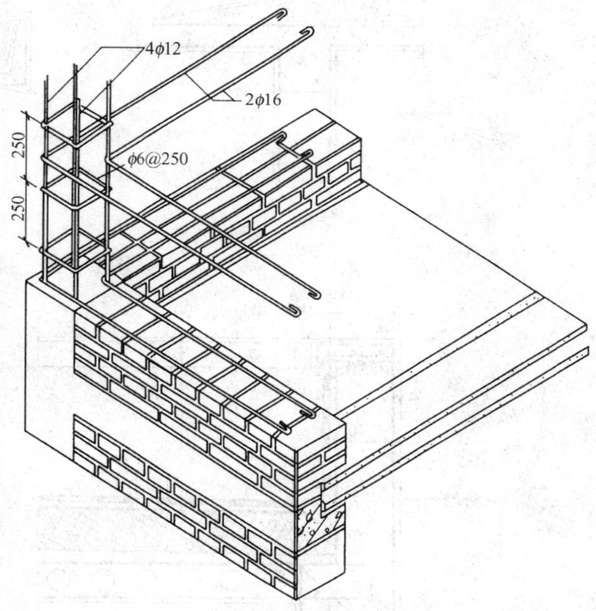

图 9-22　构造柱示意图

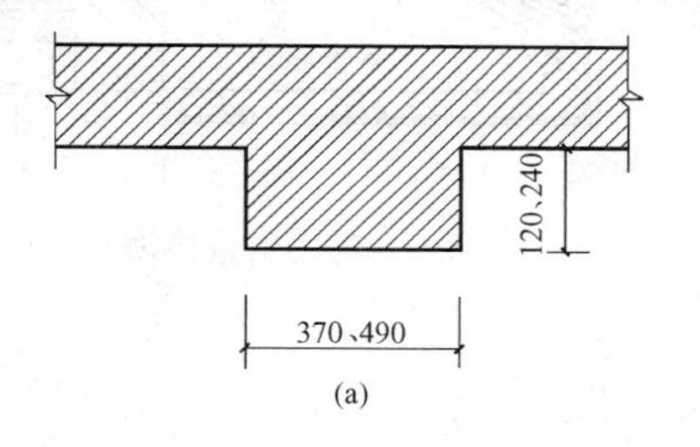

(a)

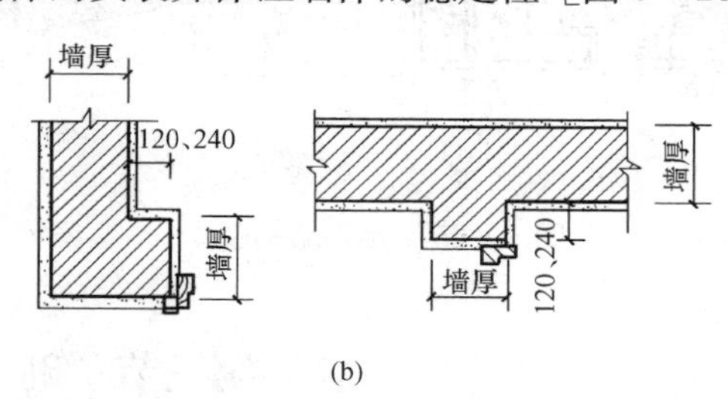

(b)

图 9-23　壁柱与门垛

(a) 壁柱；(b) 门垛

（三）檐部做法

由于檐部做法涉及屋面的部分内容，这里只作一些简单的介绍。

1. 挑檐板

挑檐板是屋面挑出外墙的部分，对外墙起保护作用。其做法按施工方法来分，有预制钢筋混凝土板和现浇钢筋混凝土板两种；按构造类型来分，有带檐沟和不带檐沟两类。挑檐的挑出尺寸不宜过大，一般以不大于 500mm 为宜（图 9-24）。

2. 女儿墙

女儿墙是墙身在屋面以上的延伸部分，其厚度可以与下部墙身一致，也可以使墙身适当减薄。女儿墙的高度取决于屋面上人和不上人，不上人屋面女儿墙的高度（自屋面板上皮起算）不应小于 800mm，上人屋面女儿墙的高度不应小于1300mm（图9-25）。

3. 斜板挑檐

斜板挑檐是由女儿墙和挑檐板，另加斜板共同构成的屋檐做法，其尺寸应符合前两种做法的规定（图 9-26)。斜板的外侧可以挂瓦作装饰，能够很好地丰富建筑物的立面形式。

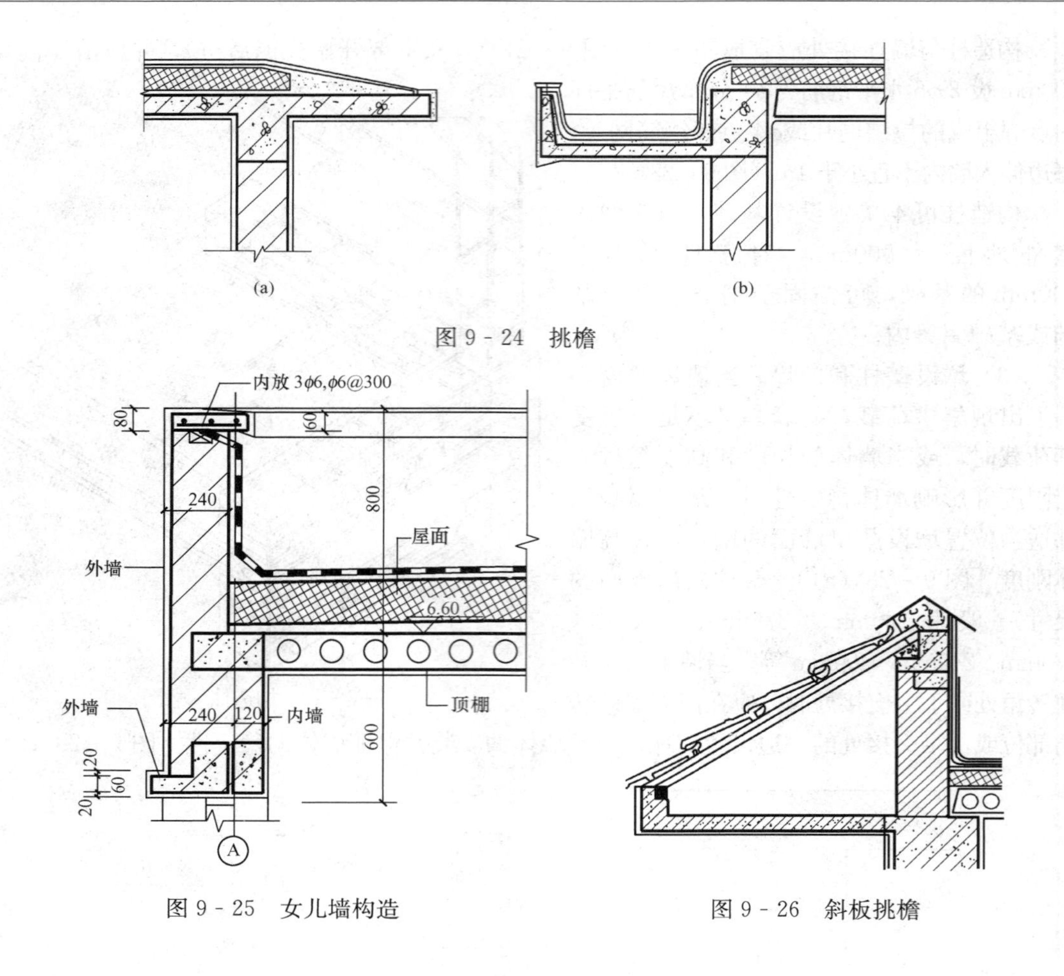

图 9-24 挑檐

图 9-25 女儿墙构造

图 9-26 斜板挑檐

第三节 砌 块 墙

黏土砖的大量使用，要耗去地球表层宝贵的土壤，从而破坏耕地，破坏生态。从保护生态环境的角度出发，我国 20 世纪 80 年代开始，出台了一系列政策、法规，提倡墙体改革，使黏土砖的应用范围大为缩小。如今我国的大多数地区，已经禁止使用黏土砖，黏土砖在我国已逐渐被砌块所替代。

砌块墙是采用预制块材所砌筑的墙体。砌块可利用工业废料或地方材料就地取材，既容易组织生产，又能减少对耕地的破坏和节约能源。

一、材料及其规格

(1) 砌块的类型。砌块的类型很多。按所用材料划分有普通混凝土砌块、陶粒混凝土砌块、加气混凝土砌块及各种工业废渣（如粉煤灰、煤矸石等）等材料制成的砌块。按构造形式划分有空心砌块和实心砌块。而空心砌块又有单排方孔、单排圆孔和多排扁孔等三种形式（图 9-27）。按重量和外形尺寸大小划分有小型、中型和大型砌块。重量在 20kg 以下，系列中主规格高度在 115～380mm 之间的称为小型砌块，重量在 20～350kg 之间，高度在 380～980mm 之间的称为中型砌块，重量大于 350kg，高度大于 980mm 的称为大型砌块。

(2) 砌块的构造尺寸。砌块的类型、规格繁多，构造尺寸也各异。使用较广泛的承重混

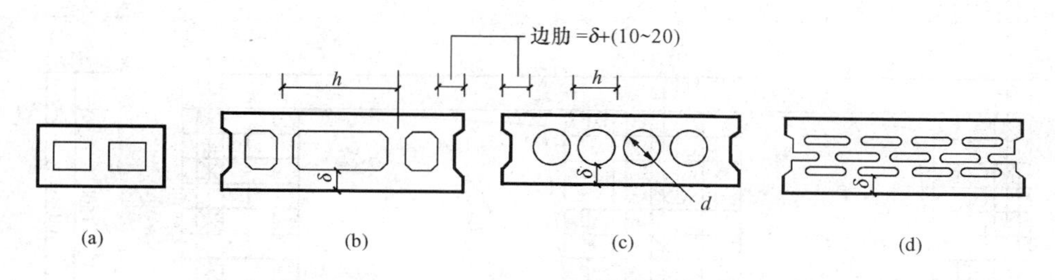

图 9 - 27　空心砌块的形式

(a) 单排方孔；(b) 单排方孔；(c) 单排圆孔；(d) 多排扁孔

凝土小型空心砌块如图 9 - 28 所示。

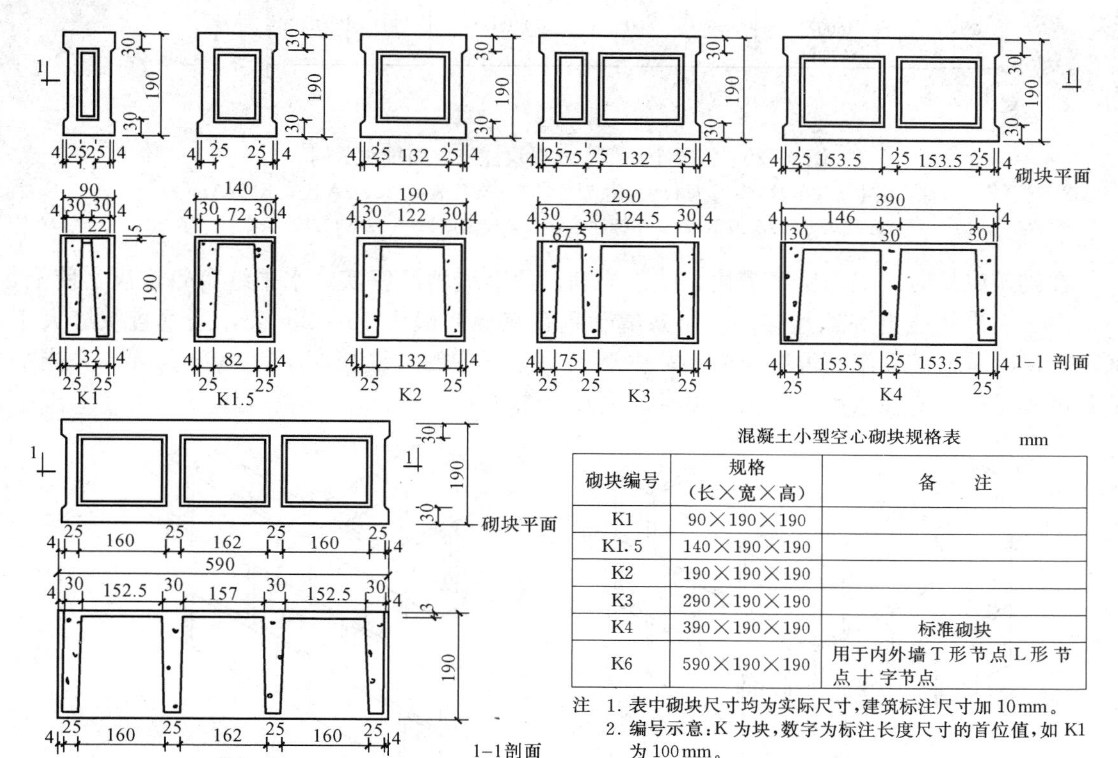

混凝土小型空心砌块规格表　mm

砌块编号	规格（长×宽×高）	备　注
K1	90×190×190	
K1.5	140×190×190	
K2	190×190×190	
K3	290×190×190	
K4	390×190×190	标准砌块
K6	590×190×190	用于内外墙 T 形节点 L 形节点十字节点

注　1. 表中砌块尺寸均为实际尺寸，建筑标注尺寸加 10mm。
2. 编号示意：K 为块，数字为标注长度尺寸的首位值，如 K1 为 100mm。

图 9 - 28　承重混凝土空心小型砌块

(3) 砌块的强度。常见的混凝土砌块的强度等级为 MU20、MU15、MU10、MU7.5、MU5。砌筑砂浆的强度等级有 Mb20、Mb15、Mb10、Mb7.5、Mb5 等。

二、砌块墙的组砌

因砌块不能像砖一样任意砍切，因此在砌筑前要在多种砌体规格中进行排列设计，即在建筑平面图和立面图上进行砌块的排列，并注明砌块的型号（图 9 - 29）。在考虑砌块排列规格时，首先必须符合《建筑统一模数制》的规定；其次是所使用的砌块的型号越少越好，主要规格砌块在排列组合中使用的次数越多越好；另外，砌块的尺度应考虑到生产工艺条件，施工和起重、吊装的能力以及砌筑时错缝、搭接的可能性；最后，还要考虑到砌体的强度、稳定性及墙体热工的基本性能。

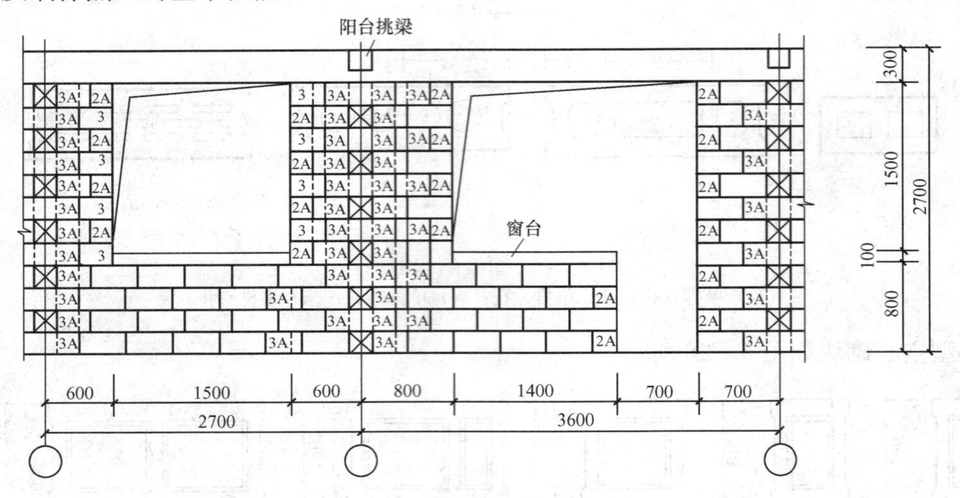

图 9-29 混凝土小型空心砌块建筑立面排块示例

注：图中标注的数字、字母代表砌块型号。其中 3 代表 K322；3A 代表 K322A；
2A 代表 K222A 或 K222；未标注数字者均代表 K422A 或 K422B。

在砌筑砌块时，仍需错缝搭接，砂浆饱满，使竖缝填灌密实，水平缝砌筑饱满，使上、下、左、右砌块能更好地连接。水平灰缝、垂直灰缝一般为 15～20mm，当垂直灰缝大于 30mm 时，须用 C20 细石混凝土灌实；中型砌块上下皮的搭缝长度不得小于 150mm，当搭缝长度不足时，应在水平灰缝内增设钢筋网片（图 9-30）。

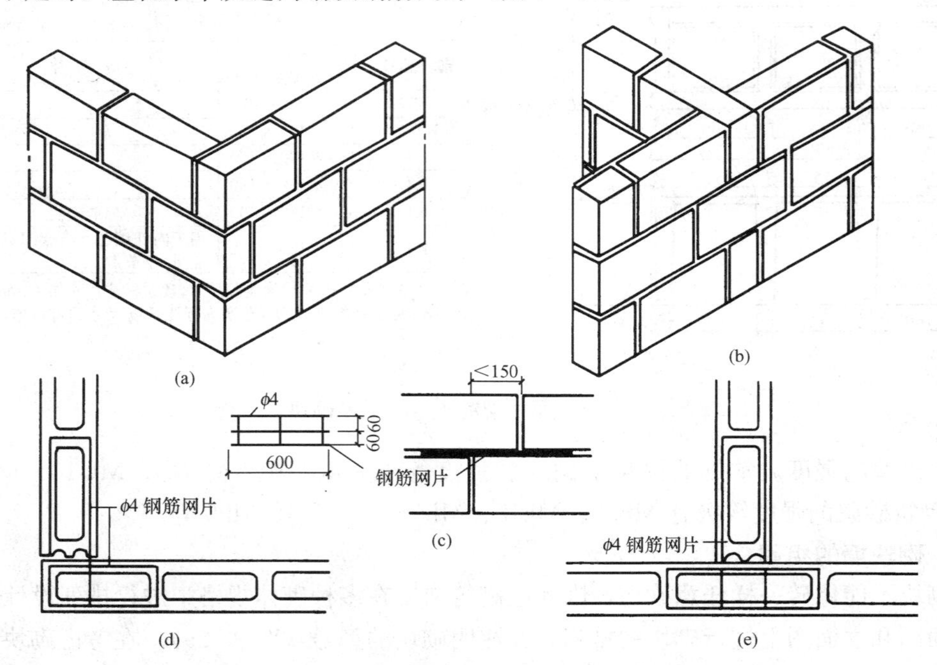

图 9-30 砌块墙体砌块搭接处钢筋网片的设置方法

（a）砌块墙转角轴测；（b）砌块墙内外墙相交处轴测；（c）从立面看网片放置位置；
（d）转角处网片放置位置；（e）墙体交叉处网片放置位置

由于空心砌块错缝后上下皮砌块会有一个孔洞保持对齐，因此空心砌块适宜做配筋砌体，即在错缝后上下仍保持对齐的孔洞中插入钢筋，同时在每皮或隔皮砌块间的灰缝中置入钢筋网片，每砌筑若干皮砌块后就在所有孔洞中灌入细石混凝土。这样，空心砌块可以被认为同时充当了混凝土的模板。像这样的配筋砌体墙虽不及现浇的钢混凝土剪力墙的水平抗剪能力，但整体刚度大大优于普通的砌体墙，可以使砌体墙承重的建筑物的高度得到较大的提升（图 9 - 31）。

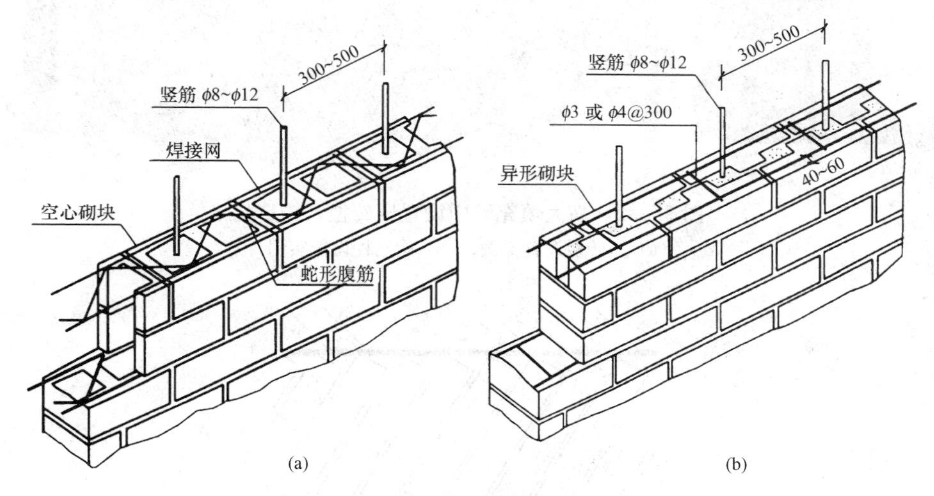

图 9 - 31　用空心砌块做配筋砌体

（a）在空心砌块孔洞及皮间布筋；（b）在异形砌块围合成的孔洞及皮间布筋

三、砌体墙作为填充墙的构造要点

当砌体墙作为框架间填充墙使用时，其构造要点主要体现在墙体与周边构件的拉结、合适的高厚比以及避免成为承重的构件。其中前两点涉及墙身的稳定性，后一点涉及结构的安全性。

（1）填充墙与框架结构的拉结。在框架结构体系的建筑中，柱子上面每 500mm 高左右就会留出拉结钢筋来，以便在砌筑填充墙时将拉结钢筋砌入墙体的水平灰缝内。拉结筋不少于 2 ϕ6。

（2）填充墙体的高厚比。高厚比是牵涉到砌体墙稳定性的重要因素。高大的填充墙虽然有可能通过增加厚度来达到稳定的目的，但这样势必会增加填充墙的自重。需要时可以采取构造方法来解决。图 9 - 32 所示的砌体墙中，局部添加了钢筋混凝土的小梁［图 9 - 32（a）］或者构造柱［图 9 - 32（b）］。其中的小梁又可称为压砖槛，是指每隔一定高度在墙身中浇筑约 60mm 厚的配筋细石混凝土带，内置 2 ϕ6 的通长钢筋。当砖墙高度超过 4m，长度超过 5m 时，每砌筑 1.2m 的高度，就应做一道压砖槛。压砖槛中的钢筋最好与从填充墙两端柱子中伸出的拉结筋绑扎连通，这样相当于分段降低了填充墙的高度，既不必增加墙的厚度，又保证了其稳定性。同样，在填充墙中也可增加构造柱，并从构造柱中每隔一定距离伸出拉结筋与分段的填充墙体拉结，这样也加强了整段墙体的稳定性。添加钢筋混凝土压砖槛和构造柱的方法，可以在高大的填充墙体中同时使用。

（3）避免成为承重的构件。填充墙是非承重墙。为了保证填充墙上部结构的荷载不直接传到该墙体上，即保证其不承重，当墙体砌筑到顶端时，应将顶层的一皮砖斜砌（图 9 - 33）。

(a)

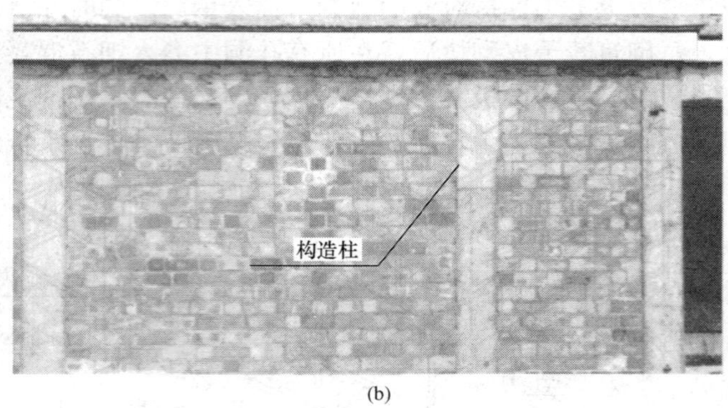

(b)

图 9 - 32 高大填充墙中设置压砖槛及构造柱

（a）压砖槛设置实例；（b）构造柱设置实例

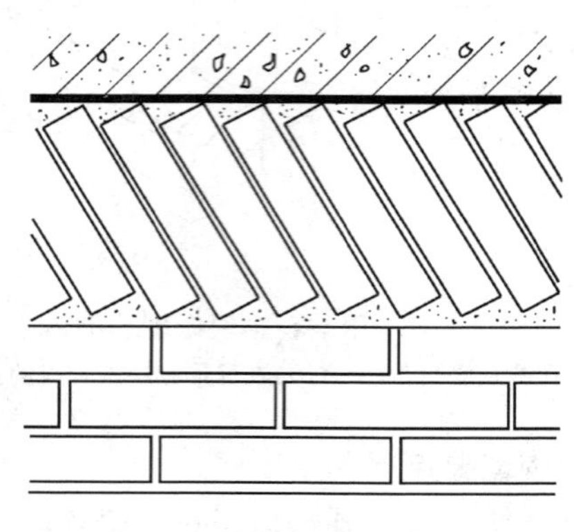

图 9 - 33 填充墙顶部砌筑方法

第四节 隔 墙 与 隔 断

房屋中不承重，只起分隔房间作用的墙体称为隔断墙。其中，墙体高度一直延续到顶棚下皮的称为隔墙，不到顶的称为隔断。

一、隔墙

隔墙是非承重的内墙，起着分隔房间的作用。隔墙应满足自重轻、厚度薄、稳定性好、隔声、便于拆装等要求，并应根据所处条件分别具有防火、防潮、防水等不同功能。常见的隔墙可分为砌筑隔墙、立筋隔墙和板材隔墙等。

（一）*砌筑隔墙*

砌筑隔墙系指利用普通砖、多孔砖、空心砌块以及各种轻质砌块等砌筑的墙体。

1. *砖砌隔墙*

砖隔墙有半砖隔墙和 1/4 隔墙之分。

半砖隔墙是用普通黏土砖顺砌而成。一般可满足隔声、耐火、耐水的要求。隔墙应与周边墙体可靠连接。砌墙时，沿墙高每隔 500 左右加 2 ϕ4 拉结筋，伸入隔墙内不小于 300mm。此外，砖隔墙顶部与楼板或梁相接处，不宜过于填实或使砖砌体直接接触楼板和梁，以防止楼板或梁产生挠度致使隔墙被压坏。一般将上两皮砖斜砌，或留有 30mm 的空隙，然后填塞墙与楼板间的空隙（图 9 - 34）。

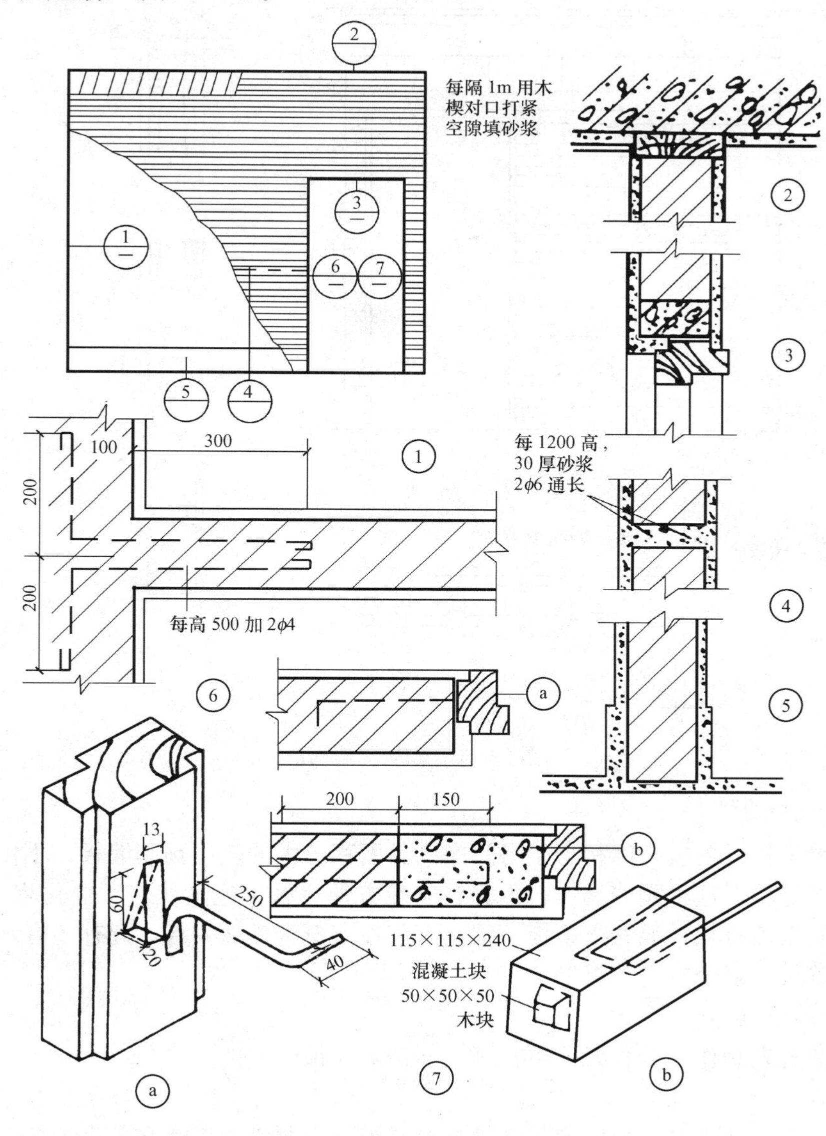

图 9 - 34　半砖隔墙构造

1/4 砖隔墙是将普通黏土砖以 M5 级水泥砂浆侧砌而成。其高度不应超过 3m。一般多用于面积不大且无门窗的墙体。1/4 砖隔墙须沿墙高每隔 7 皮砖加 1 ϕ6 钢筋。

2. 砌块隔墙

为减轻隔墙自重、节约用砖，常采用加气混凝土砌块、矿渣空心砖、陶粒混凝土砌块等砌筑隔墙。此类隔墙的厚度随砌块尺寸而定，一般为 90～120mm。砌块隔墙重量轻、孔隙率大、隔热性能好，但吸水性强。因此，砌筑时应在墙下砌 3～5 皮砖。砌块隔墙也需采取措施加强其稳定性，其方法与普通砖隔墙相同（图 9 - 35）。

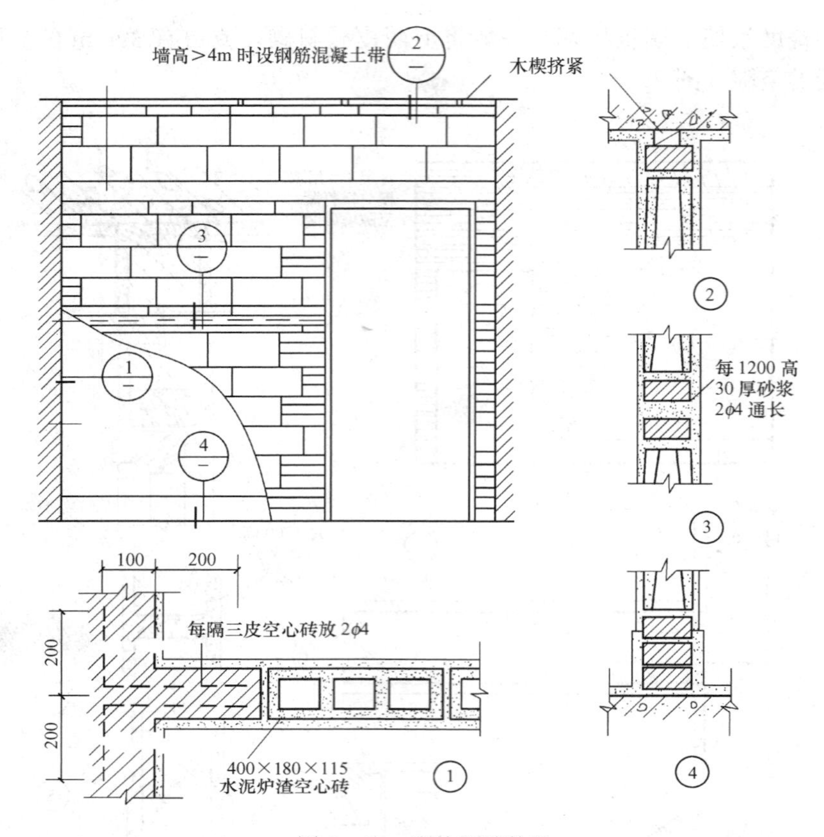

图 9－35 砌块隔墙构造

（二）板材隔墙

板材隔墙是指以单板长度相当于房间净高、面积较大的轻质预制墙板，不依赖于骨架直接装配而成的隔墙。这种隔墙具有自重轻、安装方便、施工速度快、工业化程度高等特点。常采用的预制条板有加气混凝土条板、碳化石灰板、石膏珍珠岩板，此外还有水泥钢丝网夹芯板等复合墙板、复合彩色钢板等。

（三）立筋隔墙

立筋隔墙是先制作一个骨架，再在其表面覆盖面板而成的隔墙。

1. 龙骨

骨架材料可以是木材、金属或石膏等材料，统称为龙骨或者墙筋。有上槛、下槛、纵筋（竖筋）、横筋和斜撑（图 9－36）。

龙骨在安装时一般先安装上、下槛，然后安装两侧的纵筋，接下去再是中间的纵筋、横筋和斜撑（如有必要时）。这样做一方面是上、下槛和边上的纵筋较易通过螺栓锚固、胶合剂粘结等方式与上下楼（地）板以及两侧现有的墙体或柱等构件连接，另一方面，更重要的是通过上、下槛来固定纵筋，可以避免先行安装纵筋时为了达到隔墙的稳定性而将纵筋上下撑紧，从而使隔墙上方的荷载有可能通过纵筋传递到其下方，使不承重的隔墙成为承重墙，这是不合理的甚至是危险的。

龙骨的间距是由面板的刚度和其表面设计的分割需要决定的。

（1）轻钢龙骨。轻钢龙骨（图 9－37）具有节约木材、重量轻、强度高、刚度大、结构

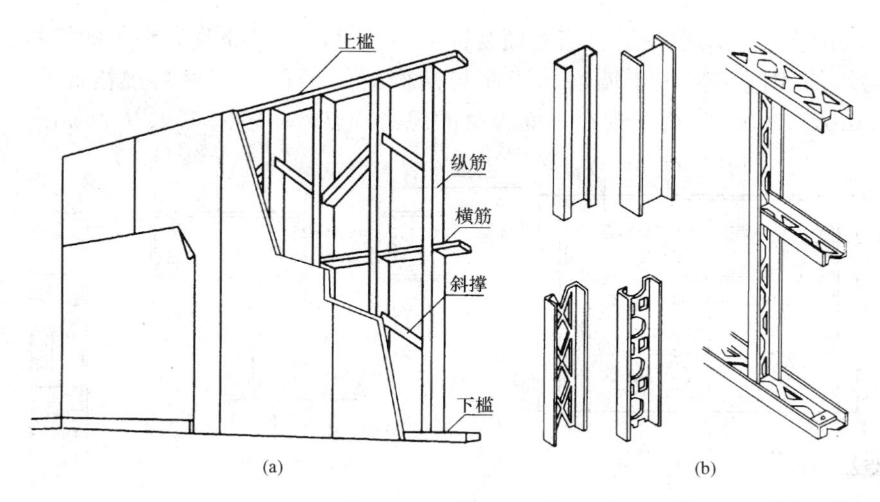

图 9-36 立筋类轻隔墙龙骨构成

(a) 立筋类轻隔墙龙骨构成；(b) 各种轻钢龙骨

整体性强等特点。龙骨由各种型式的薄壁型钢加工而成，[图 9-36 (b)]。钢板厚 0.6～1.5mm，经冷轧成型为槽型截面，其尺寸为 100mm×50mm 或 75mm×45mm。龙骨与楼板、柱等构件相接时，多用膨胀螺栓或膨胀铆钉来固接、螺钉间距 600～1000mm。纵筋、横筋之间靠各种配件相互连接，纵筋间距由板面尺寸确定，一般为 400～600mm。

(2) 木龙骨。木骨架由上槛、下槛、墙筋、斜撑及横挡等构成（图 9-38）。墙筋靠上、下槛固定。上、下槛及墙筋断面通常为 50mm×70mm 或 50mm×100mm。墙筋之间沿高度

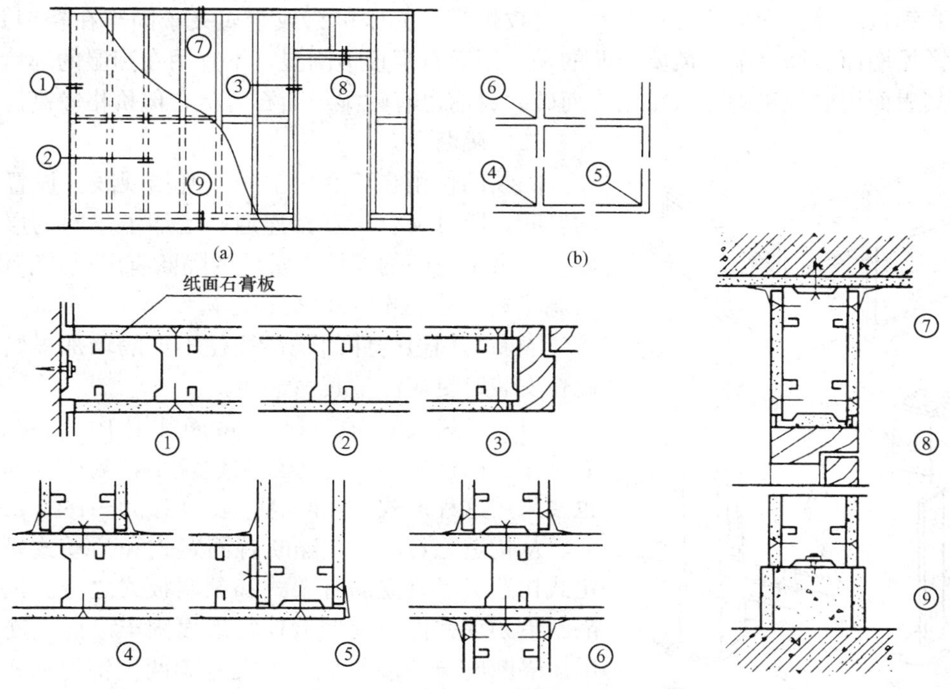

图 9-37 轻钢龙骨纸面石膏板隔墙的构造示意图

(a) 隔墙立面；(b) 隔墙平面

方向每隔 1.5m 左右设斜撑一道。当表面为铺钉面板时，则斜撑改为水平的横挡。斜撑或横挡的断面与墙筋相同或略小于墙筋。墙筋与横挡的间距视饰面材料规格而定，可取 400、450、500mm 及 600mm，由于现在饰面板材的规格特点，一般取 400、600mm。

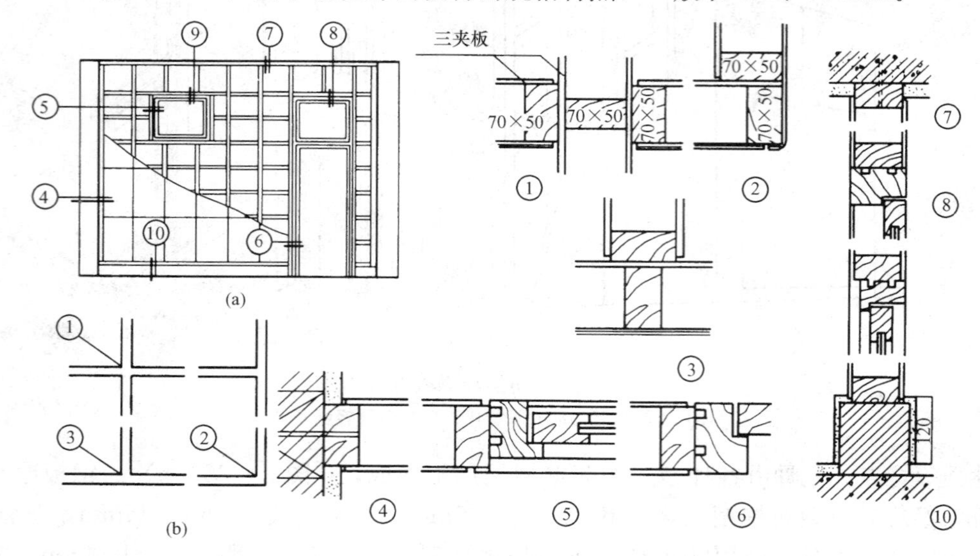

图 9-38 木龙骨夹板面板隔墙构造示意图

(a) 隔墙立面；(b) 隔墙平面

2. 面板

面板包括胶合板、纸面石膏板、硅钙板、塑铝板、纤维水泥板、内置发泡材料或复合蜂窝板的彩钢板等等。面板用镀锌螺丝、自攻螺钉、膨胀铆钉或金属夹子固牢在轻钢龙骨上，其构造详见墙面装修一节。需要说明的是，纸面石膏板怕潮湿，不宜用在潮湿的环境中，也不宜在其表面用湿施工的方法粘贴饰面砖。目前也有耐湿纸面石膏板，但价格较高。

二、隔断

隔断的作用在于变化空间、遮挡视线。设置了隔断的空间，既分又合，互相连通，增加了空间的层次和深度，丰富了空间的意境。常用的隔断有屏风式、镂空式、玻璃墙式、移动式以及家具式等。

隔断与周边构件的联系往往不如隔墙那样紧密，因此在安装时更应注重其稳定性。

(1) 屏风式隔断。屏风式隔断常用于办公室、餐厅、展览馆、门诊部的诊室等公共建筑中，厕所、淋浴间等也多采用这种形式。隔断高一般为 1050～1800mm。

从构造上，屏风式隔断有固定式和活动式两种。固定式构造又可有立筋骨架式和预制板式之分。预制板式隔断借预埋铁件与周围墙体、地面固牢。而立筋骨架式屏风隔断则与隔墙相似，可在骨架两侧铺钉面板，亦可镶嵌玻璃。玻璃可以是磨砂玻璃、彩色玻璃等。骨架与地面的固定方式如图 9-39 所示。

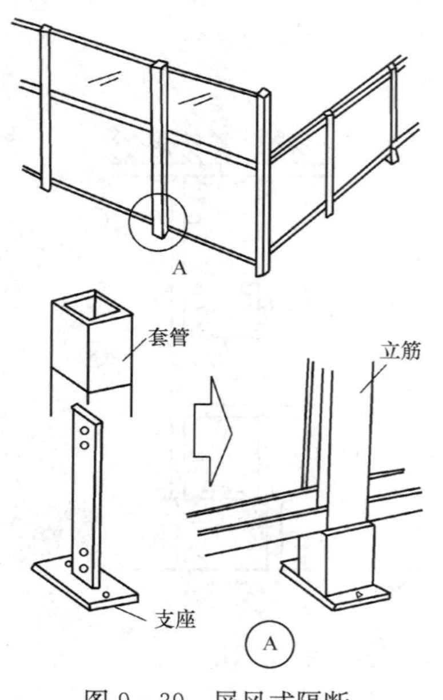

图 9-39 屏风式隔断

活动式屏风隔断可以移动放置。最简单的支承方式是在屏风扇下安装一金属支承架。支架可以直接放在地面上；也可在支架下安装橡胶滚动轮或滑动轮，这样移动起来，更加方便(图 9-40)。

(2) 镂空式隔断。镂空花格式隔断是公共建筑门厅、客厅等处分隔空间常用的一种形式，有竹、木制的，也有混凝土预制构件的，形式多样（图 9-41）。与地面、顶棚的固定也依材料不同可以采用钉、焊等方式连接。

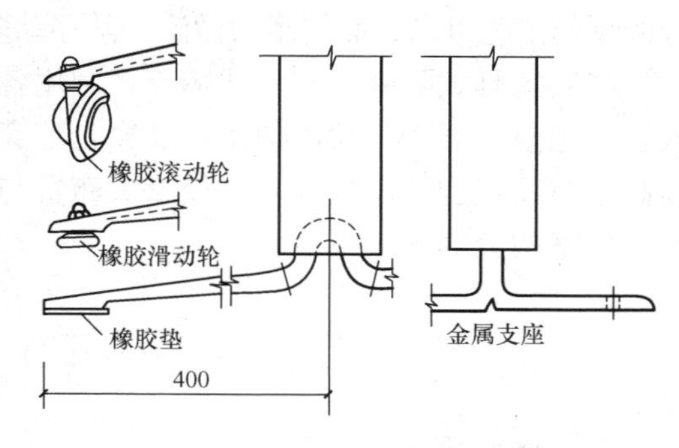

图 9-40　活动式支架

(3) 玻璃隔断。玻璃隔断有玻璃砖隔断和空透式隔断两种。玻璃砖隔断系采用玻璃砖砌筑而成，既分隔空间，又透光，常用于公共建筑的接待室、会议室等处。玻璃砖的侧面有凹槽，以便砌筑时嵌入胶粘剂。当砌筑面积较大时，在拼接的纵、横向凹槽内均拉结通长钢筋，以增加墙身稳定性。其钢筋必须与隔断周围的墙或柱、梁连接在一起（图 9-42）。

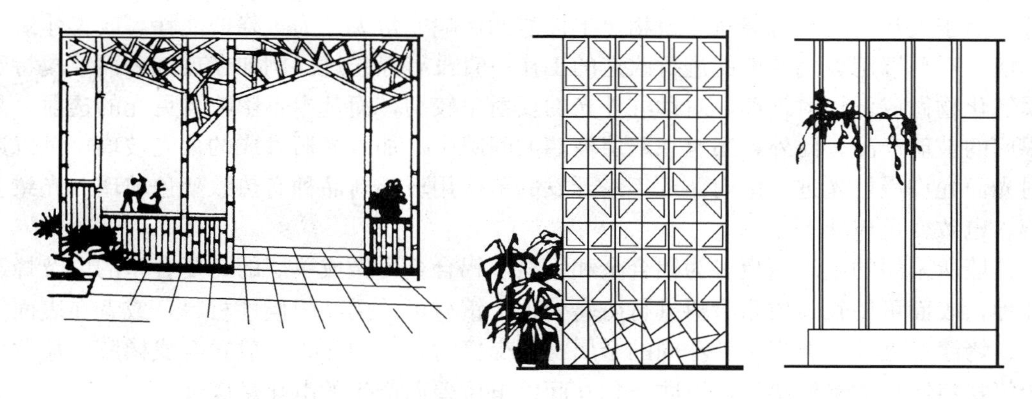

图 9-41　镂空式隔断

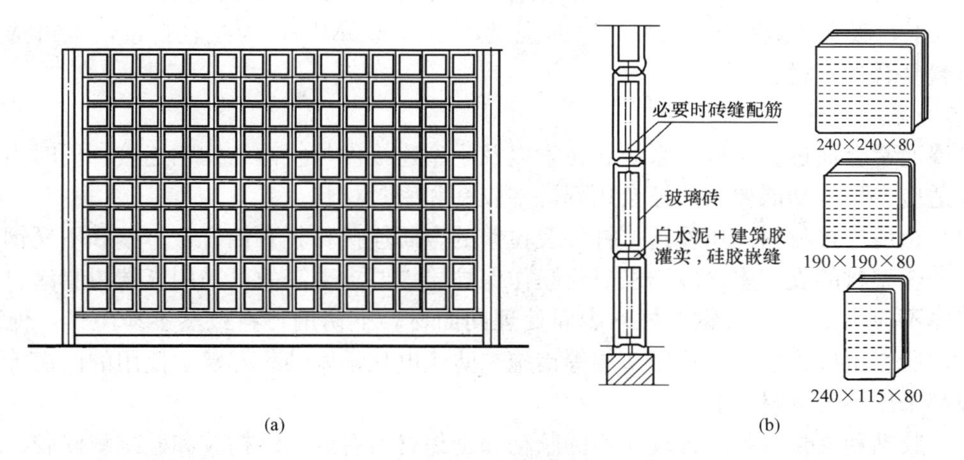

图 9-42　玻璃砖隔断
(a) 玻璃砖隔断示例；(b) 用传统方式安装的玻璃砖隔断

（4）移动式隔断。移动式隔断是可以随意闭合、开启，使相邻的空间随之变化成独立的或合一的空间的一种隔断形式，具有使用灵活多变的特点，多用于餐馆、宾馆活动室以及会堂之中。移动式隔断有拼装式、滑动式、折叠式、悬吊式、卷帘式和起落式等多种形式，其主体部分的制作工艺可以参照门扇的做法，其移动多由上下两条轨道或是单由上轨道来控制和实现。

（5）家具式隔断。家具式隔断系利用各种适用的室内家具来分隔空间的一种设计处理方式。它把空间分隔与功能使用以及家具配套巧妙地结合起来，既节约费用，又节省面积，既提高了空间组合的灵活性，又使家具布置与空间相协调。这种形式多用于住宅的室内设计以及办公室的分隔等。

第五节 幕 墙

一、幕墙材料

（一）幕墙面材

幕墙面板多使用玻璃、金属和石材等材料。这些材料可单一使用，也可混合使用。

幕墙用的玻璃面材必须是安全玻璃，如钢化玻璃、夹层玻璃或者用上述玻璃组成中空玻璃等。由于大片的玻璃幕墙对建筑物热工性能的影响非常大，为了降低能耗，改善建筑物的热环境，对幕墙用玻璃的性能进行改造的工作一直没有停止过。例如在玻璃表面镀覆特殊的金属氧化物做成低辐射玻璃，对远红外光的反射率较高，而基本不影响可见光的透射，是应用很广的玻璃产品。此外，还有在双层玻璃的间隙中，加入光栅做成的偏光玻璃，可以遮挡直射光而允许漫射光进入室内。近年来开发的幕墙用玻璃新品种有热致变色玻璃、光致变色玻璃、电致变色玻璃等。

幕墙所采用的金属面板多为铝合金和钢材。铝合金可做成单层的、复合型的以及蜂窝铝板几种，表面可用氟碳树脂涂料进行防腐处理。钢材可采用高耐候性材料，或者在表面进行镀锌、烤漆等处理。但当两种不同的金属材料交接时，必须在当中放置合成橡胶、尼龙、聚乙烯等材料制作的绝缘垫片，以防止相互间因电位差而产生的电化学腐蚀。

幕墙石材一般采用花岗石等，因其质地均匀且耐腐蚀、抗风化能力强。石材厚度在25mm以上，吸水率应小于0.8%，弯曲强度不小于8.0MPa。为减轻自重，也可选用与蜂窝状材料复合的石材。

（二）幕墙用连接材料

幕墙通常会通过金属杆件系统、拉索以及小型连接件与主体结构相连接，同时为了满足防水及适应变形等功能要求，还会用到许多胶粘和密封材料。

（1）金属连接材料。用作连接杆件及拉索的金属连接材料有铝合金、钢和不锈钢。

铝合金型材的表面多涂以阳极氧化膜作保护层，要求更高的可采用氟碳树脂涂料。铝型材的壁厚不应小于3mm。钢型材的表面处理同面材。不锈钢材料虽然不易生锈，但不是不会生锈，所以也应该采取放绝缘垫层等措施来防止电化学腐蚀。幕墙中使用的门窗等五金配件一般都采用不锈钢材料制作。

（2）胶粘和密封材料。幕墙使用的胶粘和密封材料有硅酮结构胶和硅酮耐候胶。前者用于幕墙玻璃与铝合金杆件系统的连接固定或玻璃间的连接固定；后者则通常用来嵌缝，以提高幕墙的气密性和水密性。为了防止材料间因接触而发生化学反应，胶粘和密封材料与幕墙其他材料间必须先进行相容性的试验，经合格方能够配套使用。

二、幕墙安装构造

幕墙与建筑物主体结构之间的连接按照连接杆件系统的类型以及与幕墙面板的相对位置关系，可以分为有框式幕墙、点式幕墙和全玻式幕墙。

（一）有框式幕墙

幕墙与主体建筑之间的连接杆件系统通常会做成框格的形式。若框格全部暴露出来，则为明框幕墙；如垂直或水平两个方向的框格杆件只有一个方向的暴露出来，则为半隐框幕墙（包括竖框式和横框式）；若框格全部隐藏在面板之下，则为隐框幕墙（图 9 - 43、图 9 - 44）。

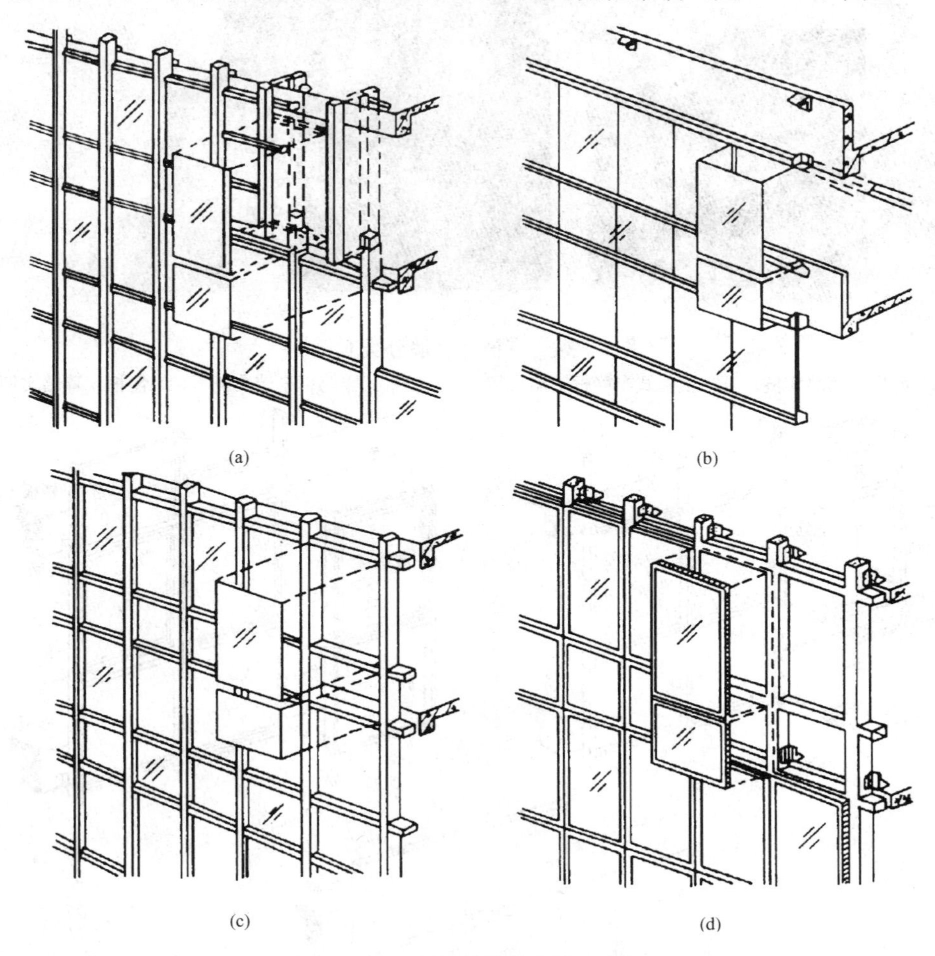

图 9 - 43 有框式幕墙分类示意图

（a）竖框式（竖框主要受力，竖框外露）；（b）横框式（横框主要受力，横框外露）；（c）框格式（竖框、横框外露成框格状态）；（d）隐框式（框格隐藏在幕面板后）

有框式幕墙的安装可以分为现场组装式和组装单元式两种。前者先将连接杆件系统固定在建筑物主体结构的柱、承重墙、边梁或者楼板上的预埋铁件上，再将面板用螺栓或卡具逐一安装到连接杆上去。后者是在工厂预先将幕墙面板和连接杆件组装成较小的标准单元或是较大的整体单元，例如层间单元等，然后运送到现场直接安装就位（图 9 - 45）。

图 9-44 有框式幕墙分类实例

(a) 明框式幕墙实例；(b) 横框式半隐框幕墙实例；(c) 竖框式半隐框幕墙实例；(d) 隐框式幕墙实例

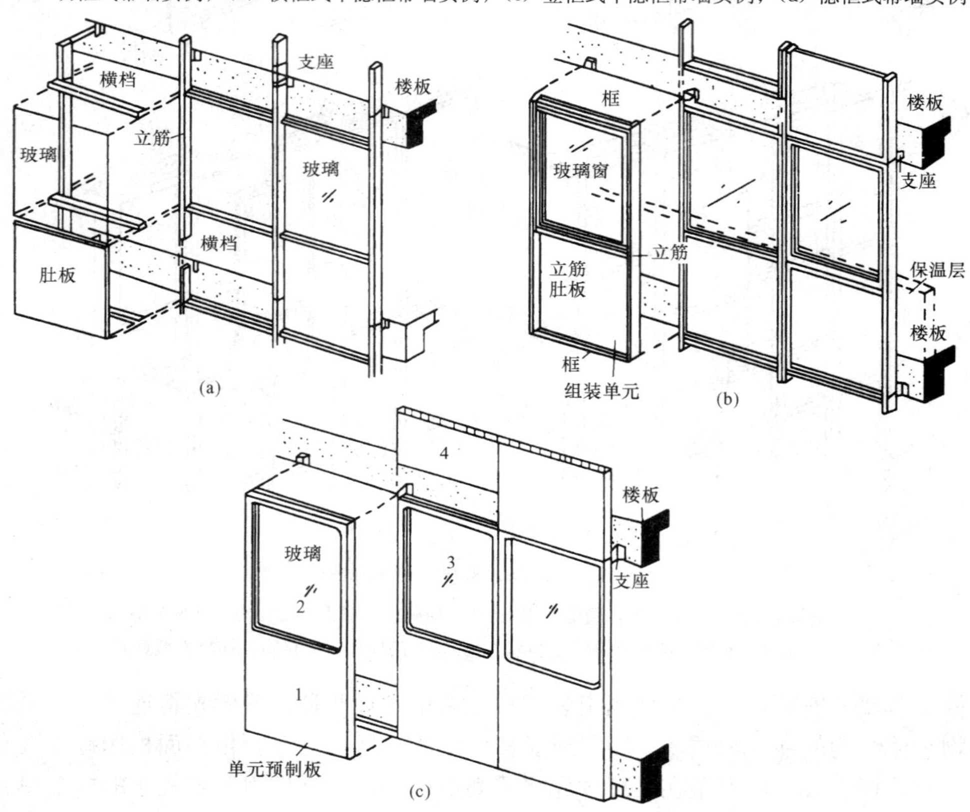

图 9-45 有框式幕墙组装方式示意

(a) 现场组装式幕墙；(b) 组装单元式幕墙；(c) 整体单元式幕墙

（二）点式幕墙

点式幕墙不像有框幕墙那样，面板与框格之间为条状的连接。点式幕墙采用在面板上穿孔的方法，用金属爪来固定幕墙面板（图 9-46）。这种方法多用于需要大片通透效果的玻璃幕墙上。每片玻璃通常开孔 4～6 个。金属爪可以安装在连接杆件上，也可以安装在具有柔韧性的钢索上（图 9-47、图 9-48）。一切连接构件与主体结构之间均为铰接，玻璃之间留出不小于 10mm 的缝来打胶。这样在使用过程中有可能产生的变形应力就可以消耗在各个层次的柔性节点上，而不至于招致玻璃本身的破坏。

图 9-46　点式玻璃幕墙示例

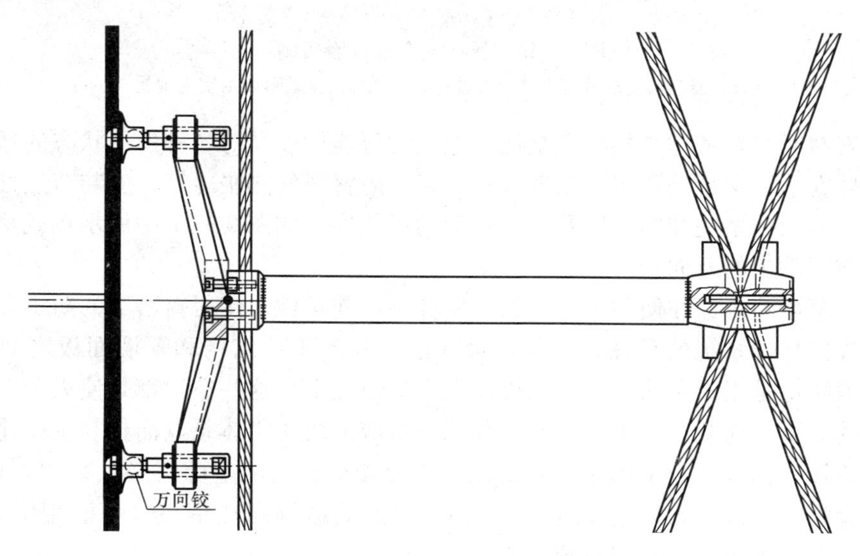

图 9-47　点式玻璃幕墙“爪”式连接件及支撑钢索

图 9-48　点式玻璃幕墙支撑构件与主体结构柔性连接示例

（三）全玻式幕墙

全玻式幕墙的面板以及与建筑物主体结构的连接构件都由玻璃构成。连接构件通常做成肋的形式，并且悬挂在主体结构的受力构件上，特别是较高大的全玻式幕墙，目的是不让玻璃肋受压。玻璃肋可以落地，也可以不落地。但落地时应该与楼地面以及楼地面的装修材料之间留有缝隙，以确保玻璃肋不成为受压构件。玻璃肋与面板之间可以用结构胶粘结，也可以通过其他连接件连接，例如可以用钢爪来连接。为了安全起见，全玻式幕墙的高度必须控制在相关规范所规定的范围内（图 9 - 49)。

(a)

(b)

图 9 - 49 悬挂式全玻幕墙实例

(a) 悬挂式全玻幕墙由外部观看；(b) 悬挂式全玻幕墙由室内观看

幕墙在安装时必须考虑结构的安全性、施工的可能性以及对各种使用状态的适应性。如幕墙连接杆件在上下交接处要留出温度缝来，以适应材料的热胀冷缩；安装节点处应具有前后、左右各个方向调整安装精度以及适应变形的可能性。如图 9 - 47 中所示点式幕墙的安装节点中，藏在钢爪中的万向铰。

由于整个幕墙系统往往使用了大量的金属杆件和连接件，使得对幕墙的防雷要求特别严格。此外，连接杆件系统的存在，又往往会在建筑物的主体结构和幕墙面板之间留下了空隙，这对于消防也是很不利的，因为在火灾发生的情况下，这些空隙都是使火和烟得以贯通整栋建筑物的通道。为此，有关规范要求幕墙自身应形成防雷体系，而且与主体建筑的防雷装置应可靠连接。在幕墙与主体建筑的楼板、内隔墙交接处的空隙，必须采用岩棉、矿棉、玻璃棉等难燃材料填缝，并采用厚度在 1.5mm 以上的镀锌耐热钢板（不能用铝板）封口。接缝处与螺丝口应该另用防火密封胶封堵。

第六节 墙体保温与隔声

一、墙体保温构造

用于建筑外墙保温的材料，从形式上可以分为板材、块材、卷材、散料。其中板材有憎水性水泥膨胀珍珠岩保温板、发泡聚苯乙烯保温板、挤塑型（或称挤压型）聚苯乙烯保温板、硬质和半硬质的玻璃棉或岩棉保温板；块材有水泥聚苯空心砌块等；卷材有玻璃棉毡和岩棉毡等；散料有膨胀珍珠岩、发泡聚苯乙烯颗粒等。其中挤塑型聚苯乙烯保温板因其表面结构全部封闭，不透水，可以不考虑防水的问题，所以应用较多；其余材料用作保温层时大多需要采取防水及隔蒸汽的措施。由于外墙对于饰面的要求往往比较高，所以墙面上的保温层与主体的连接构造以及与饰面材料、隔蒸汽层、防水层等构造层次之间的排列顺序、连接方法等尤为重要，需要综合考虑安全、美观、方便等诸多因素。因此，归纳起来，建筑外墙面的保温层构造应满足：①适应基层的正常变形而不产生裂缝及空鼓；②长期承受自重而不产生有害的变形；③承受风荷载的作用而不产生破坏；④在室外气候的长期反复作用下不产生破坏；⑤在设防烈度的地震发生时不从基层上脱落；⑥防火性能符合国家有关规定；⑦具有防止水渗透的功能；⑧各组成部分具有物理—化学稳定性，所有的组成材料彼此相容，并具有防腐性。

保温层在建筑外墙上与基层墙体的相对位置（图 9 - 50）有：保温层设在外墙的内侧，称作内保温；设在外墙的外侧，称作外保温；设在外墙的夹层空间中，称作中保温。

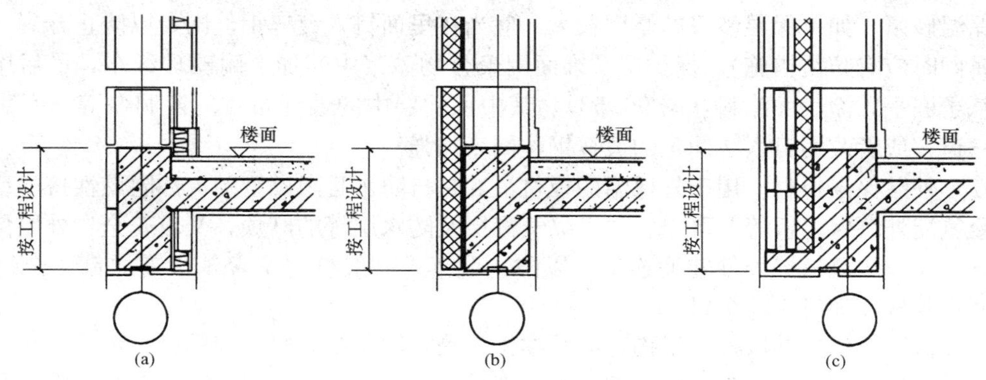

图 9 - 50　外墙保温层设置位置示意图

（a）外墙内保温层；（b）外墙外保温层；（c）外墙中保温层

1. 内保温构造

外墙内保温的优点是不影响外墙外饰面及防水等构造的做法，但需要占据较多的室内空间，减少了建筑物的使用面积，而且用在居住建筑上，会给用户的自主装修造成一定的影响。一般有以下几种构造方法：

（1）硬质保温制品内贴。在外墙内侧用胶贴剂粘贴增强石膏聚苯复合保温板等硬质建筑保温制品，然后在其表面抹粉刷石膏，并在里面压入中碱玻纤涂塑网格布（满铺），最后用腻子嵌平，做涂料（图 9 - 51）。由于石膏的防水性能较差，因此在卫生间、厨房等较潮湿的房间内不宜使用增强聚苯石膏板。

（2）保温层挂装。具体做法是先在外墙内侧固定衬有保温材料的保温龙骨，在龙骨的间隙中填入岩棉等保温材料，然后在龙骨表面安装纸面石膏板（图 9 - 52）。

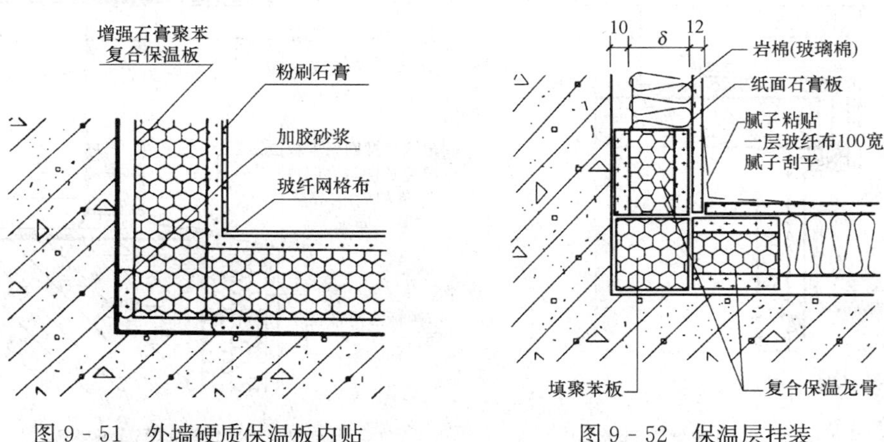

图 9 - 51　外墙硬质保温板内贴　　图 9 - 52　保温层挂装

2. 外墙外保温构造

外墙外保温比起内保温来，其优点是可以不占用室内使用面积，而且可以使整个外墙墙体处于保温层的保护之下，冬季不至于产生冻融破坏。但因为外墙的整个外表面是连续的，不像内墙面那样可以被楼板隔开。同时外墙面又会直接受到阳光照射和雨雪的侵袭，所以外保温构造在对抗变形因素的影响和防止材料脱落以及防火等安全方面的要求更高。常用外墙外保温构造有以下几种：

（1）抹保温砂浆。具体做法是先在外墙外表面做一道界面砂浆，然后抹聚苯颗粒保温浆料等保温砂浆。如果保温砂浆的厚度较大，应当在里面钉入镀锌钢丝网，以防止开裂（当满铺金属网时应有防雷措施）。保护层及饰面用聚合物砂浆中间加上耐碱玻纤布，最后用柔性耐水腻子嵌平，涂表面涂料（图 9 - 53）。其中保护层中的玻纤布在门窗洞口等易开裂处应加铺一道，或者改用钉入法固定的镀锌钢丝网来加强。

（2）外贴保温板材。用于外保温的板材最好是自防水且阻燃型的，如阻燃性挤塑型聚苯板和聚氨酯外墙保温板等，可以省去做隔蒸汽层及防水层等的麻烦，又较安全。外墙保温板粘结时，还应用机械锚固件辅助连接，以防止脱落。一般挤塑型聚苯板需加钉 4 个钉/m^2；发泡型聚苯板需加钉 1.5 个钉/m^2。

外贴保温板材的外墙外保温构造的基本做法是：用粘结胶浆与辅助机械锚固方法一起固定保温板材，保护层用聚合物砂浆加上耐碱玻纤布，饰面用柔性耐水腻子嵌平，涂表面涂料（图 9 - 54）。

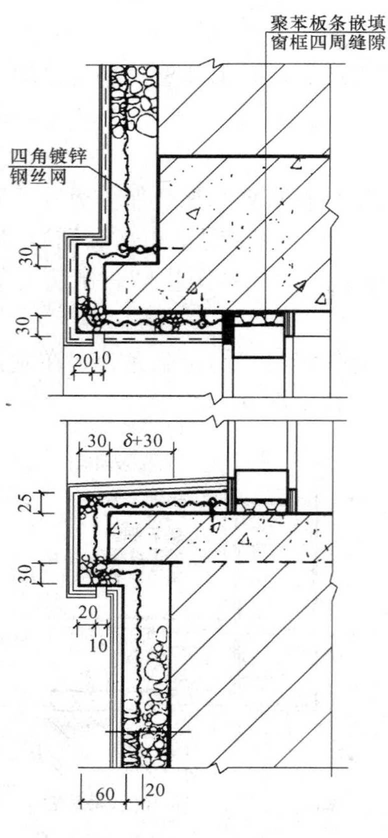

图 9 - 53 外墙抹保温砂浆

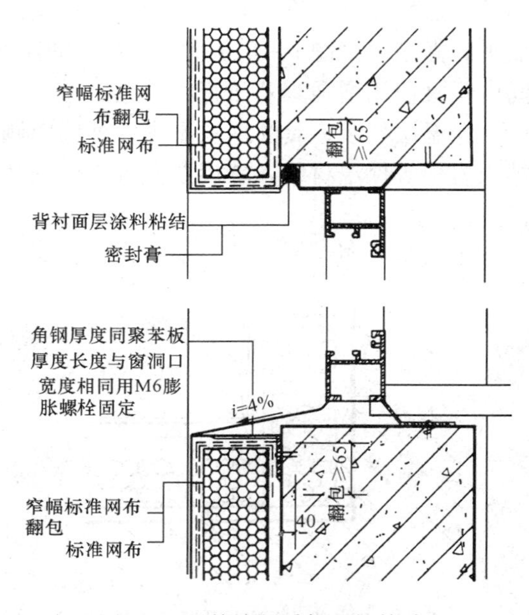

图 9 - 54 外墙硬质保温板外贴

图 9-55 是一种将结构构件和保温、装饰一体化设计的方法。其中的挤塑型聚苯板被做成可以插接的模板，装配后在里面现浇钢筋混凝土墙板。调整跨越内外两层模板的塑料固定件的型号，还可以按照结构要求改变钢筋混凝土墙体的厚度。同时，固定件插入聚苯模板中的部分又可以作为墙筋来固定内外装饰面板。这种构造虽然材料费用较高，但工业化程度高，施工方便，可以节省大量现场人工，保温效果也非常好。

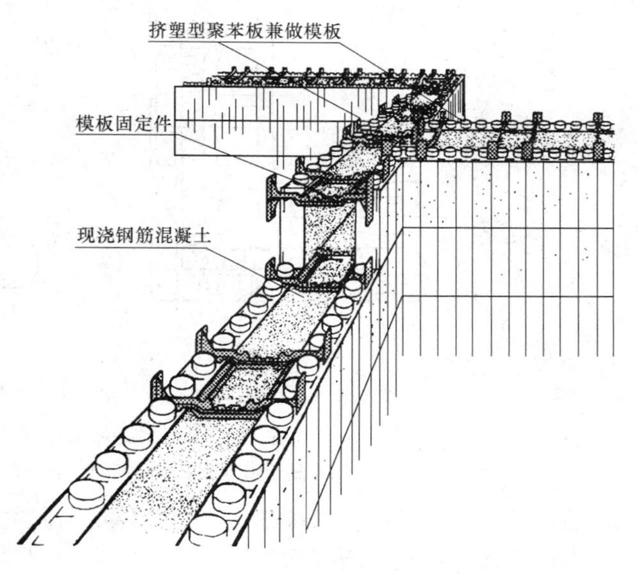

图 9-55 保温层及现浇混凝土外墙组合

(3) 外加保温砌块墙。这种做法适用于低层和多层的建筑，可以全部或局部在结构外墙的外面再贴砌一道墙，砌块选用保温性能较好的材料来制作，例如加气混凝土砌块、陶粒混凝土砌块等。

图 9-56 是某多层节能试点工程住宅所采用的外墙保温构造。其承重墙用粉煤灰砖砌筑，不承重的外纵墙用粉煤灰加气混凝土砌块砌筑，在山墙的粉煤灰砌体外面再贴砌一道加气混凝土砌块墙。两层砌体之间的拉结可以通过在砌块的灰缝中伸出锚固件来解决。

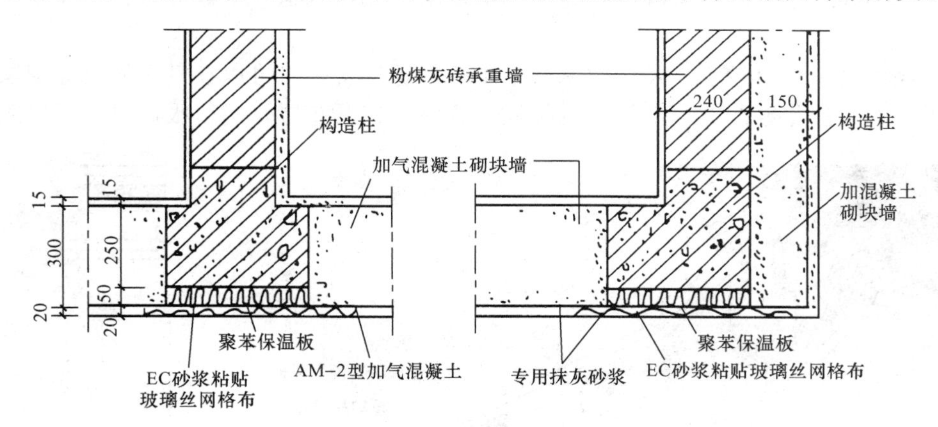

图 9-56 外墙外贴保温砌块墙示例

3. 中保温构造

在按照不同的使用功能设置多道墙板或者做双层砌体墙的建筑物中，外墙保温材料可以放置在这些墙板或砌体墙的夹层中，或者并不放入保温材料，只是封闭夹层空间形成静止的空气间层，并在里面设置具有较强反射功能的铝箔等，起到阻挡热量外流的作用。

图 9-57 是在双层砌块墙体的中间夹层中放置保温材料的例子。在工程实践中，也可利用干挂石材与墙体基层之间的间隙设置保温板，来达到保温效果。

二、墙体隔声构造

噪声来源于空气传播的噪声和固体撞击传播的噪声两个方面。空气传播的噪声指的是露天中的声音传播、围护结构缝隙中的噪声传播和由于声波振动而引起结构振动而传播的声

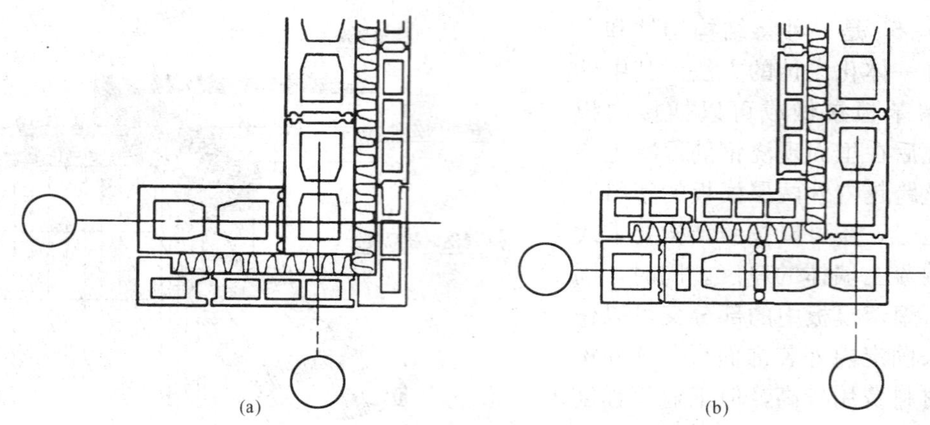

图 9-57 双层砌体墙中保温层做法示意

（a）复合砌体墙在承重墙外；（b）复合砌体墙在承重墙内

音。撞击传声是物体的直接撞击或敲打物体所引起的撞击声。

因此，墙体的隔声要求包括隔除室外噪声和相邻房间噪声两个方面。

隔除噪声的方法，包括采用实体结构、增设隔声材料和设空气层等几个方面。

（1）实体结构隔声。构件材料的体积、质量越大，越密实，其隔声效果也就愈好。双面抹灰的 1/4 砖墙，空气隔声量平均值为 32dB；双面抹灰的 1/2 砖墙，空气隔声量平均值为 45dB；双面抹灰的一砖墙，空气隔声量为 48dB。

（2）采用隔声材料隔声。隔声材料指的是玻璃棉毡、轻质纤维板等材料，一般放在靠近声源的一侧。

轻质隔墙由于自重较小，隔声效果通常不够理想。安装时可以在骨架的空隙间填入吸声材料。更好的做法是如图 9-58 所示的那样，将纵筋错开布置，使得吸声材料可以阻断两层

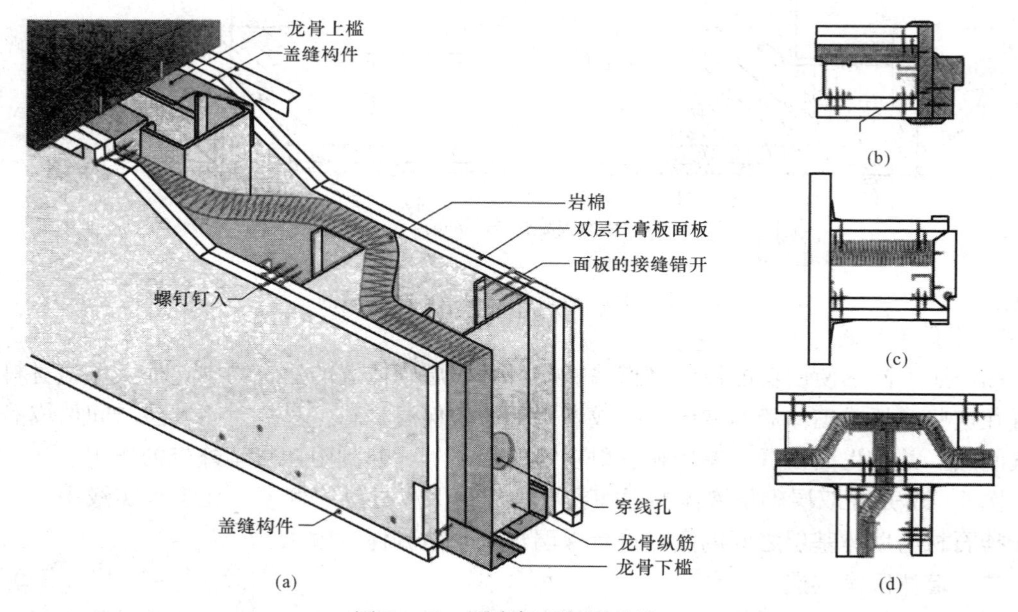

图 9-58 隔声轻质隔墙构造

（a）隔声石膏板隔断剖切轴测图；（b）隔墙与木门的连接；（c）隔墙与钢门的连接；（d）隔墙丁字交接

面板与龙骨之间直接传声的通道。此外，该图中两层石膏面板以及将板间接缝错开布置的做法也相当有效。试验证明，每增加一层纸面石膏板，隔声量可以提高 3～6dB；轻钢龙骨两面为双层纸面石膏板且内填超细玻璃棉毡的轻质墙体，其隔声量可与 240mm 厚的砖墙相当。

(3) 采用空气层隔声。夹层墙可以提高隔声效果，中间空气层的厚度以 80～100mm 为宜。

第七节 墙体装修构造

墙面装饰分内墙面装饰和外墙面装饰。不同的墙面有着不同的装饰效果和功能。外墙面的主要功能是美化建筑物和城市景观，保护建筑物的外界面免受外界环境的侵蚀，改善建筑物外墙的保温、隔热、隔声等物理功能。内墙面装饰的主要作用是保护墙体，美化室内空间环境，提高室内的舒适度，保证室内的采光、保温隔热、防腐、防尘和声学等使用功能。

墙面装饰按所使用的装饰材料、构造方法和装饰效果的不同，分为抹灰类墙面、涂刷类墙面、板块类墙面、镶板类墙面、卷材类墙面及吸声墙面。

一、抹灰类墙面

其基本构造（图 9 - 59）分为底层、中层和面层。底层主要起与基层粘结及初步找平的作用；中层主要起找平作用；面层主要起装饰作用。

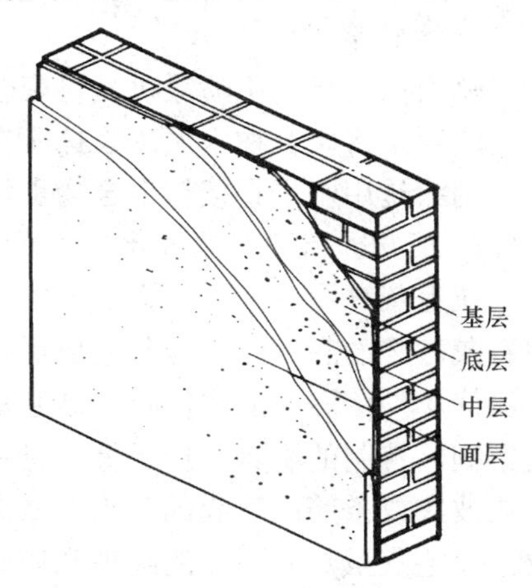

图 9 - 59 墙面抹灰基本构造

抹灰工程按其所使用的材料、工艺和装饰效果的不同，可分为一般抹灰和装饰抹灰。

（一）一般抹灰

一般抹灰是指采用石灰砂浆、混合砂浆、水泥砂浆、聚合物砂浆、膨胀珍珠岩水泥砂浆、麻刀石灰、纸筋石灰和石灰膏等材料进行抹灰的装饰工程。按建筑物标准和质量要求，一般抹灰分为高级抹灰、中级抹灰、普通抹灰三级。

高级抹灰是由一层底灰、数层中层、一层面层组成，总厚度一般为 25mm。

中级抹灰是由一层底灰、一层中层、一层面层组成，总厚度一般为 20mm。

普通抹灰是由一层底灰、一层面层组成，也可不分层，总厚度一般为 18mm。

另外，由于抹灰类墙面阳角处很容易碰坏，通常在抹灰前应先在内墙阳角、门洞转角、柱子四角等处，用强度较高的 1∶2 水泥砂浆抹制护角（图 9 - 60）。护角高度应高出本层楼地面 1.5～2m，每侧宽度不小于 50mm。

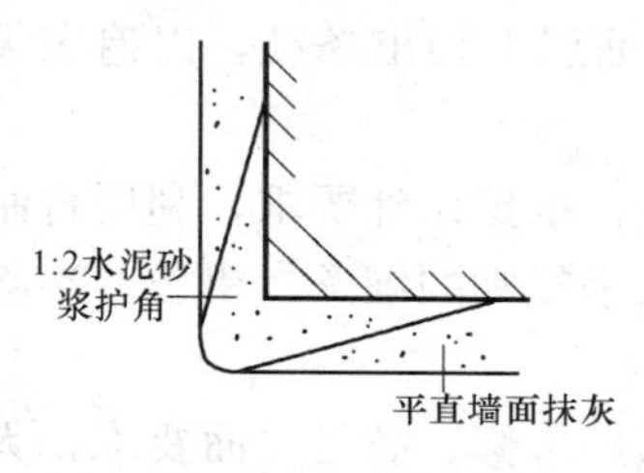

图 9 - 60 护角做法

（二）装饰抹灰

装饰抹灰为采用水刷石、水磨石、斩假石、干粘石、假面砖、拉条灰、拉毛灰、洒毛灰、喷砂、喷涂、滚涂、弹涂、仿石和彩色抹灰等为面层的抹灰工程。

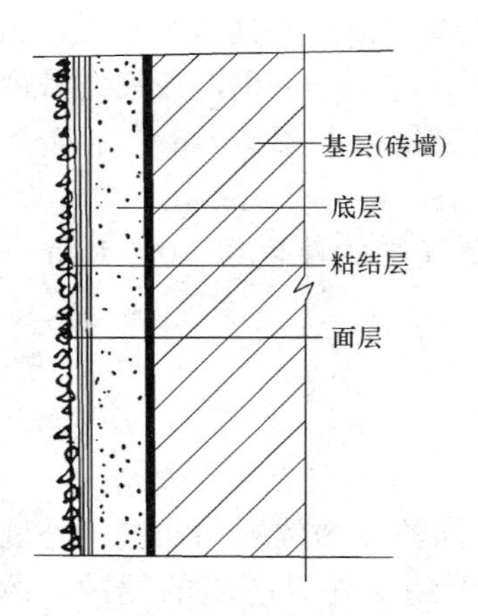

图9-61 干粘石、水刷石构造

1. 面层为水泥石碴浆

水刷石、水磨石、斩假石这三种装饰抹灰的面层均为8～12mm厚1∶2.5水泥石碴浆，中层为刷素水泥浆一道，底层均为1∶3水泥砂浆12mm厚。

水刷石是通过在其面层刷水的方法，将面层石粒隙中的水泥浆洗去一部分，使石粒裸露1/3～1/2粒径，表面粗糙，接近天然石材的质感（图9-61）。

水磨石是通过带水研磨面层的方法，使石粒被磨去1/3粒径左右，表面看上去像经过抛光的天然石材。

斩假石是在面层硬化后，以剁斧、齿斧及凿子等工具剁出有规律的石纹，使之具有类似经过细琢的天然石材的表面形态。

干粘石是将彩色石粒直接粘在砂浆层上的一种装饰抹灰做法，其面层为1mm厚的素水泥浆粘结石子（图9-61）。

2. 面层为水泥聚合物砂浆

喷涂、滚涂、刷涂这三种装饰抹灰的面层为水泥聚合物砂浆，底层均为12mm厚的1∶3水泥砂浆。

喷涂抹灰是利用喷涂机具将聚合物水泥砂浆喷射到抹灰底层上的装饰抹灰做法。

滚涂是将聚合物水泥砂浆抹压在抹灰底层表面，然后用滚子滚出花纹。

刷涂是用刷子直接将聚合物水泥砂浆刷涂在抹灰底层表面的做法。

3. 面层为水泥砂浆或水泥石灰砂浆

拉毛灰（图9-62）是在水泥砂浆或水泥石灰砂浆的底、中层抹灰完成后，在其上再涂抹1∶0.5∶1的水泥石灰砂浆等，用硬毛鬃刷、特制的刷具、抹子等工具将砂浆拉出或波纹或条筋或突起的毛头而做成装饰面层。拉毛灰虽具有漂亮的纹理和质感，但其表面粗糙、凸凹不平，较易积灰，一般用于有音响要求的礼堂、影剧院等室内墙面。

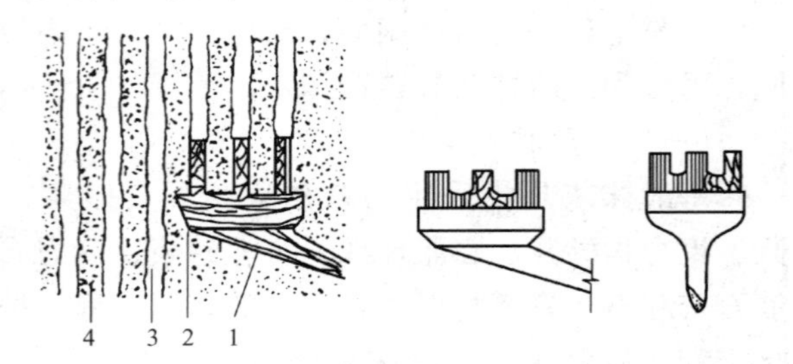

图9-62 条筋形拉毛工艺
1—刷具；2—弹线；3—条筋；4—小拉毛面层
（条筋凸出拉毛面2～3mm，宽20mm，间距30mm）

洒毛灰是用毛柴帚蘸1∶0.5∶0.5的水泥石灰砂浆或1∶1水泥罩面砂浆洒在带色的中层抹灰上，形成大小不一但又有一定规律的云头状毛面的装饰抹灰做法。

扫毛灰（图9-63）是用毛柴帚在尚未凝固的水泥砂浆抹灰面层上扫出条纹，以追求天然石材细做琢面效果的装饰抹灰做法。

拉条灰是用专用模具把面层砂浆做出竖线条的装饰抹灰做法。根据设计要求，利用自制或特制的条形滚压模具在面层砂浆上进行拉动操作，使墙面抹灰呈规则的细条、粗条、半圆条、波形条和梯形条等。

外墙面抹面一般面积较大，为操作方便、保证质量、利于日后维修、满足立面要求，无论一般抹灰还是装饰抹灰，通常都将抹灰层进行分块，分块缝宽一般20mm，有凸线、凹线和嵌线三种方式。凹线是最常见的一种形式，嵌木条分格构造如图 9－64 所示。装饰抹灰经济实用，早在我国 20 世纪六、七十年代，就已是我国建筑物外墙的主要装饰手段。但装饰抹灰施工较烦琐，其装饰效果也有局限性，自八十年代以来，随着我国大量现代化民用建筑的建设以及新型建筑涂料的发展，装饰抹灰在当前的建筑中已很少大面积使用。

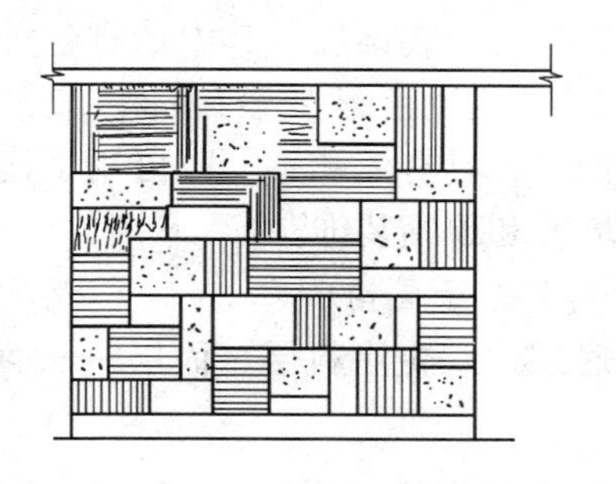

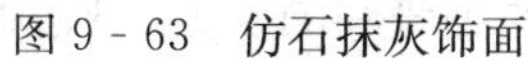

图 9－63 仿石抹灰饰面

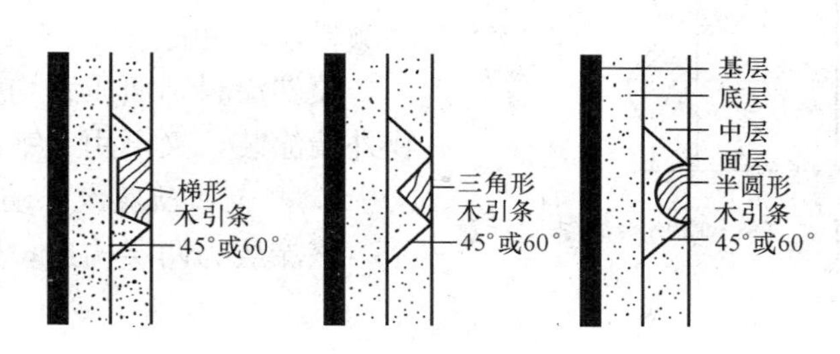

图 9－64 抹灰嵌木条分格构造

二、涂刷类墙面

涂刷类饰面是指在经过处理后平、整、干、净的墙柱面基层上，涂刷选定的装饰涂料所形成的一种饰面。根据其所用涂料类型、构造方法和装饰效果的不同，分为薄质涂料饰面、厚质涂料饰面和复合涂层涂料饰面。

（一）薄质涂料和厚质涂料墙面的构造层次

建筑装饰中常用的薄质涂料，按饰面材料的种类不同，可以分为水质类涂料（如石灰浆、大白粉浆、可赛银浆等）、水溶性涂料（如聚乙烯醇类涂料）、溶剂型涂料（过氯乙烯涂料、氯化橡胶涂料、丙烯酸酯涂料、聚乙烯醇缩丁醛涂料和聚氨酯系列涂料等）、乳液型涂料（如乙一丙乳胶漆、氯一醋一丙乳胶漆等）、硅酸盐无机涂料及油漆类涂料。

在乳液型涂料中掺入类似云母粉、粗砂粒等粗填料所配得的涂料，能形成有一定粗糙质感的涂层，称为乳液厚涂料。

无论是薄质涂料饰面还是厚质涂料饰面，其一般都只有底层和面层两个构造层次。底层为封底涂层，主要作用是增加涂层与基层之间的粘结力，进一步清理基层表面的灰尘，同时还可以防止基层中的析出物渗出表面，对涂饰饰面造成破坏；面层是装饰涂层，它体现出整个涂料饰面的色彩、光感和装饰效果，提高饰面的耐久性、耐磨性与耐污染等能力。

薄质涂料饰面常用的施工方法有刷涂、滚涂、喷涂和弹涂。厚质涂料饰面常用喷涂的方法进行施工。这些涂料饰面既可以做成平滑涂层，也可以在涂刷面漆后，用专用滚筒在面层上压出花纹图案或做出拉毛。

（二）复合涂层装饰涂料墙面的构造层次

近年来，随着我国建筑装饰业的迅猛发展，很多新型的涂饰材料和做法层出不穷，装饰涂料的复合涂层涂饰就是其中之一，如喷塑复层、彩色凹凸花纹复合涂层、多彩喷涂、真石漆等，均以其新颖而丰富多彩的装饰形象及装饰质量获得广泛认可和推广。

1. 喷塑涂料饰面的涂层构造

喷塑涂料饰面的涂层结构一般分三层：底层、中间层和面层（图 9－65）。

底层或称底漆、底油，为封底涂层，一般要求抗碱性能好，要与中间层和面层材料配套使用。

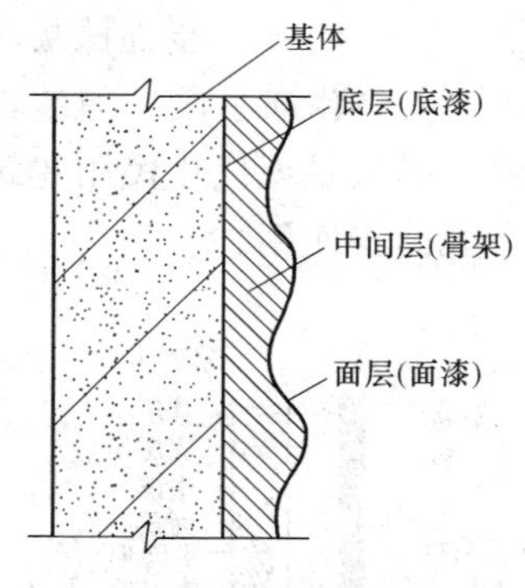

图 9-65 喷塑涂层结构示意

中间层即喷点层，是涂膜的骨架部分，为喷塑涂料饰面所特有的一层成型层。中间层所使用的材料主要有两种类型：一种是以白水泥为胶结材料的硅酸盐类喷点，另一种是以合成乳液为粘结料的合成乳液喷点料。

面层或称面漆、面油，是涂层的装饰层。其中掺有各种耐晒颜料，以使喷塑涂层表面具有理性的色彩、光泽及保护功效。

喷塑涂料饰面质感均实饱满，具有浮雕感。既可用于建筑物外墙涂装，又可用于室内墙面和顶棚装饰。

2. 彩色凹凸花纹外墙涂料复合涂层构造

该涂层为两层构造，即底层——主涂料层、面层——面涂料层。

底层主涂料层以聚乙烯醇缩甲醛胶为主要原料，掺有较多的细骨料石英砂。喷涂后在表面形成很多凸起，待其稍微干燥后，用橡胶辊将凸起部分滚平，从而形成表面平整的一个个云状凸起块。

面层涂料以溶剂型丙烯酸合成树脂为主要原料，配以不同颜色的色浆。以滚涂方法施工。有时为丰富饰面的装饰效果，还会在面层上用其他颜色的面涂料将被压平的凸起部分进行套色施工。

彩色凹凸花纹外墙复合涂层花纹有立体效果，质感丰富、色彩鲜艳，具有耐水、耐候、耐沾污和优良的耐久性能。

3. 多彩喷涂复合涂层构造

多彩喷涂是一种高分子聚合物，因其面层涂料有丰富的色彩可供选择而得名。它是美国20世纪80年代末期的高科技产品，具有防火性能良好、适用性广（可在混凝土墙、砖墙、瓷片、锦砖、木材、玻璃、钢铁、铝材、石膏板、水磨石等基层上喷涂）、技术性能好（防潮、无毒、无味、无接缝、不起皱、不脱壳、抗腐蚀能力强，对各种基层均有较显著的附着力）、色彩丰富、使用寿命长、施工和维修简单、方便等优点。

底层涂料为溶剂性涂料，起封底作用，可视质量要求或基底情况涂刷1～2遍。中层为水性涂料，也可按质量要求涂刷1～2遍。面层的多彩涂料是固体物较多的水性涂料，一般一遍即可成活。

4. 真石漆复层涂料构造

真石漆是一种外观酷似天然石材镶贴饰面效果的漆类涂料，其材料性质为掺入天然花岗石屑及特殊矿物质盐结合剂的水性乳胶漆。

真石漆分底层、中层、面层三个层次。

底层的作用是封底，底漆涂刷的遍数要视封闭效果而定，直到完全无渗色为止。底漆每遍用量需在0.3kg/m^{2}以上。在底层涂刷完后，要按设计要求在底层上弹分格线。

中层的做法有两种：一种为现场喷涂，常用于外墙，首先需按分格线条粘贴分格线条胶带，然后喷涂真石漆，其用量在4～5kg/m^2；另一种为在底层上粘贴真石漆片。

面层涂料为透明搪瓷漆，其作用是增强漆膜表面的装饰效果，使其更光润，同时增强漆膜表面的防水、防酸雨腐蚀、防污染、耐候、耐老化及易清洗等性能。

三、板块类墙面

板块类墙面是指将饰面砖、石材等板块类材料，通过相应的构造或粘贴或安装在墙体基层上的装饰方法。按装饰材料及施工方法的不同，板块类墙面装饰可分为饰面砖墙面、石材墙面。

（一）饰面砖类墙面

饰面砖墙面是指将大小不同的饰面砖粘贴于墙体基层上的装饰方法。

饰面砖按其规格和装饰效果分为釉面砖、通体砖、玻化砖、马赛克。釉面砖按基体的材质不同可分为陶质釉面砖、瓷质釉面砖，按釉面的装饰效果不同又分为亮光釉面砖和亚光釉面砖。通体砖的材质为瓷质，因其通体为同种材质和花纹、色彩而得名。通体砖表面经抛光和处理后，即为玻化砖。马赛克按其材质分为陶瓷马赛克、玻璃马赛克。墙砖一般多为釉面砖，但有时玻化砖也可以作为墙砖，而且颇有大理石的装饰效果。

无论粘贴釉面砖、通体砖、玻化砖还是马赛克，其构造都相同：首先在墙面基层上抹15mm厚1∶3水泥砂浆找平层（如果是在比较光滑的墙柱面基层或防水层上粘贴饰面砖，则首先要在基面上用加入建筑胶的素水泥浆进行拉毛处理，然后再抹15mm厚1∶3水泥砂浆找平层）。粘贴砂浆一般用1∶2水泥砂浆或1∶0.15∶2水泥石灰砂浆（掺入石灰的目的是提高砂浆的和易性），其厚度一般为6～10mm。粘贴层还可以用掺入5%～7%的108胶的水泥素浆，其厚度一般为2～3mm。当粘贴层为水泥砂浆或素水泥浆时，一般都是满刮在饰面砖的背面。当饰面砖为尺寸较小、重量较轻的釉面砖时（一般为200mm×300mm），其粘贴层也可以用专用胶粘剂，但不是满刮而是局部涂抹在饰面砖背面的四角和中央。

（二）石材类墙面

石材类墙面包括天然石材墙面和人造石材墙面。用于墙面的天然石材主要有大理石、花岗岩等，人造石材主要包括人造大理石饰面板、预制水磨石饰面板、预制斩假石饰面板、预制水刷石饰面板等。

在用天然石材和人造石材进行墙面装饰时，石材规格、尺寸的不同，镶贴方法也不同。石材按尺寸大小可分为小规格石材（边长小于等于400mm×400mm，厚度在12mm以内）和大规格石材（边长大于400mm×400mm，厚度大于12mm）。小规格石材一般采取粘贴的方法，其构造基本同于饰面砖装饰构造；大规格石材一般采取安装的方法。安装方法按工艺和构造的不同，又可分为干挂法和湿挂法。

1. 石材湿挂法构造

湿挂法的传统方法是在砌筑或浇筑墙体时，要在墙体内预埋U形铁件（环行部分露在墙面外）或钢筋，将直径6mm的钢筋按400mm的间距绑扎成钢筋骨架，并固定在U形铁件或钢筋上；然后将预先加工出孔槽的石材用镀锌铅丝或铜丝捆扎在钢筋骨架上并调垂直、平整；最后在石材背面与基层间的缝隙内按20～30mm分层灌入1∶2.5水泥砂浆（图9-66）。

2. 石材干挂法构造

干挂法是直接使用金属连接件将石板材支托并锚固于墙面基层上而无须在板材与基层间灌浆的石材类饰面板安装方法。干挂法工艺多用于高度30m以下的钢筋混凝土结构，不宜用于砖砌或加气混凝土墙体，而且适宜安装薄型石材饰面板。

干挂法（图9-67）的构造要点是：在石材饰面板的边缘剔槽，同时按石材饰面板上槽在基面上的相应位置钻孔，在孔中钉入膨胀螺栓，用以固定角钢，然后再用T形不锈钢连接件勾入石板上的槽内，并用螺栓固定在连接角钢上。随着新的石材干挂配件的不断出现，石材干挂也有了很多新的构造。

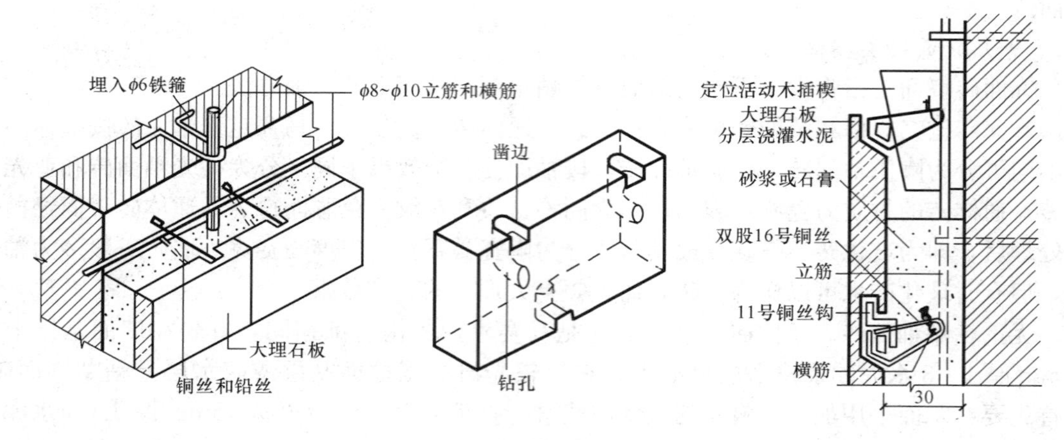

图9-66　石材钢筋网固定湿挂法构造

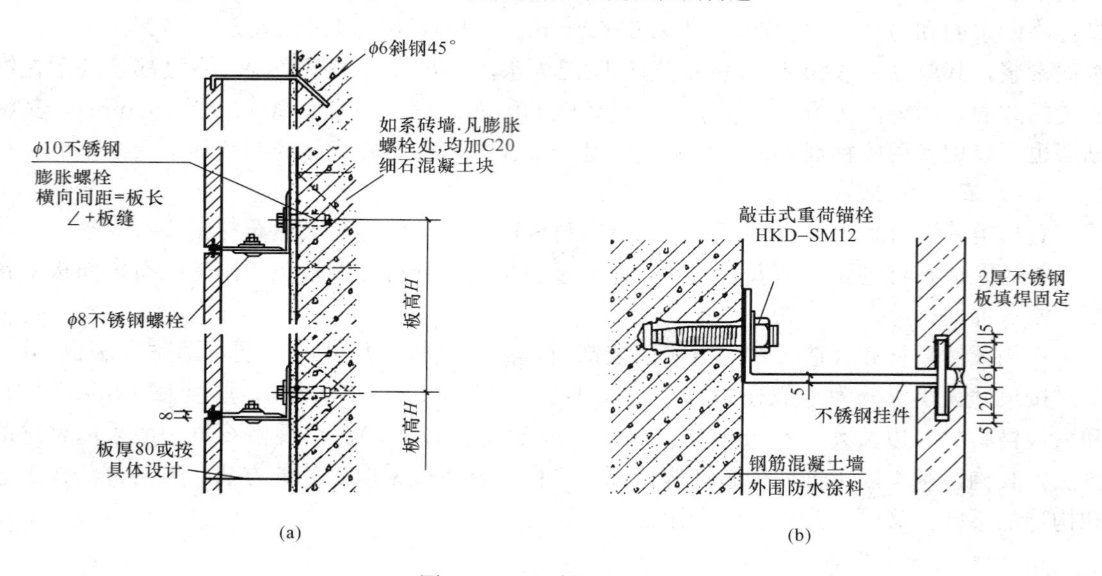

图9-67　石材干挂构造

(a) 石材干挂基本构造；(b) 石材板销式构造

四、镶板类墙面

镶板类墙面是指将木与木制品、竹与竹制品、金属薄板、玻璃板、塑料板等饰面板，通过镶、钉、拼、贴、挂等方法构造而成的墙、柱装饰面层。该类饰面具有装饰效果丰富、可加工性强、耐久性能好的特点。

（一）木质装饰面板墙面

木质饰面板包括实木条、实木板、胶合板、刨花板、竹条等。一般应先进行墙面的防潮处理，抹20mm厚1∶3水泥砂浆，涂刷冷底子油并粘贴油毡，然后固定龙骨架。一般骨架断面为（20～50）mm×（40～50）mm，间距400～600mm（视面材尺寸而定）。

1. 实木条（板）护壁的构造

实木条（板）比较挺括，因此在构造时，只需在经过找平后的墙体基层上钉设龙骨架，然后将实木条（板）按设计钉固在龙骨上即可。护壁高度一般在1～1.8m。图9-68是实木条护壁板的构造。

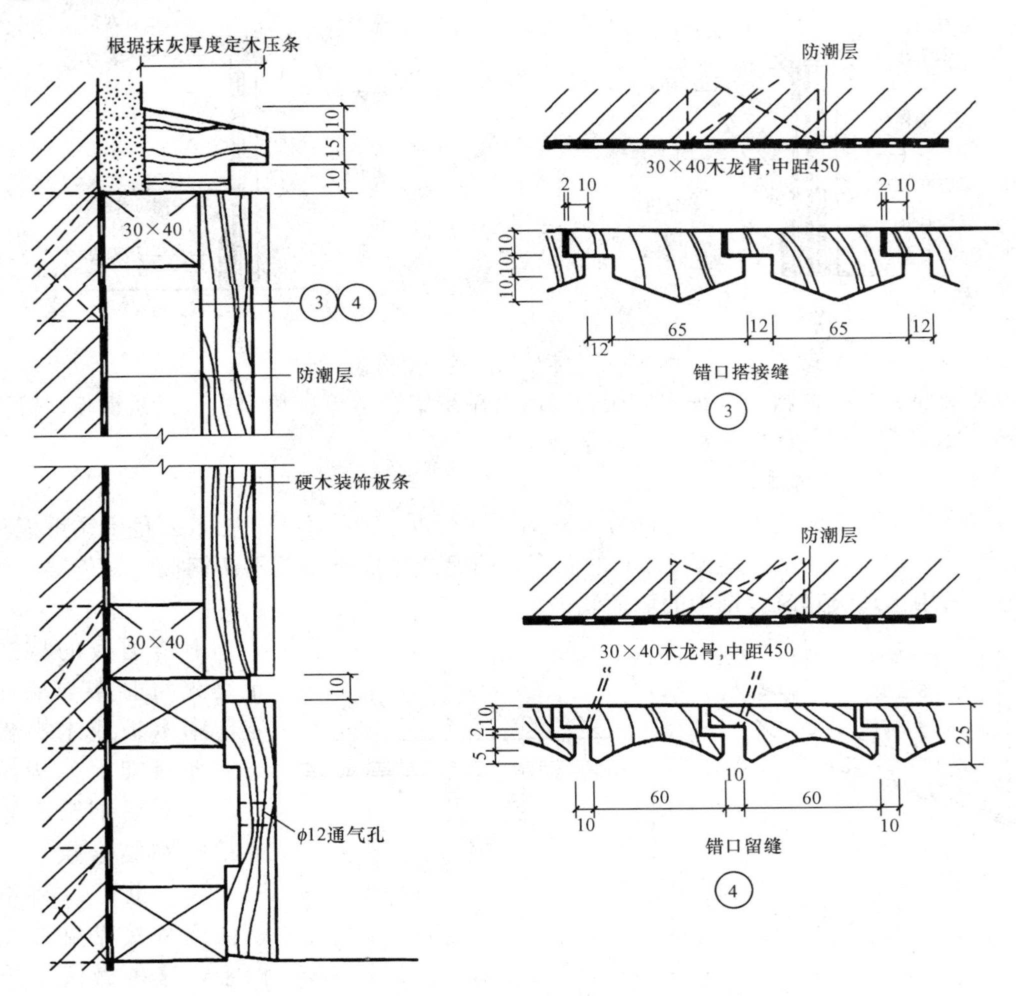

图9-68　条形木质护壁构造

2. 木质饰面板护壁构造

现在比较流行的做法为以各种木质饰面板作面板的护壁构造。木质饰面板是复合了各种木皮的胶合板，其做法有立体凸凹造型木护壁和平板型木护壁两种（图9-69）。

由于饰面板较薄，刚度也较小，所以在构造时，不能像实木条（板）那样直接钉固在龙骨架上，而必须预先在龙骨上铺钉衬板，以使基层挺拓、平直，然后再将木质饰面板粘钉在衬板上。衬板可以是实木板、五合板以上胶合板、刨花板、密度板等。考虑到节约资源的因素，一般不用实木板。

（二）金属薄板墙面

金属饰面板是利用一些轻金属，如铝、铜、铝合金、不锈钢、钢材等，经加工制成各类压型薄板，或者在这些薄板上进行搪瓷、烤漆、喷漆、镀锌、电化覆盖塑料等处理后，用来

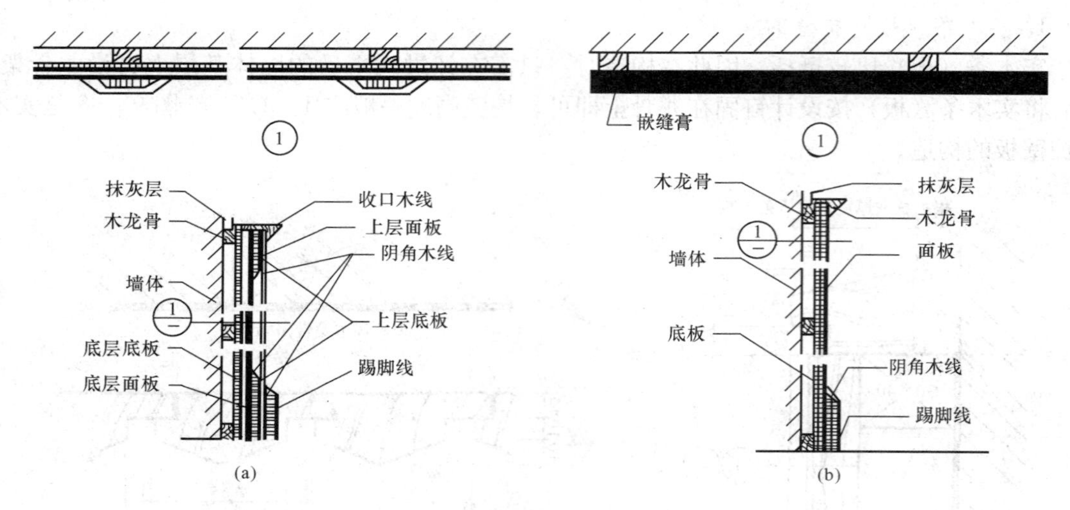

图 9-69 木质饰面板护壁构造

做室内外墙面装饰的材料。工程中应用较多的有单层铝合金板、塑铝板、不锈钢板、镜面不锈钢板、钛金板、彩色搪瓷钢板、铜合金板等。

1. 不锈钢饰面板构造

不锈钢板按其表面处理方式不同分为镜面不锈钢板、亚光不锈钢板、彩色不锈钢板和不锈钢浮雕板。彩色不锈钢板能耐 200℃的温度，耐腐蚀性优于一般不锈钢板，彩色层经久而不褪色，适用于高级建筑装饰中的墙面装饰。

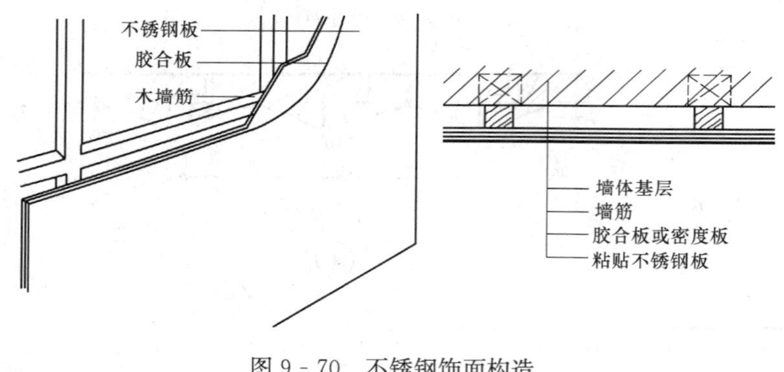

图 9-70 不锈钢饰面构造

不锈钢板的构造固定是先将骨架与墙体固定，用木板或木夹板固定在龙骨架上作为结合层，将不锈钢饰面镶嵌或粘贴在结合层上（图 9-70）。也可以将不锈钢饰面直接粘贴在墙表面上，这种做法要求墙体表面找平层坚固且平整，否则难以保证质量。

2. 铝塑板饰面板构造

铝塑板是两面为铝皮，中间层为塑料的复合板材。铝塑板饰面的墙面构造，是在木或金属骨架上以多层胶合板或密度板作衬板找平，然后在衬板上固定铝塑板。对于室内，一般是将按设计尺寸裁切好的铝塑板块，直接用万能胶粘结于衬板表面，板缝以玻璃胶勾嵌；对于室外，为保证铝塑板安装牢固，在按照设计的分格尺寸裁切铝塑板时，一般只将其面层铝皮及塑料夹层切断，而不断开底层铝皮，安装时，先用万能胶将铝塑板粘在衬板上，再用拉铆钉在未完全切断的板缝内，将铝塑板的底层铝皮钉固在衬板上，最后用玻璃胶勾嵌板缝。

（三）玻璃墙面

玻璃作为饰面材料用于墙面装修，是一种比较新的构造做法。玻璃墙面主要用于厨房和卫生间以及一些公共建筑的局部墙面和柱面的装修，现在也有用玻璃包门套、哑口（即不安装门的门洞口）的做法。玻璃饰面采用的玻璃有平板玻璃、压花玻璃、磨砂玻璃、彩绘玻璃、蚀刻玻璃、镜面玻璃等品种。用玻璃作墙柱饰面，不仅施工工艺比较简单，而且易于清洁、整体性强，装饰效果也异彩纷呈。采用镜面玻璃，还可以使视觉延伸，使空间有扩大感。

玻璃墙面的装修做法主要有粘贴固定法、嵌钉固定法、嵌条固定法、螺钉固定法和用广告钉挂在墙、柱面五种方法（图 9 - 71）。

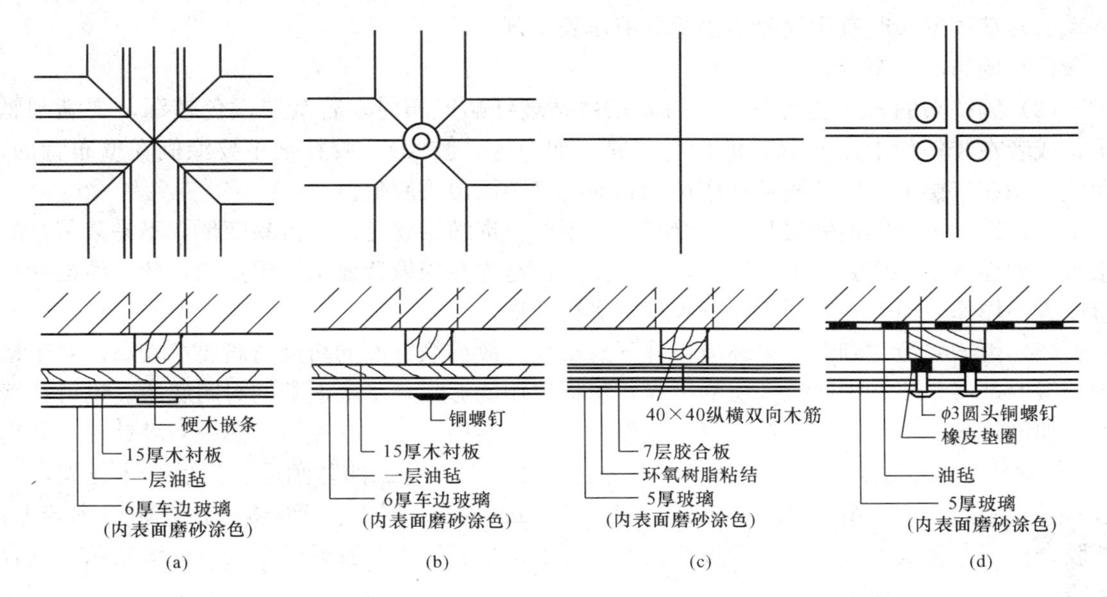

图 9 - 71　玻璃饰面构造

(a) 嵌条固定；(b) 嵌钉固定；(c) 粘贴固定；(d) 螺钉固定

五、卷材类墙面

卷材类墙面是指用建筑装饰卷材，通过裱糊或铺钉等方式覆盖在墙外表面而形成的饰面，属于较高级的饰面类型。

现代室内装修中，经常使用的卷材有壁纸、壁布、皮革等。卷材具有色彩、纹理和图案丰富，花色品种繁多，色泽艳丽，装饰性强，粘贴施工简便，易于清洁等特点。由于卷材是柔性装饰材料，适宜于在曲面、弯角、转折、线脚等处成型粘贴，可获得连续的饰面。

1. 壁纸、壁布墙面构造

各种壁纸均应粘贴在具有一定强度、平整光洁、不疏松掉粉的基层上，如水泥砂浆、混合砂浆抹灰面、混凝土墙体、石膏板面、木质面等。一般构造做法是：

(1) 基层处理。用稀释的 108 胶水或涂料涂刷基层一遍，以进行基层封闭处理。对于吸水率较大的基层，需做两遍封底处理。封底涂料不宜过厚，要均匀一致。

(2) 润纸。壁纸应预先进行润纸处理。润纸是对裱糊壁纸的事先湿润，主要是针对纸胎的塑料壁纸。对于玻璃纤维基材及无纺贴墙布类裱糊材料，因遇水无伸缩，故无需进行湿润。而复合纸质壁纸则严禁进行闷水处理，为达到软化壁纸的目的，可在壁纸背面均匀涂刷胶粘剂。带背胶的壁纸，应在水槽中浸泡数分钟再进行裱糊。纺织纤维壁纸不能在水中浸泡，可先用湿布在其背面稍做揩拭，而后即进行裱糊操作。

（3）裱糊、粘贴。用 108 胶裱贴壁纸。若是预涂胶壁纸，裱糊时先用水将背面胶粘剂浸润，然后直接粘贴壁纸；若是无基层壁纸，可将剥离纸剥去，立即粘贴即可。

壁纸的裱贴工艺有搭接法、拼接法等。对于无图案的壁纸，可采用搭接法裱糊；对于有图案的壁纸，为保证图案的完整性和连续性，宜采用拼接法裱糊。裱贴时应注意保持纸面平整。金属壁纸薄而质脆，裱贴施工时要格外注意。

壁布可直接粘贴在抹灰等壁纸适宜的各种基面上，其裱糊的方法与纸基墙纸大体相同，但由于壁布的材性与纸基的壁纸不同，裱糊时应注意以下几个问题：

（1）裱糊壁布时宜用聚醋酸乙烯乳液作胶粘剂。

（2）壁布不需润纸。

（3）因壁布的盖底能力较差，因而在裱贴玻纤贴壁布时，若基层颜色较深，要满刮腻子，或者在胶粘剂中掺入 10% 的白色涂料（如白色乳胶漆）。胶粘剂不要涂刷在壁布背面，而应涂刷在基层上，以免胶粘剂印透墙布而在其表面出现胶痕。

（4）锦缎饰面构造做法与一般壁布有所不同。锦缎柔软光滑，极易变形，不易裁剪，故很难裱糊在各种基层表面上。因此，一般做法都是先在锦缎背面裱一层宣纸，使锦缎挺韧平整以方便操作，而后在基层上涂刷胶粘剂进行裱糊。

（5）由于锦缎在潮湿气候环境条件下易霉变，故锦缎饰面的防潮防腐要求较高。对于裱糊锦缎的基层，要特别注意基层的干燥，包括选用能够阻止基底返潮的封闭底漆。也可在墙面上加设衬板，再将锦缎裱贴在衬板表面上。其构造做法是：首先将墙面做防潮处理，即用 20mm 厚 1∶3 水泥砂浆找平墙面，再刷冷底子油、做一毡二油防潮层；然后立木骨架，一般木骨架断面为 50mm×50mm，双向间距 450mm，木骨架固定于墙体的预埋防腐木砖上；把胶合板（九合板）或纸面石膏板钉在木骨架上；最后用 108 胶或壁纸胶将锦缎裱贴于胶合板或纸面石膏板衬板上（图 9－72）。

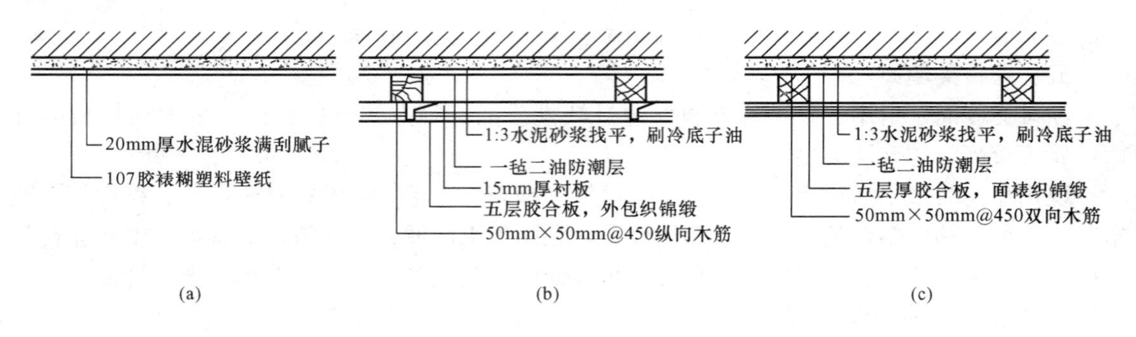

图 9－72 壁纸壁布饰面构造

（a）塑料；（b）分层式织锦缎裱糊；（c）织锦缎

2. 皮革或人造革饰面

皮革或人造革饰面具有质地柔软、保温性能好、能消声减震、耐磨、易保持清洁卫生、格调高雅等特点，常用于练功房、健身房、幼儿园等要求防止碰撞的房间，也用于录音室、电话间等声学要求较高的房间以及酒吧、KTV 包间、会客厅、客房等房间。另外，还被广泛用在影剧院、酒吧、KTV 包间等有声学要求的房间的门上。

皮革或人造革饰面的构造做法（图 9－73）与木护壁相似：一般应先进行墙面的防潮处理，然后固定龙骨架，钉五合板以上胶合板衬底，龙骨间距由设计要求的皮革面分块大小决定，最后将皮革或人造革固定在衬板上。

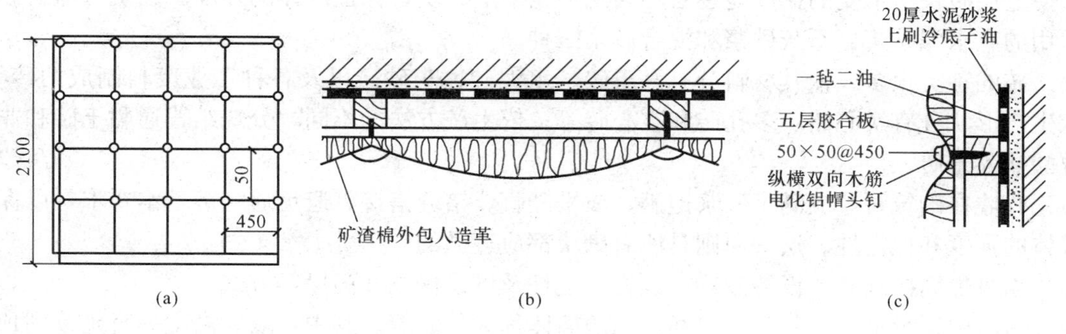

图 9-73　皮革或人造革饰面构造

(a) 局部立面；(b) 剖面；(c) 节点详图

皮革里面可衬泡沫塑料做成硬底，或衬玻璃棉、矿棉等柔软材料做成软底。固定皮革的方法有两种：一种方法是采用暗钉将皮革固定在骨架上，最后用电化铝帽头钉按划分的分格尺寸在每一分块的四角钉入固定；另一种方法是木装饰线条或金属装饰线条沿分格线位置固定。

3. 软包

软包饰面是将以纺织物与海绵复合而成的软包布粘贴、固定在墙体基面上的装饰做法。

软包饰面具有质地柔软、能消声减震、格调高雅、使人感觉温暖舒适等特点，常用于宾馆、饭店的客房、走廊的墙面装饰，也用于录音室、电话间以及酒吧、KTV 包间、会客厅、会议室等声学要求较高的房间。但软包饰面容易被污染，故使用时需保持清洁卫生。

软包（图 9-74）的构造做法也与木护墙相似：一般应先进行墙面的防潮处理，抹 20mm 厚 1∶3 水泥砂浆，涂刷冷底子油并粘贴防水卷材或涂刷防水涂料；然后固定木龙骨架，一般木龙骨断面为（20～50）mm×（40～50）mm，龙骨间距一般为 400mm×400mm；在龙骨架上钉五合板以上胶合板衬底；最后将软包布用胶粘剂粘贴在衬板上，并用木装饰线条或金属装饰线条沿木边框周遭固定。

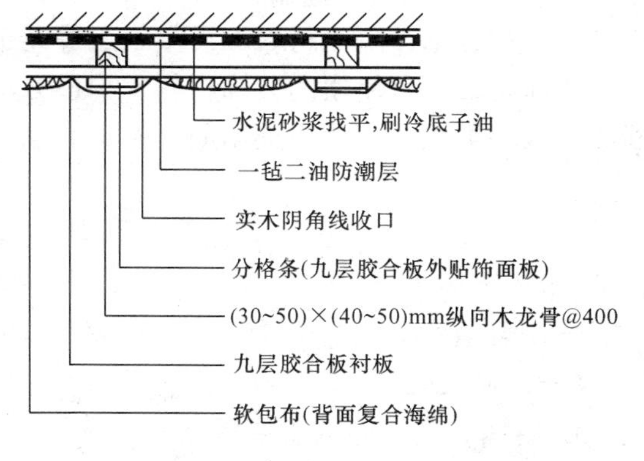

图 9-74　软包饰面构造

本　章　小　结

墙体依其在房屋中所处位置的不同，分为内墙和外墙；按方向的不同可分为纵墙和横墙；按受力情况的不同，分为承重墙和非承重墙。非承重墙又分为隔墙、填充墙和幕墙。根据墙体使用材料的不同，墙体还可分为砖墙、石墙、砌块墙、混凝土墙和用土坯、黏土砂浆砌筑的或在模板内填充黏土夯实而成的土墙。墙体按构造和施工方式的不同，分为叠砌式墙、版筑墙和装配式墙。

砂浆是砌体的粘结材料。它将砖块胶结成为整体，并将砖块之间的空隙填平、密实，便于使上层砖块所承受的荷载能逐层均匀地传至下层砖块，保证砌体的强度。砌筑墙体的砂浆常用的有水泥砂浆、石灰砂浆和混合砂浆三种。

砖的种类很多，依其材料分有黏土砖、水泥砖、灰砂砖以及各种工业废料制成的砖等；依生产形状分有实心砖、多孔砖和空心砖等；依生产方法的不同，分烧结普通黏土砖和非烧硅酸盐黏土砖。

砖墙在砌筑时，应满足砂浆饱满、横平竖直、错缝搭接、避免通缝等基本要求，以保证墙体的强度和稳定性。这一原则是所有砌块都应遵循的。

墙身加固措施有：设置圈梁、设置构造柱及增设壁柱和门垛等方式。

房屋中不承重，只起分隔房间作用的墙体称为隔断墙。其中，墙体高度一直延续到顶棚下皮的称为隔墙，不到顶的称为隔断。隔断的作用在于变化空间、遮挡视线。设置了隔断的空间，既分又合，互相连通，增加了空间的层次和深度，丰富了空间的意境。常用的隔断有屏风式、镂空式、玻璃墙式、移动式以及家具式等。

幕墙面板多使用玻璃、金属和石材等材料，可单一使用，也可混合使用。幕墙通常会通过金属杆件系统、拉索以及小型连接件与主体结构相连接，同时为了满足防水及适应变形等功能要求，还会用到许多胶粘和密封材料。幕墙与建筑物主体结构之间的连接按照连接杆件系统的类型以及与幕墙面板的相对位置关系，可以分为有框式幕墙、点式幕墙和全玻式幕墙。

保温层在建筑外墙上与基层墙体的相对位置有：内保温、外保温及中保温。

墙体的隔声要求包括隔除室外噪声和相邻房间噪声两个方面。隔除噪声的方法，包括采用实体结构、增设隔声材料和设空气层等几个方面。

墙面装饰按所使用的装饰材料、构造方法和装饰效果的不同，分为抹灰类墙面、涂刷类墙面、板块类墙面、镶板类墙面、卷材类墙面及吸声墙面。

习题与技能训练

一、习题

（一）简述题

1. 砖墙、砌块墙的主要特点。

2. 填充墙与主体墙的拉结构造。

3. 墙体外保温、中保温及内保温的构造做法。

4. 立筋隔墙的构造要点。

（二）填空题

1. 墙体依其在房屋中所处位置的不同，分为______墙和______墙；按方向的不同可分为______墙和______墙；接受力情况的不同，分为______墙和______墙；根据墙体使用材料的不同，还可分为______墙、______墙、______墙、______墙和用土坯、黏土砂浆砌筑的或在模板内填充黏土夯实而成的土墙。

2. 常用砌筑墙体的砂浆有______、______和______三种。

3. 砖墙在砌筑时，应满足______、______、______、______等基本要求，以保证墙体的强度和稳定性。这一原则是所有砌块都应遵循的。

4. 墙身加固措施有设置______、设置______及增设______和______等方式。

5. 幕墙面板多使用______、______和______等材料。可单一使用，也可混合使用。

6. 保温层在建筑外墙上与基层墙体的相对位置有______、______及______。

7. 墙体的隔声要求包括______和______两个方面。

8. 墙面装饰按所使用的装饰材料、构造方法和装饰效果的不同，分为______、______、______、______、______及______。

二、技能训练

（一）绘图题

1. 一顺一丁、梅花丁 240 砖墙的组砌方式。

2. 外墙干挂石材的构造做法。

（二）绘制带女儿墙的砖砌体外墙的墙身剖面示意图

已知条件：层高 3.3m；窗台高 900mm；窗洞口高 1800mm；外墙为 360 墙，女儿墙为 240 墙（与外墙面平）；屋面为不上人屋面；女儿墙顶为 80mm 厚现浇混凝土压顶（与外墙面平，内置 3 ϕ6 纵筋，横筋ϕ6@300）；墙体保温方式为外墙外保温（60mm 厚聚苯板，外挂钢丝网抹灰）；外墙面处过梁为小挑口；楼板为预应力圆孔板；窗台不悬挑；室内外高差 0.60m；水泥砂浆勒脚；600 宽水泥砂浆散水，找 5%坡；地面、屋面、顶棚构造层次忽略（即可任意画）。

第十章 楼 地 层

本章提要 本章介绍了楼板层和楼地层的组成及设计要求，钢筋混凝土楼板的种类及特点；顶棚、阳台和雨篷的基本构造做法。

学习目标 掌握楼地面的构造做法、防水、隔声做法；熟悉顶棚、阳台和雨篷的做法；了解钢筋混凝土楼板的类型及特点。

第一节 概 述

楼地层包括楼板层和地坪层，它们是房屋的重要组成部分。

楼板层是多层房屋中水平分隔空间的结构构件，它能承受楼板层上的全部荷载，并将这些荷载通过墙或梁柱，传递到基础；同时，对墙体或柱子也能起到水平支撑的作用，可增强建筑物的整体刚度。此外，建筑物中的各种水平管线，也可敷设在楼板层内。

地坪层是建筑物中与土层直接接触的水平构件，承受着作用在它上面的各种荷载，并将其传递给地基。

一、楼地层的组成

为了满足各种使用功能的要求，楼板层一般由若干层组成［图 10 - 1（a）］。

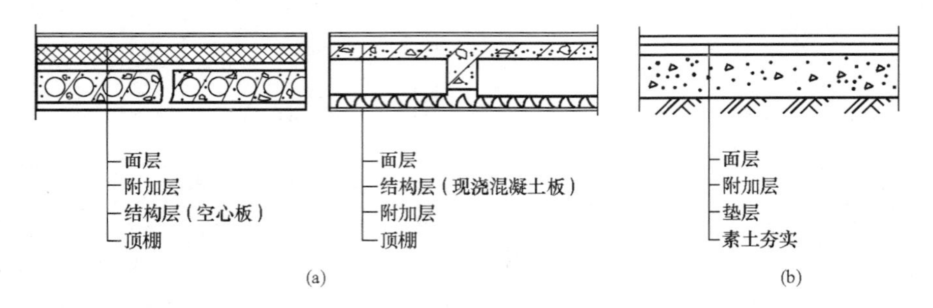

图 10 - 1 楼地层的组成

（a）楼板层；（b）地坪层

面层：位于楼板层的最上层，起着保护楼板层、分布荷载、室内装饰等作用。

结构层：又称楼板，位于面层之下，由梁、板或拱组成，是楼板层的承重构件，承受着整个楼板层的荷载；同时还有水平支撑墙身、增强建筑物整体刚度的作用。

顶棚层：又称天花板或天棚，是楼板层的最下面部分，起着保护楼板、安装灯具、遮掩各种水平管线设备和装饰室内的作用。根据不同的使用要求，有直接抹灰顶棚、粘贴类顶棚和吊顶棚等多种形式。

附加层：又称功能层，对某些具有特殊要求的楼板，如有隔声、防水、隔热、保温和绝缘等要求，需设置附加层，以满足其相应的要求。附加层是现代楼板结构中不可缺少的部分。

地坪层主要由面层、垫层和基层组成，有特殊要求的地坪，需增设附加层［图 10-1(b)］。

面层：面层又称地面，和楼板层的面层一样，是直接承受人、家具、设备等各种作用的表面层。其做法和楼板层的面层基本相同。

垫层：是地坪层的承重层，也称结构层。其作用是承受面层的荷载并将其均匀地传递给下面的土层。垫层一般采用 80～100mm 厚的 C15 混凝土，称为刚性垫层。刚性垫层受力后不产生塑性变形，多用于整体性、防潮防水要求较高的地坪。柔性垫层常采用 80～100mm 厚的碎石加水泥砂浆，或 60～100mm 厚的石灰炉渣，或 100～150mm 厚的三合土。由于柔性垫层受力后会产生塑性变形，所以多用于块材面层下面。

基层：是垫层下面的土层，起加强地基、传递荷载的作用。一般为原土层夯实或填土分层夯实。当上部荷载较大时，可增设 100～150mm 厚的二八灰土，或三合土夯实。

附加层：当地坪层有防水、防潮、隔声、保温、敷设管线等特殊功能要求时，需增设附加层。

二、楼板层的设计要求

对于楼板层，必须满足如下要求：

(1) 坚固要求。楼板（地）层在使用过程中，主要作用是承受并传递各种荷载，所以楼板（地）层必须满足具有足够的强度和刚度。强度要求是楼板在各种荷载作用下不发生任何破坏，刚度要求是楼板在正常使用状态下不发生大的变形。

(2) 隔声要求。楼板传声主要是固体传声，如人的脚步声、拖动家具声、敲击楼板声等。为避免楼层上下房间的相互影响，楼板层应具有一定的隔声能力。不同使用性质的房间，隔声的标准不同。我国住宅楼板隔声标准中规定：一级隔声标准为 65dB，二级隔声标准为 75dB。

(3) 防火要求。楼板的燃烧性能和耐火极限应符合我国建筑设计防火规范的规定：一级耐火等级建筑的楼板应用非燃烧体，耐火极限不少于 1.5h；二级、三级、四级耐火极限分别不少于 1h、0.5h 和 0.25h。非预应力钢筋混凝土预制楼板的耐火极限为 1.0h；预应力钢筋混凝土楼板的耐火极限为 0.5h；现浇钢筋混凝土楼板的耐火极限为 1.0～2.0h。

(4) 经济要求。一般楼板约占建筑总造价的 20%～30%。选择楼板时应考虑就地取材和提高装配化程度，还应本着可持续发展的理念，尽量选用节能、环保型材料，创造一个健康、环保的室内外环境。

(5) 防潮、防水要求。对于有水的房间，还应进行防潮防水处理，以防水的渗漏，影响下层的正常使用，或渗入墙体，使结构产生冷凝水，破坏墙体结构和内外饰面。

另外，在有管道、线路要求的楼板（地）层中，在设计时，必须合理设计各种管线的敷设走向，保证各种管线的使用畅通无阻。为提高建筑质量，缩短工期，尽量采用建筑工业化设计方案。

三、楼板层的类型

楼板层按其结构层所用材料不同，可分为木楼板、砖拱楼板、钢筋混凝土楼板及压型钢板混凝土组合楼板等多种形式（图 10-2）。

木楼板由木梁和木地板组成，具有自重轻、构造简单、吸热系数小等优点，但其隔声、耐久和耐火性能较差，耗木材量大，除林区外，现已极少采用。

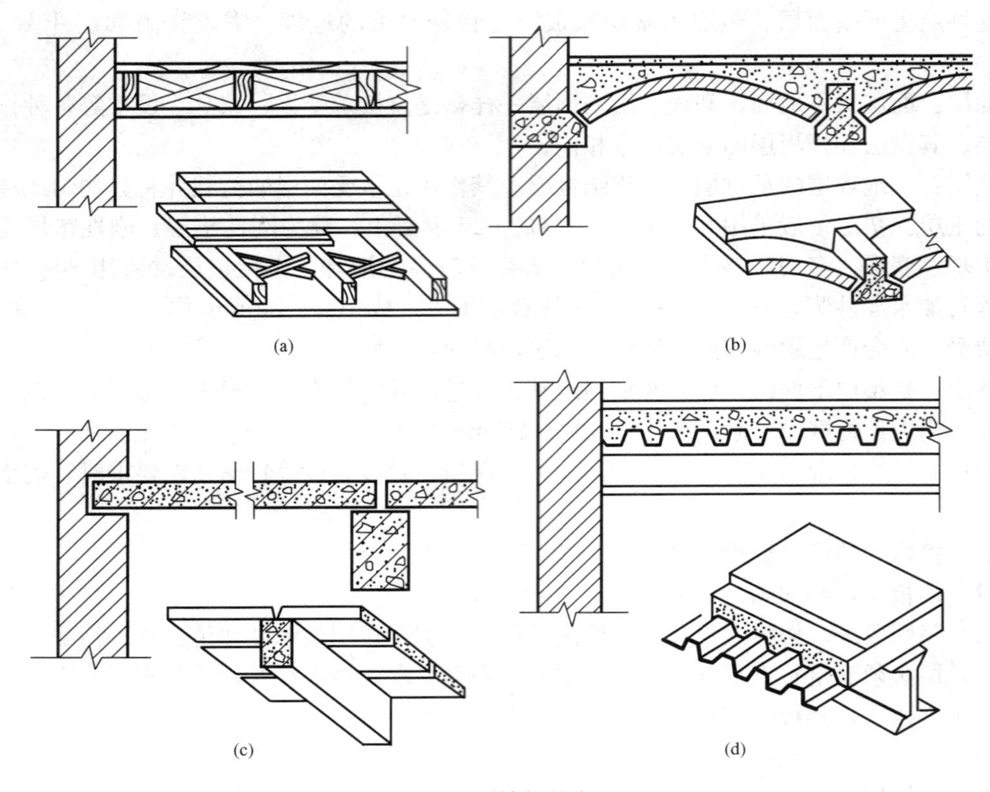

图 10-2　楼板的类型

(a) 木楼板；(b) 砖拱楼板；(c) 钢筋混凝土楼板；(d) 钢衬板楼板

砖拱楼板使用钢筋混凝土倒 T 形梁密排，其间以砖填充砌筑成拱形。砖拱楼板虽可以节约钢材、木材、水泥，但由于其自重大、承载力及抗震性能较差，且施工较复杂，目前一般也不采用。

钢筋混凝土楼板因其强度高、刚度好，具有良好的耐久、防火和可塑性，有利于建筑抗震，布置灵活，目前被广泛采用。按其施工方式不同，钢筋混凝土楼板可分成现浇式、预制装配式和装配整体式三种类型。近年来，又出现了一种以压型钢板为底模的钢衬楼板［图 10-2 (d)］，也称压型钢板混凝土组合楼板。

第二节　钢筋混凝土楼板

一、现浇式钢筋混凝土楼板

现浇式钢筋混凝土楼板根据受力和传力情况不同，可分为板式楼板、梁板式楼板、井式楼板、无梁楼板和压型钢板混凝土组合楼板等。

(一) 板式楼板

当房间的跨度不大时，板直接支承在四周的墙上，荷载由板直接传给墙体，这种楼板称板式楼板。板式楼板底面平整，施工简便，但跨度小，一般为 2～3m，适用于小跨度房间，如走廊、厕所和厨房等。当板的长短边之比大于 2 时，板基本上沿短边方向受力，称单向板。板中受力筋沿短边方向布置；当板的长短边之比小于或等于 2 时，板沿双向受力，称为双向板（图 10-3）。对于单向板，民用建筑楼板厚度为 60～80mm，工业建筑楼板厚为 80～180mm；双向板的板厚一般为 80～160mm。

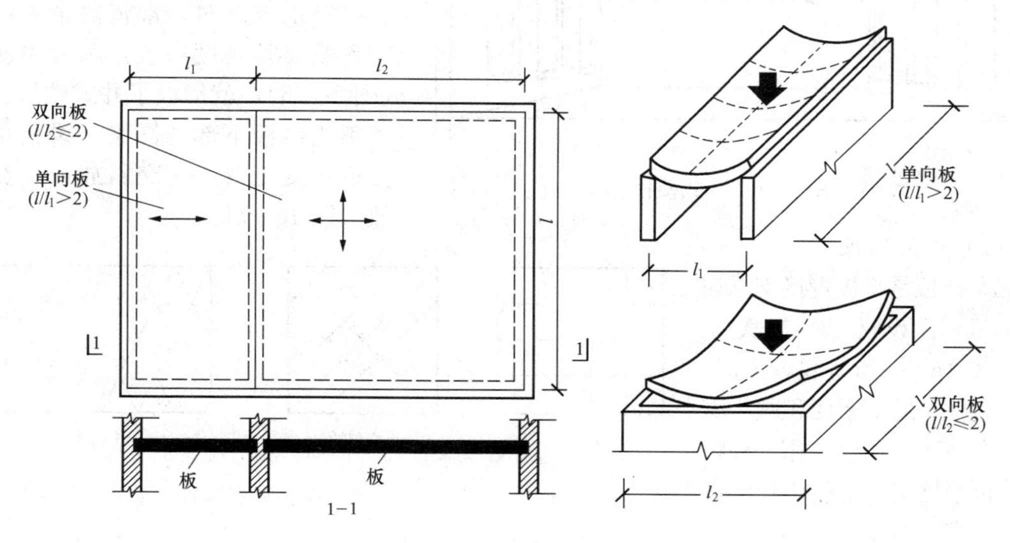

图 10-3　板式楼板

（二）梁板式楼板

当房间的跨度较大时，板的厚度和板内配筋均会增大。为使板的结构更经济合理，常在板下设梁以控制板的跨度。梁有主梁和次梁之分，楼板重量由次梁传给主梁，再由主梁传给墙或柱子，这种楼板称梁板式楼板或梁式楼板（图 10-4）。

梁支承在墙上，为避免把墙压坏，保证荷载的可靠传递。支点处应有一定的支承面积。在工程实践中，一般次梁的搁置长度宜采用 240mm，主梁宜采用 370mm。当梁的荷载较大，经验算墙的支承面积不够时，可设置梁垫，以防局部挤压而使砖砌体遭到破坏。梁垫可现浇，也可预制，图 10-5 是混凝土梁垫的示意图。

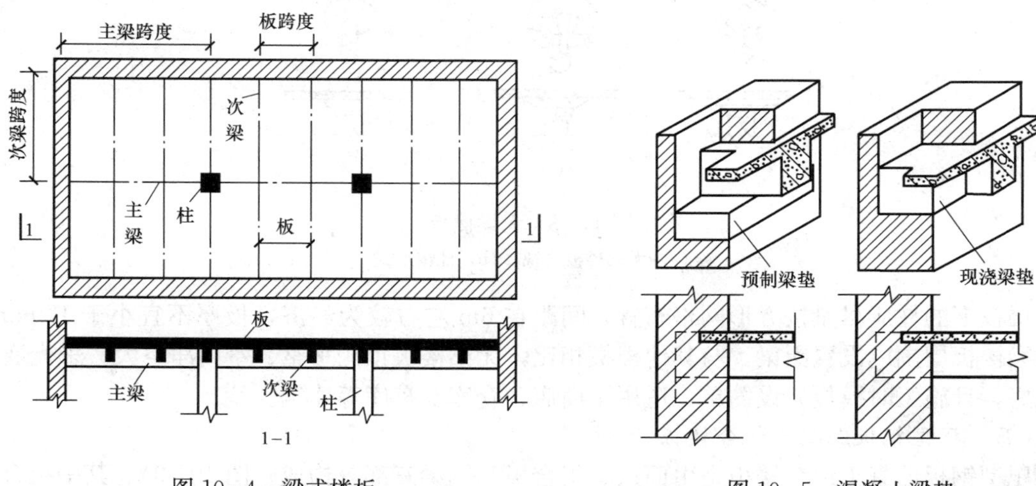

图 10-4　梁式楼板

图 10-5　混凝土梁垫

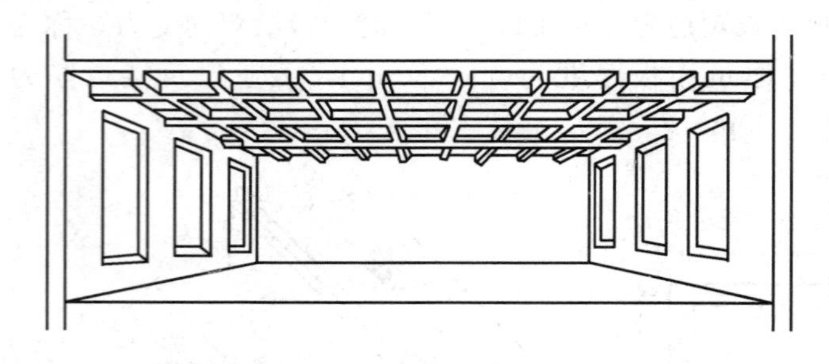

图 10-6 井式楼板

（三）井式楼板

井式楼板是梁板式楼板的一种特殊布置形式。当房间尺寸较大，且接近正方形时，常将两个方向的梁等距离等高度布置，不分主次梁（图 10-6），就形成了井式楼板。为了美化楼板下部的图案，梁格可布置成正交正放、正交斜放或斜交斜放（图 10-7）。

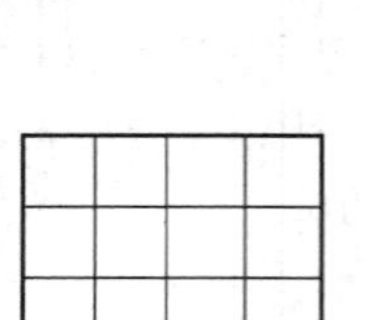

正交正放

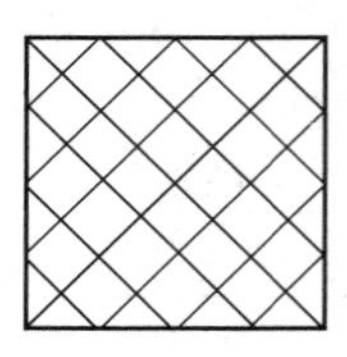

正交斜放

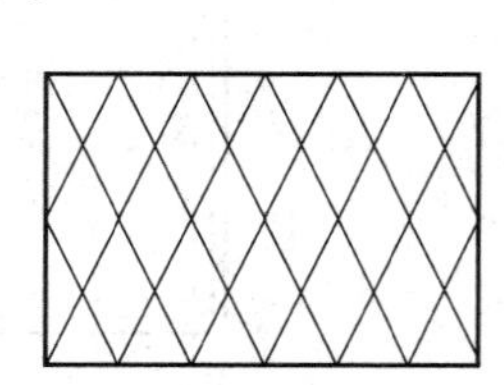

斜交斜放

图 10-7 井式楼板梁格布置

（四）无梁楼板

无梁楼板是将板直接支承在柱上，而不设主梁或次梁[图 10-8 (a)]。当荷载较大时，为了增大柱子的支承面积减小跨度，可在柱顶上加设柱帽，柱帽的形式可根据室内空间中柱的截面形式而定[图 10-8 (b)]。

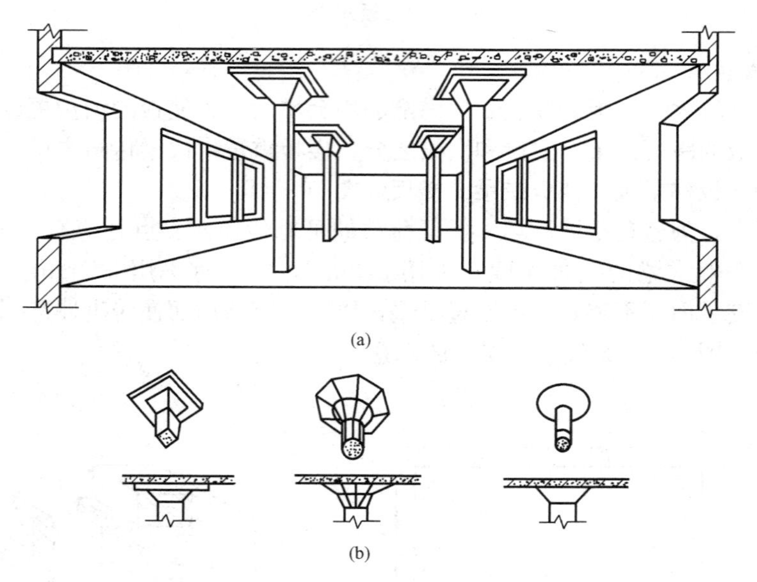

图 10-8 无梁楼板

（a）无梁楼板透视；（b）柱帽形式

楼板下的柱应尽量按方形网格布置，间距在 6m 左右较为经济，板厚不宜小于 120mm，且无梁楼板周围应设置圈梁。与其他楼板相比，无梁楼板顶棚平整、室内净空大、采光通风效果好，且施工时模板架设简单，适用于商店、仓库及车库等建筑。

（五）压型钢板混凝土组合楼板

压型钢板混凝土组合楼板是由面层、组合板和钢梁三部分构成（图 10-9）。其中组合板包括现浇混凝土和钢衬板部分，还可根据需要设吊顶棚。

这种楼板是在型钢梁上铺设压型板，以压型钢板作衬，在其上现浇混凝土，形成整体的组合楼板。混凝土和钢衬浇筑在一起共同受力，混凝土承受剪力和压应力，衬板承受下部的弯拉应力，同时也是永久性的模板，板内仅放部分构造筋即可。这种楼板具有钢筋混凝土板的强度高、刚度大和耐久性好等优点，且比钢筋混凝土楼板自重轻、施工速度快、承载力更高。但其用钢量大，造价较高，且耐火、耐锈蚀性不如钢筋混凝土楼板。

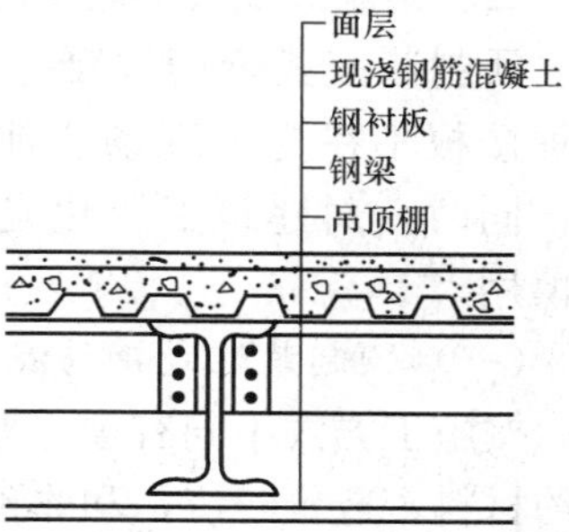

图 10-9 压型钢板组合楼板

根据压型钢板形式的不同，有单层和双层钢衬板之分（图 10-10）。

单层钢衬板组合楼板构造如图 10-11 所示，图（a）系上部混凝土内仍配有受力钢筋以承受支座处负弯矩和增强混凝土面层抗裂性；图（b）是在钢衬板上加肋条或压出凹槽，形成抗剪连接；图（c）是在钢梁上焊有抗剪栓钉，以保证混凝土板和钢梁能共同工作，这种构造较经济。

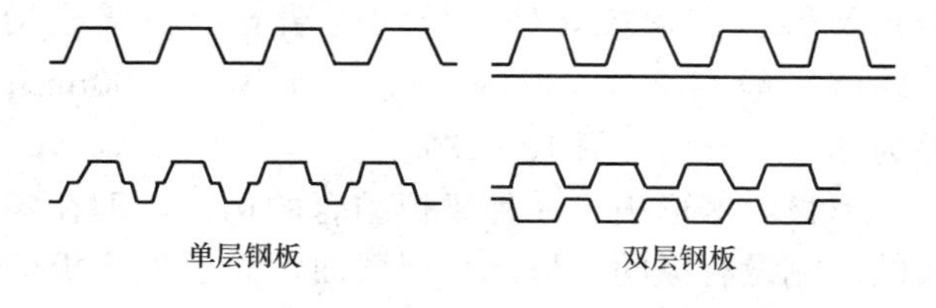

图 10-10 压型钢衬板的型式

双层压型钢板通常是由两层截面相同压型钢板组合而成，也可由一层压型钢板和一层平钢板组成（图 10-10）。双层压型钢板的楼板承载能力更好，两层板之间形成的空腔便于布置设备管线。

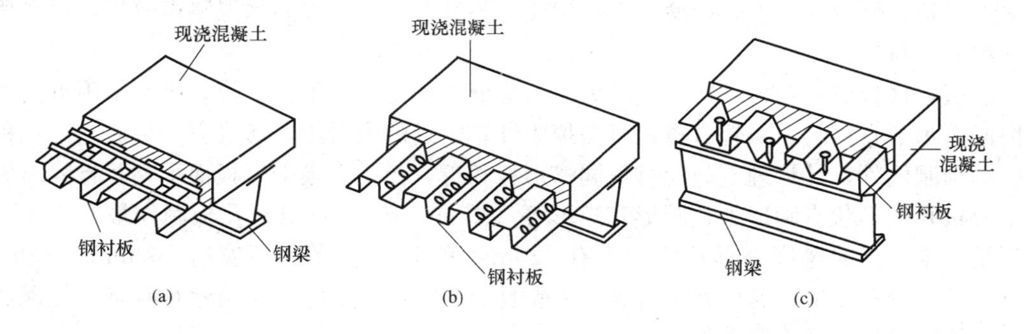

图 10-11 单层钢衬板组合楼板

钢衬板之间的连接以及钢衬板与钢梁的连接，一般是采用焊接、自攻螺丝、膨胀铆钉或压边咬接的方式（图 10-12）。

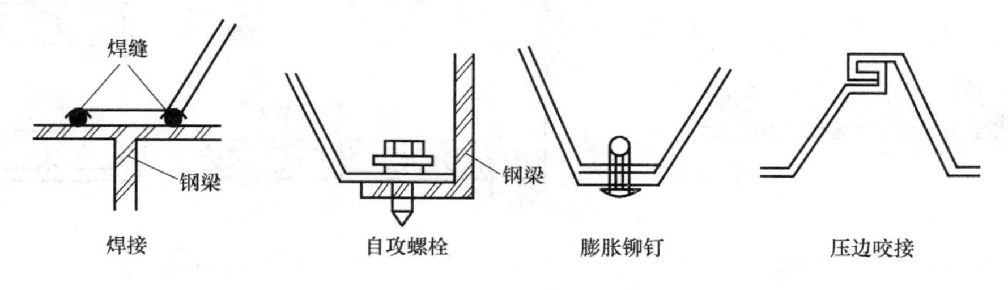

图 10-12 钢衬板与钢梁钢衬板之间的连接

二、预制装配式钢筋混凝土楼板

预制装配式钢筋混凝土楼板是指将预制厂或现场制作的构件安装拼合而成的楼板。这种楼板不在施工现场浇注混凝土，可大大节省模板，缩短工期，且施工不受季节限制，同时，对建筑工业化是一大促进，但整体性较差，在有较高抗震设防要求的地区应慎用。

（一）预制装配式钢筋混凝土楼板的类型

按施工方式不同有预应力楼板和非预应力楼板两种。其中预应力楼板刚度好、自重轻、节约材料、造价经济，和非预应力楼板相比可节省钢材 30%～50%，节约混凝土 30%，常用于较大的房间。

按构造方式及受力特点有实心平板、槽形板和空心板三种类型。

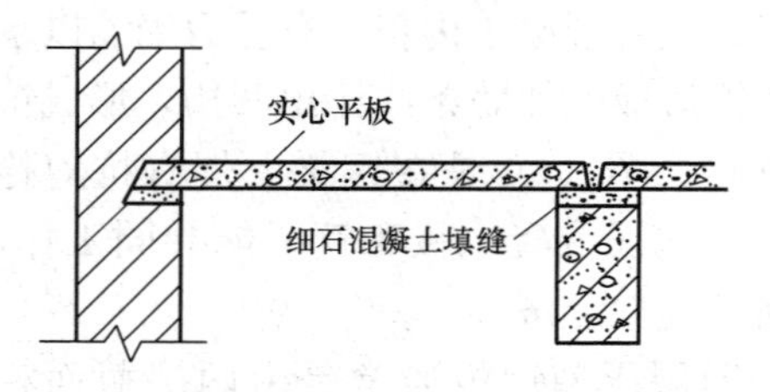

图 10-13　实心平板

实心平板：实心平板上下板面平整、制作简单，宜用于荷载不大、小跨度的走廊楼板、楼梯平台板、阳台板及管道沟盖板等处。板的两端支承在墙或梁上，跨度一般在 2.4m 以内；板宽为 600～900mm；板厚为 60～80mm（图 10-13）。

槽形板：槽形板是一种梁板结合的构件，即在实心板的两侧设有纵肋，形成П型截面，为了提高板的刚度和便于搁置，在板的两端常设端肋（边肋）封闭。当板的跨度大于 6m 时，在板中每隔 500～700mm 处增设横肋一道。

槽形板有正置和倒置两种（图 10-14），正置肋向下，受力合理，但底板不平，有碍观瞻，多设吊顶；倒置肋向上，板底平正，但受力不甚合理。为提高保温隔声效果，可在槽内填充保温隔声材料。

空心板：楼板属受弯构件，当其受力时，截面上部受压、下部受拉，中性轴附近内力较小，因此，为节省材料，减轻自重，可去掉中性轴附近的混凝土，形成空心板。它是一种梁板合一的预制构件，计算理论与耗材量同槽形板相近，但空心板上下板面平整，且隔声效果好。空心板孔洞形状有圆形、长圆形和矩形等（图 10-15），且以圆孔板制作最为方便，应用最广泛。空心板的厚度根据跨度大小有 120mm 和 180mm 等，板宽有 600mm、900mm、1200mm 等。在安装时，空心板两端常用砖或混凝土填塞，以免灌浇端缝时漏浆，并保证板端能将上层荷载传递至下层墙体。

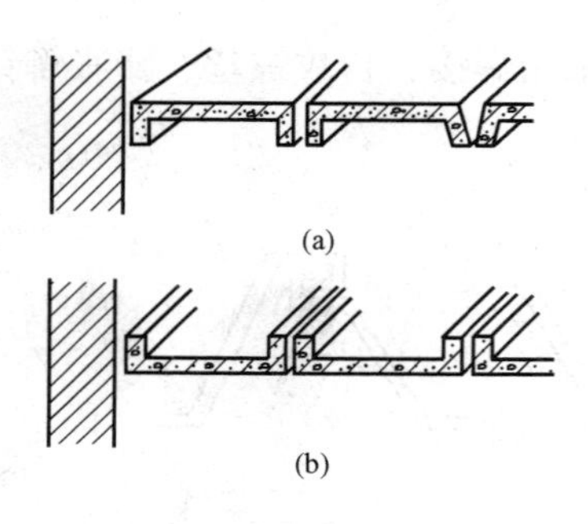

图 10-14　槽形板
(a) 正槽板；(b) 倒槽板

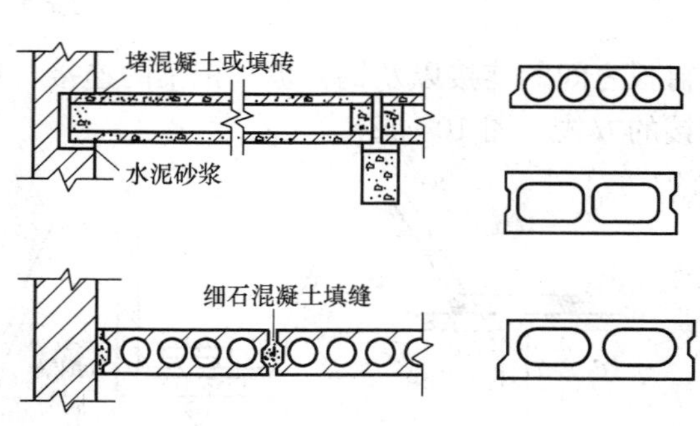

图 10-15　空心板

（二）预制装配式钢筋混凝土楼板的布置与细部构造

1. 板的布置

板的布置方式有板式和梁板式两种，依房间的开间和进深尺寸而定。板直接布置在墙上的称板式结构；若楼板先搁置在梁上，梁又支承在墙上或柱子上则称梁板式结构。对于两边有小开间房间，中部有走廊的建筑，若两边房间横墙较密时，板可直接搁置在横墙上，而在走廊，可将板直接搁置在纵墙上，这两种搁置方式都属于板式结构布置。

当采用梁板式结构时，板在梁上的搁置方式一般有两种，一是板直接搁在矩形或T形梁上［图10-16（a）］；另一种是板搁在花篮梁或十字形梁梁肩上［图10-16（b）］，这时板的上皮与梁顶面平齐，在梁高不变的情况下，相当于提高了室内净空。

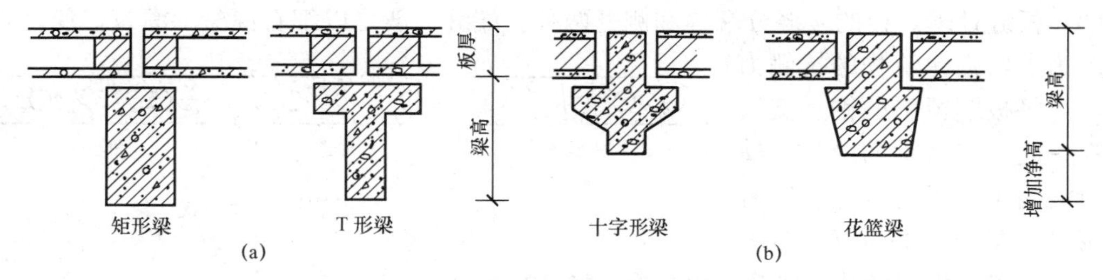

图10-16　板在梁上的搁置

另外，板的布置应避免出现三面支承情况，即靠墙的纵边不应搁置在墙上。因预制板都是单向板，若板纵边伸入墙内，则板的上部受压区会受拉，从而导致板沿肋边开裂（图10-17）。

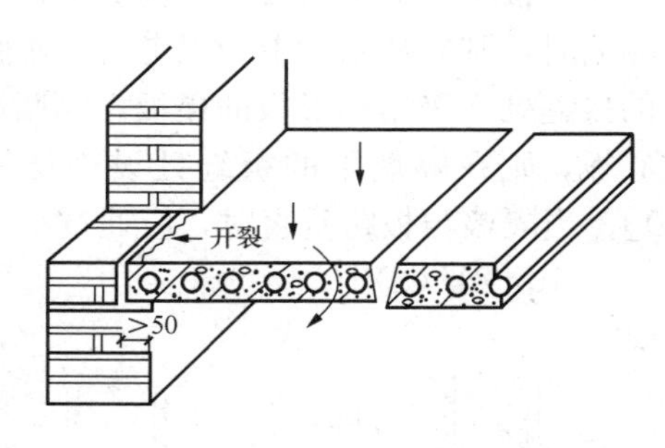

图10-17　三面支承的板

2. 板的细部构造

（1）板的搁置。当板搁置在墙或梁上时，必须保证楼板放置平稳，使板和墙、梁有很好的连接。首先必须在梁或墙上铺以水泥砂浆以找平（俗称坐浆），坐浆厚度为20mm左右。其次，要有足够的搁置长度，一般在砖墙上的搁置长度不小于80mm，在梁上的不小于60mm。地震地区板端伸入外墙、内墙和梁的长度分别不小于120、100mm和80mm。另外，为了增加建筑物的整体刚度，楼板与墙体、楼板与楼板之间常用锚固钢筋（又称拉结筋）予以锚固。锚固筋的配置各地有不同作法，应视建筑物对整体刚度的要求而定。非地震区拉结筋间距不能超过4m，地震区依设防要求而减少。图10-18是几种锚固筋的配置示意图。

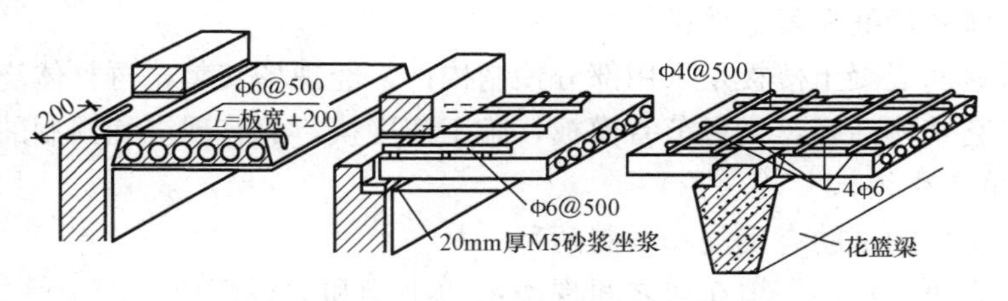

图10-18　锚固钢筋的配置

（2）板缝的调整。预制钢筋混凝土板的尺寸一般均为标准的定型尺寸。为了便于施工，在排板布置中，一般要求板的规格和类型越少越好，以简化制作与安装。当板的横向尺寸（板宽方向）与房间平面尺寸出现差额时，可采用以下办法解决（图 10－19）：当缝差在 60mm 以内时，调整板缝宽度，但当板缝调整超过 20mm 时，板缝内应按计算配筋，并用不低于 C20 的混凝土浇缝；当缝差在 60～120mm 时，可沿墙边挑两皮砖；当缝差超过 120mm 且在 200mm 之内，或因竖管沿墙边通过时，或板缝间设有轻质隔墙时，则可做局部现浇板带；当缝差超过 200mm 时，则需要重新选择板的规格。

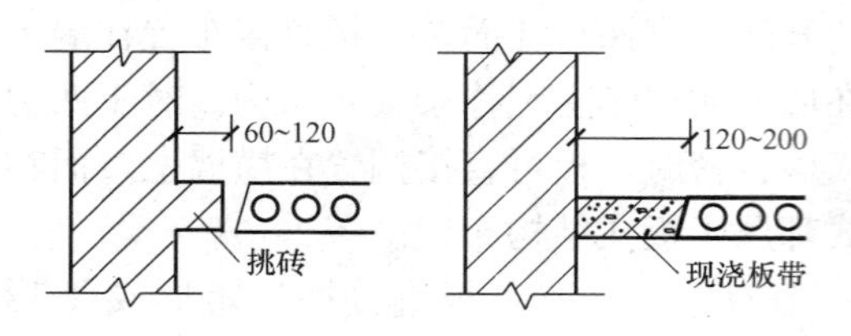

图 10－19　板缝差的处理

（3）板缝处理。板的接缝分端缝和侧缝两种。端缝一般是以细石混凝土灌筑，使之相互连接。为了增强建筑物的抗侧力能力，可将板端留出的钢筋交错搭接在一起，或加钢筋网片再灌以细石混凝土。板的侧缝一般有三种形式：V 形、U 形和凹形。其中凹形接缝抗板间裂缝和错动效果最好（图 10－20）。

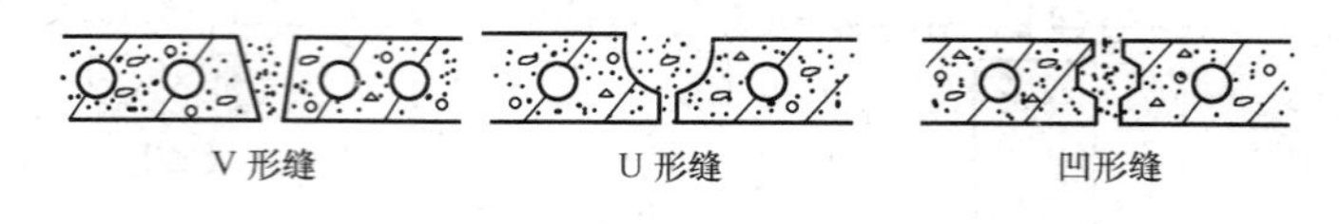

图 10－20　楼板侧缝接缝形式

（4）楼板与隔墙的处理。楼板上设立隔墙时，宜采用轻质隔墙。若为砖砌块等自重较大的隔墙时，则须从结构上予以考虑，不宜将隔墙搁在一块预制板上。通常将隔墙设置在两块板的接缝处。采用槽形板的楼板，隔墙可直接搁置在板的纵肋上［图 10－21（a）］；若采用空心板，则在隔墙下的板缝处设现浇钢筋混凝土板带或梁来支承隔墙［图 10－21（b）、（c）］；当隔墙与板跨垂直时，应通过结构计算选择合适的预制板型号，并在板面加配构造钢筋［图 10－21（d）］。

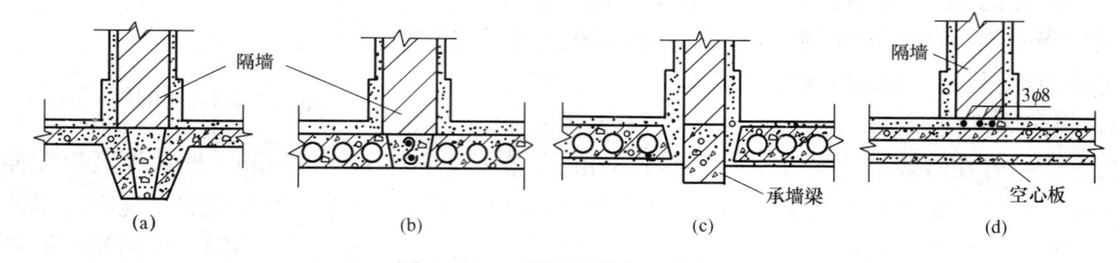

图 10－21　隔墙在楼板上的搁置

（a）隔墙支承在纵肋上；（b）板缝内配钢筋支承隔墙；（c）隔墙支承在梁上；（d）隔墙支承在多块空心板

三、装配整体式钢筋混凝土楼板

装配整体式钢筋混凝土楼板是采用部分预制构件，经现场安装，再整体浇筑混凝土面层所形成的楼板，它整体性好，又可节省模板，施工速度快，兼有现浇和预制的双重优越性。

（一）密肋填充块楼板

密肋填充块楼板的密肋有现浇和预制两种。

现浇密肋填充块楼板是在填充块之间现浇密肋小梁和面板而成［图 10－22（a）］。所用填充块材一般有陶土空心砖、矿渣混凝土空心砖、加气混凝土块等，这些填充块材与肋和面板相接触的部位带有凹槽，用来与现浇混凝土肋板咬接，可增强楼板的整体性。密肋小梁的间距视填充块的尺寸而定，一般为 300～600mm，板厚一般为 40～50mm。

预制填充块楼板的密肋常用预制倒 T 形小梁和带骨架芯板等，在预制小梁之间填充陶土空心砖、矿渣混凝土空心块和煤渣空心砖等填充块材，上面再现浇混凝土面层［图 10 - 22（b）］。

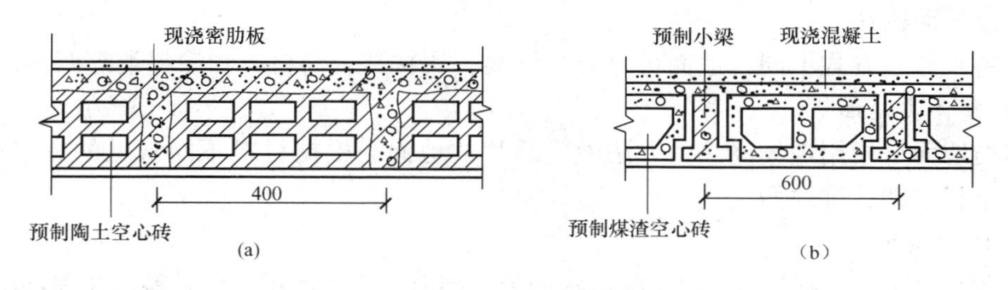

图 10 - 22　密肋填充块楼板

（a）现浇密肋填充块楼板；（b）预制小梁填充块楼板

（二）叠合楼板

叠合楼板是由预制板和现浇钢筋混凝土层叠合而成的装配整体式楼板。预制板既是楼板结构的组成部分，又是叠合层永久性模板。现浇叠合层内可敷设水平设备管线。叠合层一般采用 C20 混凝土，厚度一般为 70～120mm，其中只需配置少量支座负弯矩筋。

叠合楼板有预应力混凝土薄板和普通钢筋混凝土薄板之分。楼板的跨度一般为 4～6m，预应力薄板可达 9m。楼板的宽度一般为 1.1～1.8m；厚度一般为 50～70mm，叠合后总厚度一般为 150～250mm，可视板的跨度而定，以大于或等于预制薄板厚度的 2 倍为宜。

为保证预制薄板与叠合层有较好的连接，薄板表面需做刻槽处理，刻槽直径为 50mm，深 20mm，间距 150mm，也可在薄板上表面露出较规则的三角形状的结合钢筋（图 10 - 23）。

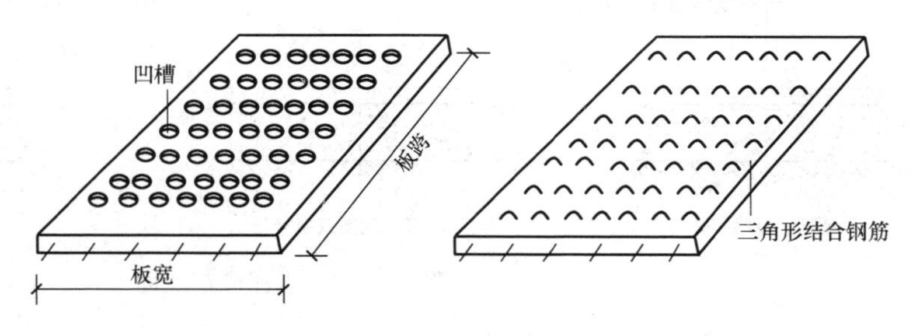

图 10 - 23　预制薄板的板面处理

第三节　楼 地 面 构 造

楼板层和地坪层的面层统称地面。地面直接承受着上部荷载的作用，并将荷载传给其下的结构层或垫层。同时，地面对室内又有一定的装饰作用。

一、对地面的要求

地面是人们日常生活中直接接触的部分，经常受到摩擦、撞击和清洗，因此，对它有以下要求：

（1）具有足够的坚固性，使其在各种外力作用下，不易被磨损、破坏；

（2）表面平整、光洁、易清洗、不起灰尘；

（3）具有良好的热工性能，保证冬季在上面接触时不致感到寒冷；

（4）具有一定弹性，使人行走时，有舒适感。弹性大，对减少噪声有利；

（5）具有一定的装饰性，使在室内活动的人群感到协调、舒适；

（6）对有防潮、防水、耐腐、耐火等特殊要求的地面，应具有满足相应要求的能力；

（7）在满足功能要求的前提下，尽量就地取材，选择经济的材料和构造方式。

二、楼地面构造

依材料和施工方式不同，地面可分为整体类、块材类、卷材类和涂料类等四类。

（一）整体类地面

整体类地面是指用现场浇注的方法做成整片的地面。根据材料不同常见的有水泥砂浆、细石混凝土和水磨石等地面。

1. 水泥砂浆地面

简称水泥地面，一般是用普通硅酸盐水泥为胶结料，中砂或粗砂作骨料，在现场配制抹压而成。具有构造简单、坚固耐磨、造价低廉、防潮防水的特点，是目前广泛采用的一类地面。但也存在导热系数大、吸水性差、容易返潮、起砂、不易清洁、无弹性且装饰效果差等问题。

水泥砂浆地面有单层和双层构造之分，单层做法是在结构层上直接用1∶2或1∶2.5的水泥砂浆抹压，抹平后在其终凝前再用铁板压光成为地面。双层做法是先以15～20mm厚1∶3水泥砂浆打底找平，再用5～10mm厚1∶1.5或1∶2水泥砂浆抹面压光（图10-24）。

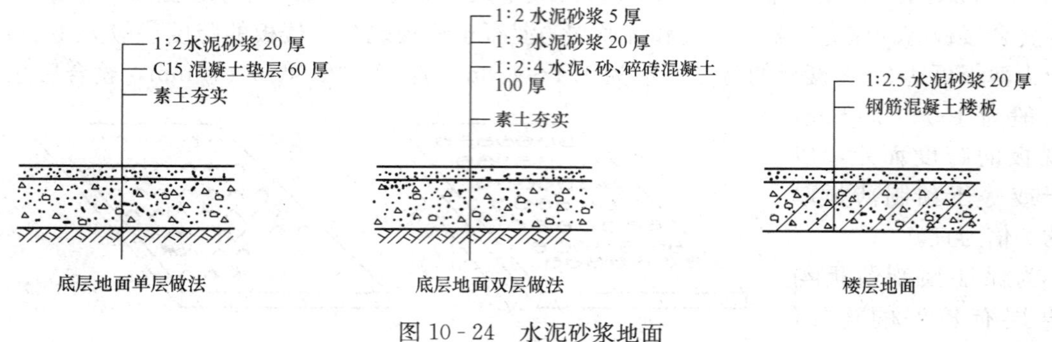

图10-24 水泥砂浆地面

2. 细石混凝土地面

一般是在结构层上浇30～40mm厚不低于C20的细石混凝土，在初凝时用铁滚压浆或用木板拍浆，出浆后撒水泥粉，用铁板抹光压实。与水泥地面比，不易起砂，整体性、耐久性好、强度高。

3. 水磨石地面

一般是采用大理石或白云石石渣与水泥拌和、浇抹，硬结后，经磨光打蜡而成的地面，有水泥本色和彩色两种。这种地面坚硬耐磨、不透水、不起灰、表面光滑、富有光泽、不易染尘，可与天然石材相媲美。常用于公共建筑的大厅、走廊、楼梯及卫生间的地面。

水磨石地面均为双层构造，一般做分格处理，即将地面划分为较小的区格，以减少地面开裂的可能，也便于维修，还可增加艺术效果。分格的形状、尺寸由设计而定。分格条高约10mm，一般有玻璃条、铜条等。施工时，在结构层上，先用10～15mm厚1∶3水泥砂浆打底找平，然后用1∶1水泥砂浆将分格条嵌固好，再用1∶1.5或1∶2水泥石渣浆抹面，并用滚筒压实，浇水养护到一定硬度后，用磨光机打磨，再用草酸清洗，打蜡保护。图10-25是水磨石地面的示意图。

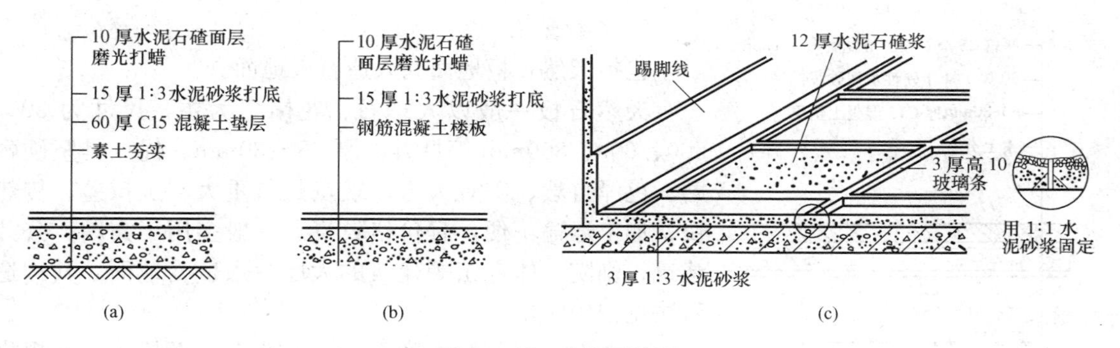

图 10-25 水磨石地面

(a) 底层地面；(b) 楼层地面；(c) 嵌分格条

（二）块材类地面

块材类地面通常是利用人造或天然的预制板材或块材铺贴而成。根据材料不同，常见的有黏土砖、大阶砖、水泥花砖、陶瓷砖、石板、木地板等地面。

1. 陶瓷砖地面

陶瓷砖包括陶瓷缸砖、锦砖、陶瓷彩釉砖、瓷质无釉砖等各种陶瓷地砖。缸砖是优质黏土加入不同颜料经压制成形、烘烤而成，颜色多为红棕色。尺寸有 100mm×100mm、150mm×150mm，厚度为 10～15mm。有方形、六角形、棱形等多种形状，可拼成多种图案。缸砖背面有凹槽，便于与基层粘结。施工时，通常是在 15～20mm 厚 1∶3 水泥砂浆找平层上，用 5～8mm 厚 1∶1 水泥砂浆粘贴缸砖。砖块间一般留有 3mm 左右的灰缝，用素水泥浆填缝。[图 10-26（a）]。缸砖质地坚硬、耐磨、防水、耐腐蚀、易清洁，适用于卫生间、厕所及有防腐蚀要求的实验室地面。

锦砖又称马赛克，是用优质瓷土烧制而成的小块瓷砖，有挂釉和不挂釉两种。锦砖质地坚硬、经久耐用、不易破碎、色质多样、耐腐蚀、易清洁。不挂釉的马赛克防滑性好可作浴、厕等有防滑要求的房间地面。锦砖每块尺寸为 39～15.2mm×39～15.5mm，在工厂制作时，先用牛皮纸粘贴在其正面，拼成 300mm×300mm、600mm×600mm 大小，每块砖之间留有 1mm 左右的缝隙。施工时底层作法同缸砖，将锦砖反铺在底层上面，然后滚筒压平，初凝后，再将表面的牛皮纸清洗掉，并用水泥砂浆扫缝[图 10-26（b）]。

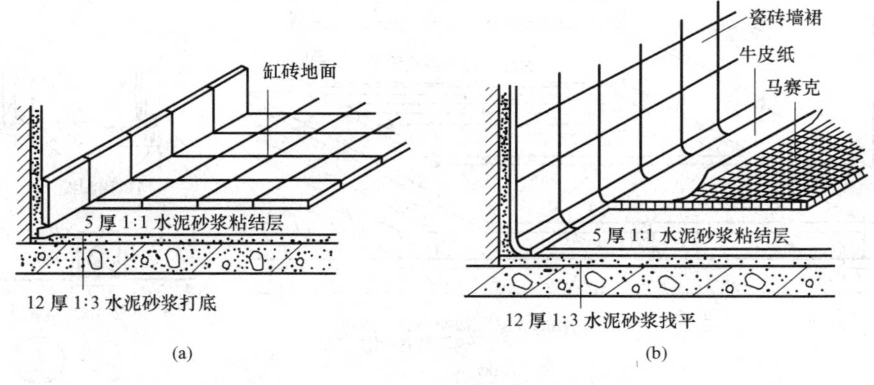

图 10-26 缸砖、马赛克铺地

(a) 缸砖地面；(b) 马赛克地面

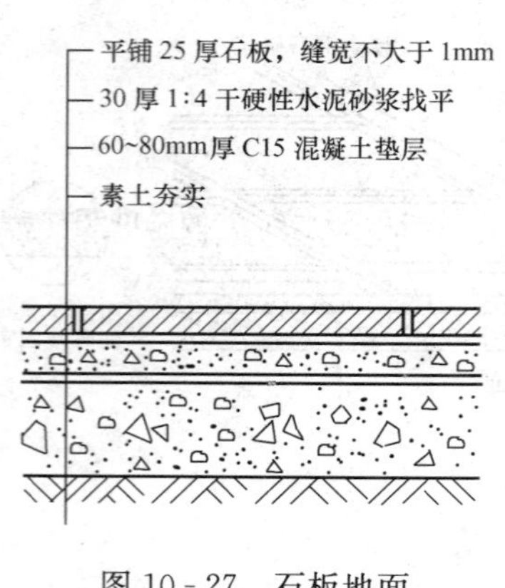

图 10 - 27　石板地面

2. 石板地面

包括天然石板地面和人造石板地面。

天然石板一般以大理石、花岗岩为主，尺寸为 300、500、600、800mm 等见方，厚 25～30mm。优点是坚硬耐磨、色泽自然、美观大方；缺点是自重大、抗拉差、传热快、加工运输不便，且价格较贵。一般多用于宾馆、公共建筑、剧院、体育馆等建筑的大厅、入口处地面。其构造做法见图 10 - 27。

人造石板有预制水磨石板、人造大理石板等，其规格尺寸及构造做法与天然石板基本相同，而价格要低于天然石板。

3. 木地板地面

木地面具有弹性好、不起尘、易清洁、导热系数小、装饰效果好等特点，但由于我国木材资源紧缺的缘故，造价较高，常用于高级宾馆、住宅、剧院舞台等标准较高的地面。

木地面按构造方式分有空铺式和实铺式两种。

空铺式做法耗木料多，不防火，所以除特殊情况，一般已不多用。实铺式是先将木搁栅通过预埋在结构层上的 U 形铁件与找平后的基层嵌固。搁栅的截面尺寸一般为 50mm×50mm，间距 400～500mm。再在搁栅上铺钉木地板［图 10 - 28（a）、（b）］。也可将木地板直接粘贴在找平后的基层上，形成粘贴地面［图 10 - 28（c）］。粘贴剂可用沥青胶、环氧树脂、乳胶等。粘贴地面具有防潮性好、施工简便、经济实惠等优点，所以应用较多。底层实铺木地板时，应在基层上作防潮处理。如涂刷冷底子油，上做一毡二油防潮层，或涂刷热沥青防潮层。如有搁栅可在踢脚板处开设通风口来保证搁栅层通风干燥。

木地面的面层有木条地面和拼花地面之分。

木条地面的条木一般为企口板（图 10 - 29），板条底面有凹槽，有利于通风排湿。通常用暗钉钉于基层木搁栅上。装饰标准较高的房间可采用拼花地板，它是用一定规格的短条木拼出各种花纹作为面层。一般为双层铺法，第一层为毛板，其做法与条木地面相同；第二层面层一般用硬杂木拼成席纹、人字纹等（图 10 - 30）。

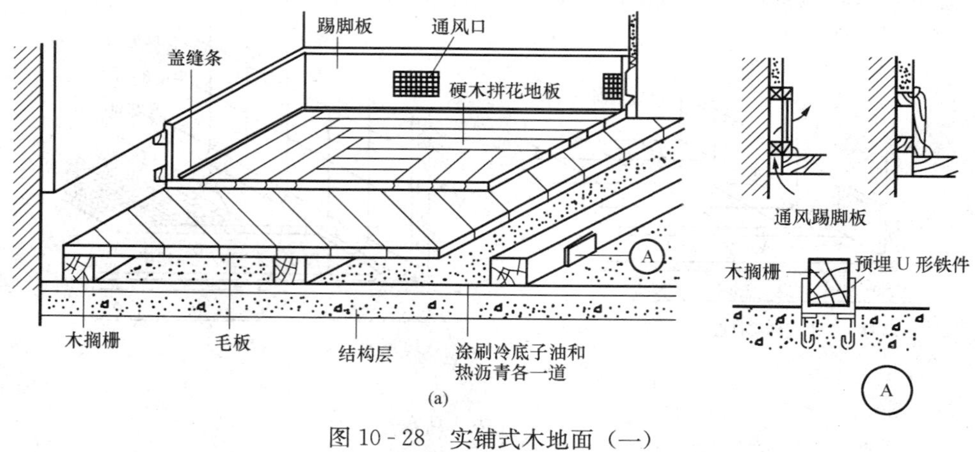

图 10 - 28　实铺式木地面（一）

（a）铺钉式木地板（双层）

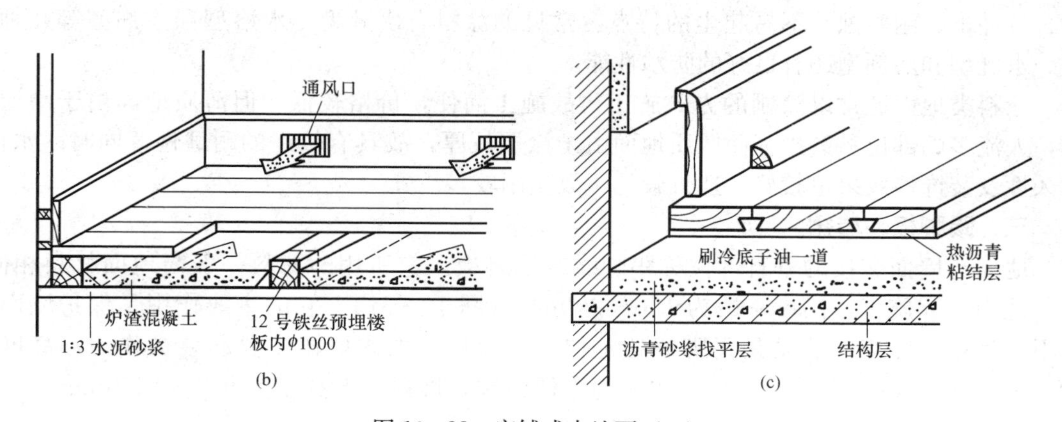

图 10-28 实铺式木地面（二）
(b) 铺钉式木地板（单层）；(c) 粘贴式木地板

（三）卷材类地面

卷材类地面是用卷材铺贴而成的地面。常见的地面卷材有塑料地毡、橡胶地毡以及各种地毯等。

橡胶地毡是以橡胶乳液或橡胶粉为基料，掺入配合剂，加工制成的卷材。具有耐磨、耐火、抗腐蚀、弹性好、不起尘、保温、隔声等特点，适用于展览大厅、剧院、实验室等建筑地面。

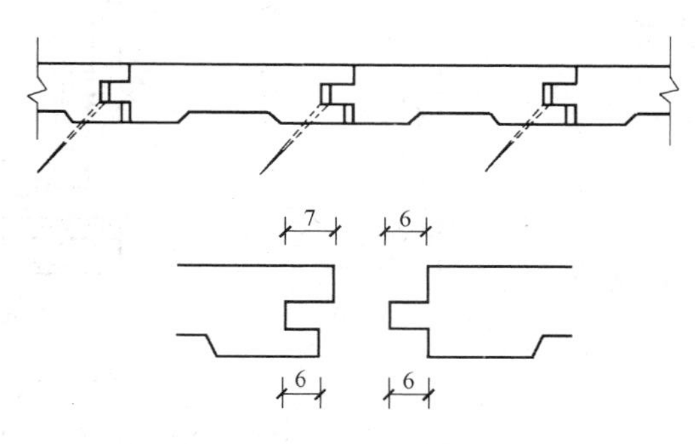

图 10-29 木地板企口接缝

塑料地毡是用人造合成树脂加填充剂和颜料，底面衬以麻布，经热压制成。具有绝缘、耐腐蚀、吸水性小、颜色丰富、步感舒适等特点，是经济实惠的地面铺材，但其耐高温和耐磨性差，易老化。

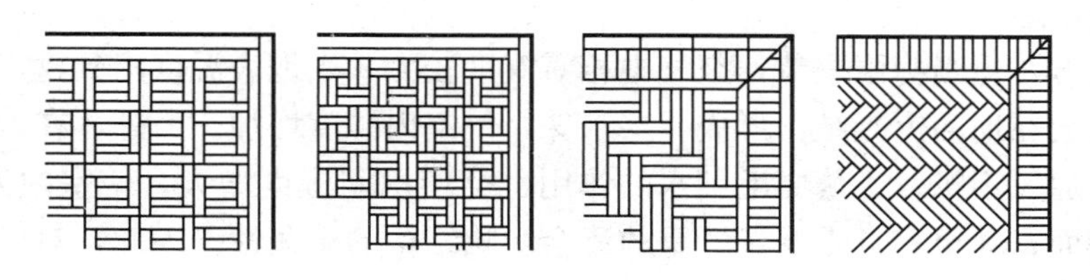

图 10-30 木地板拼花花纹

橡胶地面和塑料地面铺贴方法一样，可以干铺，也可以采用粘结剂粘贴。铺贴时，基层要特别平整、光洁、干燥，不能有灰尘和砂粒等突出物。粘结剂应选用粘结强度大又无侵蚀性的材料。为增加粘结剂与基层的附着力，可在基层上先刷上一道冷底子油。

地毯类型较多，常见的有化纤、棉织和纯毛等地毯。可满铺，也可局部铺设；可固定，也可不固定。地毯具有柔软舒适、平整丰满、美观适用、温暖无噪声等特点，是高档的地面装饰材料。

（四）涂料类地面

涂料类地面是在水泥砂浆或混凝土地面的表面经涂料处理而成的地面。具有美观、耐磨、抗冲击、耐腐蚀、不易起尘的特点。常见的涂料有水乳型、水溶型和溶剂型等几种类型。水乳型和溶剂型还有良好的防水性能。

涂料类地面通常以涂刷的方式施工，故施工简便，价格较低。但薄质地面由于涂层较薄，人流多的部位易磨损。而厚质地面由于涂层较厚，故具有较好的耐磨性，同时耐水性、耐久性及装饰性效果也较好，造价较低，故应用较多。

三、踢脚板和墙裙

地面与墙面交接的垂直部位称踢脚线或踢脚板。它所用的材料一般与地面材料相同，并与地面一起施工，高度一般为150～200mm（图10-31），它的主要作用是保护墙面根部不受污染、碰撞。墙裙是踢脚线的延伸。一般居室的内墙裙主要起装饰作用，高度为900mm左右。在卫生间、厨房、厕所为方便清洗，墙裙一般高度为900～1800mm。

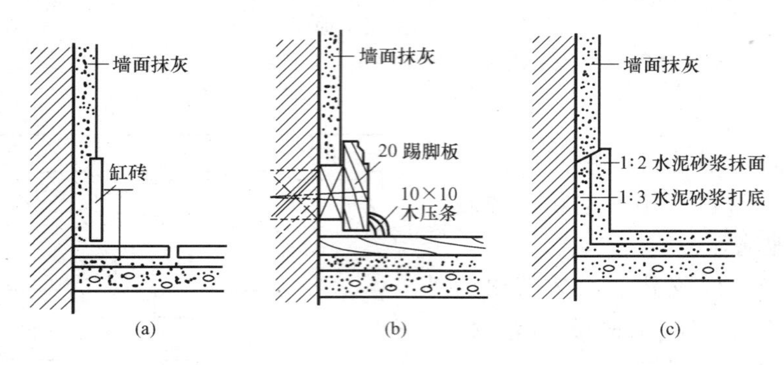

图10-31　踢脚线

（a）缸砖踢脚线；（b）木踢脚线；（c）水泥踢脚线

第四节　楼地层的防潮、防水及隔声构造

一、地层防潮

在我国南方，每当梅雨季节，空气中相对湿度较大，当地表温度降到露点温度时，空气中的水蒸气便会在地面上凝结，形成一层水珠，使室内湿度增加。另外，在地下水位高的地区，如果室内通风不畅，土壤中毛细水的作用也会使房间湿度增大，使室内人员感觉不适，造成地面、墙面、甚至家具霉变，严重的还会影响结构的耐久性。因此，对可能受潮的房屋应进行必要的防潮处理。

对于防潮问题，除了应加强室内通风，降低室内空气的相对湿度外，在建筑构造上可以采取以下措施：

（1）设防潮层。具体做法是在混凝土垫层上，刚性整体面层下，先刷一道冷底子油，然后铺憎水的热沥青或防水涂料，形成防潮层，以防止地下潮气上升到地面；也可在垫层下铺一层粒径均匀的卵石或碎石、粗砂等，以切断毛细水的上升通路[图10-32（a）、（b）]。

（2）设保温层。设置保温层可有效降低室内与地面温差，对防潮也起一定作用。设保温层有两种做法：一种是在垫层下铺一层1∶3水泥炉渣或其他工业废料作保温层，适用于地下水位低、土壤较干燥的地面；另一种是在面层与混凝土垫层间设保温层，并在保温层下做防水层[图10-32（c）、（d）]，适用于在地下水位较高的地区。

（3）架空地层。即将地层底板搁置在地垅墙上，将地层架空，形成空铺地层，使地层与土壤间形成通风道，可带走地潮［图 10-32（e）］。架空地面可使返潮现象明显改善。

（4）吸湿地面。用黏土砖、大阶砖、陶土防潮砖作地面［图 10-32（f）］。由于这些材料中存在大量孔隙，面层会暂时吸收少量冷凝水，待空气湿度降低时，水分又会蒸发掉，适用于潮气不大的地方。

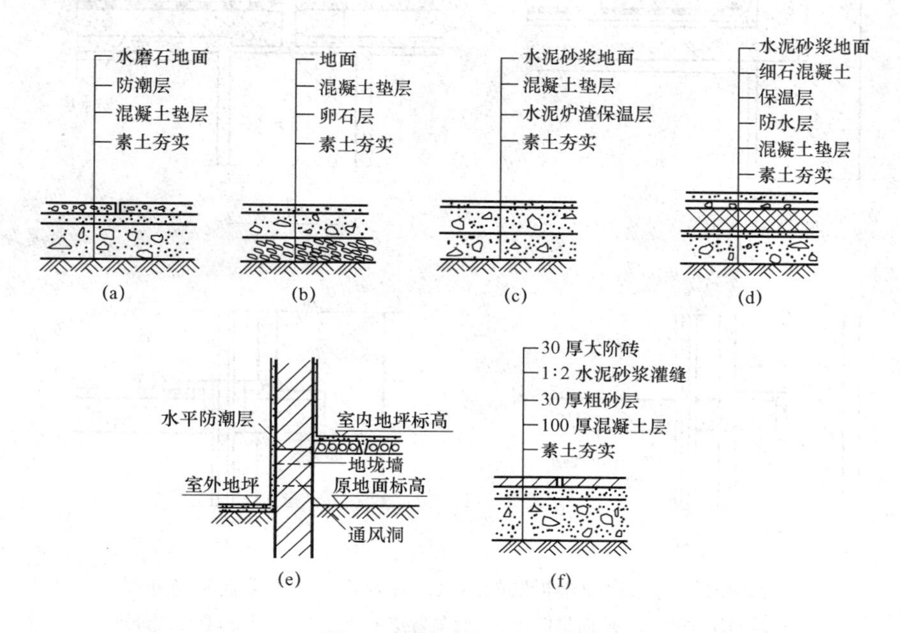

图 10-32　地层防潮示例

（a）设防潮层；（b）铺卵石层；（c）设保温层；
（d）设保温层和防水层；（e）架空式地坪；（f）吸湿地面

二、楼地层防水

对于室内积水机会多的房间，如厕所、卫生间等，应做好楼地层的排水和防水构造。

（1）楼面排水。有水房间应设置地漏，使地面由四周向地漏有一定坡度，从而引导水流入地漏。地面排水坡度一般为 1%～1.5%。另外，有水房间的地面标高应比周围其他房间或走廊低 20～30mm，若不能实现标高差时，亦可在门口做高为 20～30mm 的门槛，以防止水多时或地漏不畅通时，积水外溢。

（2）楼地层防水。有防水要求的楼层，其结构应以现浇钢筋混凝土楼板为好。面层也宜采用整体地面或防水性好的块材地面。为了提高防水质量，可在结构层（垫层）与面层间设防水层一道。常见的防水材料有防水卷材、防水砂浆和防水涂料等。还应将防水层沿房间四周墙体从下到上延续到至少 150mm 高处，以防墙体受水侵蚀。门口处应将防水层铺出门外至少 250mm［图 10-33（a）、（b）］。

竖向管道穿越的地方是楼层防水的薄弱环节。工程上有两种处理方法：一种是普通管道穿越的周围，用 C20 干硬性细石混凝土填充捣密，再用两布二油橡胶酸性沥青防水涂料作密封处理［图 10-33（c）］；另一种是热力管穿越楼层时，先在楼板层热力管通过处埋管径比立管稍大的套管，套管高出地面 30mm 左右，套管四周用上述方法密封［图 10-33（d）］。

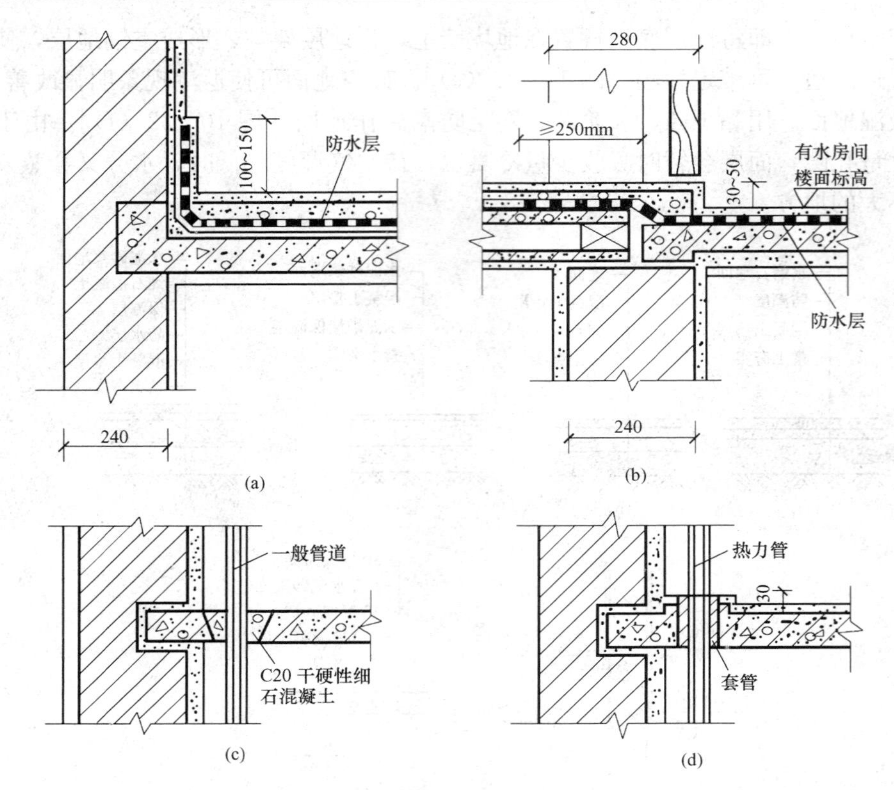

图 10-33 有水房间楼板层的防水处理及管道穿过楼板时的处理

(a) 墙身防水；(b) 地面降低；(c) 普通管道的处理；(d) 热力管道的处理

三、楼层隔声

楼层隔声的重点是对撞击声的隔绝，可从以下三方面进行改善。

(1) 采用弹性楼面。在楼面上铺设富有弹性的材料，如地毯、橡胶、地毡、软木板等，以降低楼板的振动，使撞击声源的能量减弱，效果良好。

(2) 采用弹性垫层。在楼板与面层之间增设一道弹性垫层，可减弱楼板的振动，从而达到隔声目的。弹性垫层一般为片状、条状或块状的材料，如木丝板、甘蔗板、软木片、矿棉毡等。这种楼面与楼板是完全隔开的，常称为浮筑楼板。浮筑楼板要保证结构层与板面完全脱离，防止"声桥"产生（图 10-34）。

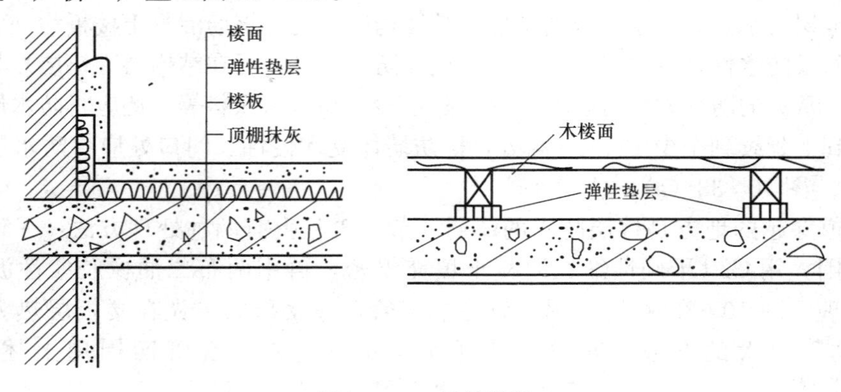

图 10-34 浮筑楼板

（3）采用吊顶。吊顶可起到二次隔声作用。它主要是解决楼板空气传声的问题。其隔声效果取决于它的单位面积的质量及其整体性。质量越大、整体性越强，隔声效果越好。此外，若吊筋与楼板间采用弹性连接，也能大大提高隔声效果（图 10-35）。

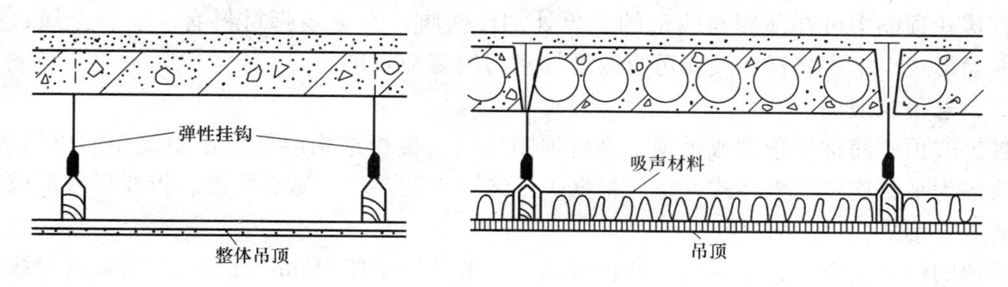

图 10-35 利用吊顶隔声

第五节 顶 棚 构 造

顶棚是楼板层的最下部分，又称天棚或天花板，也是室内装修的一部分。对顶棚的基本要求是光洁美观，增加室内装饰效果，改善室内照度。对有隔声、保温等特殊要求的房间，还要有相应的功能。

顶棚的形式一般多为水平式，但根据房间用途及顶棚的功能不同，可做成弧形、折线、高低错落形等各种形状。按照构造方式不同，顶棚有直接式、悬吊式和敞开式三种。

一、直接式顶棚

直接式顶棚是指在钢筋混凝土楼板的下表面直接喷、刷、抹或粘贴装修材料而成的顶棚。这种顶棚在建筑上不占据净空高度，构造简单、施工方便、造价较低，适用于家庭、宾馆标准房、学校等装修标准不高的房间。直接式顶棚有以下几种常见的处理方式。

（1）直接喷刷涂料。当楼板底面平整时，可直接或稍加填缝刮平后，在其下喷或刷大白浆、石灰浆或涂料等。

（2）抹灰装修。若楼板底面不够平整，可采用抹灰装修。抹灰可用水泥砂浆或麻刀灰等。水泥砂浆抹灰，须先将板底打毛，然后分一次或两次抹灰［图 10-36（a）］，再喷（或刷）涂料；麻刀灰抹灰是先用混合砂浆打底，再用麻刀灰罩面［图 10-36（b）］。

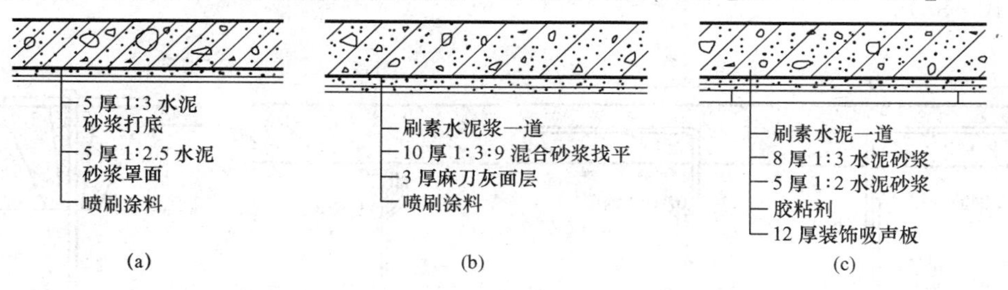

图 10-36 直接式顶棚

（a）抹灰顶棚；（b）抹灰顶棚；（c）贴面顶棚

（3）粘贴装修。对于一些装修要求较高或有吸声、保温、隔热要求的房间，可在楼板底面用砂浆找平后，直接用粘合剂粘贴墙纸、泡沫塑料板或吸声板等［图 10-36（c）］。

直接式顶棚中可在顶棚与墙壁的交界处加设线脚。常见线脚材料有木质、金属、石膏等，断面形式也丰富多样。线脚可有效增加室内的装饰效果。

二、悬吊式顶棚

悬吊式顶棚简称吊顶棚或吊顶。是将顶棚悬吊于楼板结构层下一定距离而形成的顶棚。其形式多为平直连续的整体式，也可根据美学或声学的要求，做成弧形、折线形或形成错落有致的立体形式。

吊顶的构造复杂、施工烦琐、造价较高。一般适用于使用标准较高，需将设备管线或结构层隐藏起来的房间。在设计吊顶构造时，应综合考虑建筑艺术、建筑声学、建筑热工、建筑防火及设备安装等方面的因素；同时还应满足轻质高强、施工方便、便于检修、便于清洁、造价经济等方面的要求。

吊顶一般由悬吊构件（又称吊杆或吊筋）、龙骨（又称骨架）和面层三部分组成(图10-37)。

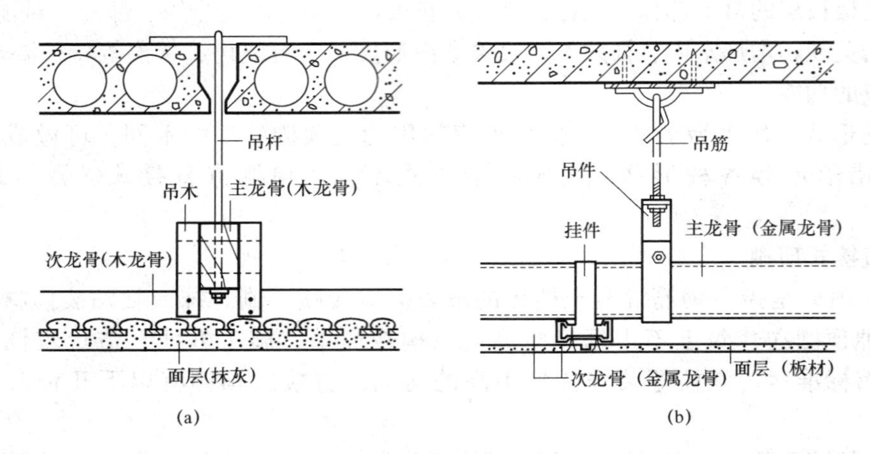

图 10-37　吊顶棚的组成

（a）抹灰吊顶；（b）板材吊顶

吊杆两端分别与龙骨与承重结构层相连，是将顶棚与楼板结构层相连接的构件，一般多采用ϕ6 的钢筋或ϕ8 的钢筋，也有木质的。它与钢筋混凝土楼板固定的方式有预埋式和钉入式（图 10-38）。

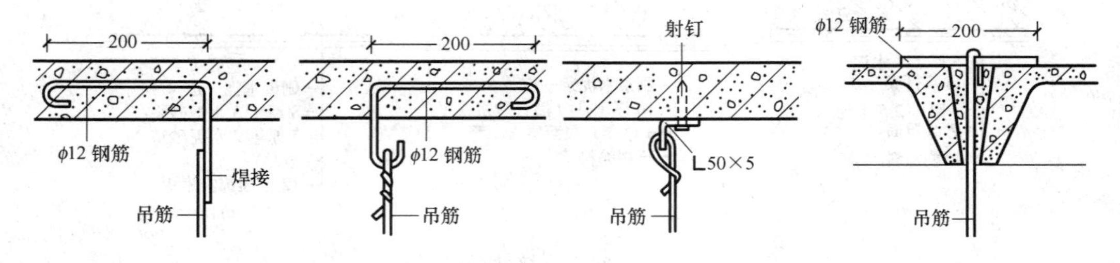

图 10-38　吊筋与楼板的固定方式

龙骨是用来固定面层并承受其重量的部分。由主龙骨（又称主搁栅）和次龙骨（又称次搁栅）两部分组成。主龙骨与吊杆相连，次龙骨固定在主龙骨上。龙骨的作用是承受顶棚重量，并由吊杆传给楼板结构层。它的材料可以采用金属或木质的。为节约木材，多采用金属龙骨，如薄壁型轻钢龙骨和铝合金龙骨等。

面层固定在次龙骨上，除有装饰作用外，还可进行一些特殊处理，如吸声、反射等。有抹灰面层和板材面层之分。抹灰面层为湿作业，费工费时；板材面层既可加快施工速度，又容易保证施工质量，是比较有前景的面层形式。

吊顶根据构造形式不同，可分为整体式吊顶、装配式吊顶、隐藏式吊顶和开敞式吊顶；根据材料的不同，有板材吊顶、轻钢龙骨吊顶、金属吊顶；根据施工方式不同有抹灰吊顶和板材吊顶。

（一）抹灰吊顶

抹灰吊顶的龙骨可用木材或型钢。木龙骨的主龙骨断面宽 60～80mm，高120～150mm，间距不大于 1500mm；次龙骨断面一般为 40mm×60mm，间距一般为 300～500mm。型钢龙骨的主龙骨选用槽钢，次龙骨选用角钢，间距同上。

抹灰类吊顶按面层做法不同有板条抹灰、板条钢板网抹灰和钢板网抹灰三种做法。

板条抹灰（图 10 - 39）一般采用ϕ6 钢筋或ϕ8 螺纹钢筋作为吊杆，间距为 900～1500mm。龙骨采用木龙骨。铺钉于次龙骨上的灰板条断面尺寸为 10mm×30mm，灰口缝隙宽度为 8～10mm。灰板条上抹灰后形成面层。这种吊顶构造简单、造价较低，但抹灰劳动量大，且木材防火、防腐及坚固性差，抹灰面层易出现龟裂甚至脱落，故一般用于装饰要求不高且面积不大的房间。

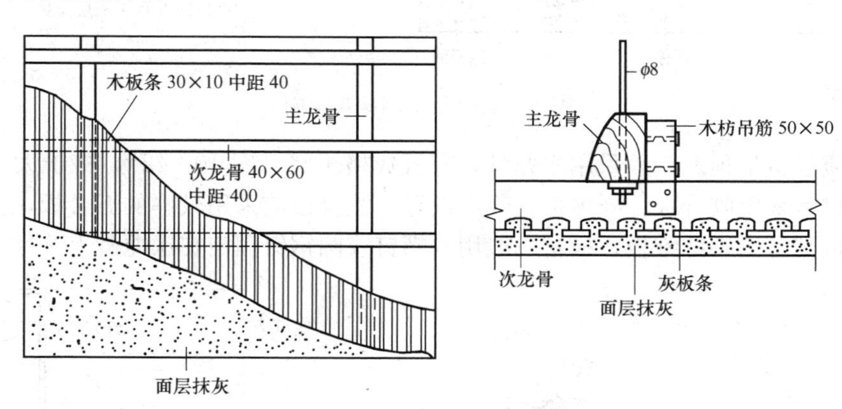

图 10 - 39　板条抹灰顶棚

板条钢板网抹灰吊顶是在板条抹灰吊顶的板条和抹灰面层之间加钉一层钢板网，以防止抹灰层的开裂脱落（图 10 - 40）。

钢板网抹灰吊顶一般采用钢龙骨，在次龙骨下用ϕ6 的钢筋网代替木板条，其下铺设钢板网抹灰而成。该做法未使用木材，可提高吊顶的防火性、耐久性和抗裂性，多用于防火要求较高的建筑（图 10 - 41）。

（二）板材吊顶

板材吊顶按面层材料不同主要有木质板材吊顶、矿物板材吊顶和金属板材吊顶。其优点是施工速度快，干作业，故比抹灰吊顶应用更广。

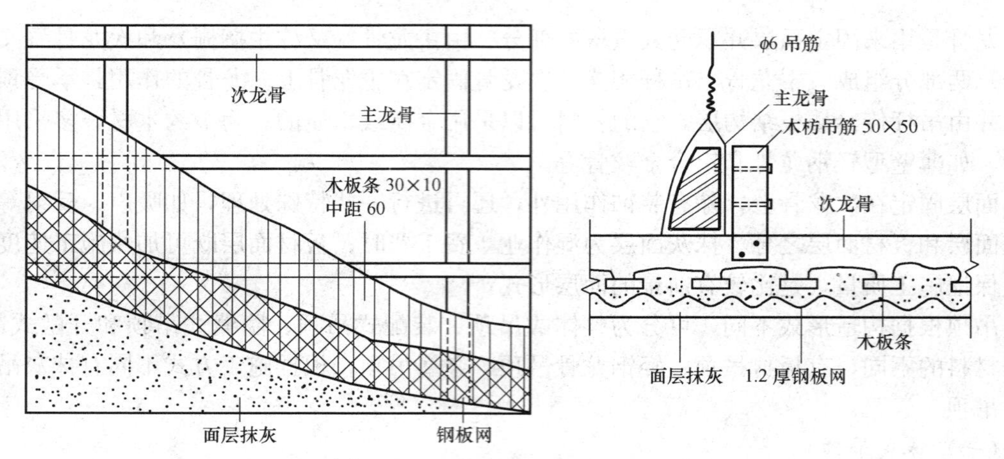

图 10-40 板条钢板网抹灰顶棚

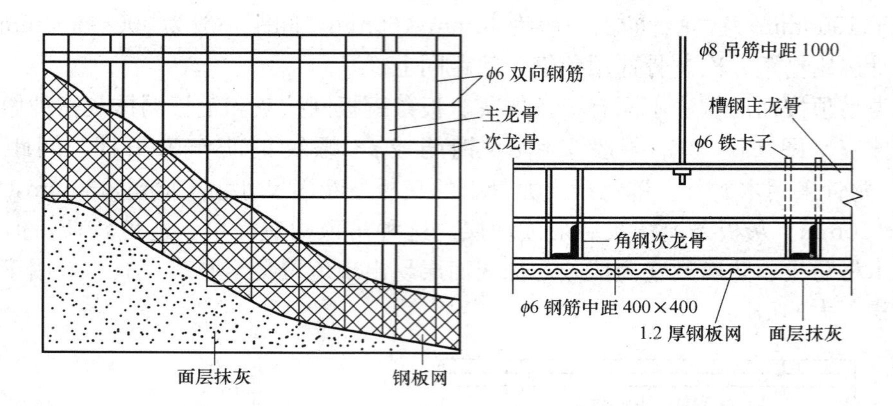

图 10-41 钢板网抹灰顶棚

（1）木质板材吊顶。一般采用木龙骨，布置成格子状（图 10-42），格子大小视板材规格而定。板材常采用胶合板、纤维板、吸声板等。胶合板应采用较厚的五合板，而不宜用三合板。纤维板则宜用硬纤维板。板材一般用木螺钉或圆钢钉固定在次龙骨上。

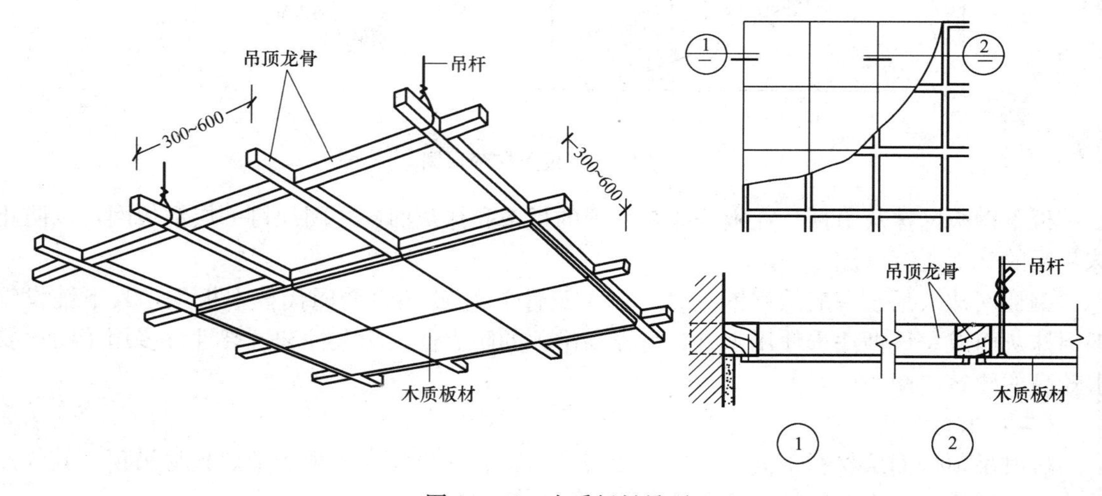

图 10-42 木质板材吊顶

为了防止木板材吸湿而变形，面板宜锯成小块板铺钉在次龙骨上，板块连接处留出 3～6mm 的伸缩间隙。为提高抗吸湿能力，可在面板铺钉前，对面板进行表面处理。如在胶合板两面涂刷油漆一道。木质板材吊顶只能用于防火要求较低的建筑中。

(2) 矿物板材吊顶。矿物板材吊顶常用石膏板、石棉水泥板、矿棉板等板材作面层，轻钢或铝合金型材做龙骨。其优点是自重轻、施工快、干作业，且耐火性能优于木质板材吊顶和抹灰吊顶，在公共建筑和高级工程中应用较广。

轻钢和铝合金龙骨与矿物板材的布置方式有两种：一种是龙骨外露的布置方式。即主龙骨采用槽形断面的轻钢型材，次龙骨为 T 形断面的铝合金型材。矿物板材置于次龙骨和小龙骨翼缘上，使次龙骨露在顶棚表面形成方格状顶面（图 10-43）。另一种是龙骨不外露的布置方式。这种方式的主龙骨仍采用槽型断面的轻钢型材，但次龙骨用 U 形断面的轻钢型材，板材用自攻螺钉或胶粘剂固定在次龙骨下面（图 10-44），使龙骨内藏。

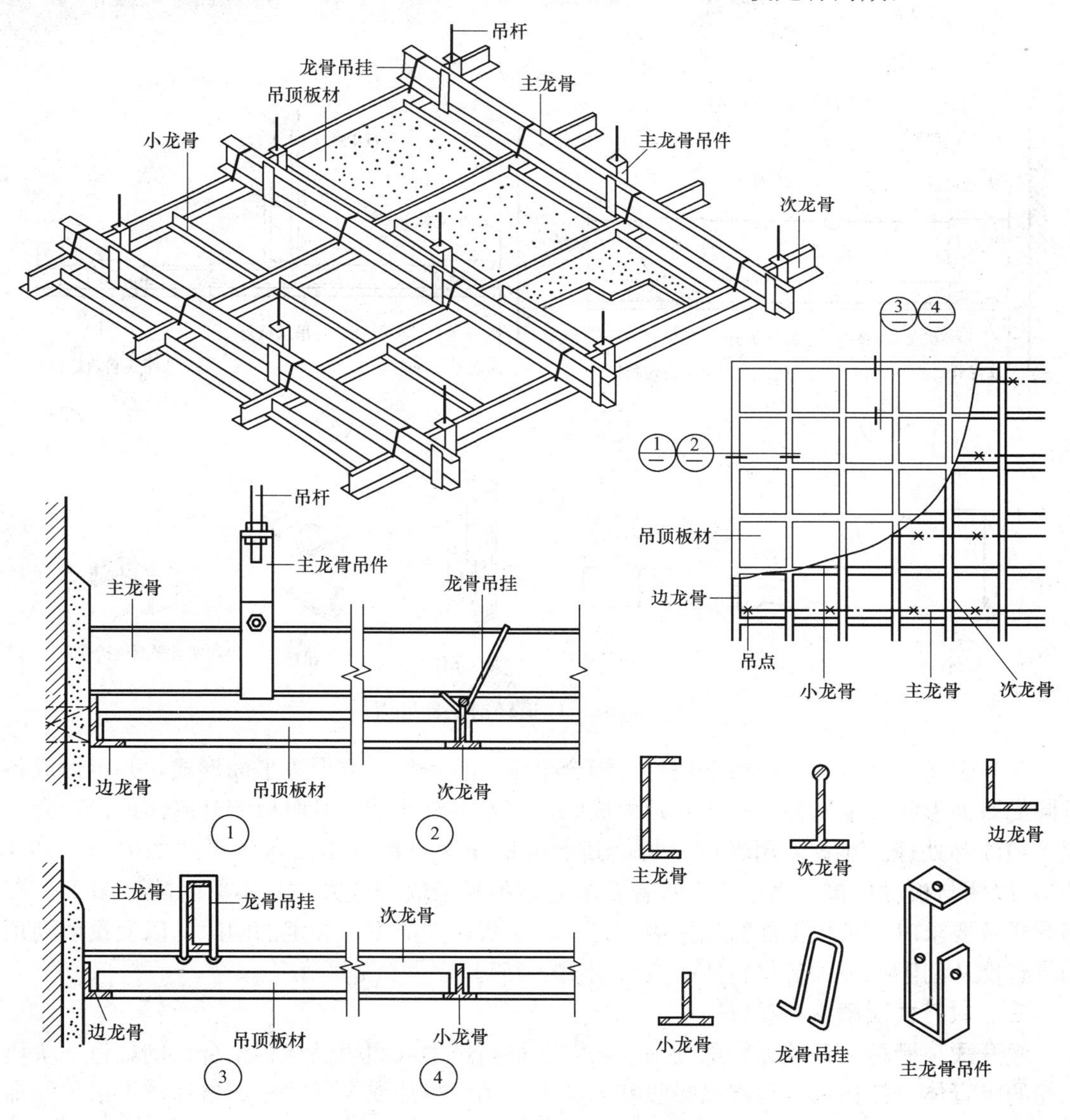

图 10-43　T 形铝合金龙骨吊顶

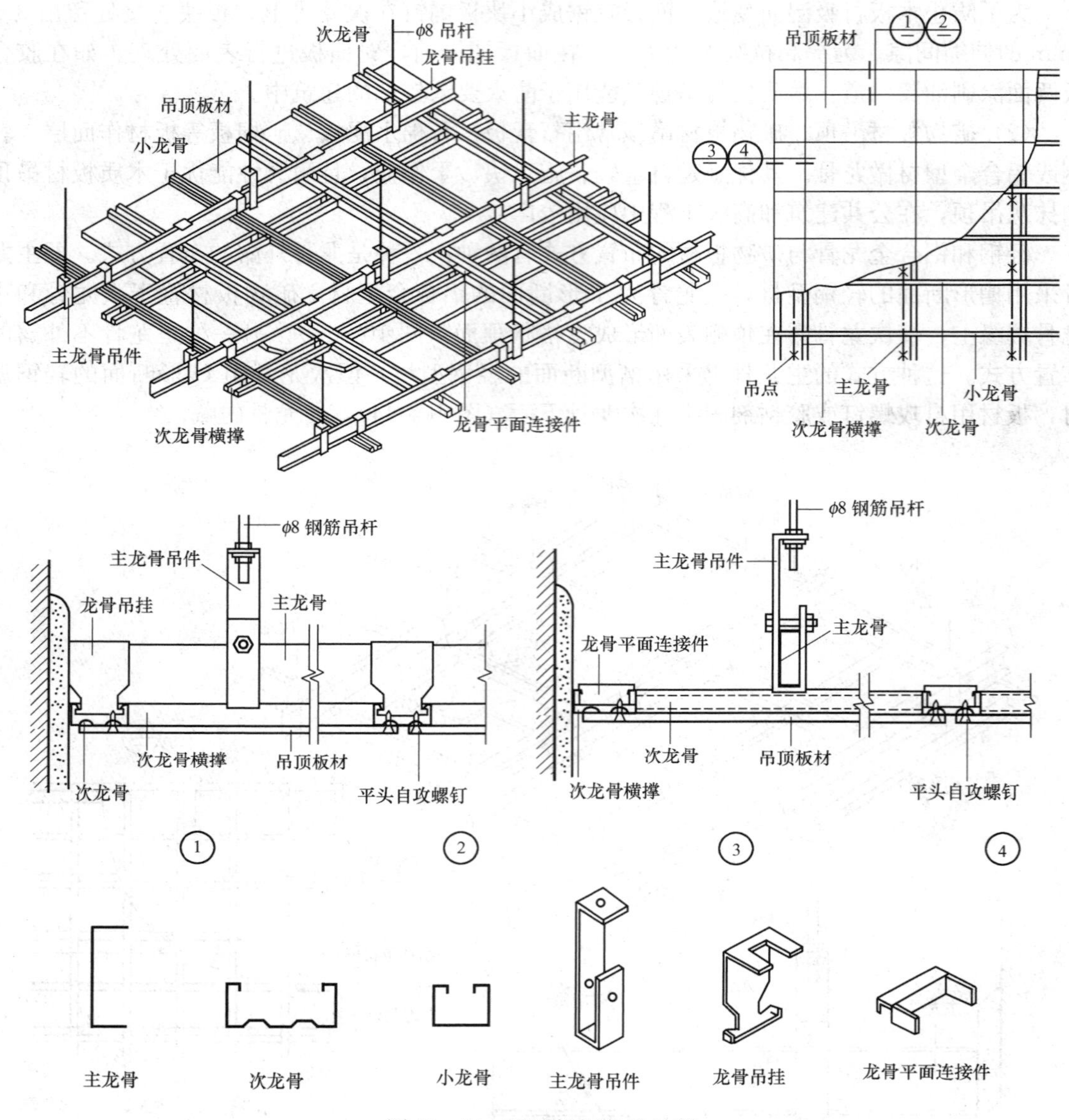

图 10-44 U 形轻钢龙骨吊顶

(3) 金属板材吊顶。板材常用的是铝合金板，有条形、方形等平面形式，并可做成各种不同的截面形状。金属板是一次压延而成的，表面平整光洁，有时板的外露面可作搪瓷、烤漆、喷漆等处理。龙骨采用轻钢型材，其上可根据板材形状作出各种形式的夹齿（图 10-45），以便与板材连接。当吊顶无吸音要求时，条板采取密铺方式，不留间隙（图 10-46）；当有吸音要求时，条板上面需加铺吸音材料，条板之间应留出一定的间隙，以便投射到顶棚的声音能从间隙处被吸音材料所吸收（图 10-45）。

三、敞开式顶棚

敞开式顶棚是一种较为特殊的吊顶，它往往与声学或照明设计相结合。例如将一块块高效能的吸音体悬挂在室内顶部以吸收室内噪声；用塑料片或金属片做成格片作为吊顶的饰面部分（图 10-47），使上部光线透过格片形成设计所要求的均匀、明暗的效果。

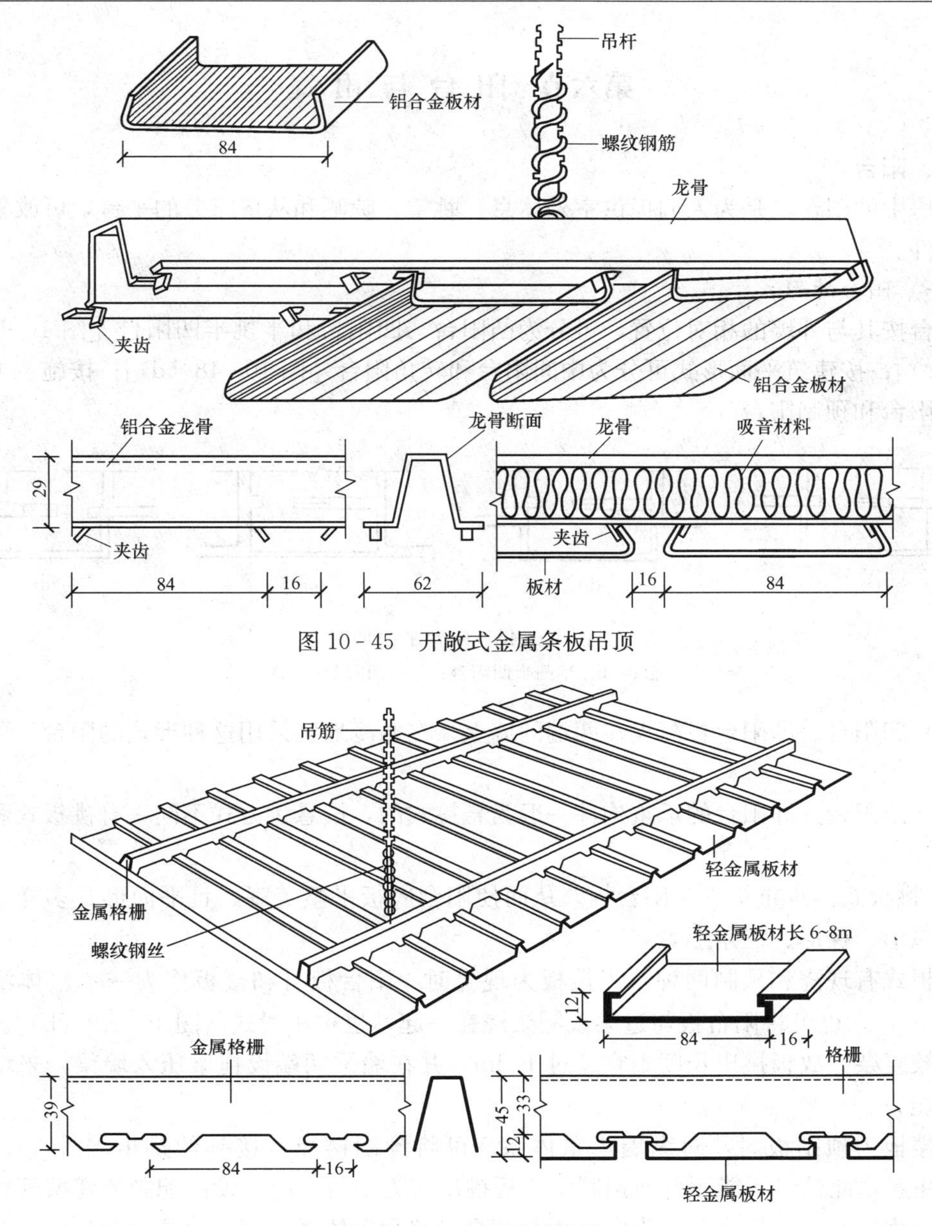

图 10-45 开敞式金属条板吊顶

图 10-46 金属板材吊顶

此外，有些建筑的结构层下不再做顶棚，而是将屋盖结构直接暴露在外，形成“结构顶棚”。结构顶棚一般多用于公共建筑的大厅，它是通过将顶棚和结构巧妙的结合，形成统一的优美的空间景象。例如以空间网架结构作为屋顶的建筑，就利用了网架本身的艺术表现魅力，获得了优美的空间造型和视觉效果。又如拱结构的屋盖，利用拱结构优美的曲面，形成了富有韵律的拱面顶棚。

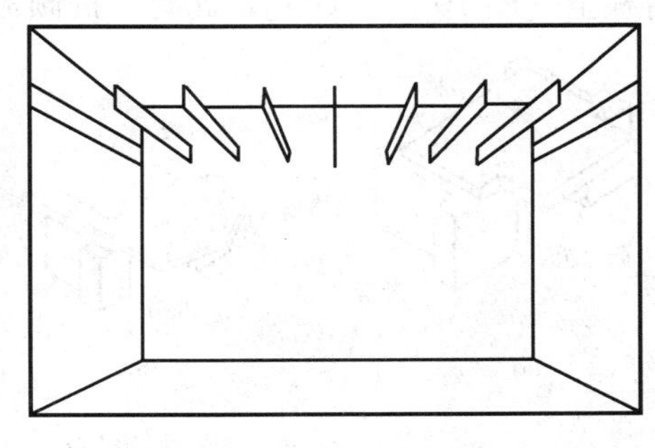

图 10-47 敞开式格片吊顶

第六节　阳台与雨篷

一、阳台

楼房中的阳台，是为人们提供室外休息、眺望、晾晒和从事家务的平台，可改善楼房的居住条件。

（一）阳台的形式

阳台按其与外墙的相对位置，可分为凸阳台、凹阳台和半挑半凹阳台［图 10-48（a）、（b）、（c）］；按建筑平面形式可分为中间阳台和转角阳台［图 10-48（d）］；按施工方法可分为现浇阳台和预制阳台。

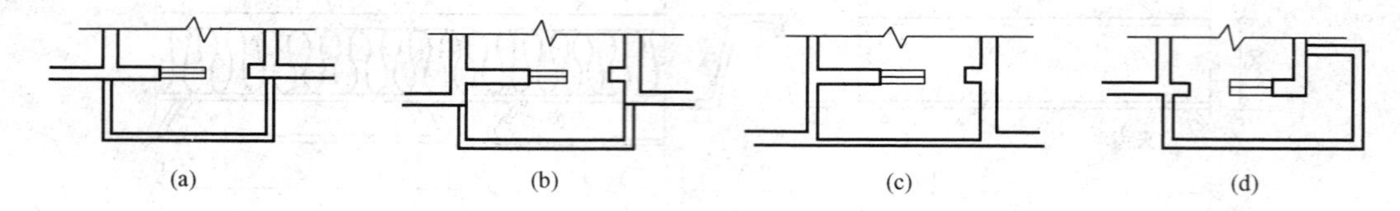

图 10-48　阳台平面形式

（a）凸阳台；（b）半凸半凹阳台；（c）凹阳台；（d）转角阳台

（1）凹阳台。即阳台板简支在两端的墙上。在寒冷地区采用这种形式的阳台，可以避免热桥。

（2）凸阳台。即阳台的承重构件一般为悬挑式的，按悬挑方式不同，有挑板式和挑梁式两种。

1）挑板式。承重构件为阳台板，从而使阳台底板平整美观，且平面形式多样，可作成半圆、弧形、梯形、三角形等。

挑板式有现浇和预制两种。当楼板为现浇时，阳台板可和楼板作为一个整体浇注［图 10-49（a）］，也可将阳台板与过梁或圈梁浇在一起，也称压梁式［图 10-49（b）］。这时墙梁受力较复杂，故板挑出长度不宜超过 1.2m，并在墙梁两端设拖梁压入墙梁，来增加抗倾覆力矩能力。

当楼板为预制板时，对纵墙承重体系，可将预制楼板直接延伸挑出墙外［图 10-49（c）］，注意，此处绝不能用普通预制空心板挑出作为阳台，应用设计配制的变截面板，即在室内部分为空心板，挑出部分为实心板。若是横墙承重体系，则需用抗倾覆板的一侧压在阳台板上［图 10-49（d）］，此时，抗倾覆板传来的上部横墙的荷载使阳台板保证平稳。

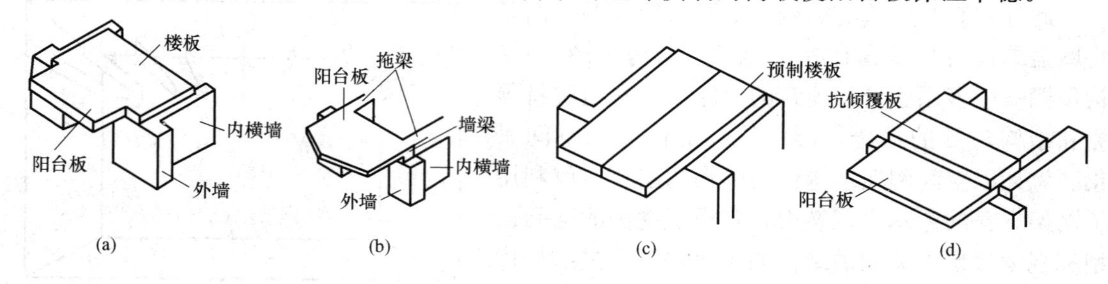

图 10-49　挑板式阳台结构形式

2）挑梁式。由墙体向外挑梁，梁上设板形成。挑梁可与阳台一起现浇［图 10-50（a）］，也可预制［图 10-50（b）］。挑梁式阳台板的挑出长度一般比挑板式的大些，挑梁压入墙内的长度一般为悬挑长度的 1.5 倍左右。为了避免看到挑出的梁头，可在梁头部设面梁。

（3）半凸、半凹阳台的承重构件可按凸阳台的各种作法处理。

（二）阳台的细部构造

阳台的栏杆与扶手除对整个房屋有一定的装饰作用外，还有承担人们倚扶的侧向推力，保障人身安全的作用，因此，其细部构造必须做到坚固、安全。

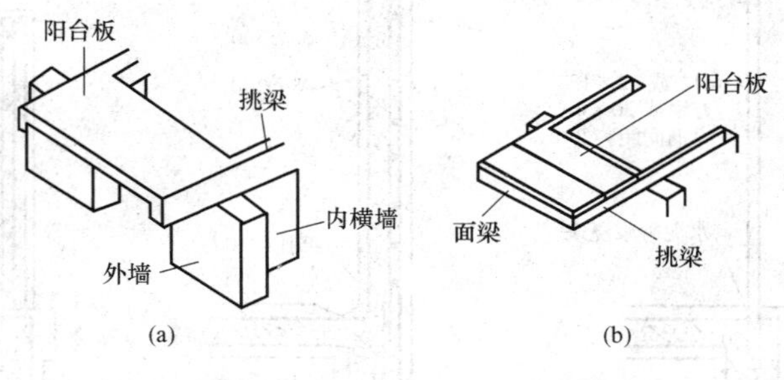

图 10-50　挑梁式阳台结构形式

1. 栏杆的形式

栏杆的形式应防攀爬、防坠落，以免发生意外。从材料上分，有金属、钢筋混凝土和砌体 3 种栏杆；从外形上分，有镂空式和实心组合式栏杆（图 10-51）。

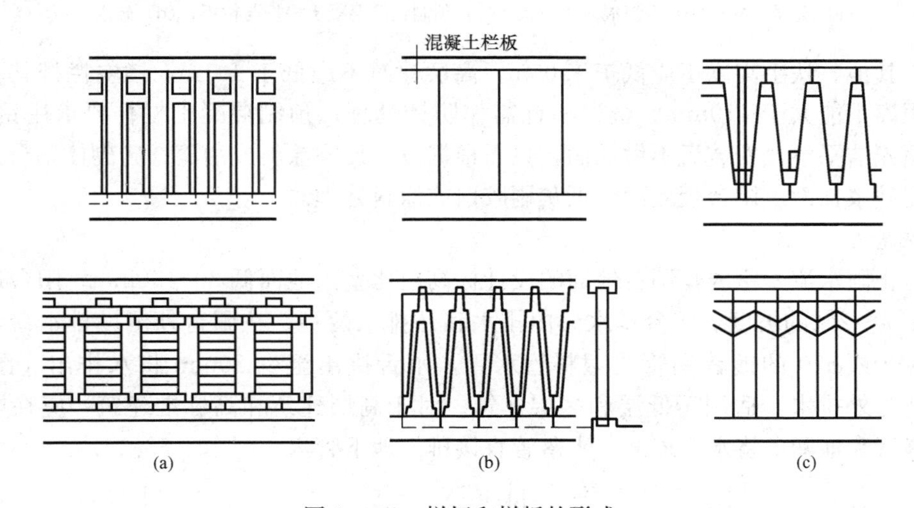

图 10-51　栏杆和栏板的形式

（a）砖砌栏杆与栏板；（b）钢筋混凝土栏杆与栏板；（c）金属栏杆

2. 栏杆的细部构造

（1）栏杆与阳台板的连接。金属栏杆与阳台板的连接可采用在阳台板上预留孔洞，将栏杆插入，再用水泥砂浆浇注的方法［图 10-52（a）］，也可采用阳台板顶面预埋通长钢板与金属栏杆焊接的办法。

混凝土栏杆板或栏杆可预留钢筋与阳台板的预留钢筋及砌入墙内的锚固钢筋绑扎或焊接在一起［图 10-52（b）］；预制混凝土栏板也可预埋铁件再与阳台板预埋铁板焊接［图 10-52（c）］。

砖砌体栏板的厚度一般为 120mm，在栏板上部的灰缝中加入 2 ϕ6 通长钢筋，并与砌入墙内的预留钢筋绑扎或焊接在一起［图 10-52（d）］。扶手应现浇，亦可在栏板墙内设置构造小柱与现浇扶手固结，以增加砌体栏板的整体性。

（2）扶手与栏板或栏杆的连接。与栏板或栏杆与阳台板的连接基本相同。阳台的扶手宽一般至少为 120mm，当上面放花盆时，不应小于 250mm，且外侧应有挡板。

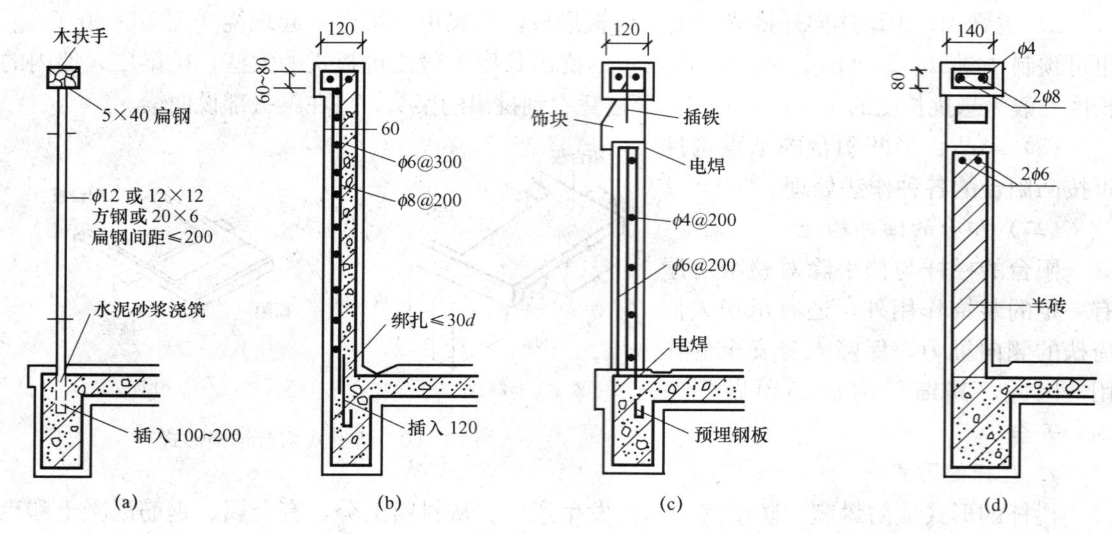

图 10-52 阳台栏杆与栏板的构造

(a) 金属栏杆；(b) 现浇混凝土栏板；(c) 预制钢筋混凝土栏杆与栏板；(d) 砖砌栏板

(3) 其他。扶手高度不应低于 1.05m，高层建筑不应低于 1.1m，镂空栏杆其垂直杆件间的净距离不能大于 110mm。金属栏杆需作防锈处理；预制混凝土栏杆要求用钢模制作，构件表面光洁平整，安装后不做抹面，只需根据设计加刷涂料或油漆；砖砌体阳台内外表面要作水泥砂浆抹面。阳台板底面作纸灰刷胶白或涂料处理。

3. 阳台的排水

为防止雨水流入室内，阳台地面的设计标高应比室内地面低 30～50mm。阳台地面向排水口做 1%～2%的坡度。阳台排水分内排水和外排水两种。在阳台外侧设排水口，排水口处埋设ϕ40 或ϕ50 的镀锌钢管或塑料管水舌，水舌挑出至少 80mm 将水排出［图 10-53 (b)］，此为外排水，适用于低层和多层建筑。对于高层建筑和高标准建筑，应在阳台内侧设置水落管和地漏，将水经地漏、水落管直接排入地下管沟［图 10-53 (a)］。

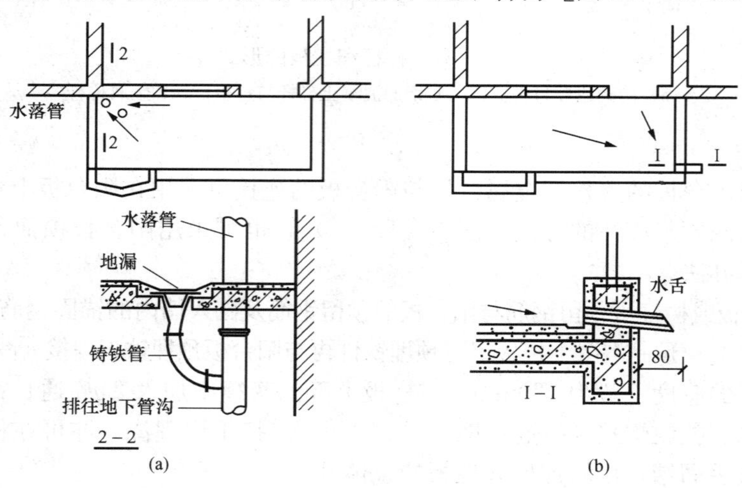

图 10-53 阳台排水处理

(a) 水落管排水；(b) 排水管排水

二、雨篷

雨篷是在房屋的入口处，为了保护外门免受雨淋而设置的水平构件。大型雨篷下常加柱，形成门廊。雨篷有板式和梁板式两种。当采用现浇混凝土板式雨篷时，板可做成变截面形状，端部厚度不小于 50mm，根部厚度可加大，一般不小于 1/8 板长，且不小于 70mm，悬挑长度一般为 0.9～1.5m。为防止雨篷产生倾覆，常将雨篷与门上过梁（或圈梁）浇在一起。如图 10-54（a）所示。板式雨篷可采用无组织排水。

当挑出长度较大时，一般做成梁板式，梁从门过梁或圈梁挑出。通常为了底板平整，也为了防止周边滴水，常将周边梁向上翻起形成反梁式［图 10-54（b）］，并采用有组织排水，即在板顶面沿排水方向做出排水坡，引水的水舌可作在前方，也可作在两侧。

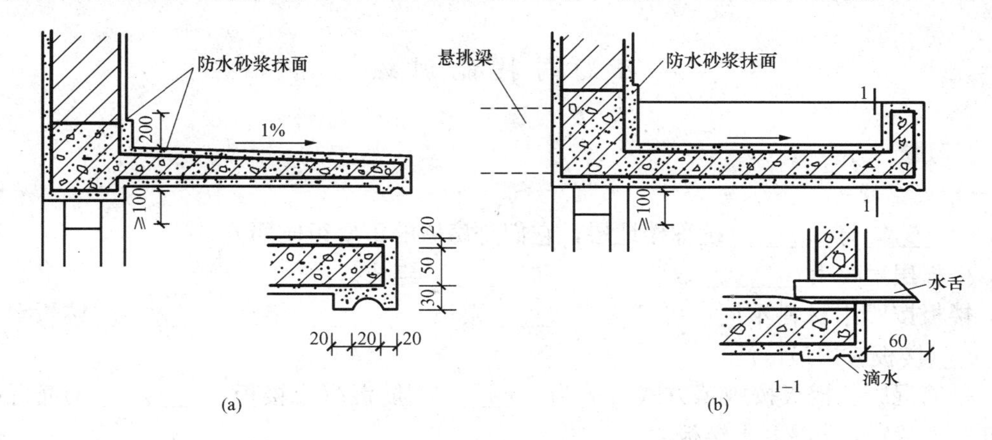

图 10-54　雨篷构造

（a）板式雨篷；（b）梁板式雨篷

雨篷顶面应采用 20mm 厚防水砂浆抹面，并延伸至四周上翻形成高度不小于 250mm 的泛水。

本　章　小　结

楼板层与地坪层统称楼地层，它们是房屋的重要组成部分。

楼板层是多层房屋中水平分隔上下空间的结构构件，能承受并传递楼板层上全部荷载，并将这些荷载通过墙或柱子传递到基础，同时对墙体还有水平支撑的作用。楼板层主要由面层、结构层和顶棚组成。

地坪层是建筑物中与土层直接接触的水平构件，可承受其上面的荷载并将其传给地基。

楼板按所用材料不同，可分为木楼板、钢楼板、钢筋混凝土楼板等，其中钢筋混凝土楼板应用最为广泛。

钢筋混凝土楼板按施工方式可分为现浇钢筋混凝土楼板、预制装配式钢筋混凝土楼板和装配整体式钢筋混凝土楼板。

现浇钢筋混凝土楼板有板式楼板、梁板式楼板、无梁楼板和压型钢板混凝土组合楼板。

预制钢筋混凝土楼板按构造方式及受力特点分实心平板、槽形板和空心板三种。

楼地层的主要构造包括地面构造、楼地层防潮、防水及隔声构造。

地面是楼地板层的面层部分，除有承载传递荷载的作用外，还有室内装饰作用。依面层所用材料不同有整体类、块材类、卷材类和涂料类等几种类型。

顶棚有直接式顶棚和悬吊式顶棚之分。直接式顶棚又有直接喷、刷涂料、抹灰粉面和粘贴饰面等几种方式。悬吊式顶棚按材料不同，又分抹灰吊顶和板材吊顶。

在多层建筑中，阳台是可以为人们提供室外休息、眺望、晾晒和从事家务的平台。阳台按其与外墙的相对位置不同，可分为凸阳台、凹阳台和半挑半凹阳台。阳台的主要构造包括栏杆、栏板、扶手和阳台排水等细部处理。

雨篷是设在建筑物进出口处的构件，起到了遮挡雨雪、保护外门的作用，为出入行人在雨天作暂时停留提供了场所，同时也丰富了建筑物的立面效果。

习题与技能训练

一、习题

（一）填空题

1. ________与________统称楼地层，它们是房屋的重要组成部分。

2. 楼板层主要由________、________和________组成。

3. 楼板按所用材料不同，可分为________楼板、________楼板、________楼板等，其中________楼板应用最广泛。

4. 钢筋混凝土楼板按施工方式可分为________钢筋混凝土楼板、________钢筋混凝土楼板和________钢筋混凝土楼板。

5. 现浇钢筋混凝土楼板又分________楼板、________楼板、________楼板和________楼板。

6. 预制钢筋混凝土楼板按构造方式及受力特点可分为________板、________板和________板 3 种。

7. 地面依面层所用材料不同有________、________、________和________等几种类型。

8. 顶棚有________式顶棚和________式顶棚之分。

9. 阳台按其与外墙的相对位置不同，可分为________、________和________几种形式。

（二）名词解释

1. 楼板层
2. 地坪层
3. 压型钢板混凝土组合楼板
4. 板式楼板
5. 梁式楼板
6. 密肋填充块楼板
7. 叠合楼板

（三）简答题

1. 楼板层由哪几部分组成？各部分起什么作用？
2. 现浇钢筋混凝土楼板中如何区分单向板和双向板？
3. 预制装配式钢筋混凝土楼板的类型及其特点是什么？

4. 调整不同差额预制板缝的方法有哪些？

5. 为什么预制板不能出现三面支承的情况？

6. 装配式楼板与装配整体式楼板有何区别？叠合楼板有何优越性？

7. 使用花篮梁有什么好处？

8. 地面应满足哪些要求？地面有几种类型？

9. 整体地面有哪几种？各有几部分组成？

10. 水磨石地面为什么要设分格条？

11. 楼地层的防潮处理有哪些方法？

12. 楼板顶棚的构造形式有几种？每种构造做法有何特点？

13. 阳台有什么作用？常见阳台有哪几种类型？

14. 雨篷的作用是什么？其构造要点有哪些？

二、技能训练

1. 参观几个铺设地面的工地现场，了解几种地面铺设的施工步骤及构造做法。

2. 参观一制作现浇钢筋混凝土楼板的现场，观察其板和墙（梁、柱）的构造做法，分析构件之间受力、传力是如何实现的。

3. 观察身边建筑物的阳台、雨篷的形式，分析其有何利弊，并提出改进建议。

4. 设计 1～2 种常用地面的构造做法，并按制图规定标注出各层次的材料强度等级及做法要求。

第十一章　楼　　梯

本章提要　本章主要介绍了楼梯的组成、类型和尺度，楼梯的设计要求和设计计算方法；钢筋混凝土楼梯的特点、结构形式和细部构造；对室外台阶与坡道、电梯与自动扶梯以及楼梯和坡道的无障碍设计进行了简单介绍。

学习目标　熟悉楼梯的组成、类型和尺度等内容；掌握楼梯间平面设计与剖面设计；掌握钢筋混凝土楼梯的特点和构造形式；理解楼梯的设计中保证楼梯净空高度的几种措施；了解楼梯和坡道的无障碍设计及电梯与自动扶梯的基本内容。

第一节　楼梯的组成、类型及尺度

在建筑中，不同楼层之间，以及需要相互连通的不同标高的建筑平面之间需要设置垂直交通设施，其中常用的垂直交通设施有楼梯、电梯、自动扶梯、台阶以及坡道。楼梯是建筑物中必备的垂直交通设施，无论建筑物中是否已设置其他垂直交通设施，都必须设置楼梯。

一、楼梯的组成

作为楼层之间垂直交通用的建筑部件，楼梯主要由楼梯梯段、楼梯平台、栏杆扶手三部分组成（图 11-1）。

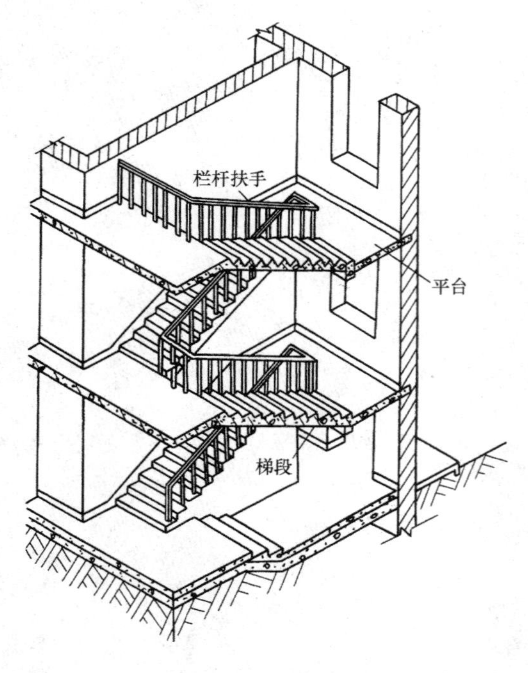

图 11-1　楼梯的组成

（1）楼梯梯段。楼梯梯段是由若干踏步组成，是供层间上下行走的通道构件。每个踏步由踏面（供行走时踏脚的水平部分）和踢面（形成踏步高差的垂直部分）组成。楼梯的坡度由踏步形成。为保证人流通行的安全和舒适，每个梯段的踏步不应超过 18 级，也不应少于 3 级。

（2）楼梯平台。楼梯平台是指用来联通楼层、转换梯段方向以及供行人中途休息的水平构件。楼梯平台分为楼层平台和中间平台两种，其中与楼层标高相一致的楼梯平台称为楼层平台，介于两个楼层之间的楼梯平台称为中间平台或休息平台。

（3）栏杆（或栏板）和扶手。栏杆是指布置在楼梯梯段的边缘和平台临空的一面，用以保障楼梯上行人行走安全的围护构件。栏杆或栏板顶部供人们行走倚扶用的连续构件称为扶手。

二、楼梯的类型

楼梯的分类的方法较多，最常见的方法有以下几类：

（1）按使用材料可分为木楼梯、钢楼梯和钢筋混凝土楼梯等；

（2）按使用功能可分为主要楼梯、次要楼梯、辅助楼梯、疏散楼梯等；

（3）按其所在位置可分为室内楼梯和室外楼梯；

（4）按楼梯踏步平面几何形状可分为矩形踏步楼梯和非矩形踏步楼梯；

（5）按楼梯间的形式可分为开敞式楼梯间、封闭式楼梯间、防烟楼梯间；

（6）按楼梯平面形式可分为直上式（直跑式）楼梯、曲尺式（折角）楼梯、双折式（双跑）楼梯、剪刀楼梯、弧形楼梯和螺旋式楼梯。

直上式（直跑式）楼梯是指沿着一个方向上楼的楼梯，具有方向单一、导向性强的特点。

直跑式楼梯有单跑、多跑之分。直行单跑楼梯是指中间没有休息平台的直跑楼梯，由于单跑梯段的踏步一般不超过18级，故直行单跑楼梯常用于层高不高的建筑中。直行多跑楼梯是指中间设有休息平台的直跑楼梯，多用于大型公共建筑底层或室外楼梯［图11-2（a)、(b)］。

双折式（平行双跑）楼梯是指第二跑楼梯段折回和第一跑楼梯段平行的楼梯，有平行双跑、平行双分、双合楼梯之分。双折式楼梯具有布置紧凑，造型均衡对称，庄重严谨的特点，是建筑物中较多采用的一种楼梯形式，常用做建筑物的主要楼梯［图11-2（g)、(f)］。

曲尺式（折行）楼梯是指第二跑与第一跑梯段之间成90°或其他角度，一般用于不对称的平面布局。常见的有折行双跑、折行三跑楼梯［图11-2（c)、(d)］。

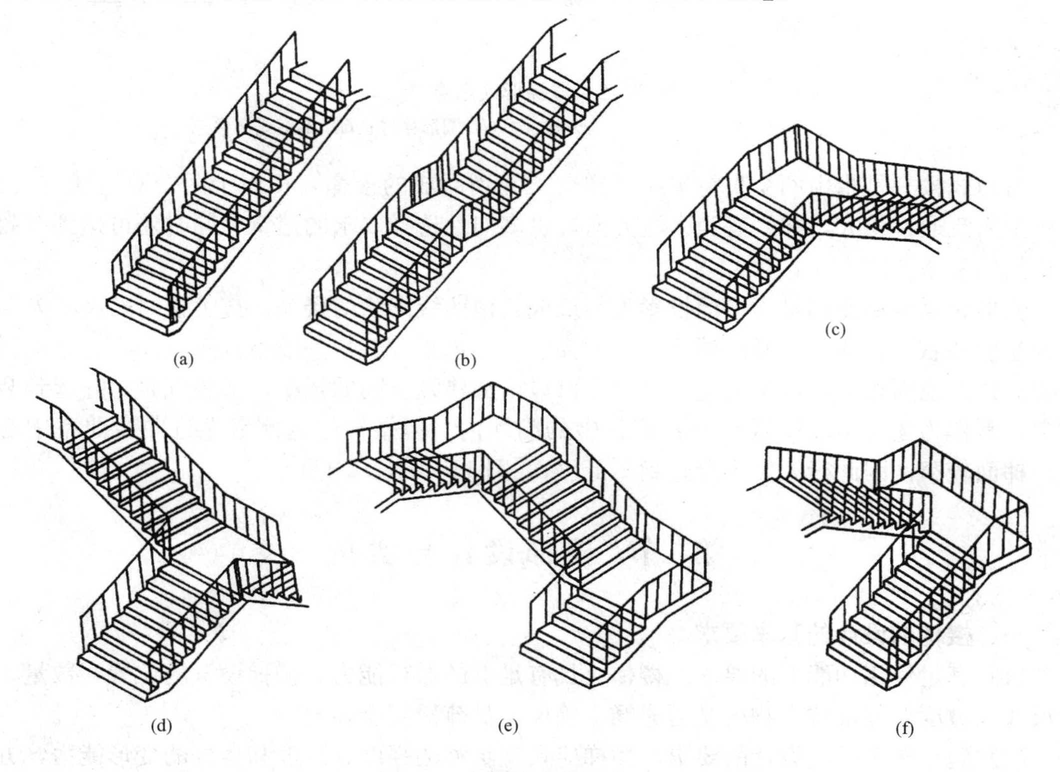

图11-2　楼梯形式示意（一）

(a) 直跑楼梯（单跑）；(b) 直跑楼梯（双跑）；(c) 折角楼梯；(d) 双分折角楼梯；(e) 三跑楼梯；(f) 双跑楼梯

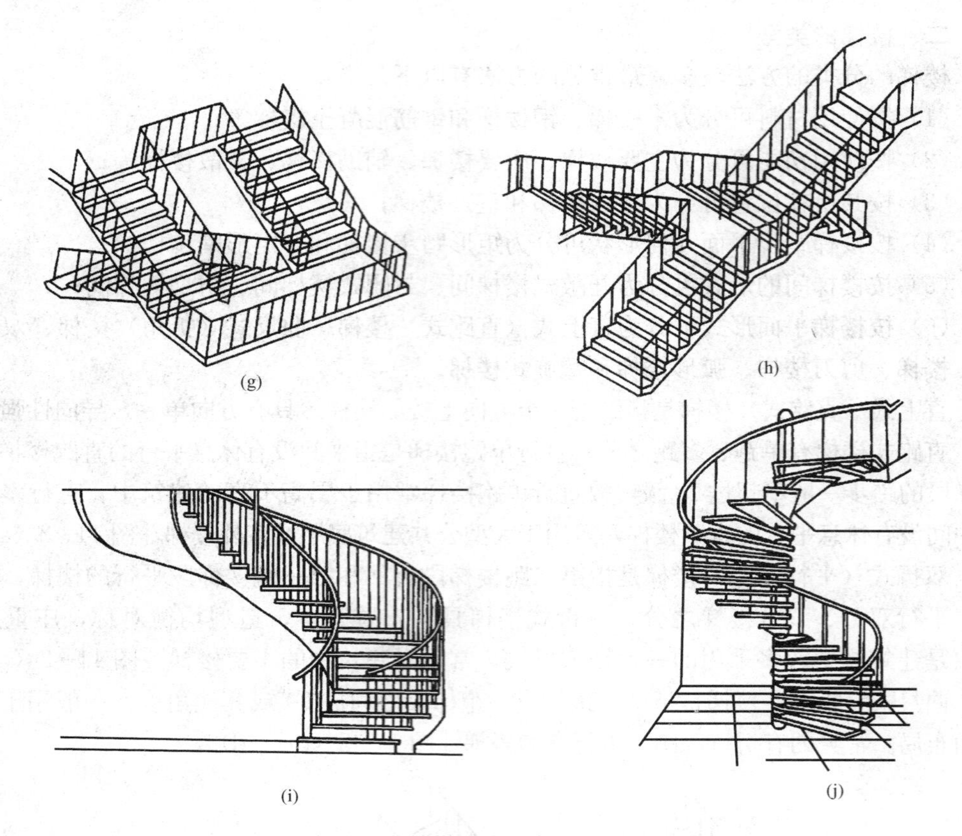

图 11-2 楼梯形式示意（二）
(g) 双分平行楼梯；(h) 剪刀楼梯；(i) 圆形楼梯；(j) 螺旋式楼梯

剪刀式楼梯是指由两个直行单跑楼梯交叉并列而成的楼梯，相当于两个双跑楼梯对接，适用于人流通行量大，并且有为人流方向提供多向性选择要求的建筑，同时还可达到有效利用空间的效果［图 11-2 (h)］。

弧形、螺旋形楼梯是指平面投影为圆形或其他曲线形状的楼梯，按上楼时的旋转方向可分为左旋和右旋式两种。考虑楼梯的刚度要求，其水平旋转角一般不宜超过 360°。这类楼梯的特点是占地面积小，造型优美、轻盈，可以增加建筑空间的轻松、活泼气氛，并起到装饰效果，常作为建筑小品布置在公共建筑中的门厅内。但楼梯的内侧（靠近曲线曲率中心一侧）梯面较窄，因此行人登梯会感到不舒服，［图 11-2 (i)、(j)］。

第二节 楼梯设计与实例

一、楼梯的设计的基本要求

(1) 满足使用功能上的要求。楼梯应具有足够的通行能力。楼梯设置的位置、数量、平面尺寸和坡度要保证建筑物内交通通畅，确保人员疏散安全。

(2) 满足建筑结构设计的要求。楼梯应具有足够的强度、刚度和良好的变形能力，方便施工，经济合理。

(3) 满足建筑造型的要求。楼梯的造型应美观、大方，对建筑物能起到装饰效果。

二、楼梯的尺度

（一）楼梯的坡度

楼梯的坡度是指楼梯段的坡度。它有两种表示方法：一种是用斜面和水平面的夹角来表示；另一种是用斜面的垂直投影高度与斜面的水平投影长度之比来表示。楼梯坡度常用范围为20°～45°，一般控制在30°左右。对只有少数人使用的楼梯可适当放宽要求，但不宜超过45°。坡度小于20°时，应采用坡道或台阶形式。坡度大于45°时，则采用爬梯。楼梯、坡道、爬梯的坡度范围如图11-3所示。

（二）踏步尺寸

梯段是由若干踏步组成，每个踏步由踏面和踢面组成（图11-4）。楼梯梯段是供人通行的，因此踏步尺寸与人行走有关，即踏面宽度与人的脚长和上下楼梯时脚与踏面接触状态有关，一般踏面宽度不宜小于240mm。当踏面宽度尺寸较小时，人行走时脚跟部分可能会悬空，行走不舒适，通常采取加做踏口的方法加宽踏面。踏口的挑出尺寸为20～25mm。

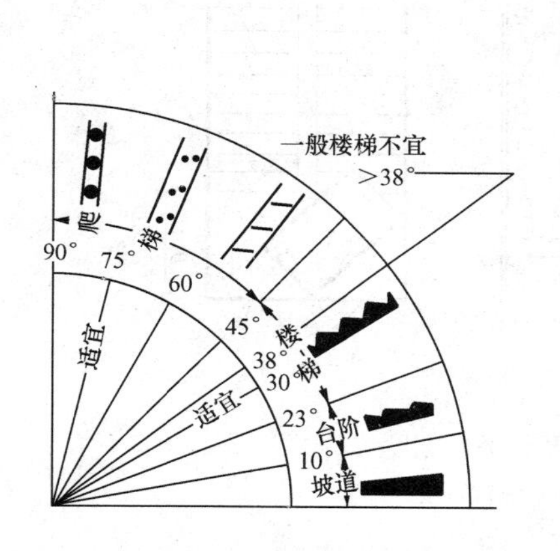

图11-3　楼梯、爬梯及坡道的坡度

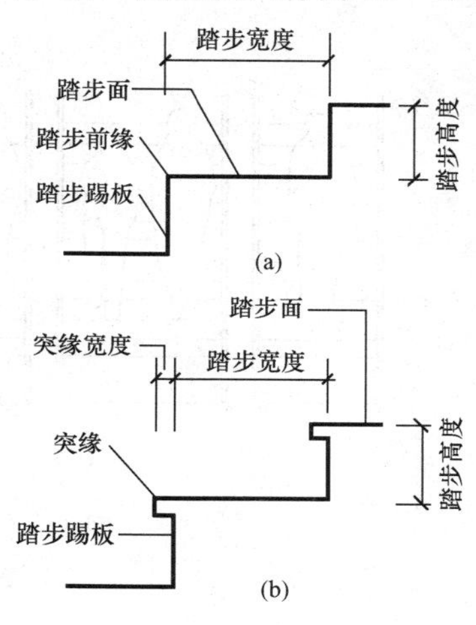

图11-4　踏步形式

（a）无突缘；（b）有突缘

踢面高度的确定与踏面宽度有关。踢面高度和踏面宽度之和要与人的步距相吻合。可按下列经验公式计算踏步尺寸：

$$2r + g = 560 \sim 630\text{mm}$$

或

$$r + g = 450\text{mm}$$

式中　r——踏步踢面高度；

g——踏步踏面宽度；

560～630mm——一般人的步距。

一般楼梯踏步尺寸见表11-1。

表11-1　楼梯踏步最小宽度和最大高度　m

楼梯类别	最小宽度	最大高度	坡度（°）	步距
住宅共用楼梯	0.26	0.175	33.94	0.61
幼儿园、小学校等楼梯	0.26	0.15	29.98	0.56

续表

楼梯类别	最小宽度	最大高度	坡度（°）	步距
电影院、剧场、体育馆、商场、医院、旅馆和大中学校等楼梯	0.28	0.16	29.74	0.60
其他建筑楼梯	0.26	0.17	33.18	0.60
专用疏散楼梯	0.25	0.18	35.75	0.61
服务楼梯、住宅套内楼梯	0.22	0.20	42.27	0.62

（三）梯段宽度

梯段的宽度是指墙面至两楼梯扶手中心线之间或楼梯扶手中心线之间的水平距离，它主要取决于通行人流股数、搬运物件尺寸大小以及防火规范中有关疏散宽度的要求（图11-5）。在多层建筑中，梯段宽度还应按上层最多一层的人流股数来确定。

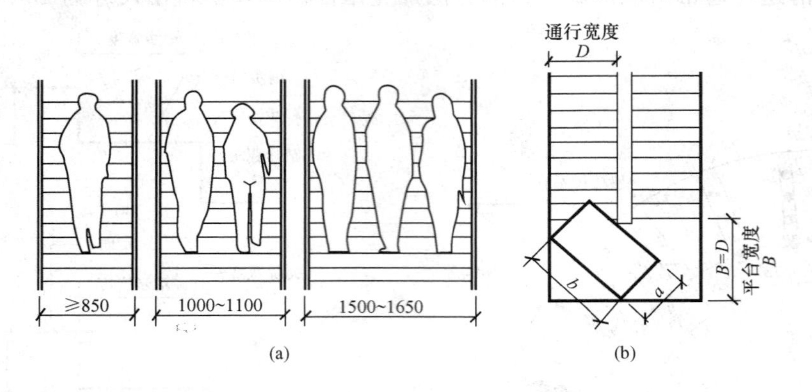

图11-5　楼梯宽度和平台宽度

（a）楼梯宽度；（b）平台宽度

作为主要交通用的楼梯梯段宽度是根据使用过程中人流股数确定的（表11-2），并不应小于两股人流，即上行与下行在楼梯段中间相遇时能正常通过（图11-5）。每股人流宽取550mm＋（0～150mm），这里0～150mm是人流在行进中人体的摆幅。

表11-2　　**楼梯梯段宽度**　　mm

类　别	梯　段　宽	备　注
单人通过	750～900	满足单人携物通过
双人通过	1100～1400	
多人通过	1650～2100	

（四）梯井宽度

梯井是指楼梯梯段之间形成的空间。梯井的宽度一般取50～200mm，当梯井宽度超过200mm时应在梯井部位设置水平防护设施。对于公共建筑疏散楼梯的楼梯井，一般不宜小150mm，以便在火灾发生时，消防人员可以利用梯井向上吊挂水带，从而节约时间和减少水带的水头损失，有利于迅速有效地扑救火灾。

（五）楼梯平台宽度

楼梯平台宽度不应小于楼梯段的宽度，且最小宽度为 1.2m。在楼梯设计中平台宽度的确定还要根据建筑物使用的实际情况具体分析。

楼层平台：除开放式楼梯外，封闭楼梯和防火楼梯的楼层平台深度应与中间平台深度一致。

中间平台深度以下列情况确定：

(1) 直跑楼梯中间平台深度应$\geqslant 2g+r$；

(2) 双排楼梯中间平台深度应≥梯段宽度；

(3) 有搬运家具、大型物品需要的楼梯，其中间平台宽度可按下列公式验算：

$$B = 100 + \sqrt{\left(\frac{b}{2}\right)^2 + a^2}$$

式中 B——中间平台最小净深度；

100——家具与建筑物之间的间隙距离；

a——家具宽度，mm；

b——家具长度，mm。

（六）栏杆（或栏板）扶手高度

扶手高度是指踏面中心到扶手顶面的垂直距离。确定扶手高度时要考虑人们通行楼梯段时依扶是否方便。室内扶手高度一般不宜小于 900mm。供儿童使用的楼梯应在 600mm 处增设一道扶手（图 11-6），为防止儿童穿过栏杆空档而发生危险，栏杆之间的水平净距离不应大于 110mm。室外楼梯扶手高度应适当加高一些，不应低于 1050mm，高层建筑不低于 1100mm。

（七）楼梯的净空高度

楼梯的净空高度包括楼梯段的净高和平台过道处的净高。楼梯段的净高是指自踏步前缘线（包括最低和最高一级踏步前缘线以外 0.3m 范围内）到正上方突出物下缘间的垂直距离。平台过道处净高是指平台梁底至平台梁正下方踏步或楼地面上边缘的垂直距离。为保证在这些部位通行或搬运物件时不受影响，其净空高度在平台过道处应大于 2m；在楼梯段处应大于 2.2m（图 11-7）。

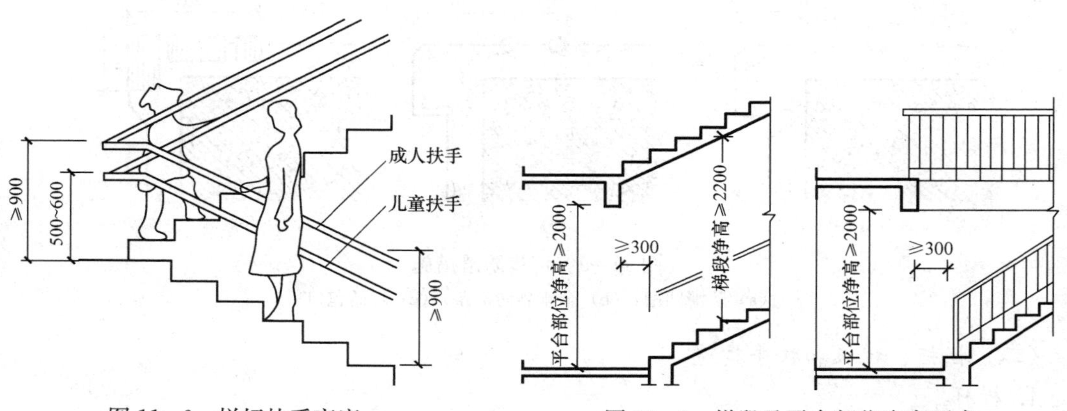

图 11-6 栏杆扶手高度

图 11-7 梯段及平台部位净高要求

当在平行双跑楼梯中间平台下设通道出入口时，为保证平台下净高满足通行要求，可以采取以下办法解决：

(1) 将底层第一梯段增长，形成级数不等的梯段，以提高中间平台标高。这种处理方法会使楼梯间加大进深。

(2) 楼梯段长度不变，降低楼梯间中间平台地坪标高，使其低于底层的室内地面标高。这种处理，梯段构件统一，但是室内外地坪高差应满足使用要求，以免雨水内溢。

(3) 调整楼梯的支承方式，取消中间平台的平台梁，将梯段做成折板，只要符合结构设计要求，便可提高楼梯平台下的高度。

在楼梯设计中常将上述三种方法结合使用，以便满足楼梯净空要求。

三、楼梯的细部构造

(一) 踏步面层及防滑处理

楼梯是供人行走的，楼梯的踏步面层应便于行走、耐磨、防滑和清洁，同时也要求造型美观。踏步面层的材料，视装修要求而定，通常与门厅或走道的楼地面面层材料一致，常用的有水泥砂浆面层、水磨石面层、大理石和缸砖面层等（图 11-8）。

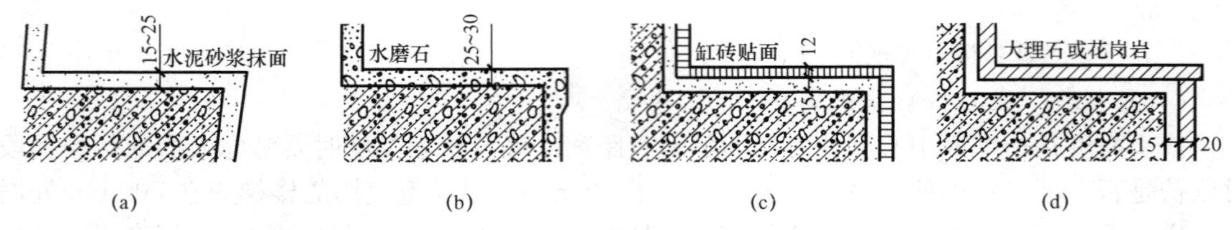

图 11-8 踏步面层构造

(a) 水泥砂浆踏步面层；(b) 水磨石踏步面层；(c) 缸砖面层；(d) 大理石或花岗岩踏步面层

在通行人流量大或踏步表面光滑的楼梯，为防止行人在行走时滑跌，踏步表面应采取防滑和耐磨措施。防滑措施通常是在踏步踏口处设防滑条，防滑条常采用铁屑水泥、金刚砂、塑料条、橡胶条、金属条、马赛克等。最简单的做法是做踏步面层时，留二三道凹槽，但使用中易被灰尘填满，使防滑效果不够理想，且易破损。防滑条或防滑凹槽长度一般按踏步长度每边减去 150mm。还可采用耐磨防滑材料如缸砖、铸铁等做防滑包口，既防滑又起保护作用（图 11-9）。

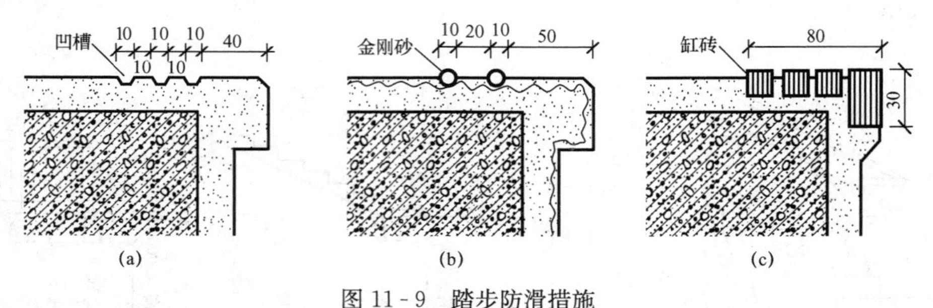

图 11-9 踏步防滑措施

(a) 防滑凹槽；(b) 金刚砂防滑条；(c) 缸砖包口

(二) 栏杆、栏板和扶手构造

1. 栏杆

栏杆多用方钢、圆钢、扁钢等型材焊接或铆接成各种图案，既起防护作用，又有一定的装饰效果。常见栏杆形式见图 11-10。

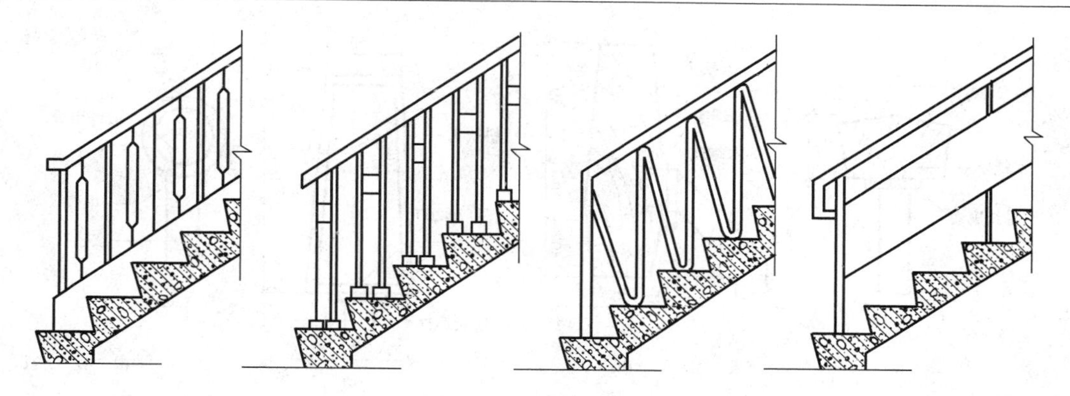

图 11-10 栏杆式样

栏杆与楼梯段应有可靠的连接，连接方法主要有预埋铁件焊接、预留孔洞插接和螺栓连接等。预埋铁件焊接，即将栏杆的立杆与楼梯段中预埋的钢板或套管焊接在一起；预留孔洞插接，即将栏杆的立杆端部做成开脚或倒刺插入楼梯段预留的孔洞，用水泥砂浆或细石混凝土填实；螺栓连接见图 11-11。

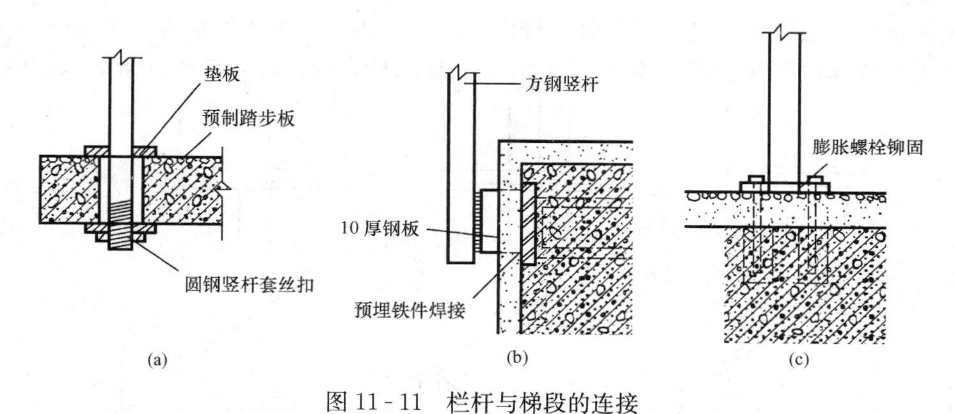

图 11-11 栏杆与梯段的连接

(a) 圆钢立杆套丝扣拧固；(b) 立杆与踏步侧面预埋件焊接；(c) 立杆焊在底板上

2. 栏板

用实体构造做成的栏板，多用钢筋混凝土、加筋砖砌体、有机玻璃等制作。对于砖砌栏板，当栏板厚度为 60mm（即标准砖侧砌）时，外侧要用钢筋网加固。现浇钢筋混凝土楼梯栏板经支模、扎筋后，与楼梯段整浇；预制钢筋混凝土楼梯栏板则用预埋钢板焊接。

3. 扶手

扶手一般采用硬木、塑料和金属管材制作，其中硬木扶手常用于室内楼梯，金属和塑料是室外楼梯扶手常用的材料。另外，栏板顶部的扶手可用水泥砂浆或水磨石抹面而成，也可用大理石板、预制水磨石板或木板贴面制成。

楼梯扶手与栏杆应有可靠的连接，连接方法视扶手材料而定。硬木扶手与金属栏杆的连接，通常是在金属栏杆的顶部先焊接一根带小孔的通长扁铁，然后用木螺丝通过扁铁上预留小孔，将木扶手和栏杆连接成整体；塑料扶手与金属栏杆的连接方法和硬木扶手类似，或塑料扶手通过预留的卡口直接卡在扁铁上；金属扶手与金属栏杆多用焊接（图 11-12）。

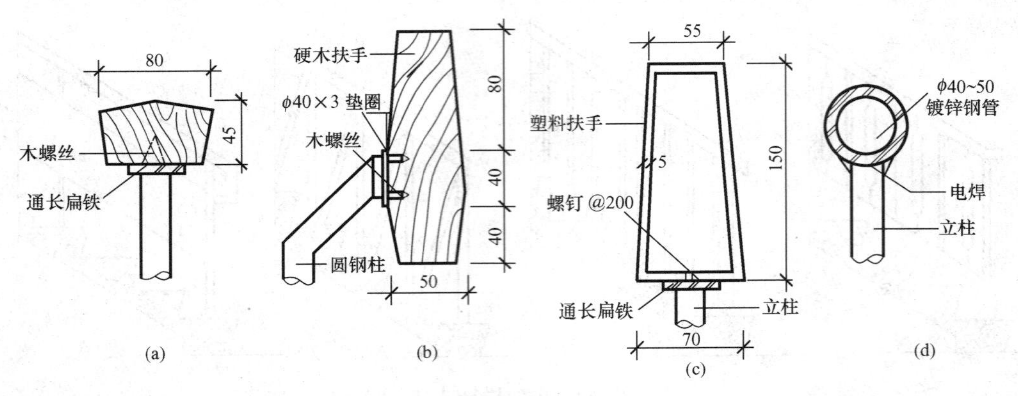

图 11-12 扶手与栏杆连接

(a)、(b) 木扶手与栏杆连接；(c) 塑料扶手与栏杆连接 (d) 金属扶手与栏杆连接

双跑楼梯在平台转折处，上行楼梯段和下行楼梯段的第一个踏步口常设在一条竖线上。如果平台栏杆紧靠踏步口设置扶手，顶部高度则突然变化，扶手需做成一个较大的弯曲线，即所谓鹤颈扶手［图 11-13 (a)］，连接上下扶手。这种处理方法费工费料，使用不便，应尽量避免。常用方法有：一是将平台处栏杆内移至距踏步口约半步的地方［图 11-13 (b)］；二是将上下行楼梯段错开一步［图 11-13 (c)］。这两种处理方法，扶手连接都较顺畅。

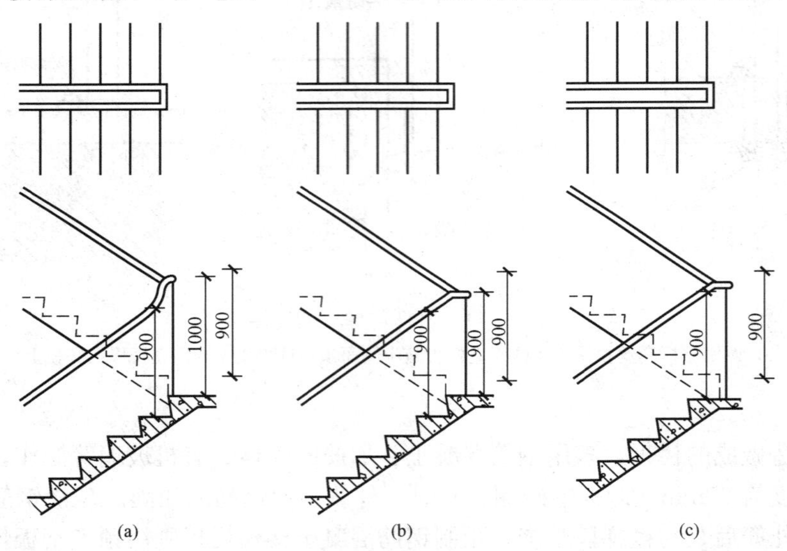

图 11-13 楼梯转折处扶手高差处理

(a) 鹤颈扶手；(b) 栏杆扶手伸出踏步半步；(c) 上下梯段错开一步

四、楼梯设计

(一) 设计步骤

(1) 根据建筑物的使用性质，初选踏步高 r，确定踏步数 n。用房屋的层高 H 除以踏步高 r，得出踏步级数 $n=H/r$。踏步数应为整数。

(2) 初选踏步宽 g。由初定的踏步宽确定楼梯段的水平投影长度。

$$L=(0.5n-1)g$$

由于最后一个踏步宽并入了平台宽，因此楼梯段踏步宽的个数比楼梯段的踏步级数少一个。

（3）根据通过人数和楼梯间的尺寸确定楼梯间的楼梯段宽度 D 及梯井宽度 C。

$$D=(\text{开间}-C-\text{墙厚})/2$$

（4）初选楼梯中间平台的宽度 B。$B\geqslant D$。

（5）根据初选楼梯中间平台的宽度及楼梯段的水平投影长度，计算楼层平台宽度 B'。对于封闭楼梯间 $B'\geqslant D$。

（6）进行楼梯净空的验算，使之符合净空高度的要求。

（7）最后绘制楼梯平面图及剖面图。

（二）设计实例

【例 11-1】 某 5 层住宅楼，层高 2900mm，封闭楼梯间开间 2700mm，进深 5700mm，室内外高差 600mm，内墙厚 240mm，轴线居中，外墙厚 370mm，轴线外侧 250mm，轴线内侧 120mm，要求在底层楼梯平台下做出入口，试设计一个平行双跑楼梯（参考尺寸：平台梁 200mm×350mm，平台板厚 80mm）。

解

1. 确定踏步尺寸

本楼梯为住宅楼梯，由于使用人数有限，坡度可陡一些。初选踏步高 $r=160$mm，则每层踏步数 $n=2900/160=18.125$，取 $n=18$ 步，可得踏步高 $r=2900/18=161.11$（mm），按照 $2r+g=560\sim630$mm，$g=600-2\times161.11=277.8$（mm）≈280（mm）。

2. 计算梯段水平投影长度

每一梯段的水平投影长度 $L=(18\times0.5-1)\times280=2240$（mm）。

3. 确定梯段宽和梯井宽

取梯井宽 $C=100$mm，则梯段宽 $D=(2700-2\times120-100)/2=1180$mm。

4. 确定中间平台宽 B

根据 $B\geqslant D$，确定 $B=1200$mm。

5. 确定楼层平台宽度 B'

$B'=(5700-1200-2\times120-2240)=2020>D=1180$（mm），且满足入户门的开启要求。

6. 底层平台下做出入口时净高的验算

由于平台梁高 350，净高 $H=(9\times161.1-350)=1100$（mm）$<2000$mm，不能满足净高要求。解决办法如下。

（1）降低底层平台下局部地坪的标高，使其为－0.45m。此时净高 $H=(9\times161.1-350+450)=1550(mm)<2000$mm。

（2）将第一层楼梯设计成长短跑，第一跑为长跑，其踏步数为 n_1，$(n_1\times161.1-350)\geqslant2000$mm，则 $n_1\geqslant14.59$，取 $n_1=15$。

第一跑梯段水平投影长 L 及楼层平台宽度 B'：$L=(15-1)\times280=3920$(mm)，$B'=(5700-L-B-240)=(5700-3920-1200-240)=340$(mm)，入户门无法开启，是不可行的。

（3）将前两种做法结合起来。第一跑踏步数为 n_1，平台梁高 350mm，降低底层平台下的地坪标高，使其为－0.45m，则 $(n_1\times161.1-350+450)\geqslant2000$mm，得 $n_1\geqslant11.79$，取 $n_1=12$。

第一跑梯段水平投影长 $L=(12-1)\times280=3080$(mm)，底层平台下的净高 $H=$（12×

161.1－350＋450）＝2033.32＞2000mm，满足净高要求。

B'＝(5700－120－120－1200－3080)＝1180（mm）≥D＝1180mm，且满足入户门的开启要求。

第二跑梯段踏步数 n_2＝18－12＝6

7. 绘制楼梯平面图及剖面图，如图 11－14 所示。

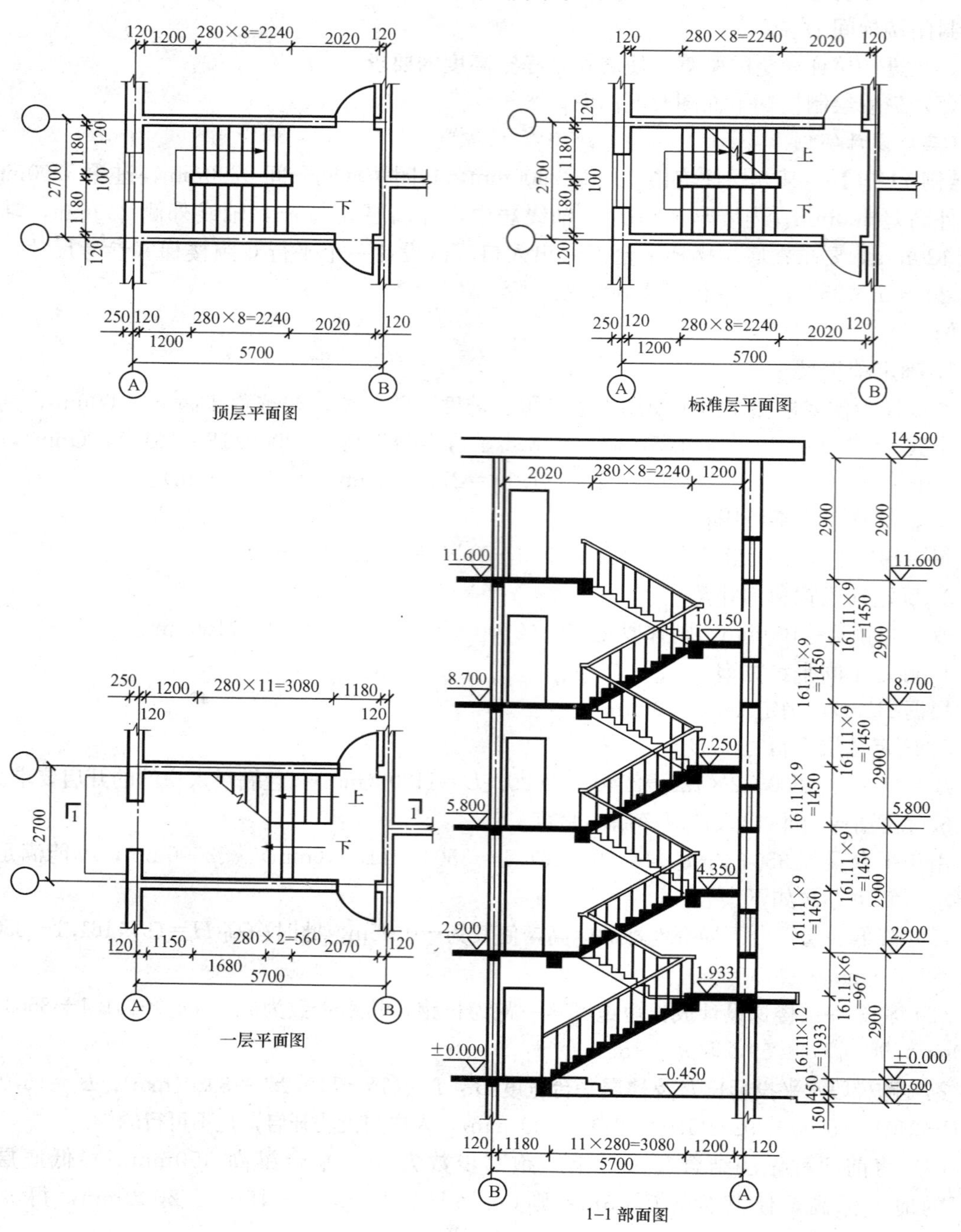

图 11－14 楼梯平面图与剖面图

第三节　现浇钢筋混凝土楼梯

一、现浇钢筋混凝土楼梯的特点

现浇钢筋混凝土楼梯是指楼梯段、楼梯平台等整体浇筑在一起的楼梯。它整体性好、刚度大、坚固耐久、抗震能力强，有良好的可塑性，能适应各种楼梯形式。但是在施工过程中，要经过支模板，绑扎钢筋，浇灌混凝土，振捣，养护，拆模等作业，因而施工周期长。适合于楼梯形状复杂、抗震设防要求较高的建筑。

二、分类

现浇钢筋混凝土楼梯根据楼梯段的传力特点，分为板式楼梯和梁式楼梯。

(一) 板式楼梯

板式楼梯是指梯段板作为一块整浇板斜向搁置在平台梁上的楼梯。板式楼梯段的底面平齐，便于装修［图 11-15 (a)］。为了保证楼梯平台下的净空高度，常把两个或一个平台板和一个梯段组合成一块折形板，这种楼梯又称为折形板式楼梯［图 11-15 (b)］。由于梯段板跨度增加，斜板的截面高度也将加大，因此常用于楼梯荷载较小，楼梯段的跨度也较小的住宅、房屋。

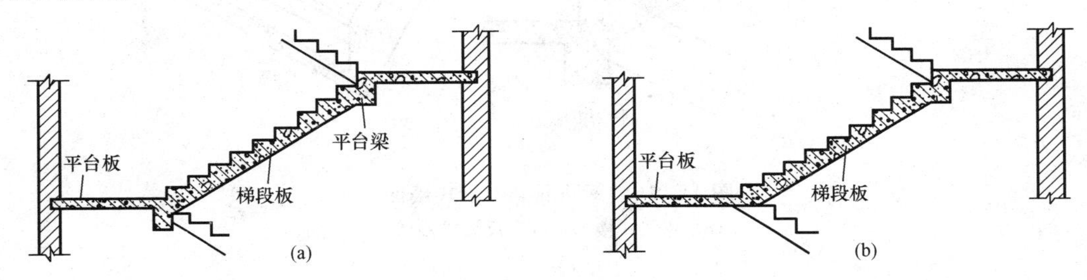

图 11-15　板式楼梯构造

(a) 带平台梁的楼梯；(b) 不带平台梁的楼梯

(二) 梁板式楼梯

梁式楼梯是指梯段支撑在斜梁上，斜梁又支撑在平台梁上的楼梯。梁式楼梯是由踏步板、楼梯斜梁、平台梁和平台板组成。荷载由踏步板传给斜梁，再由斜梁传给平台梁，而后传到墙或柱上。梁式楼梯与板式楼梯相比，板的跨度小，故在板厚相同的情况下，梁式楼梯可以承受较大的荷载。梁式梯段在结构布置上有双梁布置和单梁布置之分。

双梁式楼梯是指将梯段斜梁布置在踏步的两端的梯段。当斜梁在板的下部称为正梁式楼梯，其上面踏步露明，常称明步［图 11-16 (a)］。有时为了让楼梯段底表面平整或避免洗刷楼梯时污水沿踏步端头下淌，弄脏楼梯，常将楼梯斜梁翻向上面称反梁式楼梯，其下面平整，踏步包在梁内，常称暗步［图 11-16 (b)］。边梁的宽度应做的窄一些，必要时可以和栏杆结合。

单梁式楼梯是指由梯段板和单根梯段梁构成的楼梯。梯梁布置有两种形式，梯段梁位于梯段板一端的称为单梁悬臂式楼梯［图 11-17 (a)］。梯段梁位于梯段板中间的称为单梁挑板式楼梯［图 11-17 (b)］。单梁楼梯外形轻巧、美观，多用于大型公共建筑底层或室外楼梯。

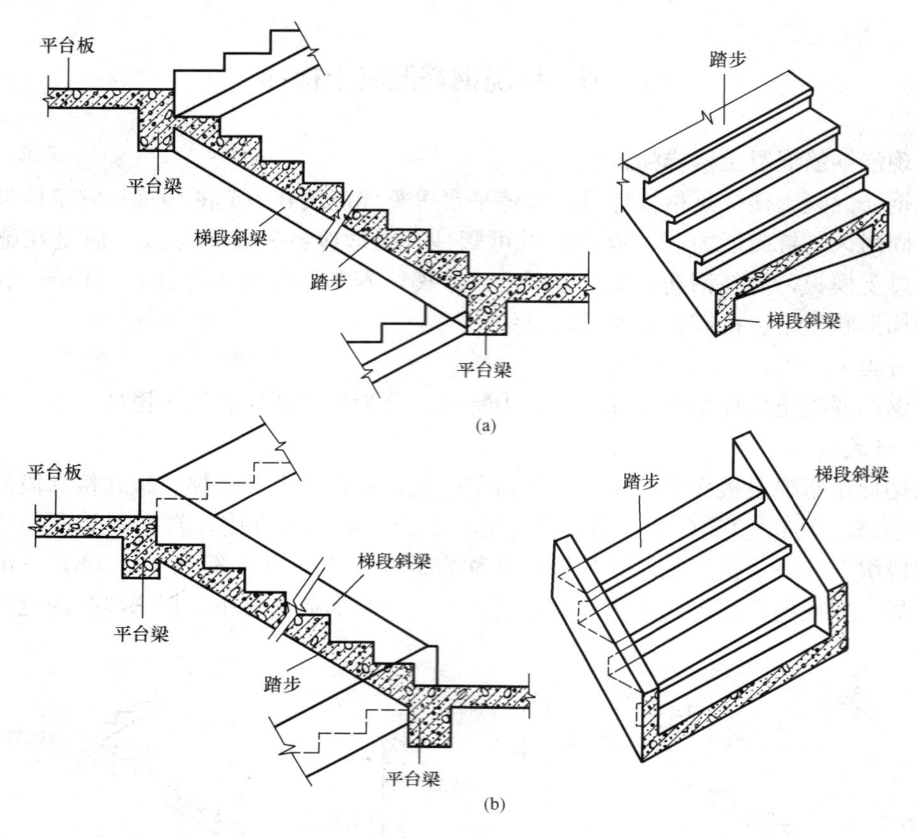

图 11-16 钢筋混凝土梁式楼梯

(a) 正梁式楼梯；(b) 反梁式楼梯

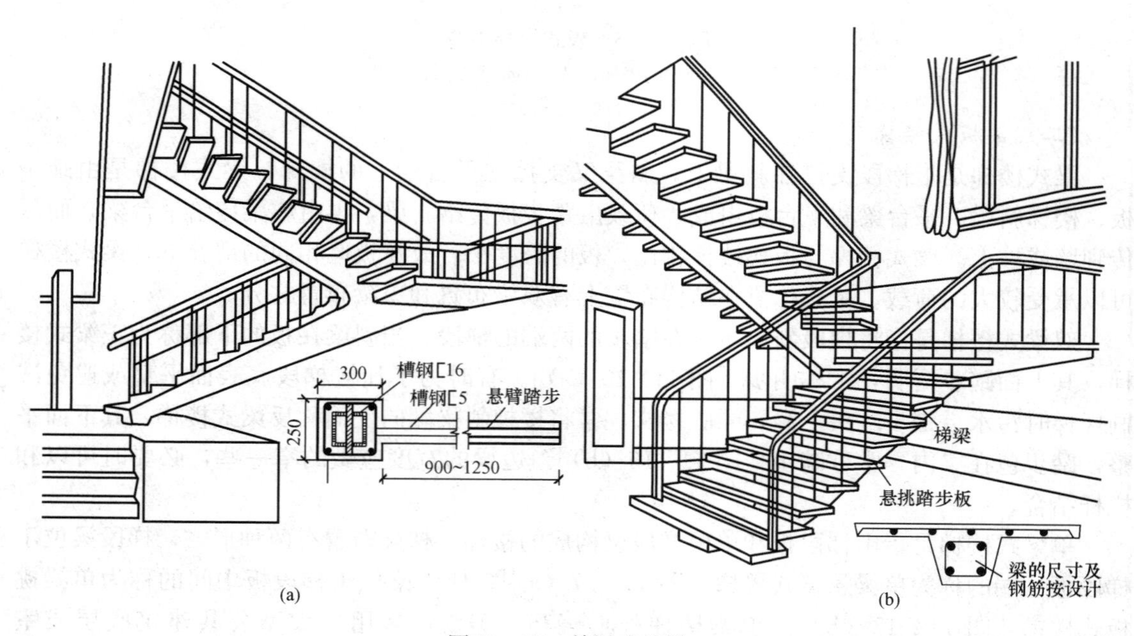

图 11-17 单梁式楼梯

(a) 单梁悬臂式楼梯；(b) 单梁挑板式楼梯

第四节　预制装配式钢筋混凝土楼梯

预制装配式钢筋混凝土楼梯是指将在预制厂生产或现场制作的构件安装拼合而成的楼梯。这类楼梯的优点是可在工厂生产，有利于提高建筑工业化施工水平，节约模板，简化操作程序，保证工程质量，大幅度地缩短工期，同时减轻了工人的劳动强度。但它的整体性、抗震性、灵活性不如现浇钢筋混凝土楼梯，因此使用范围受到限制。

预制装配式钢筋混凝土楼梯根据构件尺度不同可分为小型构件装配式和大、中型构件装配式两大类。

一、小型构件装配式楼梯

小型构件装配式楼梯是将楼梯分解为若干小构件，主要有踏步板、平台板、支承结构(平台梁和梯梁)。其构件体积小、重量轻，易于制作，便于运输和安装。但由于安装工序多，施工周期长，湿作业多，工人劳动强度大，只适用于施工现场机械化程度较低的工地采用。

1. 预制踏步

钢筋混凝土预制踏步从断面形式看，一般有一字形，L形和三角形三种（图 11-18）。

2. 支承结构

梯梁截面有矩形、L 形和锯齿形三种。一字形或 L 形踏步与锯齿形梯梁配套，三角形踏步与矩形、L 形梯梁配套使用。平台梁一般采用 L 形截面，以便于支承斜梁。

3. 平台板

平台板常采用预制楼板，如实心小板、空心板或槽形板。平台板可平行或垂直于平台梁布置，前者支承在楼梯间横墙上，后者支承在平台梁和楼梯间纵墙上。

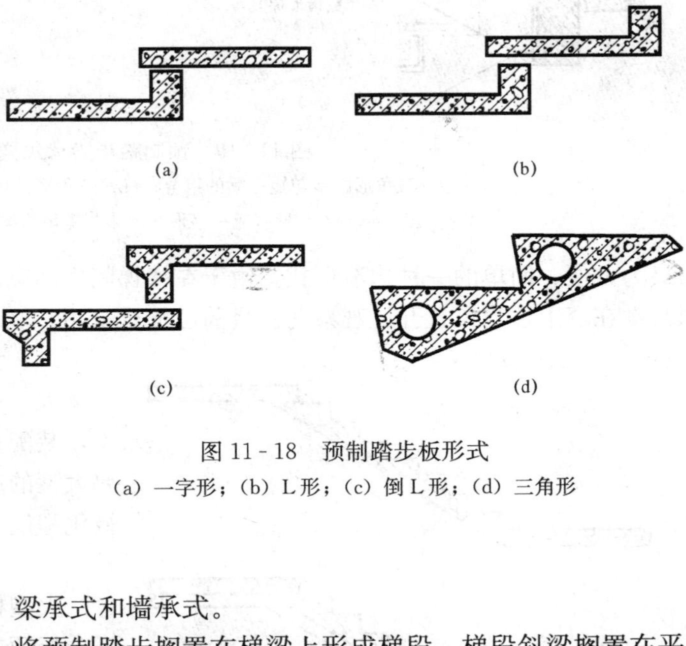

(a)　(b)　(c)　(d)

图 11-18　预制踏步板形式

(a) 一字形；(b) L形；(c) 倒L形；(d) 三角形

4. 支承方式

预制踏步的支承有两种形式：梁承式和墙承式。

梁承式楼梯的结构布置形式：将预制踏步搁置在梯梁上形成梯段，梯段斜梁搁置在平台梁上，平台梁搁置在两边墙和柱上。楼梯休息平台可用空心板或槽形板搁置在楼梯间横墙上或用小型平台板搁置在平台梁或纵墙上。

预制踏步板与梯梁之间一般用水泥砂浆坐浆连接。一字形和正反 L 形预制踏步可将板上的预留孔套于锯齿形梯梁每个台阶上的插铁上，然后用砂浆窝牢，这个预留孔和插铁还可作为栏杆的固定件（图 11-19）。

墙承式楼梯是将预制踏步直接支撑在墙上，不需要设梯梁和平台梁。它是预制构件楼梯

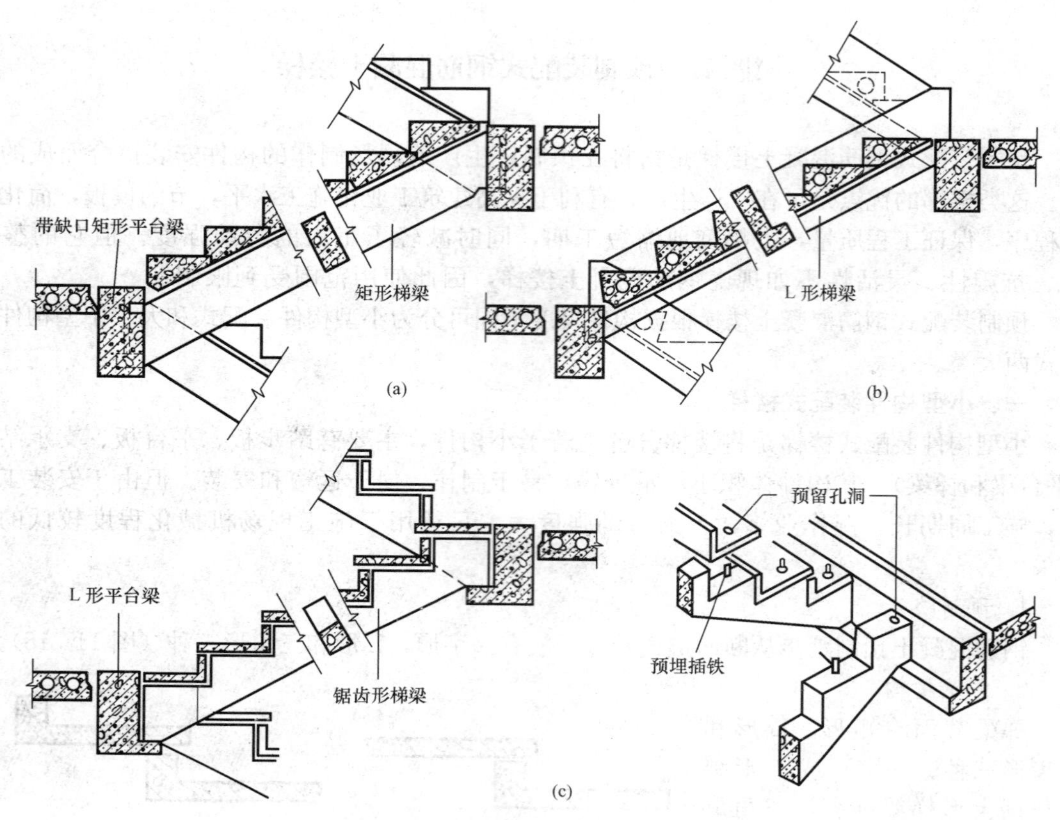

图 11-19 预制踏步梁承式楼梯
(a) 三角形踏步与矩形梁的组合；(b) 三角形踏步与L形梁的组合；
(c) L形（或一字形）踏步与锯齿形梁的组合

中最为方便、简单的一种构造形式。由于在楼梯间中间砌墙，造成楼梯间空间狭窄、视线受阻，常在墙上适当位置开设观察孔。目前已较少采用。

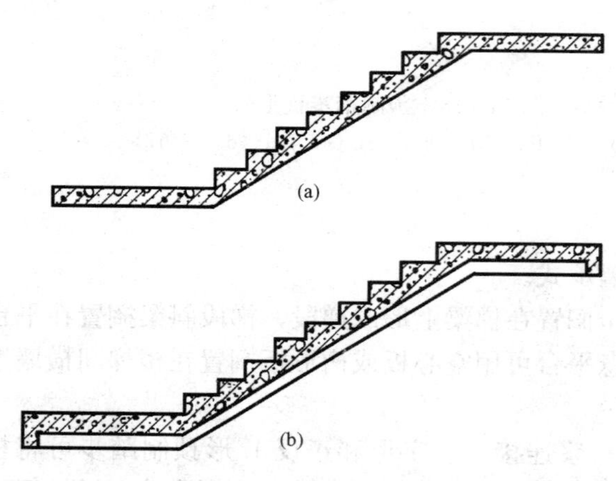

图 11-20 大型构件装配式楼梯形式
(a) 板式楼梯；(b) 梁式楼梯

二、大、中型构件装配式楼梯

大、中型构件装配式楼梯，构件数量少，装配化程度高，施工速度快，施工时需要大型的起重运输设备。适用于施工现场机械化程度较高的工地采用。

1. 大型构件装配式楼梯

大型构件装配式楼梯是指把整个梯段和平台板预制成一个构件的楼梯。按结构形式不同，有板式楼梯和梁板式楼梯两种。楼梯段和平台这一整体构件支撑在钢支托或钢筋混凝土支托上（图 11-20）。施工时需要大型的起重运输设备，这种楼梯主要用于工业化程度高的大型装配式建筑中。

2. 中型构件装配式楼梯

中型构件装配式楼梯，一般由楼梯段和平台板两个构件组成。当起重设备起重能力有限时，可将平台梁和平台板分开。中型构件装配式楼梯按其结构形式不同，分为板式梯段和梁式梯段两种。梯段的两端搁置在矩形、L 形或斜面 L 形平台梁上（图 11 - 21），安装前应先在平台梁上坐浆，使构件间的接触面贴紧，受力均匀；然后用预埋件焊接或将梯段与预留孔套接在平台梁的预埋件上，孔内用水泥砂浆填实的方式，将梯段与平台梁连接在一起（图 11 - 22）。

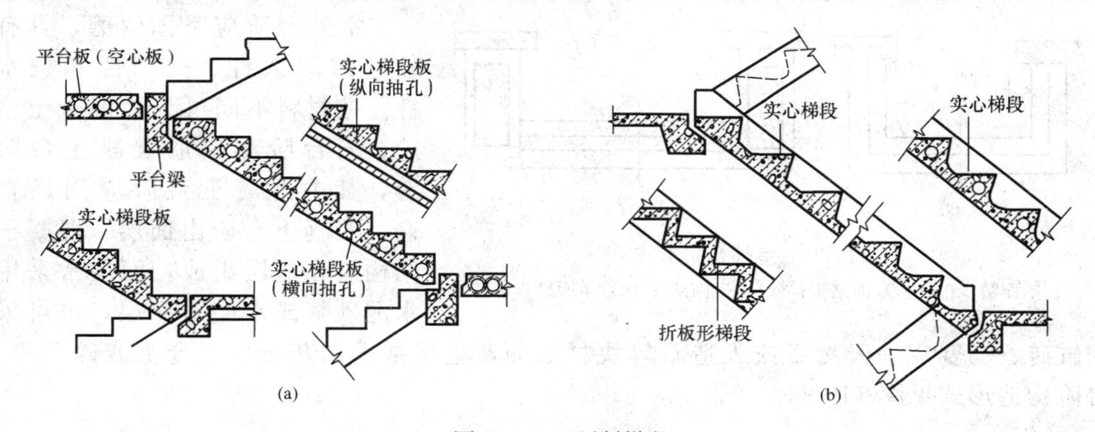

图 11 - 21　预制梯段

（a）预制板式梯段；（b）预制梁式梯段

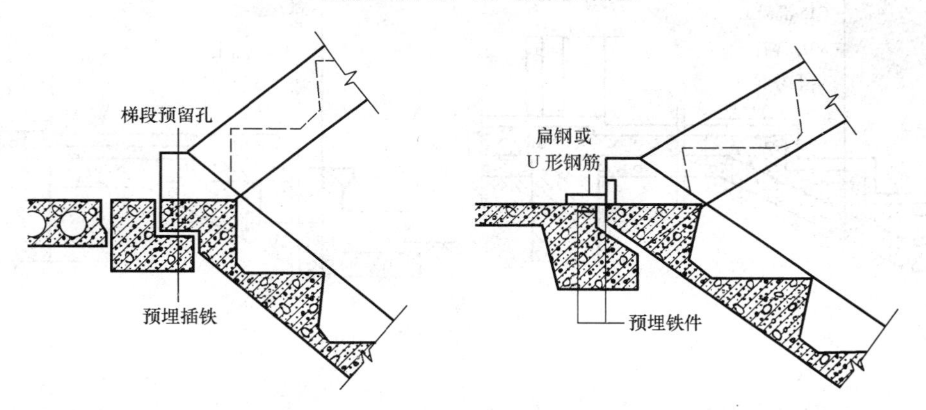

图 11 - 22　梯段的搁置与连接

第五节　室外台阶与坡道

室外台阶是指在室外地坪不同标高处设置的供人们行走的阶梯。坡道是指连接不同标高的楼面、地面，供人们或车行的斜坡式交通道路。大部分的台阶和坡道属于室外工程，对建筑物的立面具有一定的装饰作用，如大型体育场馆的入口处的台阶或坡道。

一、台阶

台阶由踏步和平台组成。台阶的坡度应比楼梯小，踏步的高宽比一般为 1∶2～1∶4，通常踏步高度不宜大于 0.15m，宽度不宜小于 0.30m，踏步数不应少于 2 级。台阶平台设置在出入口与台阶之间，起缓冲作用，深度一般不小于 900mm。为防止雨水积聚或溢水室内，

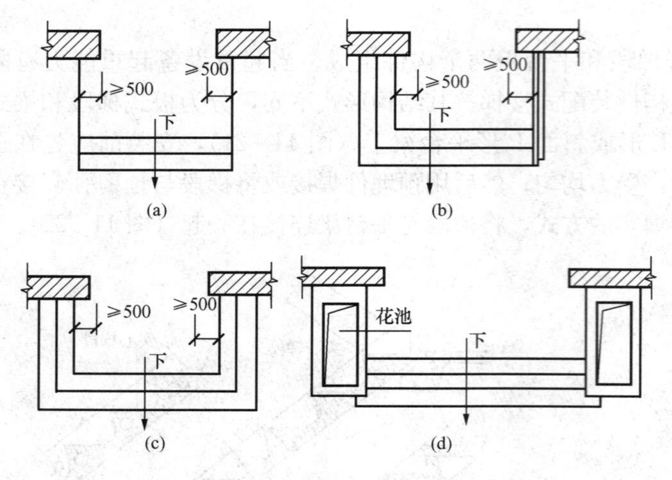

图 11-23　室外台阶形式

(a) 单面踏步；(b) 双面踏步；(c) 三面踏步；(d) 单面踏步带花池

台阶平台面宜比室内地面低 20～60mm，并向外找坡 1%～3%，以利于向外排水。室外台阶的形式有单面踏步式，双面踏步式、三面踏步式，单面踏步带垂带石、方形石、花池等形式（图 11-23)。

室外台阶应坚固耐磨，具有较好的耐久性、抗冻性和抗水性。按材料不同可分为混凝土台阶、石台阶和钢筋混凝土台阶等，其中混凝土台阶应用最普遍。混凝土台阶由面层、混凝土结构层和垫层组成，面层常采用水泥砂浆或水磨石面层，也可采用缸砖、马赛克、天然石或人造石等块材贴面，垫层常采用灰土、三合土或碎石等。台阶构造形式见图 11-24。

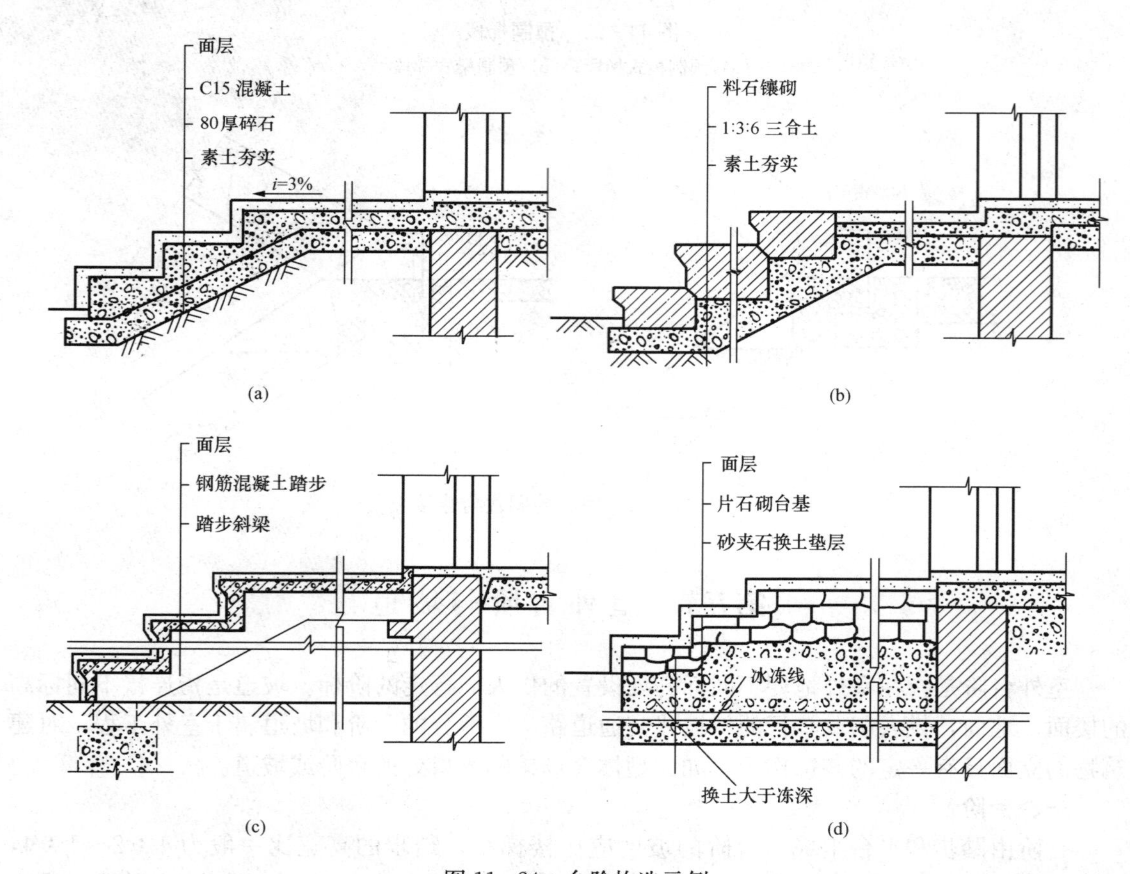

图 11-24　台阶构造示例

(a) 混凝土台阶；(b) 石台阶；(c) 钢筋混凝土架空台阶；(d) 换土地基台阶

二、坡道

为了便于车辆通行，室内外有高差处常需设置坡道。坡道多为单面形式，公共建筑还常将可通行汽车的坡道与台阶结合应用（图 11－25）。

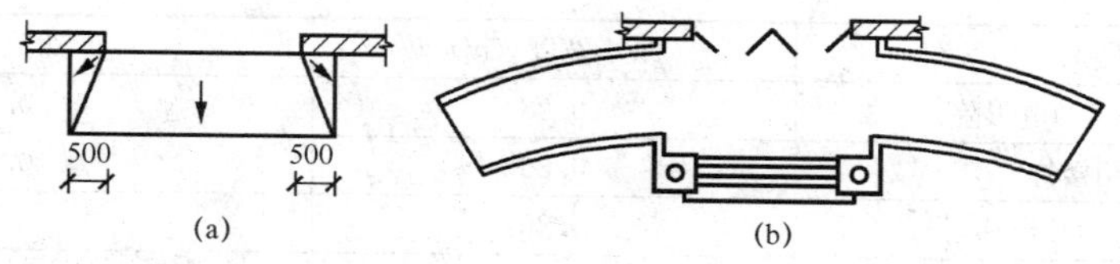

图 11－25　坡道形式

（a）普通坡道；（b）与台阶结合回车坡道

坡道的坡度与使用要求、面层材料和构造做法有关。坡度大，使用不便；坡度小，占地面积大，不经济。坡道的坡度一般为 1∶6～1∶12。面层光滑的坡道，坡度不宜大于 1∶10；粗糙材料和设防滑条的坡道，坡度可稍大，但不应大于 1∶6。

坡道与台阶一样，也应采用耐久、耐磨和抗冻性好的材料，一般多采用混凝土坡道，也可采用天然石坡道等。坡道的构造要求和做法与台阶相似，但坡道由于坡度平缓，故对防滑要求较高。坡道在面层上可设防滑条，或做成锯齿形以增加摩擦力（图 11－26）。

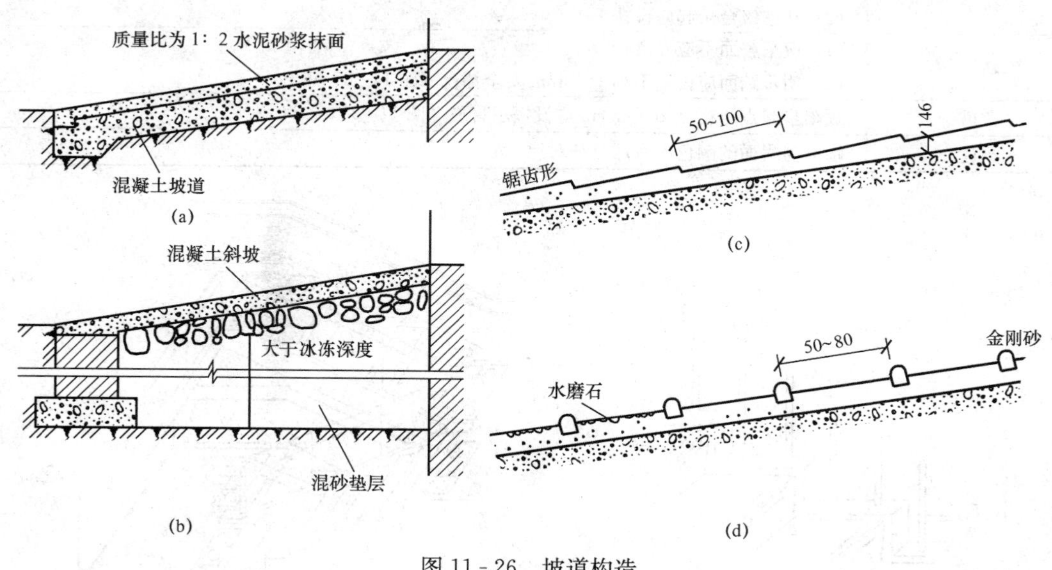

图 11－26　坡道构造

（a）混凝土坡道；（b）锯齿形坡道；（c）换土地基坡道；（d）防滑条坡道

第六节　楼梯和坡道的无障碍设计

城市环境无障碍设施，已是当今城市建设的主要内容之一。建设无障碍环境，为残疾人、老年人参与社会生活提供了既安全又方便的条件。无障碍设计中有关楼梯、台阶和坡道等均有其特殊的构造要求。

一、楼梯、台阶的形式和尺度

楼梯的坡度应尽可能平缓，一般不宜超过 35°。楼梯的形式应避免采用无休息平台的楼梯以及弧形楼梯，以免发生摔倒事件。楼梯、台阶踏步的宽度和高度应符合表 11-3 的规定，无障碍设计的楼梯与台阶应符合表 11-4 的规定。

表 11-3　　楼梯、台阶踏步的宽度和高度

建筑类别	最小宽度（m）	最大高度（m）
公共建筑楼梯（如电影院）	0.28	0.160
住宅公用楼梯	0.26	0.175
幼儿园、小学校楼梯	0.26	0.150
公用建筑的室外台阶	0.30	0.150

表 11-4　　楼梯与台阶设计要求

类　别	设 计 要 求
楼梯与台阶形式	（1）应采用有休息平台的直线性梯段和台阶； （2）不应采用无休息平台的楼梯和弧形楼梯； （3）不应采用无踢面和突缘为直角形踏步
宽度	（1）公共建筑楼梯宽度不应小于 1.5m； （2）居住建筑楼梯宽度不应小于 1.2m
扶手	（1）楼梯两侧应设扶手； （2）从三级台阶起应设扶手
踏面	（1）应平整而不应光滑； （2）明步踏面应设高不小于 50mm 安全挡台（图 11-27）
盲道	距踏步起点与终点 25～30cm 应设提示盲道（图 11-28）
颜色	踏面与踢面的颜色应有区分和对比

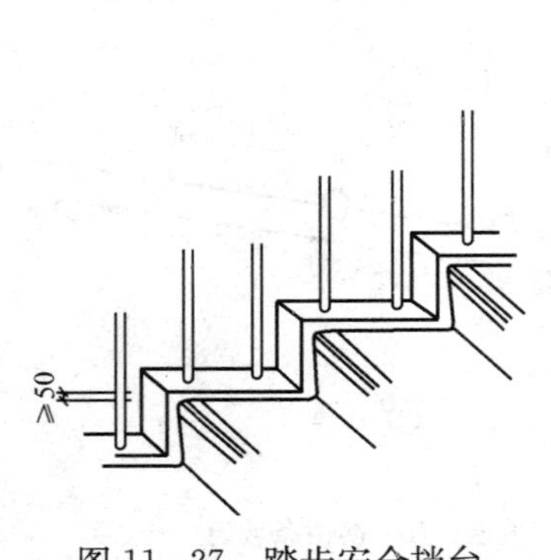

图 11-27　踏步安全挡台

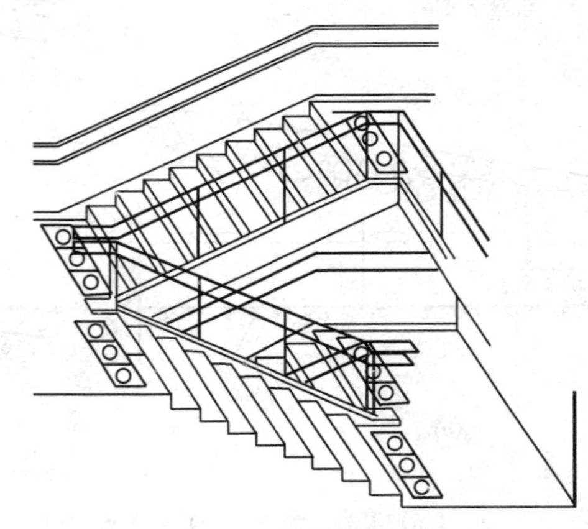
图 11-28　楼梯盲道位置

二、扶手

扶手是残疾人在通行中的重要辅助设施，是用来保持身体平衡和协助使用者行进。扶手安装的位置和高度及选用的形式是否合适，将直接影响到使用效果。为了达到通行安全和平稳，在扶手的起点和终点处要延伸 0.30m。扶手末端应向内拐到墙面，或向下延伸 0.1m。栏杆式扶手应向下成弧形或延伸到地面上固定（图 11-29）。扶手应安装坚固，形状易于抓握。扶手的截面尺寸应符合表 11-5 的规定。在交通建筑、医疗建筑和政府接待部门等公共建筑中，扶手的起点与终点处应设置盲文说明牌。

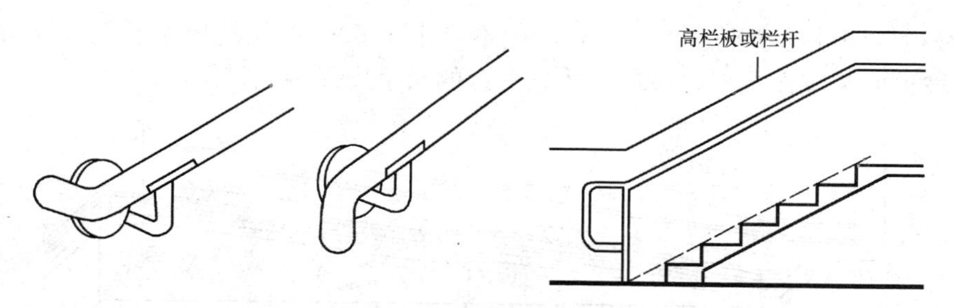

图 11-29 扶手拐到墙面或向下

三、坡道

坡道的位置要设在方便和醒目的地方，并悬挂国际无障碍通用标志。坡道形式的设计，根据地面高差的程度和空地面积的大小及周围环境等因素，可设计成直线形、L形或U形等（图 11-30）。

表 11-5 扶手截面尺寸

类别	截面尺寸（mm）
圆形扶手	35～45（直径）
矩形扶手	35～45（直径）

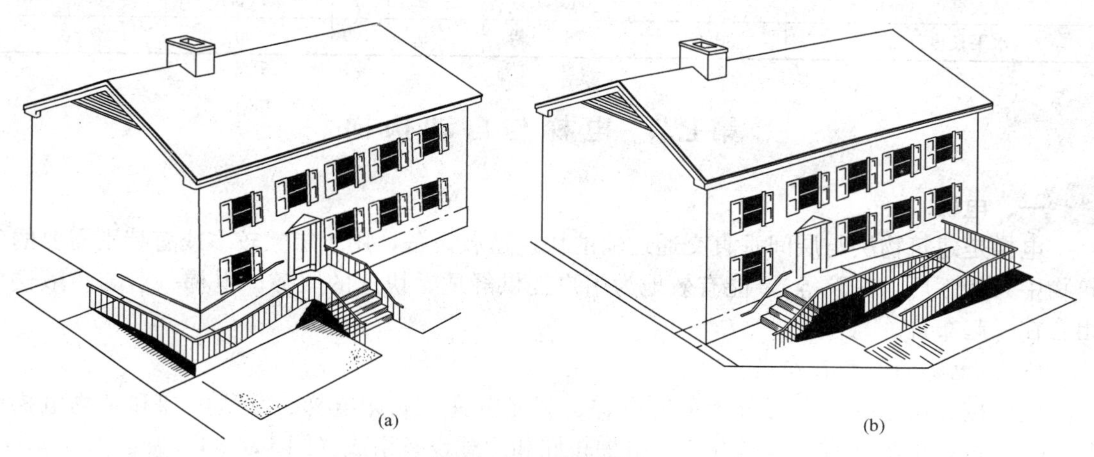

(a) (b)

图 11-30 坡道形式
(a) 直角形坡道；(b) 折返形坡道

坡道的坡度大小，是关系到轮椅能否在坡道上安全行驶的先决条件。其坡度不应大于国际统一规定的 1/12 的坡度标准。在有条件的地方，若将坡度做成 1/16～1/20，则更为安全和舒适。坡道的宽度是依据坡道的长短和通行量而确定。不同位置设置的坡道，其坡度和宽度应符合表 11-6 的规定。

表 11-6 不同位置的坡道坡度和宽度

坡道位置	最大坡度	最小宽度（m）
有台阶的建筑入口	1∶12	≥1.20
只设坡道的建筑入口	1∶20	≥1.50
室内走道	1∶12	≥1.00
室外通道	1∶20	≥1.50
困难地段	1∶10～1∶8	≥1.20

在不同的坡度的情况下，坡道的高度和水平长度应符合表 11-7 的规定。在坡道两端的

水平段和坡道转向处的水平段，要设有深度不小于1.50m的轮椅停留和轮椅缓冲地段（图11-31）。坡道两侧应设扶手，坡道与休息平台的扶手应保持连贯。

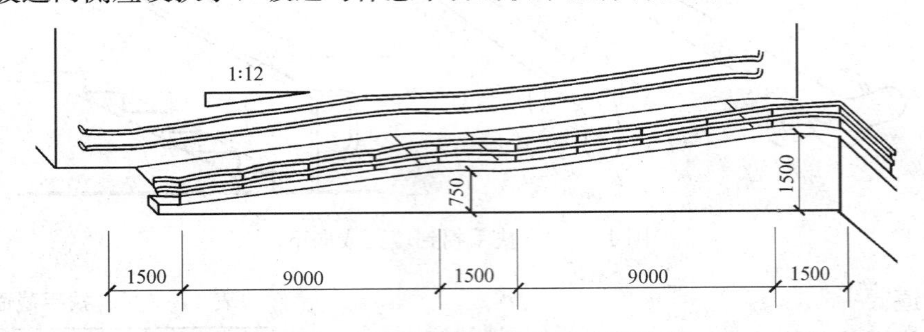

图11-31 1∶12坡道高度和水平长度

表11-7 不同坡度高度和水平长度

坡度	1∶20	1∶16	1∶12	1∶10	1∶8
最大高度（m）	1.50	1.00	0.75	0.60	0.35
水平长度（m）	30.00	16.00	9.00	6.00	2.80

第七节 电梯与自动扶梯

一、电梯

电梯是建筑物层与层间垂直交通运输的快速运载设备，用于层数较多或有特别需要的建筑物中（如工厂、医院等），能有效地为用户提供舒适、快速的服务。电梯一般与疏散楼梯组合在一起布置。

（一）电梯的类型及组成

电梯按其用途的不同可分为乘客电梯、观光电梯、病床电梯、载货电梯和杂物电梯等（图11-32）。电梯通常由电梯井道、电梯轿厢和运载设备组成（图11-33）。

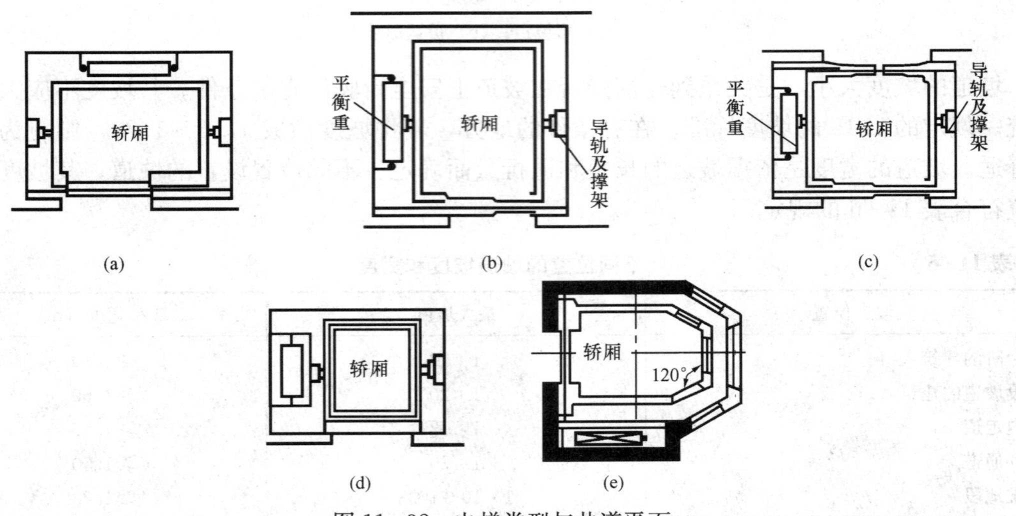

图11-32 电梯类型与井道平面

(a) 客梯（双扇推拉门）；(b) 病床梯（双扇推拉门）；(c) 货梯（中分双扇推拉门）；(d) 小型杂物梯；(e) 观光电梯

（二）电梯的构造及要求

1. 电梯井道

（1）井道的尺寸。井道的具体尺寸应根据电梯的型号、运行速度、设备大小和检修的需要确定。在井道施工中应按照厂家提供的尺寸施工，保证所需的垂直度和规定的内径。

（2）井道的防火和通风。电梯井道是建筑中的垂直通道，火灾事故中火焰和烟气容易从中蔓延，因此一般多采用钢筋混凝土结构。为使井道有良好通风，在井道底部和中部及地坑等适当位置应设不小于 300mm×600mm 的通风口，层数较高的建筑，井道中间也应酌情增加通风口。通风口总面积的 1/3 应经常开启。通风管道可通过井道顶板或井道壁直接通往室外。井道上除了开设电梯门洞和通风孔洞外，不应再开设其他洞口。

（3）井道的隔振、隔声。为了减轻电梯运行时产生的震动和噪声对建筑物的影响，除在机房机座下设弹性垫层外，还应在机房与井道间设隔声层，隔声层高度为 1.5～1.8m（图 11-34）。

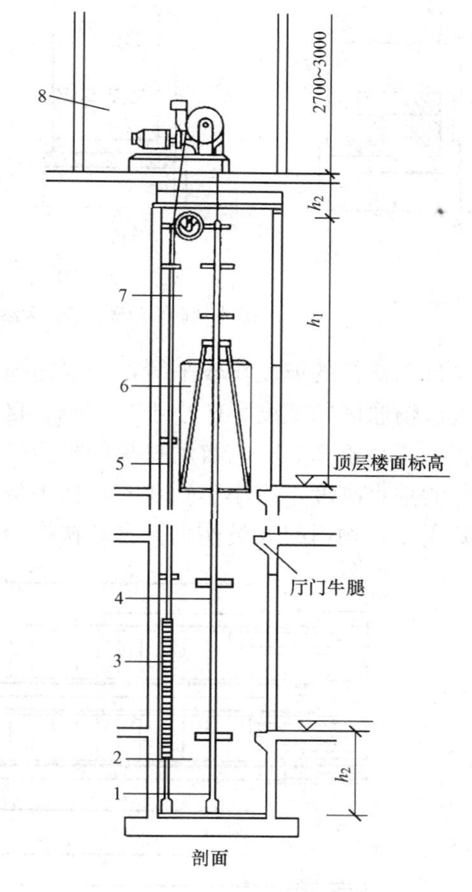

图 11-33　电梯组成示意图

1—缓冲器；2—地坑；3—平衡重；4—轿厢导轨；5—平衡重导轨；6—轿厢；7—井道；8—机房

（4）井道地坑。井道地坑是指建筑物最底层平面以下部分的井道，作为轿厢下降时必备的缓冲空间，其高度应不小于 1.4m。井道地坑壁及坑底面均应考虑防水处理。消防电梯的井道地坑应有排水设施。为便于检修，须考虑在坑壁设置爬梯和检修灯槽，坑内预埋件按电梯厂的要求埋设。

2. 电梯门套

电梯门套装修的构造做法应与电梯厅的装修统一考虑。可用水泥砂浆抹灰，水磨石或木板装修；高级的还可采用大理石或金属装修（图 11-35）。

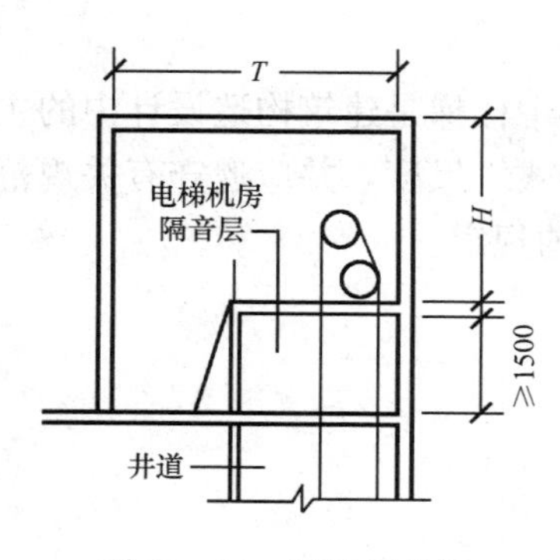

图 11-34　隔音层位置

3. 电梯机房

机房应有良好的天然采光和自然通风，机房的围护结构应具有一定的防火、防水和保温、隔热性能，为了便于安装和检修，机房的楼板应按机器设备要求的部位预留孔洞。

二、自动扶梯

自动扶梯适用于有大量人流上下的公共场所，如车站、商场、地铁车站等。自动扶梯是建筑物楼层间连续运载效率最高的载客设备，一般为 4000～13500 人次/h。一般自动扶梯均可正、逆两个方向运行，可作提升及下降使用。机器停转时可作临时楼梯使用。

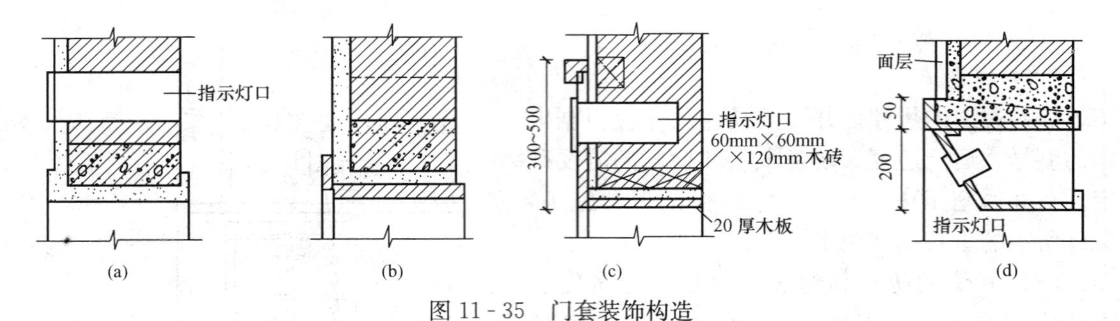

(a) (b) (c) (d)

图 11-35 门套装饰构造

(a) 水泥砂浆门套；(b) 天然石材门套；(c) 木板门套；(d) 钢板门套

自动扶梯的坡度比较平缓，一般为 30°，宽度按输送能力有单人和双人两种。自动扶梯出入口畅通区的宽度不应小于 2.50m。自动扶梯的梯级、自动人行道的踏步或胶带上空垂直净高不应小于 2.30m。自动扶梯的栏板应平整、光滑和无突出物；扶手带的顶面距自动扶梯前缘的垂直高度不应小于 0.90m；扶手带外边至任何障碍物不应小于 0.50m，否则应采取措施防止障碍物引起人员伤亡。自动扶梯的组成及基本尺寸见图 11-36、图 11-37。

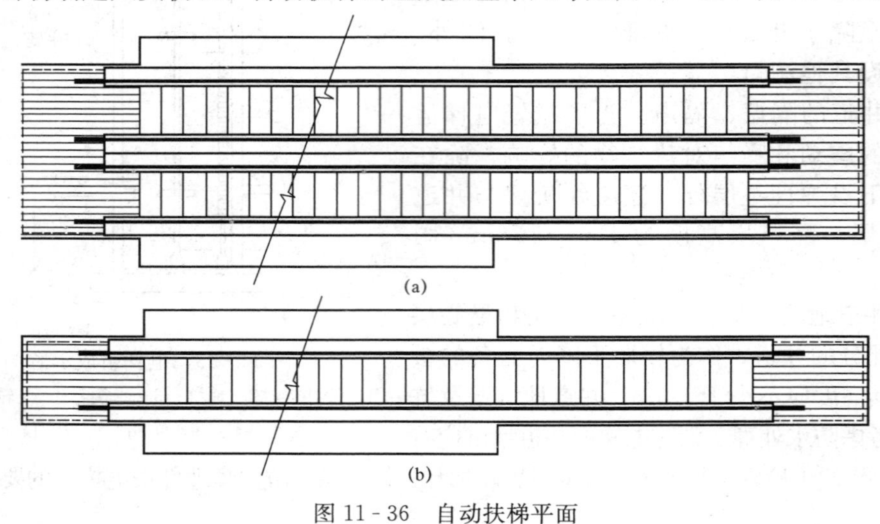

(a)

(b)

图 11-36 自动扶梯平面

(a) 双台并列；(b) 单台设置

本 章 小 结

建筑物垂直交通设施有楼梯、电梯、自动扶梯及坡道，其中楼梯是建筑构造设计中的主要内容之一。楼梯设计时应根据建筑的功能要求确定楼梯的形式、尺度，并应遵守有关规范（如防火规范、楼梯模数协调标准、各类型建筑的具体规范）的规定。

习题与技能训练

一、简述题

1. 楼梯由哪几部分组成？其作用各是什么？
2. 梯段的宽度确定以什么为依据？

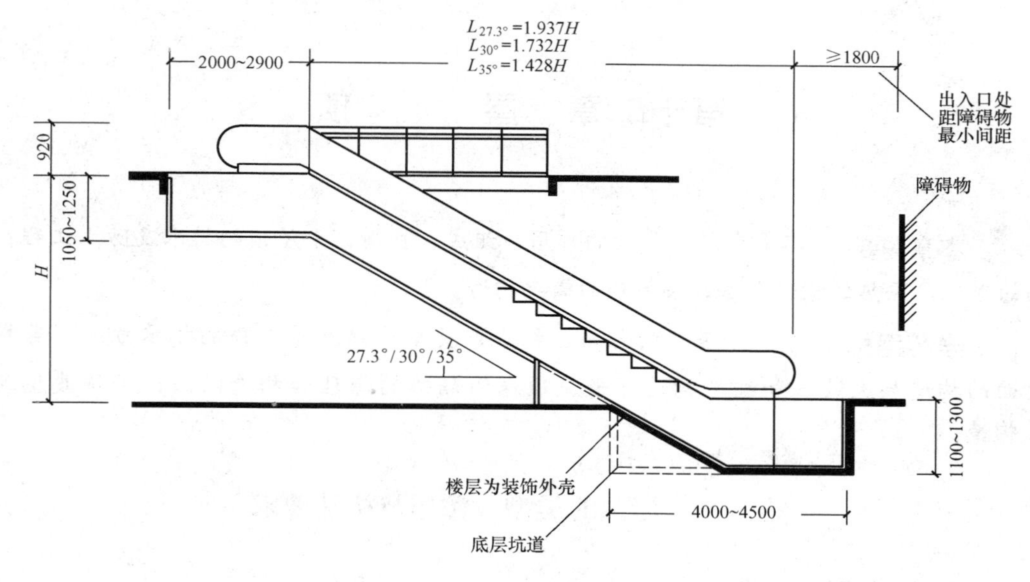

图 11-37 自动扶梯基本尺寸

3. 楼梯坡度如何确定？踏步高与踏步宽和行人的步距的关系如何？
4. 当建筑物底层平台下做出入口时，为增加净高，常采取哪些措施？
5. 楼梯栏杆扶手的高度一般为多少？
6. 楼梯踏面防滑措施有哪些？
7. 现浇钢筋混凝土楼梯常见的结构形式有哪些？各有何特点？
8. 小型预制构件装配式楼梯的支承方式有哪几种？
9. 预制踏步板的形式有哪几种？
10. 栏杆与梯段、扶手如何连接？
11. 室外台阶的组成、形式、构造要求及做法如何？
12. 无障碍设计坡道如何防滑？
13. 电梯由哪几部分组成？电梯井道应满足那些要求？

二、技能训练

某三层学生宿舍楼的层高为 3.3m，楼梯间开间尺寸 4.0m，进深尺寸 6.6m，平台梁截面尺寸 200mm（宽）×350mm（高），底层楼梯平台下做出入口，室内外高差 600mm，内墙厚 240mm，轴线居中，外墙厚 370mm，轴线外侧 250mm，轴线内侧 120mm。试设计楼梯。选用开敞式楼梯间。

（1）设计要求。根据以上条件设计楼梯段宽度、长度、踏步数及其尺寸，确定休息平台宽度，设计栏杆形式及尺寸，写出计算过程。

（2）图纸要求。用一张 2 号图绘制顶层、底层、标准层的平面图及楼梯剖面图，比例：1∶50。绘制 2～3 个节点大样图，比例 1∶10，反映楼梯各细部构造（包括踏步、栏杆、扶手等）。所有线条、材料图例均应符合现行建筑制图标准的要求。一张 3 号图绘制标准层平面图，比例 1∶100。

第十二章　屋　　顶

本章提要　本章介绍了屋顶的作用、组成、类型；平屋顶的排水及防水工程；平屋顶的保温与隔热的构造做法；坡屋顶的简要构造。

学习目标　掌握平屋顶的作用、组成、类型；熟悉平屋顶的排水方式、卷材防水屋面的构造层次做法和细部构造；平屋顶保温隔热的原理和构造做法；了解坡屋顶的相关构造。

第一节　屋顶的类型、作用及构造要求

一、屋顶的类型

屋顶是由屋面与支承结构等组成。按其外形或屋面坡度不同，常见的屋顶形式为：平屋顶、坡屋顶和其他屋顶（拱结构、薄壳结构等）。

（1）平屋顶。平屋顶通常是指排水坡度小于5%的屋顶，一般坡度为2%～3%。大量的民用建筑采用平屋顶。采用平屋顶可以节省材料，扩大建筑的空间，提高预制安装程度，同时屋顶上可以作为上人活动空间。图12-1为平屋顶常见的几种形式。

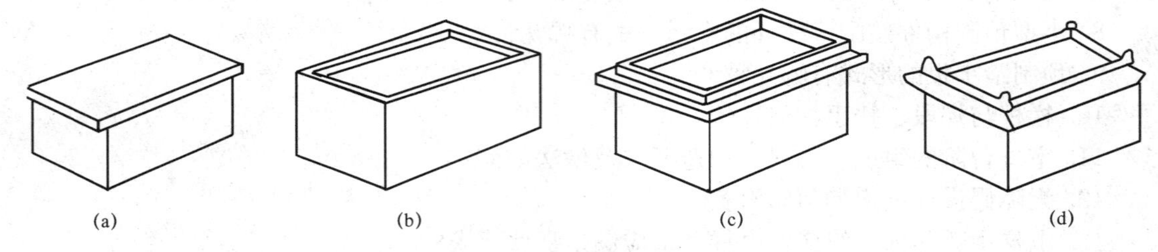

图12-1　平屋顶的类型
(a) 挑檐；(b) 女儿墙；(c) 挑檐女儿墙；(d) 盝顶

（2）坡屋顶。坡屋顶通常是指屋面坡度较陡的屋顶，其坡度一般大于10%。坡屋顶是我国传统的建筑屋顶形式，在我国古代民用建筑中应用非常广泛，现代城市建设中为满足景观环境或建筑风格的要求也可采用坡屋顶。图12-2为常见的几种坡屋顶的形式。

（3）曲面屋顶。是由各种薄壁结构、悬索结构作为屋顶承重结构的屋顶。如双曲拱屋顶、球形网壳屋顶、扁壳屋顶等。这类结构内力分布合理，能较好发挥材料的力学性能，因此材料消耗较少，但是这类屋顶施工复杂，故常用于大框架结构体系。

二、屋顶的作用及构造要求

屋顶是建筑物最上部的覆盖部分，应能抵御自然界各种环境因素对建筑物的不利影响。首先是能抵抗大自然风、雨、雪、霜、太阳辐射等的侵袭，因此屋顶设计要求具有良好的围护作用。其中防止雨水渗漏是屋顶的基本功能要求，也是屋顶设计的核心。

我国现行《屋面工程技术规程》（GB 50345—2012）规定：屋面防水工程应根据建筑物

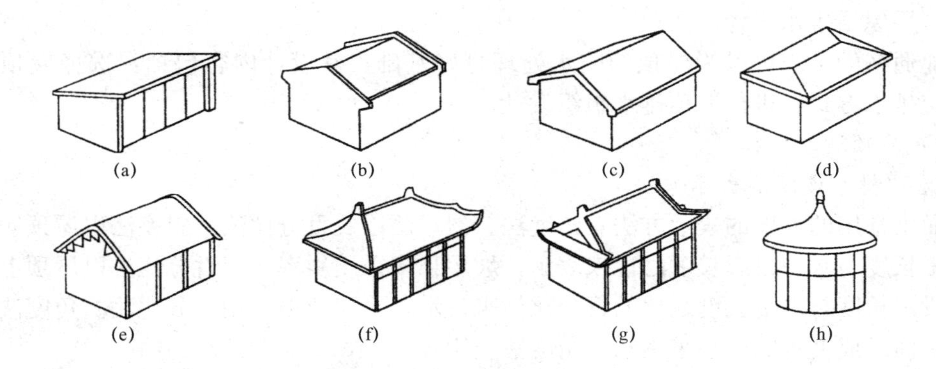

图 12-2　坡屋顶的形式

(a) 单坡顶；(b) 硬山两坡顶；(c) 悬山两坡顶；(d) 四坡顶；(e) 卷棚顶；
(f) 庑殿顶；(g) 歇山顶；(h) 圆攒尖顶

的类别、重要程度、使用功能要求确定防水等级，并按相应等级进行防水设防；对防水有特殊要求的建筑屋面，应进行专项防水设计。屋面防水等级和防水要求应符合表 12-1 的规定。

表 12-1　屋面防水等级和设防要求

防水等级	建筑类别	防水要求
Ⅰ	重要建筑和高层建筑	两道防水设防
Ⅱ	一般建筑	一道防水设防

屋顶能承受风、雨、雪、施工、上人等荷载，并连同屋顶自重全部传给墙体，故屋顶起承重作用，要求其具有足够的强度、刚度和稳定性。地震区还应考虑地震荷载对它的影响，满足抗震的要求，并力求做到自重轻、构造简单、就地取材、施工方便、造价经济、便于维修。

屋顶是建筑造型的重要组成部分，中国古建筑的重要特征之一就是有变化多样的屋顶外形和装修精美的屋顶细部，现代建筑也应注重屋顶形式及其细部设计，以满足人们对建筑艺术即美观方面的需求。

第二节　平屋顶的构造

一、平屋顶的组成

(1) 承重结构。目前采用较多的是现浇或预制的钢筋混凝土楼板，其作用是承担屋面上的全部荷载。

(2) 防水层。现在常采用的防水层主要有柔性与刚性防水屋面两种，在我国寒冷地区以柔性防水屋面居多。目前有较多的新型防水材料，在形式与施工方法上都改善较多，防水效果也较好。

(3) 附加层。包括保温层、隔热层等，考虑具体的气候特点以及建筑物的使用特点给予设置。具体的做法后续章节讲解。

二、平屋顶排水设计

快捷通畅的排水可以为屋顶的防水处理打好基础。其设计内容包括：选择屋顶排水坡度，确定排水方式，进行屋顶排水组织设计。

（一）屋顶坡度选择

1. 屋顶排水坡度的表示方法

屋面中常用的坡度的表示方法有角度法、斜率法以及百分比法。斜率法以屋顶倾斜面的垂直投影长度与水平投影长度之比来表示，坡屋顶多采用斜率法。百分比法以屋顶上倾斜面的垂直投影长度与水平长度之比的百分比值来表示，平屋顶多采用百分比法。角度法以倾斜面与水平面所成夹角的大小来表示，角度法应用较少。

2. 影响屋顶坡度的因素

屋顶坡度太小容易漏水，坡度太大则多用材料，浪费空间。要使屋顶坡度恰当，主要考虑所采用的屋面防水材料和当地降雨量两方面的因素。

（1）与屋面防水材料的关系。平屋顶屋面防水材料如尺寸较小，接缝较多，屋面就应具有较大的排水坡度，以便将屋面积水迅速排除，例如瓦材屋面。如果屋面的防水材料覆盖面积大，接缝少而且严密，屋面的排水坡度就可以小一些，例如卷材防水屋面。

（2）与降雨量大小的关系。降雨量大的地区，屋面渗漏的可能性较大，屋顶的排水坡度应适当加大；反之，屋顶坡度则宜小一些。

综上所述可以得出如下规律：屋面防水材料尺寸越小，屋面排水坡度越大；反之则越小。降雨量大的地区屋面排水坡度较大；反之则较小。

3. 屋顶坡度的形成方法

屋顶坡度的形成有材料找坡和结构找坡两种做法。

（1）材料找坡。材料找坡是指屋顶坡度由垫坡材料形成，一般用于坡向长度较小的屋面。为了减轻屋面荷载，应选轻质材料找坡，如水泥炉渣、石灰炉渣等。保温屋面也可根据情况直接采用保温材料找坡，找坡层的厚度最薄处不小于 20mm。平屋顶材料找坡的坡度宜为 2%，材料找坡的屋面板可以水平放置，顶棚面平整，但材料找坡增加屋面荷载，材料和人工消耗较多。此方法常用于平屋顶的找坡。

（2）结构找坡。结构找坡是屋顶结构自身带有排水坡度，例如在上表面倾斜的屋架或屋面梁上安放屋面板，屋顶表面即呈倾斜坡面。又如在顶面倾斜的山墙上搁置屋面板时，也可形成结构找坡。结构找坡无须在屋面上另加找坡材料，构造简单，不增加屋面荷载，但天棚顶倾斜，室内空间不够规整。此方法常用于坡屋顶及曲面屋顶的找坡。

（二）屋顶排水方式

1. 排水方式

屋顶排水方式分为有组织排水和无组织排水两大类。

（1）无组织排水。无组织排水是指屋面雨水直接从檐口滴落至地面的一种排水方式。此方法不设天沟、雨水管等引导雨水，故又称自由落水。无组织排水具有构造简单、造价低廉的优点，但也存在一些不足之处。如：雨水直接从檐口流泻至地面，外墙脚常被飞溅的雨水浸蚀，降低了外墙的坚固耐久性；同时从檐口滴落的雨水影响人行道的交通等。当建筑物较高，降雨量较大时，这些缺点就更加突出。

（2）有组织排水。有组织排水是指雨水经由天沟、雨水管等排水装置被引导至地面或地下管沟的一种排水方式。其优缺点与无组织排水相反，在建筑工程中应用广泛。

2. 排水方式的选择

确定屋顶排水方式应根据气候条件、建筑物的高度、质量等级、使用性质、屋顶面积大小等因素加以综合考虑。一般可按下述原则进行选择：

(1) 等级较低的建筑，为了控制造价，方便施工，宜优先采用无组织排水。

(2) 积灰多的屋面以及有腐蚀性介质的工业建筑应采用无组织排水。例如冶炼车间等工业厂房在生产过程中散发大量粉尘积于屋面，下雨时被冲进天沟会造成管道堵塞，故这类厂房不宜采用有组织排水。

(3) 在降雨量大的地区或房屋较高的情况下，宜采用有组织排水。

(4) 临街建筑雨水排向人行道时宜采用有组织排水。

表 12-2 所列建筑物的有关参数，供选择有组织排水时参考。

表 12-2　　采用有组织排水的有关参考数据

年降雨量（mm）	檐口离地高度（m）	天窗跨度（m）	相邻屋面的高差
≤900	8～10	9～12	高差≥4m 的高处檐口
＞900	5～8	6～9	高差≥3m 的高处檐口

3. 有组织排水方案

在工程实践中，由于具体条件的千变万化，会有各式各样的有组织排水方案。现按外排水、内排水、内落外排水三种情况归纳成 9 种不同的排水方案，如图 12-3 所示。

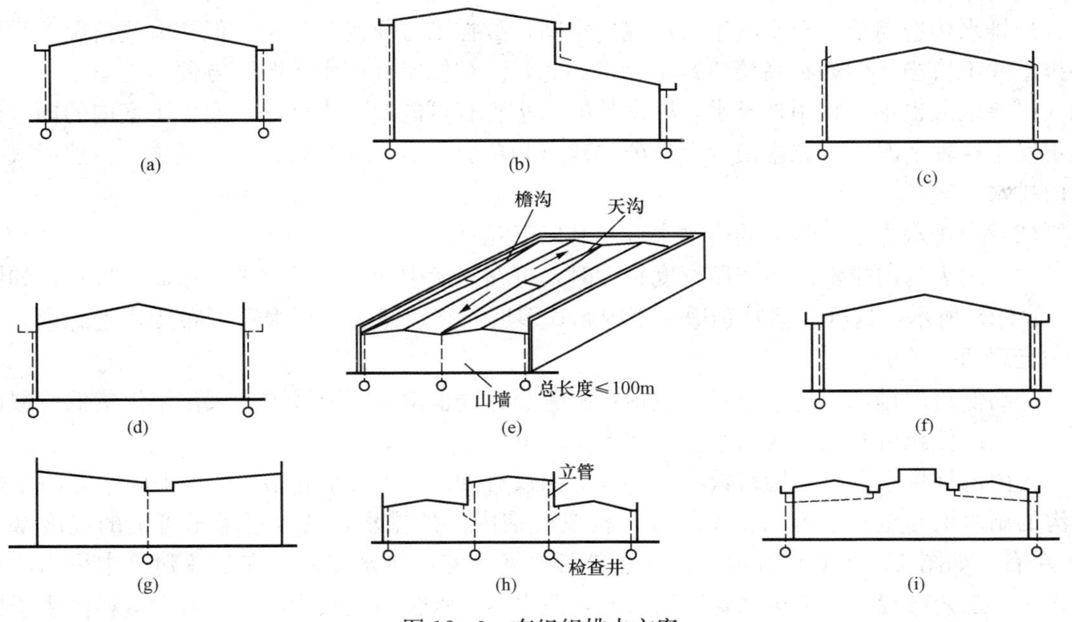

图 12-3　有组织排水方案

(a) 挑檐沟外排水；(b) 高低跨挑檐沟外排水；(c) 女儿墙外排水；
(d) 女儿墙檐沟外排水；(e) 长天沟外排水；(f) 暗管外排水；
(g) 中间天沟内排水；(h) 高低跨内排水；(i) 内落外排水

(1) 外排水方案。外排水是指雨水管装设在室外的一种排水方案，其优点是雨水管不妨碍室内空间使用和美观，构造简单，因而被广泛采用。湿陷性黄土地区尤其适宜采用外排水方案（避免下水管漏水造成地基沉陷）。

外排水方案可归纳成以下几种：

①挑檐沟外排水。屋面雨水汇集到悬挑在墙外的檐沟内，再从雨水管排下，如图 12-3（a）所示。建筑物出现高低跨时，可先将高跨的雨水排至低跨屋面，然后从低跨挑檐沟引入地下，如图 12-3（b）所示。采用此种方案时，水流路线的水平距离不应超过 20m，以免造成屋面渗水。

②女儿墙外排水。当建筑外形不希望出现挑檐时，通常将外墙升起封住屋面，高于屋面的这部分外墙称为女儿墙。此方案的特点是屋面雨水需穿过女儿墙流至室外的雨水管，如图 12-3（c）所示。

③女儿墙挑檐沟外排水。图 12-3（d）为女儿墙挑檐沟外排水，其特点是在檐口处既有女儿墙，又有挑檐沟。

④长天沟外排水。在多跨建筑中，为了解决中间跨的排水，可以沿纵向天沟向房屋两端排水，形成长天沟排水。如图 12-3（e）所示。此种形式避免了在室内设雨水管，多用于单层厂房。为了避免天沟跨越房屋的横向温度缝，长天沟外排水方案适用于只出现一条温度缝的房屋，其纵向长度一般在 100m 以内。

⑤暗管外排水。明装的雨水管有损建筑立面，故在一些重要的公共建筑中，雨水管常采取暗装的方式，雨水管隐藏在假柱或空心墙中，如图 12-3（f）所示，假柱可以处理成建筑立面上的竖线条。

外排水构造简单，雨水管不占用室内空间，故在南方应优先采用。但在有些情况下采用外排水并不恰当，例如在高层建筑中就是如此，因维修室外雨水管既不方便，更不安全。又如在严寒地区也不适宜用外排水，因室外的雨水管有可能使雨水结冻，而处于室内的雨水管则不发生这种情况。再如规模巨大的公共建筑和单层厂房，常常采用多跨屋顶，自然形成一种内排水方案。

（2）内排水方案。常见的内排水方案有以下几种：

①中间天沟内排水。当房屋宽度较大时，可在房屋中间设一纵向天沟形成内排水，如图 12-3（g）所示，这种方案特别适用于内廊式多层或高层建筑。雨水管可布置在走廊内，不影响走廊两旁的房间。

②高低跨内排水。高低跨双坡屋顶在两跨交界处也常常需要设置内天沟来汇集低跨屋面的雨水，高低跨可共用一根雨水管，如图 12-3（h）所示。

③内落外排水。当房屋跨数不多时（例如仅有四跨），也可用悬吊式水平雨水管将中间天沟的雨水引导至两边跨的雨水管中，构成所谓内落外排水，其水平悬吊管道的坡度常为 3%左右。如图 12-3（i）所示。其优点是可以简化室内排水设施，在工业建筑中采用此种形式时，工艺布置无地下排水管道的影响，但水平雨水管易被灰尘堵塞，有大量粉尘积于屋面的厂房不宜采用。

（三）屋顶排水组织设计

屋顶排水组织设计的主要任务是将屋面划分成若干排水区，分别将雨水引向雨水管，设计时应做到排水线路简捷，雨水口负荷均匀，排水顺畅，避免屋顶积水而引起渗漏。一般按下列步骤进行。

（1）确定排水坡面的数目。为避免水流路线过长，由于雨水的冲刷力使防水层损坏，应合理地确定屋面排水坡面的数目。一般情况下，临街建筑平屋顶屋面宽度小于12m时，可采用单坡排水；其宽度大于12m时，宜采用双坡排水。

（2）划分排水区。划分排水区的目的在于合理地布置水落管。排水区的面积是指屋面水平投影的面积。每一根落水管的屋面最大汇水面积不宜大于200mm^2。

（3）确定天沟所用材料和断面形式及尺寸。天沟即屋面上的排水沟，位于檐口部位时又称檐沟。设置天沟的目的是汇集屋面雨水，并将屋面雨水有组织地迅速排除。天沟根据屋顶类型的不同有多种做法。如坡屋顶中可用钢筋混凝土、镀锌铁皮、石棉水泥等材料做成槽形或三角形天沟。平屋顶的天沟一般用钢筋混凝土制作，当采用女儿墙外排水方案时，可利用倾斜的屋面与垂直的墙面构成三角形天沟（图12-4）；当采用檐沟外排水方案时，通常用专用的槽形板做成矩形天沟［图12-5（a）］等。矩形天沟一般用钢筋混凝土现浇或预制而成，其断面尺寸应根据地区降雨量和汇水面积的大小确定，天沟的净宽应不小于200mm，沟底沿长度方向设置纵坡坡向雨水口，坡度范围一般为0.5%～1%［图12-5（b）］，天沟上口与分水线的距离不小于120mm［图12-5（a）］。

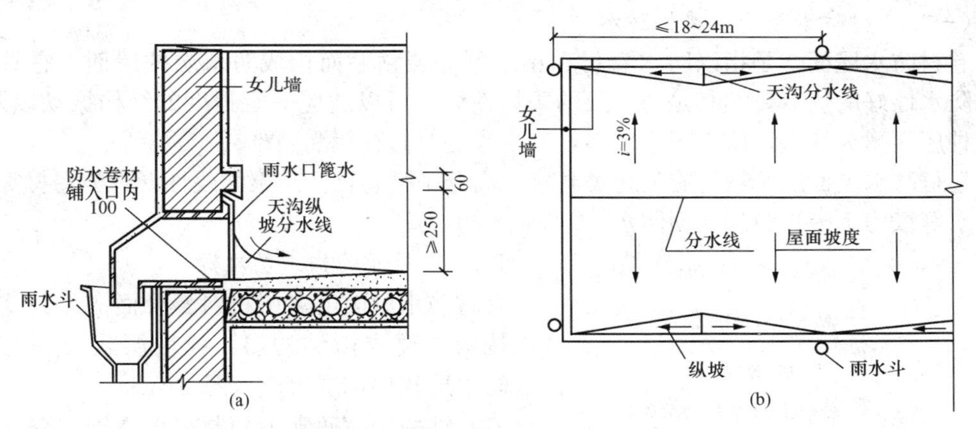

图12-4　平屋顶女儿墙外排水三角形天沟

（a）女儿墙断面图；（b）屋顶平面图

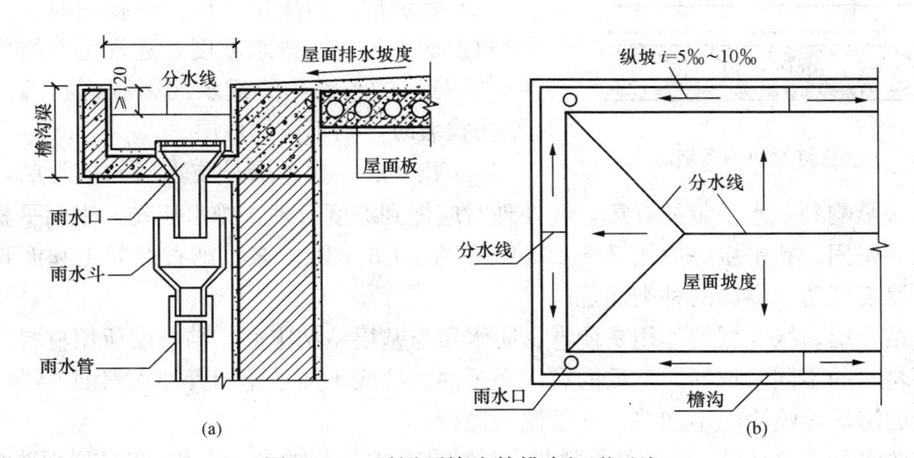

图12-5　平屋顶檐沟外排水矩形天沟

（a）挑檐沟断面；（b）屋顶平面图

（4）确定落水管规格及间距。落水管按材料的不同有铸铁、镀锌铁皮、塑料、石棉水泥和陶土等，目前多采用PVC和塑料落水管，其直径有50mm、75mm、100mm、125mm、150mm、200mm几种规格，一般民用建筑最常用的落水管直径为100～125mm，面积较小的露台或阳台可采用50mm或75mm的落水管。落水管的位置应在实体墙面处，其间距一般在18m以内，最大间距不宜超过24m，因为间距过大，则沟底纵坡面越长，会使沟内的垫坡材料增厚，减少了天沟的容水量，造成雨水溢向屋面引起渗漏或从檐沟外侧涌出。此外落水管在确定位置时应适当考虑建筑的美观性，尽可能将落水管定在边角处或建筑物的凹槽或转折处。

三、平屋顶的防水

屋面工程的防水设防，应据建筑物的防水等级、防水耐久年限、工程实际情况等因素综合确定防水方案以及选择防水材料，同时遵循防排并举、刚柔结合、嵌涂合一、复合防水、多道设防的原则。按照防水层的不同有卷材防水（柔性防水）、刚性防水、涂料防水及粉剂防水屋面等多种做法。

卷材屋面是我国过去屋面防水的一种主要做法，尤其在重要的工业及民用建筑中应用较为广泛。

（一）卷材防水屋面（柔性防水）

卷材防水屋面，是指以防水卷材和粘结剂分层粘贴而构成防水层的屋面。它具有重量轻、防水性好的优点，尤其是防水层的柔韧性好，可以适应一定程度的结构振动以及变形。但这种屋面耐久性差，施工工序较多，产生渗漏时修补找漏困难。

卷材防水屋面所用卷材有沥青类卷材、高分子类卷材、高聚物改性沥青类卷材等，适用于防水等级为Ⅰ～Ⅳ级的屋面防水。

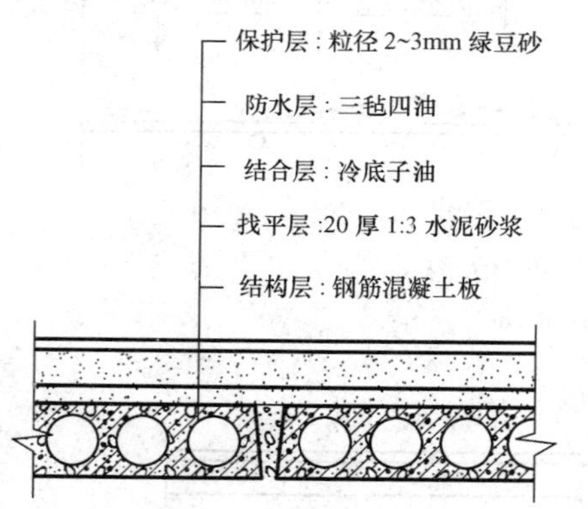

图12-6 卷材屋面的构造层次

1. 防水屋面的构造层次

卷材防水屋面由多层材料叠合而成，其基本构造层次按构造要求由结构层、找坡层或找平层、结合层、防水层和保护层组成（图12-6）。

（1）结构层。通常为预制或现浇钢筋混凝土屋面板，要求具有足够的强度和刚度。

（2）找坡层。当屋顶采用材料找坡时，应选用轻质材料形成所需要的排水坡度，通常是在结构层上铺1∶（6～8）的水泥焦渣或水泥膨胀蛭石等。屋顶采用结构找坡时，则不设找坡层。

（3）找平层。找平层是防水层的依附层，其质量的好坏直接影响到防水质量的好坏，在处理时应做到坡度合理，排水流畅，表面平整干净且干燥，足够坚固。找平层一般用20～30mm厚的1∶3水泥砂浆、细石混凝土和沥青砂浆抹砌而成，厚度视防水卷材的种类而定。

（4）结合层。结合层的作用是使卷材防水层与基层粘结牢固。结合层所用材料应根据卷材防水层材料的不同来选择，常见的有冷底子油。冷底子油是用沥青加入汽油或煤油等溶剂稀释而成的溶液，喷涂时不加热，在常温下进行。

（5）防水层。防水层是由胶结材料与卷材粘合而成，卷材连续搭接，形成屋面防水的主要部分。当屋面坡度较小时（小于3%），卷材一般平行于屋脊铺设，从檐口到屋脊层层向上粘贴，上下搭接不小于 70mm，左右搭接不小于 100mm。卷材铺贴时应遵循“先高后低，先近后远”的原则，这样操作和运料时对已完工的屋面防水层就不会遭受施工人员的踩踏破坏。

用于屋面柔性防水层的卷材很多，目前有以下几种常用的卷材，分述如下：

1）沥青防水卷材。如石油沥青纸胎油毡，用低软化点的石油沥青浸渍原纸，然后用高软化点的石油沥青涂覆油纸两面，再涂撒隔离剂所制成的一种纸胎防水卷材；聚乙烯膜沥青防水卷材，系以聚乙烯膜为胎体，采用浇注工艺生产，再在卷材的两面覆以聚乙烯膜的一种防水材料。可用于地下建筑、市政及水利工程的防水，在用于屋面防水时须加保护层。

2）高聚物改性沥青防水卷材。如 SBS 改性沥青防水卷材。指以玻纤毡、聚酯毡等高强材料为胎体，浸渍并涂布用 SBS 改性的沥青材料，并在其两面撒以细砂或覆盖可熔性聚乙烯膜的防水卷材。其幅宽规格 1000mm，长度规格 10m/卷。

3）合成高分子防水卷材。它是一类无胎体的卷材，亦称片材。按其材料的性质可分为合成橡胶和合成树脂类。

卷材的具体选用依据工程的防水要求、造价因素等综合考虑。一般屋面多采用石油沥青纸胎油毡，对抗裂缝性和耐久性要求较高的屋面可选用改性沥青防水卷材油毡或沥青玻璃布油毡，纸胎油毡最便宜，应用最广。

防水卷材的胶结材料常见的有三种：沥青胶（又名沥青玛瑅脂）、冷底子油、合成高分子防水卷材的配套胶粘剂。

（6）保护层。设置保护层的目的是保护防水层。保护层的材料及做法，应根据防水层所用材料和屋面具体情况而定。

1）不上人屋面保护层的做法。当采用油毡防水层时为粒径 3～6mm 的小石子，称为绿豆砂保护层，绿豆砂要求耐风化、颗粒均匀、色浅；三元乙丙橡胶卷材采用银色着色剂，直接涂刷在防水层上表面。

2）上人屋面的保护层的做法。上人屋面的保护层应具有保护防水层和兼作行走面层的双重作用，因此上人屋面保护层应满足耐水、平整、耐磨的要求。其构造做法通常可采用水泥砂浆或沥青砂浆铺贴缸砖、大阶砖、混凝土板；也可现浇 40mm 厚 C20 细石混凝土（宜掺微膨胀剂），现浇细石混凝土保护层的细部构造处理与刚性防水屋面基本相同。

2. 柔性卷材防水屋面细部构造

仅仅做好大面积屋面部位的卷材防水的构造层，还不能完全确保屋顶不渗不漏。还应该通过正确地处理细部构造来完善屋顶的防水。如果屋顶开设有孔洞，有管道伸出屋顶，屋顶边缘封闭不牢等，都有可能破坏卷材屋面的整体性，造成防水的薄弱环节，因此屋面工程更要处理好细部环节。屋顶细部包括屋面上的泛水、天沟、雨水口、檐口、变形缝等部位。

（1）泛水构造。泛水指屋顶上沿所有垂直面与水平防水层交接处所设的防水构造处理。突出于屋面之上的女儿墙、烟囱、楼梯间、变形缝、维修孔、立管等的壁面与屋顶的交接处是最容易漏水的地方。必须将屋面防水层延伸到这些垂直面上，形成立铺的防水层，称为泛水，其做法及构造要点如下：①屋面与垂直面交接处应将卷材下的砂浆找平层抹成直径不小于 150mm 的圆弧形或 45°钝角斜面，以免卷材架空或折断。②屋面的卷材防水层不得在转角处断开，要连续铺至垂直面上，形成卷材泛水，其上再加铺一层附加卷材，附加卷材的水平搭接长度不小于 250mm，泛水高度不小于 250mm。③要做好泛水上口的卷材收头固定，防止卷材在垂直墙面上下滑。一般做法是：在垂直墙中凿出通长凹槽，将卷材的收头压入槽内，用防水压条钉压后再用密封材料嵌填封严，外抹水泥砂浆保护。常在凹槽上部的墙体利用防水砂浆抹面或者镀锌铁皮做滴水构造，增加其防水效果。泛水构造如图 12－7 和图 12－8 所示。

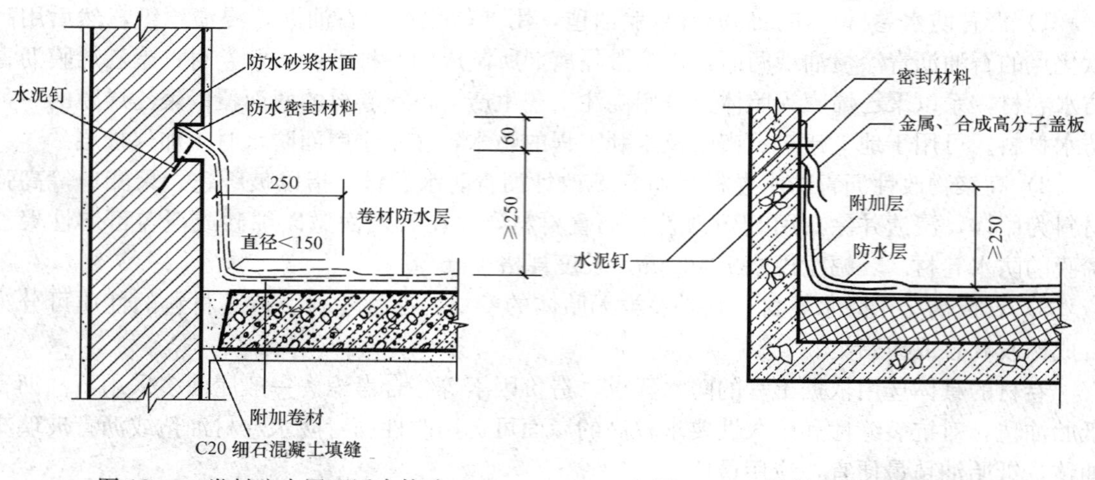

图 12－7 卷材防水屋面泛水构造 图 12－8 混凝土墙卷材泛水构造

（2）檐口构造。柔性防水屋面的檐口构造有无组织排水挑檐和有组织排水挑檐沟及女儿墙檐口等。挑檐和挑檐沟构造都应注意处理好卷材的收头固定、檐口饰面并做好滴水。女儿墙檐口构造的重点是泛水的构造处理，其顶部通常做混凝土压顶，并设有坡度坡向屋面。常见檐口构造如图 12－9 所示。

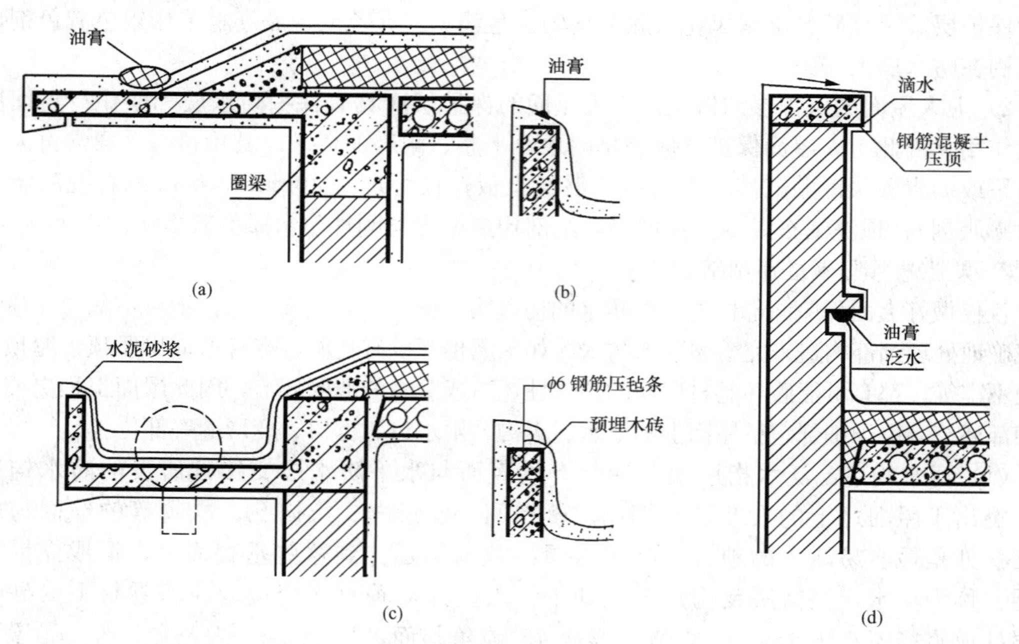

图 12－9 卷材防水檐口构造

（a）无组织排水挑檐；（b）有组织排水挑檐沟；（c）挑檐沟卷材收头处理；（d）女儿墙檐口

（3）雨水口构造。雨水口是屋面雨水排至落水管的连接构件，通常为定型产品。有用于檐沟排水的直管式雨水口和女儿墙外排水的弯管式雨水口两种。雨水口在构造上要求排水通畅、防止渗漏堵塞，如图 12 - 10 所示。直管式雨水口为防止其周边漏水，应加一层卷材并贴入连接管内 100mm，雨水口上用定型铸铁罩或铅丝球盖住，油膏嵌缝。弯管式雨水口穿过女儿墙预留孔洞内，屋面防水层应铺入雨水口内壁四周不小于 100mm，并安装铸铁箅子以防杂物流入造成堵塞。

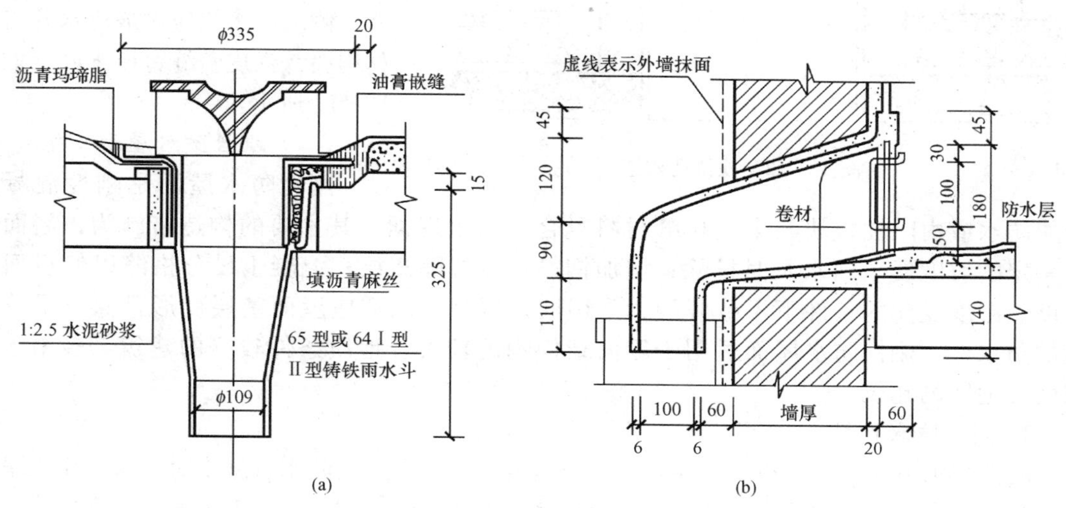

图 12 - 10　雨水口构造

(a) 直管式雨水口；(b) 弯管式雨水口

(4) 屋面变形缝构造。屋面变形缝的构造处理原则是既不能影响屋面的变形，又要防止雨水从变形缝处渗入室内。屋面变形缝按建筑设计可设于同层等高屋面上，也可设在高低屋面的交接处。

等高屋面变形缝的做法是：在缝两边的屋面板上砌筑矮墙，以挡住屋面雨水，矮墙的高度不小于 250mm，半砖墙厚。屋面卷材防水层与矮墙面的连接处理类同于泛水构造，缝内嵌填沥青麻丝。矮墙顶部可用镀锌铁皮盖缝，也可铺一层卷材后用混凝土盖板压顶，如图 12 - 11 所示。当对屋面的平整度有要求的时候，可不砌矮墙直接加铺卷材即可，但此种做法的防水效果不及前者。

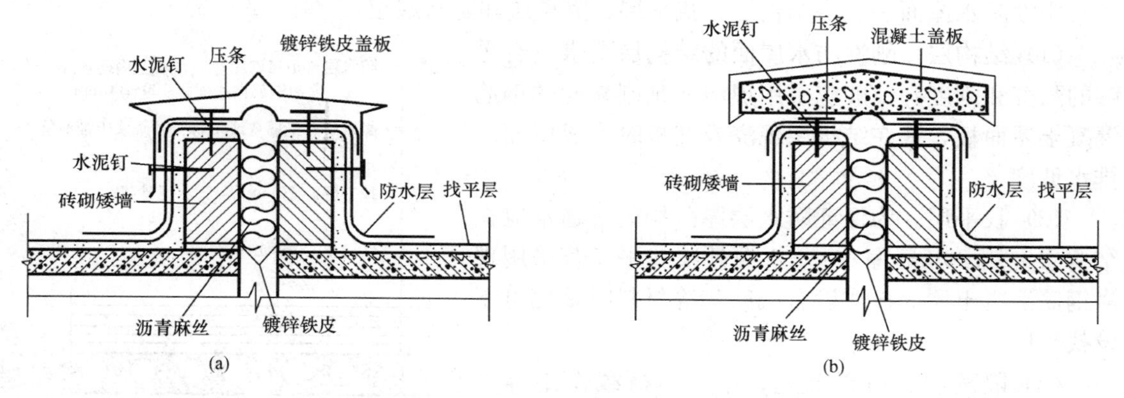

图 12 - 11　卷材屋面的横向变形缝构造

(a) 镀锌铁皮盖缝泛水构造；(b) 混凝土盖缝泛水构造

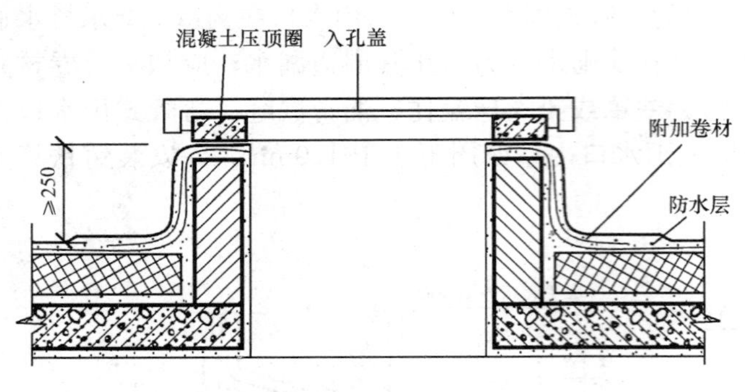

图 12-12　检修孔构造

（5）屋面检修孔、屋面出入口构造。不上人屋面须设屋面检修孔，检修孔四周的孔壁可用砖立砌，也可在现浇屋面板时将混凝土上翻制成，其高度一般为 300mm，壁外侧的防水层应做成泛水并将卷材用镀锌铁皮盖缝钉压牢固，如图 12-12 所示。

（二）刚性防水屋面

刚性防水屋面是刚性混凝土板块防水或由刚性板块与柔性接缝材料复合的防水屋面。其主要的构造措施为：屋面具有一定的坡度便于雨水及时排除；增加钢筋，设置隔离层；混凝土设分格缝以使板面在温度、湿度变化的条件下不致开裂；采用油膏嵌缝，以适应屋面基层变形且保证了分格缝的防水性。刚性防水屋面适用于屋面结构刚度较大及地质条件较好的建筑，多用于我国南方地区的建筑。

1. 刚性防水材料

刚性防水屋面的防水材料主要是砂浆或者混凝土。在屋面防水层施工时，由于用水量较大或多余的水在硬化过程中逐渐蒸发形成许多空隙和毛细管网，这些毛细通道都会形成砂浆或者混凝土收水干缩时表面开裂和屋面的渗水通道。可见，普通的水泥砂浆和混凝土须经过采取措施才可作为屋面的刚性防水层。

（1）加防水剂。一般防水剂的掺加量为水泥重量的 3%～5%。加入防水剂可以产生不溶性物质堵塞毛细通道，提高密实性。

（2）加泡沫剂。加气的砂浆或加气混凝土内部会有许多封闭但不连通的气泡，它可以破坏砂浆或混凝土中的毛细通道，以提高防水效果。

（3）提高密实性。在施工过程中，注意骨料的级配，控制水灰比，加强振捣以及养护等均可提高砂浆以及混凝土的密实性，从而提高其防水性能。

2. 刚性防水屋面的构造层次及做法

刚性防水屋面一般由结构层、找平层、隔离层和防水层组成（图 12-13）。

（1）结构层。刚性防水屋面的结构层要求具有足够的强度和刚度，一般应采用现浇或预制装配的钢筋混凝土屋面板，并在结构层现浇或铺板时形成屋面的排水坡度。

（2）找平层。为保证防水层厚薄均匀，通常应在结构层上用 20mm 厚 1∶3 水泥砂浆找平。若采用现浇钢筋混凝土屋面板或设有纸筋灰等材料时，也可不设找平层。

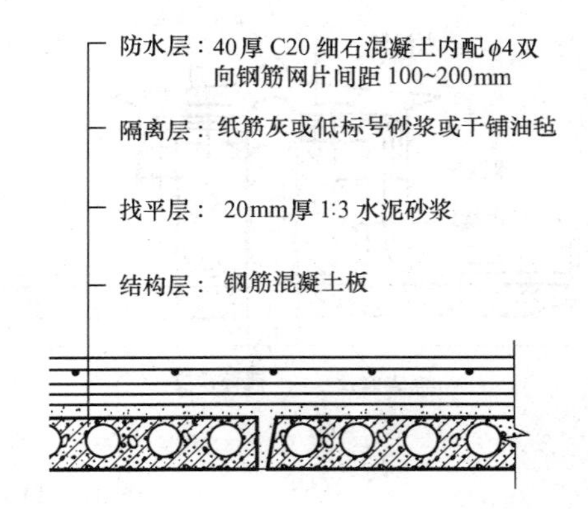

图 12-13　刚性防水屋面的构造层次

（3）隔离层。由于温差、干缩、荷载作用等因素，结构层会发生变形、开裂而导致防水层产生裂缝。因此，在防水层和基层间应设置隔离层，使两层之间不粘结，防水层可以自由伸缩，减少了结构层变形对防水层的不利影响。隔离层的常见做法有：①黏土砂浆或石灰砂浆找平层、隔离层。黏土砂浆配合比为：石灰膏：砂：黏土＝1：2.4：3.6，白灰砂浆配合比为：石灰膏：砂＝1：4。砂浆铺抹前，将板面清扫干净，洒水湿润，但不得积水，然后铺抹黏土砂浆或石灰砂浆层，厚度一般为20mm，要求厚度一致，抹平压光并养护。待砂浆层基本干燥并有一定强度（手压无痕）后，方可进行防水层施工。②水泥砂浆找平层、毡砂隔离层。清扫板面并洒水湿润，但不得积水。铺设1：3水泥砂浆找平层，厚度15～20mm。压实抹光并养护，待水泥砂浆干燥后，上铺经筛分的干砂一层，厚度4～8mm，铺开刮平。用50kg的滚筒来回滚压几遍，将砂压实。砂垫层上再铺油毡一层，油毡接缝处用热沥青粘合，形成平整的粘面。对现浇钢筋混凝土层面，当表面较平整时，可不作水泥砂浆找平层，而直接铺砂垫层。③石灰砂浆找平层、纸筋灰（或麻刀灰）隔离层。石灰砂浆配合比为：石灰膏：砂＝1：3，搅拌成干稠状，铺抹20mm厚，压实抹光并养护。防水层施工前1～2天，将纸筋灰或麻刀灰均匀地抹在找平层上，厚度一般为2～3mm，抹平压光。待纸筋灰或麻刀灰基本干燥后，即进行防水层施工。④水泥砂浆找平层、油毡隔离层。用1：3水泥砂浆找平层，厚15～20mm，压实抹光。找平层干燥后，直接干铺一层油毡做隔离层，用沥青和防水胶粘牢，表面涂刷二道石灰水和一道掺加10%水泥的石灰浆。防止油毡在夏季高温时流淌，使沥青浸入防水层底面而粘牢，影响隔离效果。

（4）防水层。常用配筋细石混凝土防水屋面的混凝土强度等级应不低于C20，其厚度宜不小于40mm，双向配置$\phi4$～$\phi6.5$，间距为100～200mm的双向钢筋网片。为提高防水层的抗渗性能，可在细石混凝土内掺入适量外加剂（如膨胀剂、减水剂、防水剂等），以提高其密实度。

3. 防水屋面的细部构造

刚性防水屋面的细部构造包括屋面防水层的分格缝、泛水、檐口、雨水口等部位的构造处理。

（1）屋面分格缝。屋面分格缝又称分仓缝。实质上是在屋面防水层上设置的变形缝，为防止温度变形或结构变形等引起屋面的不规则裂缝而设置的人工缝隙。

屋面分格缝的位置应设置在结构变形敏感的部位（图12-14）。由于大面积的整浇混凝土防水层受外界温度的影响会出现热胀冷缩，导致防水层开裂。结构变形敏感的部位主要是指装配式屋面板的支承端、屋面转折处、现浇屋面板与预制屋面板的交接处、泛水与立墙交接处等部位，分格缝的服务面积宜控制在15～25m^2，间距控制在3～5m。对于长方形的建筑物，进深在10m以下可在屋脊处设置纵向缝；进深在10m以上，最好在坡中某一板缝处再设一道分格缝。

分格缝的宽度一般为20mm左右，为了有利于伸缩，缝内不可用砂浆填实，一般用油膏嵌缝，厚度为20～30mm，为了不使油膏下落，缝内用沥青麻丝或弹性泡沫塑料垫底。在横向分格缝处，常将细石混凝土面层抹成凸出表面30mm左右的分水线，避免缝处积水。为保证在分格缝变形时屋面不漏水以及保护嵌缝材料，防止老化，常在缝隙处覆盖卷材，覆盖的卷材与防水层之间，应加铺一层卷材，以便卷材有较大的伸缩余地，如图12-15所示。

分格缝在设计时还应注意防水层内的钢筋在分格缝处应断开。

（2）刚性屋面泛水构造。刚性屋面的泛水构造是将刚性防水层直接延伸到垂直墙面上，

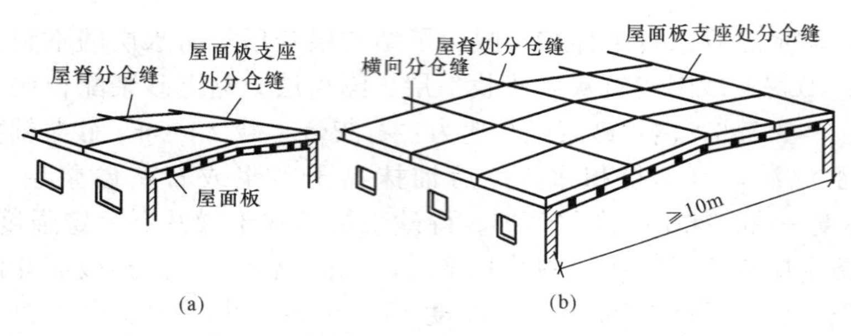

图 12-14 分仓缝的位置

（a）房屋进深小于 10m 时，分仓缝的划分；

（b）房屋进深大于 10m 时，分仓缝的划分

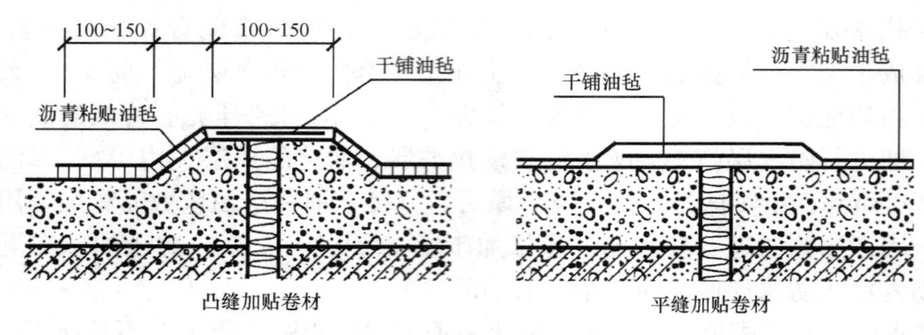

图 12-15 分格缝的构造

泛水与垂直墙面（女儿墙、烟囱）间须留有分格缝，缝内用沥青麻丝等填缝材料填实。缝口应用油膏或铁皮等做滴水，进行盖缝处理（图 12-16）。

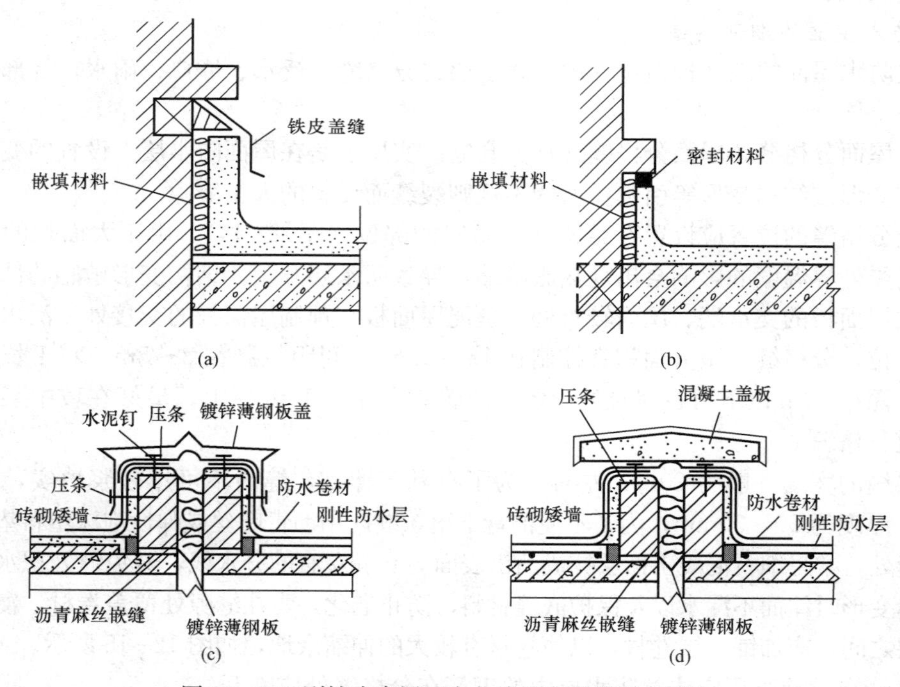

图 12-16 刚性防水屋面女儿墙及变形缝泛水做法

（a）镀锌铁皮盖缝；（b）密封材料嵌缝；（c）横向变形缝泛水之一；（d）横向变形缝泛水之二

（三）涂膜防水屋面

涂膜防水是在自身有一定防水能力的结构层表面涂刷一定厚度的防水涂料，经常温胶联固化后，形成一层具有一定坚韧性的防水涂膜的防水方法。根据防水基层的情况和适用部位，可将加固材料和缓冲材料铺设在防水层内，以达到提高涂膜防水效果、增强防水层强度和耐久性的目的。涂膜防水由于防水效果好，施工简单、方便，不易老化，维修方便，特别适合于表面形状复杂的结构防水施工。它不仅适用于建筑物的屋面防水、墙面防水，而且还广泛应用于地下防水以及其他工程的防水。但其价格较高，成膜后需要保护，且在有较大振动的建筑物或寒冷地区不宜采用。

防水涂料有塑料、橡胶、改性沥青三大类。常用的有塑料油膏、氯丁胶乳沥青涂料等。

1. 涂膜防水屋面的构造层次

与柔性防水屋面相同，如图 12-17 所示，由结构层、找坡层、找平层、结合层、防水层以及保护层组成。为使防水层的基层有足够的强度和平整度，找平层常采用 25mm 厚的 1∶2.5 的水泥砂浆。为保证防水层与基层连接的牢固，结合层应选用与防水涂料相同的材料稀释后涂布在找平层上。当屋面为上人屋面时，保护层做法同卷材屋面。屋面为不上人屋面时，屋面保护层的做法视防水层材料的不同选择性的采用。

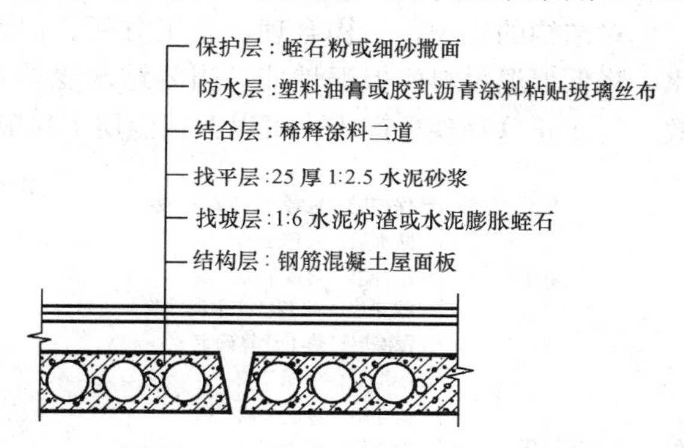

图 12-17　涂膜防水屋面构造层次

2. 涂膜防水屋面的细部构造

（1）分格缝的设置。由于温度变形和结构变形都会导致基层开裂使屋面发生渗漏，所以较大面积的屋面以及结构变形敏感部位，均需设置分格缝。构造如图 12-18 所示。

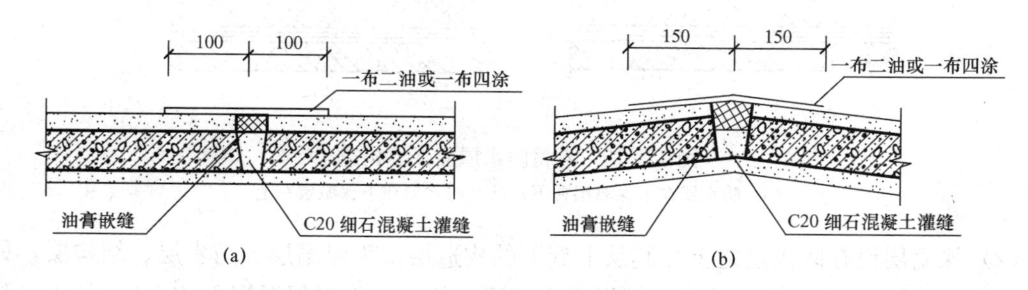

图 12-18　涂膜防水屋面分格缝的构造

（a）屋面分格缝；（b）屋脊分格缝

（2）泛水的构造。涂膜防水屋面的泛水构造要点与卷材防水屋面基本相同。

四、平屋顶的保温与隔热构造

（一）平屋顶的保温

在冬季室内采暖时，气温较室外高，热量通过围护结构向外散失，为了防止室内热量散失过多、过快，使室内有一个适宜的温度，同时为节约能耗，保证房屋的正常使用，须在围护结构中设必要的保温构造。

1. 屋顶保温材料的选择

保温层的材料和构造方案是根据使用要求、气候条件、屋顶的结构形式、防水材料的种类、施工条件等综合考虑确定的，保温材料必须是容重轻、导热小。

（1）散料类。常用的有炉渣、矿渣、膨胀蛭石、膨胀珍珠岩等。

（2）整体类。整体类保温材料指以散料作为骨料，掺入一定量的胶结材料，现场浇注而成。常用的有水泥炉渣、水泥膨胀蛭石、水泥膨胀珍珠岩及沥青膨胀蛭石和沥青膨胀珍珠岩等。

（3）板块类。板块类保温层是指由工厂以骨料和胶结材料制成的板块材料如加气混凝土、泡沫塑料、膨胀珍珠岩、膨胀蛭石等块材或板材。

2. 保温层的设置

（1）保温层设在防水层之下。构造层次自上而下为：防水层、保温层、结构层，如图12－19（a）所示。保温层的厚度依据热工计算来确定。此种做法可以有效地减少外界温度变化对结构的影响，结构合理，施工方便。但室内的水蒸气可以渗透到保温层，产生凝结水，降低保温材料的保温性能，当凝结水受热膨胀就会使防水层起鼓破坏，导致防水层失效。为防止这种现象产生，可以在保温层下作隔汽层。

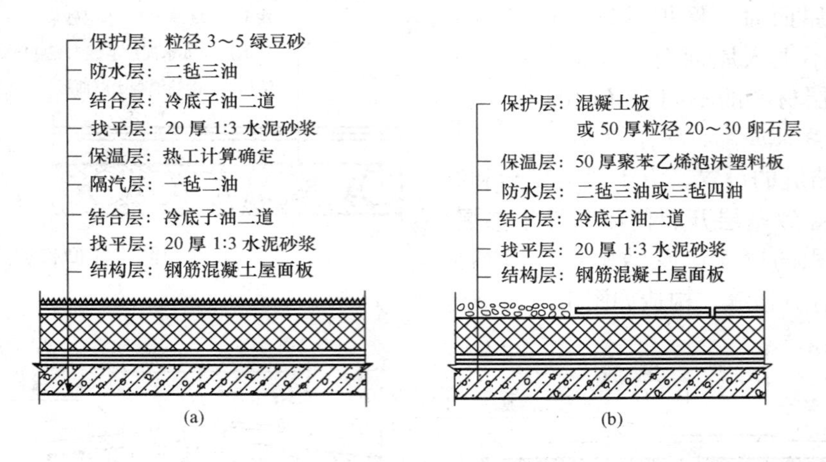

图 12－19 卷材防水屋面保温构造

（a）防水层在上保温层在下；（b）防水层在下保温层在上

（2）保温层设在防水层之上。其从上到下的构造层次为保温层、防水层、结构层，如图12－19（b）所示。由于它与传统的铺设层次相反，故名“倒铺保温屋面体系”。其优点是防水层不受太阳辐射和剧烈气候变化的直接影响，全年热温差小，不易受外来的损伤；缺点是须选用吸湿性低、耐气候性强的憎水保温材料，如聚氨酯和聚苯乙烯泡沫材料等，而且上面需用较重的覆盖层，如混凝土块、卵石、砖等压住。这是一种较合理的做法是一种有发展前途的构造方式。

3. 其他构造层次

如前所述，在采暖地区，冬季室内的湿度比室外大，室内水蒸气将向室外渗透。屋顶中的保温材料随着蒸汽的渗透将使保温效果降低，又由于保温层上部的防水层不透气，保温层中的水分不能散失，保温层会随着水分的增加而失去保温效果。常见的处理做法是在保温层下作隔离层，简称隔汽层。隔汽层的一般做法：在结构层上做找平层，在找平层上涂刷热沥青两道或用沥青胶结材料粘贴一层或若干层卷材。

设置隔汽层的屋顶，可能出现一些不利情况：由于结构层的变形和开裂，隔蒸汽层油毡会出现位移、裂隙、老化和腐烂等现象；保温层的下面设置隔蒸汽层以后，保温层的上下两个面都被绝缘层封住，内部的湿气反而排泄不出去，均将导致隔蒸汽层局部或全部失效的情况。另外一种情况是冬季采暖房屋室内湿度高，蒸汽压力大，有了隔蒸汽层会导致室内湿气排不出去，使结构层产生凝结水现象。解决这些问题，有以下几种方法：

（1）隔汽层下设透气层。就是在结构层和隔蒸汽层之间，设透汽层，使室内透过结构层的蒸汽得以流通扩散，压力得以平衡，并设有出口，把余压排泄出去。透气层的构造方法如花油法及带石砾油毡等，如图 12－20 所示，也可在找平层中做透气道。

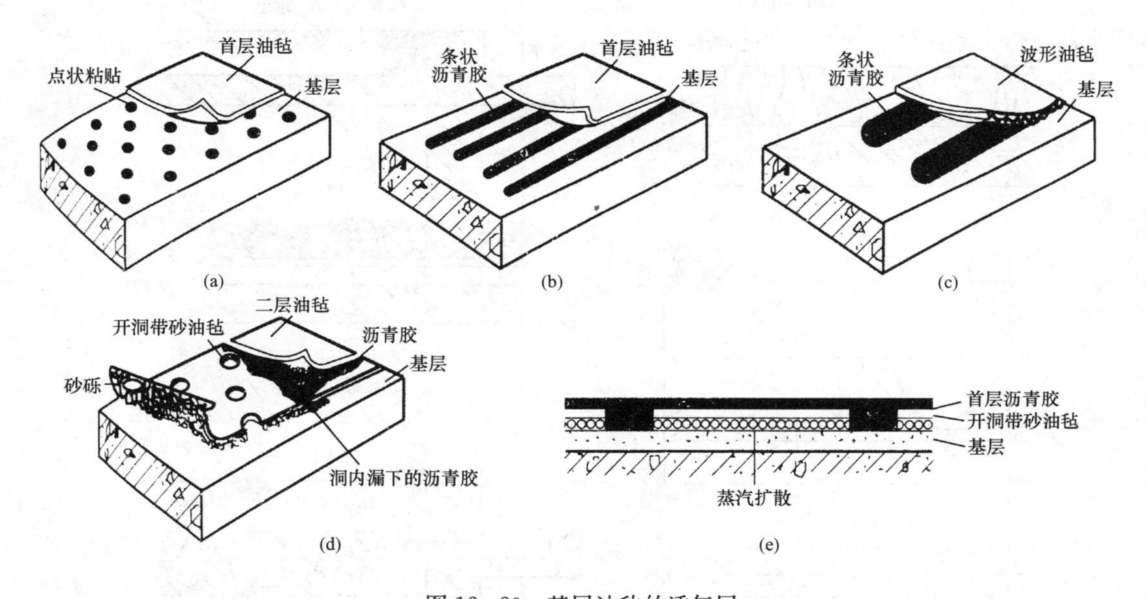

图 12－20　基层油毡的透气层

（a）点状粘贴；（b）条状粘贴；（c）波形油毡条状粘贴；

（d）开洞带砂油毡粘贴；（e）开洞带砂油毡下蒸汽的扩散

（2）保温层设透气层。在保温层中设透气层是为了把保温层内湿气排泄出去。简单的处理方法，也可把防水层的基层油毡用花油法铺贴或做带砂砾油毡基层。讲究一些，可在保温层上加一砾石或陶粒透气层，上面再做找平层和防水层。

（3）保温层上设架空通风透气层。这种体系是把设在保温层上面的透气层扩大成为一个有一定空间的架空通风隔层，这样就有助于把保温层和室内透入保温层的水蒸气通过这层通风的透气层排泄出去。通风层在夏季还可以作为隔热降温层把屋面传下来的热量排走，这种体系坡屋顶和平屋顶均可采用。

（二）屋顶的隔热

夏季在我国南方炎热地区，太阳辐射热使得屋顶温度剧烈升高，影响室内的生活和工作条件。因此，要求对屋顶进行构造处理，以降低屋顶的热量对室内的影响。

隔热降温的形式有如下几种。

1. 实体材料隔热屋面

利用实体材料的蓄热性能及热稳定性、传导过程中的时间延迟、材料中热量的散发等性能，可以使实体材料的隔热屋顶在太阳辐射下，内表温度比外表有一定的降低，内表面出现的高温比外表面延迟 3～5h。一般材料密度越大蓄热系数越大，这类实体材料的热稳定性也较好，但自重较大。夜间室内气温降低时，屋顶内的蓄热又要向室内散发，故只适合夜间不使用的房间。因此，晚间使用这种保温结构的房子如住宅等，是万万不可采用实体材料隔热层。有人认为屋顶的保温层也可用做夏季的隔热降温，这是错误的。下面几个构造示例可供参考。

(1) 大阶砖或混凝土板实铺屋顶，可作上人屋面 [图 12-21 (c)]；

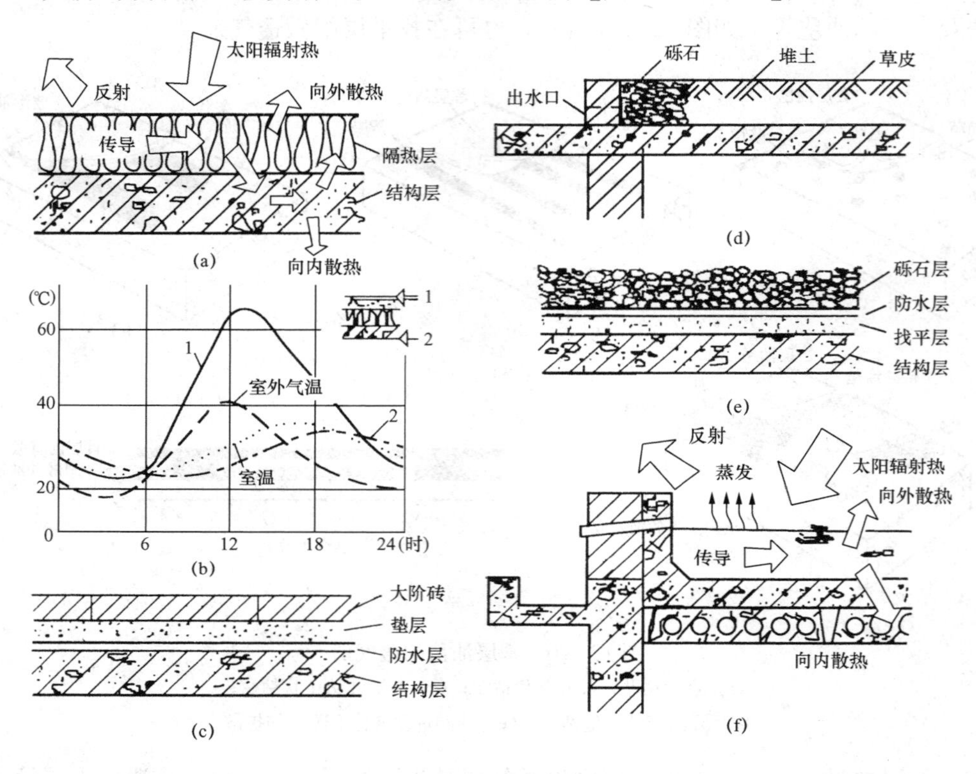

图 12-21　实体隔热构造实例

(a) 实体隔热屋顶的传热示意；(b) 实体屋顶的温度变化曲线；(c) 大阶砖实铺屋顶；(d) 堆土屋面；(e) 砾石屋面；(f) 蓄水屋面传热示意

(2) 堆土屋面植草后散热较好 [图 12-21 (d)]；

(3) 砾石层屋面 [图 12-21 (e)]；

(4) 蓄水屋顶对太阳辐射有一定反射作用，热稳定性和蒸发散热也较好 [图 12-21 (f)]。

2. 通风层降温屋顶

通风层降温屋顶是指在屋顶中设置通风的空气间层，利用间层通风，散发一部分热量，使屋顶变成两次传热以减低传至屋面内表面的温度。实测表明，通风屋顶比实体屋顶的降温效果有显著的提高。通风隔热屋顶根据结构层的地位不同分为两类：

（1）通风层在结构层下面（图 12-22），即吊顶棚，檐口处墙体须设通风口。平屋顶、坡屋顶均可采用，优点是防水层可直接做在结构层上面；缺点是防水层与结构层均易受气候直接影响而变形。

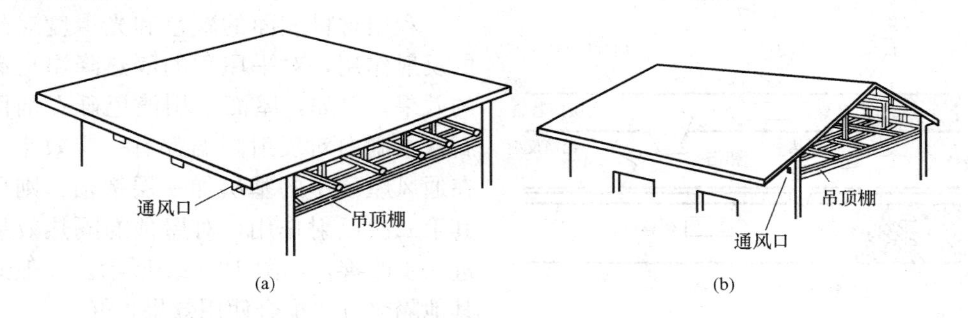

图 12-22　通风层在结构层之下的构造

（a）平屋顶吊顶棚；（b）坡屋顶吊顶棚

（2）通风层在结构层上面（图 12-23）。平屋顶一般采用预制板块架空搁在防水层上，它对结构层和防水层有保护作用。一般有平面和曲面两种形状。平面为大阶砖或预制混凝土平板时，若用垫块支架将垫块支在板的四角，架空层内空气纵横方向都可流通时，容易形成紊流，影响通风风速，如果把垫块铺成条状使气流进出，正负压关系明显，气流可更为通畅。因此一般尽可能将进风口布置在正压区，正对夏季白天主导风向，出口最好设在负压区。房屋进深大于 10m 时，中部需设通风口以加强通风的效果。

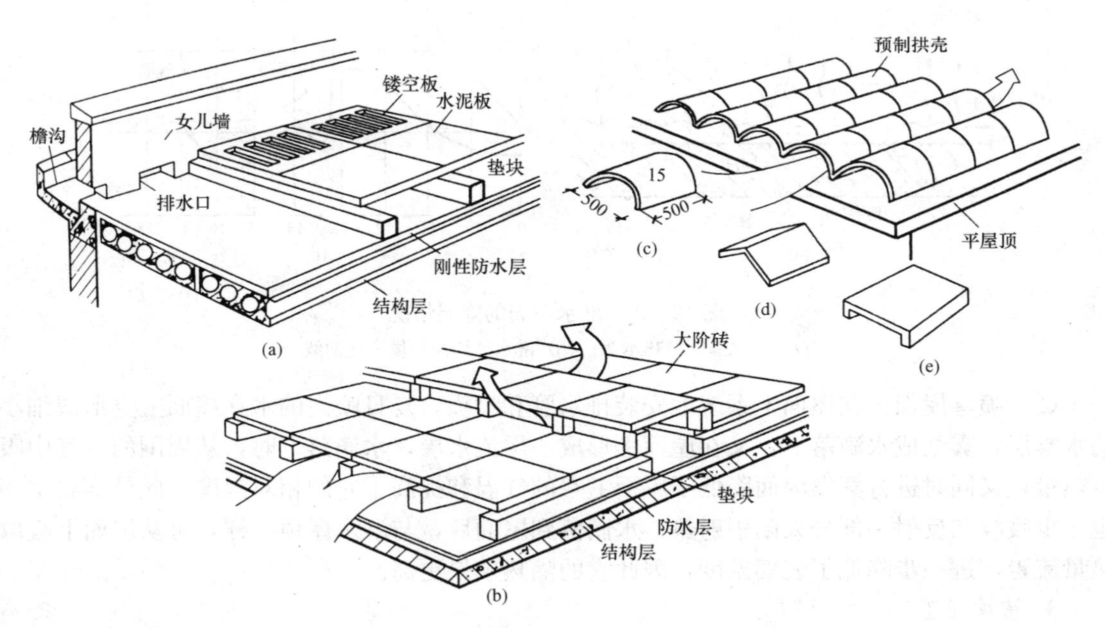

图 12-23　通风层在结构层之上的构造

（a）预制水泥板架空隔热屋；（b）大阶砖中间出风口；（c）预制拱壳；

（d）三角形预制件；（e）槽板形预制件

曲面形状通风层可以用 1/4 砖在平屋顶上砌拱作通风隔热层，也可以用水泥砂浆做成槽形、弧形或三角形等预制板，盖在平屋顶上作为通风屋顶［图 12－23（c）、（d）、（e）］，施工较为方便，用料也省。

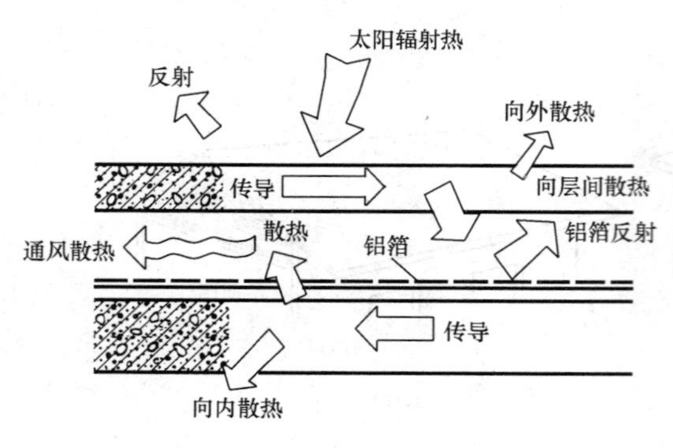

图 12－24 铝箔屋顶反射降温示意图

3. 反射降温屋顶

利用材料表面的颜色和光滑度对热辐射的反射作用，对平屋顶的隔热降温也有一定的效果。例如，屋面采用淡色砾石铺面或用石灰水刷白对反射降温都有一定效果。如果在通风屋顶中的基层加一层铝箔，则可利用其第二次反射作用，对屋顶的隔热效果将有进一步改善，如图 12－24 所示。一般此法与其他隔热方法配合使用效果较好。

4. 蒸发散热降温屋顶

（1）淋水屋面。屋脊处装水管在白天温度高时向屋面上浇水，形成一层流水层，利用流水层的反射吸收和蒸发，以及流水的排泄可降低屋面温度。淋水屋面降温情况见图 12－25。

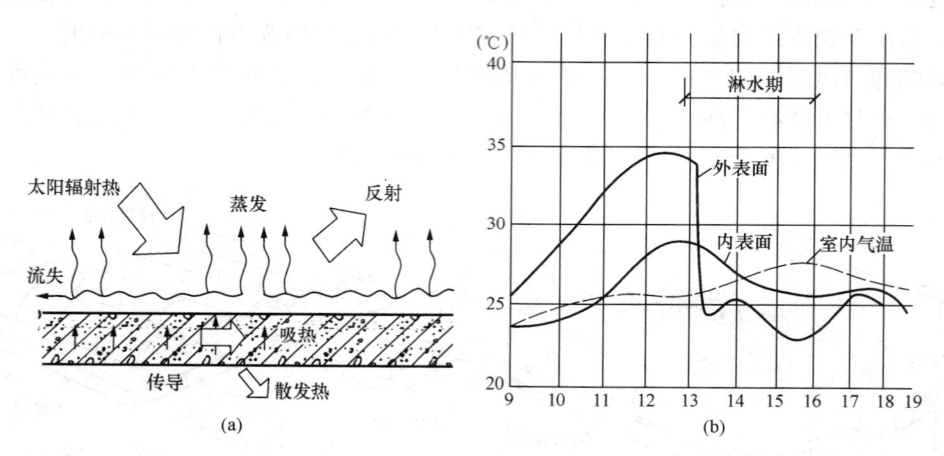

图 12－25 淋水屋面的降温情况

（a）淋水屋面散热示意；（b）淋水期屋面温度变化曲线

（2）喷雾屋面。在屋面上系统地安装排水管和喷嘴，夏日喷出的水在屋面上空形成细小的水雾层，雾结成水滴落下，又在屋面上形成一层流水层，水滴落下时，从周围的空气中吸取热量，又同时进行蒸发因而降低了屋面上空的气温和提高了它的相对湿度，此外雾状水滴也多少吸收和反射一部分太阳辐射热；水滴落到屋面后，与淋水屋顶一样，再从屋面上吸取热量流走，进一步降低了表面温度，因此它的隔热效果更高。

5. 植被屋面

在屋面防水层上覆盖种植土，种植各种绿色植物。利用植物的蒸发和光合作用，吸收太阳辐射热，因此可以达到隔热降温的作用。这种屋面有利于美化环境、净化空气但增加了屋顶的荷载，结构处理较复杂，如图 12－26 所示。

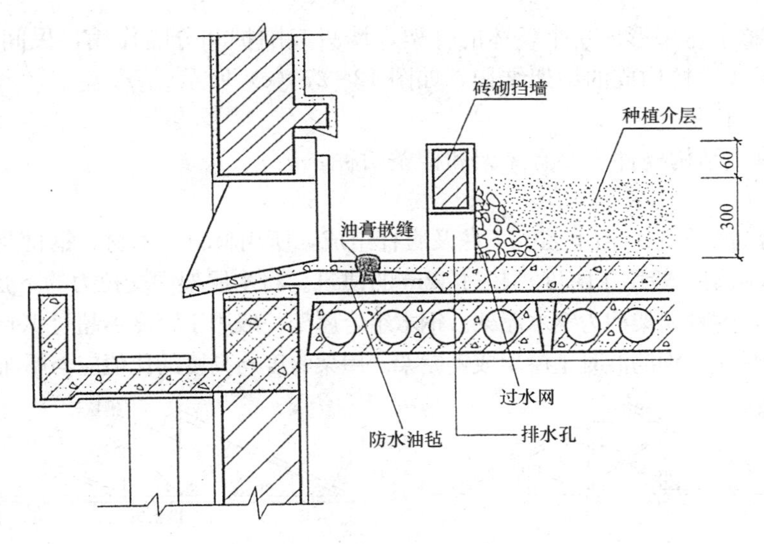

图 12 - 26　种植屋面的降温构造示意图

第三节　坡屋顶简介

一、屋顶的承重构造

（一）坡屋顶的承重结构类型

坡屋顶中常用的承重结构有横墙承重、屋架承重和梁架承重三种（图 12 - 27）。

（1）横墙承重是指按屋顶所要求的坡度，将横墙上部砌成三角形，在墙上直接搁置檩条，承受屋面重量，如图 12 - 27（a）所示。这种承重方式又称山墙承重或硬山搁檩。横墙承重构造施工方便，节约木材，有利于屋顶的防火和隔音，但这种方案平面布局受到一定的限制，适用于开间为 4.5m 以内的尺寸较小的房间，例如住宅、宿舍、旅馆等建筑。

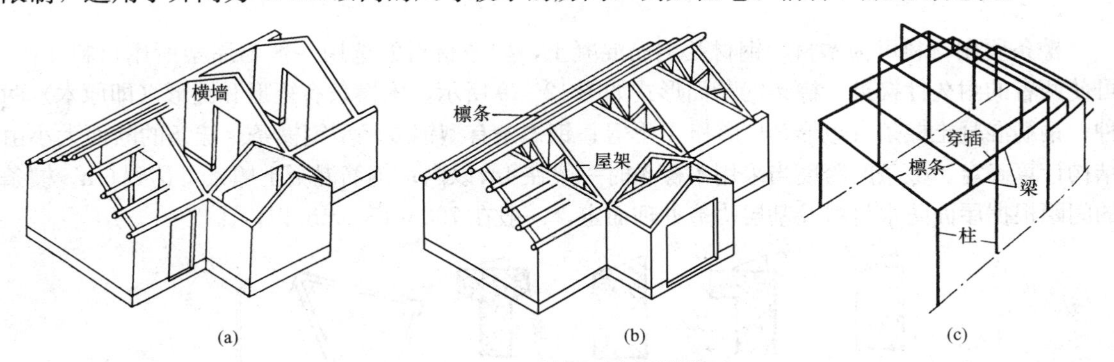

图 12 - 27　坡屋顶常用结构
（a）横墙承重；（b）屋架承重；（c）梁架承檩式屋架

（2）屋架承重是指屋架搁置在外纵墙或柱上，屋架上搁置檩条，传递屋面荷载，如图 12 - 27（b）所示。这种承重方式可以形成较大的内部空间，屋架的间距通常为 3～4m，一般不超过 6m，多用于要求有较大空间的建筑，例如食堂、教学楼等。

（3）梁架承重是我国的传统结构形式，用柱与梁形成的梁架支承檩条，并利用檩条及连系梁（枋），使整个房屋形成一个整体的骨架，墙只起围护和分隔作用，民间传统建筑中多采用木柱、木梁、木枋构成的梁架结构，如图 12-27（c）所示。

（二）承重结构构件

坡屋顶的承重结构构件主要有屋架和檩条两种。

1. 屋架

屋架形式常为三角形，由上弦、下弦及腹杆组成，所用材料有木材、钢材及钢筋混凝土等（图 12-28）。木屋架一般用于跨度不超过 12m 的建筑。将木屋架中受拉力的下弦及直腹杆件用钢筋或型钢代替，这种屋架称为钢木屋架。钢木组合屋架一般用于跨度不超过 18m 的建筑，当跨度更大时需采用预应力钢筋混凝土屋架或钢屋架。屋架跨度与高度的比值应与屋面的坡度一致。

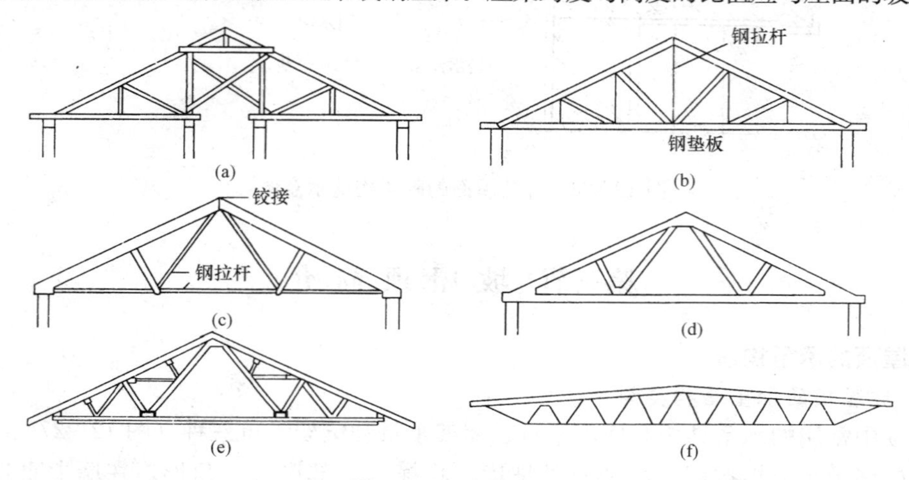

图 12-28 屋架形式

（a）四支点木屋架；（b）钢木组合豪式屋架；（c）钢筋混凝土三铰式屋架；（d）钢筋混凝土屋架；（e）芬式钢屋架；（f）梭形轻钢屋架

2. 檩条

檩条所用材料可为木材、钢材及钢筋混凝土，檩条材料的选用一般与屋架所用材料相同，可使两者的耐久性接近。檩条的断面形式如图 12-29 所示，木檩条有矩形和圆形（即原木）两种；钢筋混凝土檩条有矩形、L 形和 T 形等；钢檩条有型钢或轻型钢檩条。檩条的断面大小由结构计算确定。檩条的跨度当采用木檩条时一般在 4m 以内；钢筋混凝土檩条可达到 6m。檩条的间距根据屋面防水材料及基层构造处理而定，一般在 700～1500mm 以内。

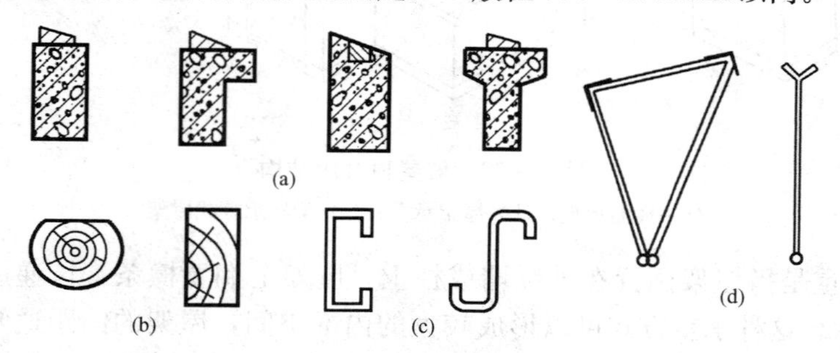

图 12-29 檩条的形式

（a）钢筋混凝土檩条；（b）木檩条；（c）薄壁钢檩条；（d）钢桁架檩条

（三）承重结构布置

坡屋顶中有双坡、单坡、四坡、攒尖等多种形式。承重结构布置主要是指屋架和檩条的布置，其布置方式视屋顶形式而定。双坡屋顶结构布置按开间尺寸等间距布置即可；四坡屋顶的结构布置，屋顶尽端的三个斜面呈45°相交，采用半屋架一端支承在外墙上，另一端支承在尽端全屋架上［图12-30（a）］；屋顶垂直相交处的结构布置有两种做法：一种是把插入屋顶的檩条搁在与其垂直的屋顶檩条上［图12-30（b）］；另一种是用斜梁或半屋架，斜梁或半屋架一端支承在转角的墙上，另一端支承在屋架上［图12-30（c）］；屋顶转角处，常利用半屋架支承在对角屋架上［图12-30（d）］。

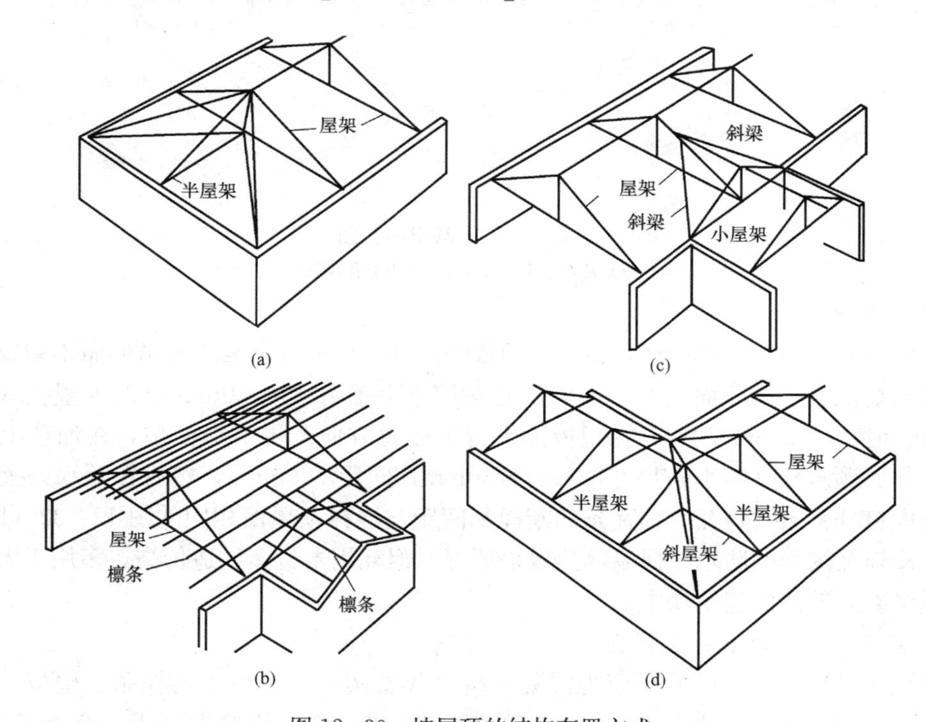

图12-30　坡屋顶的结构布置方式

（a）四坡顶端部，半屋架搁在全屋架上；（b）房屋垂直相交，檩条搁檩条；（c）房屋垂直相交斜梁搁在屋架上；（d）房屋转角处，半屋架搁在全屋架上

二、坡屋顶屋面构造

平瓦屋面做法。平瓦有黏土平瓦和水泥平瓦之分，其外形是根据排水要求而设计的。一般尺寸为每张瓦长380～420mm，宽230～250mm，厚20～25mm。瓦的两边及上下留有槽口以便瓦的搭接，瓦的背面有凸缘及小孔用以挂瓦及穿铁丝固定。屋脊部位需专用的脊瓦盖缝。瓦的外形如图12-31所示。坡屋顶屋面一般是利用各种瓦材，如平瓦、波形瓦、小青瓦等作为屋面防水材料。平瓦屋面根据基层的不同有冷摊瓦屋面、木望板平瓦屋面和钢筋混凝土挂瓦板平瓦屋面三种做法。

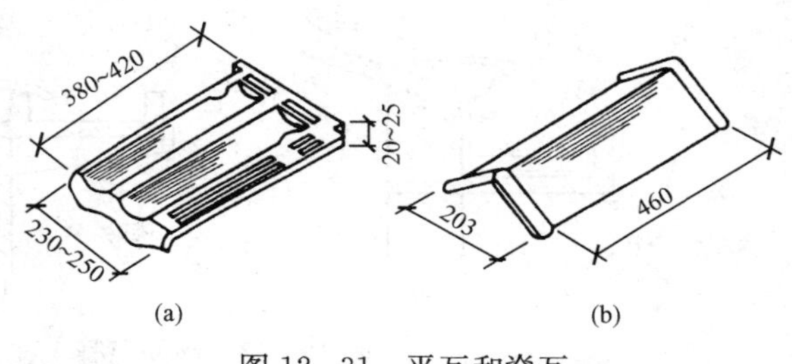

图12-31　平瓦和脊瓦

（a）平瓦；（b）脊瓦

1. 冷摊瓦屋面

冷摊瓦屋面是平瓦屋面最简单的做法。是在檩条上钉固椽条，然后在椽条上钉挂瓦条并直接挂瓦［图 12 - 32（a)]。这种做法构造简单，但雨雪易从瓦缝中飘入室内，通常用于南方地区质量要求不高的建筑。

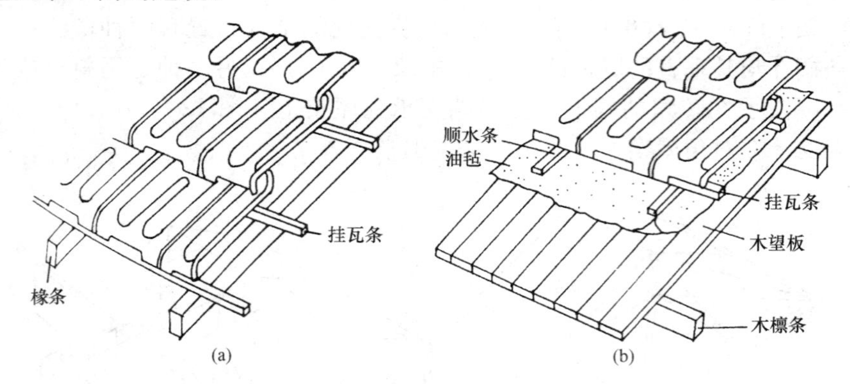

图 12 - 32 木基层平瓦图

(a) 冷摊瓦屋面；(b) 木望板瓦屋面

2. 实铺瓦屋面

是在檩条或椽条上铺屋面板，再在屋面板上挂瓦。屋面板上是木板就叫做木望板，望板也可采用钢筋混凝土的屋面板。具体构造是在檩条上铺钉 15～20mm 厚的木望板（亦称屋面板)，板间留 9～20mm 的缝，在望板上平行于屋脊方向干铺一层油毡，在油毡上顺着屋面水流方向钉顺水条（顺水条尺寸 10mm×30mm，间距 500mm)，然后在顺水条上面平行于屋脊方向钉挂瓦条并挂瓦，挂瓦条的断面和间距与冷摊瓦屋面相同［图 12 - 32（b)]。这种做法比冷摊瓦屋面的防水、保温隔热效果要好，但耗用木材多、造价高，多用于大量建筑中防水质量要求较高的建筑物中。

3. 钢筋混凝土挂瓦板平瓦屋面

这种屋面是用预应力或非预应力混凝土构件代替实铺平瓦屋面的檩条、望板、挂瓦条等，将其直接搁置在山墙或屋架上，上面挂瓦。图 12 - 33 为钢筋混凝土挂瓦板平瓦屋面，板肋根部预留泄水孔，以便排除由瓦面渗漏下的雨水。挂瓦板的基本断面呈门形、T 形、F 形，板肋用来挂瓦，间距为 330mm，板缝采用 1∶3 水泥砂浆嵌填。挂瓦板具有檩条、望板、挂瓦条三者的作用，是一种多功能构件，可以节约大量木材，在缺少木材的地区可以推广应用。制作挂瓦板应严格控制构件的几何尺寸，使之与瓦材尺寸配合，同时应处理好板缝的防水，否则极易出现瓦材漏水的现象。

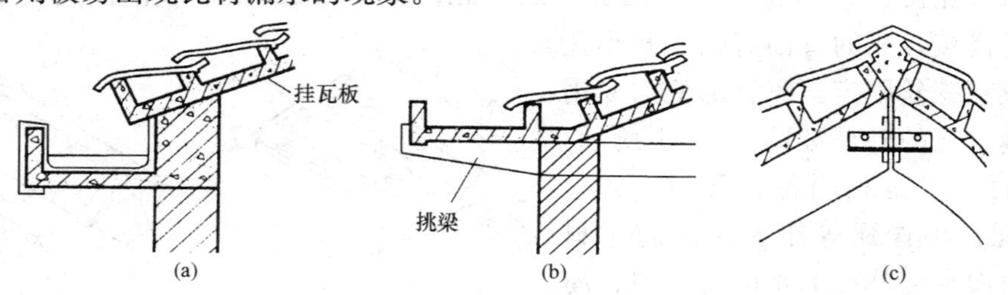

图 12 - 33 钢筋混凝土挂瓦板平瓦屋面（一）

(a) 挂瓦板屋顶的檐口剖面一；(b) 挂瓦板屋顶的檐口剖面二；(c) 挂瓦板屋顶的屋脊处剖面

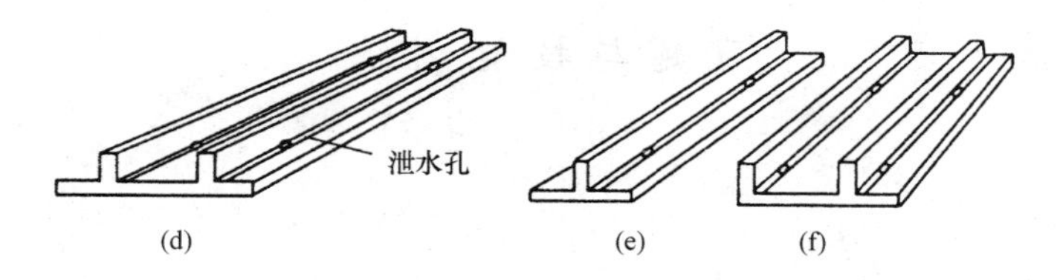

图 12-33　钢筋混凝土挂瓦板平瓦屋面（二）
（d）双肋板；（e）单肋板；（f）F 板

本　章　小　结

1. 屋顶是建筑物的承重和围护构件，它由防水层、结构层以及保温或隔热层等附加层组成。

屋顶按外形分为坡屋顶、平屋顶和其他形式的屋顶。坡屋顶坡度一般大于 10%，平屋顶坡度小于 5%，坡度随外形变化。按屋面防水材料分为柔性防水屋面、刚性防水屋面、涂膜防水屋面、瓦屋面等四类。卷材防水屋面、混凝土刚性防水屋面和瓦屋面较为常用。

屋顶设计的主要任务是解决好防水、保温隔热、坚固耐久、造型美观等问题。防水质量的好坏与排水有直接的关系。

2. 屋顶排水设计的主要内容是：确定屋面坡度大小和坡度形成的方法；选择排水方式和屋顶剖面轮廓线；确定排水立管数量、位置；绘制屋顶排水平面图。单坡排水的屋面宽度控制在 12～15m 以内，每根雨水管可排除约 200mm^2 的屋面雨水，其间距控制在 18～24m 以内。矩形天沟净宽不应小于 200mm，天沟纵坡最高处离天沟上口的距离不小于 120mm，天沟纵向坡度一般取 0.5%～1%。

卷材防水屋面的防水层下面须做找平层，上面应做保护层。不上人屋面常用绿豆砂保护，上人屋面用耐磨地面构成保护层。保温层铺在防水层之下时须在其下加隔气层，铺在防水层之上则可不加，但必须选用不透水的保温材料。油毡屋面的细部构造是对防水的薄弱部位的重点处理，包括泛水、天沟、雨水口、檐口、变形缝等。油毡屋面存在的主要问题是起鼓、流淌、开裂，应采取构造措施加以防止。

刚性防水屋面主要适用于我国南方地区。为了防止防水层开裂，应在防水层中加钢筋网片，设置分格缝。在防水层与结构层之间加铺隔离层，分格缝应设在屋面上结构变形敏感处。分格缝之间的距离不应超过 6m。泛水、分格缝、变形缝、檐口、雨水口等部位的细部构造须有可靠的防水措施。

涂膜防水屋面的主要防水措施是：加大屋面板刚度，防止板缝开裂，板面刷涂料和贴玻璃丝布。构造要点与卷材防水屋面类同。

3. 坡屋顶的承重结构有屋架搁檩、山墙搁檩、梁架搁檩三种型式。平瓦屋面基层有冷摊瓦作法、实铺法作法、钢筋混凝土挂瓦板作法。

4. 平屋顶的保温层铺于结构层上，坡屋顶的保温层可铺在瓦材下面或吊顶棚上面。

习题与技能训练

一、习题

（一）填空题

1. 屋顶按采用材料和结构类型的不同可分为________和________还有________三大类。

2. 根据建筑物的性质、重要程度、防水层耐用年限和设防等要求，将屋面防水分为________级。对于一般工业及民用建筑应做________级防水，其防水层的使用年限为________年。

3. 屋顶坡度的表示方法有________、________和________三种。

4. 平屋顶排水坡度的形成方法有________和________两种。

5. 屋顶排水方式分为________和________两类。

6. 平屋顶泛水构造中，泛水高度应为________。

7. 在平屋顶卷材防水构造中，当屋顶坡度________时，卷材宜平行于屋脊方向铺贴；当屋顶坡度________时，卷材可平行或垂直于屋脊方向铺贴。

8. 选择有组织排水时，每根雨水管可排除大约________ mm^2 的屋面雨水，其间距控制在________ m 以内。

9. 平屋顶的保温材料有________和________以及________三种类型。

10. 坡屋顶的承重结构有________、________及________三种。

11. 平屋顶的隔热通常有________、________和________等处理方法。

（二）选择题

1. 屋顶的坡度形成中材料找坡是指________来形成。

①利用预制板的搁置 ②选用轻质材料找坡

③利用油毡的厚度 ④利用结构层

2. 当采用檐沟外排水时，沟底沿长度方向设置的纵向排水坡度一般应不小于________。

①0.5% ②1% ③1.5% ④2%

3. 平屋顶坡度小于3%时，卷材宜沿________屋脊方向铺设。

①平行 ②垂直 ③30° ④45°

4. 混凝土刚性防水屋面的防水层应采用不低于________级的细石混凝土整体现浇。

①C15 ②C20 ③C25 ④C30

5. 混凝土刚性防水屋面中，为减少结构变形对防水层的不利影响，常在防水层与结构层之间设置________。

①隔蒸汽层 ②隔离层 ③隔热层 ④隔声层

（三）名词解释

1. 材料找坡

2. 结构找坡

3. 无组织排水

4. 有组织排水

5. 刚性防水屋面

6. 泛水

7. 卷材防水屋面

8. 涂膜防水屋面

（四）简答题

1. 屋顶设计应满足哪些要求？

2. 屋顶由哪几部分组成？它们的主要功能是什么？

3. 刚性防水屋面为什么要设置分格缝？通常在哪些部位设置分格缝？

4. 常用于平屋顶的隔热、降温措施有哪几种？有哪些构造做法（用构造图表示）？各种做法适用于何种条件？

5. 混凝土刚性防水屋面的构造中，为什么要设隔离层？

6. 在柔性防水屋面中，设置隔汽层的目的是什么？隔汽层常用的构造做法是什么？

7. 简述刚性防水屋面的基本构造层次及做法。

8. 坡屋顶的承重结构有哪几种？分别在什么情况下采用？

9. 影响屋顶坡度的因素有哪些？如何形成屋顶的排水坡度？简述各种方法的优缺点。

10. 屋顶排水方式有哪几种？简述各自的优缺点和适用范围。

11. 屋顶排水组织设计主要包含哪些内容？分别有哪些具体要求？

12. 卷材屋面的构造层有哪些？各构造层次的一般做法是什么？卷材防水层下的找平层为什么要设置分格缝？上人和不上人的卷材屋面在构造层次上和做法上有什么不同？

13. 卷材屋面的泛水、天沟、檐口细部构造的要点是什么？注意记忆它们的典型构造图。

14. 何谓涂膜防水屋面？简述涂膜防水屋面的基本构造层次及做法。

15. 刚性防水屋面中，隔离层的作用以及常用作法有哪些？

二、技能训练

（一）绘图题

1. 试绘制局部剖面图表示卷材防水屋面的泛水构造。要求注明泛水构造做法，并标注有关尺寸。

2. 试绘制一有保温要求，且不上人的柔性防水保温屋面（平屋顶）断面构造图，并注明各构造层名称及一般做法。

3. 试绘制刚性防水屋面横向分格缝的节点构造。

（二）平屋顶构造设计

1. 目的要求

通过本次作业，使学生掌握屋顶有组织排水设计方法和屋顶构造节点详图设计，提高学生的绘图和识读施工图的能力。

2. 设计条件

（1）视学生具体情况，由教师给定某民用建筑的平面图和剖面图。建筑平面可为矩形建筑，结构布局简单，也可给予L形或工字形建筑平面。

（2）结构类型：砖混结构。

（3）屋顶类型：平屋顶。

（4）屋顶排水方式：有组织排水，设置落水管，檐口形式自定。

(5) 屋面防水方案：卷材防水或刚性防水。

(6) 视所处地区不同，做相应的屋顶的保温或隔热构造处理。

3. 设计内容及图纸要求。

用3号或2号图纸一张，按建筑制图标准的规定，绘制该建筑屋顶平面图和屋顶节点详图。

(1) 屋顶平面图：比例1∶200或1∶100。

1) 画出各坡面交线，檐沟或女儿墙和天沟，雨水口和屋面上人孔等。

2) 标注屋面和檐沟或天沟内的排水方向和坡度值，标注屋面上人孔等突出屋面部分的有关尺寸，标注屋面标高（结构上表面标高）。

3) 标注各转角处的定位轴线和编号。

4) 外部标注两道尺寸（即轴线尺寸和雨水口到邻近轴线的距离或雨水口的间距）。

5) 标注详图索引符号，注写图名和比例。

(2) 屋顶节点详图：比例1∶10或1∶20。

1) 檐口构造。当采用檐沟外排水时，表示清楚檐沟板的形式，屋顶各层构造，檐沟处的防水处理，以及檐沟板与圈梁、墙、屋面板之间的相互关系，标注檐沟尺寸，注明檐沟饰面层的做法和防水层的收头构造做法；当采用女儿墙外排水或内排水时，表示清楚女儿墙压顶构造、泛水构造、屋顶各层构造和天沟形式等，注明女儿墙压顶和泛水的构造做法、标注女儿墙的高度、泛水高度等尺寸；当采用檐沟女儿墙外排水时要求同上。用多层构造引出线注明屋顶各层做法，标注屋面排水方向和坡度值，标注详图符号和比例，剖切到的部分用材料图例表示。

2) 泛水构造。画出凸出屋面之间的立墙与屋面防水交接处的泛水构造，表示清楚泛水构造和屋顶各层构造，注明泛水构造做法，标注有关尺寸，标注详图符号和比例。

3) 雨水口构造。表示清楚雨水口的形式，雨水口处的防水处理，注明细部做法，标注有关尺寸，标注详图符号和比例。

第十三章　窗　和　门

本章提要　本章主要讲述了门和窗的分类、组成及特点；简述了木门窗的构造、安装、五金附件及铝合金和塑钢门窗的构造特点。

学习目标　掌握门和窗与墙体的连接构造及平开木窗防雨水措施；理解窗与门的构造原理；熟悉门和窗的类型及特点；了解常用的门、窗尺寸代号及五金零件和附件。

第一节　门和窗的分类、组成及尺度

一、门和窗的作用

门和窗是房屋建筑中两个重要的围护部件。门的主要作用是供交通联系，兼起采光和通风的作用；窗的主要作用是采光、通风和观察。在不同使用条件下，门和窗还具有保温、隔热、隔声、防火、防水、防风沙及防盗等作用。因此，对门窗的构造要求是：坚固耐用、开启方便、关闭紧密、美观大方、便于清洁和维修。

二、门和窗的分类

门和窗按使用材料分有：木门窗、钢门窗、铝合金门窗、塑料门窗和玻璃钢门窗。此外还有钢塑、木塑、铝塑等复合材料制成的门和窗。

对于门，按使用功能分主要有保温门、隔声门、防火门、防盗门、防爆门和防辐射门等；按开启方式分主要有以下几种（图 13 - 1）。

平开门：铰链安在侧边，可水平开启。有单扇、双扇、内开、外开之分。平开门构造简单，开启灵活，安装维修方便，是房屋建筑中使用最广泛的一种形式。

弹簧门：也是水平开启的门，只是门扇侧边使用弹簧铰链或地弹簧，可内外弹动，自动关闭，适用于人流较多，需要自动关闭的场所。为避免逆向人流相互碰撞，一般门上都安装有玻璃。

推拉门：门扇是通过上下轨道，左右推拉滑动进行开关。开启时，门扇可隐藏于墙内或悬于墙外，不占使用空间。在人流较多的场所，还可以采用光电式或触动式自动启闭推拉门。

折叠门：由几个较窄的门扇相互间用铰链连接而成。开启后，门扇折叠在一起，可少占空间。但构造复杂，一般在商业建筑或公共建筑中可灵活分割空间用。

转门：由两个固定的弧形门套和垂直旋转的门扇构成。门扇有三扇及四扇之分，固定在中轴上，在弧形门套里绕竖轴旋转。门扇旋转时，有两扇门的边梃与门套接触，可阻止内外空气对流。在转门两旁应设平开门或弹簧门，在不需空气调节的季节或大量人流疏散时用。

对于窗，按层数分有单层窗和多层窗；按开启方式分主要有以下几种（图 13 - 2）。

固定窗：将玻璃直接安装在窗框上，不能开关，只供采光和观望。

平开窗：窗扇用合页与窗框侧边相连，可水平向内或向外开启。外开窗开启后，不占室内空间，雨水不易流入室内，但易受风吹、日晒、雨淋，且安装修理不便；内开窗的性能正

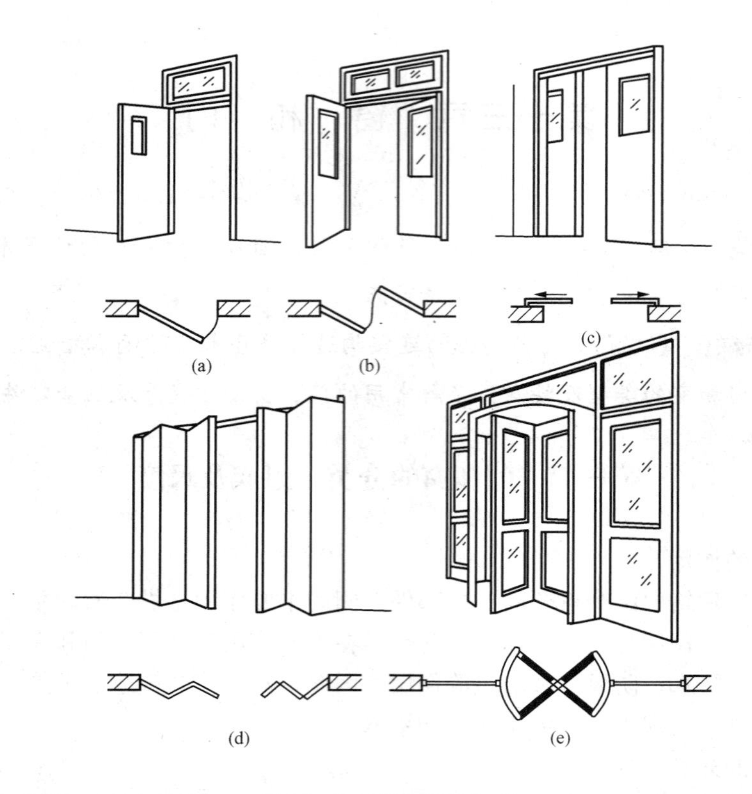

图 13-1　门的开启方式

(a) 平开门；(b) 弹簧门；(c) 推拉门；(d) 折叠门；(e) 转门

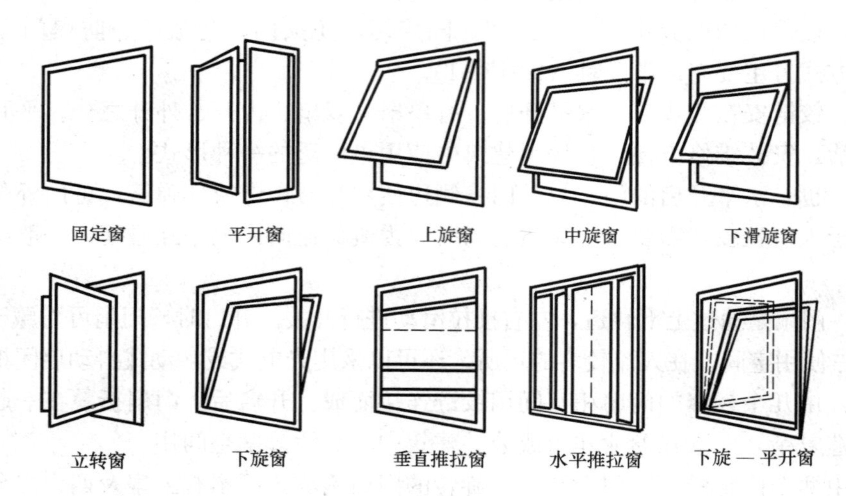

图 13-2　窗的开启方式

好与之相反。平开窗构造简单，制作、安装和维修方便，通常采用最多。

悬窗：窗扇可绕水平轴转动。根据转轴或铰链位置不同，有上悬、下悬和中悬之分。外开的上悬和中悬（指窗扇的下部外开）窗便于防雨，多用于外墙。内开的悬窗有利通风，又可方便擦窗，适用于内墙高窗及门上腰头窗；下悬平开窗，是通过配置可变换的双向转轴构件，使窗扇既可下悬开关，又可平开，以满足通风和清洁需要。

立转窗：窗扇可绕竖轴转动。竖轴可以设于窗扇中心，或略偏向于窗扇的一侧。这种窗通风效果好，但不够严密，防水性能较差。

推拉窗：分垂直推拉和水平推拉两种，窗扇是沿水平或竖向轨道或滑槽推拉。开启时不占室内外空间，窗扇及玻璃尺寸均可较平开窗为大，适用于铝合金及塑料门窗。

另外，还有集遮阳、防晒及通风等多种功能于一体的百叶窗，其上的百页有可开启和固定不动之分。

三、门和窗的组成和尺度

门主要由门框、门扇、五金零件及附件组成［图 13-3（a）］。门框由上框、中横框和边框等组成，多扇门还有中竖框，外门有时还要加设下框。门扇由上冒头、下冒头和边梃组成。为了通风采光，可在门上部设亮子，有固定、平开及上、中、下悬等形式。附件有贴脸、门蹬、筒子板等［图 13-3（b）］。门上五金零件常见的有铰链、门锁、插销、拉手、风钩等。

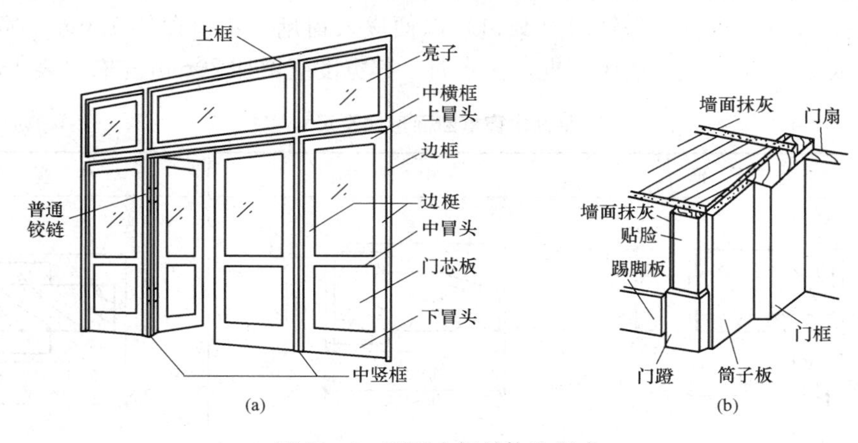

图 13-3　平开木门的构造组成

门的尺度系指门洞口的高、宽尺寸。一般根据交通、运输、疏散的要求而定。通常居住建筑，单扇门的宽度为 800～1000mm，双扇门为 1200～1800mm，辅助房间（如浴厕、储藏室）为 600～800mm。门的高度一般为 2000～2100mm，有腰头窗（亮子）时，一般可增加 300～600mm。公共建筑门的尺寸可按需要适当提高。各地有可供参考的标准图。

窗主要由窗框（窗樘）、窗扇、五金零件及附件组成。窗框主要由上、中、边框及中横框、中竖框组成。窗扇由上、下冒头、左、右边梃和窗芯组成。五金零件有铰链、风钩、插销、拉手等。窗框与墙连接处，有时要附设窗台板、贴脸、筒子板、窗帘盒等附件（图 13-4）。

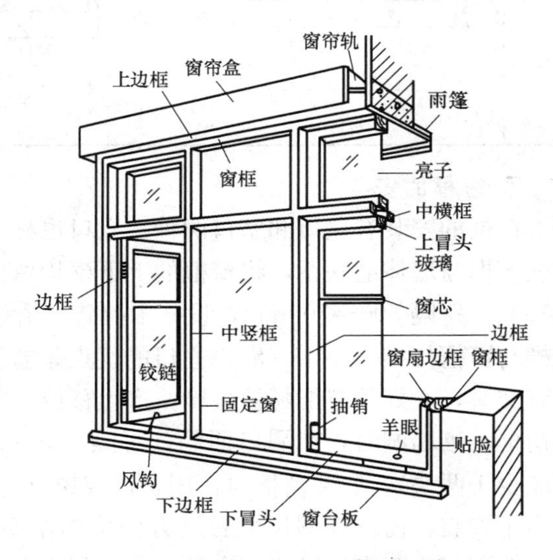

图 13-4　平开木窗的构造组成

窗的尺寸要满足采光通风、结构构造、建筑造型和建筑模数制的要求。目前我国各地标准窗基本尺度多采用 3M 的扩大模数，当洞口尺寸小于 1200mm 时，可采用 1M 的基本模数，使用时可根据具体情况选用当地通用设计图。

第二节　平开木门窗构造简介

一、平开木窗的构造

（一）窗框

1. 窗框的断面形状与尺寸

窗框的断面尺寸主要按材料的强度和接榫的需要而定。一般多取经验尺寸：单层窗为（40～60）mm×（70～95）mm，双层窗为（45～60）mm×（100～120）mm。断面尺寸系指净尺寸，但制作时应按毛尺寸（表 13 - 1 中虚线）下料，当一面抛光时，去掉 3mm，双面抛光时，去掉 5mm。窗框上做铲口（裁口）以便嵌入窗扇，铲口深约 12mm，宽一般与窗扇厚度相同或略大出 2mm。当中横框加披水时，其宽度应增加 20mm 左右（表 13 - 1）。

表 13 - 1　　**平开木窗框断面形式及尺寸**　　mm

类型	上下框	中横框	中竖框
单层窗	铲口 40~60 3 2.5 70~96 2.5	2.5 50~65 2.5 铲口 2.5 96~120 2.5	2.5 50~65 2.5 铲口 2.5 70~96 2.5
双层窗	45~60 铲口 铲口 100~120	50~65 铲口 铲口 110~150	55~65 铲口 铲口 100~120

2. 窗框的安装

窗框的安装有立口和塞口两种。立口也称立樘子。施工时，先立窗框，再砌窗间墙。为加强窗框与墙体的联系，将窗框的上下框均留出半砖长的木段（俗称羊角）伸入墙内。在边框外侧，每隔 500～700mm，设一木拉砖（俗称木鞠）或铁脚砌入墙身。木拉砖一般是用鸽尾榫与窗框拉接（图 13 - 5）。立口的优点是窗框与墙连接较为紧密，但是在施工时瓦工和木工有交叉，立好的窗框易被碰撞，产生移位。塞口又称塞樘子，是在砌墙时先留窗洞，再安装窗框。砌墙洞时，在洞口两侧，每隔 500～700mm 砌入一块半砖大小的防腐木砖（每边不应少于两块），安装窗框时，用长钉或螺钉将窗框钉在木砖上。这种做法不影响砌墙进度，但为了安装，窗框外围尺寸长度方向均缩小 20mm 左右，致使窗框四周缝隙较大。这种方法一般用于次要窗，或成品窗的安装（图 13 - 6）。

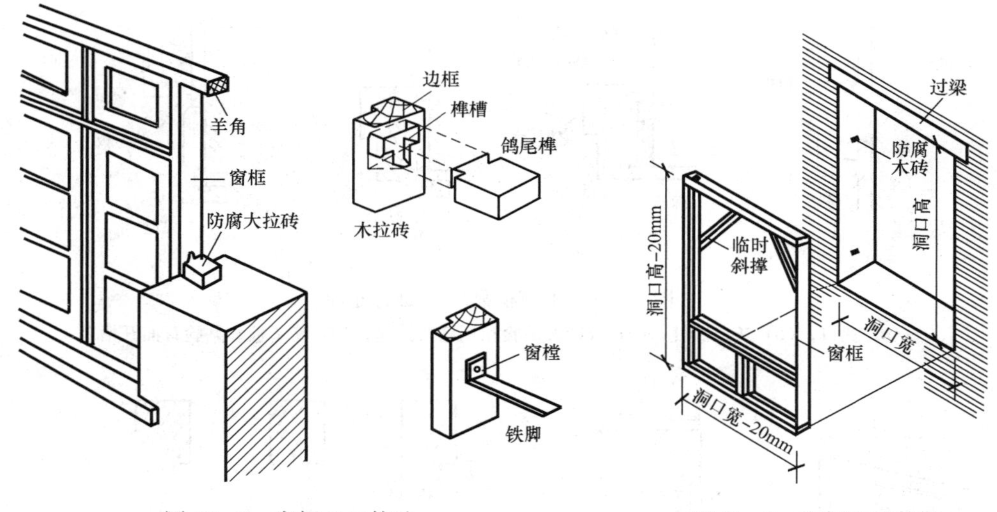

图 13-5　窗框立口构造　　　　图 13-6　窗框塞口构造

3. 窗框在墙洞中的位置

窗框在墙中的位置，视使用要求和墙体的材料与厚度不同，有内平、居中和外平之分（图 13-7）。为保证嵌缝牢固，常在窗框靠墙的内外二角做灰口［图 13-8（a）、（b）］，并在窗框与墙的缝隙间用砂浆或油膏嵌缝以防风挡雨。寒冷地区，也可用纤维或毡类填塞。装修标准高时，窗框与墙间可做贴脸、筒子板。窗框靠墙面一侧可能会受潮变形，因此，当窗框宽度超过 120mm 时，背面应开槽［图 13-8（c）、（d）］，并做防腐处理。贴脸和筒子板也要开槽防止变形。

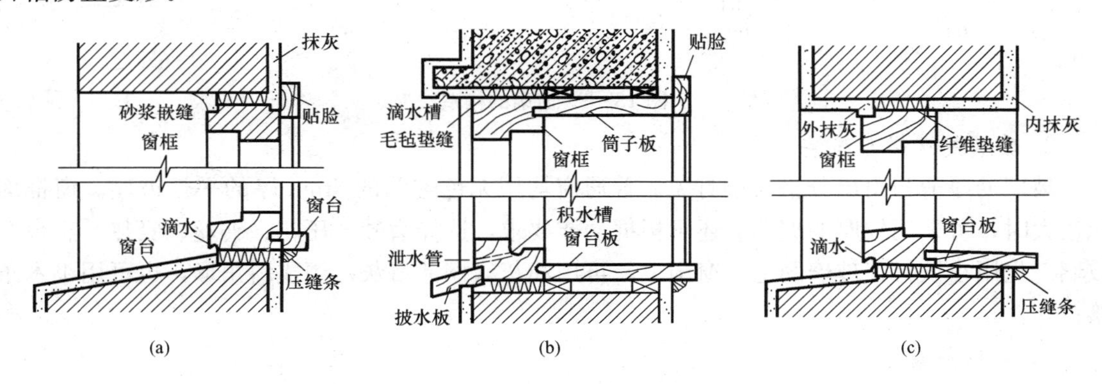

图 13-7　窗框在墙中的位置
（a）内平；（b）外平；（c）居中

（二）窗扇

1. 窗扇的断面尺寸

窗扇的组成如图 13-9（a）所示。各部分的厚度均应一致，一般为 35～42mm。上、下冒头和边梃宽度，一般为 50～60mm，下冒头加做披水板时，可较上冒头加宽 10～25mm。窗芯的宽度约为 27～35mm［图 13-9（b）］。为镶玻璃，在冒头、边梃和窗芯上，做 8～12mm 宽 12～15mm 深的铲口。铲口的另侧可做装饰性线脚［图 13～9（c）］。两扇窗扇之间接缝处，一般做高低缝盖条，以增加窗扇密闭性［图 13-9（d）］。

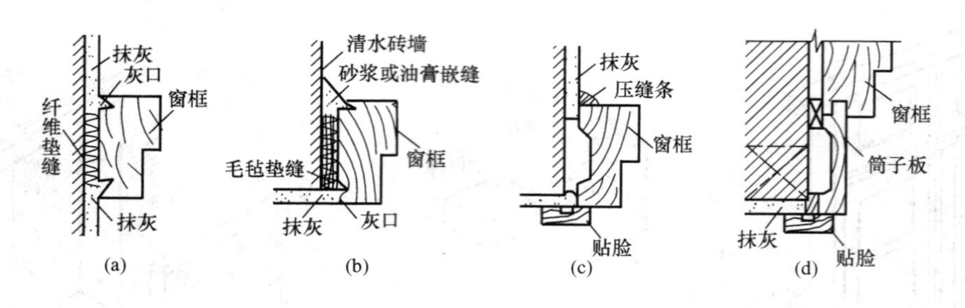

图 13-8 木窗框靠墙一面的处理

(a) 灰口；(b) 灰口嵌缝；(c) 灰缝做贴脸和压缝条盖缝；(d) 筒子板和贴脸背面开槽

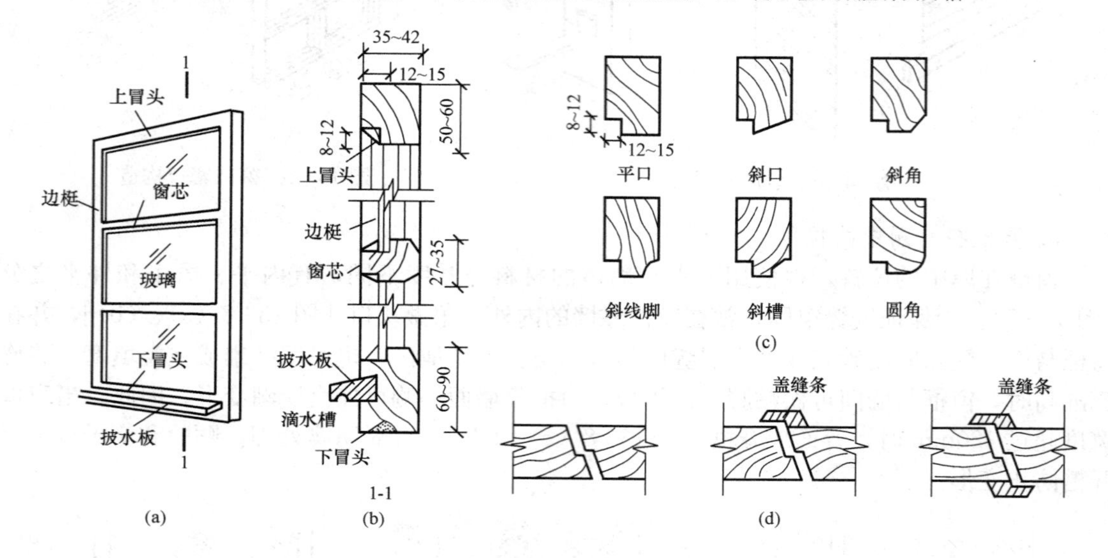

图 13-9 窗扇的构造

2. 玻璃的选择与镶装

玻璃的厚薄与窗扇分格大小有关。普通窗均用无色透明的 3mm 厚的平板玻璃。窗框面积较大时，可采用较厚的玻璃。还可根据功能要求，选择磨砂、压花、夹丝、吸热、有色等玻璃。先用小铁钉将玻璃固定于窗扇上，再用油灰（桐油石灰）镶成斜角形，也可用小木条镶钉。

（三）双层窗

双层窗由于窗扇和窗框的构造及开启方向不同，常见的有以下几种。

1. 子母扇窗

由两个玻璃尺寸相同，子扇略小于母扇的窗扇合并而成，共用一个窗框。为了便于擦玻璃，一般为内开 [图 13-10 (a)]。这种窗用料较省，透光面积大，密封保温效果好。

2. 内外开窗

在一个窗框上开内外双铲口，一扇外开，一扇内开 [图 13-10 (b)]，内、外窗扇形式、尺寸完全相同。构造简单，采用很广。常有一玻一纱，纱窗可防蝇通风。

3. 分框双层窗

寒冷地区的墙体较厚，可采用分框式双层窗 [图 13-10 (c)]。内外窗扇净距一般在

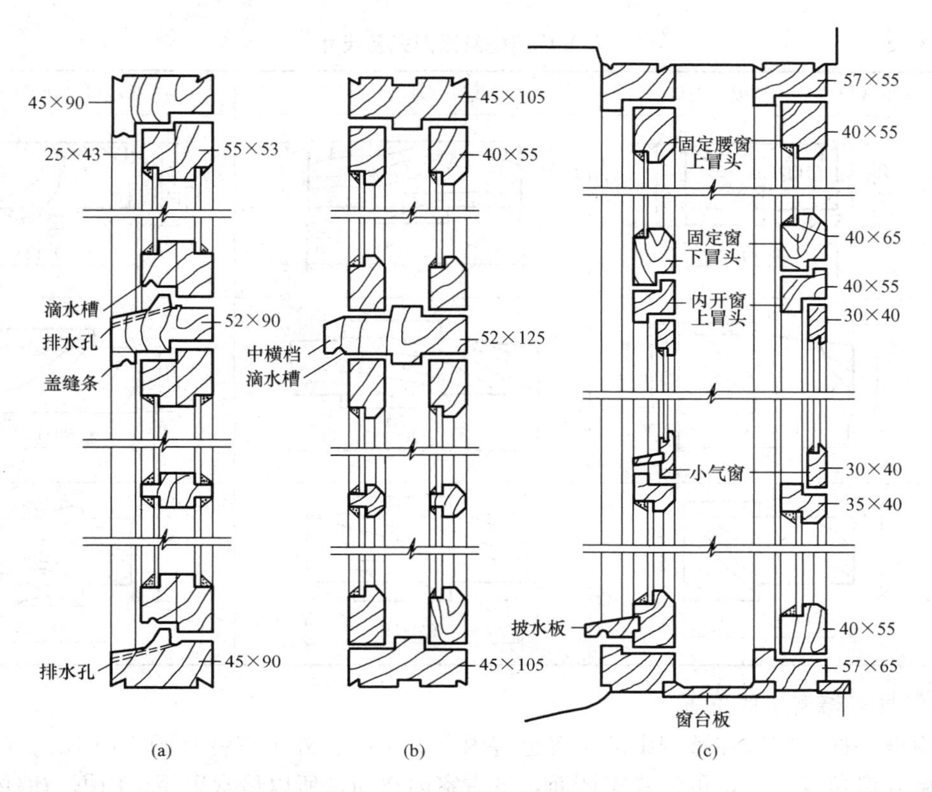

图 13-10 双层窗断面形式
(a) 内开子母窗扇；(b) 内外开窗扇；(c) 双层内开窗

100mm 左右，不宜过大，以免形成空气对流，影响保温。

4. 双层玻璃窗和中空玻璃窗

双层玻璃窗是在一个窗扇上安装两层间距在 10～15mm 的玻璃，利用玻璃间的空气层来提高保温和隔声效果。双层玻璃窗一般不封闭，上下冒头须做透气孔 [图 13-11 (a)]。若将两层或三层平板玻璃四周密封，中间抽换干燥空气或惰性气体，即可形成中空玻璃 [图 13-11 (b)]。这种窗是保温节能窗的发展方向之一。

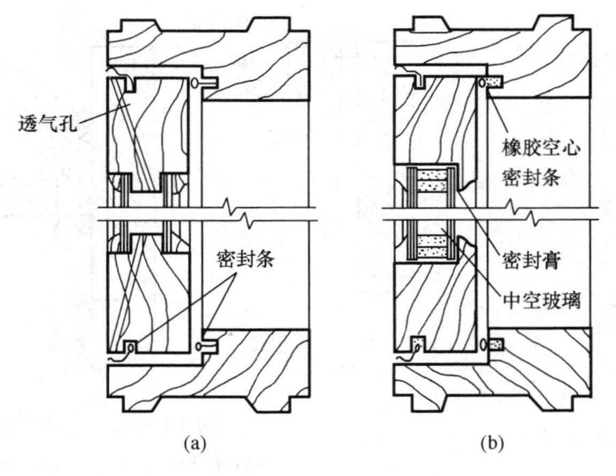

图 13-11 中空玻璃窗
(a) 双层玻璃窗；(b) 中空密封玻璃

二、平开木门的构造

(一) 门框

1. 门框的断面形状与尺寸

门框的断面形状与窗框类同，只是门负载较窗大，尺寸也较大（表 13-2）。

2. 门框的安装

门框与墙的连接构造与窗框与墙的连接构造相同。一般情况下，除次要门和尺寸较小的门外，门框均应采用结合紧密牢固的立口做法。

表 13-2 平开门门框断面形式及尺寸 mm

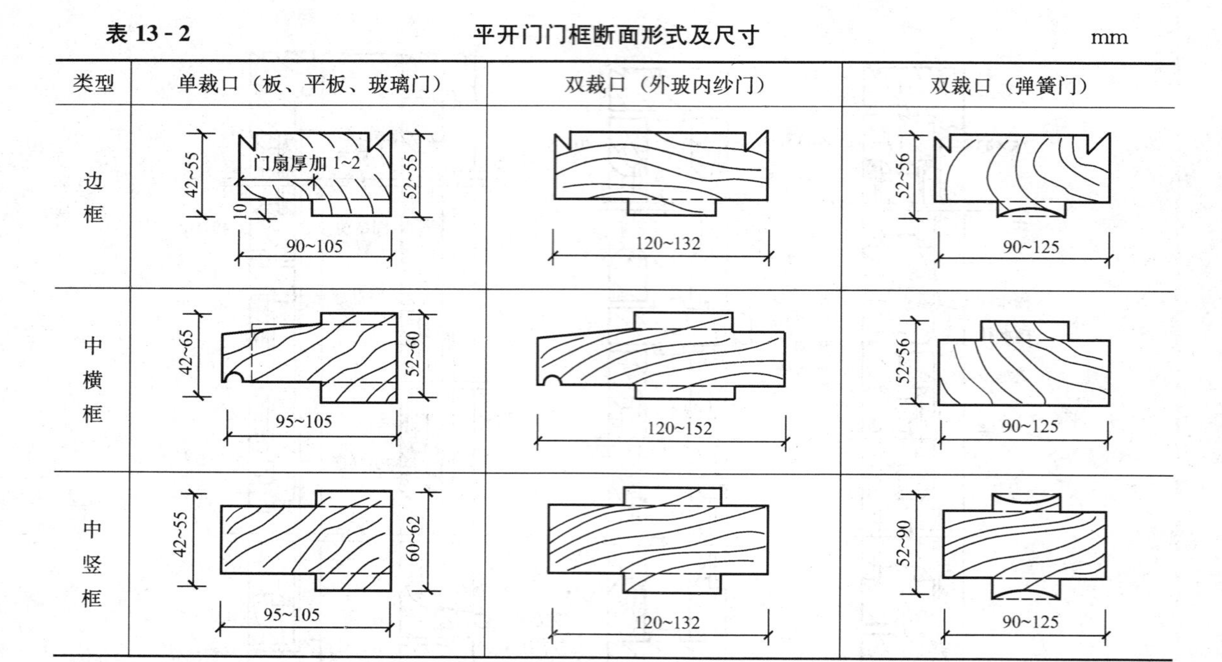

类型	单裁口（板、平板、玻璃门）	双裁口（外玻内纱门）	双裁口（弹簧门）
边框	42~55；门扇厚加 1~2；10；52~55；90~105	120~132	52~56；90~125
中横框	42~65；52~60；95~105	120~152	52~56；90~125
中竖框	42~55；60~62；95~105	120~132	52~90；90~125

3. 门框在墙洞中的位置

同窗框一样，门框在墙洞中的位置也有内平、居中、外平三种（图 13-12）。门框内平时，门扇开启角度最大，可以紧靠墙面，少占室内空间，所以最常采用。门框与墙体的接缝处理也与窗框作法相同，其中贴脸木条与地板踢脚线收头处，一般做有比贴脸木条放大的木块，称为门蹬［图 13-3（b）］。

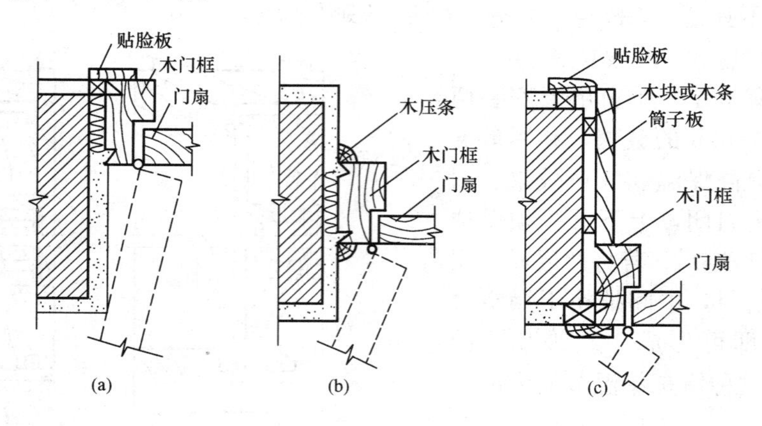

图 13-12 门框在墙洞中的位置
（a）门框外平；（b）门框居中；（c）门框内平

（二）门扇

民用建筑中常见的木门扇有镶板门、夹板门和拼板门等。

1. 镶板门

镶板门门扇由骨架和门芯板组成。骨架一般由上、下冒头和两根边梃组成，有时中间有一道或几道横冒头或中竖梃。门芯板可采用木板、金属板和塑料板等。当门芯板用玻璃代替时，则为玻璃门；用纱或百页代替时，则为纱门或百叶门。另外，不同材料的门芯板也可根据需要进行组合 [图 13 - 13 (a)]。

木制门芯板的厚度一般为 10～15mm，其拼缝方式见图 13 - 13 (b)。其中高低缝和企口拼缝为常用形式。门芯板与门框的镶嵌可用暗槽、单面槽和双边压条等形式 [图 13 - 13 (c)]。玻璃与门框的固定如图 13 - 13 (d) 所示。门扇边框厚度一般为 40～45mm，纱门较薄，上冒头和两旁边梃的宽度为 75～120mm，因下冒头被人撞踢机会多，所以下冒头尺寸比上冒头和边梃都大，一般为 200mm 左右。

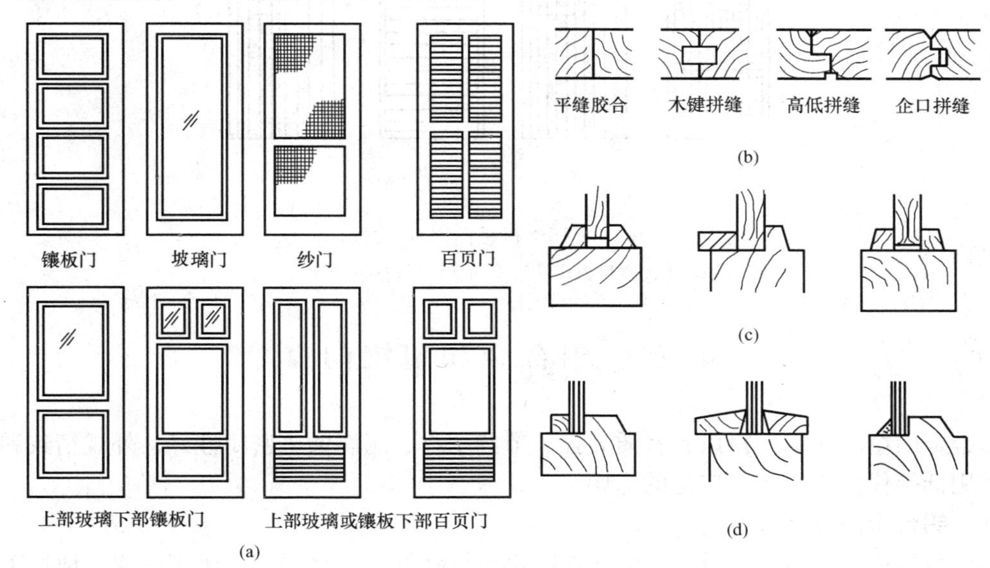

图 13 - 13 镶板门的构造

(a) 几种镶板门形式；(b) 门芯板的拼缝处理；(c) 门芯板与边框镶嵌；(d) 玻璃与边框的镶嵌

2. 夹板门

夹板门由骨架和面板组成。骨架一般用厚 32～35mm，宽 34～36mm 木料做边框，内为格形纵横肋条，有横向骨架、双向骨架、密肋骨架和蜂窝纸骨架几种形式 (图 13 - 14)。面板一般为胶合板、硬质纤维板或塑料板。为使骨架内的空气能上下对流，可在门扇的上冒头设小型排气孔。这种门用料少、自重轻、外形光洁、制造简单，常用于民用建筑的内门。

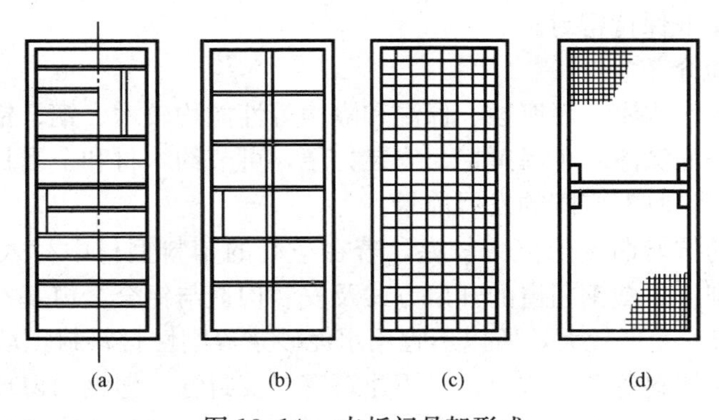

图 13 -14 夹板门骨架形式

(a) 横向骨架；(b) 双向骨架；(c) 密肋骨架；(d) 蜂窝纸骨架

3. 拼板门

拼板门坚固耐用，由骨架和木条组成。无骨架的拼板门则称实拼门。依木条拼接形式不同而分为单面直拼门、单面横拼门和双面保温拼板门等几种（图 13 - 15）。

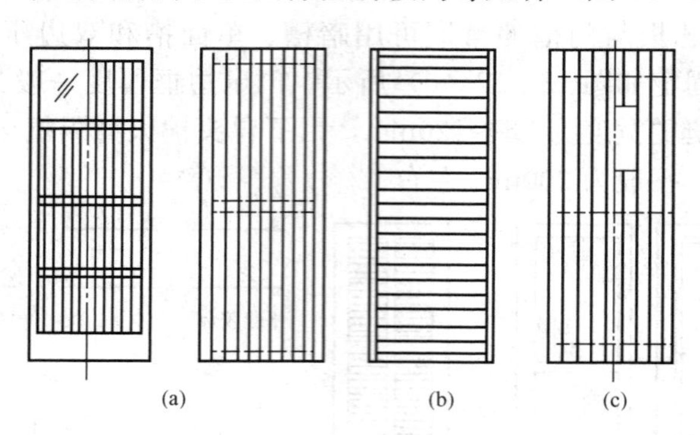

图 13 - 15 拼板门立面形式

（a）单面直拼板；（b）单面横拼板；（c）实拼板

第三节 铝合金和塑钢门窗

铝合金门窗和塑钢门窗以其轻质高强、节约木材、耐腐蚀、密闭性好、外观精致和长期维修费用低等优点，得到了广泛的应用。

一、铝合金门窗简介

铝合金门窗强度高、重量轻、耐腐蚀、水密性和气密性良好，便于工厂或工地加工，经氧化或着色处理后具有良好的装饰效果。采用绝缘性能较好的材料做隔离层的塑铝窗，其热工性能将得到极大的改善。

铝合金门窗的类型较多，各种类型的门窗构件都是由相应的型材和配套零件及密封件加工而成。所用型材按其截面的高度大小可分为 38、55、60、90、100 等多个系列。

推拉式铝合金窗由窗框、窗扇及配套五金组成的，其基本构造详如图 13 - 16 所示。

窗框与窗洞墙体的连接用塞口法。固定时，窗框与墙体之间采用预埋铁件、燕尾铁、膨胀螺栓或射钉固定等方式连接（图 13 - 17）。窗扇玻璃用橡皮压条固定在窗扇上，窗扇四周利用尼龙密封条与窗框保持密封。

二、塑钢门窗简介

塑钢门窗的气密、水密、耐腐蚀、保温和隔声等性能均较木、钢、铝合金门窗优，且自重轻、阻燃，不需表面涂漆，色泽鲜艳、安装方便，可节约木材和金属材料，造价中等，是我国大力推广的项目，具有广阔的发展前景。

普通塑钢门窗的抗弯曲变形能力较差，若在空心的塑料型材中衬入金属或硬质塑钢型材，可提高门窗的刚度。塑钢门窗的开启方式及安装构造与铝合金窗基本相同。其构造见图 13 - 18。由于塑料门窗变形较大，所以不宜用水泥砂浆等刚性材料封填墙与窗框的缝隙，最好先填以矿棉或泡沫塑料等软质材料，再用建筑密封胶封缝。塑钢门窗玻璃的安装是先在窗扇异型材一侧嵌入密封条，并在玻璃四周安放橡塑垫块，待玻璃安装就位后，再将已镶好密封条的塑料压玻璃条嵌装固定压紧（图 13 - 19）。

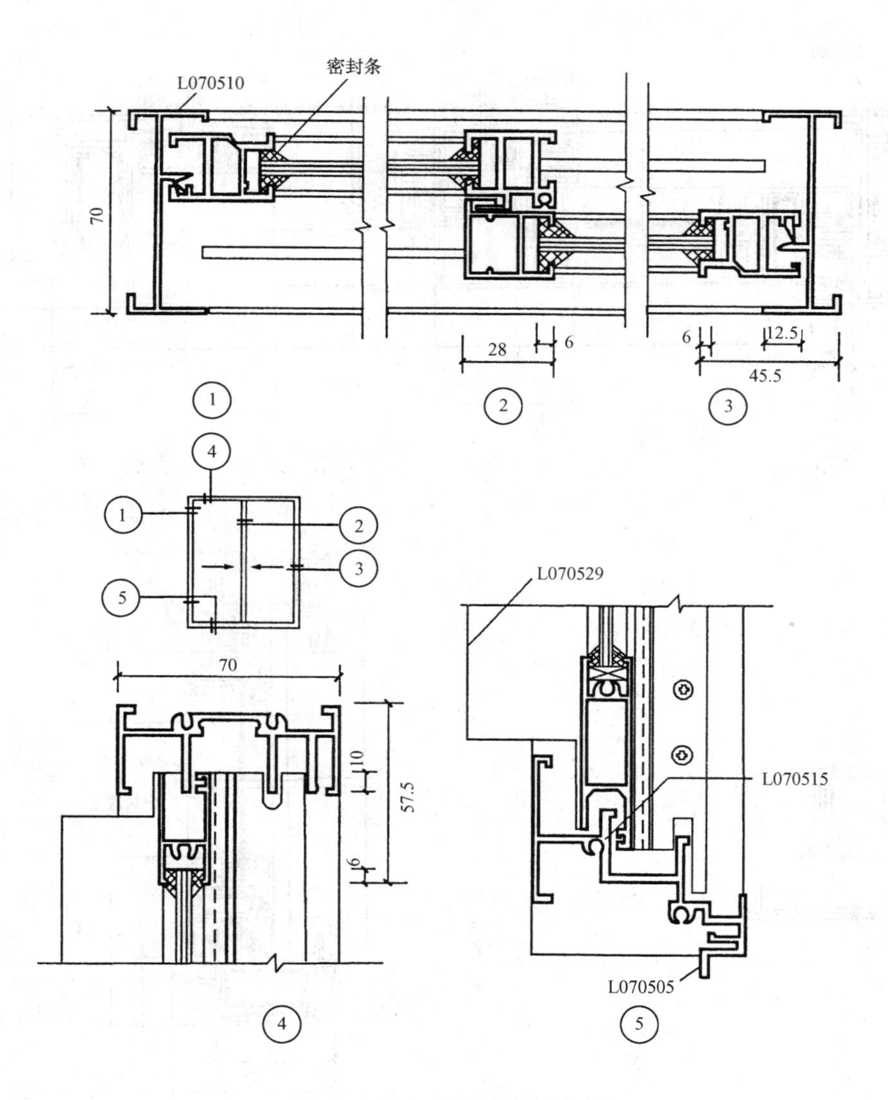

图 13-16　铝合金窗构造实例

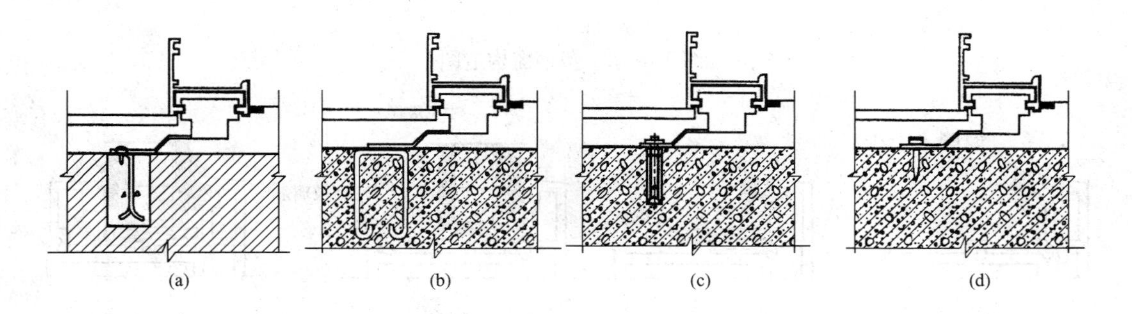

图 13-17　铝合金窗框与墙体的固定方式

(a) 预埋铁件；(b) 燕尾铁脚；(c) 金属膨胀螺栓；(d) 射钉

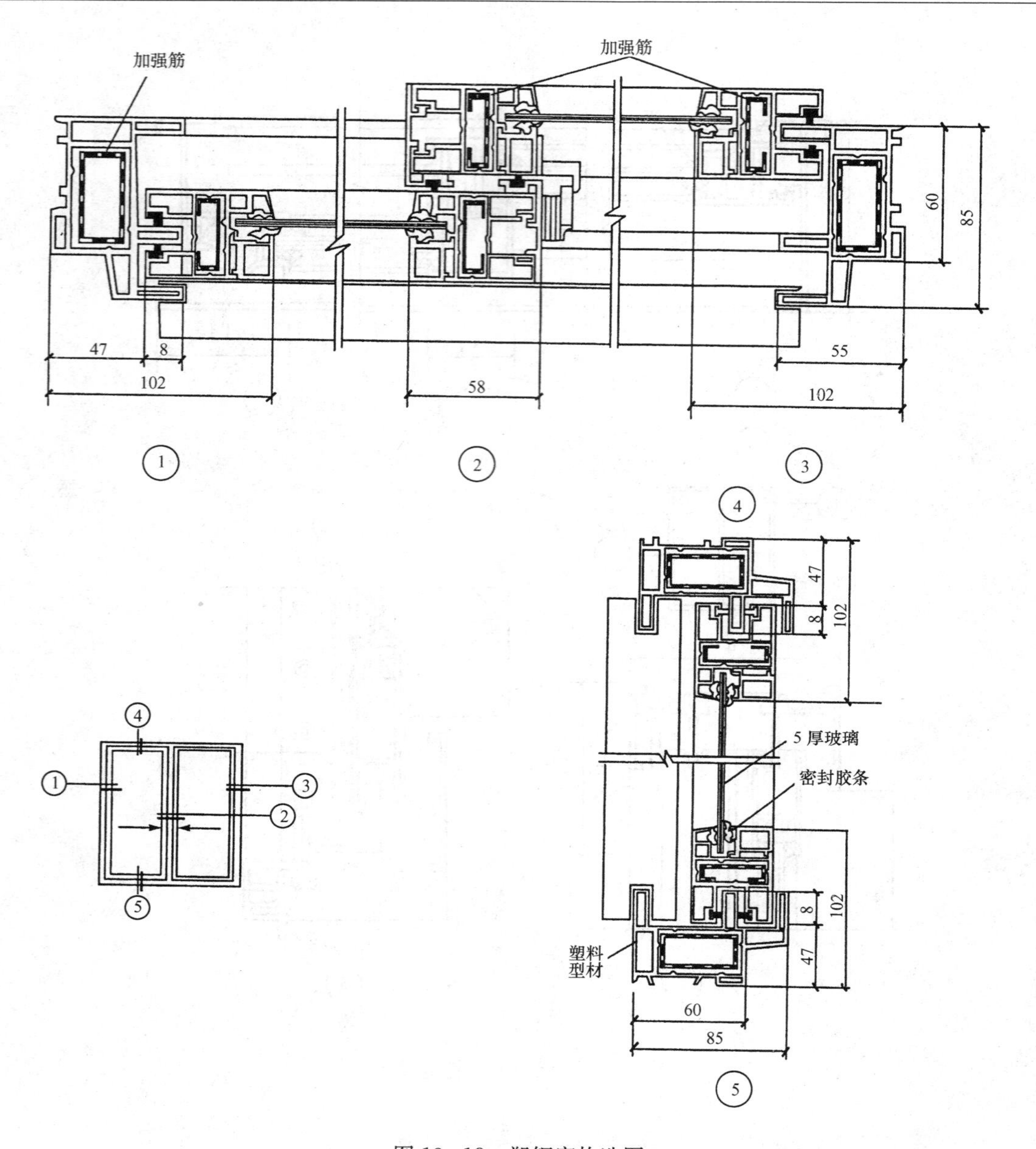

图 13-18　塑钢窗构造图

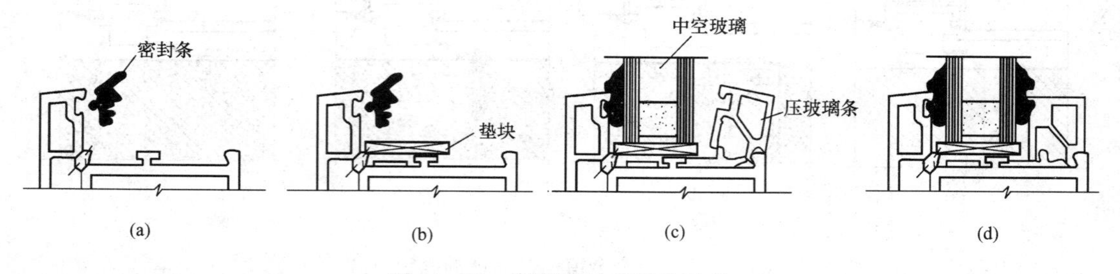

图 13-19　塑料窗玻璃安装示意

（a）嵌入密封条；（b）四周放垫块；（c）放入中空玻璃；（d）卡入嵌入密封条的压玻璃条

第四节　遮　阳　措　施

为防止阳光直接射入室内，避免夏季室内温度过高和产生眩光，应设置遮阳措施。一般的遮阳措施有：在建筑物四周栽种高大的乔木或攀缘植物，利用绿色植物浓密的枝叶来遮阳；在窗洞口周围悬挂窗帘、设置百叶窗、挂苇席或遮阳的篷布等。此外，还可在建筑上采取一些构造措施，以达到遮阳目的。基本形式有水平式、垂直式、综合式和挡板式（图 13-20）。

（1）水平式：即在窗口上方设置一定宽度的水平方向的遮阳板，主要遮挡从窗口上方照射下来的阳光。适用于南向窗口。

（2）垂直式：即在窗口两侧设置垂直方向的遮阳板，以遮挡从侧边斜射下来的阳光。适用于偏东、偏西的南或北向及其附近的窗口。

（3）综合式：是以上两种做法的综合，能遮挡从窗口两侧及前上方射下来的阳光。遮阳效果比较均匀，主要适用于南、东南及其附近的窗口。

（4）挡板式：是在窗口前方离开窗口一定距离设置与窗口平行的垂直挡板。可以有效遮挡高度角较小的正射窗口的阳光。主要适用于西向、东向及其附近的窗口。

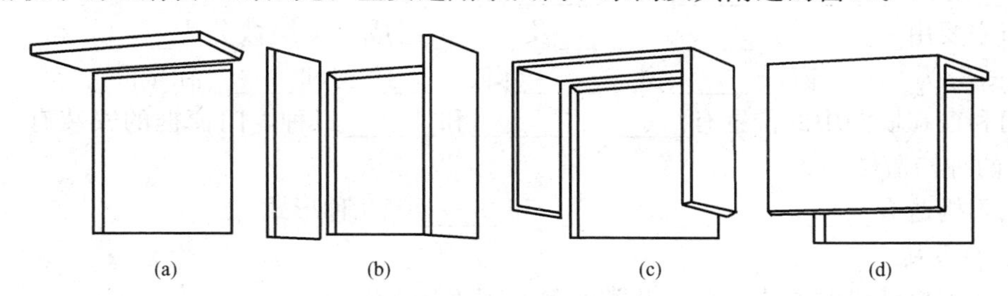

图 13-20　遮阳的基本形式
（a）水平式；（b）垂直式；（c）综合式；（d）挡板式

本　章　小　结

门和窗是房屋建筑中的两个重要的围护构件。门的主要作用是提供交通联系，兼起采光和通风作用；窗的主要作用是采光、通风和观察等。

门和窗按使用材料分有木门窗、钢门窗、铝合金门窗、塑料门窗和玻璃钢门窗。此外还有钢塑、木塑、铝塑等复合材料制成的门和窗。

门一般由门框、门扇、五金零件及附件组成。按开启方式不同有平开门、弹簧门、推拉门、折叠门、转门等。门的尺度一般根据交通、运输、疏散的要求而定，并应符合《建筑模数协调统一标准》的规定。

窗主要由窗框（樘）、窗扇、五金零件及附件组成。按层数分有单层和多层窗；按开启方式分有固定窗、平开窗、悬窗、立转窗、推拉窗等。窗的尺寸要满足采光通风、结构构造、建筑造型和建筑模数制的要求。

门和窗在墙洞中的位置有内平、居中和外平三种，门窗框的安装分为立口和塞口两种构造做法。

遮阳构造有水平式、垂直式、综合式和挡板式等几种形式。

习题与技能训练

一、习题

（一）名词解释

1. 塞口法

2. 立口法

（二）填空题

1. 门的主要作用是______，兼起______和______的作用；窗的主要作用是______和______等。

2. 门和窗按使用材料可分为______窗、______窗、______门窗、______门窗和______门窗。此外还有______、______、______等复合材料制成的门和窗。

3. 门一般由______、______、______及______组成。按开启方式不同可分为：______门、______门、______门、______门、______门等。

4. 窗主要由______、______、______及______组成。按层数分为______和______窗；按开启方式分为______窗、______窗、______窗、______窗和______窗等。

5. 门和窗在墙洞中的位置有______、______和______三种，门窗框的安装有________和______两种构造做法。

6. 遮阳构造有______、______、______和______等几种形式。

（三）简答题

1. 门和窗按开启的方式可分成几类？各适用于什么情况？

2. 木门窗框的安装有哪两种方法？各有何特点？

3. 平开木门窗在墙洞中的位置有哪几种？试比较这几种做法的优缺点。

4. 双层窗有几种类型？各适用于什么情况？

5. 门窗框与砖墙之间的缝隙有几哪种处理方法？

二、技能训练

1. 统计校园里所采用的门窗类型，分析它们的构造特点，在使用时，存在什么问题，并提出解决方案。

2. 观察身边铝合金或塑料门窗的构造特点，并分析其各部分的作用。

3. 绘制铝合金窗框与墙体的连接构造图。

第十四章　变　形　缝

本章提要　本章介绍了变形缝的概念、种类和设计原则，重点是变形缝的构造做法。

学习目标　掌握变形缝的概念、种类；熟悉变形缝的构造做法；理解变形缝的设计原则。

温度变化、地基不均匀沉降以及地震等因素的影响，都会使结构内部产生附加应力和变形，从而使建筑物产生裂缝甚至倒塌。为避免这种情况的发生，在设计和施工时，通常采取两种不同措施：一是加强建筑物的整体性，使其具有足够的强度和刚度来抵抗破坏应力；二是在建筑物变形敏感的部位，沿建筑物竖向预先设置适当宽度的缝隙，将建筑物分成若干独立的部分，以保证各部分建筑物能自由变形，互不影响。这些预留的缝隙称为变形缝。

变形缝有三种，即伸缩缝、沉降缝和防震缝。各种变形缝的功能不同，但它们的构造要求基本相同，即：

（1）缝的构造要保证建筑物各独立部分能自由变形，互不影响；

（2）不同部位的变形缝要根据需要分别采取防水、防火、保温、防虫等安全防护措施；

（3）高层建筑及防火要求高的建筑物，室内变形缝应做防火处理；

（4）变形缝内一般不敷设电缆、可燃气体管道和易燃、可燃液体管道。

第一节　伸　缩　缝

一、伸缩缝的设置

伸缩缝又叫温度缝，是为防止建筑因温度变化引起的破坏而设置的变形缝。建筑物在受到温度变化的影响时，会发生热胀冷缩的变形，导致构件开裂。建筑物的长度越大，变形越大。因此，可沿建筑物长度方向每隔一定距离或在结构变化较大处预留伸缩缝，将建筑物断开，来预防这种情况发生。伸缩缝应把建筑物的墙体、楼板层、屋顶等基础以上部分全部断开，基础部分因受温度变化影响较小，不需断开。伸缩缝的宽度一般在20～40mm，以保证缝两侧的建筑构件能在水平方向自由伸缩。

伸缩缝的最大间距，即建筑物的容许连续长度主要与结构类型、材料和当地温度变化情况有关。《砌体结构设计规范》(GB 50003—2011) 和《混凝土结构设计规范》(GB 50010—2010) 中，分别对砌体房屋和钢筋混凝土结构伸缩缝的最大间距做了规定，见表14-1和表14-2。

表14-1　砌体房屋伸缩缝的最大间距　m

屋盖或楼盖类别		间距
整体式或装配整体式钢筋混凝土结构	有保温层或隔热层的屋盖、楼盖	50
	无保温层或隔热层的屋盖	40

续表

屋盖或楼盖类别		间距
装配式无檩体系钢筋混凝土结构	有保温层或隔热层的屋盖、楼盖	60
	无保温层或隔热层的屋盖	50
装配式有檩体系钢筋混凝土结构	有保温层或隔热层的屋盖	75
	无保温层或隔热层的屋盖	60
瓦材屋盖、木屋盖或楼盖、轻钢屋盖		100

注 1. 对烧结普通砖、烧结多孔砖、配筋砌块砌体房屋，取表中数值；对石砌体、蒸压灰砂普通砖、蒸压粉煤灰普通砖、混凝土普通砖和混凝土多孔砖房屋，取表中数值乘以0.8的系数。当墙体有可靠外保温措施时，其间距可取表中数值。

2. 在钢筋混凝土屋面上挂瓦的屋盖应按钢筋混凝土屋盖采用。
3. 层高大于5m的烧结普通砖、烧结多孔砖、配筋砌块砌体结构单层房屋，其伸缩缝间距可按表中数值乘以1.3。
4. 温差较大且变化频繁地区和严寒地区不采暖的房屋及构筑物墙体的伸缩缝的最大间距，应按表中数值予以适当减小。
5. 墙体的伸缩缝应与结构的其他变形缝相重合，缝宽度应满足各种变形缝的变形要求；在进行立面处理时，必须保证缝隙的变形作用。

表14-2　钢筋混凝土结构伸缩缝最大间距　m

结构类别		室内或土中	露天
排架结构	装配式	100	70
框架结构	装配式	75	50
	现浇式	55	35
剪力墙结构	装配式	65	40
	现浇式	45	30
挡土墙、地下室墙壁等类结构	装配式	40	30
	现浇式	30	20

注 1. 装配整体式结构的伸缩缝间距，可根据结构的具体情况取表中装配式结构与现浇式结构之间的数值。

2. 框架—剪力墙结构或框架—核心筒结构房屋的伸缩缝间距，可根据结构的具体情况取表中框架结构与剪力墙结构之间的数值。
3. 当屋面无保温或隔热措施时，框架结构、剪力墙结构的伸缩缝间距宜按表中露天栏的数值取用。
4. 现浇挑檐、雨罩等外露结构的局部伸缩缝间距不宜大于12m。

二、伸缩缝的构造

（一）伸缩缝的结构处理

砖混结构的楼板及屋顶可采用单墙或双墙承重方案［图14-1（a）］，框架结构的伸缩缝构造一般采用悬臂梁方案［图14-1（b）］，也可采用双梁双柱方案［图14-1（c）］。

（二）伸缩缝的节点构造

1. 墙体伸缩缝构造

墙体伸缩缝的形式视墙体厚度、材料及施工条件不同，可做成平缝、错口缝、企口缝或凹缝等截面形式（图14-2）。为防止外界条件对墙体及室内环境的侵袭，伸缩缝外墙一侧，

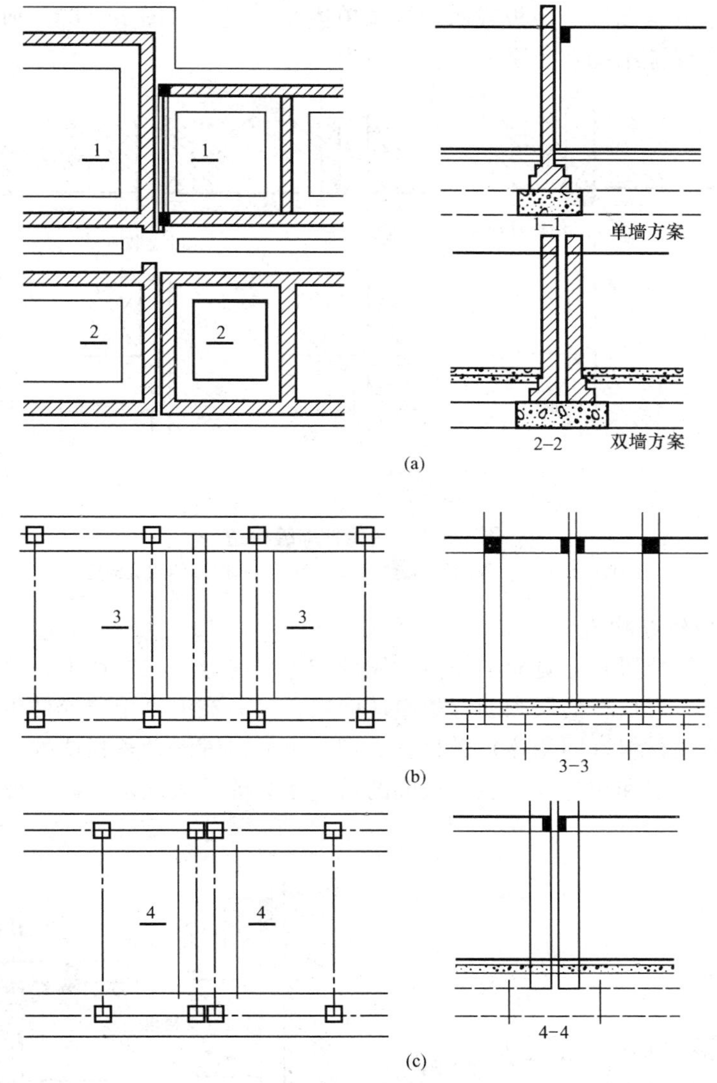

图 14-1　伸缩缝的结构处理

（a）承重墙方案；（b）框架悬臂方案；（c）双梁双柱方案

缝口处应填以防水、防腐的弹性材料。如沥青麻丝、木丝板、橡胶条、塑料条和油膏等。当缝隙较宽时，缝口可用镀锌铁皮、彩色钢板、铝皮等金属调节片作盖缝处理。内墙一侧常用

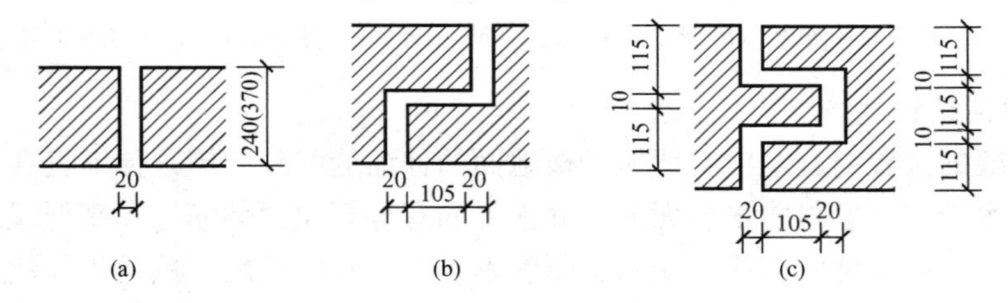

图 14-2　砖墙伸缩缝截面形状

（a）平缝；（b）错口缝；（c）企口缝

具有一定装饰效果的金属调节盖板或木盖缝条单边固定覆盖（图 14 - 3）。所有填缝及盖缝材料的安装构造均应保证结构在水平方向伸缩自由。

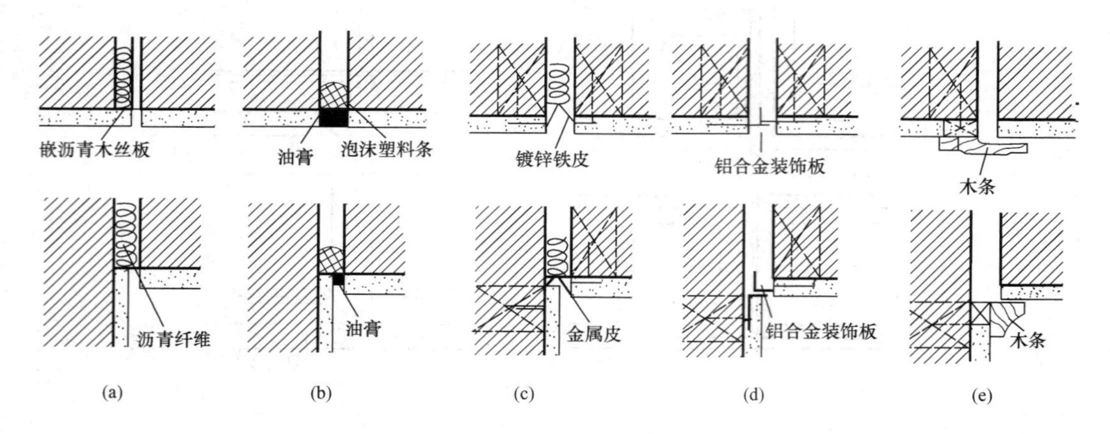

图 14 - 3 砖墙伸缩缝构造

(a)、(b)、(c) 外墙伸缩缝构造；(d)、(e) 内墙伸缩缝构造

2. 楼地板层伸缩缝构造

楼地面伸缩缝的位置和缝宽应与墙体、屋顶伸缩缝一致。在构造上，要求面层、结构层等在缝处全部断开。对块材面层和沥青类整体面层，可只在混凝土层或楼板结构层中设伸缩缝。缝内也要用弹性材料（同墙体）做封缝处理，上面再铺活动盖板或橡、塑地板等地面材料，以满足平整、防水和防尘等功能。顶棚的盖缝条只能单边固定，以保证构件能自由变形（图 14 - 4）。

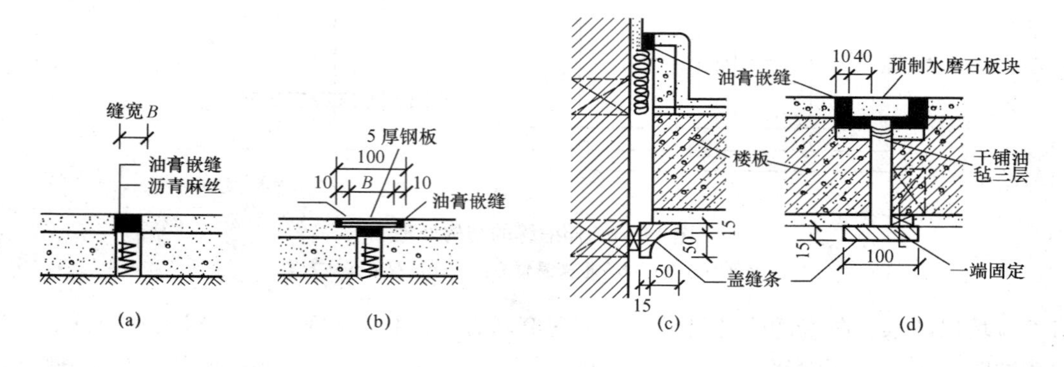

图 14 - 4 楼地面、顶棚伸缩缝构造

(a) 地面油膏嵌缝；(b) 地面钢板盖缝；(c) 楼板靠墙处变形缝；(d) 楼板变形缝

3. 屋顶伸缩缝构造

屋顶伸缩缝的位置与缝宽应与墙体、楼地面的伸缩缝一致。屋顶伸缩缝在构造上应注意做好防水和泛水处理。卷材防水屋面伸缩缝常见的有等高屋顶伸缩缝和高低屋顶伸缩缝。为防止缝处渗水，一般在缝两侧或一侧加砌厚度不小于 120 的护墙，然后进行泛水、填缝和盖缝处理（图 14 - 5）。刚性防水屋面伸缩缝的构造要求和做法与卷材防水屋面基本相同（图 14 - 6）。

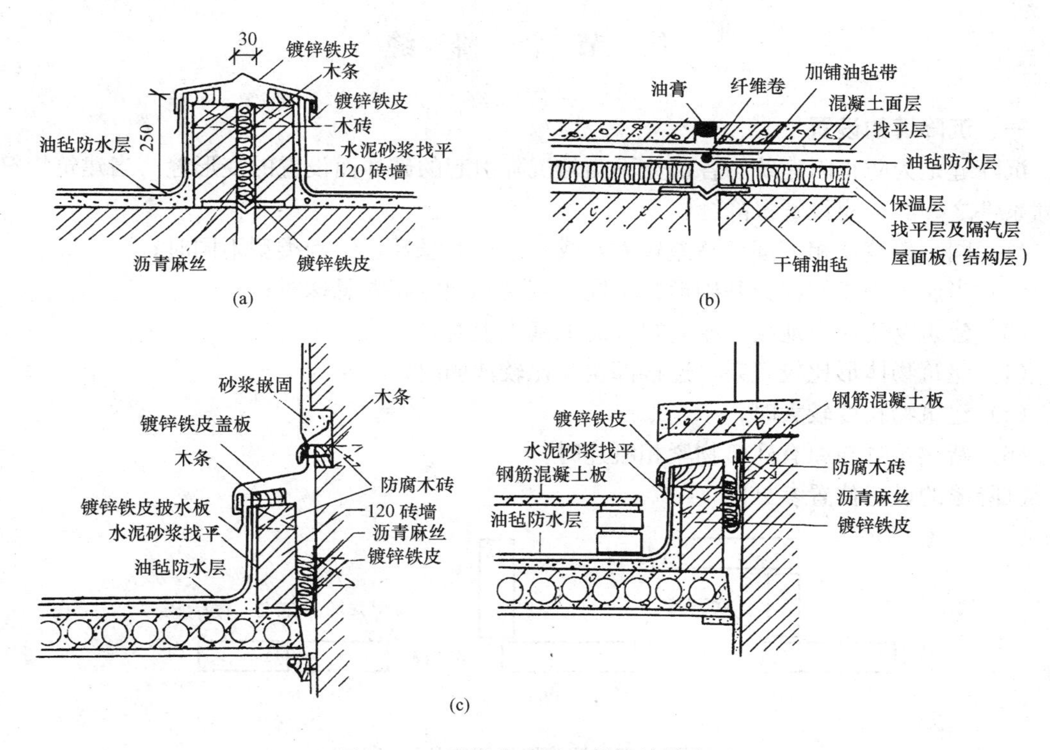

图 14-5　卷材防水屋顶伸缩缝构造

(a) 等高不上人屋顶变形缝；(b) 等高上人屋顶变形缝；(c) 高低错落处屋顶变形缝

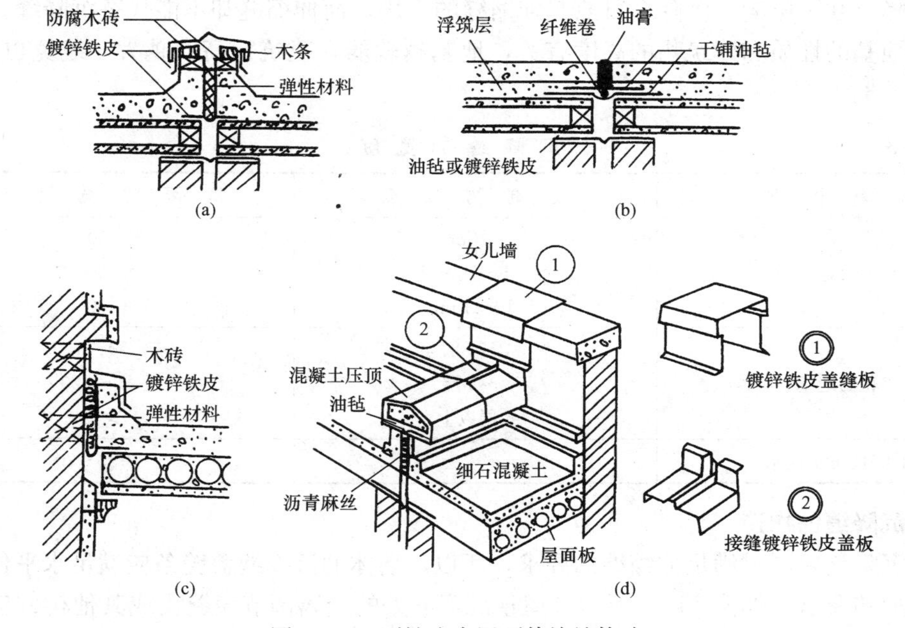

图 14-6　刚性防水屋顶伸缩缝构造

(a) 等高不上人屋顶变形缝；(b) 等高上人屋顶变形缝；(c) 高低错落处屋顶变形缝；(d) 变形缝立体图

第二节 沉 降 缝

一、沉降缝的设置

沉降缝是为防止因建筑物各部分不均匀沉降引起的破坏而设置的变形缝。当建筑物符合下列条件之一时，应设置沉降缝：

（1）同一建筑物相邻部分高差较大，或荷载相差悬殊、结构类型不同时；

（2）当建筑物相邻部分基础形式不同，宽度和埋深相差悬殊时；

（3）建筑物建造在地耐力相差很大的地基土上时；

（4）建筑物体形比较复杂，连接部位又比较薄弱时；

（5）建筑物长度较大时；

（6）新建筑物与原有建筑物紧相毗连时。

沉降缝的设置位置参见图 14-7。

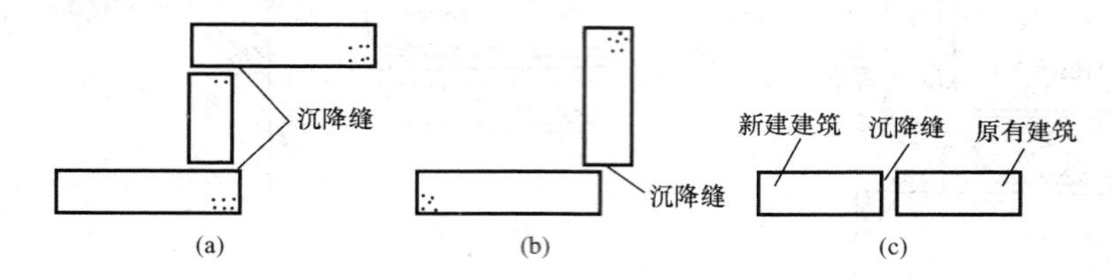

图 14-7 沉降缝设置部位示意图

沉降缝要求缝两侧的建筑物从基础到屋顶全部断开，成为两个独立的单元，各单元能竖向自由沉降，互不影响。沉降缝可兼起伸缩缝的作用，而伸缩缝却不能代替沉降缝。沉降缝的宽度与地基的性质和建筑物的高度有关，地基越软弱，建筑物高度越大，缝宽也就越大，参见表 14-3。

表 14-3 沉 降 缝 的 宽 度

地基情况	建筑物高度	沉降缝宽度（mm）
一般地基	＜5m	30
	5～10m	50
	10～15m	70
软弱地基	2～3 层	50～80
	4～5 层	80～120
	5 层以上	＞120
湿陷性黄土地基		≥30～70

二、沉降缝的构造

由于沉降缝要同时满足伸缩缝的要求，所以，墙体的沉降缝盖缝条应满足水平伸缩和垂直沉降变形的要求，如图 14-8 所示。屋顶沉降缝处的金属调节盖缝皮或其他构件应考虑沉降变形与维修余地，如图 14-9 所示。

对于基础沉降缝的处理形式，常见的有三种：

1. 双墙偏心基础［图 14 - 10（a)］

是将双墙下的基础放脚断开留缝。此时基础处于偏心受压状态，地基受力不均匀，有可能向中间倾斜，只适用于低层、耐久等级低且地质条件较好的情况。

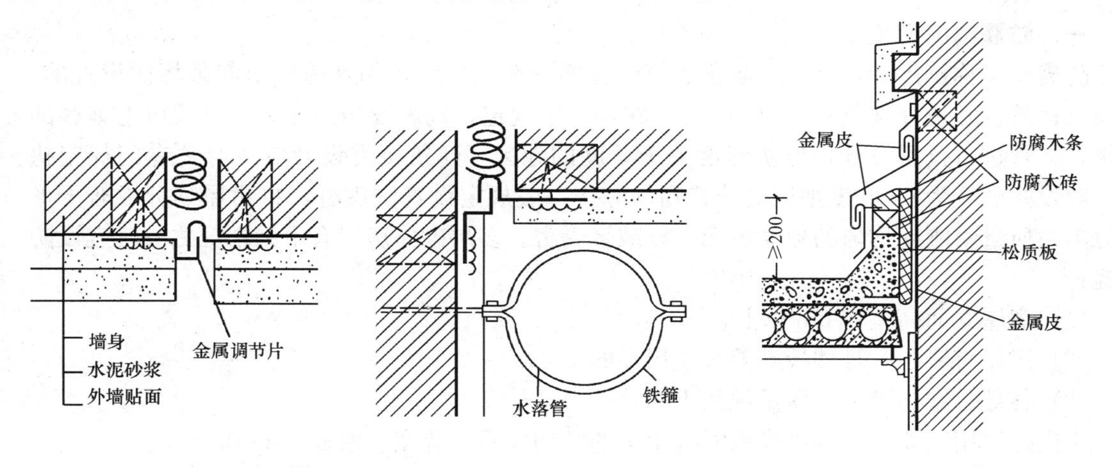

图 14 - 8　墙体沉降缝构造　　　　图 14 - 9　屋顶沉降缝构造

2. 双墙基础交叉排列［图 14 - 10（b)］

缝两侧墙下均设基础梁，基础放脚分别伸入另侧基础梁下，两侧基础各自独立沉降，互不影响。这种作法使地基受力大大改善，但施工难度、工程造价均较上一种基础形式偏高。

3. 挑梁基础

当沉降缝两侧基础埋深相差较大或新建筑与原有建筑毗连时，可采用此方案。即将沉降缝一侧的基础和墙按一般基础和墙处理，而另一侧采用挑梁支承基础梁，墙砌筑在基础梁上［图 14 - 10（c)］。由于墙的荷载由挑梁承受，应尽量选择轻质墙以减少挑梁承受的荷载。

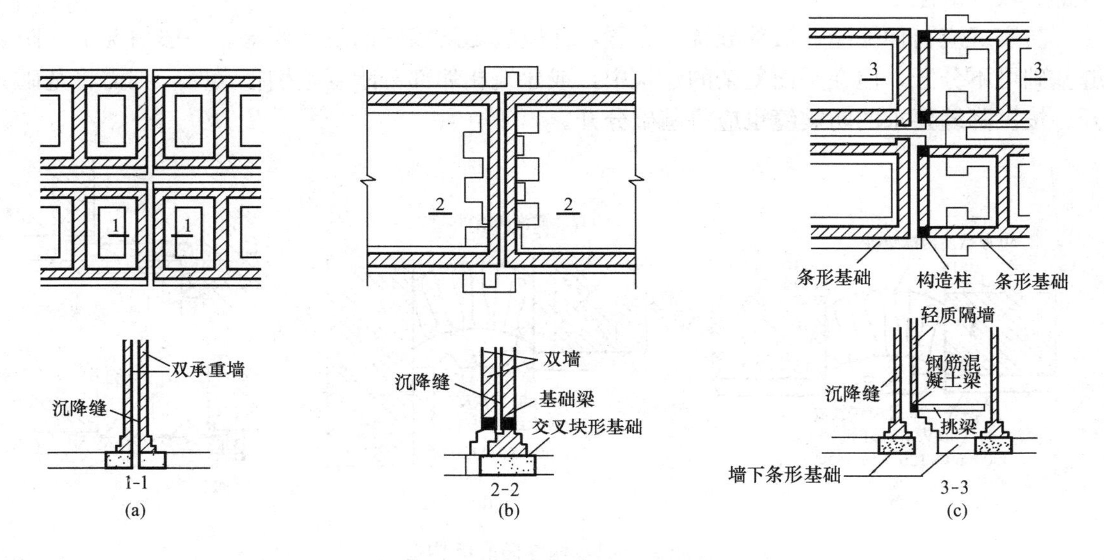

图 14 - 10　基础沉降缝处理示意

（a）双墙方案沉降缝；（b）双墙基础交叉排列方案的沉降缝；（c）悬挑基础方案的沉降缝

第三节 防 震 缝

一、防震缝的设置

防震缝又称抗震缝，是为了防止建筑物各部分在地震时，相互撞击引起破坏而设置的。我国《建筑抗震设计规范》（GB 50011—2010）中规定，抗震设防烈度为6度及以上地区的建筑，必须进行抗震设计，设防烈度大于9度的地区，建筑抗震设计应按有关专门规定执行。对设防烈度为6～9度地区的建筑物，应按一般规定设置防震缝，将房屋划分成若干形体简单，质量、刚度均匀的独立单元，以减轻震害。多层砌体房屋有下列情况之一时宜设防震缝：

（1）房屋立面高差在6m以上；

（2）房屋有错层，且楼板高差大于层高的1/4；

（3）各部分结构刚度、质量截然不同。

应优先采用横墙承重或纵横墙混合承重的结构体系，缝宽一般取70～100mm。

多层和高层钢筋混凝土 结构需要设防震缝时，防震缝宽度应分别符合下列规定：

（1）框架结构（包括设置少量抗震墙的框架结构）房屋的防震缝宽度，当高度不超过15m时不应小于100mm；高度超过15m时，6、7、8度和9度分别每增加高度5、4、3m和2m，宜加宽20mm。

（2）框架—抗震墙结构房屋的防震缝宽度不应小于（1）中规定数值的70%，抗震墙结构房屋的防震缝宽度不应小于（1）中规定的50%；且均不宜小于100mm。

（3）防震缝两侧结构类型不同时，宜按需要较宽防震缝的结构类型和较低房屋高度确定缝度。

防震缝应沿建筑物全高设置，缝的两侧应布置双墙或双柱，或一墙一柱，以使各部分结构都有较好的刚度。

防震缝应与伸缩缝、沉降缝统一布置，并应满足防震缝的设计要求。一般情况下，防震缝基础可不分开，但在平面复杂的建筑中，或建筑相邻部分刚度差别很大时，则需将基础分开。按沉降缝要求的防震缝也应将基础分开。

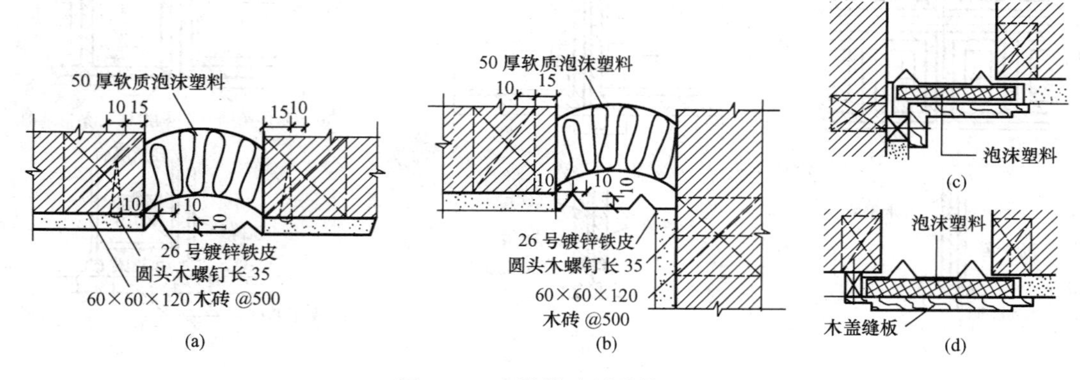

图14-11 墙体防震缝构造

（a）外墙平缝处；（b）外墙角处；（c）内墙转角；（d）内墙平缝

二、防震缝的构造

对建筑物抗震来说，一般只考虑水平地震作用的影响，所以，防震缝构造及要求与伸缩缝相似，但墙体不应做成错口缝和企口缝，如图 14-11 所示。由于防震缝一般较宽，通常采取覆盖作法，盖缝条应满足牢固、防风和防水等要求，同时，还应具有一定的适应变形的能力。如图 14-12 所示，盖缝条两侧钻有长形孔，加垫圈后打入钢钉，钢钉不能钉实，应给盖板和钢钉之间留有上下少量活动余地，以适应沉降要求。盖板呈 V 形或 W 形，可以左右伸缩，以适应水平变形的要求。

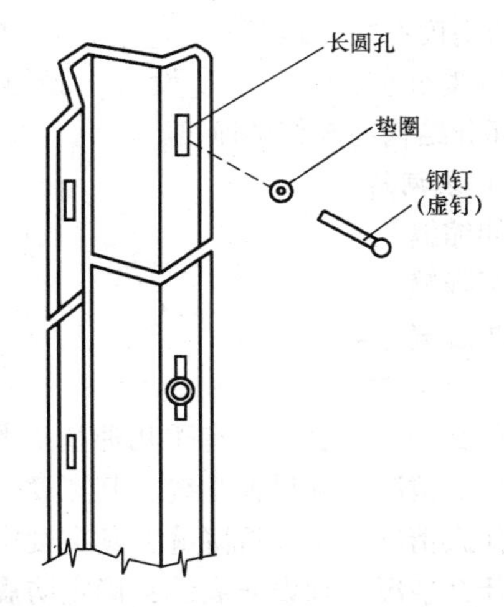

图 14-12　防震缝盖缝条

本 章 小 结

变形缝有三种，即伸缩缝、沉降缝和防震缝。伸缩缝是为防止建筑因温度变化引起的破坏而设置的变形缝；沉降缝是为防止因建筑各部分不均匀沉降引起的破坏而设置的变形缝；防震缝是为了防止建筑物各部分在地震时，相互撞击引起的破坏而设置的变形缝。

伸缩缝要求把建筑物的墙体、楼板层、屋顶等基础以上部分全部断开。宽度一般在20～40mm，以保证缝两侧的建筑构建件在水平方向自由伸缩。

沉降缝要求从基础到屋顶所有构件全部断开。其宽度与地基的性质和建筑物的高度有关。

防震缝应与伸缩缝、沉降缝统一布置，并应满足防震缝的设计要求。一般情况下，防震缝基础可不分开，但在平面复杂的建筑中，或建筑相邻部分刚度差别很大时，则需将基础分开。按沉降缝要求的防震缝也应将基础分开。防震缝的宽度在多层砖混结构中按设防烈度的不同，取 50～100mm。在地震设防区，建筑物的伸缩缝和沉降缝必须满足防震缝的要求。

习题与技能训练

一、习题

（一）填空题

1. 变形缝有________、________、________等三种，各种变形缝的功能不同，构造要求________。

2. 伸缩缝应把建筑物的________、________、________等________以上的部分全部断开。

3. 伸缩缝的截面有________、________、________和________等几种形式。

4. 沉降缝要求缝两侧的建筑物从________到________全部断开。其宽度与地基性质和建筑物的高度有关，地基越________，建筑物高度越________，缝宽也就越大。

5. 防震缝应沿________设置，缝的两侧应布置成________或________，或________，以使各部分结构有较好的刚度。

（二）名词解释

1. 伸缩缝
2. 沉降缝
3. 防震缝

（三）简答题

1. 什么是变形缝？它有哪几种基本类型？
2. 什么情况下须设伸缩缝？其宽度一般为多少？
3. 什么情况下须设沉降缝？其宽度由什么因素确定？
4. 什么情况下须设防震缝？确定防震缝宽度的主要依据是什么？
5. 伸缩缝 、沉降缝、防震缝能否相互代替？为什么？
6. 墙体中变形缝的截面形式有哪几种？
7. 基础沉降缝的处理形式有哪几种？

二、技能训练

1. 绘出校园中各种建筑的平面图及立面图，再给这些建筑设置变形缝。
2. 参观上题建筑物中的变形缝布置情况，并分析其构造特点。

第十五章　民用工业化建筑体系简介

本章提要　本章主要介绍了建筑工业化的含义、特征、类型；大板建筑、框架轻板建筑、大模板建筑的概念、特点以及简要构造。

学习目标　掌握大板建筑、框架轻板建筑、大模板建筑的优缺点、适用范围以及构造要点；了解建筑工业化体系。

第一节　建筑工业化的特征和意义

一、建筑工业化的含义及特征

建筑工业化是将现代工业生产的成熟经验应用于建筑业，用现代工业生产方式来建造房屋。像生产其他工业产品一样，用机械化手段生产建筑定型产品。如房屋、房屋的构配件和建筑制品等。

建筑工业化的特征表现在设计标准化、施工机械化、生产工厂化、组织管理科学化四个方面。其中设计标准化是建筑工业化的前提条件，建筑产品如不加以定型化，采用标准化设计，就无法批量生产；机械化生产与施工是建筑工业化的核心，机械化代替手工操作，才能降低劳动强度，加快施工进度，提高施工质量；生产工厂化是建筑工业化手段，标准、定型的建筑构配件的工厂化生产，可以改善劳动条件，提高生产效率，保证产品质量；组织管理科学化是实现建筑工业化的保证，从设计、生产到施工的各个过程，只有科学化管理，才能避免出现混乱，造成不必要的损失。

二、建筑工业化的意义

建筑业是国民经济中的支柱产业。但是，我国现有的建筑业与其他行业相比仍然比较落后。主要表现在房屋建造从设计到施工仍是以分散的手工为主的生产方式，劳动强度大，工作效率低，施工质量难以保证。要改变这种落后局面，根本的出路是走建筑工业化的道路。只有建筑工业化，才能加快建设速度，降低劳动强度，提高生产效率和施工质量。

三、工业化建筑体系及类型

工业化建筑体系是指按照现代工业方式，把某一类建筑或者某几类建筑从设计、生产工艺、施工方法到组织管理各个环节进行配套协调，形成一个工业化的完整过程。

工业化建筑体系一般分为专用体系和通用体系。专用体系是以定型房屋为基础进行构配件配套，其最后产品是定型房屋。通用体系是以适用构配件为基础，利用这些通用构配件组合成各式各样的房屋，其最终产品不是房屋，而是一些定型的、标准化的通用构配件。

发展工业化建筑体系是一项极其复杂而又艰巨的工作，它涉及很多方面的问题，应从我国的实际情况出发，全面规划、统一协调，不断吸取和总结成功的经验，使建筑工业化的步伐稳步持续地向前发展。

工业化建筑按结构类型分为剪力墙结构、框架结构和框剪结构等；按施工工艺可分为预制装配、工具式模板机械化现浇、预制与现浇结合。按结构类型与施工工艺的综合特征可将工业化建筑划分为大板建筑、框架轻板建筑、大模板建筑、滑模建筑、升板建筑、升层建筑、盒子建筑等。

第二节 民用工业化建筑体系类型

一、大板建筑

1. 概念及特点

装配式大型板材建筑简称大板建筑，是指由预制大型墙板、大楼板、大屋面板等构件装配而成的建筑，如图 15 - 1 所示。

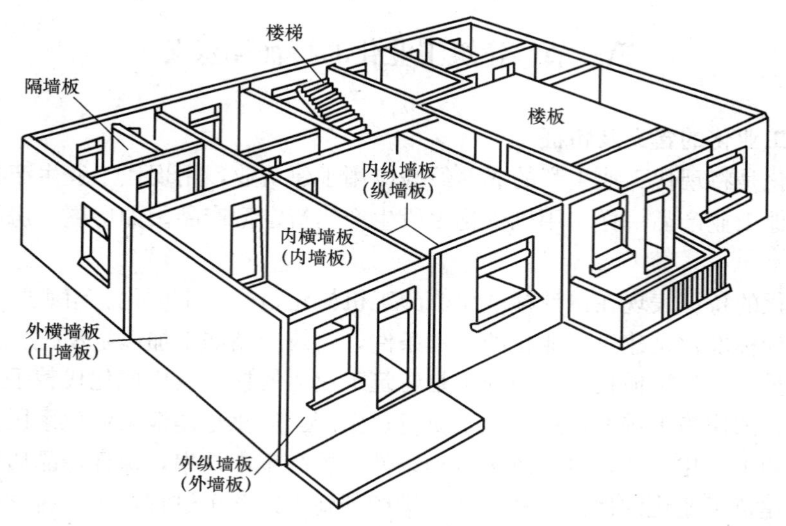

图 15 - 1 大板建筑示例

大板建筑的优点在于解决了与农业争地的矛盾；有利于提高劳动生产率，缩短工期，与砖混建筑相比，相同面积的房屋采用大板建筑可以缩短工期 1/3 以上；现场湿作业大大减少，手工操作程度大大降低，改善了劳动条件，减轻了劳动强度，且使现场管理大为简化；提高了使用面积利用系数；有利于减轻结构自重，由于大板建筑墙体薄，并广泛采用轻质材料，因而每平方米的结构重量大大减轻，有利于抗震。但大板建筑也存在一定缺点，如建筑设计的灵活性受到一定限制；水泥及钢材的消耗量较多；尤其在热工和防水方面存在较多的问题。

大板建筑多用于 9 层和 9 层以下的建筑，20 层以内的高层建筑亦有采用。

2. 大板建筑的构件类型

大板建筑的主要构件有内外墙板、楼板、屋面板和楼梯等。

(1) 内墙板。装配式大板建筑内墙板是主要的承重构件，应有足够的强度和刚度，同时还应有相应的隔声、防水、防潮等要求。

大板建筑按受力状态不同有承重内墙板和非承重内墙板（隔墙板）之分。承重内墙板的板厚，在多层建筑中一般为 140mm，高层建筑一般采用 160mm。非承重内墙板有钢筋混凝土薄板、加气混凝土板等。图 15 - 2 为一般的内墙板示例图。

(2) 外墙板。外墙板是大板建筑的主要围护结构。墙板有承重外墙板和非承重外墙板两类。外墙板有单一材料墙板和复合材料墙板两种。图 15－3 为一般的外墙板示例图。

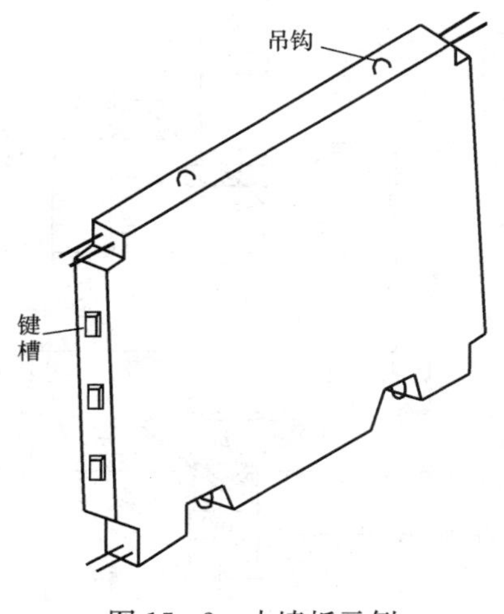

图 15－2　内墙板示例

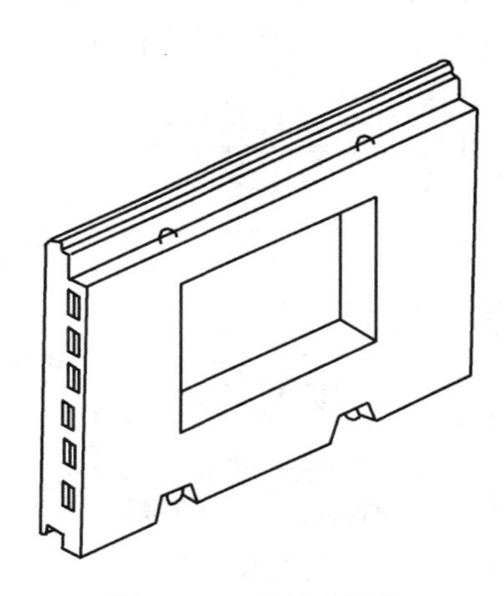
图 15－3　外墙板示例

（3）楼板和屋面板。大板建筑的楼板有三种形式，即与砖混结构相同的小块楼板；半间一块的大楼板；整间一块的大楼板。为了加强房屋的整体刚度，宜采用整间的预应力混凝土大楼板和屋面板。

（4）其他构件。大板建筑的其他构件包括阳台构件、楼梯构件、挑檐板、女儿墙板等。

阳台板有整间大楼板带挑阳台板和部分楼板带挑阳台板两种。前者结构整体性好，装配化程度高，但构件尺寸大，运输、堆放需要一定条件；后者构件自重及尺寸均比上述小，运输及堆放较方便，但在房间内有楼板接缝，接缝处理要求平整且不漏水。

大板建筑的楼梯均采用预制楼梯。一般将楼梯平台与楼梯段均做成单个构件，也可以把梯段和平台联合做成一个构件，以减少吊装的次数。

在有女儿墙的建筑中，女儿墙通常采用特制的墙板。板的侧边做出销键，预留套环，板底有凹槽与下层墙板结合。板的厚度可与主体墙板一致。

3. 大板建筑的节点构造

大板建筑主要通过节点接缝连接成整体，因此，其节点设计的好坏直接影响到建筑物的整体性、稳定性和使用效果与年限。其节点构造包括板材间的连接和外墙板的接缝构造。

（1）板材的连接。内、外墙板以及内横墙与内纵墙之间的连接，目前常采用以下几种做法：

1）混凝土整体连接。整体连接是利用构件甩筋与附加钢筋连接在一起，然后浇注混凝土，这是一种“湿”接头做法，如图 15－4（a）、（b）所示。这种做法的优点是整体性强，耐腐蚀性能好，缺点是施工时工序多，操作复杂，而且要有一定的养护时间，浇注后不能立即受力。

2）焊接。焊接是将构件上预埋的铁件，通过连接钢板或钢筋焊接而成，这是一种“干”接头做法，如图 15－4（c）、（d）所示。这种做法的优点是施工简单、速度快，缺点是局部应力集中，容易造成锈蚀，对预埋件要求精度高，其耗钢量也较大。

3）螺栓连接。螺栓连接是一种装配式接头，它是靠构件上预留的铁件，用螺栓连接而成的一种接头。这种做法的优点是对于变形的适应性强，经常采用在围护结构的墙板与承重墙板的连接，缺点是接头要求精度高，位置必须准确。连接示例如图 15－5 所示。

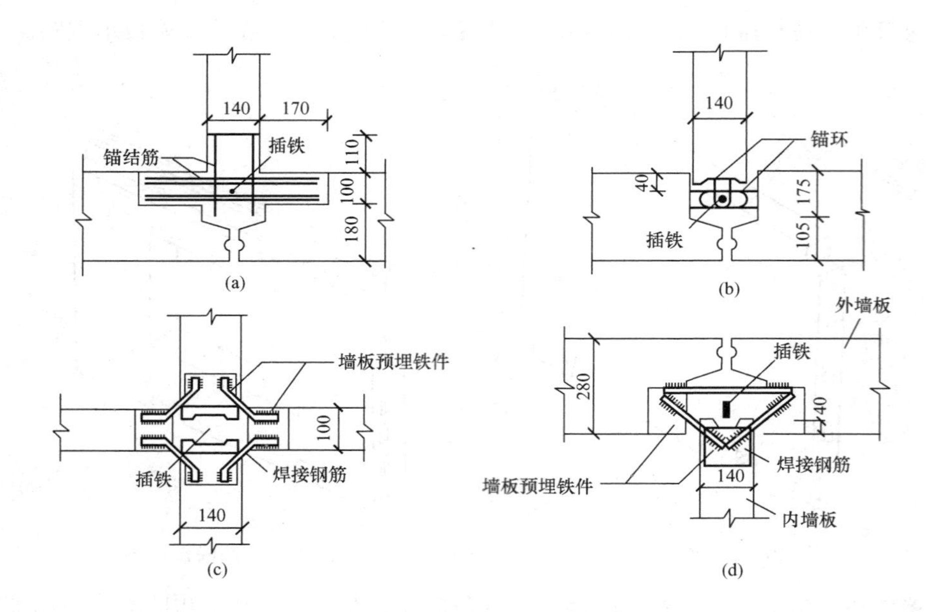

图 15 - 4　墙板的连接构造

(a) 内外墙板底部整体连接；(b) 墙板的侧边连接；(c) 内墙板顶部焊接；(d) 内外墙板顶部的焊接

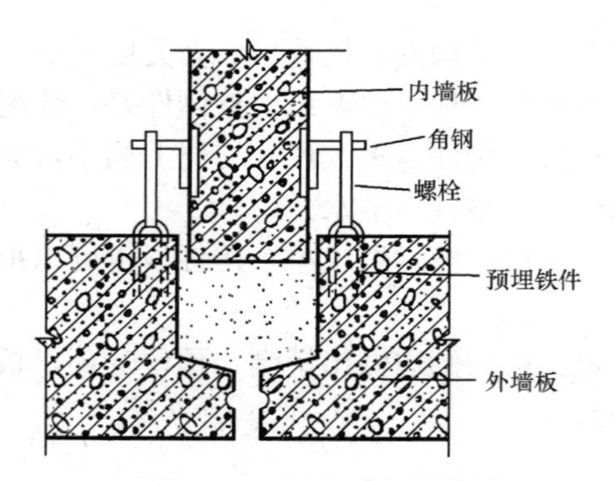

图 15 - 5　墙板的螺栓连接

(2) 外墙板接缝的节点构造。大板建筑外墙板的接缝包括水平缝、垂直缝。这是大板建筑保温与防水的薄弱环节，处理不当将严重影响建筑的质量。因此，设计板缝构造时，应考虑当地年温差、风雨大小、湿度状况等因素，采取措施达到防水及保温隔热要求，同时还应满足耐久性、经济性、美观性，且便于制作和施工等要求。

板缝的防水有以下三种。

1) 材料防水。材料防水是在外墙板接缝口嵌填防水密封材料，以阻止雨水渗入室内，如图 15 - 6所示。嵌缝材料一般采用具有较好弹性，与混凝土、砂浆易粘结，耐老化性能好的防水油膏。

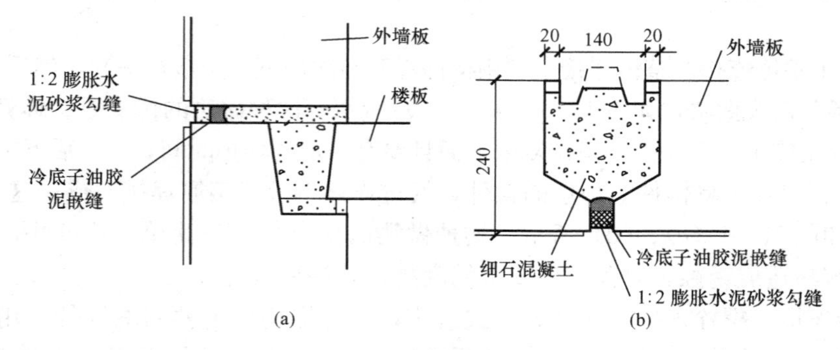

图 15 - 6　外墙板材料防水构造

(a) 水平缝；(b) 垂直缝

2）构造防水。构造防水是将外墙板做成特殊形状，以阻止雨水渗入室内，图 15-7 所示为外墙板滴水式水平缝的构造处理做法。构造防水的原理在于阻与导，即阻挡水流和疏导水流结合来破坏和消除毛细管渗水现象。

水平缝：水平缝的挡水台是将上板的下口与下板的上口做成高低缝或者企口缝而形成的防水做法。为减弱节点内的风压作用，通常做内外两道防水嵌缝，两道嵌缝之间形成空腔，并设排水孔，成为一个与外界空气有联系的空间，使压力扩散平衡，并将风压下渗入的雨水自然地顺板缝中的排水孔排走。

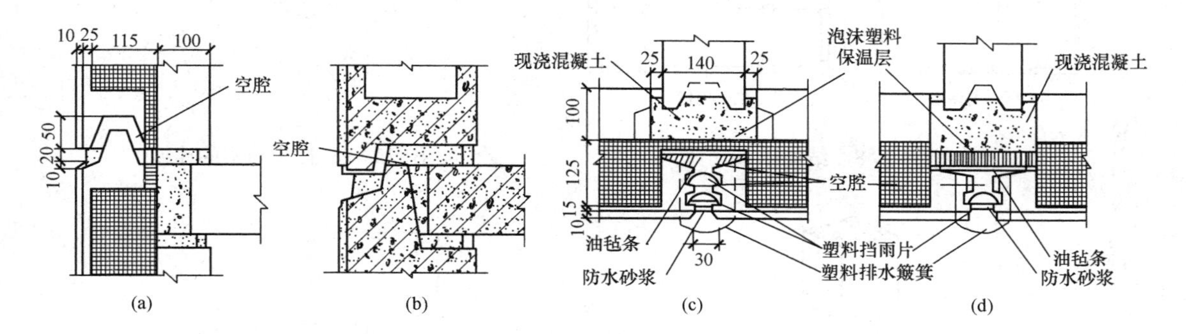

图 15-7　构造防水示例

(a) 水平企口缝；(b) 水平高低缝；(c) 双空腔垂直缝；(d) 单空腔垂直缝

垂直缝：垂直缝一般采取空腔构造防水。减压空腔能有效地破坏毛细管作用，并能减弱风力压入的雨水压力，保持压力平衡，使雨水在重力作用下顺利下落。在条件许可的情况下，尽量选用双空腔防水，其防水效果好；若选用单腔防水，须使空腔侧壁有足够的深度，否则易漏水。

3）材料防水与构造防水相结合。这是一种采用防水材料与防水构造结合的做法，此做法吸取了材料防水与构造防水的优点，防水效果好，因此在实际工程中多采用此法。

二、框架轻板建筑

框架轻板建筑是以柱、梁、楼板所组成的框架为承重构件，以轻型墙板作为围护与分隔构件的一种建筑。其优点是空间分隔灵活，节省材料，自重轻，有利于抗震，缺点是钢材和水泥消耗量较大，构件吊装次数多，梁与柱的接头量大，工序多。

框架轻板建筑可用于地震区和非地震区要求有较大空间的高层建筑及多层建筑中。

1. 框架结构的类型

框架结构按材料分为钢筋混凝土框架与钢框架两种。钢筋混凝土框架按施工方法不同，分为现浇整体式、装配整体式和全装配式框架三种。按主要构件的组成可分为梁板柱框架系统、板柱框架系统和剪力墙框架系统三种类型，如图 15-8 所示。

2. 装配式钢筋混凝土框架的构件连接

框架的构件连接主要有梁与板、梁与柱、板与柱的连接。楼板与梁的连接常采用楼板与叠合梁现浇连接，如图 15-9 所示。梁与柱通常在柱顶进行连接，最常用的是叠合梁现浇连接，其次是浆锚叠压连接，如图 15-10 所示。楼板与柱的连接如图 15-11 所示，可用现浇连接、浆锚叠压连接和后张预应力连接。

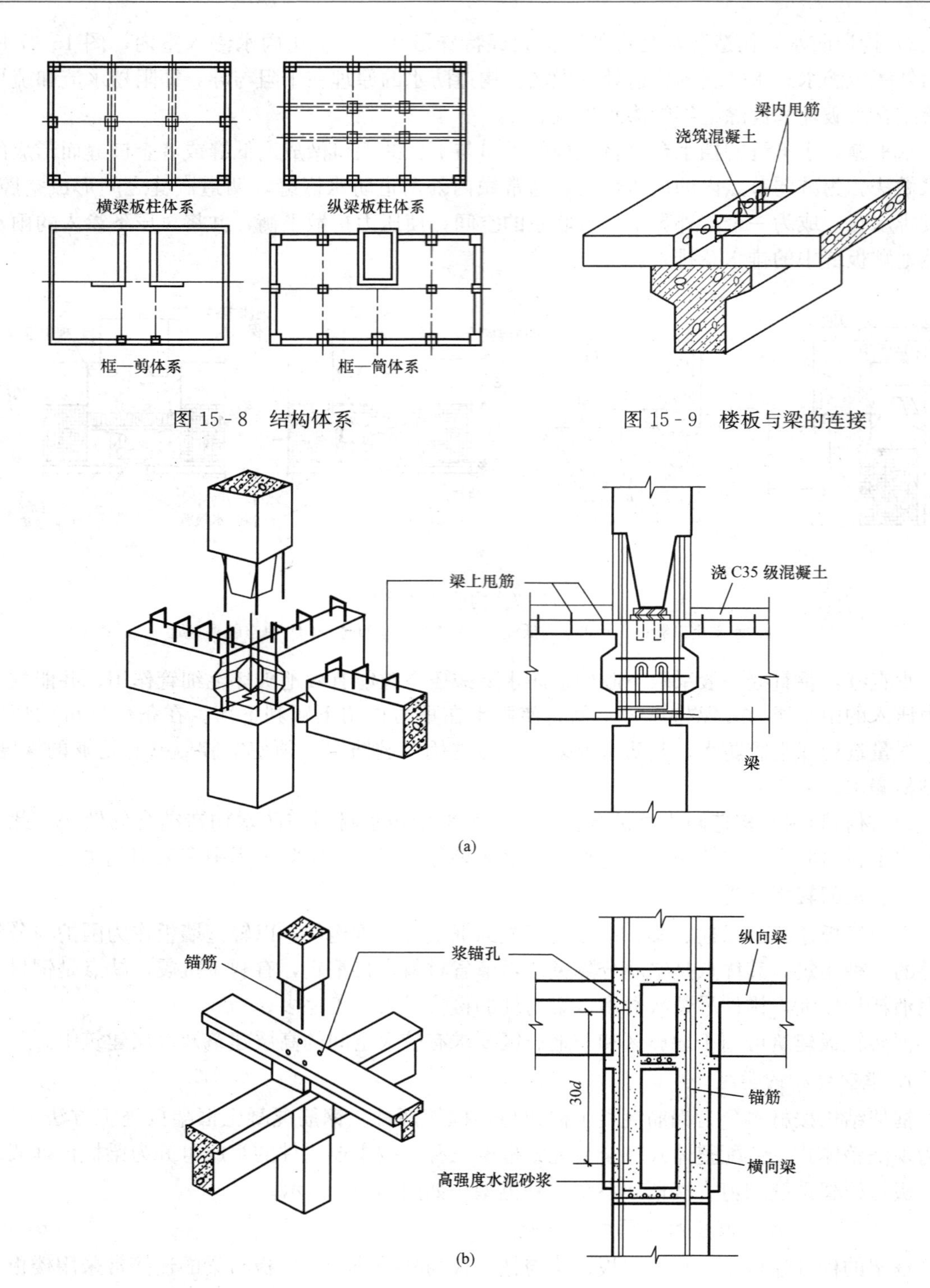

图 15-8 结构体系

图 15-9 楼板与梁的连接

(a)

(b)

图 15-10 梁与柱的连接

(a) 叠合梁现浇连接；(b) 浆锚叠压连接

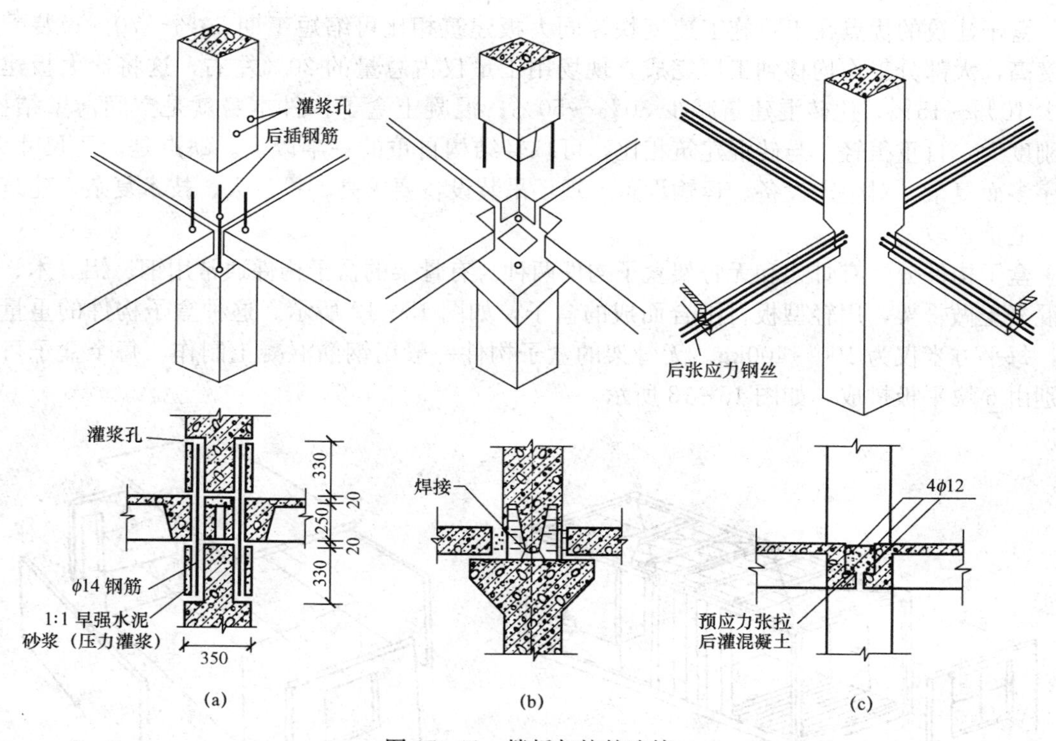

图 15-11　楼板与柱的连接

(a) 浆锚叠压连接；(b) 现浇连接；(c) 预应力张拉连接

3. 框架轻板建筑外墙板的类型

外墙板是采用上挂或下承的方式支撑于框架柱、梁或楼板上的非承重外墙。在设计时，外墙板除了满足坚固、耐久、围护等一般外墙的基本要求外，还需轻质，并应妥善解决由于轻质而带来的特殊问题，如变形及接缝等。

墙板按所用材料的不同，分为混凝土轻板、金属幕墙、玻璃幕墙等。

4. 框架轻板建筑的围护结构与框架的连接

在框架轻板建筑中，柱网的布置、外墙的划分和连接直接影响到建筑立面的处理，同时影响使用的坚固安全以及施工的方便等。外墙板除与柱子的预埋钢板互相焊接外，还必须与楼板或梁的预埋件焊接，以保证其稳固性。

墙板可直接固定在承重结构（梁、板、柱）上或固定在附加的墙架上，后者安装精确，建筑立面形式丰富多样，但用钢量大。墙板设计必须考虑制作和安装的要求，最好能在室内安装，便于维修或更换。

三、盒子建筑简介

盒子建筑始建于 20 世纪 50 年代，是指以工厂化生产的盒子状的预制构件为基础，经过吊装组合而成的全装配式建筑。盒子内所有的设备、管线、装修、固定的家具均已完成，并做好外立面装修，现场只需完成盒子就位，但构件之间的连接、封缝、接通通讯等各种工序须在现场进行。

盒子建筑构件的材料可用钢材、木材、铝材以及钢筋混凝土等。盒子建筑构件的大小可以是一个房间构成的单间盒子，也可以是几个房间构成的单元盒子。

盒子建筑的优点在于：施工速度快，同大板建筑相比可缩短工期50%～70%；装配化程度高，大部分工作均移到工厂完成，现场用工量仅占总量的20%左右，这将比大板建筑减少10%～15%，比砖混建筑减少30%～50%；混凝土盒子构件本身就是空间薄壁结构，其刚度大，自重很轻，与砖混建筑相比，可减轻结构自重的一半以上。缺点是盒子尺寸大，工序多而复杂，对生产设备、运输设备及现场吊装设备要求高、投资大、技术复杂，建筑的单方造价也较高。

盒子构件分为有骨架和无骨架盒子构件两种。有骨架的盒子构件通常用钢、铝、木、钢筋混凝土做骨架，用轻型板材围合而成的盒子，如图15-12所示。这种盒子构件的重量很轻，每平方米仅为100～400kg。无骨架的盒子构件一般用钢筋混凝土制作，每个盒子可以分别由6块平板拼成，如图15-13所示。

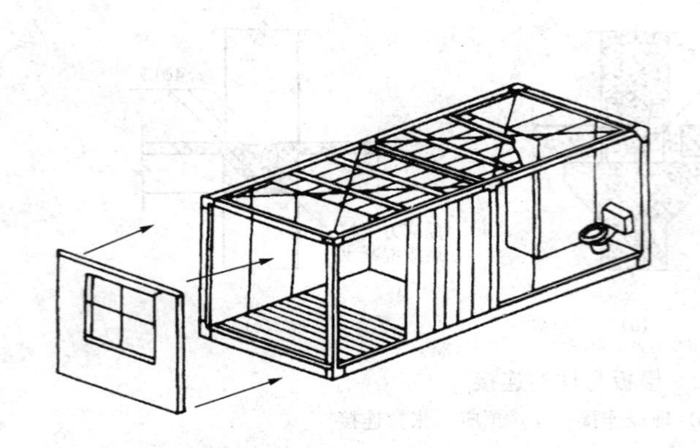
图15-12 有骨架盒子建筑构件

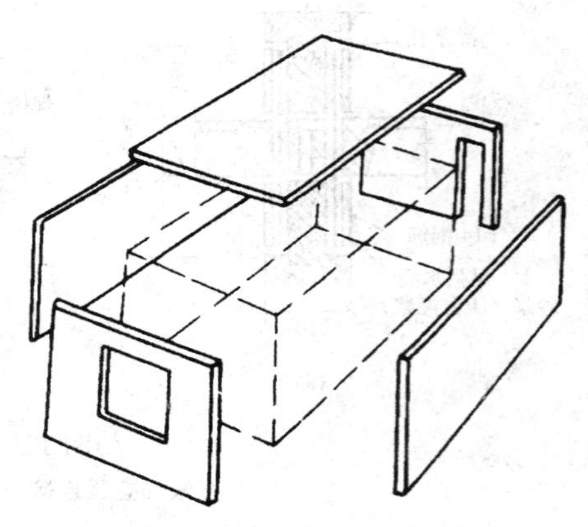
图15-13 无骨架盒子建筑构件

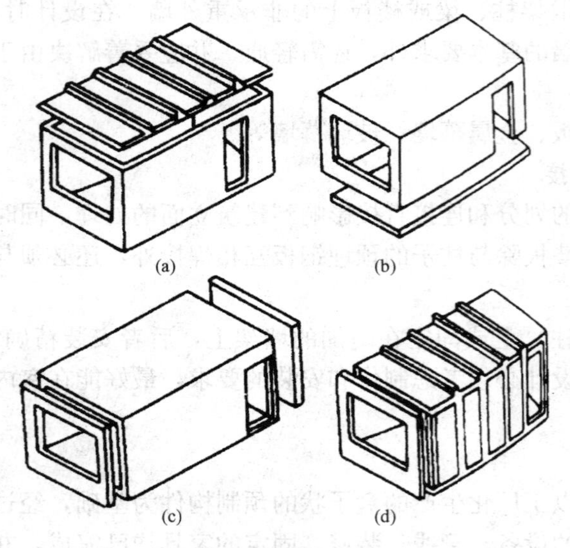

图15-14 整浇成型的盒子建筑

目前工程中常采用整浇成型的办法形成盒子建筑。生产整浇盒子时必须留1～2个面不浇筑，作为脱模之用，如图15-14所示：其中图（a）为盒子在上部开口，底板单独预制，称为杯形盒子；图（b）是在盒子的下面开口底板单独预制，称为钟罩形盒子；图（c）、图（d）是在盒子两端或一端开口，端墙板单独加工的称为隧道形或卧杯形盒子。这些单独预制加工的板材可在预制工厂或施工现场与开口盒子拼装成一个完整的盒子构件后再进行吊装。

四、大模板建筑简介

大模板建筑是指用工具式大型模板来现浇混凝土的一种建筑形式。

大模板建筑的优点是结构整体性强、刚度大、抗震性能好；构造简单，适应性强；施工速度快，劳动强度较低；预制构件较大板建筑少，可节省一部分预制厂的投资，一次性投资费用较少。缺点在于现场工作量较大，水泥消耗量较多，工地组织施工较复杂。大模板建筑如图15-15所示。

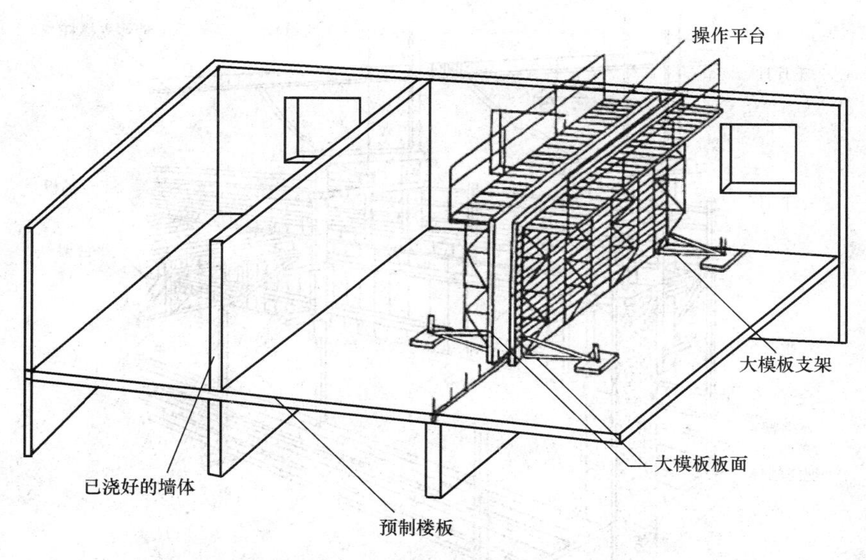

图 15-15　大模板建筑局部施工示意图

大模板建筑技术要求不太高，适应性强，在我国的一些地区发展较快，已逐步形成较完整的体系。大模板建筑可适用于地震区或非地震区的多层及高层建筑。

大模板建筑按施工方式不同分为全现浇、现浇与预制装配相结合两种类型。全现浇式大模板建筑，是指墙体和楼板均采用现浇的方法，一般需用台模或隧道模进行施工，目前较少采用。我国目前大模板建筑的主要类型是现浇与预制相结合的大模板建筑。其楼板均采用预制的大型楼板或条板，墙体为全现浇或内墙现浇，外墙为预制墙板及块材砌筑而成。按其墙体构造的不同，又分为以下四种类型：①现浇内墙与楼板，预制外墙板；②现浇内墙与楼板，砌筑外墙；③现浇内、外墙，预制楼板；④现浇内墙，预制楼板与外墙板。

五、滑模建筑简介

滑模建筑是指用滑升模板来现浇墙体的一种建筑。它是采用工具式模板现浇建筑的另一种类型。其工作原理是利用墙体内特设的钢筋作为支承杆，由液压千斤顶逐层提升模板，模板到达预定高度时将其固定，然后浇混凝土，如此循环操作连续作业，直至整个墙体完成连续浇注。施工示意如图 15-16 所示。

滑模建筑的优点是结构整体性好，机械化程度高，施工速度快，节约模板，施工占地少，改善了施工条件，缺点是操作困难，墙体垂直度易出现偏差，墙体厚度较大。为了适应滑模施工的特点，建筑平面设计应尽量简单平整。

滑模建筑适用于外形简单整齐的垂直形体以及上下相同壁厚的建筑物或者构筑物。如5～20 层的多、高层建筑物的内外墙，以及水塔、烟囱、筒仓等构筑物的施工。

采用滑模施工的建筑一般有三种布置类型。如图 15-17 所示。第一种是内外墙全用滑模施工；第二种是内墙用滑模施工，外墙用装配式墙板；第三种是仅用滑模浇筑楼梯、电梯等形成筒体结构的交通核心，其余部分则采用框架或大板结构。

六、升板建筑简介

升板建筑是指利用房屋自身网状排列的承重柱作为导杆，将预制叠层生产的大面积楼板

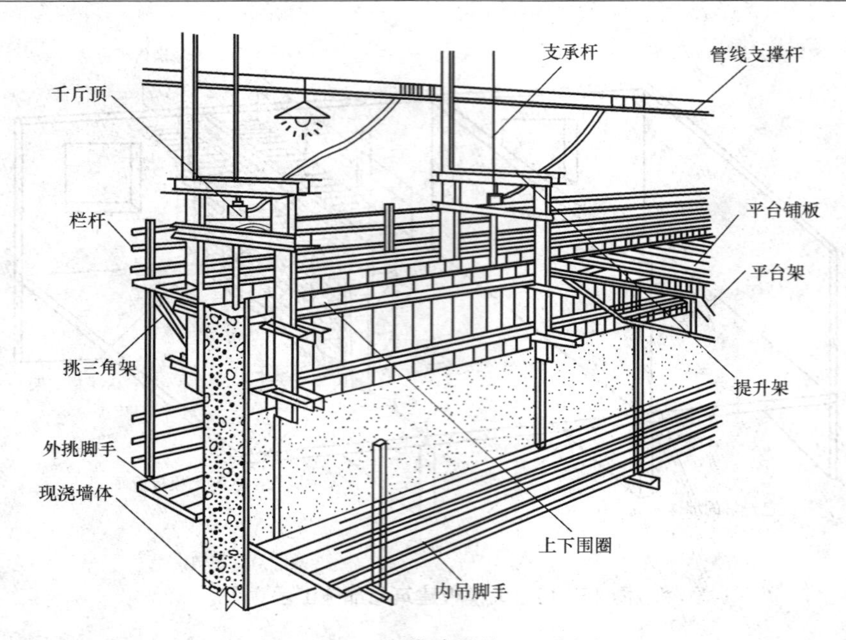

图 15-16　滑模建筑施工示意图

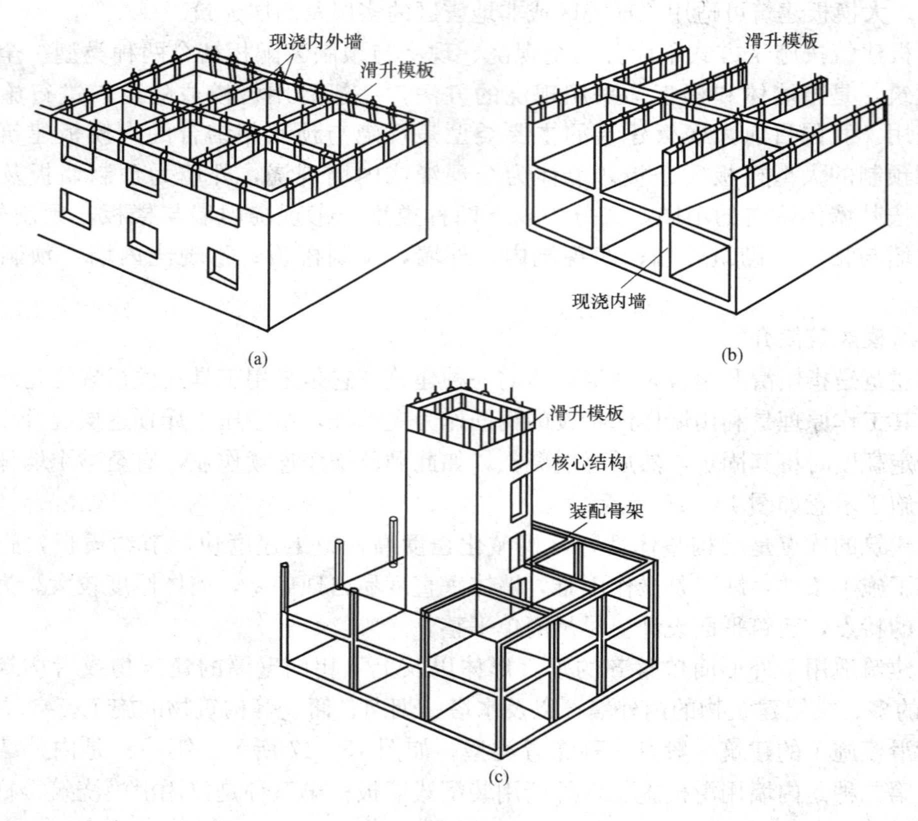

图 15-17　滑模施工布置类型

(a) 内外墙均为滑模施工；(b) 纵横内墙为滑模施工，外墙用装配大板；(c) 核心结构滑模施工

和屋面板由下而上逐层提升就位固定的方法建造的一种建筑。

升板建筑的优点较多，将高空作业转移到地面进行，无需占用较多的施工场地，施工中由于楼板是叠层预制，不需底模，可以大大节约模板。

升板建筑主要适用于隔墙少，楼面荷载大的多层建筑，如商场、车库等仓储建筑，特别适用于施工场地狭小的地段建造房屋。

升板建筑施工的顺序是在做好基础后，就地将柱子分段、重叠浇筑，自下而上立起、连接，直至顶层，千斤顶顶升设备安装在每个柱的顶端，如图 15-18 所示。

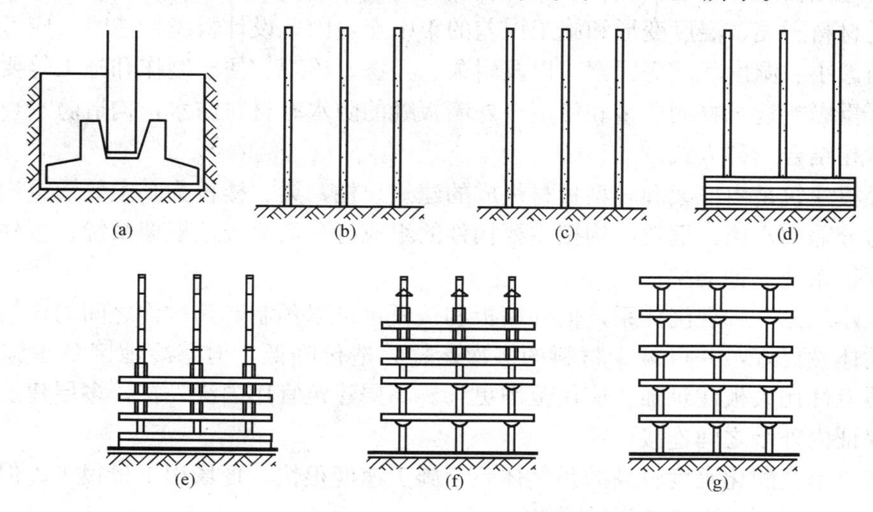

图 15-18　升板建筑的施工顺序

(a) 作基础；(b) 立柱子；(c) 打地坪；(d) 叠层预制楼板；(e) 逐层提升；(f) 逐层就位；(g) 全部就位

在升板建筑的基础上，还可以进一步发展成升层建筑。即提升楼板之前，在两层楼板之间安装好预制墙板或其他墙体，提升楼板时连同墙体一并提升。这样可以进一步简化工序，减少高空作业，加快建设速度。如图 15-19 所示。

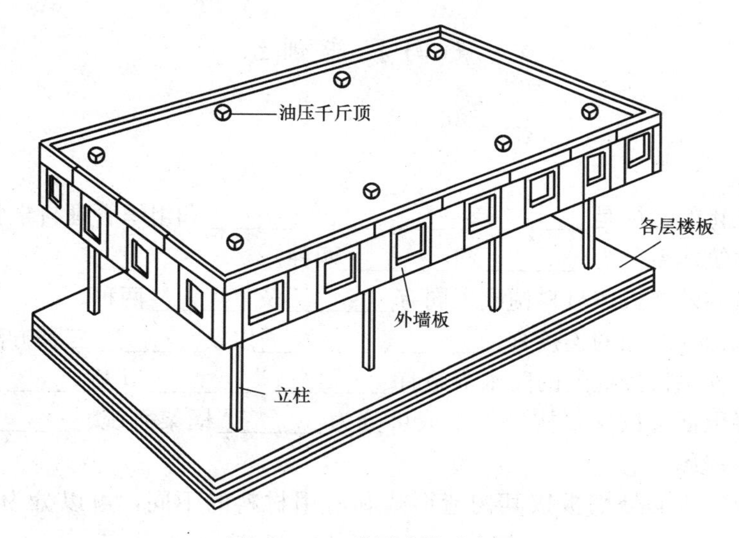

图 15-19　升层建筑示意图

本 章 小 结

建筑工业化基本特征是设计标准化、施工机械化、预制工厂化、组织管理科学化。实现建筑工业化可加快建设速度，减少人工消耗，提高工程质量。

大板建筑的主要构件有外墙板、内墙板、楼板、屋面板。大板建筑节点构造设计包括板材等构件的连接构造和外墙板缝的节点构造。外墙板的接缝有水平缝、垂直缝。大板建筑外墙板接缝是材料干缩、温度变形和施工误差的集中点，因此设计板缝构造时，应考虑当地年温差、风雨大小、湿度状况等因素，以及耐久、经济、美观、便于制作和施工等要求，若处理不当将严重影响建筑物的质量和使用。外墙板缝的防水有材料防水，构造防水，材料防水与构造防水相结合三种方式。

框架轻板建筑是由框架和轻型板材组成的建筑。柱、梁、楼板为其主要承重构件，墙板仅起围护与分隔的作用；框架结构按主要构件的组成可分为梁板柱框架系统、板柱框架系统和剪力墙框架系统三种类型。

大模板建筑是一种现浇体系，但外墙板和楼板也可以预制，其构件之间的连接比预制体系简单，整体性更好，并可减少材料的多次运输，造价降低，但寒冷地区冬季施工耗能量高。它的适应性比大板建筑强，应用范围更广。高层建筑宜用内浇外挂，多层建筑可用内浇外砌，并保证内外墙之间连接可靠。

盒子建筑是装配化程度较高的预制体系，施工速度很快，现场用工量很少，但需要有设备完善的预制工厂和重型施工运输设备。

滑模建筑是用可移动的模板边现浇边移动模板连续施工墙体的一种建筑方法。房屋整体性好，工程机械化程度高，速度快，但操作精度要求高，适宜于上下墙厚一致的多层和高层建筑。

升板建筑利用柱子作导杆把预制楼板提升就位，对施工场地狭小的工程较为适合。重点是解决好防止群柱失稳和楼板重叠制作的粘连问题。

习 题 与 技 能 训 练

一、习题

（一）填空题

1. 建筑工业化的特征是________、________、________和组织管理科学化。

2. 工业化建筑体系分为________和________两种。

3. 大板建筑的外墙板按材料构成不同有________及________两种。

4. 大板建筑构件之间的连接有________、________以及________三种方法。

5. 大板建筑外墙板接缝处的防水措施有________、________以及________三种。

6. 钢筋混凝土框架按主要构件的组成可分为________框架系统、________框架系统以及________框架系统。

7. 框架轻板建筑的外墙板按其构造形式和所用材料的不同，可以分为________墙板、________墙板和________墙板。

8. 大模板建筑按施工方式不同分为________、________两种类型。

9. 滑模施工的建筑一般有三种布置类型，即________、________以及________三种。

（二）名词解释

1. 建筑工业化
2. 专用体系
3. 通用体系
4. 大板建筑
5. 干法连接
6. 湿法连接
7. 大模板建筑
8. 滑模建筑
9. 升板建筑

（三）简答题

1. 大板建筑外墙板接缝处的防水构造做法有哪几种？各自的防水原理是什么？
2. 滑模建筑与升板建筑各自有什么特点？适用于何种建筑的建造？

二、技能训练

在保证安全的前提下，教师带领学生参观已建或在建建筑物，使学生从感性上更直观地了解各种工业化建筑的概念、特点、适用范围以及相关的构造要点。

第二篇　工　业　建　筑

第十六章　工 业 建 筑 概 论

本章提要　本章概述了工业建筑的特点、类型和设计要求。

学习目标　了解工业建筑的类型、特点和设计要求；掌握单层工业厂房内起重运输设备的类型、特点及其对厂房设计的影响；重点掌握单层工业厂房的相关技术术语、结构类型和组成。

第一节　概　　述

工业建筑是指为各类工业生产使用而建造的建筑物，一般称厂房。工业建筑既要为生产服务，也要为从事生产的广大劳动者服务。工业建筑在设计原则、建筑技术、建筑材料等方面与民用建筑相比，有许多相同之处，但也有一些独自的特点。

一、工业建筑的特点

工业建筑有如下特点：

(1) 满足生产工艺的要求。厂房的设计以生产工艺设计为基础，必须满足不同工业生产的要求，并为工人创造良好的工作环境。

(2) 内部有较大的通敞空间。由于厂房内各生产区域联系紧密，需要大量的或大型的生产设备和起重运输设备，因此，厂房的内部大多具有较大的面积和通敞的空间。

(3) 采用大型的承重骨架结构。由于上述原因，厂房屋盖和楼板荷载较大，多数厂房采用由大型的承重构件组成的钢筋混凝土骨架结构或钢结构。

(4) 结构、构造复杂，技术要求高。由于厂房的面积、体积较大，有时采用多跨组，而且不同的生产类型对厂房提出不同的功能要求，因此在空间、采光、通风和防水、排水等建筑处理上以及结构、构造上都比较复杂，技术要求高。

二、工业建筑的设计要求

正是由于工业建筑具有以上特点，所以工业建筑在进行设计时，应满足坚固适用、技术先进、经济合理的设计原则，在满足工艺要求的前提下，处理好厂房的平面、剖面、立面，选择合适的建筑材料，确定合理的承重结构、围护结构和构造做法。

工业建筑的设计要求如下：

(1) 符合生产工艺的要求。为满足生产工艺的各种要求，便于设备的安装、操作和维修，要正确选择厂房的平面、剖面、立面形式及跨度、高度和柱距，确定合理的载重、维护结构与细部构造。

(2) 满足有关的技术要求。厂房应坚固耐久，能够经受自然条件、外力、温湿度变化和化学侵蚀等各种不利因素的影响；具有较大的通用性和适当的扩展条件。应遵循《厂房建筑模数协调标准》(GBJ 6—1986),合理选择建筑参数(高度、跨度、柱距等);应尽量选用标准构件,提高建筑工业化水平。

(3) 具有良好的经济效益。厂房在满足生产使用要求、保证质量的前提下,应适当控制面积、体积,合理利用空间,尽量降低建筑造价,节约材料和日常维修费用。

(4) 满足卫生等要求。厂房应消除或隔离生产中产生的各种有害因素,如冲击振动、有害气体、烟尘余热、易燃易爆、噪声等,有可靠的防火安全措施,创造良好的工作环境,以利工人的身体健康。

三、有关单层工业厂房的技术名词

纵向:指厂房的长度方向;横向:是指厂房的宽度方向。

跨度:指单层工业厂房中相邻两条纵向轴线之间的距离[图 16-1(a)]。

柱距:指单层工业厂房中相邻两条横向轴线之间的距离[图 16-1(a)]。

厂房高度:单层工业建筑的高度是指由室内地坪到屋顶承重结构最低点的距离,通常以单层工业厂房中的柱顶标高来代表单层工业厂房的高度,一般均为 300mm 的整倍数。在单层工业厂房的设计中,还会涉及轨顶标高和牛腿顶面标高[图 16-1(b)]。

柱网:指单层工业厂房中纵向轴线与横向轴线纵横交叉共同形成的轴线网。其交点处设置承重柱。这种平面称为柱网平面[图 16-1(a)]。

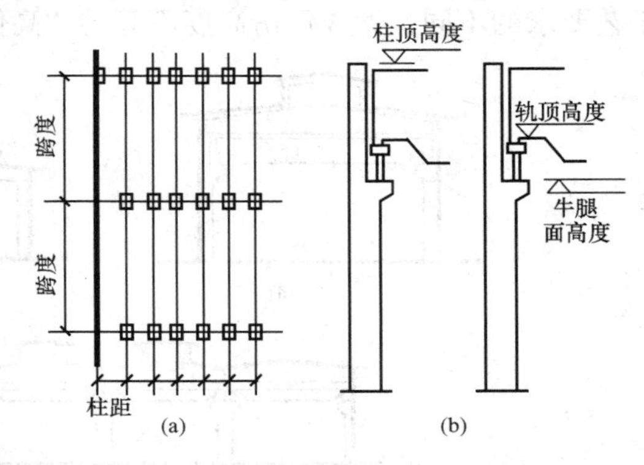

图 16-1 技术名词图解

第二节 工业厂房的类型

工业厂房的类型按厂房用途划分有以下几种:

(1) 主要生产厂房,指用于完成产品从原料到成品加工的主要工艺过程的各类厂房。例如机械厂的铸造、锻造、热处理、铆焊、冲压、机加工和装配车间。

(2) 辅助生产厂房,指为主要生产车间服务的各类厂房。如机修和工具等车间。

(3) 动力用厂房,指为工厂提供能源和动力的各类厂房。如发电站、锅炉房等。

(4) 储藏类建筑,指储存各种原料、半成品或成品的仓库。如材料库、成品库等。

(5) 运输工具用房,指停放、检修各种运输工具的库房。如汽车库和电瓶车库等。

工业厂房按厂房生产状况分有以下几种:

(1) 冷加工厂房。这类厂房指在正常温度和湿度状态下加工非燃烧物质和材料的生产车间,如机械制造类的金工车间、装配车间、修理车间等。

(2) 热加工厂房。这类厂房指在高温和熔化状态下,加工非燃烧的物质和材料的生产车间,在生产中产生大量的热量及有害气体、烟尘,如冶金类的冶炼、铸造、锻造、轧钢车间等,机械制造类的铸工、锻压、热处理车间等。

(3) 恒温恒湿厂房。这类厂房指在稳定的温、湿度状态下进行生产的车间,如纺织车间和精密仪器等车间。

(4) 洁净厂房。这类厂房指为保证产品质量，在无尘、无菌、无污染的洁净状况下进行生产的车间。如集成电路车间，医药工业、食品工业的一些车间等。

工业厂房按车间特点来划分有以下两种：

(1) 灵活车间，指柱距较大、跨度尺寸也较大的生产厂房。它可以满足工艺要求并随时可进行设备的调整。

(2) 联合车间，就是把几个车间合并成一个面积较大的车间。目前世界上最大的联合车间的面积可达 20 万 m^2。

工业厂房按跨度的数量和方向划分有以下三种：

(1) 单跨厂房，指只有一个跨度的厂房（图 16-2）。

(2) 多跨厂房，指由几个跨度组合而成的厂房，车间内部彼此相通。此类厂房也可根据工艺要求的不同，做成厂房高度不等的“高低跨”（图 16-2）。

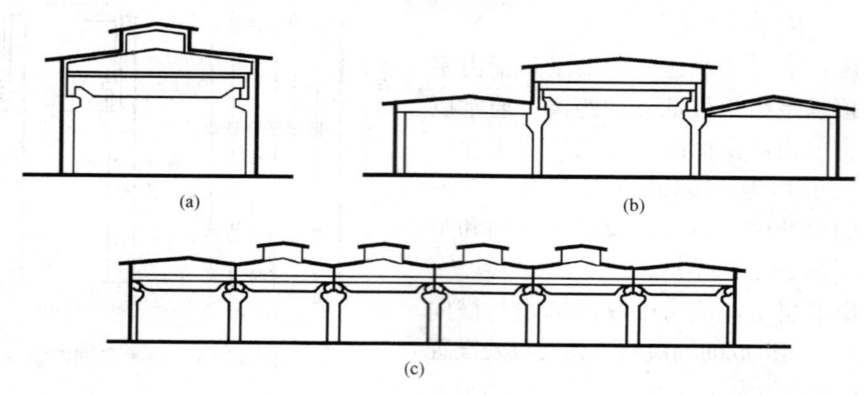

图 16-2 半层工业厂房

(a) 单跨；(b) 高低跨；(c) 多跨

(3) 纵横相交厂房，指由两个方向的跨度组合而成的工业厂房，车间内部彼此相通（图 16-3）。

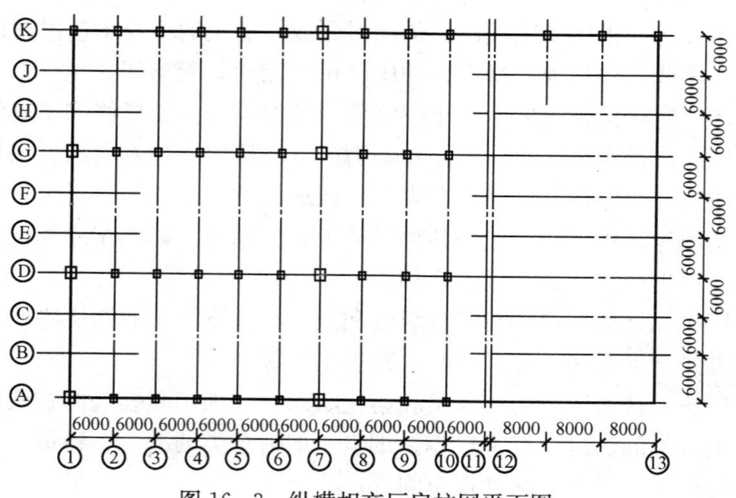

图 16-3 纵横相交厂房柱网平面图

工业厂房按跨度尺寸大小划分有以下两种：

（1）小跨度，指跨度小于或等于12m的单层工业厂房。这类厂房的结构类型以砌体结构为主。

（2）大跨度，指跨度为15～36m的单层工业厂房。其中15～30m的厂房以钢筋混凝土结构为主；跨度在36m及36m以上时，一般以钢结构为主。

工业厂房按层数划分有以下三种：

（1）单层工业厂房。单层工业厂房是指层数仅为1层的工业厂房。这类厂房主要用于重工业类的生产车间，如冶金工业类的钢铁厂、冶炼厂，机械制造工业类的汽车厂、拖拉机厂、电机厂、机械制造厂，建筑材料工业类的水泥厂、建筑制品厂等。其特点是设备及加工件体积大、重量重，有较大动荷载，车间内以水平运输为主。生产过程中的联系靠厂房中的大型起重运输设备和各种车辆进行（图16-2）。

（2）多层工业厂房。多层工业厂房是指层数在2层及以上的厂房，常用的层数为2～6层（图16-4）。它主要用于轻工业类的厂房中，如电子工业类的电子元件、电视仪表，印刷工业中的印刷厂、装订厂，食品工业中的食品加工厂，轻工业类的皮革厂、服装厂等。这类厂房的设备轻、体积小，大型机床一般安装在底层，小型设备一般安装在上部楼层。车间运输分垂直和水平两大部分。垂直运输靠电梯，水平运输则通过小型运输工具，如电瓶车、传送带等。

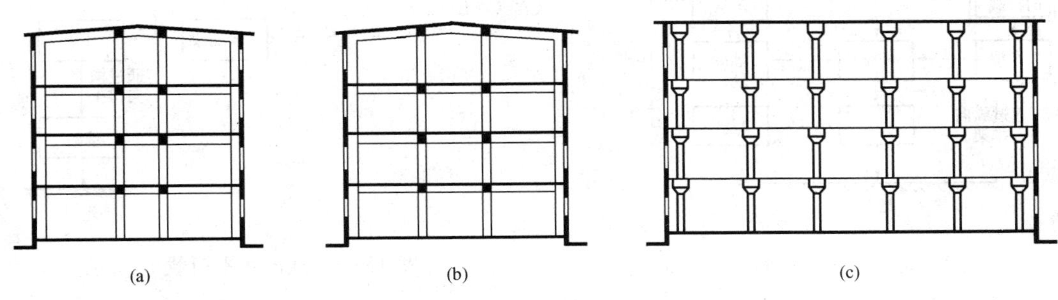

图16-4 多层工业厂房

（a）内廊式；（b）统间式；（c）大宽度式

（3）混合层数厂房。混合层数厂房指同一厂房内既有多层也有单层，单层或跨层内设置大型生产设备，多用于化工和电力工业，如图16-5所示。

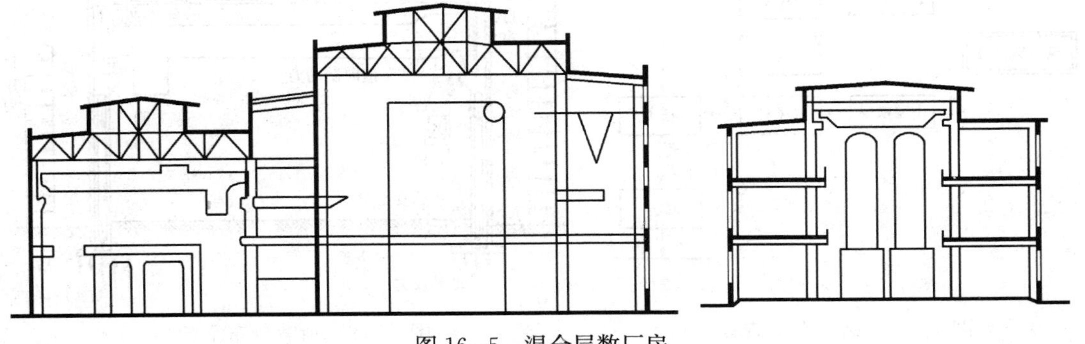

图16-5 混合层数厂房

此外还有一种类型是用于科研、生产、储存的综合建筑（体）。在同一建筑里既有行政办公、科研开发，又有工业生产、产品储存的综合建筑，是现代高新产业界出现的新型建筑。如某企业一栋近 3 万 m² 的综合建筑内，设有行政办公、产品研发设计、生产车间，并在车间隔离出自动化高架仓库，用以储存产品。

第三节　单层工业厂房的结构类型和组成

一、单层工业厂房荷载的传递

单层工业厂房中的荷载有动荷载和静荷载两大类。动荷载主要来自吊车运行时的启动和刹车力，此外还有地震荷载、风荷载等。静荷载包括建筑物的自重、吊车的自重和雪荷载、积灰荷载等。就传递路线而言，上述荷载又可分为：竖向荷载、横向水平荷载、纵向水平荷载三部分。其传递路线见图 16 - 6～图 16 - 8。荷载分布示意图见图 16 - 9。

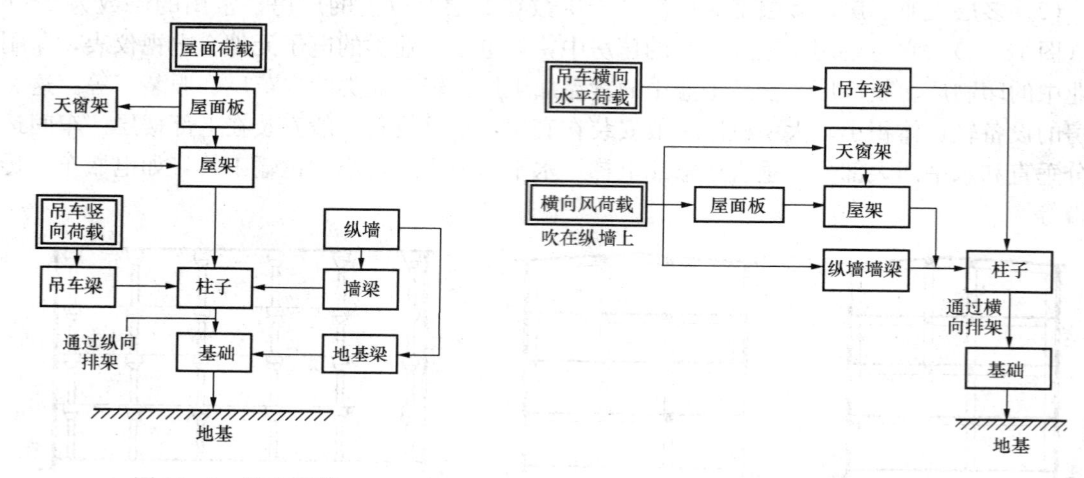

图 16 - 6　竖向荷载　　图 16 - 7　横向水平荷载

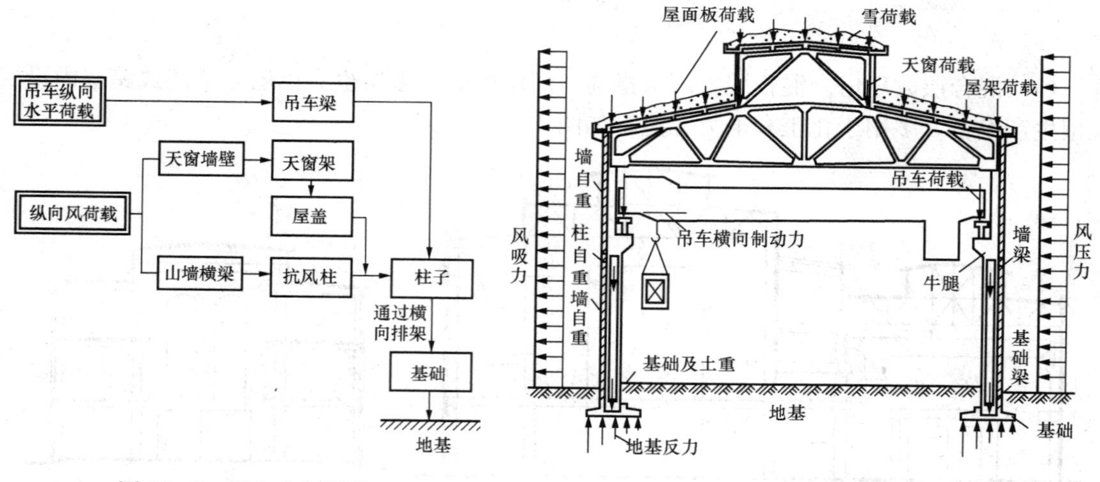

图 16 - 8　纵向水平荷载　　图 16 - 9　荷载分布示意图

二、单层工业厂房的结构类型

单层工业厂房的结构形式种类略多，其中比较多用的是排架结构和刚架结构（图

16-10）两种形式。就屋面而言，还有V形折板结构、单面或双面曲壳结构（图16-11）、筒壳结构等。

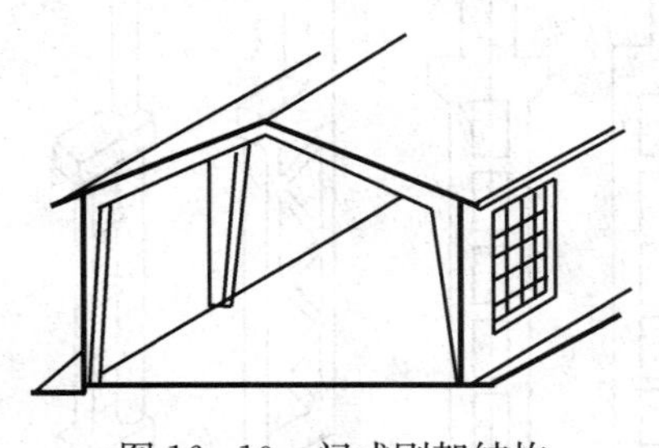

图16-10 门式刚架结构

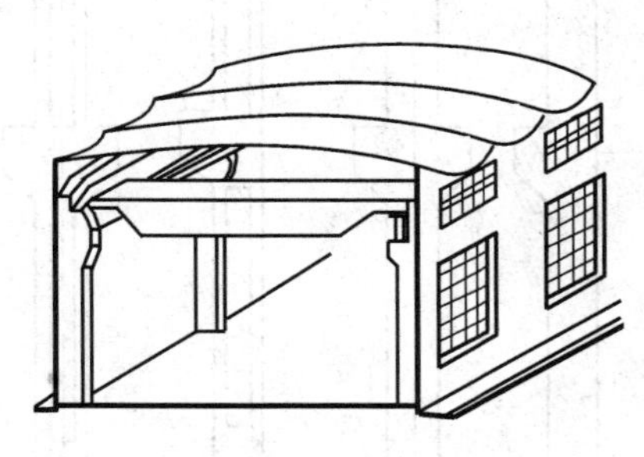

图16-11 双面曲壳结构

（一）排架结构

排架结构是由柱子、柱基、屋架（屋面梁）构成的一种骨架体系。它的基本特点是把屋架看成为一个刚度很大的横梁。屋架（屋面梁）与柱子的连接为铰接，柱子与基础的连接为刚接。每一榀排架之间，通过吊车梁、连系梁（墙梁或圈梁）、屋面板以及支承系统连接，其作用是保证横向排架的稳定。

1. 钢筋混凝土结构

这种骨架结构多采取预制装配的施工方式。结构构成主要由横向骨架、纵向连系构件以及支撑构件组成，如图16-12所示。横向骨架主要包括钢筋混凝土屋面大梁（钢筋混凝土屋架或钢屋架）、钢筋混凝土柱子、柱基础；纵向构件包括钢筋混凝土的屋面板、连系梁、吊车梁、基础梁等。

这种结构建设周期短、坚固耐久，具有一定的抗腐蚀能力，与钢结构相比可节省钢材，造价较低，故在国内外工业建筑中应用十分广泛。但是其自重大，抗震性能比钢结构工业建筑差。图16-13所示为这种骨架结构几种常见的预制钢筋混凝土柱。

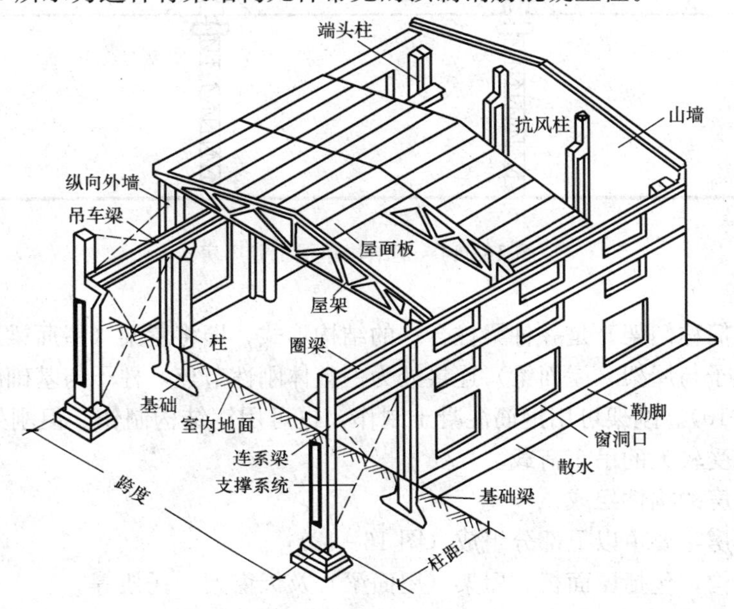

图16-12 单层工业厂房构件组成

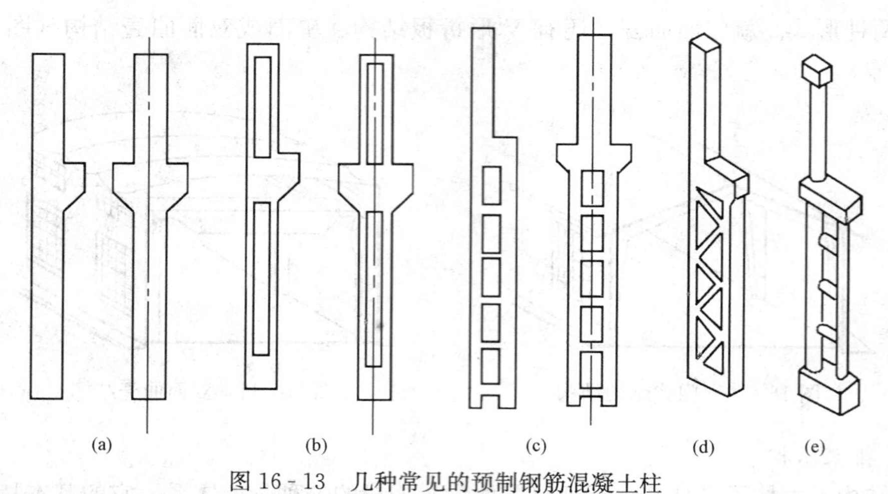

图 16-13 几种常见的预制钢筋混凝土柱

(a) 矩形柱；(b) 工字形柱；(c) 预制空腹工字形柱；(d) 斜腹杆双肢柱；(e) 双肢管柱

2. 钢结构

钢结构工业建筑的主要承重构件全部采用钢材制作（图 16-14)。这种骨架结构自重轻，抗震性能好，施工速度快，主要用于跨度巨大、空间高、吊车荷载重、高温或振动荷载大的工业建筑。对于那些要求建设速度快、早投产、早受益的工业建筑也采用钢结构。但钢结构易锈蚀，保护维修费用高，耐久性能较差，防火性能也差，使用时应采取必要的防护措施。

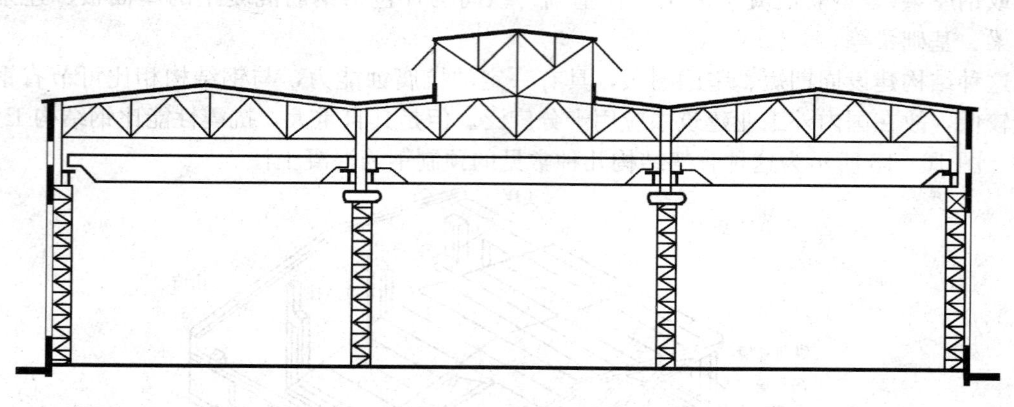

图 16-14 钢结构单层工业厂房

（二）刚架结构

门式刚架（简称门架）是一种梁柱合一的结构形式，即将屋架（屋面梁）与柱子合并成为一个构件。柱子与屋架（屋面梁）连接处为一整体刚性节点，柱子与基础的连接节点为铰接节点（图 16-10)。刚架可用钢筋混凝土制作，也可用钢结构制作。但刚架属于平面结构体系，不能够承受较大的吊车荷载。

三、单层厂房的构件组成

单层工业厂房主要由以下部分组成（图 16-12)：

(1) 屋盖结构，包括屋面板、屋架（屋面梁）及天窗架、托架等。

屋面板铺在屋架或屋面梁上，直接承受其上面的荷载，并传给屋架或屋面梁。

屋架（屋面梁）是屋盖结构的主要承重构件。屋面板上的荷载、天窗荷载都要由屋架（屋面梁）承担。屋架（屋面梁）搁置在柱子上。

(2) 吊车梁。吊车梁安放在柱子伸出的牛腿上，承受吊车自重、吊车上的起重量以及吊车刹车时产生的冲击力，并将这些荷载传给柱子。

(3) 柱子。柱子是厂房的主要承重构件，承受着屋盖、吊车梁、墙体上的荷载以及山墙传来的风荷载，并把这些荷载传给基础。

(4) 柱基，即柱子的基础。它承担作用在柱子上的全部荷载，以及基础梁承担的部分墙体的荷载，并由基础传给地基。柱基采用独立式基础。

(5) 外墙围护系统，包括厂房四周的外墙、抗风柱、墙梁和基础梁等。这些构件所承受的荷载主要是墙体和构件的自重以及作用在墙上的风荷载等。

(6) 支撑系统，包括柱间支撑和屋盖支撑两大部分。其作用是加强厂房结构的空间整体刚度和稳定性，主要传递水平风荷载以及吊车产生的冲击力。

第四节 单层工业厂房内部的起重运输设备

在生产中为运送原材料、半成品或成品，检修安装设备，单层厂房内需设置必要的起重运输设备。其中各种起重吊车应用广泛，对厂房设计影响最大。常用的吊车有以下几种。

一、单轨悬挂式吊车

单轨悬挂式吊车（图 16 - 15）由电动葫芦和工字钢轨道两部分组成。它操纵方便，布置灵活。工字钢轨可以悬挂在屋架（屋面梁）屋架下弦，吊车装在单轨上，按轨道线路运行或起吊重物。轨道转弯半径不小于 2.5m，起重量为 0.5～5t。

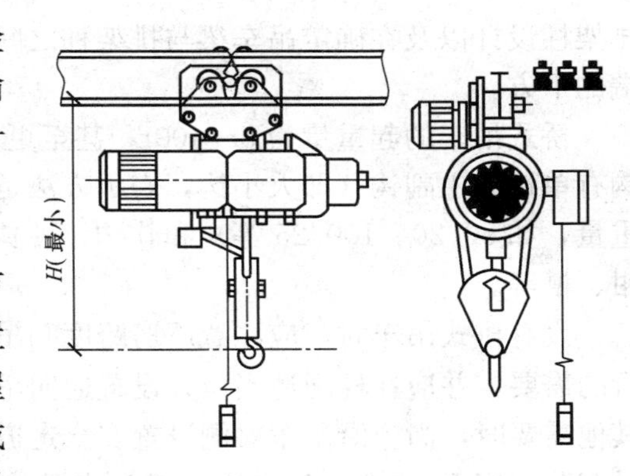

图 16 - 15 单轨悬挂式吊车

二、梁式吊车

梁式吊车由梁架和电动葫芦组成，分为悬挂式梁式吊车和支承式梁式吊车两种，见图 16 - 16。这两种吊车的电动葫芦都挂在梁架上的工字钢轨上。运送物品时，梁架沿厂房纵向移动，电动葫芦沿厂房横向移动，起重幅面较大。起重量为 1～5t。两种吊车的不同点在于：悬挂式梁式吊车在屋架下弦悬挂双轨，梁架悬挂在轨道上；支撑式梁式吊车在两列排架柱的牛腿上设吊车梁和轨道，吊车置于轨道上。

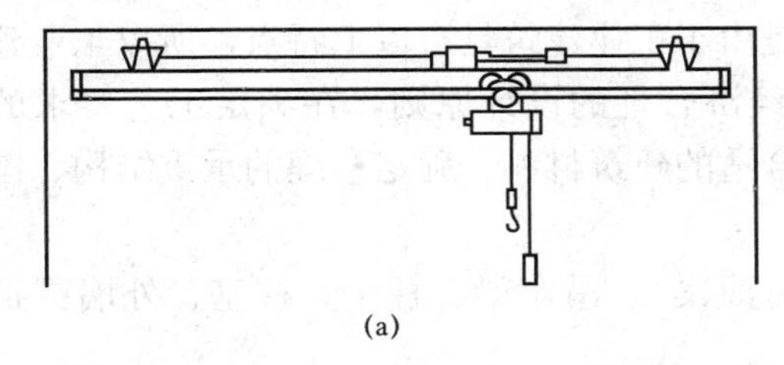
(a)

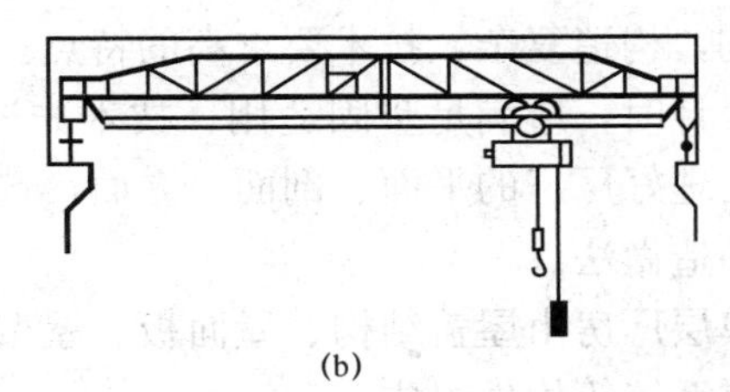
(b)

图 16 - 16 梁式吊车

(a) 悬挂式梁式吊车；(b) 支撑式梁式吊车

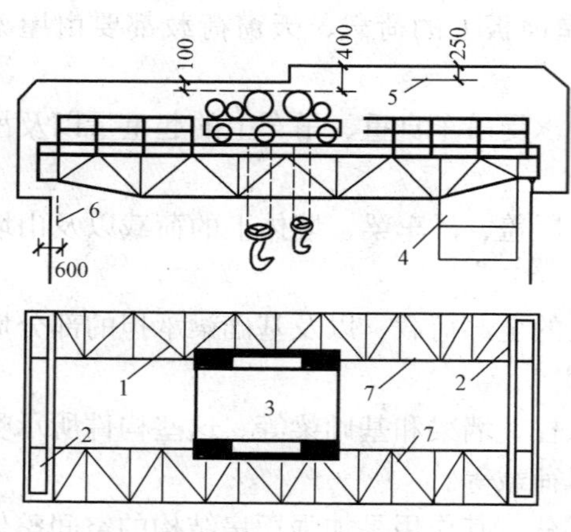

图 16-17 桥式吊车

1—水平系杆；2—轮子；3—带绞车的起重行车；4—司机室；5—上部触轮的位置；6—吊车梁触轮的位置；7—吊车桥架梁

三、桥式吊车

桥式吊车按工作的重要性及繁忙程度分为轻级、中级、重级工作制，用 J_c 来代表。J_c 表示吊车的开动时间占全部生产时间的比率。轻级工作制 $J_c<15\%$；中级工作制 $J_c \geqslant 15\% \sim 25\%$，主要用于机械加工和装配车间等；重级工作制 $J_c>40\%$，主要用于冶金车间和工作繁忙的其他车间。工作制对结构强度影响较大。

桥式吊车的起重量和起重幅面均较大。它由桥架和起重小车组成（图 16-17）。在两列排架柱的牛腿上设吊车梁和轨道，桥式吊车的桥架通过轮子支承在吊车梁的钢轨上，沿吊车梁上的轨道在厂房纵向往返行驶，起重小车则在桥架上沿厂房横向往返行驶。它们在起动和刹车时产生较大的冲击力，因而在选用支承桥式吊车的吊车梁、排架柱设计以及在确定吊车梁与排架柱之间的构造时必须注意这些影响。司机室设在桥架一端的下方。

桥式吊车的起重量为 5～400t，甚至更大，适用于 12～36m 跨度的厂房。桥式吊车的吊钩有单钩、主副钩（即大小钩，表示方法是分数线上为主钩的起重量，分数线下为副钩的起重量，如 50/20、100/25 等）和软钩、硬钩之分。软钩为钢丝绳挂钩，硬钩为铁臂支承的钳、槽等。

设有桥式吊车时，应注意厂房跨度和吊车跨度的关系，使厂房的宽度和高度满足吊车运行的需要，并应在柱间适当位置设置通向吊车司机室的钢梯及平台。当吊车为重级工作制或其他需要时，尚应沿吊车梁侧设置安全走道板，以保证检修和人员行走的安全。桥式吊车的吊车跨度用 L_k 表示，厂房跨度用 L 表示。L 与 L_k 之间的差值为 1000～2000mm，常用的数值为 1500mm。

除上述几种吊车形式外，根据生产特点的不同，厂房内部还有各式各样的运输设备，如吊链、辊道、传送带等，此外还有气垫等新型的运输工具。

本 章 小 结

工业建筑具有能满足生产工艺要求，内部有较大的通敞空间，采用大型的承重骨架结构和结构，构造复杂，技术要求高的特点。正是由于工业建筑具有以上特点，所以工业建筑在进行设计时，应满足坚固适用、技术先进、经济合理的设计原则，在满足工艺要求的前提下，处理好厂房的平面、剖面、立面，选择合适的建筑材料，确定合理的承重结构、围护结构和构造做法。

单层厂房由屋盖结构、屋面板、屋架（屋面梁）、吊车梁、柱子、柱基、外墙围护系统和支撑系统等构件组成。

常用的吊车有单轨悬挂式吊车、梁式吊车和桥式吊车。

习题与技能训练

一、习题

（一）名词解释

1. 工业建筑
2. 跨度与柱距
3. 厂房高度
4. 柱网

（二）简述题

1. 简述工业建筑的一般特点。
2. 工业建筑有哪几种分类方式？各分类方式分别包括哪些厂房？
3. 工业建筑设计都有哪些要求？
4. 装配式单层厂房由哪些构件组成？承重构件如何组成骨架结构系统？
5. 常用的厂房内起重运输设备有哪几种？

二、技能训练

参观一座单层工业厂房，并归纳其使用特点、结构类型、构件组成及所用起重运输设备的种类和数量。

第十七章 单层工业厂房设计

本章提要 本章介绍了单层工业厂房的平面设计、定位轴线的标定、剖面设计、立面设计及采光和通风等环境设计内容。

学习目标 掌握单层工业厂房平面形式和柱网的选择；了解生活间的设计；了解影响厂房立面设计的因素和单层工业厂房立面设计的方法。

第一节 单层工业厂房的平面设计

单层工业厂房的平面设计包括厂房平面形式的选择和柱网的选择两部分内容。

一、单层工业厂房平面形式的选择

单层工业厂房的平面设计，是以生产工艺设计为依据的。

生产工艺设计一般包括工艺流程的组织，生产和起重运输设备的选择和布置，工段的划分，运输通道的宽度及其布置，厂房面积的大小以及生产工艺对厂房建筑设计的要求等。

生产工艺流程设计又可分为直线式、直线往复式和垂直式三种。

直线式即原料由厂房一端进入，而成品或半成品由另一端运出的生产工艺流程。其特点是工业建筑内部各工段间联系紧密，但运输线路和工程管线较长。

直线往复式则是指原料从厂房一端进入，产品由同一端运出的生产工艺流程。其特点是工段联系紧密，运输线路和工程管线短捷。

垂直式是指原材料从厂房一端进入，加工后成品则从横跨的装配一端运出的生产工艺流程。其特点是工艺流程紧凑，运输和工程管线较短。

厂房的平面设计除首先满足生产工艺的要求外，建筑设计人员在平面设计中还应注意以下几点：

（1）厂房平面形式规整、合理、简单，以便减少占地面积、节能和简化构造处理；

（2）厂房的建筑参数应符合建筑统一化的规定，使构件的生产满足工业化生产的要求；

（3）选择技术先进和经济合理的柱网，使厂房具有较大的通用性；

（4）合理地布置有害工段及生活用房，妥善处理安全疏散及防火措施等。

这些问题解决的合理与否，不仅直接影响厂房的使用质量，而且也影响厂房的建筑造价和建设速度。而这些问题的解决有时会和生产工艺设计产生矛盾。因此，就需要工艺设计人员和建筑设计人员（有时还需结构、卫生工程技术人员参加）密切合作，充分协商，从而使厂房平面设计达到适用、经济、合理。

（一）平面形式及其特点

常用的厂房平面形式有矩形、方形、L形、U形和E形等（图17-1）。

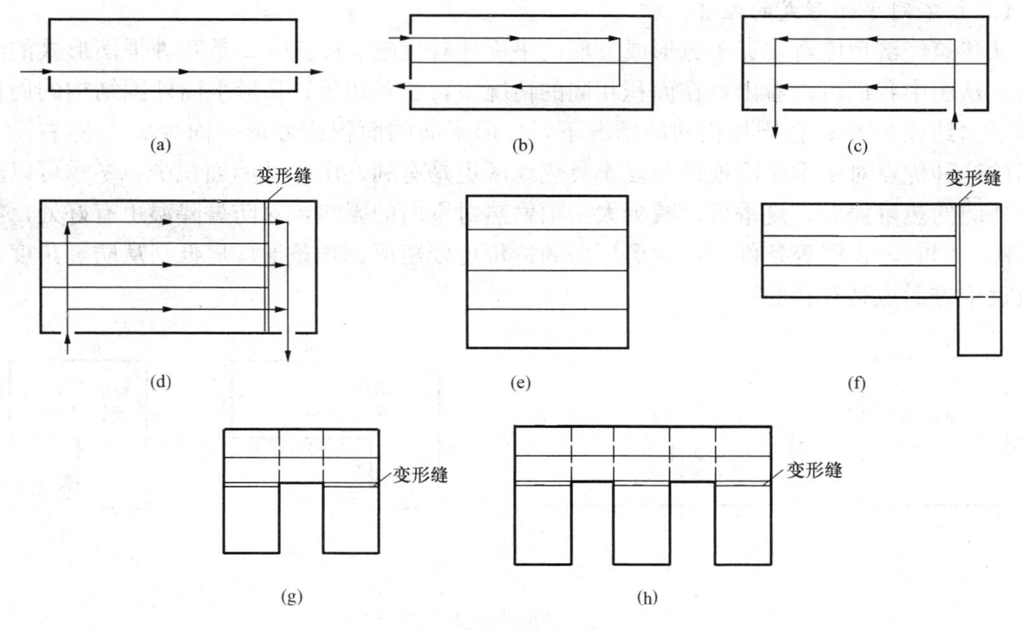

图 17-1　单层工业厂房平面形式

(a) ～ (e) 矩形；(f) L 形；(g) U 形；(h) E 形

矩形平面中最简单的是单跨［图 17-1 (a)］，适合直线式的工艺流程布置。它平面简捷、构造简单、造价省、施工快，且采光、通风较易解决，但当工业建筑长宽比过大时，外墙面积过大，对保温隔热不利。这种平面适合对保温要求不高或生产工艺流程无法改变的工业建筑，如冶金工业的线材轧钢车间。

当规模较大、要求厂房面积较大时，常以两跨或多跨平行（或个别跨垂直）布置形成矩形甚至是方形的厂房平面。［图 17-1 (b) ～ (e)］这种平面形式较之其他形式平面而言：各工段之间靠得较紧，运输路线短捷，工艺联系紧密，工程管线较短，形式规整，占地面积少，外墙面积较小，对节约材料和保温隔热有利；如整个厂房柱顶及吊车轨顶标高相同，则结构、构造简单，造价省，施工快，在跨数不多、宽度不大的情况下，室内采光、通风都较容易解决，存在的技术问题是采光通风及屋面排水较复杂。它适合于多种生产性质的工业建筑。

跨度相垂直布置的 L 形、U 形和 E 形，适用于垂直式的生产工艺流程。这种平面布置工艺流程紧凑、零部件至总装配的运输路线短捷，有良好的通风、采光、排气、散热和除尘功能，适用于中型以上的热加工工业建筑（如轧钢、铸工、锻造等）；但纵横跨相接处结构和构造复杂、施工麻烦、经济性较差。

生产状况也影响着单层工业厂房的平面形式。其中如热加工车间（如机械厂的铸钢、铸铁、锻造车间，钢铁厂的轧钢车间等）对厂房平面形式的限制最大。热加工车间在生产过程中散发出大量的余热和烟尘，在平面设计中应创造具有良好的自然通风条件。因此，这类工业建筑平面不宜太宽，且可选择 L 形、U 形和 E 形的平面布局，以利烟尘、余热和有害气体的排放。值得注意的是，在平面布置时，要将纵横跨之间的开口迎向夏季主导风向或与夏季主导风向呈 0°～45°夹角，以改善通风效果和工作条件。

(二) 不同平面形式的经济比较

从建筑经济角度看，近于方形或方形的平面比较优越。图 17 - 2 是几种平面形式的经济比较。从图中我们可以看出：在面积相同的情况下，长条矩形、L 形平面外围结构的周长比方形平面约长 25%；在周长相同的情况下，L 形平面的面积比方形平面少 25%左右。方形平面的这种优点对冬季寒冷地区和夏季炎热地区更是有利。由于外墙面积少，冬季可以减少通过外墙的热量损失，夏季可以减少太阳辐射热对室内的影响，对防暑降温也有好处，有利于节能。同时，在同等条件下，方形厂房的造价也较矩形、长条形厂房低。从防震角度，方形或近于方形也是有利的。

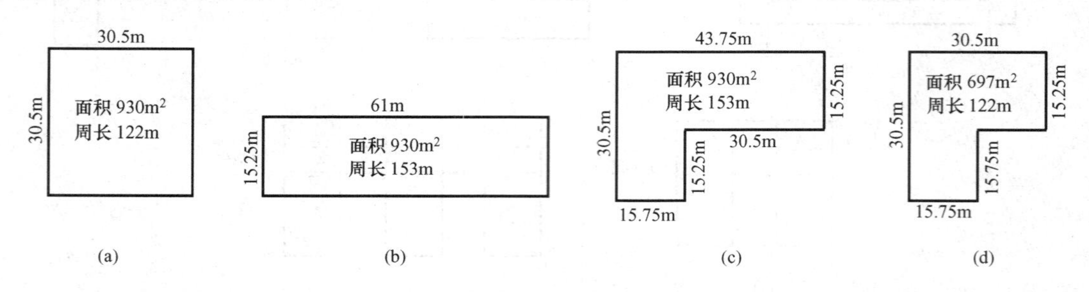

图 17 - 2 平面形式的经济比较

二、单层工业厂房柱网的选择

如前所述，柱网是单层工业厂房中纵向定位轴线与横向定位轴线纵横交叉共同形成的轴线网。柱网尺寸是由跨度和柱距确定的，柱网的选择就是选择厂房的跨度和柱距。

工艺设计人员根据工艺流程和设备布置状况，对跨度和柱距提出初始的要求，建筑设计人员在此基础上，依照建筑及结构的设计标准，最终确定厂房的跨度和柱距。柱网确定的原则是：

1. 满足生产工艺要求

跨度和柱距要满足设备的大小和布置方式以及维修等生产工艺所需的空间要求。

2. 符合《厂房建筑模数协调标准》(GB/T 50006—2010)

《厂房建筑模数协调标准》(GB/T 50006—2010) 中规定，单层厂房的跨度在不大于 18m 时取 3m 的整倍数，即跨度可取 9m、12m、15m、18m；当厂房的跨度大于 18m 时，取 6m 的整倍数，即跨度可取 24m、30m 和 36m。如果工艺有特殊要求，必要时也可采用 21m、27m、33m。上述标准中还规定，柱距一般为 6m 或 6m 的整倍数，即 6m、12m、18m 等。

3. 平面利用和结构方案经济合理

工业建筑由于工艺的要求，常会有个别大型设备需越跨布置或长尺寸产品超越柱距。一种方案是保持柱网尺寸不变，只将与设备或产品位置发生冲突处的柱子抽掉（即“抽柱方案”），上部用托架梁（支承在与抽掉柱子同列相邻的两根排架柱上，代替被抽掉柱子支承屋架的纵向构件）承托屋架（图 17 - 3）；另一种方案是根据生产工艺实际情况，适当调整跨度和柱距，使结构统一、厂房内面积得到充分利用，达到较好的经济效益。但值得注意的是，调整后的柱网尺寸应符合建筑构件标准化的原则。

现代工业生产的生产工艺、生产设备和运输设备在不断更新变化，且其周期越来越短。为适应这种变化，工业建筑应具有相应的灵活性、通用性及满足可持续性发展的需要，采用扩大柱网便是途径之一。扩大柱网指将柱距由 6m 扩大至 12m、18m 乃至 24m，

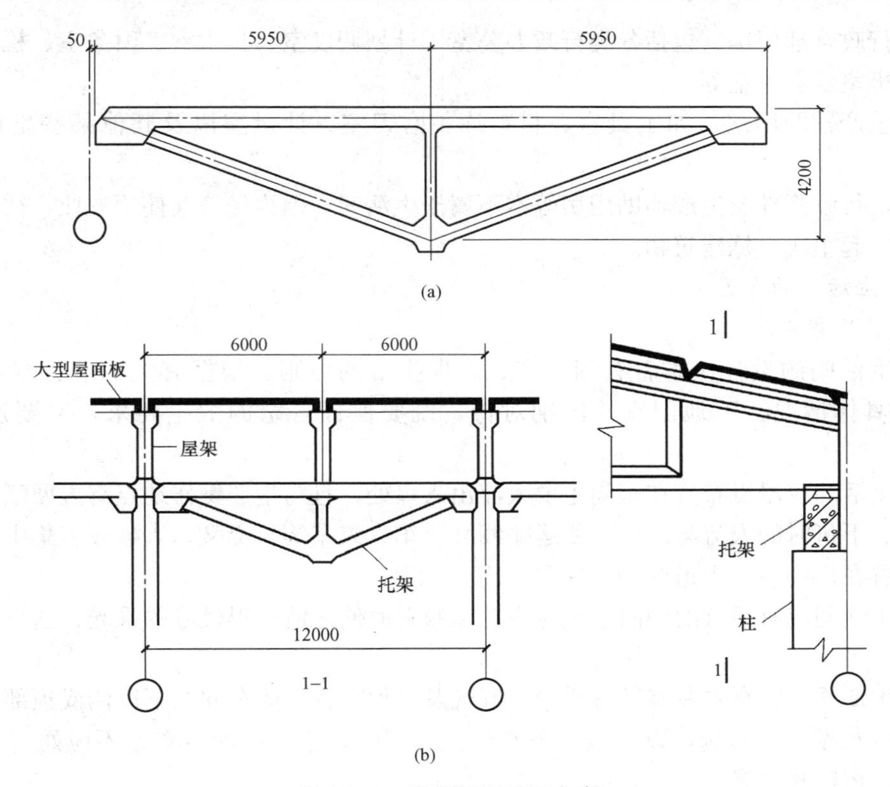

图 17-3 设托架梁承重方案

如采用柱网（跨度×柱距）为 12m×12m、15m×12m、18m×12m、24m×12m、18m×18m、24m×24m 等。随着钢结构在工业与民用建筑中被越来越广泛的应用，大柱网的单层工业厂房更易于实现。

有研究成果证明了扩大柱网的主要优点：①可以有效提高工业建筑面积的利用率；②有利于大型设备的布置及产品的运输；③能提高工业建筑的通用性，适应生产工艺的变更及生产设备的更新；④有利于提高吊车的服务范围；⑤能减少建筑结构构件的数量，并能加快建设速度。

柱网的确定不仅与上述因素有关，还应考虑厂房内吊车的类型与起重量大小。有资料表明，柱距 6m、悬挂吊车的情况下，18m 和 24m 跨度是比较经济的；当桥式吊车的起重量不小于 30t 时，12m 柱距、24～30m 跨度是比较经济的。

三、生活间设计

在工厂中，为有利生产和方便生活，除生产用建筑物外，尚需根据生产情况设置行政管理及生活福利服务等辅助建筑，这些用房常称为生活间。

（一）生活间的组成

根据车间生产的卫生要求、车间规模及所在地区条件，生活间的组成大致如下：

（1）生产卫生用房，包括存衣室、浴室，盥洗室等，以及特殊生产车间的卫生用房，如洗衣房、衣服干燥室等。

（2）生活卫生及生活福利用房，包括休息室、厕所、女工卫生室、吸烟室、保健站等，特殊需要时尚可设置取暖室、冷饮制作间等，以及存放自行车、摩托车的设施等。

(3) 行政管理用房。包括各类行政办公室、计划调度室、技术室、财务室、检验室、阅览室、值班室及会议室等。

(4) 生产辅助用房，如工具室、材料库、磨刀室、计量室以及其他某些生产辅助用房等。

其中，行政管理及生产辅助用房等本不属于生活间，但为经济及使用方便，往往和生活间布置在一起组成一栋建筑物。

(二) 生活间的布置

1. 设计注意事项

(1) 生活间的设计应本着有利生产、方便生活的原则，根据有关标准、规定，结合各车间的具体情况，因地制宜，区别对待，既要保证一定的卫生要求，又要反对铺张浪费。

(2) 生活间应尽量布置在车间主要人流出入口处，且与生产操作地点有方便联系，并避免工人上、下班时的人流与厂内主要运输线（火车、汽车等）交叉。人数较多集中设置的生活间以布置在厂内主要干道两侧为宜。

(3) 生活间应有适宜的朝向，注意在总图布置时使之能获得较好的采光、通风及日照等条件。

(4) 生活间不宜布置在有散发粉尘、毒气及其他有害气体车间的下风侧或顶部，并尽可能避免噪声及振动的影响，以免被污染和干扰。同时，生活间的位置也不应妨碍车间的采光、通风、运输和发展。

(5) 在生产条件许可及使用方便的前提下，力求利用车间内部的空闲位置设置生活间，或将几个车间的生活室合并建造，以节省用地和投资。

(6) 生活间的平面布置应注重面积紧凑、人流通畅、男女分设、管道集中且与所服务车间有方便的联系。建筑形式与风格应与车间和厂区环境相协调。

2. 生活间的形式及其构造特点

我国单层厂房中常用生活间的形式有毗连式、独立式及车间内部式三种基本形式。各种形式在构造上也有某些差别。

(1) 毗连式生活间。毗连式生活间是与厂房纵墙或山墙毗连而建（图 17-4）。这种方式用地较少，与车间联系紧密，使用方便，并可与车间共用一段墙，既经济又有利于室内保温，车间的某些辅助部分也可设在生活间底层。它常用于单层冷加工车间。但当生活间与车

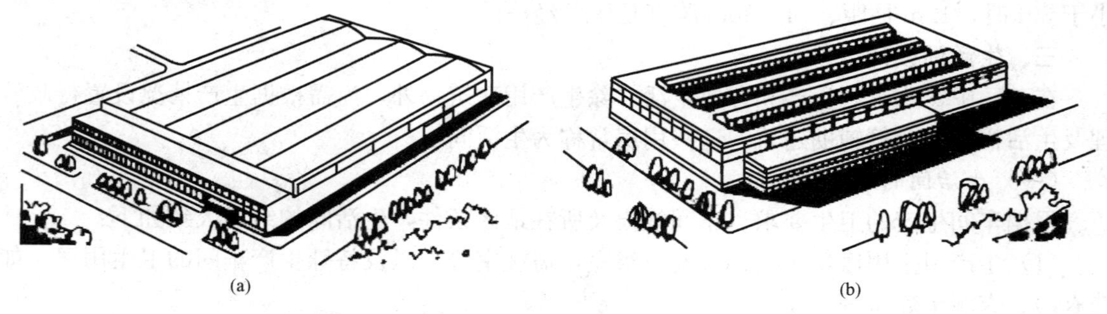

(a) (b)

图 17-4 生活间与厂房的毗连方式示例

(a) 生活间与厂房山墙毗连；(b) 生活间与厂房纵墙毗连

间纵墙毗连时，易妨碍车间的采光与通风。当用于散发热量较大并有湿气及其他有害气体的厂房，其被生活间遮挡部分不宜超过厂房全长的1/3，必要时，与生活间毗连的厂房边跨应增设天窗。

当生活间与厂房山墙毗连时，人流路线多与车间内部运输线相平行，通行障碍少，但厂房端部常设有进出原料及成品、半成品的大门，使生活间平面长度受到限制。

毗连式生活间多采用单面走廊的平面形式，常用的房间进深加走廊宽度有(6.0＋0)m、(6.0＋1.8)m、(6.6＋2.4)m。因受单面采光的限制，房间进深一般不超过7.0m。常用的生活间开间为3.3m、3.6m、3.9m等。其中，3.6m开间在多数情况下较能适应各种生活室及办公室的布置，结构也较经济，但与厂房柱距不易协调，常使生活间通往车间出入口的布置受到限制，也影响到生活间本身的布置和使用。层高可按当地一般民用建筑的标准进行设计，也可按不同需要分层选择。底层由于常设生产辅助用房，层高可因生产需要增大至3.3～3.6m。

毗连式生活间的设计应根据房间数量及用途、生活间与车间的相对位置及所处地段长度，以及使用方便、经济合理等因素来确定生活间的层数及进行各层平面的布置。与车间职工联系密切的生活用室、生产辅助用室皆宜布置在底层，行政管理用房可设在楼上。如因生产需要占用了大部底层时，则设在楼上的生活用室应通过楼梯与车间保持方便联系。各生活用室的相对位置应与工人上下班使用服务设施的路线相符合，即按上班——更衣——进车间，下班——洗浴——更衣——出车间的顺序布置各有关的生活用室，避免在使用过程中人流交叉，逆行或互相干扰。用水多的房间应尽可能集中，以便节省管道和统一构造措施。

毗连式生活间的结构与构造一般与民用建筑相同而与厂房不同。另外生活间与厂房所承受的荷载差别较大，所以应在两者的毗连处设置沉降缝。

沉降缝的设置通常有两种方案：

1）当生活间高于车间时，毗连墙应设在生活间一侧，和生活间成为一体。沉降缝应设在毗连墙和厂房之间［图17-5（a)］。毗连墙基础的类型有两种：①条形基础。当其基础与车间柱的杯形基础相遇时，条形基础要断开，跨越厂房杯形基础架空设钢筋混凝土承墙梁，以承担此处的毗连墙荷载；②独立基础。基础的位置与车间的柱基础交错布置，间距一般为6m，在独立基础上面设钢筋混凝土承墙梁以承受毗连墙荷载。对这种方案，生活间的楼板梁和屋面梁可采用简支梁结构。

2）当生活间低于车间，毗连墙和车间成为一体，沉降缝则设于毗连墙与生活间之间，车间柱基础上设基础梁来支承毗连墙［图17-5（b)］。生活间的楼板梁和屋面梁一般采用悬臂结构，地面、楼面、屋面与毗连墙断开并设置变形缝。这种方案的生活间亦可采用简支梁的形式，在梁的支座处理上采取措施，解决不均匀沉降的问题。如在梁下设梁垫，且此处不灌浆填实，而是用沥青麻丝等材料填塞，使小梁在毗连墙沉降时能随之下沉（图17-6）。但由于梁的移动，走廊两边的楼面和屋面可能会产生裂缝。

还有一种方案是车间和生活间分别设墙，两墙中间为沉降缝。这种方案的建筑材料消耗多，造价较高，主要用于地震区。

(2) 独立式生活间。独立式生活间是距厂房一定距离、用走廊和通道与车间联系的一种布置方式（图17-7）。它的特点是平面布置灵活，对车间通风采光无影响，不受车间有害因

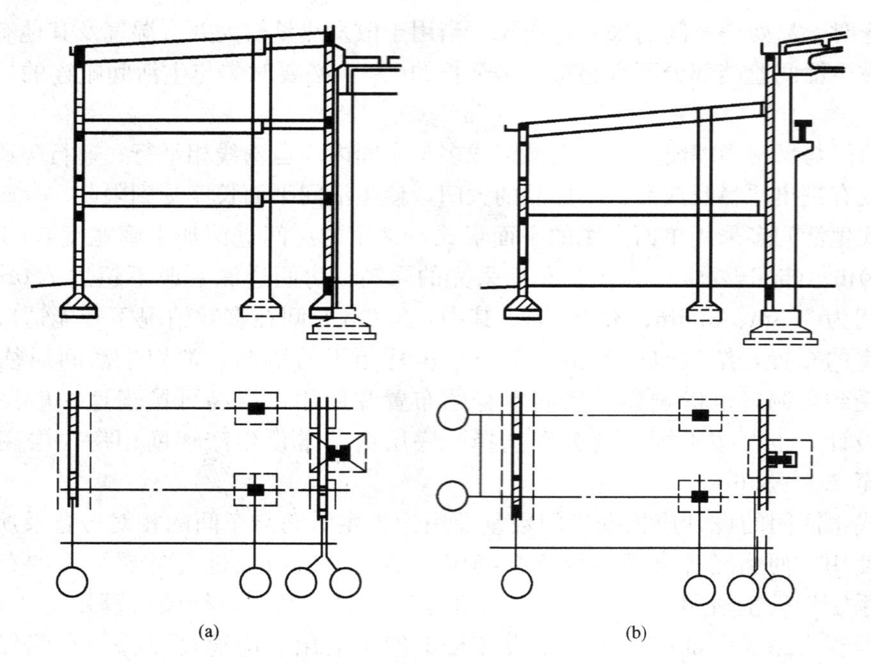

图 17-5 毗连式生活间沉降缝处理

(a) 生活间高于厂房；(b) 生活间低于厂房

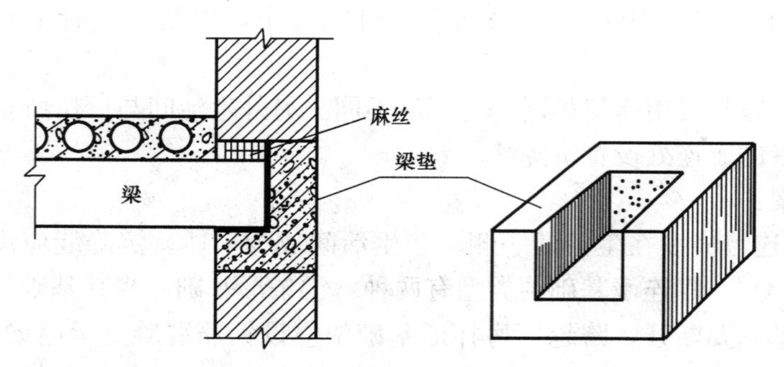

图 17-6 毗连式生活间简支梁支座处理

素的干扰，卫生条件好。常用于南方地区和那些散发大量余热、有害气体或振动较大的车间，也常用于多个车间合用的生活间。独立式生活间的缺点是占地多，与车间联系不够方便。

独立式生活间一般为双侧布置房间，平面布置要紧凑合理，与厂房的通道要满足通行要求(图 17-8)。

独立式生活间与厂房的联系方式有三种：

走廊连接，比较简单适用，可根据地区气候决定走廊开敞还是封闭；

天桥连接，桥下可进行公路和铁路运输，人、物流互不干扰，有利于交通运输和行人的安全，占地也少；

地道连接，优点和天桥连接基本相同，不受外界干扰。

后两种的造价较高，使用起来

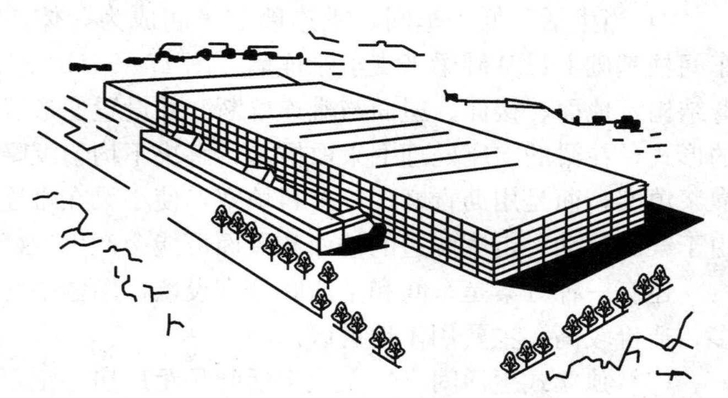

图 17-7 带通廊的独立式生活间

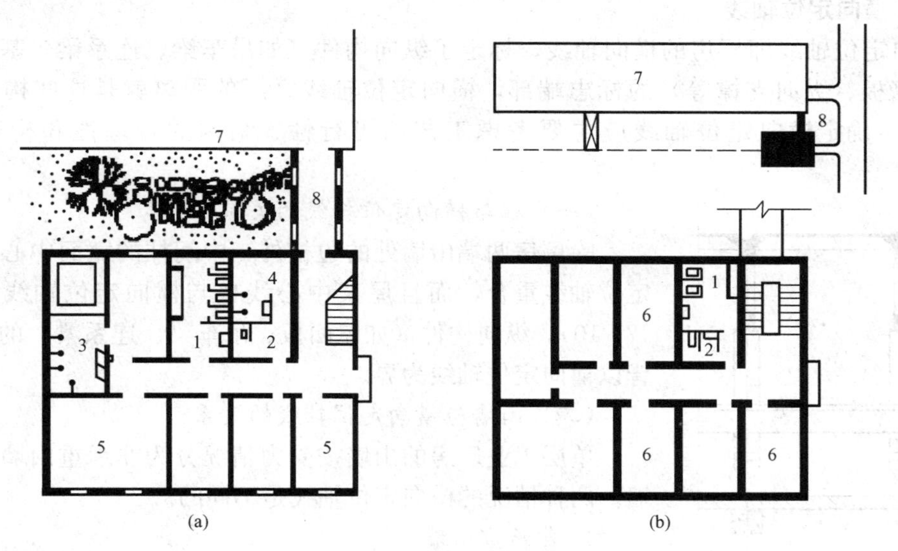

图 17-8　独立式生活间

（a）底层平面一；（b）底层平面二

1—男厕；2—女厕；3—男浴室；4—女浴室；5—存衣；6—办公；7—车间；8—通廊

也不够方便，应尽可能少用。

为了发挥上述两种生活间的优点，克服缺点，建筑实践中产生了一些兼具两种生活间特点的混合式生活间。生活间和车间在平面布置上相对独立，又联系紧密，使用起来较为合理（图 17-9）。

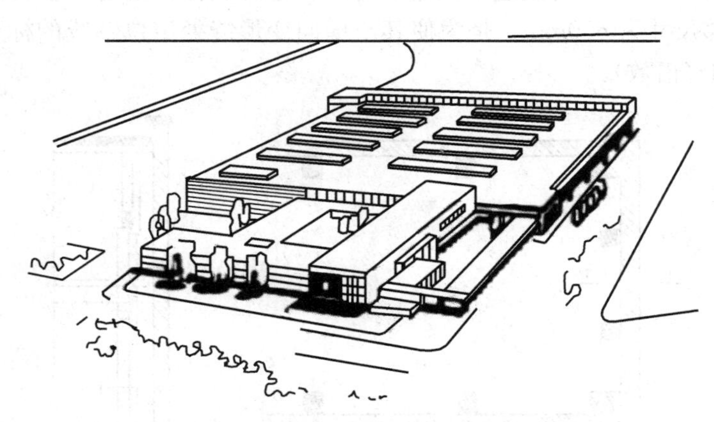

图 17-9　带院落的混合式生活间

第二节　单层厂房定位轴线的标定

在单层工业厂房中，称其轴线为“定位轴线”。它是确定单层工业厂房主要承重构件的平面位置及其标志尺寸的基准线，同时也是单层厂房施工放线和设备安装定位的依据。确定工业厂房定位轴线必须执行《厂房建筑模数协调标准》（GB/T 50006—2010）的有关规定。

一、横向定位轴线

横向定位轴线即厂房的横向轴线，标定了纵向构件（如吊车梁、连系梁、基础梁、屋面板、墙板、纵向支撑等）的标志端部，横向定位轴线之间的距离就是这些构件的“标志尺寸”。确定横向定位轴线应主要考虑工艺的可行性、结构的合理性和构造的简单可行。

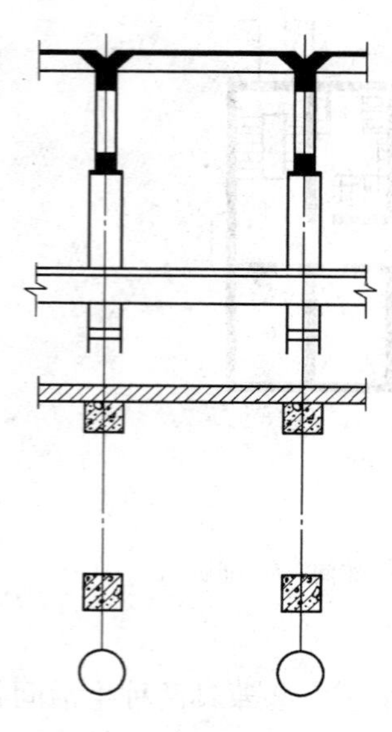

图 17-10 柱与横向定位轴线的关系

（一）柱与横向定位轴线的关系

除厂房两端山墙处的边柱外，中间柱的截面中心线与横向定位轴线重合，而且屋架中心线也与横向定位轴线重合（图 17-10），纵向构件（如屋面板、吊车梁、连系梁）的标志长度皆以横向定位轴线为界。

（二）山墙与横向定位轴线的关系

单层工业厂房的山墙按受力情况分为非承重山墙和承重山墙。两种情况的横向定位轴线是不同的。

1. 非承重山墙

当山墙为非承重山墙时，山墙内缘与横向定位轴线重合，端部柱截面中心线应自横向定位轴线向内移 600mm（图 17-11），给设置在山墙内侧的抗风柱留出位置。由于单层工业厂房体量较大，山墙上承受的风荷载也较大，为保证非承重山墙的刚度和稳定性，要在山墙内侧设置抗风柱。而抗风柱的上柱需与厂房端部屋架的上弦连接，以便将部分风荷载传递给屋架，并通过该屋架和与之相连的支撑系统进一步传递给厂房的其他构件。之所以内移尺寸为 600mm，是为使其与横向变形缝处定位轴线的标定相一致，且符合模数制（3M 的整倍数）。

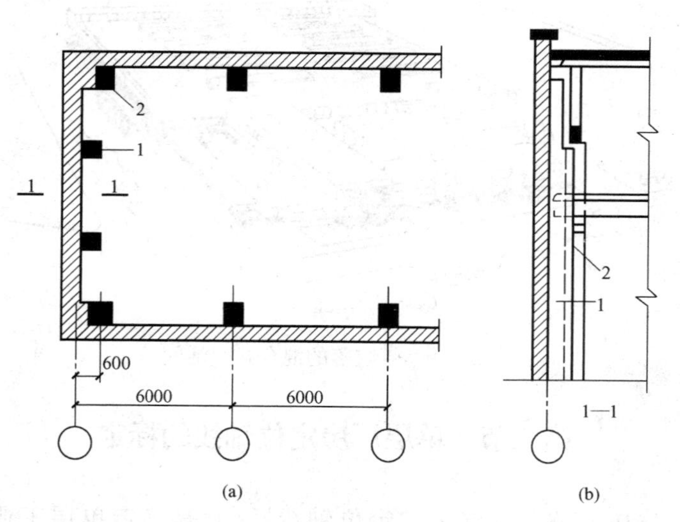

图 17-11 非承重山墙处端柱与横向定位轴线的关系

（a）平面图；（b）剖面图

1—抗风柱；2—端部排架柱

2. 承重山墙

当山墙为承重山墙时，承重山墙内缘与横向定位轴线的距离应按砌体块材的半块或半块的倍数或者取墙体厚度的一半（图 17-12），以保证构件在墙体上有足够的结构支承长度。

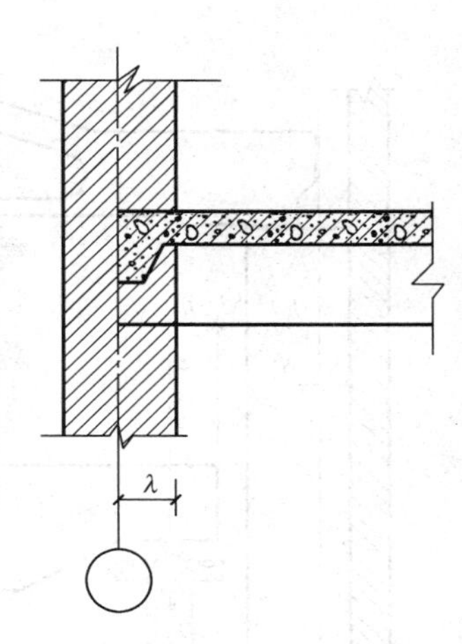

图 17-12　承重山墙横向定位轴线的标定

λ—墙体块材的半块长度，或半块长度的整倍数，或墙厚的一半

（三）横向伸缩缝、防震缝部位柱与横向定位轴线的关系

横向伸缩缝、防震缝部位一般采用双柱双轴线的处理方法：定位轴线标定在缝的两端，两条定位轴线之间的距离称作插入距，用 a_i 来表示，在此插入距 a_i 等于变形缝宽 a_e；缝两侧柱截面中心线均从各自一侧定位轴线向两侧内移 600mm（图 17-13），以保证各柱仍有自己的基础杯口。

二、纵向定位轴线

纵向定位轴线即厂房的纵向轴线，标定了厂房横向构件屋架或屋面大梁标志尺寸的端部位置，相邻两条定位轴线之间的距离为厂房的跨度。

单层工业厂房纵向定位轴线的确定原则是结构合理、构件规格少、构造简单，在有吊车的情况下，还应保证吊车运行及检修的安全需要。

（一）外墙、边柱与纵向定位轴线的关系

按照《厂房建筑模数协调标准》（GB/T 50006—2010）的规定，在有吊车的厂房中，厂房跨度与吊车规格的关系为

$$L_k = L - 2e \tag{17-1}$$

式中　L_k——吊车跨度，即吊车两轨道中心线之间的距离，m；

L——厂房跨度，m；

e——吊车轨道中心线至纵向定位轴线的距离，mm，一般取 750mm，当吊车起重量大于 50t 或者为重级工作制需设安全走道板时，取 1000mm（图 17-14）。

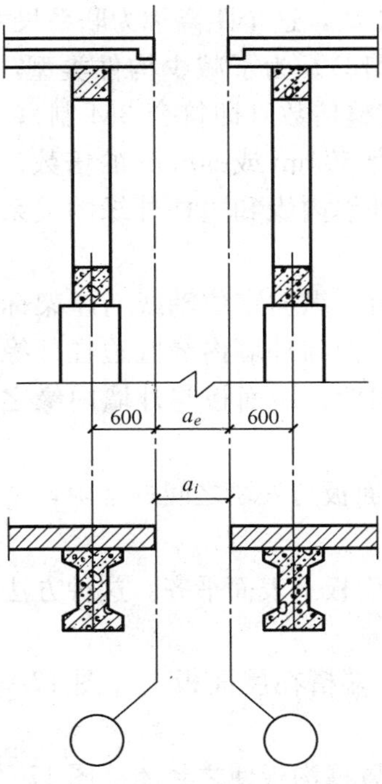

图 17-13　变形缝处双线构造

由式（17-1）可知，如果厂房跨度一定，必须首先确定 e 值，才能确定 L_k 值。从图 17-14 中可以看出：

$$e = h + C_b + B \tag{17-2}$$

式中　h——上柱截面宽度，根据厂房高度、跨度、柱距及吊车起重量确定，mm；

B——吊车桥架端部构造长度，即吊车轨道中心线至吊车端部外缘的距离，mm；

C_b——吊车端部外缘至上柱内缘的安全净空尺寸，mm，C_b 值主要考虑吊车和柱子的安装误差以及吊车运行中的安全间隙，当吊车起重量 $Q \leqslant 50t$ 时，$C_b \geqslant 80mm$；否则，$C_b \geqslant 100mm$。

由于吊车的形式和起重量不同、厂房的柱距和跨度各异

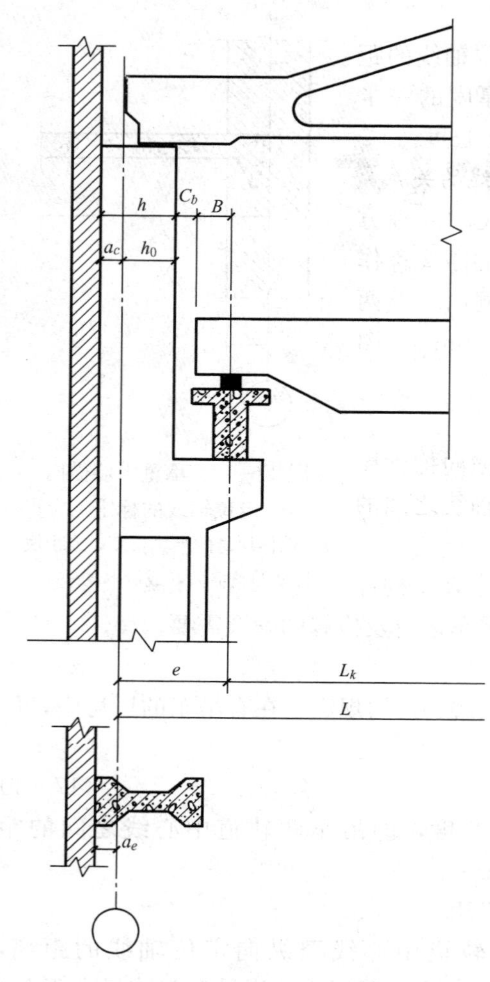

图 17-14 吊车与厂房空间关系示意图

h—上柱宽度，一般取 400，500；

h_0—厂房纵轴至上柱内缘的距离；

C_b—上柱内缘至吊车桥架端部的安全间隙；

B—桥架端头长度，其值随吊车起重量大小而异

以及是否设置安全走道板等条件，外墙内缘、边柱外缘与纵向定位轴线的关系有以下两种情况。

1. 封闭式结合

所谓封闭式结合，是指纵向定位轴线与外墙内缘、边柱外缘以及屋架标志尺寸的端部相重合，屋面板与外墙之间无缝隙，形成封闭结合的构造（图 17-15）。封闭式结合适用于无吊车或只有悬挂式吊车，以及柱距为 6m、桥式吊车起重量 $Q \leqslant$ 20t/5t 的厂房中。此时相应的参数为：$B \leqslant$ 260mm，$C_b \geqslant 80$mm，$h \leqslant 400$mm，$e = 750$mm，则 $e-(h+B) \geqslant 90$mm，满足 $C_b \geqslant 80$mm 的要求。

在封闭式结合中，屋面板全部采用标准板，不需设补充构件，具有构造简单、施工方便等优点。

2. 非封闭式结合

在柱距为 6m、桥式吊车的起重量 $Q \geqslant$ 30t/5t 的厂房中，由于 $B=300$mm，$h \geqslant 400$mm，如不设安全走道板，$e=750$mm，此时，$C_b = e-(h+B) =$ 50mm，如继续采用封闭式结合，已不能满足吊车运行所需的安全间隙 $C_b \geqslant 80$mm 的要求，解决问题的办法是将边柱外缘（暨外墙内缘）自定位轴线向外移动一定距离，这个距离称为联系尺寸，用 a_c 表示（图 17-16）。为了减少构件类型，a_c 值须取 300mm 或其整倍数（即符合 3M 制）；当外墙为砌体时，可为 50mm 或 50mm 的倍数。这种纵向定位轴线与外墙内缘和边柱外缘的关系称为非封闭结合。

在非封闭结合时，纵向定位轴线与屋架标志尺寸的端部相重合，而与外墙内缘暨边柱外缘之间有联系尺寸 a_c。而按常规，屋面板只能铺至定位轴线处，因此，屋面板与外墙内缘之间出现了缝隙，形成了非封闭式的构造。

非封闭式结合构造复杂，施工较为麻烦。实际工程中，屋面板与外墙之间的缝隙，常以如下方法封闭：

（1）挑砖式，即从外墙内缘向内分层挑砖，使其上部与屋面板上表面平齐。这种方法适用于联系尺寸较小的情况［图 17-17（a）］。

（2）加铺屋面补充小板。将预制小板一端搁于墙上，另一端搭在屋面板上［图 17-17（b）］。

（3）结合檐沟构造处理。将靠外墙的屋面板用挑檐板或设置檐沟板使之封闭［图 17-17（c）］。

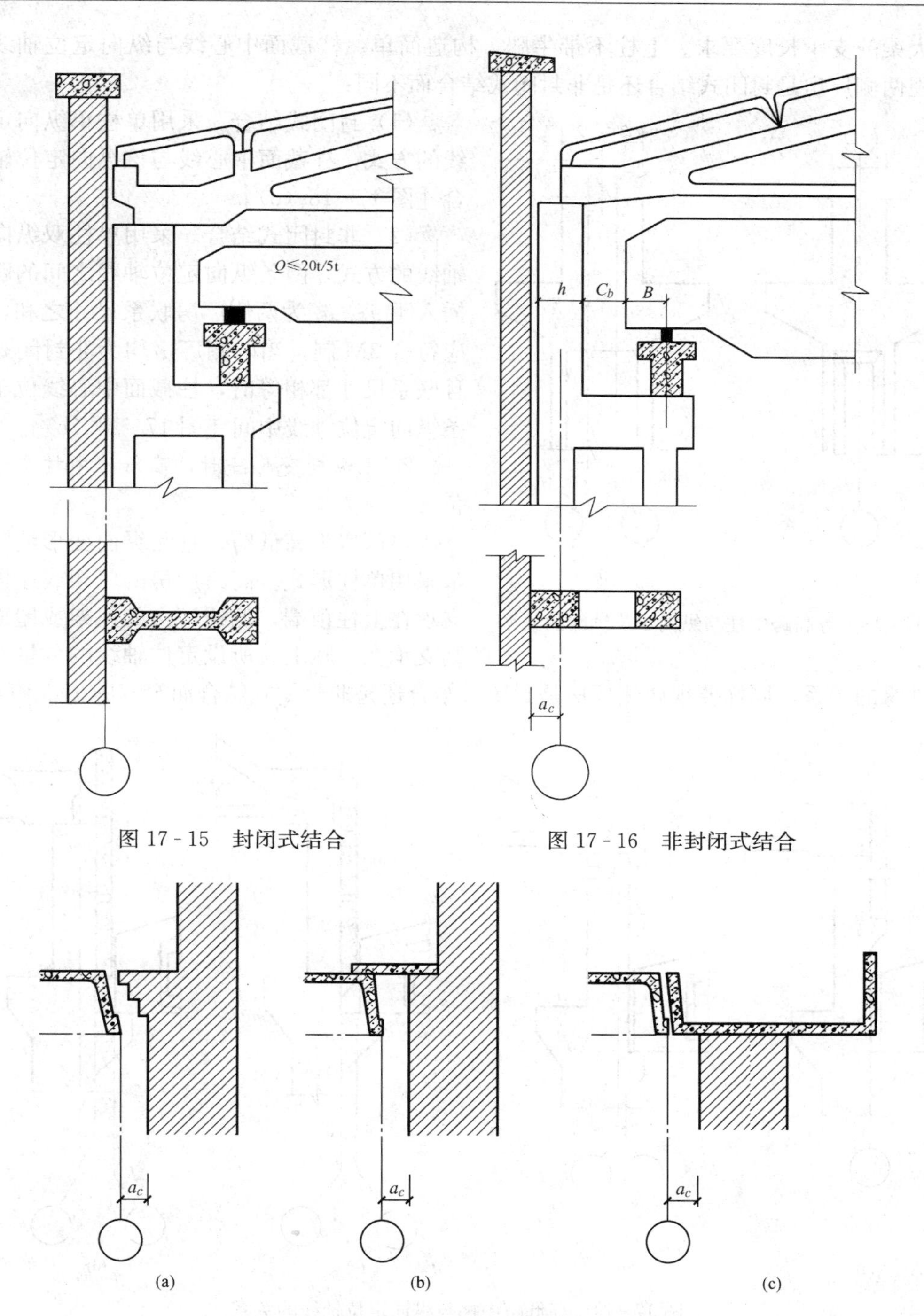

图 17 - 15 封闭式结合

图 17 - 16 非封闭式结合

图 17 - 17 非封闭式结合屋面板与外墙缝隙的封闭方法

（二）中柱与纵向定位轴线的关系

在多跨厂房中，中柱有等高跨和不等高跨（习惯称高低跨）两种情况。

1. 等高跨中柱与纵向定位轴线的关系

当厂房为等高跨时，中柱通常采用单柱。上柱截面宽度一般取 600mm，以满足屋架或屋面大梁的支承长度要求。上柱不带牛腿，构造简单。柱截面中心线与纵向定位轴线的关系，视两侧厂房是封闭式结合还是非封闭式结合而不同：

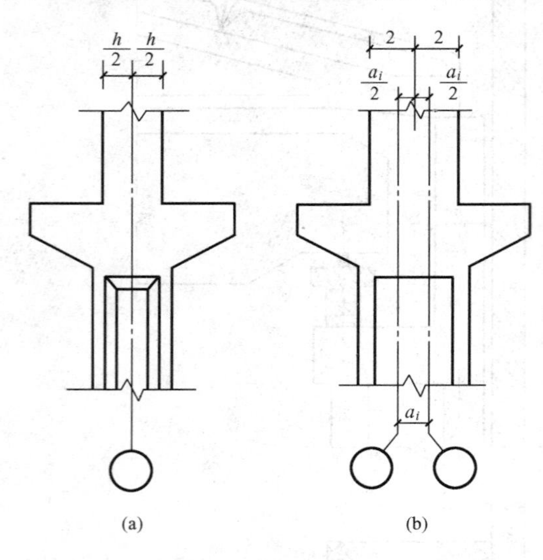

图 17 - 18 等高跨中柱与纵向定位轴线的关系

(1) 封闭式结合。采用单柱单纵向定位轴线的方式，柱截面中心线与该纵向定位轴线重合［图 17 - 18 (a)］。

(2) 非封闭式结合。采用单柱双纵向定位轴线的方式，两条纵向定位轴线之间的距离为插入距 a_i。a_i 为两侧厂房联系尺寸之和，其值应符合 3M 制。当两侧厂房均为非封闭式结合且联系尺寸都相等时，柱截面中心线位于该两条纵向定位轴线中间［图 17 - 18 (b)］。

2. 无纵向变形缝时，高低跨中柱与纵向定位轴线的关系

当厂房为高低跨，且无纵向变形缝时，通常采用单柱形式。高跨厂房的屋架或屋面大梁支承在上柱顶端，低跨厂房的屋架或屋面大梁则支承在牛腿上。所设定位轴线的数量及其与上柱外缘的关系，同样要视两侧厂房是封闭式结合还是非封闭式结合而定（图 17 - 19）。

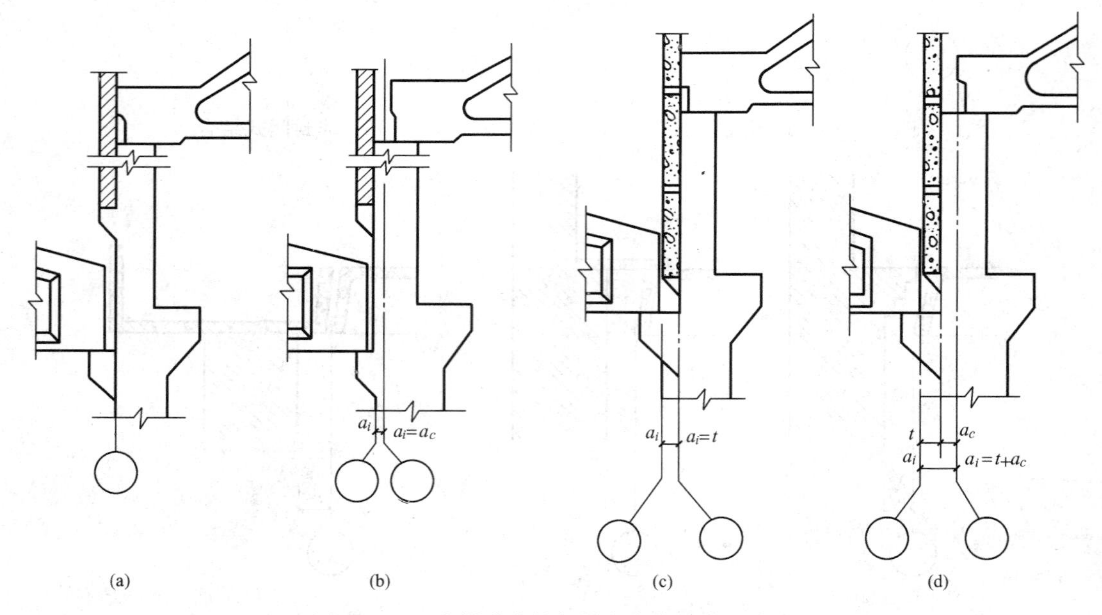

图 17 - 19 高低跨中柱与纵向定位轴线的关系

(a) 单轴线；(b)、(c)、(d) 双轴线

a_i—插入距；a_c—联系尺寸；t—封墙厚

(1) 设一条定位轴线。当高低跨处采用单柱时，如果两侧吊车起重量均为 $Q \leqslant 20t/5t$，则采用单柱单轴线标注方法，该纵向定位轴线与高跨上柱外缘即封墙内缘重合，并通过高低两跨厂房屋架或屋面大梁标志尺寸的端部［图 17 - 19 (a)］。

(2) 设两条定位轴线。当柱一侧吊车起重量 $Q \geqslant 30t/5t$，则该侧厂房须采用非封闭式结合方式，其定位轴线须自高跨上柱外缘即封墙内缘向跨内移动联系尺寸 a_c，从而使两跨分设两条纵向定位轴线。该两条纵向定位轴线之间的距离为插入距 a_i，此时 $a_i = a_c$。图 17-19（b）为高跨吊车起重量较大时的情况。

如封墙采用墙板结构时，可按图 17-19（c）、（d）处理。（c）图中，两侧厂房均为封闭式结合，插入距 $a_i = t$（封墙厚）。（d）图中，高跨厂房为非封闭结合，插入距 $a_i = t + a_c$。

3. 有纵向变形缝时，中柱与纵向定位轴线的关系

当单层工业厂房宽度较大时，沿宽度方向须设置纵向变形缝，以解决横向变形的问题。

当变形缝仅为伸缩缝，且宽度不大时，一般采用单柱双轴线标注方法，伸缩缝一侧的屋架或屋面梁搁置在活动支座上（图 17-20、图 17-21）。若缝两侧厂房均为封闭式结合，则两纵向定位轴线之间的插入距 $a_i = a_e$（缝宽）[图 17-20、图 17-21（a）]；若缝两侧的厂房有非封闭式结合，则两纵向定位轴线之间的插入距 $a_i = a_e$（缝宽）+

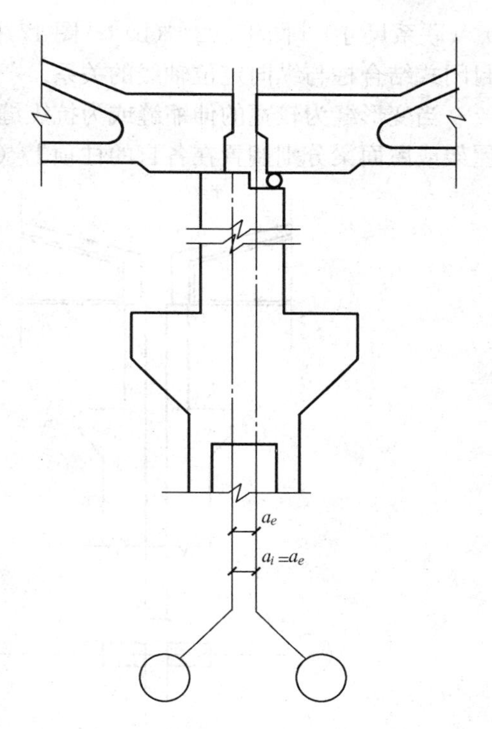

图 17-20 等高跨厂房纵向伸缩缝处单柱与纵向定位轴线的关系

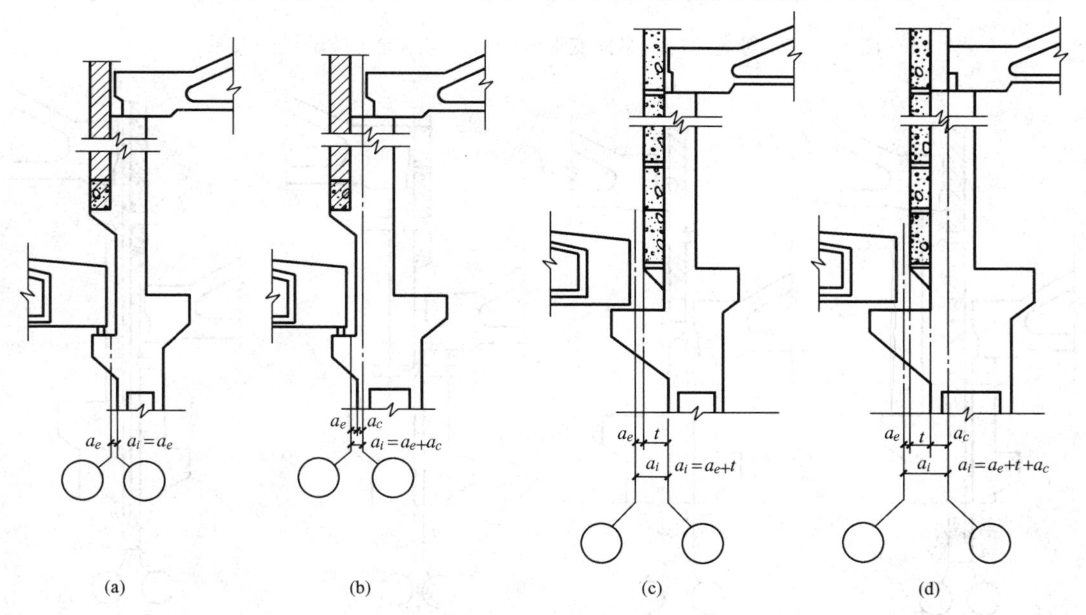

图 17-21 高低跨厂房纵向伸缩缝处单柱与纵向定位轴线的关系

（a）、（c）未设联系尺寸 a_c；（b）、（d）设联系尺寸 a_e

a_i—插入距；a_c—联系尺寸；t—封墙厚；a_e—缝宽

a_c（联系尺寸）[图 17 - 21（b）]；图 17 - 21（c）、（d）是封墙为墙板结构时封闭式结合和非封闭式结合柱与纵向定位轴线的关系。

当变形缝为较宽的伸缩缝或为抗震缝时，一般采用双柱双轴线标注方法，变形缝两侧的屋架或屋面梁分别搁置在各自的柱顶上（图 17 - 22、图 17 - 23）。

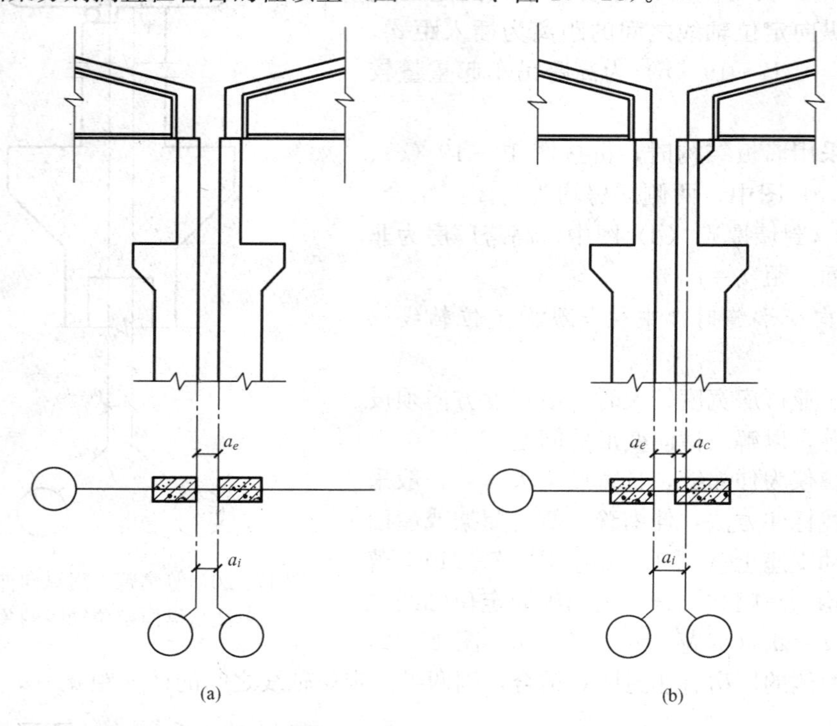

图 17 - 22　等高跨厂房纵向变形缝处双柱与纵向定位轴线的关系

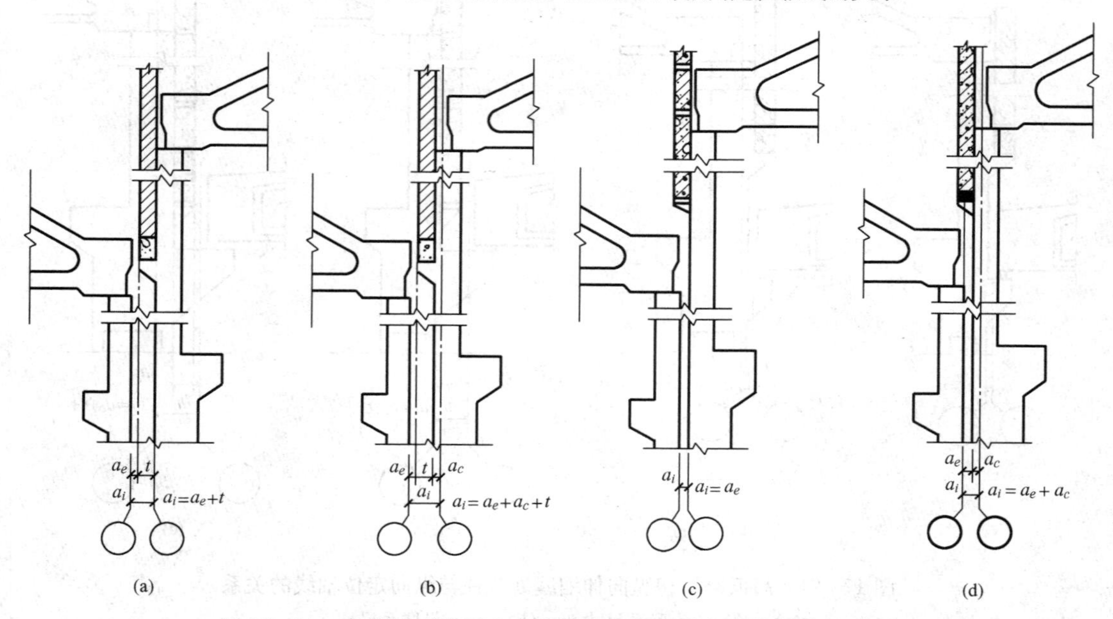

图 17 - 23　高低跨厂房纵向变形缝处双柱与纵向定位轴线的关系

a_i—插入距；a_c—联系尺寸；t—封墙厚；a_e—缝宽

三、纵横跨相交处的定位轴线

单层工业厂房纵横跨相交时，常在相交处设变形缝，使纵横跨各自独立。纵横跨应有各自的柱列和定位轴线。然后再将相交体都组合在一起。对于纵跨，相交处的处理相当于山墙处；对于横跨，相交处的处理相当于边柱和外墙处的处理。纵横跨相交处采用双柱单墙处理，相交处外墙不落地，成为悬墙，属于横跨。相交处两条定位轴线间插入距 $a_i=a_e+t$ 或 $a_i=a_e+t+a_c$（图 17-24）。

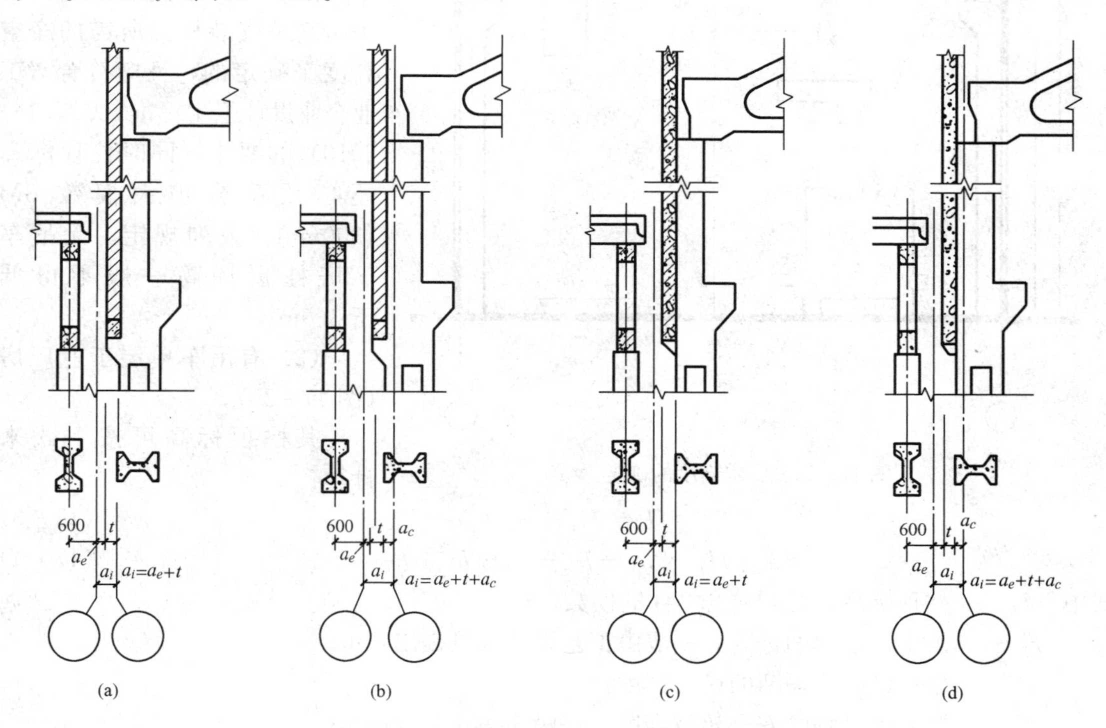

图 17-24　纵横跨相交处柱与定位轴线的关系

有纵横相交跨的单层工业厂房，其定位轴线编号常以跨数较多部分为准统一编排。

第三节　单层厂房剖面设计

单层工业厂房剖面设计是在平面设计的基础上进行的，剖面设计着重解决建筑在垂直空间方面如何满足生产的各项要求。

一、生产工艺对工业建筑剖面设计的影响

生产工艺对工业建筑剖面设计影响很大，生产设备的体形大小、工艺流程的特点、生产状况、加工件的体量与重量、起重运输设备的类型和起重量等都直接影响工业建筑的剖面形式。

二、单层工业厂房高度的确定

单层工业厂房的高度是指由室内地坪到屋顶承重结构最低点的距离，通常以柱顶标高来代表工业厂房的高度。但当特殊情况下屋顶承重结构为下沉式时，工业厂房的高度必须是由

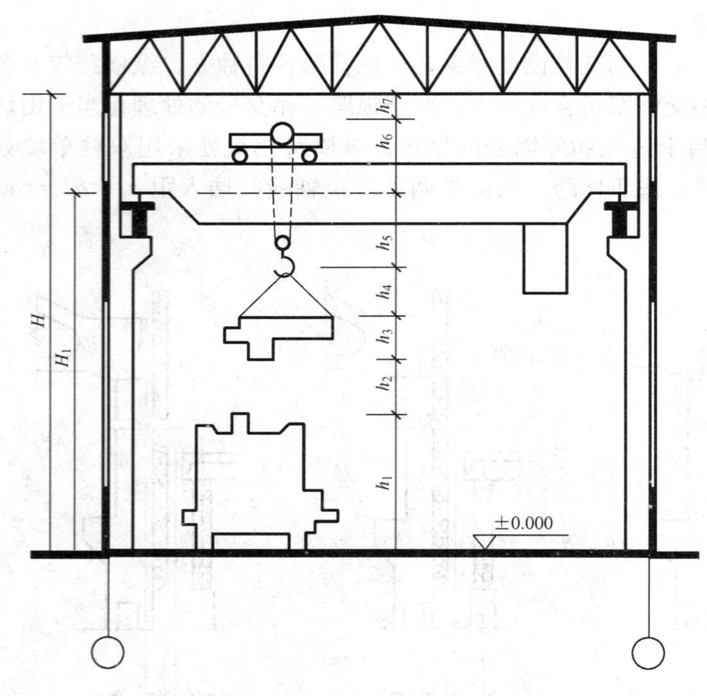

图 17-25　厂房高度的确定

地坪面至屋顶承重结构的最低点的距离。

1. 柱顶标高的确定

（1）无吊车单层工业厂房。

在无吊车的单层工业厂房中，柱顶标高是按最大生产设备高度及安装检修所需的净空高度来确定的，且应符合《工业企业设计卫生标准》(GBZ 1—2010）的要求，同时柱顶标高还必须符合扩大模数 3M（300mm）数列规定。无吊车厂房柱顶标高一般不得低于 3.9m。

（2）有吊车单层工业厂房（图 17-25)。

其柱顶标高可按下式来计算：

$$H = H_1 + h_6 + h_7 \tag{17-3}$$

$$H_1 = h_1 + h_2 + h_3 + h_4 + h_5 \tag{17-4}$$

式中　H——柱顶标高，必须符合 3M 的模数，m；

H_1——吊车轨道顶面标高，一般由工艺设计人员提出，m；

h_1——生产设备或隔断的最大高度；

h_2——被起吊重物的安全超越高度，一般为 400～500mm；

h_3——被起吊物体的最大高度；

h_4——吊车缆索起吊重物的最小高度，主要根据起吊重物的大小而定；

h_5——吊钩距轨顶面的最小高度，可由吊车规格表中查出；

h_6——吊车轨顶至小车顶面的高度，根据吊车资料查出，m；

h_7——小车顶面到屋架下弦底面之间的安全净空尺寸，mm。此间隙尺寸，按国家标准及根据吊车起重量可取 300、400mm 及 500mm。

吊车轨道顶面标高 H_1，应为柱牛腿顶面标高与吊车梁高、吊车轨高及垫层厚度之和，并应符合扩大模数 3M 数列。确定厂房高度时，计算得出的轨顶标高 H_1 要先套取模数，待 H_1 值重新确定后，再进行 H 值的计算。

为方便工作（如检修吊车轨道）和不使吊车梁及吊车轨道遮挡光线，高侧窗下沿距吊车轨道顶面不应过高或过低，一般取 600mm 左右。

工业建筑高度对造价有直接影响，因此在确定厂房高度时，要注意有效利用和节约空间。如图 17-26 和图 17-27 所示的处理方法，避免了提高整个厂房的高度，减少了空间的浪费。

为了简化结构、构造和施工，当相邻两跨间的高差不大时，可采用等高跨，虽然增加了用料，但总体还是经济的。基于这种考虑，我国《厂房建筑模数协调标准》(GB/T 50006—

2010）规定：在工艺有高低要求的多跨厂房中，当高差值等于或小于 1.2m 时不设高差；在不采暖的多跨工业建筑中，高跨一侧仅有一个低跨，且高差值等于或小于 1.8m 时，也不设置高差。有高差的剖面形式也不利于抗震。因此，有关建筑抗震的技术文件建议：当有地震设防要求，且上述高差不大于 2.4m 时，宜做等高跨处理。

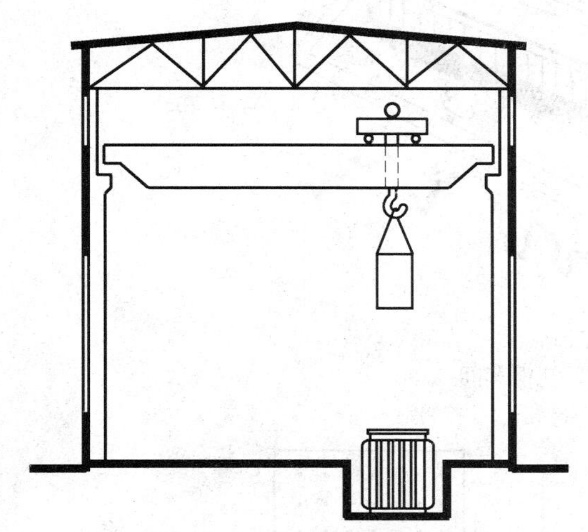

图 17-26　利用降低设备地坪降低工业建筑高度

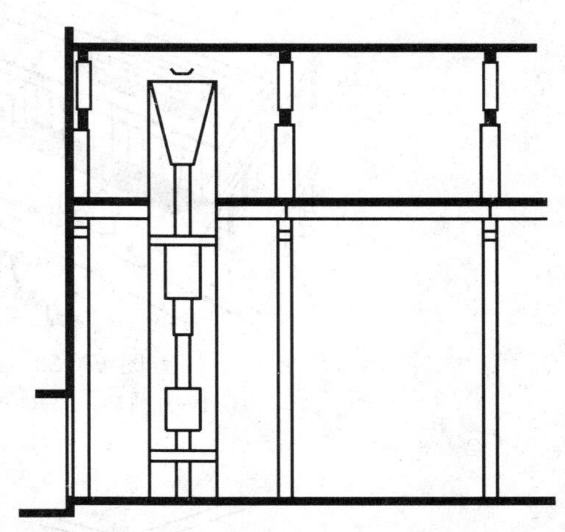

图 17-27　利用屋顶空间布置设备降低工业建筑高度

当厂房各跨平行布置并设有高差时，宜尽量将同高跨集中布置，形成高低跨组，避免高低跨间隔布置形成凹凸形的屋顶形式，使构造复杂，低跨处易积雪和灰尘。

2. 室内地坪标高的确定

确定室内地坪标高（±0.00）就是确定室内地坪相对于室外地面的高差。设此高差的目的是防止雨水浸入室内，同时考虑到单层工业厂房运输工具进出频繁，若室内外高差值过大则出入不便，故一般取 150mm。

第四节　单层工业厂房体形与立面设计

厂房体形与立面设计必须符合建筑方针，并根据功能需要、技术水平、经济条件，运用建筑艺术构图规律和处理手法，使厂房具有简洁、朴素、大方的外观形象，创造内容与形式统一的建筑外貌。

一、影响厂房体形和立面设计的因素

（一）使用功能

厂房的体形设计与平面设计和剖面设计一样，也受厂房内部生产工艺、运输设备等因素的制约。不同的生产工艺流程有着不同的平面布置和剖面处理，厂房体型也不同。如轧钢工业，由于其生产工艺流程是直线的，多采用单跨或单跨并列体形，且由于生产线长度的需要，厂房也一般较长（图 17-28）。一般中小型机械工业多采用垂直式生产流程，厂房的体形多为方形或长方形的多跨组合，内部空间连通，厂房高差一般差距不大（图 17-29）。但重型机械厂的金工车间，由于各跨加工的部件和所采用的设备大小相差很大，厂房体型起伏较多。对于纺织车间，由于生产工艺的要求，要保持一定的温湿度，采光要均匀，避免直射光线，因此外墙用边房封闭，并且多采用连续的北向锯齿形天窗采光（图 17-30）。

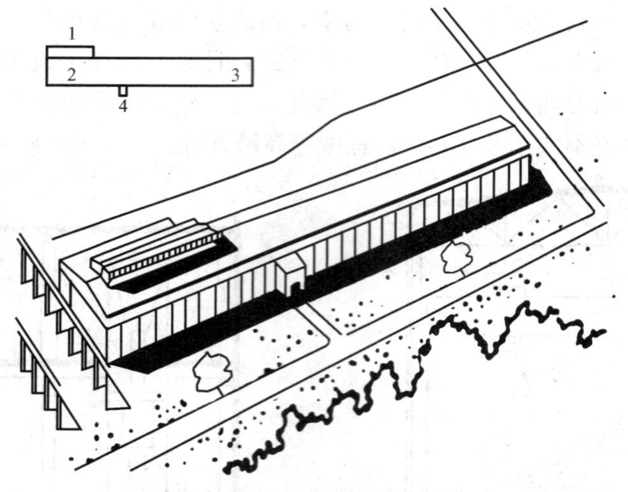

图 17-28 某钢厂轧钢车间

1—加热炉；2—热轧；3—冷轧；4—控制室

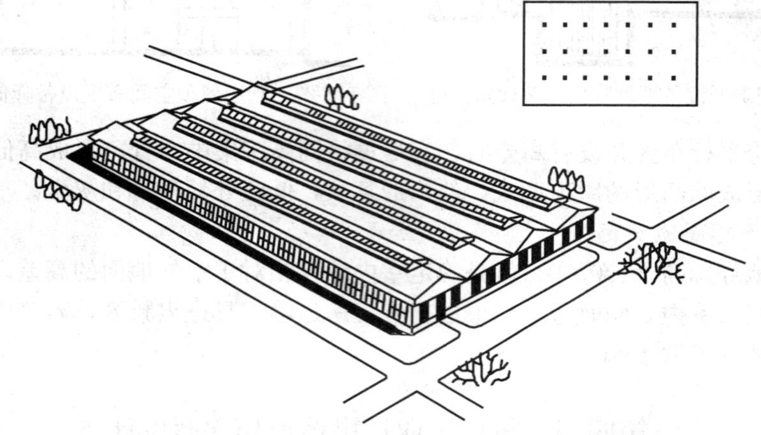

图 17-29 某机械厂金工车间

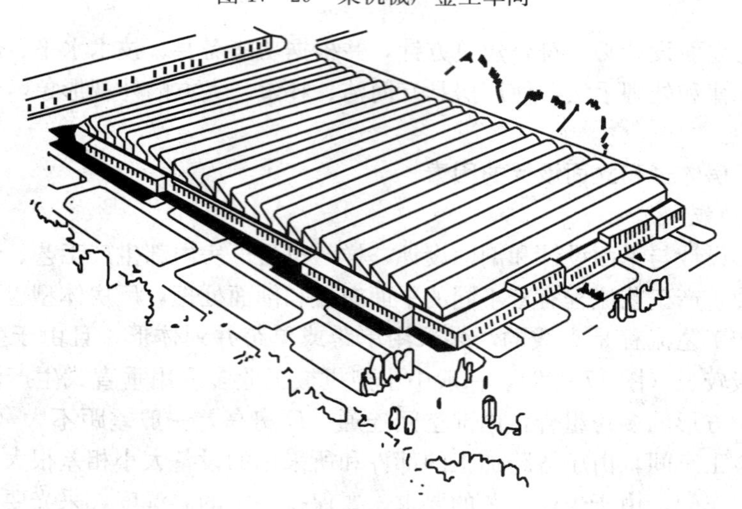

图 17-30 某纺织厂纺织车间

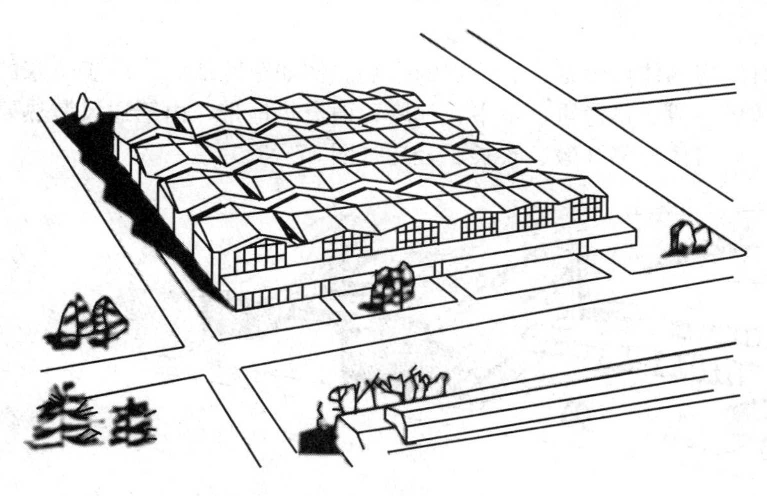

图 17-31　某拖拉机厂金工车间

（二）结构形式与材料

结构形式对厂房体型也有着直接影响。同样的生产工艺，可以采用不同的结构方案。因而厂房结构形式，特别是屋顶承重结构形式在很大程度上决定着厂房的体型。如某拖拉机厂金工车间，采用双曲抛物线扭壳屋盖结构，利用扭壳周边起拱形成的垂直面设置采光窗，形成了新颖简洁的建筑形象（图 17-31）。

所用材料不同，构造方式就不同，体现在建筑的外立面上也会有很大的差别。图 17-32 是对同一个厂房采用不同的材料构造所形成的不同立面风格的对比。图 17-32（a）方案的墙体采用了 6m 长的大型钢筋混凝土墙板并横向布置；图（b）则采用于支承在墙梁上的钢筋混凝土窗间墙板；图 17-32（c）和（d）是采用砖砌墙体和墙梁构成外墙。这三种方案的立面效果是不一样的：图 17-32（a）的虚实对比较强烈，比较简洁，外立面的线条主要为横向；图 17-32（b）利用窗间墙板做竖向处理，使厂房显得挺拔，克服了厂房扁平的感觉；图 17-32（c）是将高侧窗处理为横向窗，低侧窗处理为竖向窗，立面线条纵横相映；图 17-32（d）的上下侧窗为同一宽度，虽高低侧窗间的窗间墙对外立面做了一定的横向分隔，但总体感觉还是以竖向线条为主。

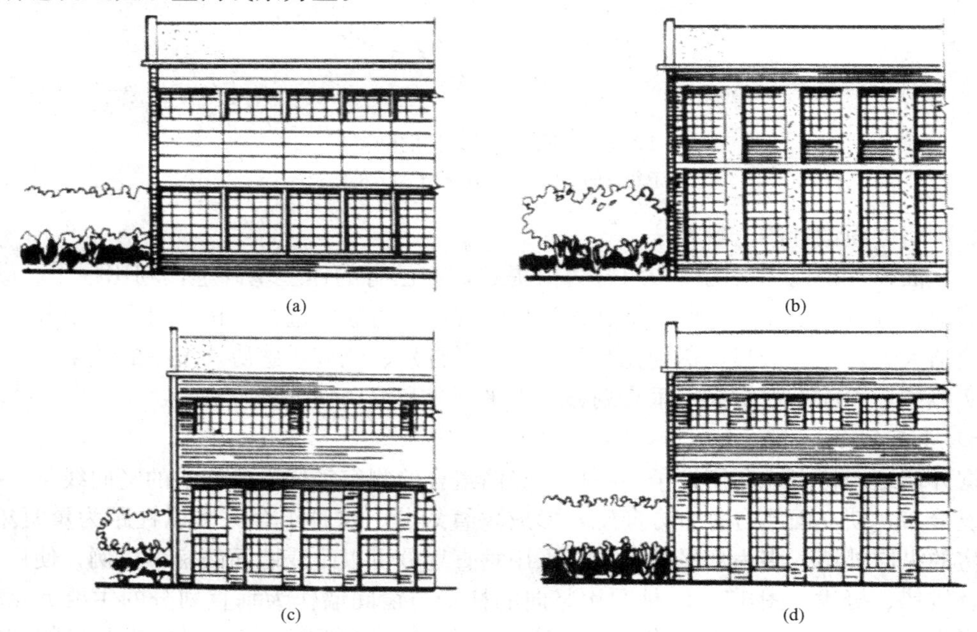

图 17-32　采用不同材料时厂房立面风格对比

(三) 周围环境和气候条件

不同的环境和气候条件对厂房的体形组合也有一定的影响。例如寒冷地区，由于防寒的要求，窗面积较小，厂房的体形一般显得稳重、集中、浑厚；而炎热地带，由于通风散热要求，窗数量较多、面积较大，厂房体形多开敞、狭长、轻巧（图 17－33）。

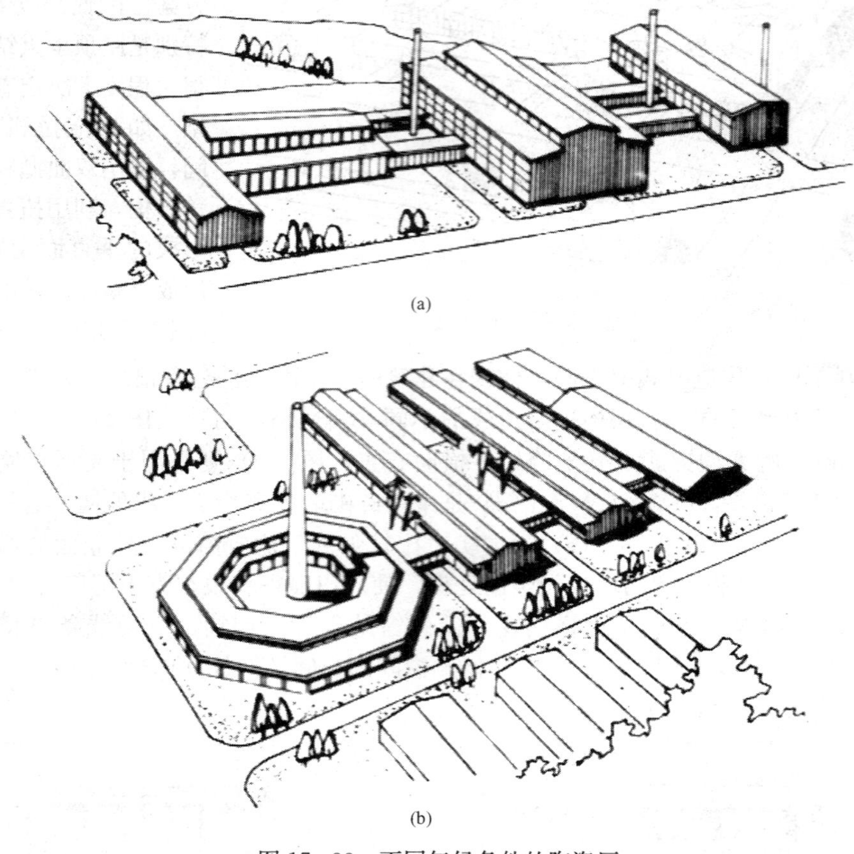

(a)

(b)

图 17－33 不同气候条件的陶瓷厂

（a）建于北方的陶瓷厂；（b）建于南方的陶瓷厂

二、厂房立面设计的一般方法

厂房立面设计是以厂房的体形组合为前提的，在已有的体型基础上，利用柱子、勒脚、门窗、墙面、线脚、雨篷等部件，结合建筑构图规律，对立面进行有机地组合与划分，从而使立面简洁大方、比例恰当，达到完整匀称、节奏自然、色调质感协调统一的效果。

在实践中，立面设计常采用垂直划分、水平划分和混合划分等手法。

(一) 垂直划分

根据外墙结构特点，利用柱子、壁柱、竖向组合的侧窗等构件所构成的竖向线条，有规律地重复分布，使立面具有垂直方向感，形成垂直划分。这种组合大多以柱距为重复单元。单层厂房的纵向外墙，多为扁平的条形，采用垂直划分可以改变墙面的扁平比例，使厂房显得庄重、雄伟、挺拔。图 17－34 是利用竖向的柱子与窗间墙作为垂直划分的主要元素。为了车间采光通风，在吊车梁上下设高低侧窗，吊车梁处的实墙面与窗洞形成明显的虚实对比，同时使厂房立面垂直线条中又有水平联系，纵横交错，统一有变化。

图 17-34 垂直划分示意图

在采用大型墙板时，为取得垂直划分的效果，可采取图 17-35 和图 17-36 所示的处理手法。图 17-35 是水平布置的大型墙板和高大通顶的竖向条形玻璃窗相结合，取得了既稳重又挺拔的和谐效果，立面显得雄伟大方。图 17-36 是垂直布置的墙板与竖向条窗有节奏地重复，形成强烈的韵律感，墙体下部又有大面积的带形窗，虚实对比，相得益彰，使厂房立面在被竖向划分时没有被割裂的感觉，而是具有强烈的整体感，在雄伟、挺拔中不失稳重。

图 17-35 大墙板垂直划分示例

（二）水平划分

水平划分通常的处理手法是在水平方向设整排的带形窗，用通长的窗眉线或窗台线，将

图 17-36　大墙板垂直划分示例

窗连成水平条带，或利用檐口、勒脚等水平构件，组成水平条带；在开敞式墙的厂房中，挑出墙面的多层挡雨板，由于阴影的作用使水平线条更加突出；大型墙板厂房，常以与墙板相同大小的窗子代替墙板构成水平带形窗；也可用不同材料、色彩在墙面上相间布置，构成不同色带的水平划分，自然形成水平线条。图 17-37 是水平划分示意。

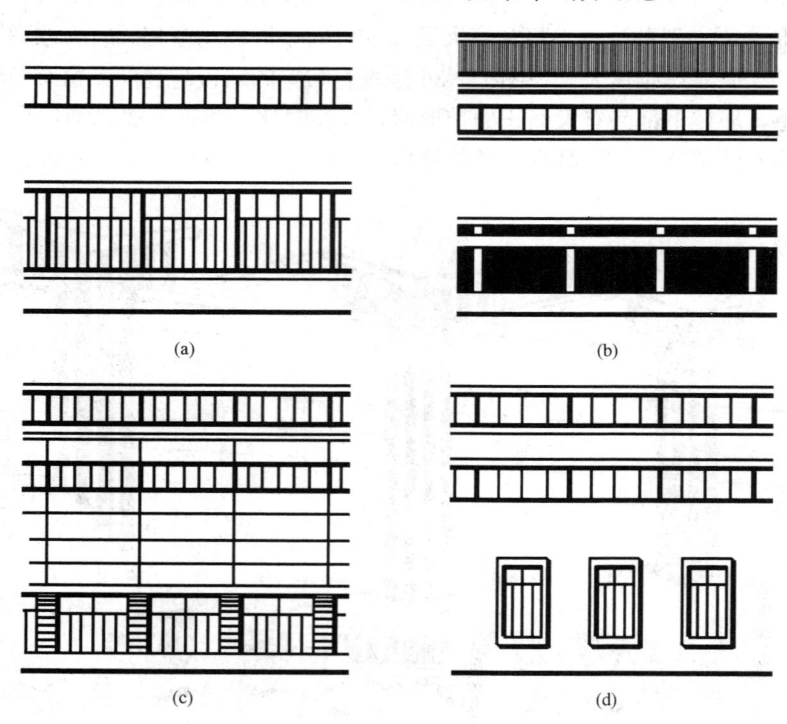

图 17-37　水平划分示意图（一）

水平划分的外形简洁舒展。很多厂房立面都采用了这种形式。但水平划分易产生扁平感，所以在过长和较矮的厂房立面处理中不太适用。图 17-38 为某钢铁企业的轧钢车间。其墙面为大型墙板，为满足通风和采光要求，下部设置冬季可以关闭的钢筋混凝土立旋窗，中部局部设置带挡雨板的开敞式外墙，上部设置横向墙板和带形窗。这是一种热车间立面处理常用的手法。层层叠叠的挡雨板与带形窗以及水平走向的大墙板形成了以水平线条为主的立面风格。图 17-39 为某公司的机修车间，其墙面以钢筋混凝土大型墙板配以带形上下侧窗，窗与墙之间比例协调，自然构成水平线条划分。墙板、玻璃窗等材料质感和色调的变化，使立面虚实对比、简洁大方，反映出大型墙板厂房的特点。

图 17-38 水平划分示意图（二）

图 17-39 水平划分示意图（三）

（三）混合划分

立面的水平划分与垂直划分经常不是单独存在的，一般都是结合运用，以其中某种划分为主，或两种方式混合运用，互相结合，相互衬托，不分明显主次，从而构成水平与垂直的有机结合。这种立面形式即为混合划分。采用这种处理手法应注意垂直与水平的关系，务使其达到互相渗透、混而不乱、生动和谐的效果（图 17-40）。

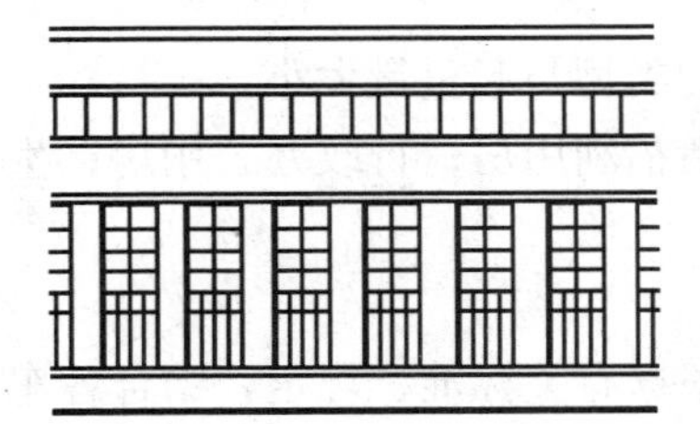

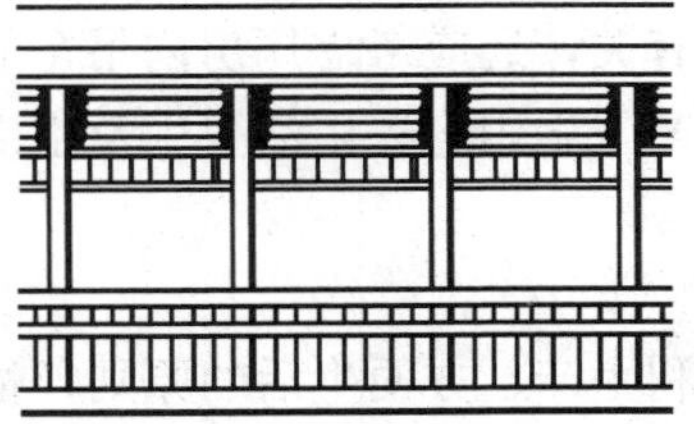

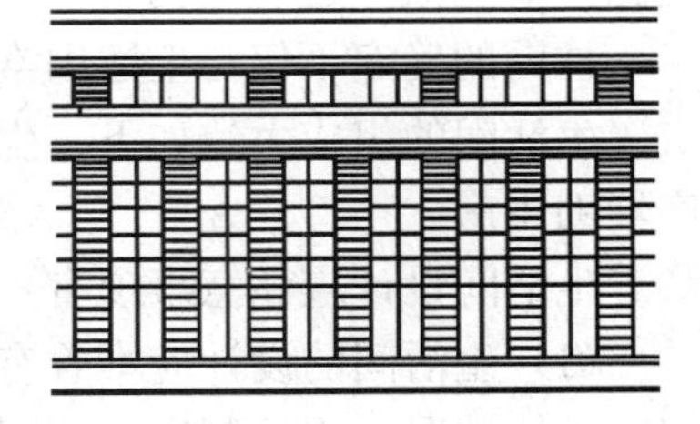

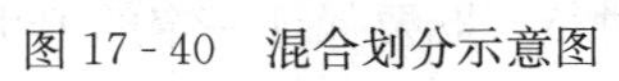

图 17-40 混合划分示意图

图 17-41 为某重型机械厂装配车间。立面竖向排列的高低侧窗和吊车梁处的水平实墙条带构成混合划分。在色调上，吊车梁处条形水平实墙的灰白色抹灰面层与红砖窗间墙的清水处理冷暖对比、相映成趣。

图 17-41 某重型机械厂装配车间

另外，在进行立面设计时，还应注意大门、门斗、雨篷、檐口等细部的处理，使立面重点突出，有所变化。

本 章 小 结

平面设计除首先满足生产工艺的要求外，建筑设计人员在平面设计中还应注意以下几点：

（1）使厂房平面形式规整、合理、简单，以便减少占地面积、节能和简化构造处理；

（2）厂房的建筑参数应符合建筑统一化的规定，使构件的生产满足工业化生产的要求；

（3）选择技术先进和经济合理的柱网，使厂房具有较大的通用性；

（4）合理地布置有害工段及生活用房，妥善处理安全疏散及防火措施等。

柱网确定的原则是：

（1）满足生产工艺要求。跨度和柱距要满足设备的大小和布置方式以及维修等生产工艺所需的空间要求。

（2）符合《厂房建筑模数协调标准》。

（3）平面利用和结构方案经济合理。现代工业生产的生产工艺、生产设备和运输设备在不断更新变化，且其周期越来越短。为适应这种变化，工业建筑应具有相应的灵活性、通用性及满足可持续性发展的需要。而扩大柱网是途径之一。研究成果证明了扩大柱网的主要优点：①可以有效提高工业建筑面积的利用率；②有利于大型设备的布置及产品的运输；③能提高工业建筑的通用性，适应生产工艺的变更及生产设备的更新；④有利于提高吊车的服务范围；⑤能减少建筑结构构件的数量，并能加快建设速度。

柱网的确定不仅与上述因素有关，还应考虑厂房内吊车的类型与起重量大小。

生活间的组成大致如下：生产卫生用房；生活卫生及生活福利用房；行政办公用房；生产辅助用房。

生活间设计应注意事项有：

（1）生活间的设计应本着有利生产、方便生活的原则，根据有关标准、规定，结合各车间的具体情况，因地制宜，区别对待，既要保证一定的卫生要求，又要反对铺张浪费。

（2）生活间应尽量布置在车间主要人流出入口处，且与生产操作地点有方便联系，并避免工人上、下班时的人流与厂内主要运输线（火车、汽车等）交叉。人数较多集中设置的生活间以布置在厂内主要干道两侧为宜。

（3）生活间应有适宜的朝向，注意在总图布置时使之能获得较好的采光、通风及日照等条件。

（4）生活间不宜布置在有散发粉尘、毒气及其他有害气体车间的下风侧或顶部，并尽可能避免噪声及振动的影响，以免被污染和干扰。同时，生活间的位置也不应妨碍车间的采光、通风、运输和发展。

（5）在生产条件许可及使用方便的前提下，力求利用车间内部的空闲位置设置生活间，或将几个车间的生活室合并建造，以节省用地和投资。

（6）生活间的平面布置应注重面积紧凑、人流通畅、男女分设、管道集中且与所服务车间有方便的联系。建筑形式与风格应与车间和厂区环境相协调。

横向定位轴线即厂房的横向轴线，它标定了纵向构件（如吊车梁、连系梁、基础梁、屋面板、墙板、纵向支撑等）的标志端部，横向定位轴线之间的距离就是这些构件的标志尺寸。

纵向定位轴线即厂房的纵向轴线，它标定了厂房横向构件屋架或屋面大梁标志尺寸的端部位置，相邻两条定位轴线之间的距离为厂房的跨度。

生产工艺对工业建筑剖面设计影响很大，生产设备的体形大小、工艺流程的特点、生产状况、加工件的体量与重量、起重运输设备的类型和起重量等都直接影响工业建筑的剖面形式。

单层工业厂房的高度是指由室内地坪到屋顶承重结构最低点的距离，通常以柱顶标高来代表工业厂房的高度。

厂房体形与立面设计必须符合建筑方针，并根据功能需要、技术水平、经济条件，运用建筑艺术构图规律和处理手法，使厂房具有简洁、朴素、大方的外观形象，创造内容与形式统一的建筑外貌。

习题与技能训练

一、习题

（一）名词解释

1. 单层工业厂房的封闭式结合和非封闭式结合
2. 插入距、联系尺寸

（二）简述题

1. 简述平面设计的主要内容。
2. 影响厂房平面形式的主要因素有哪些？
3. 简述确定柱网的原则。
4. 厂房为何设托架梁？如何设置？
5. 生活间有几种布置方式？各有哪些优缺点？
6. 简述毗连式生活间的两种沉降缝设置方案。
7. 生产工艺对厂房剖面设计的影响有哪些？
8. 厂房剖面设计的要求有哪些？
9. 何谓柱顶标高？它应符合什么模数要求？
10. 有吊车厂房如何确定轨顶标高和柱顶标高？
11. 厂房室内外地面高差是多少？

二、技能训练

参观一座单层工业厂房，按其现有形态绘制平、立、剖面图，并根据其生产工艺、建筑特点等提出你的设计修改方案。

第十八章　单 层 厂 房 构 造

本章提要　本章主要介绍了单层厂房外墙的类型、组成及连接构造；矩形天窗、矩形避风天窗、井式天窗的组成及相关构造；厂房屋面的类型、排水方案、防水及保温隔热构造；厂房侧窗、大门的类型。

学习目标　掌握单层厂房的外墙构造、屋面防水及排水构造、常用天窗构造、侧窗与大门构造；熟悉单层厂房结构构件的形式及构造设计的基本理论和方法；了解单层厂房的承重结构、层盖及地面等部位的细部构造。

第一节　外　　墙

厂房外墙主要是根据气候条件、结构条件和生产工艺等要求来设计的。与民用建筑相比，单层厂房的外墙高度与长度都比较大，同时外墙要承受较大的风荷载，还要受到机器设备与运输工具振动的影响，因此墙身的刚度与稳定性应有更可靠的保证。

厂房生产工艺的不同，外墙的设计也有所区别。一般冷加工车间外墙除考虑结构承重外，常常还有热工方面的要求；而散发大量余热的热加工车间，外墙一般不要求保温，只起围护作用；精密生产的厂房为了保证生产工艺条件，往往有恒温、恒湿的要求；有腐蚀性介质的厂房外墙又往往有防酸、碱等有害物质侵蚀的特殊要求。这些厂房的外墙在设计和构造上比一般厂房外墙的做法要复杂得多。

一、类型

单层厂房的外墙按其材料类别可分为砖墙、砌块墙、板材墙、开敞式外墙等。按其承重形式可分为承重墙、承自重墙和框架墙等（图18-1）。当厂房跨度和高度不大，没有或只有较小的起重运输设备时，一般可采用承重墙（图18-1中A轴的墙），直接承受屋盖与起重运输设备等荷载。当厂房跨度和高度较大，起重运输设备吨位较大时，通常由钢筋混凝土排架柱来承受屋盖与起重运输等荷载，而外墙只承受自重，仅起围护作用，这种墙称为承自重墙（图18-1中D轴的墙）。某些高大厂房的上部墙体及厂房高低跨交接处的墙体，往往采用架空支承在排架上的墙梁（连系梁）来承担，这种墙称为框架墙，也可称为框架填充墙。（图18-1中D轴上部和B轴的墙）。

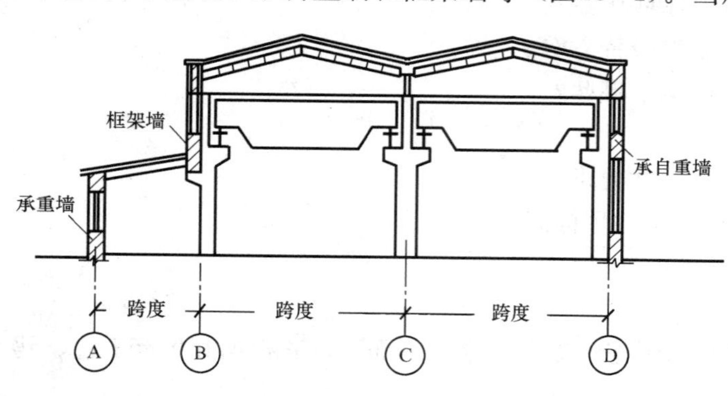

图18-1　单层厂房外墙的类型

承自重墙与框架墙是厂房外墙的主要形式。承重墙的构造与民用房屋相似，本章不重复讲述。

二、墙和柱的相对位置

单层厂房通常为装配式钢筋混凝土排架结构，它的外墙和柱的相对位置，通常有四种构造方案：

(1) 把外墙设置在柱外侧［图 18-2 (a)］。它具有构造简单、施工方便、热工性能好，便于基础梁与连系梁等构配件的定型化和统一化等优点，缺点是构件占地面积较大。单层厂房外墙多用此方案。

(2) 把柱部分嵌入外墙内［图 18-2 (b)］。它比 a 方案稍节省建筑占地面积，并能增强柱列间刚度，但要增加部分砍砖，施工较麻烦，同时基础梁和连系梁等构配件也随之使构造复杂些。

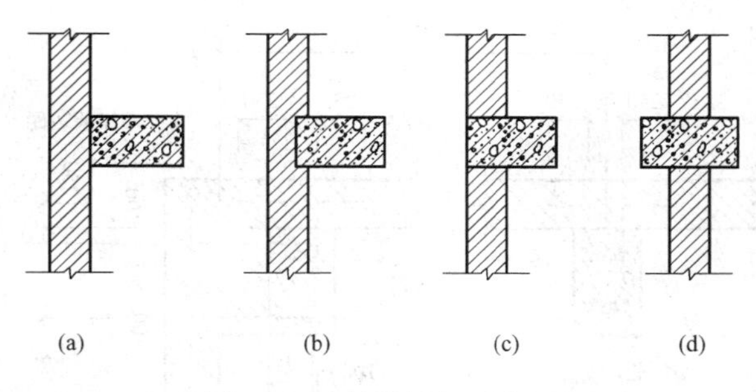

图 18-2 墙与柱相对位置

(3) 把外墙全部嵌入柱间［图 18-2 (c)、(d)］。(c) 方案比方案 (b) 更节省建筑占地面积，更能增加柱列间的刚度。但构造仍较复杂，施工较麻烦，也不利于基础梁与连系梁等构配件统一化，且热工性能差，又因柱直接接触室外，保护条件差。常用于厂房的露天跨，扩建跨及较温暖地区等不要求保暖厂房较为有利。

三、单层厂房的砖墙、砌块墙的外墙构造

地震区厂房和有振动产生的车间，除满足一般构造要求外，还应采取必要的抗震措施，来增强厂房的整体性。

引起单层厂房振动的原因有：吊车的起停、锻锤的冲击、风力或者地震等。为防止由于以上原因造成的破坏，在构造上应保证墙与柱、山墙与抗风柱、墙与屋架之间有可靠的连接。

具体的抗震及抗振措施有：

(1) 用轻质板材代替砖墙，特别是高低跨相交处的高跨封墙以及山墙山尖部位，应尽量采用轻质板材，山墙上应少开门窗，侧墙第一开间不宜开门窗。

(2) 尽量不做女儿墙。在 7 度、8 度地震区做女儿墙时，若无锚固措施，高度不应超过 500mm，9 度区不应做无锚固女儿墙。

(3) 适当增设圈梁。

(4) 单跨钢筋混凝土厂房，砖墙可嵌砌在柱子之间，由柱两侧伸出钢筋砌入砖缝。

(5) 设置防震缝。一般在纵横跨交接处、纵向高低跨交接处、与厂房毗连贴建生活间以及变电所等附属房屋处，均应用防震缝分开，缝两侧应设墙或柱。

(6) 必须严格保证施工质量。

(7) 加强连接：

①墙与柱子的连接。为了使砖墙与排架柱保持一定的整体性及稳定性，墙体与柱子之间应有可靠的连接。考虑在水平方向与柱子拉结。通常的做法是在柱子高度方向上每隔 500～600mm预埋 2 根ϕ6 钢筋，砌墙时把伸出的钢筋砌在墙缝里（图 18-3）。

②墙与屋架（或屋面梁）的连接。屋架的上弦、下弦或屋面梁可采用预埋钢筋拉结外墙

的构造。通常做法是在屋架高度方向每隔 500～600mm 预埋 2 根ϕ6 钢筋。若在屋架的腹杆上预埋钢筋不方便时，可在腹杆预埋钢板，焊接钢筋与墙体拉接（图 18-4）。

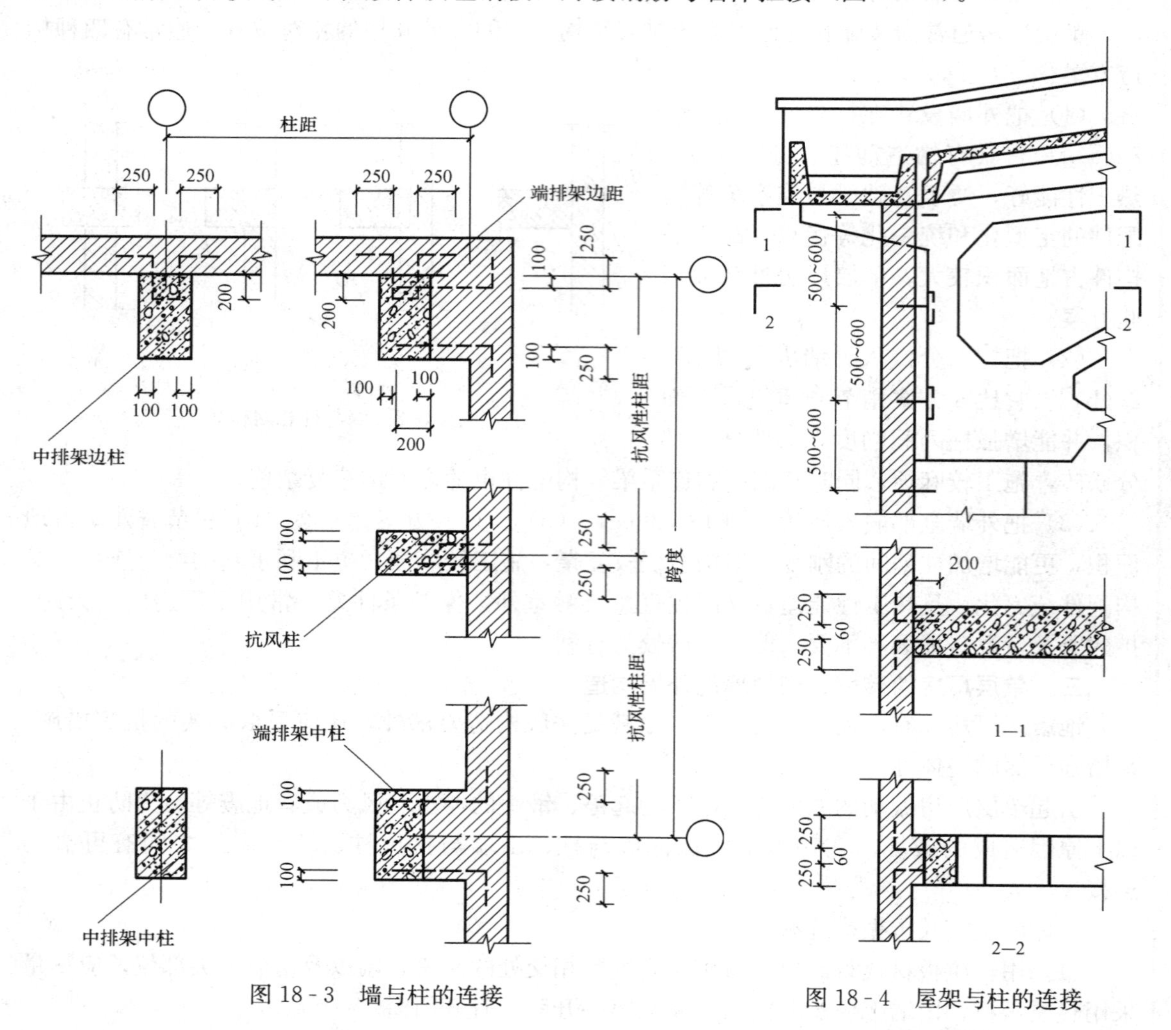

图 18-3 墙与柱的连接

图 18-4 屋架与柱的连接

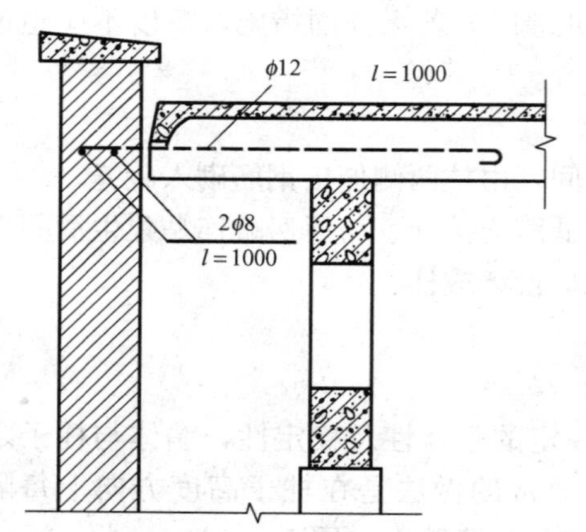

图 18-5 山墙与屋面板的连接

③山墙与屋面板的连接。山墙女儿墙处，山墙除与抗风柱及端柱用钢筋拉结外，一般尚应在山墙上部沿屋面高度设 2 根ϕ8 钢筋于墙中，并在屋面板的板缝中嵌入一根ϕ12 钢筋（长为 1000mm），与山墙中钢筋拉结（图 18-5）。

四、墙身变形缝

变形缝是指为防止厂房由于受各种应力变化而引起的破坏变形所设置的各种构造缝隙的总称。它包括伸缩缝、沉降缝和防震缝。

当厂房的长度或宽度较大时，为防止温度变化所产生热胀冷缩的应力对厂房造成破坏，须将厂房分成几个温度区段。因基础埋在地下，受气温影响很小，所以伸缩缝只需从基础顶面开始到屋顶断开。伸缩缝的缝宽一般为20～30mm。

当厂房纵横跨交接处或基础的类型不同或结构不同等，为防止沉降带来的墙体裂缝，须设置沉降缝。沉降缝必须从基础底面到屋顶全都断开。沉降缝的缝宽一般为30～50mm。

当房屋建于地震区，为防止地震破坏，应在厂房有明显高差或是结构刚度相差较大以及有外形变化的部位设置防震缝。防震缝把厂房从基础底面开始到屋顶全部断开。防震缝的缝宽一般为100～150mm。

变形缝的构造形式有平缝、高低缝和企口缝等三种(图18-6)。应依据气候条件、墙体的厚度、厂房对墙体的保温的要求等因素选择。

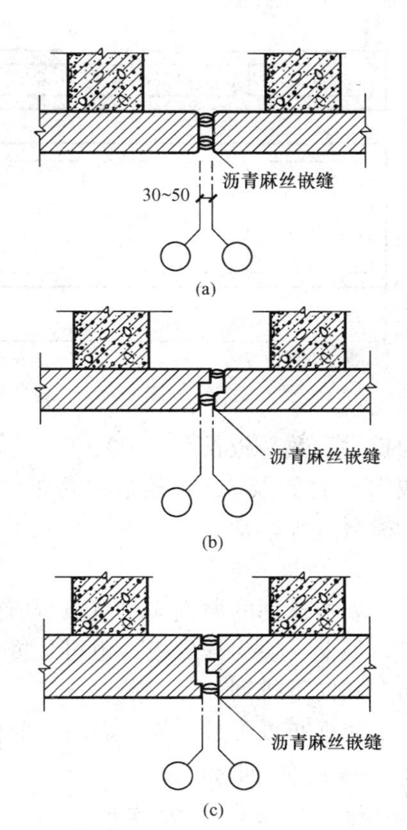

图18-6　外墙伸缩缝示例

(a) 平缝；(b) 高低缝；(c) 企口缝

五、板材墙

应用板材墙是墙体改革的重要内容。生产板材墙能充分利用工业废料，不占用农田。同时使用板材墙可促进建筑工业化，能简化、净化施工现场，加快施工速度，板材墙较砖墙重量轻、抗震性优良。因此，板材墙将成为我国工业建筑广泛采用的外墙类型之一。但板材墙目前还存在用钢量大、造价偏高，连接构造尚不理想，接缝尚不易保证质量，保温、隔热效果尚不令人满意等缺点，这些问题正在逐步解决。

1. 类型及规格

板材墙的墙板按其构造和材料可分为如下几种。

(1) 钢筋混凝土槽形板、空心板(图18-7)。这类板的优点是耐久性好、制造简单、可施加预应力。槽形板也称肋形板，其钢材、水泥用量较省，但保温隔热性能差，故只适用于某些热车间和保温隔热要求不高的车间、仓库等。空心板材料用量较多，但双面平整，并有一定的保温隔热能力。

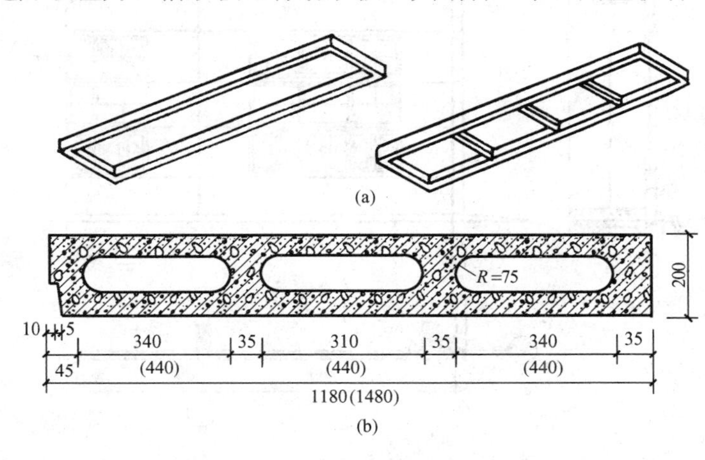

图18-7　钢筋混凝土槽形板和空心板

(a) 槽形板；(b) 空心板断面

(2) 配筋轻混凝土墙板。这种板种类较多，如粉煤灰硅酸盐混凝土墙板、加气混凝土墙板等，它们的共同特点是比普通混凝土和砖墙轻，保温隔热性能好。缺点是吸湿性较大，故必须加水泥砂浆等防水面层。

(3) 复合墙板。这种板是用钢筋混凝土、塑料板、薄钢

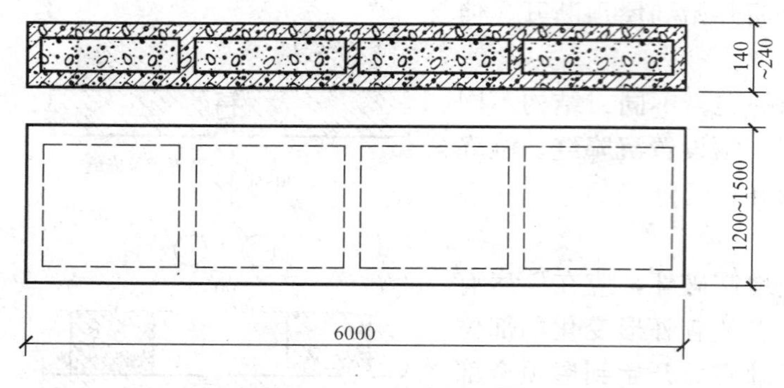

图 18-8　复合板示例

板等材料做成骨架，其内填以矿毡棉、泡沫塑料、膨胀珍珠岩板等轻质保温材料而成（图 18-8）。其特点是，材料各尽所长，即充分发挥芯层材料的高效热工性能和面层外壳材料的承重性能。缺点是制造工艺较复杂，用作保温时易产生热桥等不利影响。

墙板的长和高采用 300mm 为扩大模数，板长有 4500、6000、7500mm（用于山墙）和 12000mm 四种，可适用于 6m 或 12m 柱距及 3m 整倍数的跨距。板高有 900、1200、1500、1800mm 四种。板厚以 20mm 为模数进级，常用厚度为 160～240mm。

2. 墙板的布置

墙板排列的原则应尽量减少所用墙板的规格类型。墙板可从基础顶面开始向上排列至檐口，最上一块为异形板；也可从檐口向下排，多余尺寸埋入地下；还可以柱顶为起点，由此向上和向下排列。

墙板布置可分为横向布置、竖向布置和混合布置三种。

（1）横向布置（图 18-9）。它的优点是墙板长度和柱距一致，可利用厂房主要承重结构的柱作为墙板的支承或悬挂点，竖缝可由柱遮挡不易渗透风雨；墙板本身可兼起门窗过梁与连系梁的作用，能增强厂房的纵向刚度；构造简单，连接可靠，板型较少；便于布置窗框板或带形窗等。其缺点是遇到穿墙孔洞时，墙板布置较复杂。这种布置方式是目前应用较多的一种方式。

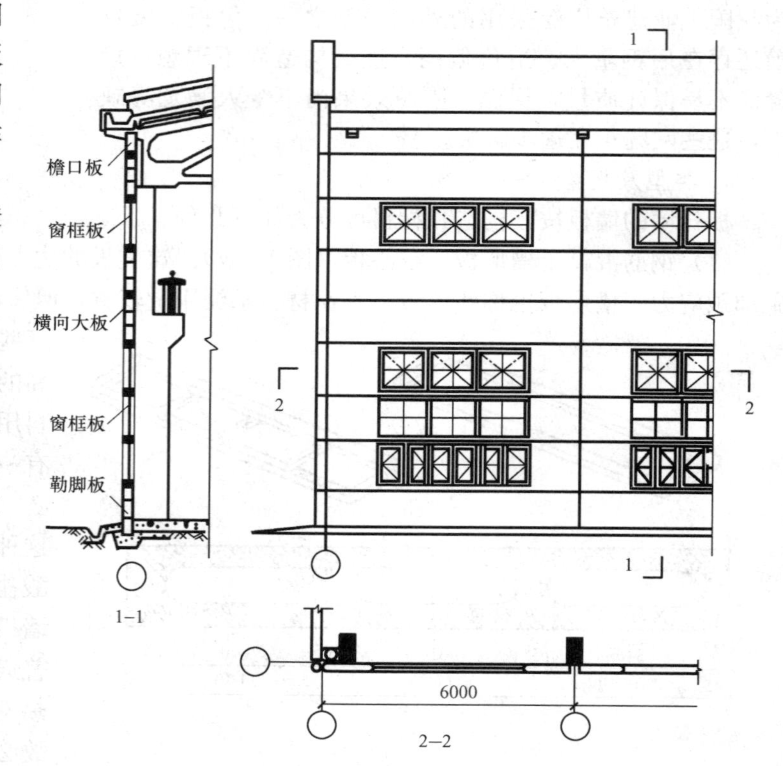

图 18-9　横向布置大型板材墙

（2）竖向布置（图 18-10）。它的优点是不受柱距限制、布置灵活、遇到穿墙孔洞时便于处理。缺点是由于目前国内厂房高度尚未定型，墙板的固定必须设置连系梁，构造复杂；竖向板缝多，易渗漏雨水等。

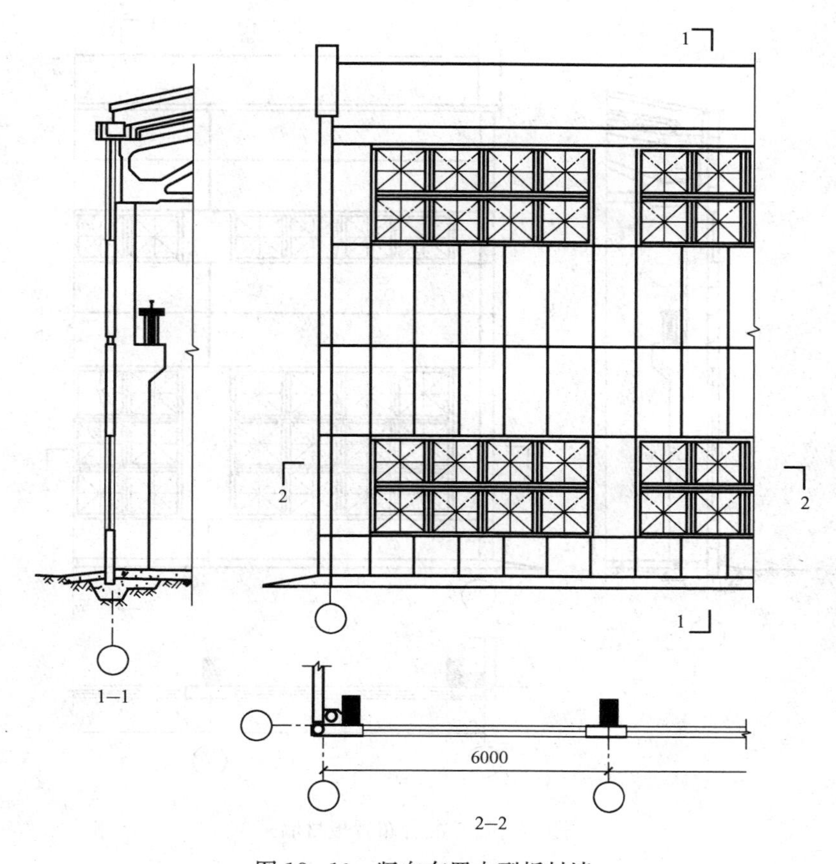

图 18-10 竖向布置大型板材墙

(3) 混合布置(图 18-11)。它兼有横向与竖向布置的优点，布置灵活，但板型较多，难以定型化，并且构造复杂，所以其应用也受到限制。

3. 墙板与柱的连接

墙板与柱子的连接有柔性连接和刚性连接两种。

(1) 柔性连接。墙板的柔性连接构造形式很多，其最简单的为螺栓连接和压条连接。柔性连接适用于地基土质不均匀、沉降量较大或有较大振动影响的厂房。

1) 螺栓连接是在水平方向用螺栓、挂钩等辅助件拉结固定，在垂直方向每 3～4 块板设置一个钢支托支承(图 18-12)。这种连接可使墙板与柱在一定范围内相对独立位移，能较好地适应振动(包括地震)引起的变形。但厂房的纵向刚度较差，安装固定要求准确，比较费工、费钢材。

2) 压条连接是在墙板外加压条，再用螺栓(焊于柱上)将墙板与柱子压紧拉牢(图 18-13)。压条连接适用于对预埋件有锈蚀作用或握裹力较差的墙板(如粉煤灰硅酸盐混凝土，加气混凝土等)。其优点是墙板中不需要另设预埋铁件，构造简单，压条封盖后的竖向缝隙密封性好。缺点是螺栓的焊接或膨胀螺栓质量要求高，施工较复杂，安装时墙板要求在一个水平面上，预留孔要求准确等。

(2) 刚性连接。刚性连接是在柱子和墙板中先分别设置预埋铁件，安装时用角钢或$\phi 16$

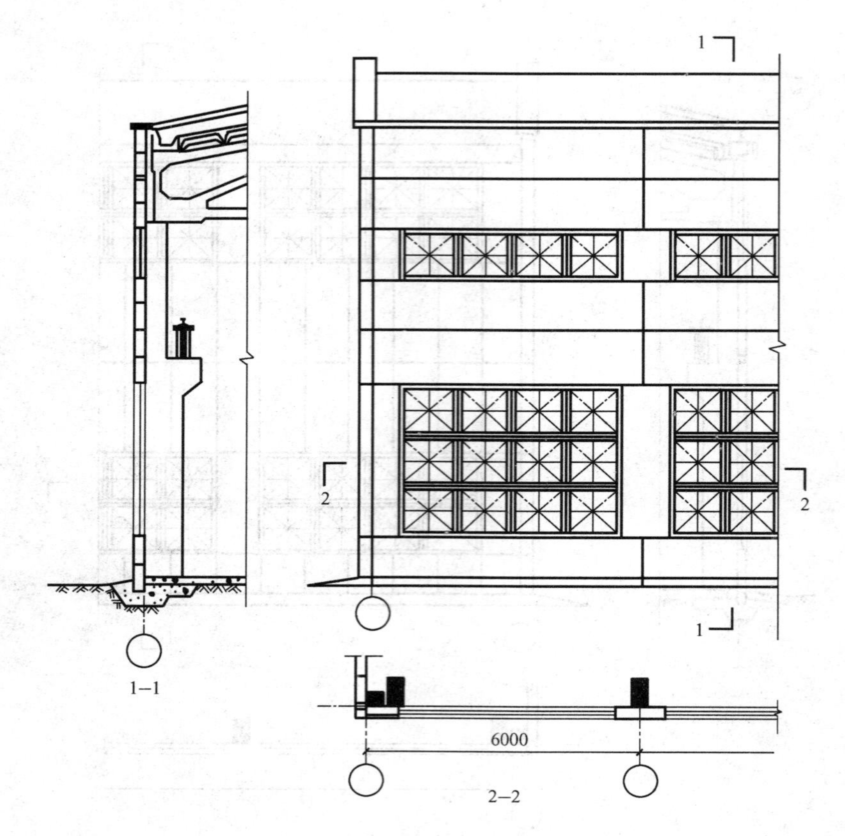

图 18-11　混合布置板材墙

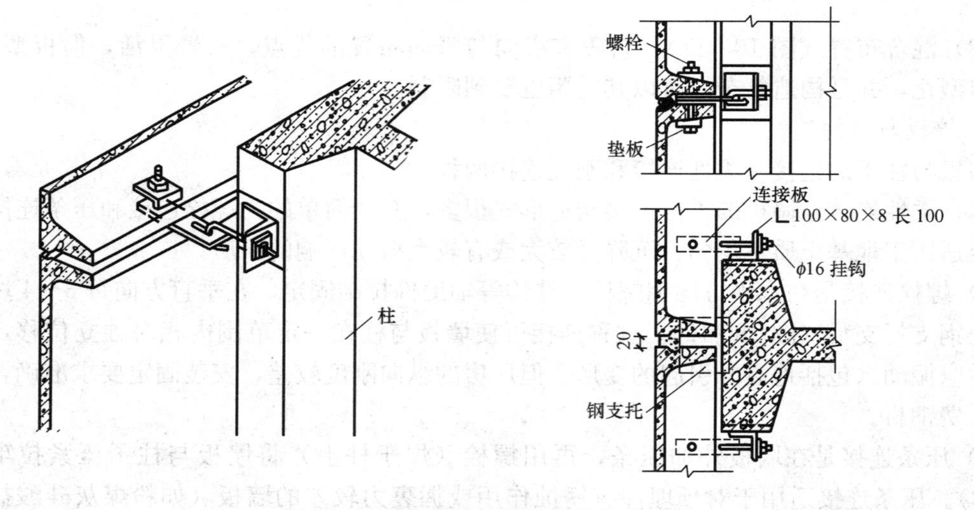

图 18-12　螺栓挂钩柔性连接构造示例

的钢筋段把它们焊接连牢（图 18-14）。优点是施工方便，构造简单，厂房的纵向刚度好，缺点是对不均匀沉降及振动较敏感，墙板板面要求平整，预埋件要求准确。刚性连接宜用于地震设防烈度为 7 度或 7 度以下的地区。

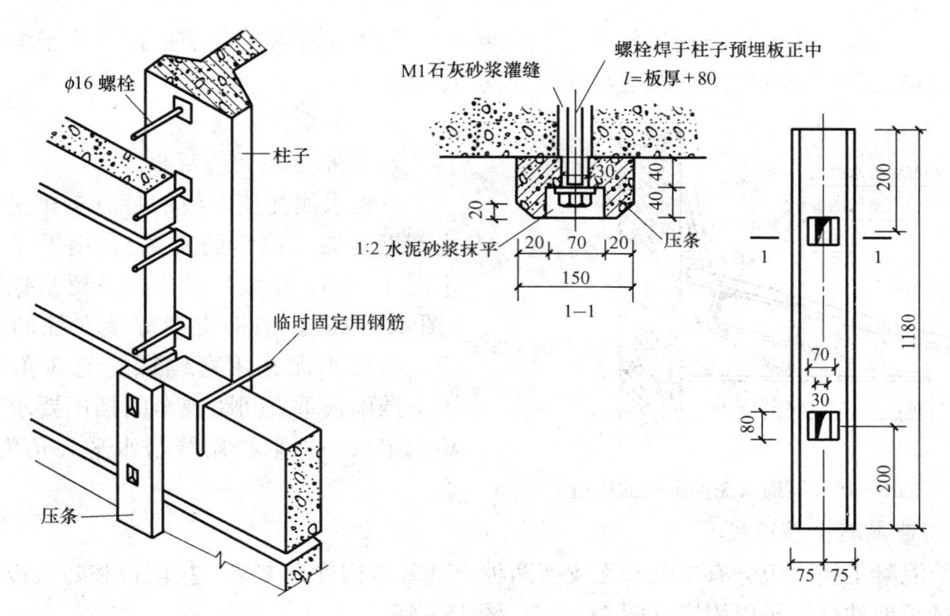

图 18-13　压条柔性连接构造示例

4. 板缝处理

板缝的处理宜优先选用构造防水（采用构造措施防止雨水渗漏），用砂浆勾缝；其次可选用材料防水（用防水材料堵塞板缝）。防水要求较高时，可采用构造防水与材料防水相结合形式。对吸水率大的轻骨料混凝土墙板及板缝两侧应预刷防水涂料。要求保温的墙板，要用保温材料填充，并应双面嵌缝。为避免毛细管作用引起渗漏，嵌缝材料不可将整个板缝堵满，里面应有空腔。振动较大或有不均匀沉降的厂房，嵌缝应用弹性较好的材料。

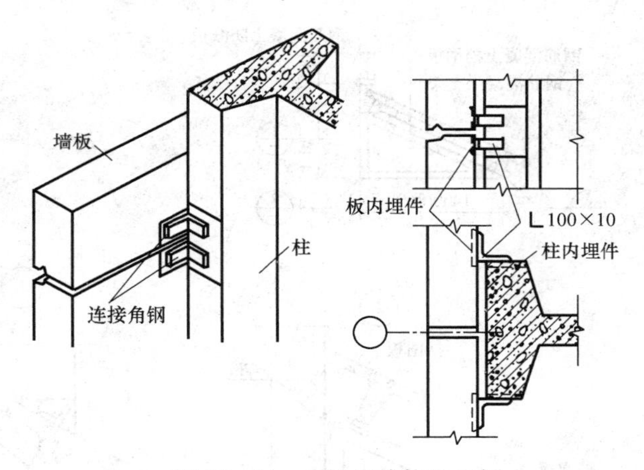

图 18-14　刚性连接构造示例

(1) 水平缝。主要是防止沿墙面下淌的雨水渗入内侧。做法是用憎水材料（油膏、聚氯乙烯胶泥等）填缝，将混凝土等亲水材料表面刷防水涂料，并将外侧缝口敞开使其不能形成毛细管作用。图 18-15 所示为常见的水平缝形式。

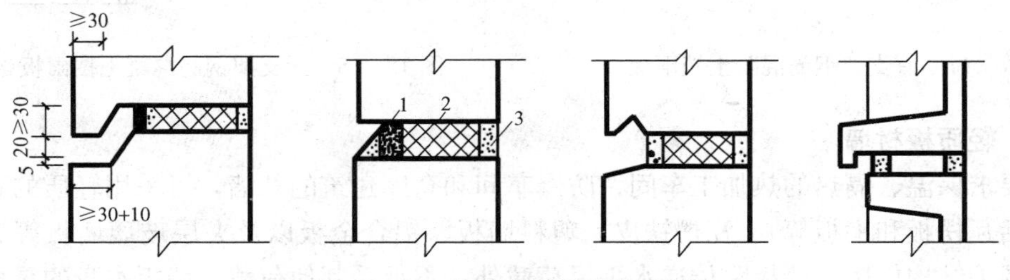

图 18-15　墙板水平缝构造示例

1—油膏；2—保温材料；3—砂浆

（2）垂直缝。主要是防止风将水从侧面吹入和墙面水流入。由于垂直缝的胀缩变形较大，单用填缝的办法难以防止渗透，常配合其他构造措施加强防水。

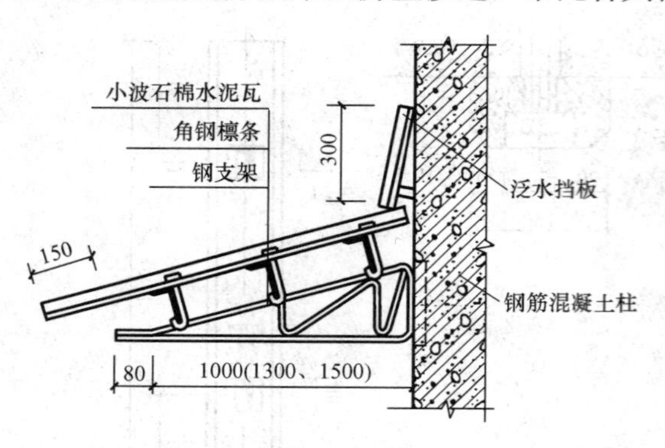

图 18 - 16　石棉水泥挡雨板的构造

六、开敞式外墙

1. 石棉水泥瓦挡雨板

石棉水泥瓦挡雨板的特点是重量轻。它由型钢支架（或钢筋支架）、钢檩条、石棉水泥瓦（小、中波）挡雨板及泛水挡板构成（图 18 - 16）。型钢支架焊接在柱的预埋件上，石棉水泥瓦用弯钩螺栓勾在角钢檩条上。挡雨板垂直间距视车间挡雨要求和飘雨角而定（一般取挡雨线与水平夹角为 30°左右）。

2. 钢筋混凝土挡雨板

钢筋混凝土挡雨板分有支架和无支架两种，其基本构件有支架、挡雨板和防溅板。各种构件通过预埋件焊接予以固定（图 18 - 17、图 18 - 18）。

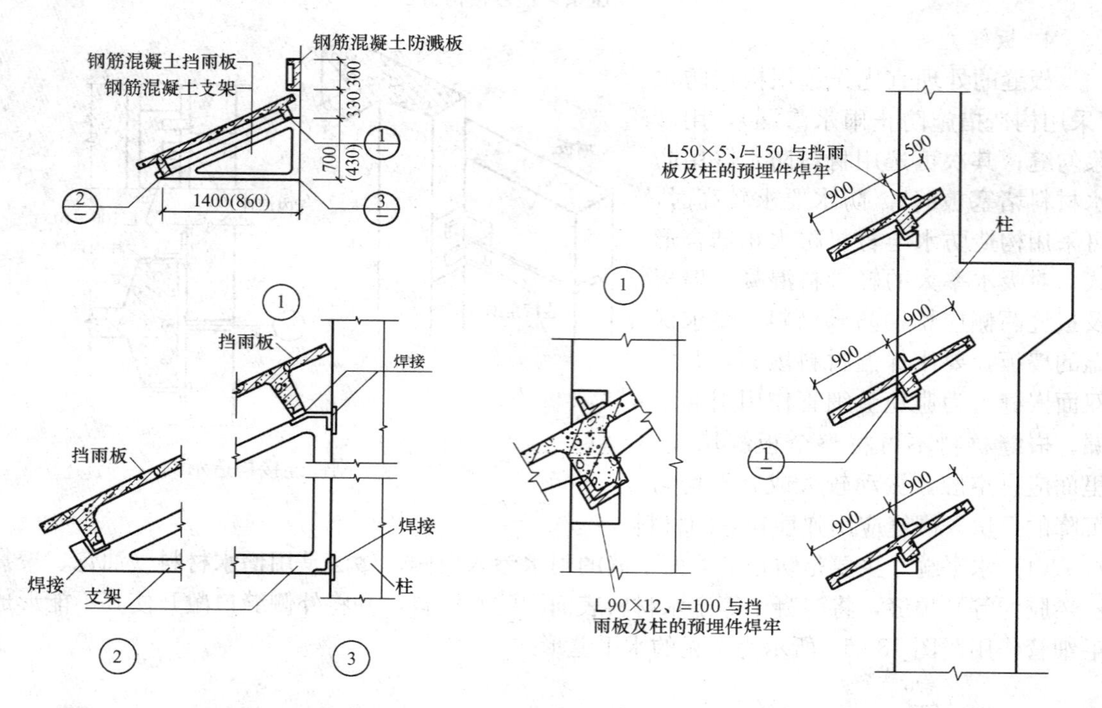

图 18 - 17　有支架钢筋混凝土挡雨板

图 18 - 18　无支架钢筋混凝土挡雨板

七、轻质板材墙

不要求保温、隔热的热加工车间、防爆车间和仓库建筑的外墙，可采用轻质的石棉水泥板（包括瓦楞板和平板等）、瓦楞铁皮、塑料墙板、铝合金板以及夹层玻璃墙板等。这种墙板仅起围护结构作用，墙板除传递水平风荷载外，不承受其他荷载，墙板本身的重量也由厂房骨架来承受。

第二节 天 窗

单层厂房中，为满足天然采光与自然通风的要求，在屋面上常设各种形式的天窗。这些天窗按作用的不同可分为采光天窗与通风天窗两大类型，但实际上只起采光或只起通风作用的天窗是较少的，大部分天窗都同时兼有采光和通风双重作用。

目前我国常见的天窗形式中，主要用作采光的有：矩形天窗、锯齿形天窗、平天窗、三角形天窗、横向下沉式天窗等。主要用作通风的有：矩形避风天窗、纵向或横向下沉式天窗、井式天窗、M形天窗等。如图18-19所示。

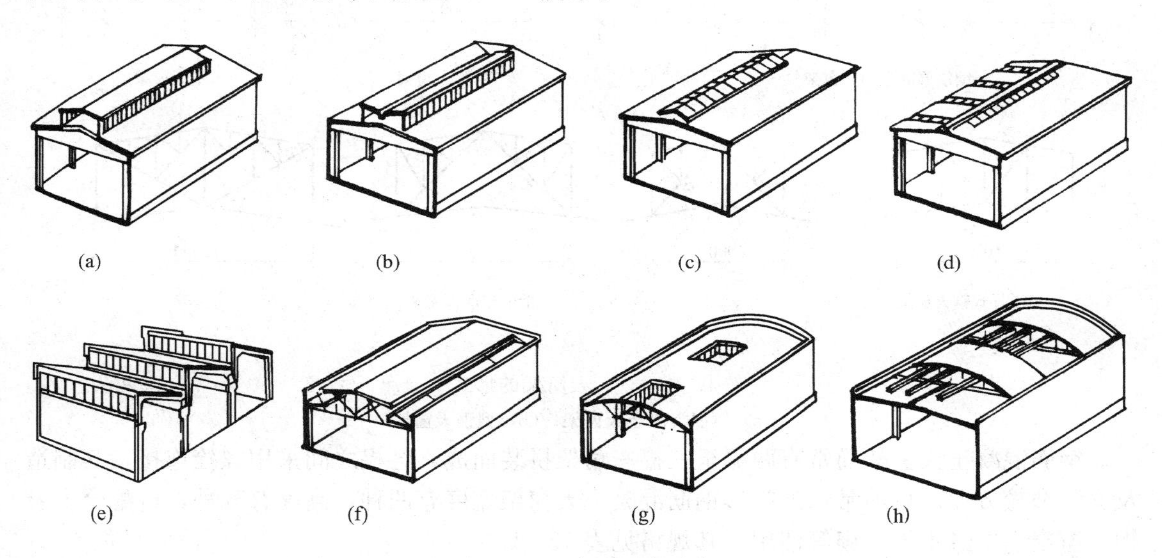

图18-19 各种天窗示意

(a) 矩形天窗；(b) M形天窗；(c) 三角形天窗；(d) 采光带；(e) 锯齿形天窗；(f) 两侧下沉式天窗；(g) 中井式天窗；(h) 横向下沉式天窗

一、矩形天窗

矩形天窗的横断面呈矩形，两侧采光面与水平面垂直，它采光较均匀，能满足一般厂房的通风要求，由于采光面是垂直的，玻璃不易积灰并易于防雨，窗扇可开启兼作通风，故在冷加工车间广泛应用。此类天窗缺点是构造复杂、自重大、造价较高，对厂房抗震带来不利影响。

矩形天窗主要由天窗架、天窗屋顶、天窗端壁、天窗侧板及天窗扇等构件组成（图18-20）。

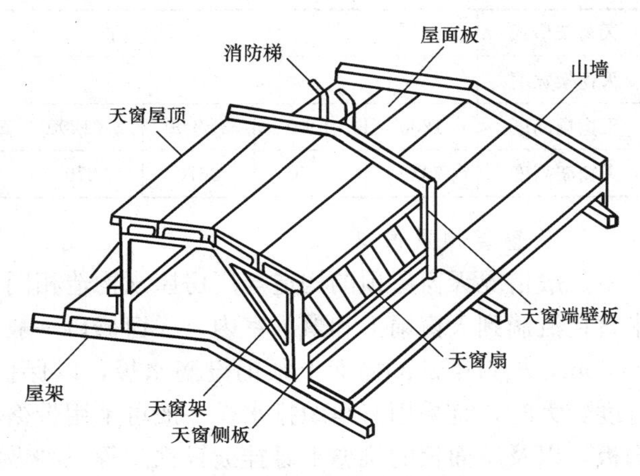

图18-20 矩形天窗的组成

矩形天窗沿厂房纵向布置，在厂房的两端和横向变形缝的第一个柱间通常不设天窗，一方面为了简化构造，另一方面可以留出屋面检修和消防通道。抗震设防烈度为8度和9度时，天窗架从第三开间设置。每段天窗的端壁应设置通向天窗屋面的消防梯（检修梯）。

1. 天窗架

天窗架是天窗的承重构件，它支承在屋架或屋面梁上，天窗架的材料一般与屋架材料一致，常用的有钢筋混凝土天窗架、型钢天窗架两种，如图 18-21 所示。

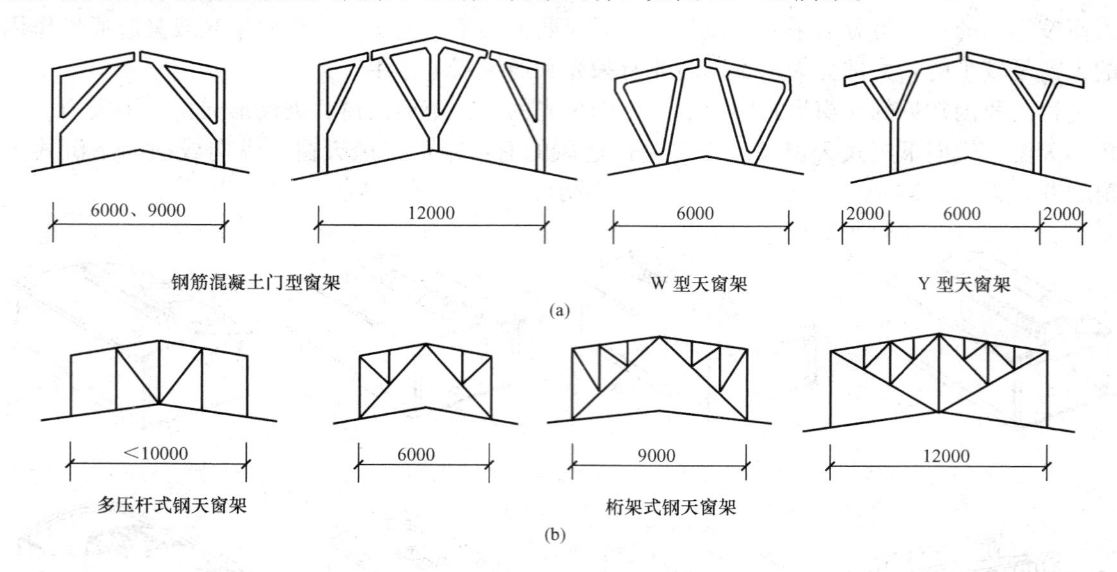

图 18-21 天窗架的形式

(a) 钢筋混凝土天窗架；(b) 型钢天窗架

钢筋混凝土天窗架通常有两榀至三榀三角架拼装而成，各榀之间采用螺栓连接，其制造及安装都较方便。目前常用的门形钢筋混凝土天窗架宽度有两种，高度有五种，可配合上悬钢天窗扇、中悬钢天窗扇等使用。其规格见表 18-1。

型钢天窗架重量轻，吊装方便，常用的有多压杆和桁架式两种。

表 18-1 常用钢筋混凝土天窗架的尺寸 mm

天窗架形式	门形							W形	
天窗架宽度	6000				9000			6000	
天窗扇高度	1200	1500	2×900	2×1200	2×900	2×1200	2×1500	1200	1500
天窗架高度	2070	2370	2670	3270	2670	3270	3870	1950	2250

2. 天窗屋顶及檐口

一般情况天窗屋顶的构造与厂房屋顶构造相同。天窗檐口多采用无组织排水。为防止雨水直接流淌到天窗扇上和飘入室内，天窗檐口一般采用带挑檐的屋面板，挑出长度为 300～500mm，檐口下部的屋面上须铺设滴水板，以保护厂房屋面。雨水多的地区或天窗高度和宽度较大时，宜采用有组织排水。一般可采用带檐沟的屋面板或天窗扇的钢牛腿上铺槽形天沟板，以及屋面板的挑檐下悬挂镀锌铁皮等三种做法（图 18-22）。

3. 天窗端壁

天窗两端的山墙称为天窗端壁（图 18-23）。天窗端壁宜采用轻型板材，且不应采用端壁板代替端天窗架。根据天窗宽度不同，端壁板由两块或三块拼装而成，并焊接固定在屋架

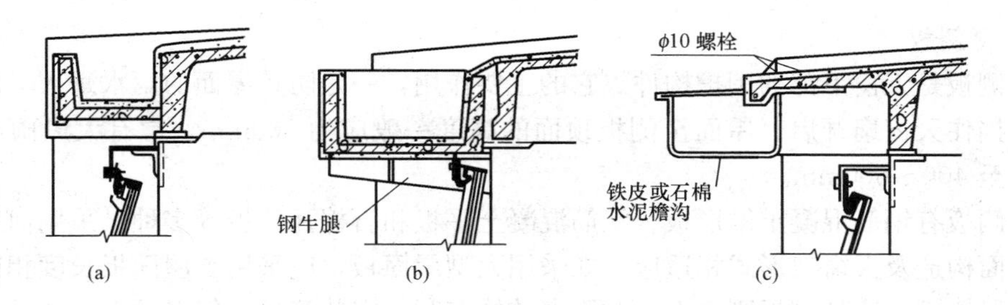

图 18-22　有组织排水的天窗檐口构造

(a) 带檐沟屋面板；(b) 钢牛腿上铺天沟板；(c) 挑檐板挂铁皮檐

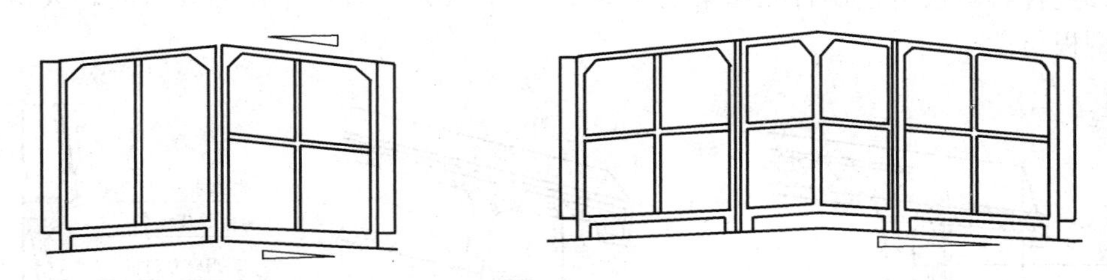

图 18-23　天窗端壁的立面示意图

上弦一侧。屋架上弦另一侧用于搁置相邻的屋面板。端壁板下部与屋面板的空隙，应采用M5砂浆砌砖填补，与屋面交接处应做泛水处理（图18-24）。端壁板两侧边向外挑出一片薄板，用以封闭天窗转角。需保温的厂房，一般在端壁板内侧加设保温层。

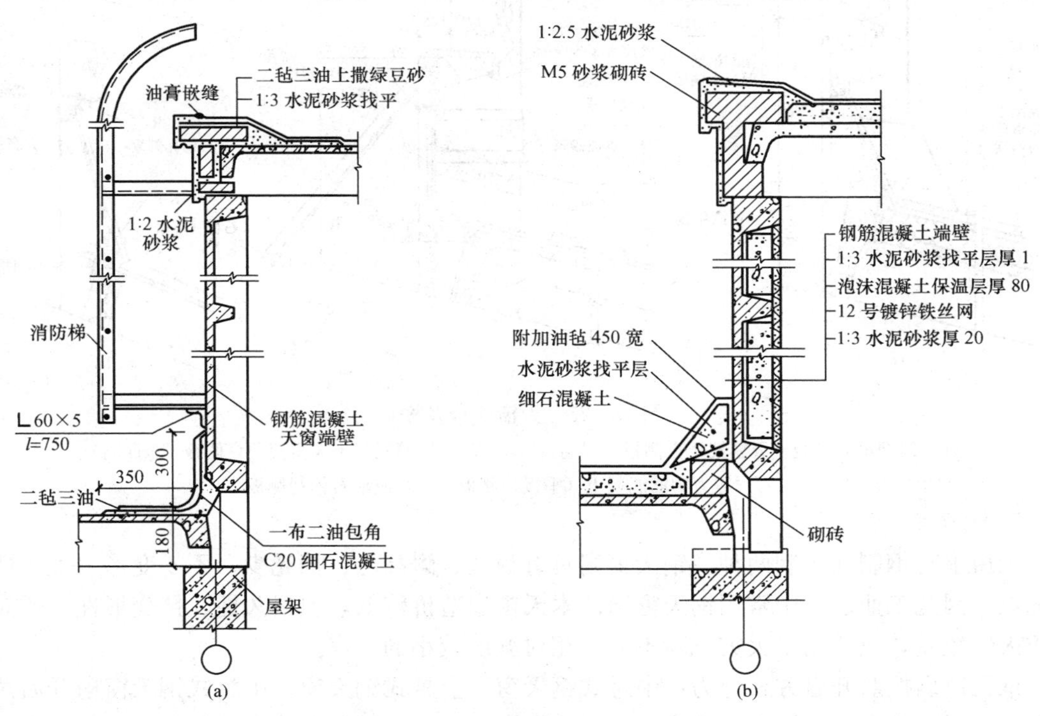

图 18-24　钢筋混凝土天窗端壁构造

(a) 不保温屋面；(b) 保温屋面

4. 天窗侧板

天窗侧板是天窗下部的围护构件。它的主要作用，一是防止屋面的雨水溅入车间，二是不被积雪挡住天窗扇开启。屋面至侧板顶面的高度一般应为300mm，常有大风雨或多雪地区应增高至400～600mm。

天窗侧板有钢筋混凝土槽形板、钢筋混凝土平板和石棉瓦侧板等多种。采用何种侧板应考虑与屋面构造及天窗架形式相适应。如采用大型屋面板，应采用与屋面板长度相同的钢筋混凝土槽形侧板，这种侧板刚度大，对天窗结构有利，安装简单，但自重大；如采用门形天窗架，侧板下端搁置在天窗架竖杆外侧的角钢牛腿上［图18-25（a）］；如采用W型天窗架，因无竖杆，侧板直接搁置在屋架上［图18-25（b）］。有抗震设防要求时，天窗侧板宜采用轻型板材。

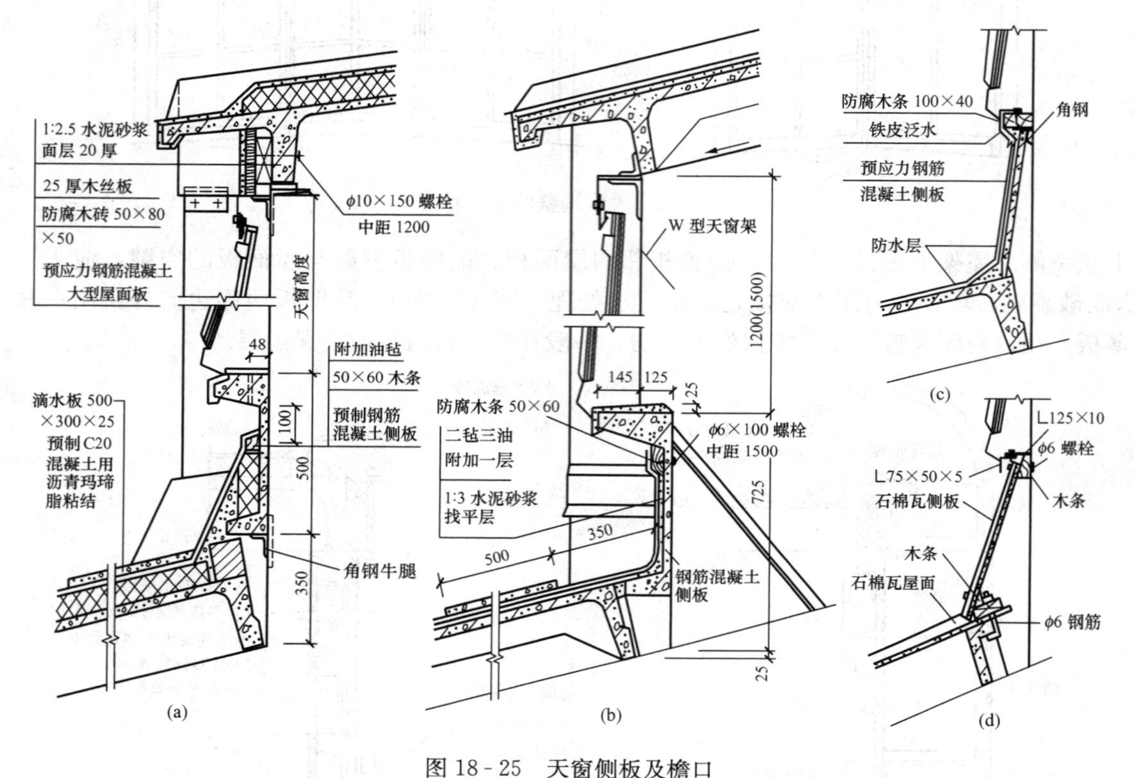

图18-25 天窗侧板及檐口

(a) 门型钢筋混凝土天窗架天窗侧板（保温）；(b) W型钢筋混凝土天窗架天窗侧板（非保温）；(c) 预应力钢筋混凝土（平板）侧板；(d) 波形石棉瓦侧板

5. 天窗扇

天窗扇有钢制和木制两种。钢天窗扇具有耐久、耐高温、挡光少、不易变形、关闭严密等优点，因此工业建筑中常用钢天窗扇。木天窗扇造价较低，但耐久性、抗变形性、透光率和防火性较差，只适用于火灾危险不大、相对湿度较小的厂房。

钢天窗扇按照开启方式分为：中悬式钢天窗、上悬式钢天窗。中悬式钢天窗扇开启角度为60°～80°，通风好，但防飘雨性能较差。木天窗扇一般只有中悬式，最大开启角度为60°。

（1）中悬式钢天窗扇。中悬式钢天窗因受天窗架的阻挡和转轴位置的限制，只能分段设置，每个柱距内设一樘窗扇。中悬式钢天窗扇的上下冒头及边梃均为角钢，中悬式钢天窗在变形缝处（如不断开时）设置固定小扇。

(2) 上悬式钢天窗扇。上悬天窗扇防飘雨的性能较好，其最大开启角度仅为45°，通风性能较差；定型J815上悬式钢天窗扇的高度有三种：900mm，1200mm，1500mm（标志尺寸），可根据需要组合形成不同的窗口高度。上悬钢天窗扇主要由开启扇和固定扇等若干单元组成，可以布置成统长窗扇和分段窗扇。

统长天窗扇是由两个端部窗扇和若干个中间窗扇利用垫板和螺栓连接而成的开启扇[图18-26(a)]，开启扇的长可达数十米。其长度应根据厂房长度、采光通风的需要以及天窗开关器的启动能力等因素决定。分段天窗扇是每个柱距设一个窗扇，各窗扇可单独开启，一般不用开关器[图18-26(b)]。无论是统长天窗扇还是分段天窗扇，在开启扇之间以及开启扇与天窗端壁之间，均须设置固定窗扇来起竖框的作用。为了防止从开启扇的两端飘进雨水，可在上述固定窗扇的后侧附加600mm挡雨板。统长天窗扇较分段天窗扇节省钢材，但开启的灵活性较差，且必须设置机械开关器，故常用分段天窗扇。

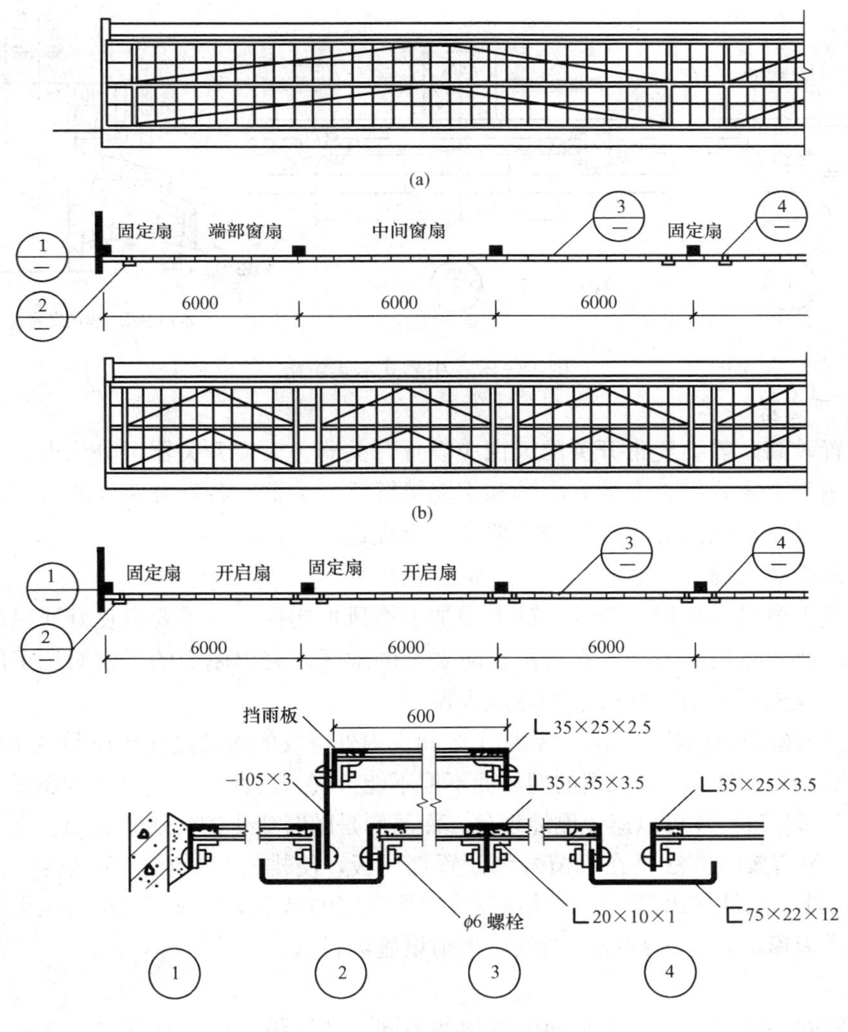

图18-26 上悬式钢天窗扇

(a) 统长天窗扇；(b) 分段天窗扇

（3）中悬式木天窗扇。中悬式木天窗分为全中悬和带固定扇两种形式，无论哪一种，在每一柱距内的天窗架位置处应设有一个固定小扇（图 18 - 27）。窗框与窗扇的构造与民用建筑的相似。为了排除雨水和开启方便，上下窗扇均做成靠框式搭接。

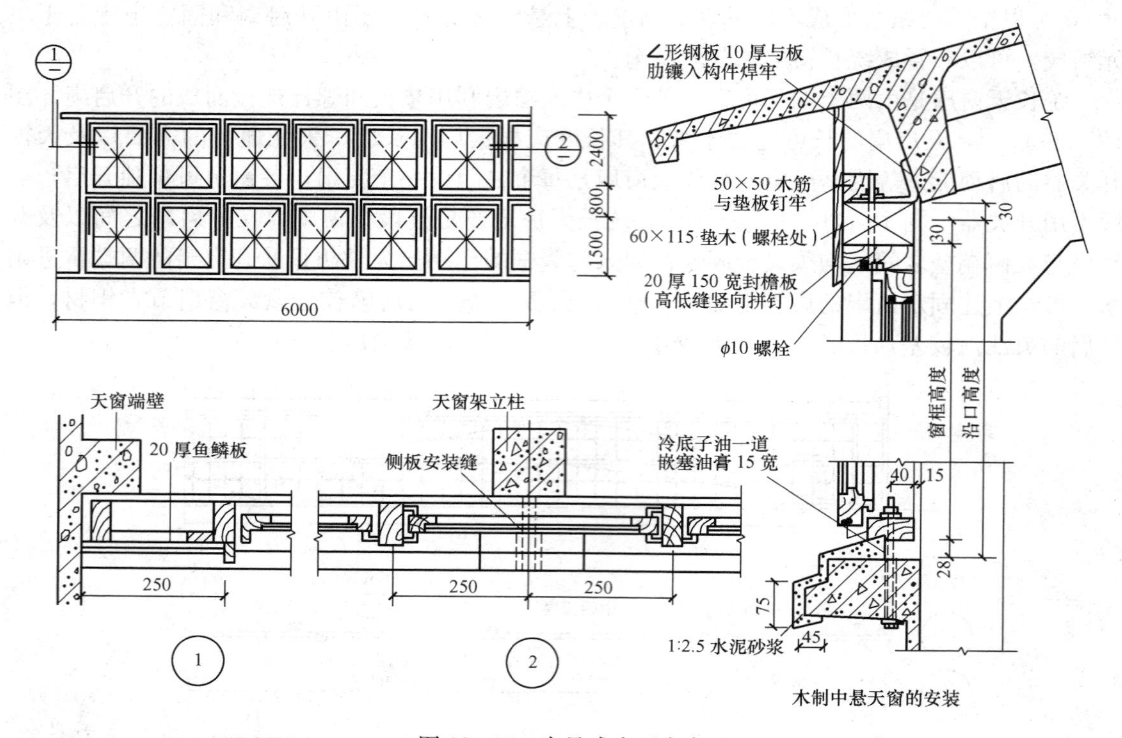

图 18 - 27 中悬式木天窗扇

6. 天窗开关器

窗的位置较高，需要经常开关的天窗应设置开关器。天窗开关器可分为电动、手动、气动等多种。用于上悬式钢天窗的有电动和手动撑臂式开关器。各种开关器均有定型产品，土建人员要了解其特点以及对建筑构造的要求，合理选择。

二、矩形避风天窗

矩形避风天窗是在矩形天窗的基础上增加了挡风板构件，在需要有良好通风的热加工车间得到了较广泛的运用。另外，有抗震设防要求的地区，突出屋面的天窗对厂房的抗震会带来不利影响，宜采用突出屋面较小的避风天窗。

矩形避风天窗的通风基本原理：热加工车间室内外空气的流动是在热压和风压作用下进行的，当风的压力大于热压时，天窗的迎风面不但不能排气，反而会造成气流的倒灌，这时要关闭迎风面的上部开口，才可以避免倒灌现象，而风向是随时变化的，随时关闭上部开口在实践中难以办到。最有效的方法是在天窗外侧设置挡风板，使排气口处在负压区内，无论有无大风，排气口均能稳定地排出热气流。这样就在矩形天窗的基础上形成了矩形避风天窗。

矩形避风天窗的构造关键在于挡风与挡雨设施的设置。

1. 挡风板

向外倾斜的挡风板，依与水平面的夹角的不同，挡风板可做成垂直式、倾斜式、折线形和曲线形等。倾角一般为 50°～70°，可使气流大幅度飞跃，提高排风效果。

矩形避风天窗挡风板与天窗洞口的距离 L 直接影响通风效率（图 18－28）。实验表明，挡风板距离天窗的距离 L，应在 $L/h=0.6\sim2.5$ 的范围内。由图可以看出当 $L/h<0.6$ 时，阻力系数剧增，说明挡风板距窗口太近，通风效果差。当 $L/h>2.5$ 时，阻力系数变化不大，说明加大 L 值实用意义不大，而且不经济。因此，常用的 L/h 值是：当天窗挑檐较短时，可用 $L/h=1.1\sim1.5$；当天窗的挑檐较长时，可用 $L/h=0.9\sim1.25$。大风多雨地区此值还可偏小。

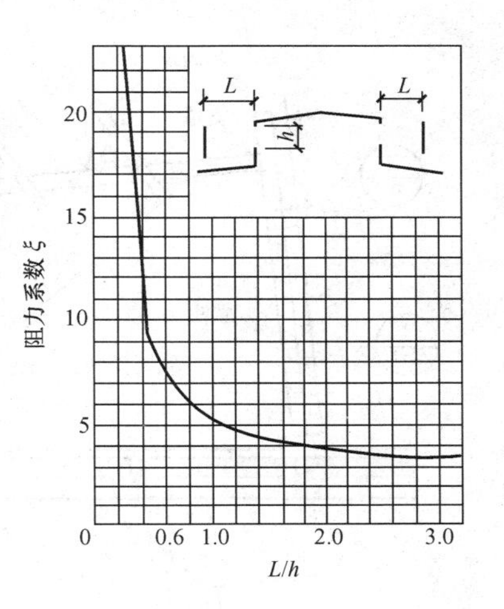

图 18－28 挡风板与天窗距离与通风性能的关系

挡风板的高度以不超过天窗檐口为宜，挡风板与屋面板之间应留 50～100mm 空隙，便于排出雨雪和积尘，在多雪地区空隙可不大于 200mm。因为缝隙过大，风从缝隙吹入，产生倒灌风，影响天窗的通风效果。挡风板的端部必须封闭，防止平行或倾斜于天窗纵向吹来的风，影响天窗排气。是否设置中间隔板，根据天窗长度、风向和周围环境等因素而定。在挡风板上还应设置小门，如图 18－29 所示，供清灰和检修时通行。

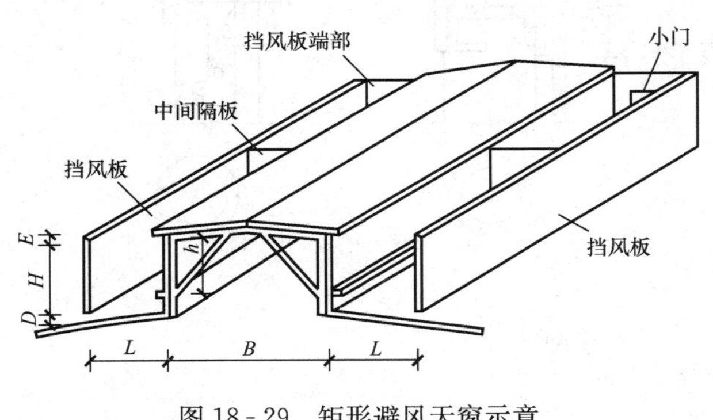

图 18－29 矩形避风天窗示意

挡风板由面板和支架组成。支架的支承方式有两种，即立柱式（直或斜立柱）、悬挑式（直或斜悬挑式），如图 18－30 所示。立柱式是将钢筋混凝土或型钢立柱支承在屋架上弦的柱墩上，用支撑将立柱与天窗架连接起来。立柱式支架受力合理，用料省，但挡风板与天窗距离受屋面板排列的限制，立柱处防水处理较复杂。悬挑式支架固定在天窗架上，与屋盖脱开，挑出长度较为灵活，适用于各种类型的屋面，但支架杆件多，造价较高，同时增加了天窗架重量，对抗震不利。

2. 挡雨设施

通风天窗常用于热加工车间，为了提高通风效率，减少局部阻力，除寒冷地区外，这种天窗多不设窗扇，为防止雨水飘入，必须设置挡雨设施。挡雨设施有三种：屋面作大挑檐；水平口设挡雨板；垂直口设挡雨板（图 18－31）。挡雨形式和挡雨角的大小都会影响天窗的通风效果。确定挡雨角时既要满足防雨要求，也要考虑通风需要。

水平口挡雨板常采用石棉水泥瓦、压型钢板、钢丝网水泥板、钢筋混凝土板、薄钢板等。

三、井式天窗

采用下沉式天窗的屋盖有良好的抗震性能。井式天窗是下沉式天窗的一种形式。横向下沉式、纵向下沉式天窗的构造基本上与井式天窗相类似。

井式天窗的布置方式有三种：单侧布置、两侧对称或错开布置、跨中布置。前两种可称

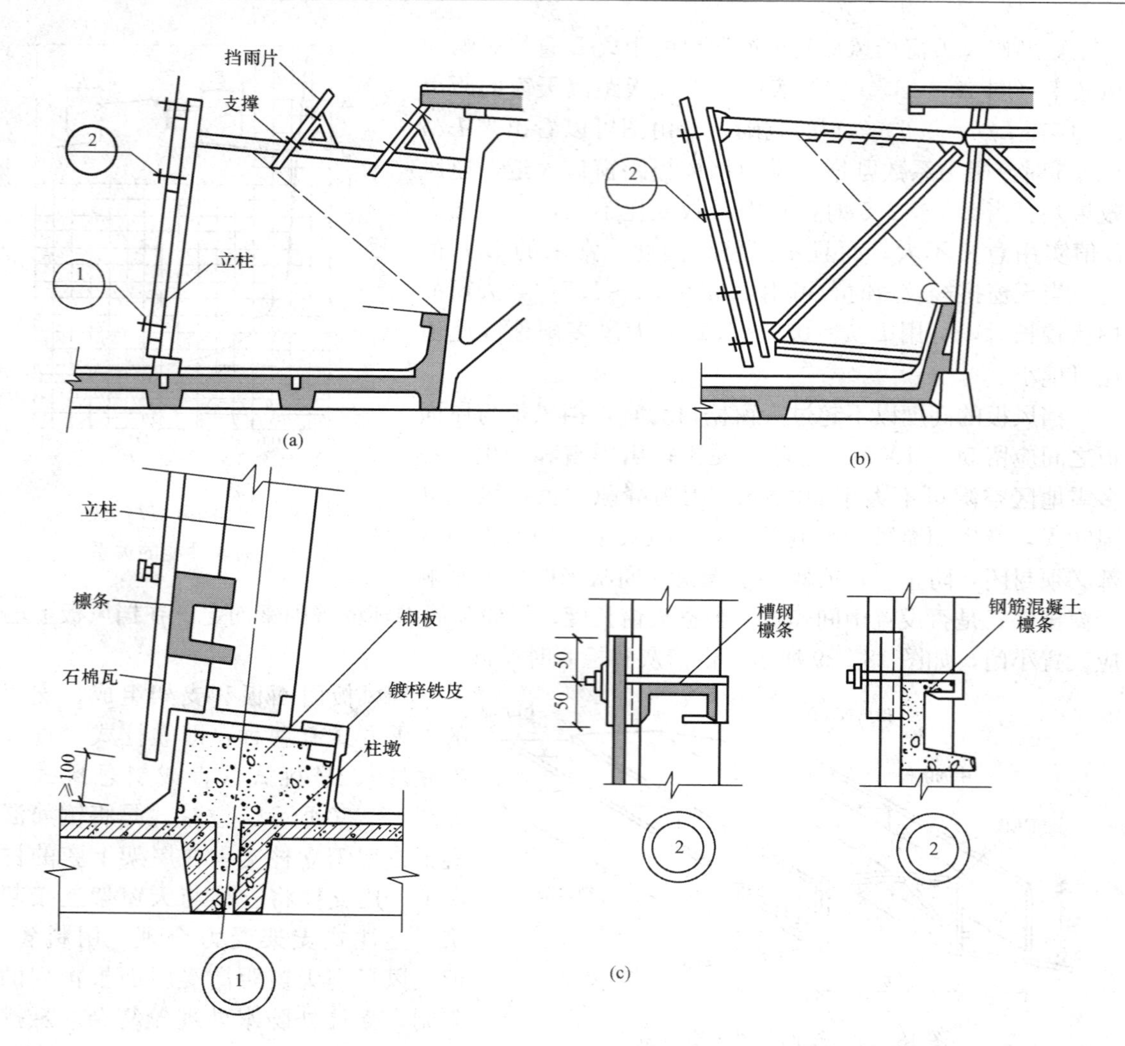

图 18-30 挡风板的形式

(a) 立柱式；(b) 悬挑式；(c) 节点大样图

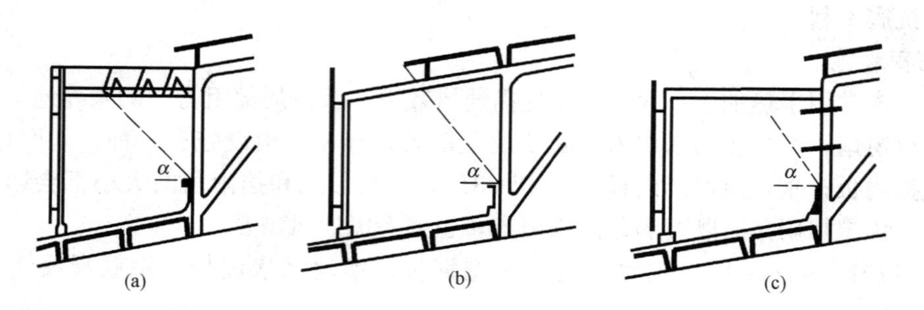

图 18-31 挡雨设施的形式

(a) 水平口挡雨；(b) 大挑檐挡雨；(c) 垂直口挡雨

为边井式，后者称为中井式（图 18-32）。

井式天窗主要的组成构件，除屋架外，还有檩条、井底板、井口板、挡风侧墙、挡雨设

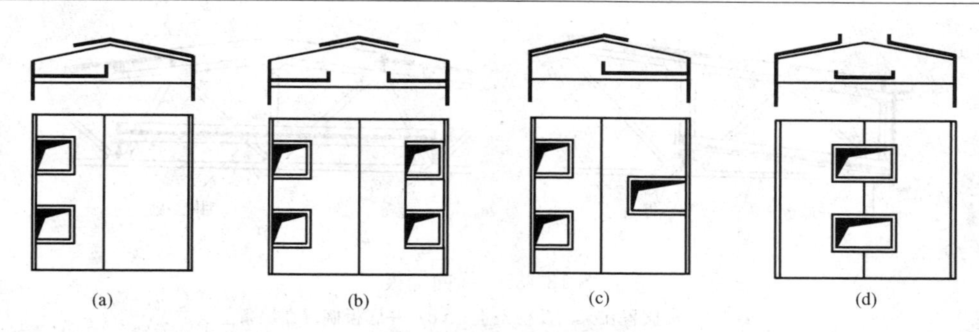

图 18-32　井式天窗的布置形式

(a) 一侧布置；(b) 两侧对称；(c) 两侧错开；(d) 跨中布置

施和排水装置等（图 18-33）。在确定构件类型和构造处理时应综合考虑天窗的通风及采光、防雨、排水等要求，选择经济合理的构造方法。

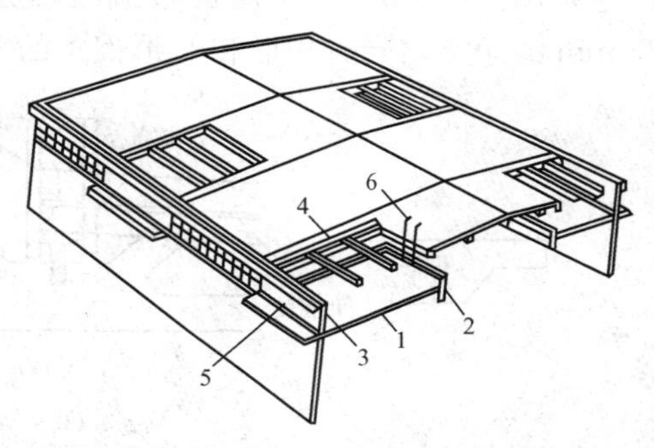

图 18-33　井式天窗构造组成

1—井底板；2—檩条；3—檐沟；4—挡雨片；5—挡风侧墙；6—铁梯

1. 屋架的选型

屋架形式（图 18-34）影响井式天窗的布置。梯形屋架与拱形、折线形屋架相比，虽然技术经济指标较差，但由于梯形屋架上下弦之间空间较大，而且屋架端头较高，适于两侧布置井式天窗，故目前用梯形屋架布置井式天窗的占到 70%。拱形或折线形屋架因端头较低，只适于跨中布置井式天窗。屋架下弦要搁置井底板或井底檩条，屋架的腹杆宜采用双竖杆、无竖杆或全竖杆三种形式。双竖杆屋架在竖杆之间搁置檩条，设计和施工时均应注意控制构件尺寸，避免造成安装困难。无竖杆屋架搭放檩条方便，但扩大了上弦节间尺寸。全竖杆拱形屋架，适合跨中布置天窗，井底板可直接放在屋架下弦上，也便于在垂直口设窗扇。

类型	双竖杆屋架	无竖杆屋架	全竖杆屋架
平行弦	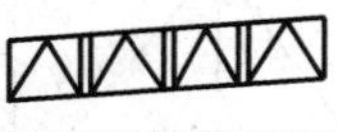		
梯形	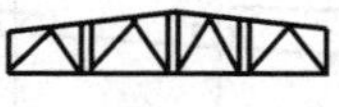	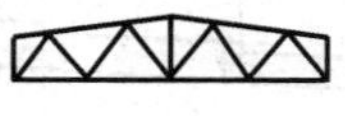	
拱形	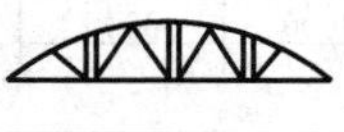	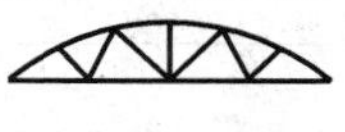	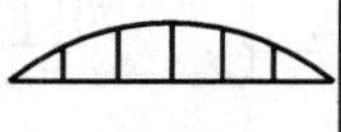
折线形	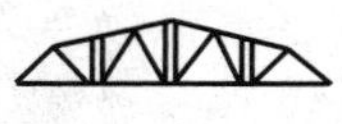	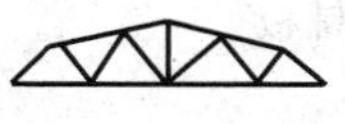	
三角形	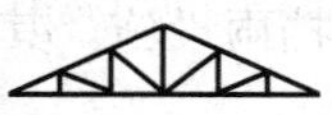		

图 18-34　屋架的形式

2. 井底板的铺设

井底板铺设有纵向铺设和横向铺设两种方式。

(1) 横向铺设（有檩方案）。即屋架下弦节点上搁置檩条，井底板搁在檩条上（图 18-35）。为了避免屋架节点偏心受扭及便于铺设檩条，横向铺板时宜选用双竖杆屋架或无竖杆的屋架。

横向铺板具有构造简单、施工吊装方便的优点，故应用较多。但由于屋架节点、檩条、井底板及泛水占去一定的屋架高度，将使垂直口净高大为减小，为了争取较多垂直口通风面

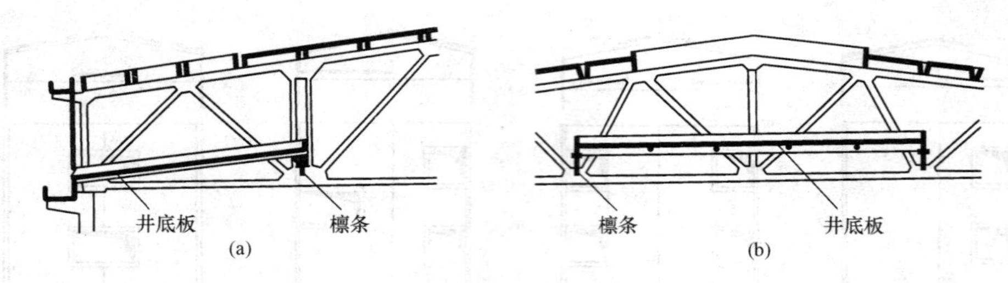

图 18-35 横向铺板

(a) 井底板搁置在天沟及檩条上；(b) 井底板搁置在檩条上

积，充分利用屋架上下弦之间的净空，可采用下卧式檩条［图 18-36（a）］或槽形、L 形檩条［图 18-36（b）］，将屋面板搁在檩条的下翼缘上，如图 18-36 所示，不但可争取约 200mm 的净空，同时槽形和 L 形檩条的上部还兼起泛水作用。

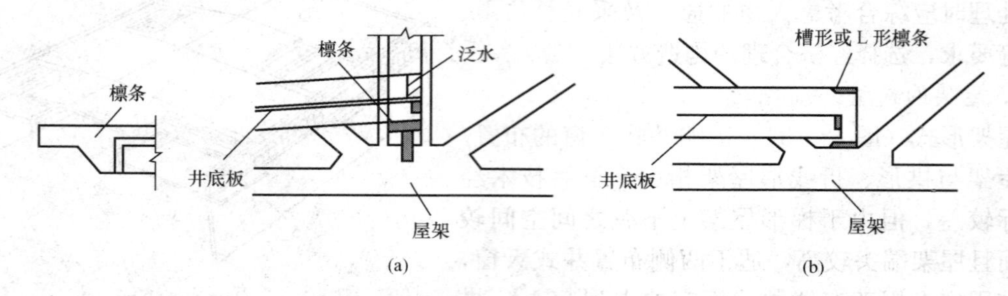

图 18-36 提高垂直口净高的方法

(a) 下卧式檩条；(b) 槽形或 L 形檩条

（2）纵向铺板（无檩方案）。即井底板直接搁在屋架下弦上，可省去檩条，使板的尺寸统一，构造高度小，能获得较高净空的排气口（图 18-37）。但由于有些井底板铺设时可能与屋架腹杆及节点相碰，故有的井底板应做成卡口板或出肋板，如图 18-37 所示。为了减少腹杆与井底板相碰的机会，宜采用全竖杆屋架。纵向铺板施工吊装较困难，且异形板制作较为复杂，目前只在跨中布置井式天窗时才采用。

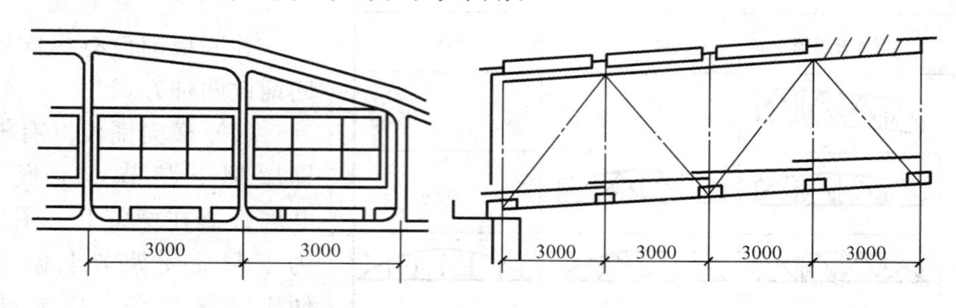

图 18-37 纵向铺板

3. 井口板及挡雨设施

不采暖厂房的井式天窗通常不设窗扇而做成开敞式，但应加设挡雨设施。其作法有井口上设挑檐、井口上设水平挡雨片、垂直口设挡雨板等方式。

（1）井口上设挑檐板。在井口横向可利用屋面板加长作为挑檐，在纵向可以多铺设一块屋面板形成挑檐（图 18-38）。挑出长度应满足挡雨角的要求。这种做法构造简单，吊装方便，但屋面的刚度较差，挑檐不宜过大，否则会影响通风效果。因此挑檐挡雨形式适用于

9m 柱距的天井，或 6m 柱距连井的情况。

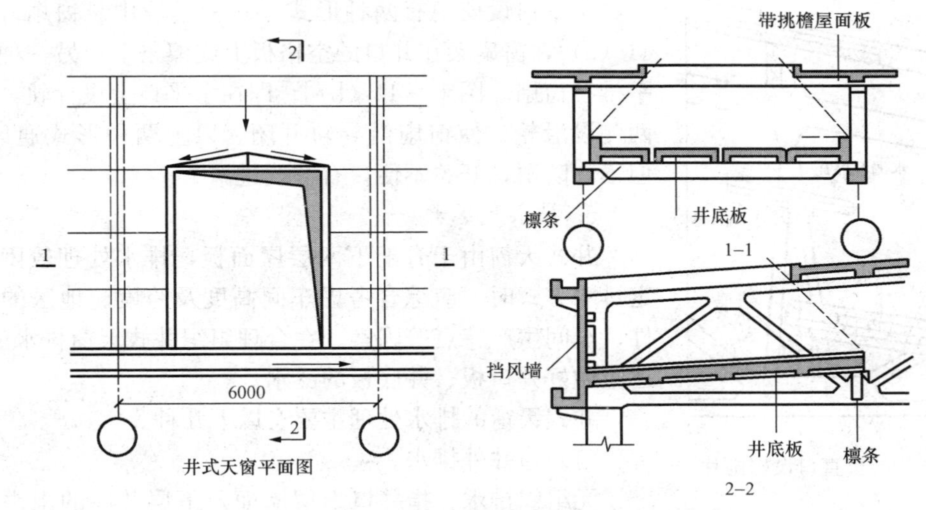

图 18-38　带挑檐的屋面板示例

（2）井口上设挡雨片：井口上铺设空格板，空格板是由纵肋和两端横肋组成，长宽尺寸与屋面板一致（图 18-39）。挡雨片固定在空格板的纵肋上，挡雨片的角度为 60°，材料可用石棉瓦、钢丝网水泥片、钢板、玻璃等。挡雨片固定方法有插槽法和焊接法。井口上铺设空格板，厂房的纵向刚度好，吊装也方便，但用料多，增加造价。

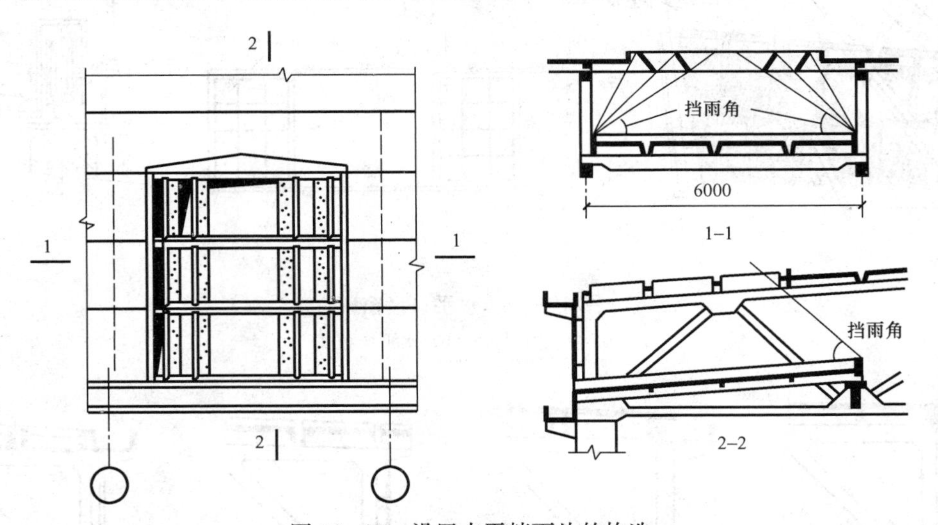

图 18-39　设置水平挡雨片的构造

（3）垂直口设挡雨板：挡雨板与水平面的夹角小对通风有利，但为了排水，不宜小于 15°。挡雨板的位置应满足挡雨角的要求。图 18-40 为垂直口设挡雨板的示例。

4. 窗扇设置

厂房内发热量不大，冬季又有一定保暖要求时，可在垂直口上设置窗扇。窗扇可设在垂直口，也可设在水平口。

井式天窗的纵向垂直口可选用上悬或中悬窗，横向垂直口因有屋架腹杆的阻挡，只能选

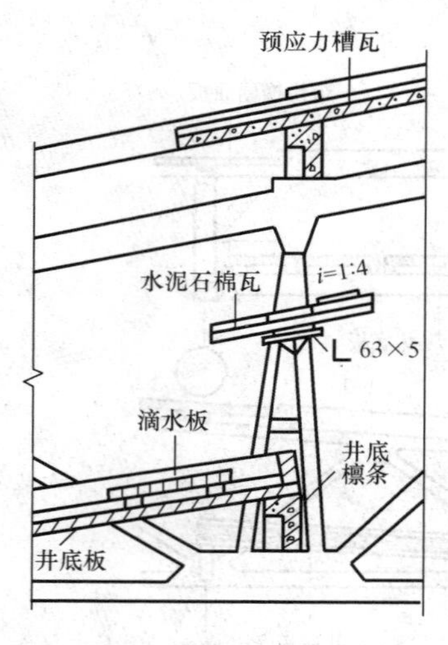

图 18-40　垂直口设挡雨片

用上悬窗。

水平口设窗扇有两种形式：一种是设中悬窗扇［图 18-41（a）］，窗扇架在井口的空格板上或檩条上；另一种是设水平推拉窗扇［图 18-41（b）］。即在水平口上设导轨，平窗扇两侧设滑轮，使窗扇沿导轨开闭。以上两种形式通风较好，但不利防雨，开关不便，有待改进。

5. 排水及泛水

井式天窗由于有上下两层屋面板，排水处理较困难，确定排水方式时，应综合考虑车间高度及跨度、地区的气候条件、车间生产特点等因素。在合理组织井式天窗排水的同时，还应做好井口板、井底板的泛水。

井式天窗的排水处理主要有以下几种。

（1）边井外排水。

无组织排水。指井口上层屋面及下层井底的雨水分别自由落水［图 18-42（a）］，适用于降雨量小的地区及高度不很高的厂房。

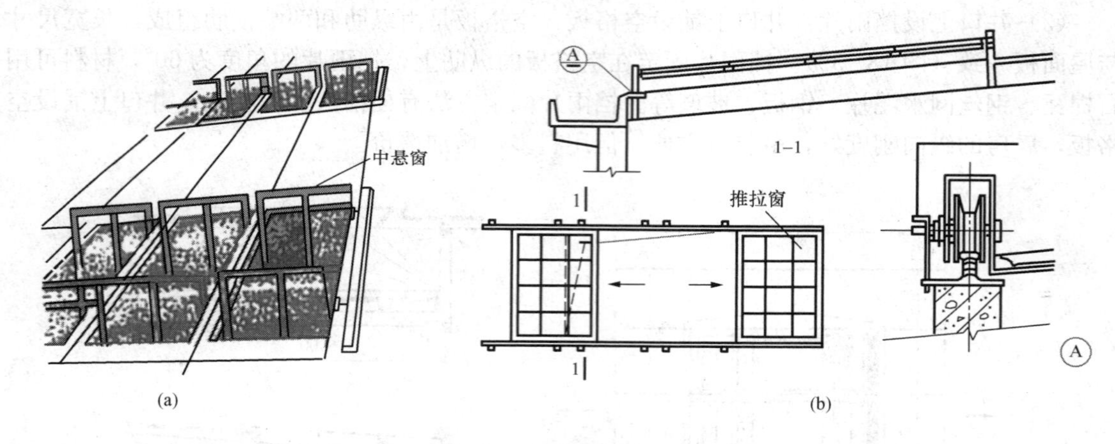

图 18-41　水平口设窗扇
（a）中悬窗扇式；（b）水平推拉式

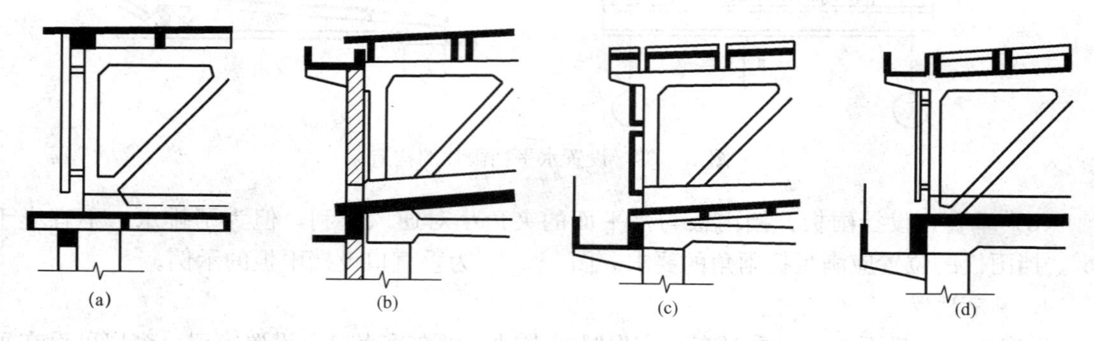

图 18-42　边井式天窗外排水
（a）无组织排水；（b）上层通长天沟；（c）下层通长天沟；（d）双层天沟

单层天沟外排水。是指井底或井口设通长天沟外排水的方案，具体处理方式有两种：一是上天沟方案，即上层屋面设通长天沟，下层井底板做自由落水［图 18-42（b)］。这种方式的上层天沟兼作屋架的连系构件，使上部屋面檐口连成整体，加强了屋盖的刚度和整体性，适用于降雨量大、灰尘少的厂房。二是下天沟方案，即上层屋面设挑檐作自由落水，下层设排水、清灰通长天沟［图 18-42（c)］。这种方式适用于雨量大的地区及灰尘大的厂房。

双层天沟外排水。在雨量较大的地区、灰尘较多的车间可采用上下两层通长天沟外排水的方式［图 18-42（d)］，这种方式构造较复杂。

（2）内排水。

连跨布置的井式天窗需采用内排水。连跨布置时可根据降雨量和厂房灰尘的情况，选用单层天沟（下天沟）或双层天沟（双层通长或双层间断天沟），如图 18-43 所示。

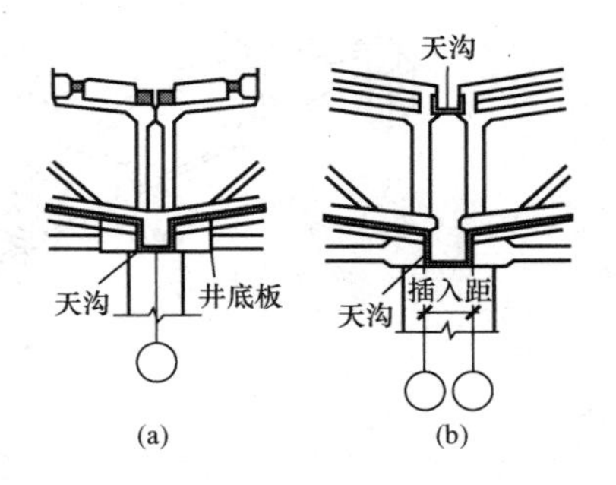

图 18-43 连跨内排水示意图

（a）单层天沟内排水；（b）双层天沟内排水

（3）井口及井底板泛水。

为防止屋面雨水流入井内，在井上口周围应作 150～200mm 的泛水；同理，为防止雨水溅入或流入车间，在井底板的边缘也应设泛水，高度应不小于 300mm。泛水可用砖砌，外抹水泥砂浆，或用预制钢筋混凝土挡水条。

第三节 厂 房 屋 面

一、单层厂房屋面的特点及组成

与民用建筑相比，厂房屋面具有以下特点：单层厂房承受的荷载较大，要求屋面具有足够的强度和整体刚度；厂房屋面宽度较大，排除雨水比较不利；屋面板大多采用装配式，接缝多，构造会较复杂；厂房屋面的保温及隔热构造处理也较为复杂。因此，设计单层厂房的屋面时，应根据具体的情况，具体的生产工艺选择合理、经济的结构方案，降低结构自重，降低造价，同时解决好屋面的排水和防水，是厂房屋面构造的主要问题。

单层厂房屋面由屋面的面层部分和基层部分组成。常常也将这面层部分称为屋面。厂房屋面基层分为有檩体系和无檩体系两种（图 18-44）。有檩体系是指在屋架（或屋面梁）上弦搁置檩条，在檩条上铺小型屋面板（或瓦材）。其特点是构件小、重量轻、吊装方便，但构件数量多、施工烦琐、工期长，故多用在施工机械起吊能力较小的施工现场。无檩体系是在屋架（或屋面大梁）上弦直接铺设大型屋面板。其特点是所用构件大、类型少，便于工业化施工，但要求有较强的施工吊装能力。无檩体系目前在工程中得到了广泛应用。

二、屋面排水方式

屋面排水方式分为无组织排水和有组织排水两种。选择排水方式，应以所在地区的降雨量、气温、车间生产特征、厂房高度和天窗宽度等因素综合考虑。

1. 无组织排水

无组织排水也称为自由落水。它构造简单，施工方便，造价便宜，条件允许时宜优先选用。尤其是某些对屋面有特殊要求的厂房，如屋面容易积灰的冶炼车间，屋面防水要求很高

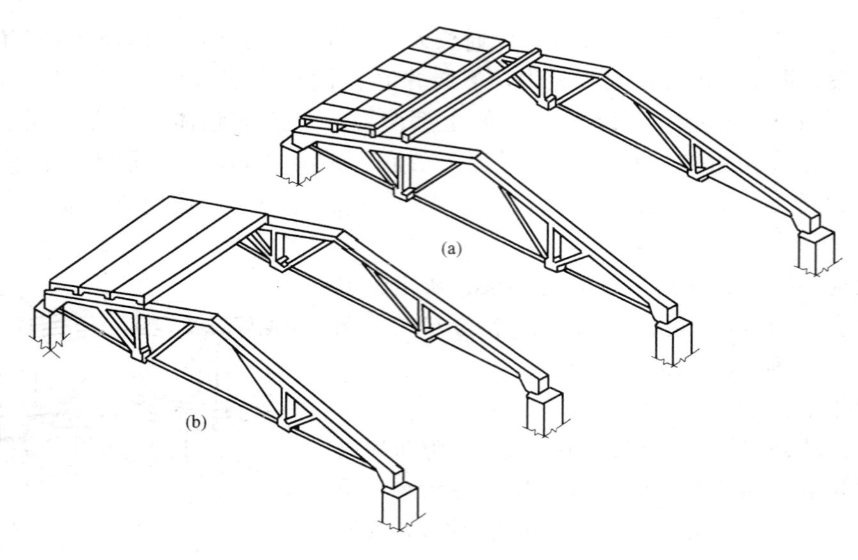

图 18-44 屋面的结构类型
(a) 有檩体系；(b) 无檩体系

的铸工车间以及对内排水的铸铁管具有腐蚀作用的炼钢车间等均宜采用无组织排水。无组织排水的挑檐应有一定的长度，在多风雨地区，挑檐尺寸要适当加大。勒脚外面须做散水，其宽度一般宜超出挑檐 200mm。

2. 有组织排水

有组织排水是将屋面雨水有组织地汇集到天沟或檐沟内，再经雨水斗、落水管排到室外或城市下水管网。有组织排水通常分为外排水、内排水和内落外排式，具体可归纳为以下几种。

(1) 檐沟外排水。当厂房较高或地区降雨量较大，不宜作无组织排水时，可把屋面的雨、雪水组织在檐沟内，经雨水口和排水立管排下。这种排水方式构造简单，施工方便，管材省，造价低，且不妨碍车间内部工艺设备布置，尤其是在南方地区应用较广（图 18-45)。

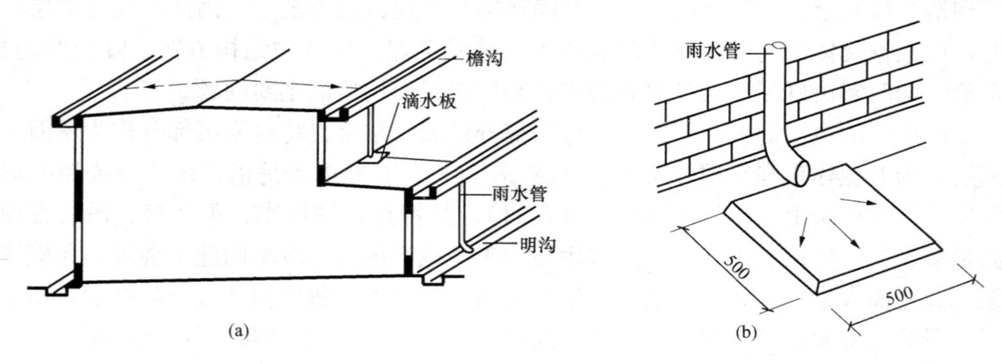

图 18-45 檐沟外排水构造
(a) 檐沟外排水示意图；(b) 低跨屋面滴水板构造图

(2) 长天沟外排水。当厂房纵向内天沟长度不大时，可采用长天沟外排水方式。这种方式构造简单，施工方便，造价较低，但受地区降雨量、汇水面积、屋面材料、天沟断面和纵向坡度等因素的制约。即使在防水性能较好的卷材防水屋面中，其天沟每边的流水长度也不宜超过48m（纺织厂房也有做到70～80m的，但天沟断面要适当增大）。天沟端部应设溢水口，防止暴雨时或排水口堵塞时造成的漫水现象（图18-46）。

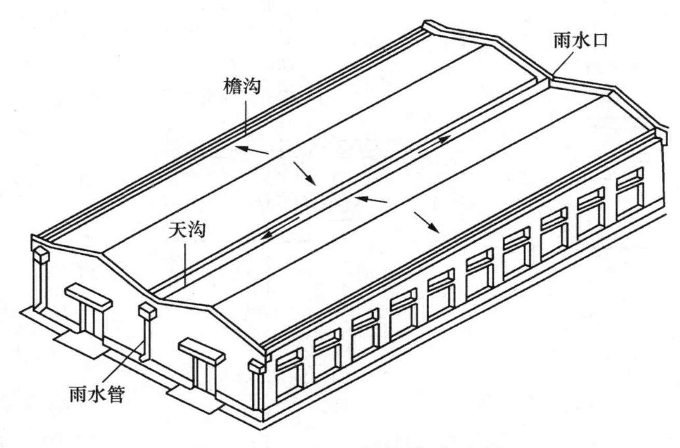

图18-46 长天沟外排水示例

(3) 内排水。在严寒多雪地区的采暖厂房和有生产余热的厂房，为防止冬季雨、雪水流至檐口结成冰柱拉坏檐口及下落伤人，以及外部雨水管冻结破坏，不宜采用无组织排水和外排水，而应采用内排水（图18-47）。内排水不受厂房高度限制，屋面排水组织灵活，适用于多跨厂房。但内排水构造复杂，造价及维修费高，且与地下管道、设备基础、工艺管道等易发生矛盾。在积灰多的厂房，天沟和落水口处易被堵塞而造成渗漏，且地下管井水流不畅时，易发生井口冒水，因此设计时应特别注意。

(4) 内落外排水。内落外排水是将厂房中部的雨水管改为具有0.5%～1%坡度的水平悬吊管，与靠墙的排水立管连通，下部导入明沟或排出墙外的一种排水方式（图18-48）。这种方式可克服内排水与地下干管布置的矛盾。

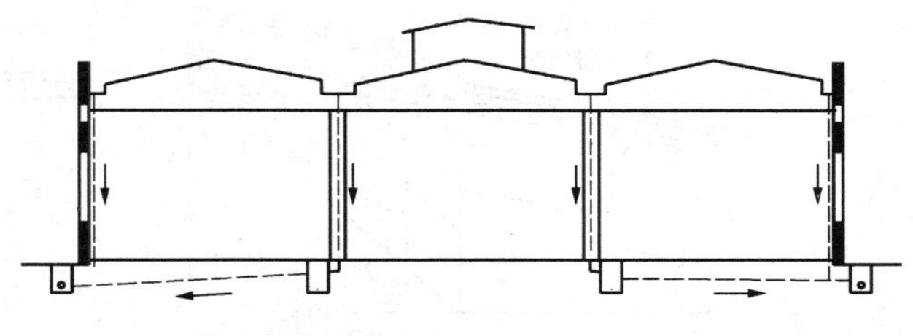

图18-47 厂房内排水示例

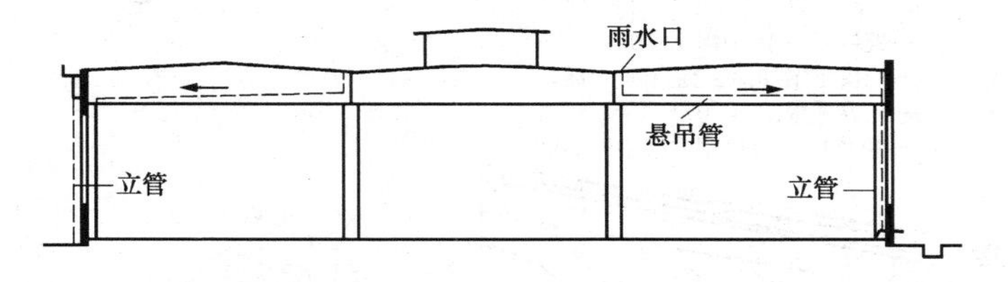

图18-48 内落外排水示例

三、屋面防水

单层厂房的屋面防水主要有卷材防水、刚性防水和构件自防水等几种。因近年来刚性防水屋面在单层厂房中很少采用，本节主要介绍卷材防水和构件自防水屋面。

1. 卷材防水

卷材防水比较可靠，具有一定的抗变形能力，对气温变化及振动有一定的适应能力，应用较为广泛（尤其是北方地区需采暖的厂房和振动较大的厂房）。

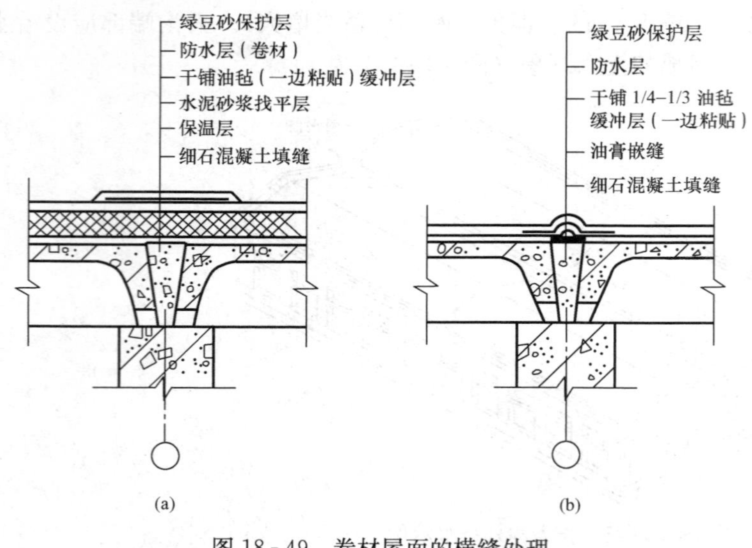

图 18-49　卷材屋面的横缝处理

(a) 保温屋面；(b) 非保温屋面

（1）横缝节点处理构造。在多年的工程实践中，发现在大型的预制钢筋混凝土板作基层的卷材，板缝尤其是横缝处，开裂较为严重。原因主要在于温度变形、挠曲变形、结构变形。工程中常采用的处理做法，是在横缝处加铺一层干铺油毡延伸层，构造如图 18-49 所示。板的长边主肋的交缝（即纵缝）由于变形一般较小，一般不须特别处理。

（2）挑檐节点构造。屋面为无组织排水时，可用外伸的檐口板形成挑檐，有时也可利用顶部圈梁挑出挑檐板。挑檐处应处理好卷材的收头，以防止卷材起翘、翻裂。通常可采用油毡自然收头［图 18-50（a)］和镀锌铁皮收头［图 18-50（b)］的方法，有时也可采用在找平层上留槽，油毡铺至槽内，在槽内嵌满玛琋脂嵌牢油毡的方法［图 18-50（c)］。

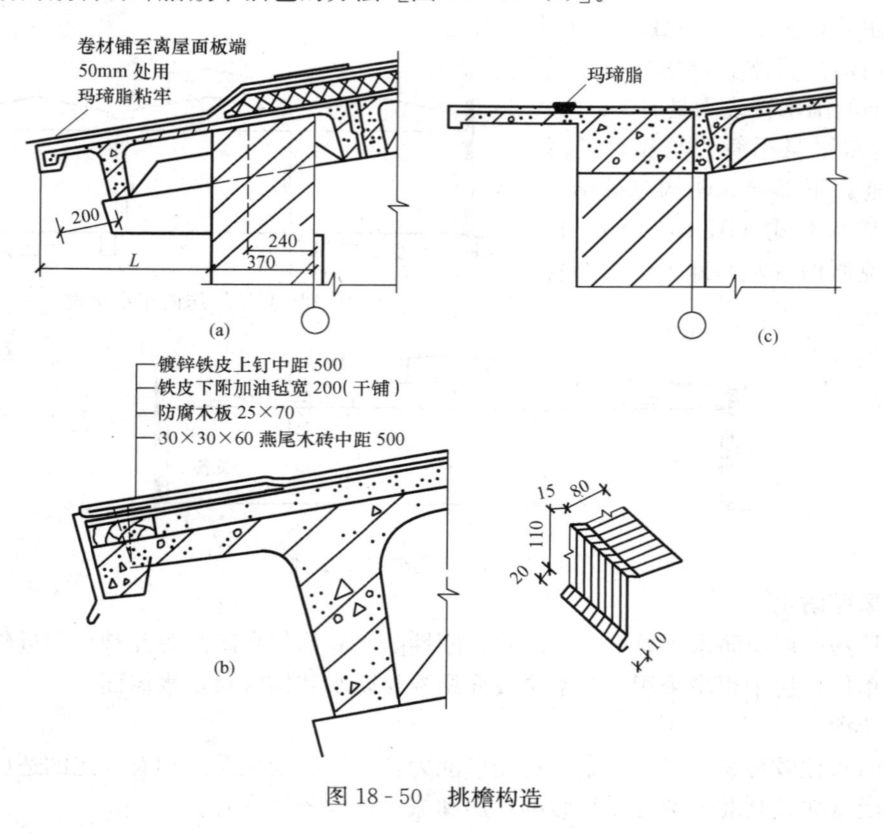

图 18-50　挑檐构造

(3) 屋面泛水。

1) 山墙泛水。山墙泛水的做法与民用建筑基本相同应做好卷材收头处理和转折处理。振动较大的厂房，可在卷材转折处加铺一层油毡，山墙一般应采用钢筋混凝土压顶，以利于防水和加强山墙的整体性。

2) 纵向女儿墙泛水。做法与山墙泛水相似。

3) 变形缝泛水。屋面的横向变形缝处最好设置矮墙泛水，以免水溢入缝内，缝的上部应设置能适应变形的镀锌铁皮盖缝或预制钢筋混凝土压顶板。镀锌铁皮盖缝较轻，但易锈蚀，故有时可用铝皮代替；预制钢筋混凝土压顶板盖缝耐久性好，但构件较重。其构造见民用建筑。

4) 管道泛水。厂房中的通风管道及生产设备管道，如需伸出屋面时，管道与屋面板相交处应进行处理，否则极易漏水，通常采用镀锌铁皮或缠绕沥青麻丝的做法（图18-51)。

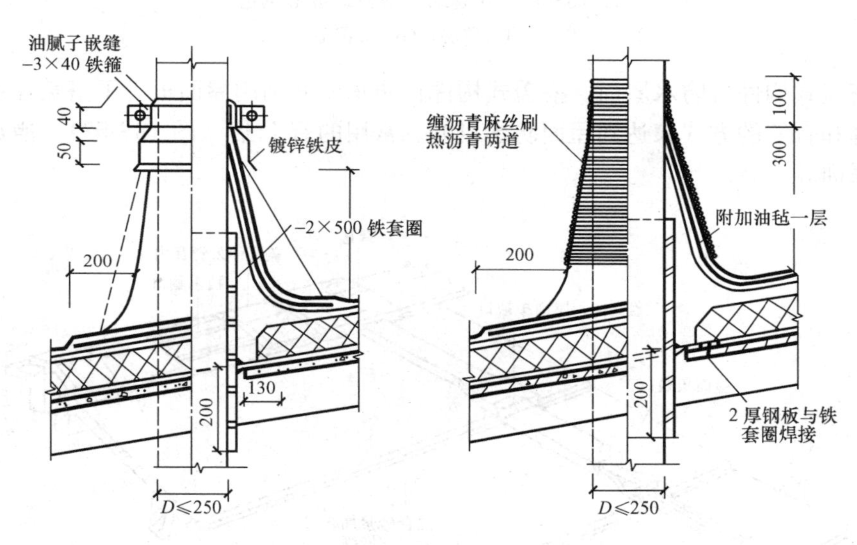

图 18-51 管道泛水构造

2. 构件自防水屋面

构件自防水屋面是利用屋面板本身的密实性和抗渗性来承担屋面防水作用，对其板缝进行局部防水处理而形成的防水屋面。

构件自防水屋面的特点是较卷材防水屋面轻，具有省工、省料、造价低和维修方便的优点。缺点有板面易出现后期裂缝而引起渗漏；接缝的搭盖处易产生飘雨等。这类屋面一般适合于南方和我国中部地区，北方地区无保温要求的车间也可采用。

构件自防水屋面，按其板缝的构造可分为嵌缝式、贴缝式和搭盖式等基本类型。

(1) 嵌缝式、贴缝式构件自防水屋面。嵌缝式构件自防水是利用大型屋面板作为防水构件，板缝嵌油膏防水［图 18-52 (b)］；若在板缝上再粘贴一条卷材防水层则成为贴缝式，其防水性能较前者强［图 18-52 (a)］。这种防水做法，其防水质量取决于板面防水和板缝防水的质量。嵌缝式和贴缝式构件自防水屋面的天沟（或檐沟）以及泛水、变形缝等局部位置，也均应采用卷材防水做法。

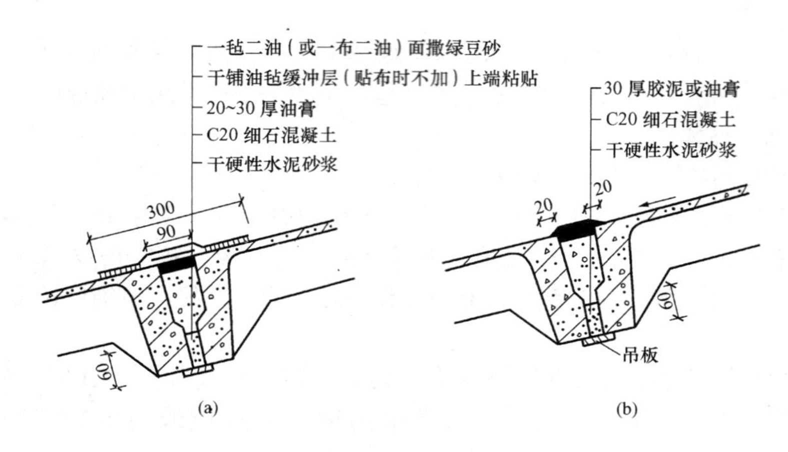

图 18－52　嵌缝式、贴缝式板缝构造

（a）有覆盖层；（b）无覆盖层

（2）搭盖式构件自防水屋面。搭盖式构件自防水屋面利用屋面板上下搭盖住纵缝，用盖瓦覆盖横缝和脊缝的方式来达到屋面防水目的。常用的有 F 板（图 18－53）、槽瓦和波形石棉水泥瓦屋面。

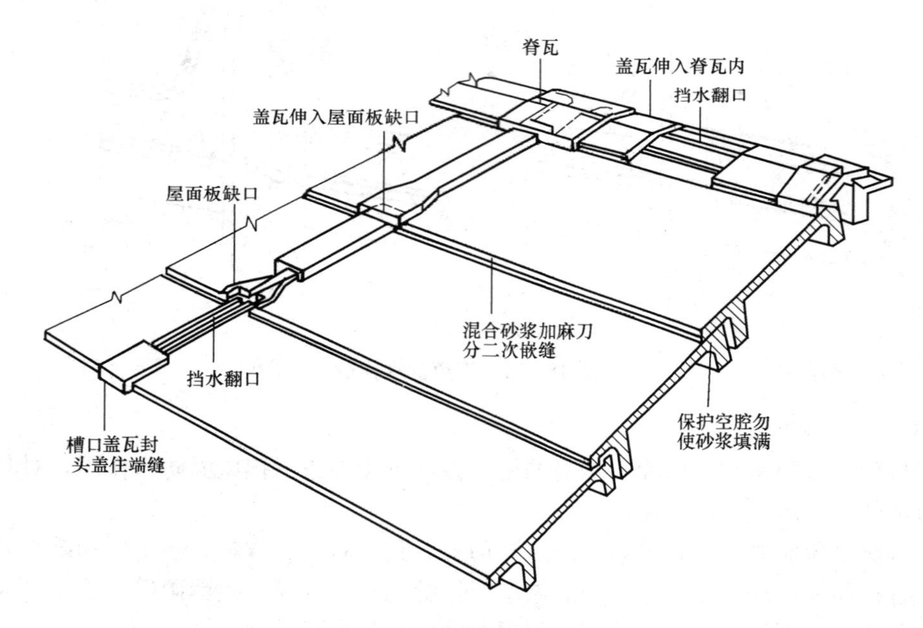

图 18－53　F 板屋面组成

这种屋面安装方便，但板型复杂，不便生产，盖瓦在振动下易滑脱，屋面易渗漏。

四、屋面的保温与隔热

我国幅员辽阔，各地区气候差别悬殊，因此同一类的厂房，因地理条件不同，各种厂房内部的生产工艺条件不同，具体要求也不同，有些厂房屋面需要做成保温的，而有些厂房则要求做成隔热的。

1. 屋面的保温处理

要求恒温恒湿的厂房及寒冷地区冬季需要采暖的厂房，其屋面应设置保温层，其厚度须通过建筑热工计算确定。保温层可铺设在屋面板上部、设在屋面板下部和与承重基层相结合三种，如图 18－54 所示。

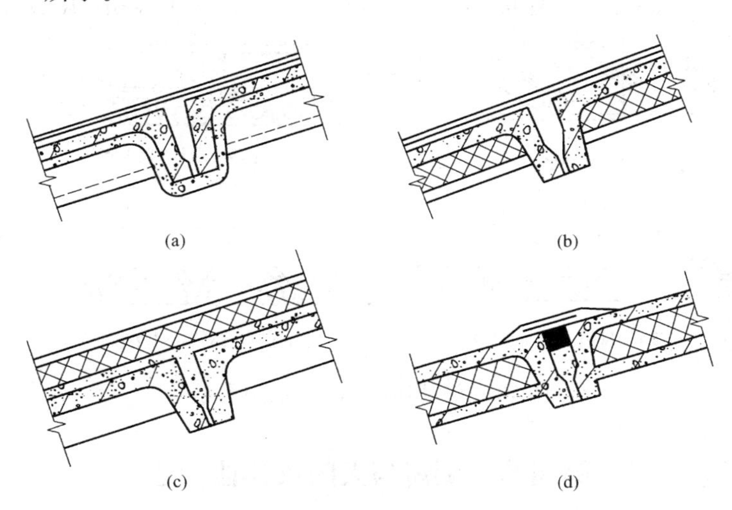

图 18－54 保温层的不同设置位置

(a) 喷涂在屋面板下部；(b) 贴在屋面板下部；(c) 在屋面板上部；(d) 夹芯屋面板

(1) 保温层铺设在屋面板上部。这种做法单层厂房中保温屋面采用较多，其保温材料与构造做法同民用建筑基本相同。

(2) 保温层设置在屋面板下部。这种做法多用于构件自防水屋面，可在屋面板下直接喷涂保温层或吊挂保温层。直接喷涂是将散料拌和一定的水泥制成的保温材料，用喷浆机喷涂在屋面板下，喷涂厚度一般为 20～30mm。这种做法具有施工方便可一次喷涂成活的优点，但由于喷涂机出料不均而易产生喷涂表面粗糙，回弹较多而使材料损耗较大，北方地区因屋面板与涂层间的温度胀缩不一致等易造成涂料整片脱落。吊挂保温层是将轻质保温材料吊挂在屋面下部，其间可留有空气间层。这类材料有聚苯乙烯泡沫塑料、玻璃棉毡、铝箔等。此方法施工较复杂。

(3) 保温层与承重基层相结合的做法，把屋面板和保温层结合起来，使屋面板具有承重、保温、防水三种功能。此方法的优点是可减少高空作业，改善施工条件，加快施工速度。但也存在不同程度的板面及板底开裂，板自重较大，制作工艺复杂等问题，有待解决。

2. 屋面的隔热处理

在炎热地区的低矮厂房中，一般应作隔热处理。若厂房高度在 9m 以上时，一般可依靠通风来解决屋面散热问题，可不考虑做隔热处理；当厂房高度在 6～9m 时，应考虑厂房跨度的大小选择隔热：若高度大于跨度的 1/2 时，不需作隔热处理；若高度小于或等于跨度的 1/2 时，宜作隔热处理。单层厂房的隔热处理，一般可在屋面板上涂反射性能好的浅色涂料，或按保温层屋面做法在屋面上设置隔热层，南方地区还有一种常见的做法是在屋面上做通风间层，利用空气间层上部的盖板来遮挡太阳辐射，并通过空气流动带走热量（图 18－55）。

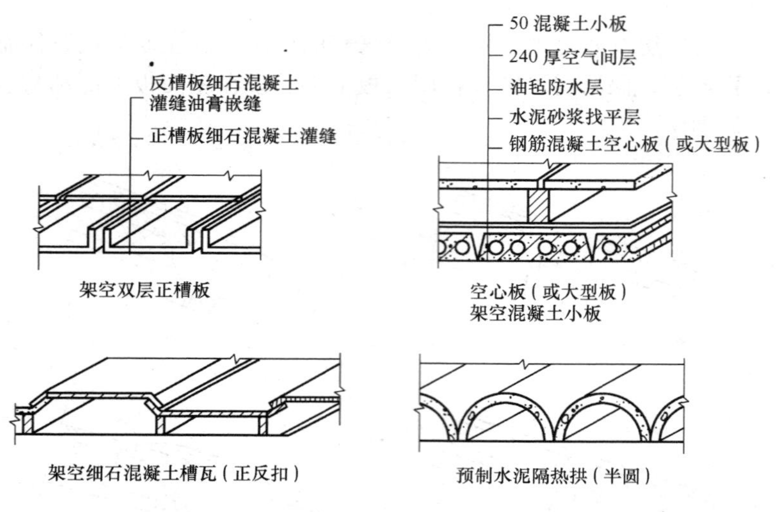

图 18-55 屋面通风间层隔热构造

第四节 侧窗与大门及其他构造

一、侧窗

单层厂房的侧窗不仅要满足采光和通风的要求，还要根据生产工艺的特点，满足一些特殊的要求。例如要求恒温恒湿的车间侧窗应有足够的保温隔热性能；在有爆炸危险的车间，侧窗应有利于泄压；有洁净要求的车间，要求侧窗具有良好的防尘和密闭性能等。单层厂房的侧窗面积往往较一般民用建筑的窗洞面积大，因此进行侧窗设计时应在坚固耐久、开关方便的前提下，节省材料、降低造价。

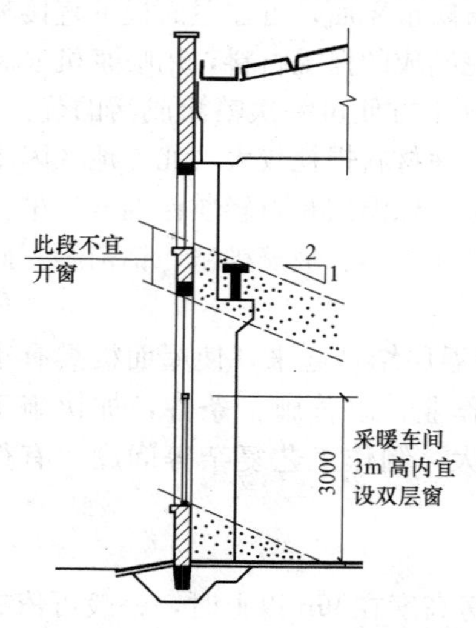

图 18-56 有吊车梁的侧窗布置

（一）侧窗的位置

单层厂房一般都较高大，当采光要求较高时，往往需要较大面积的侧窗。而一定面积的侧窗，其布置的位置不同时，室内的采光效果也不同。窗洞高度及窗洞位置的高低，对采光效果影响很大，侧窗位置越低，近墙处的照度越好，窗位置越高，虽然近墙处的照度降低了，但深处的照度提高了，均匀性得到了改善。

窗台的高度，从通风、采光要求看，一般以低些为好，但考虑到工作面高度、工作面与侧窗的距离等因素，应综合考虑。在有吊车梁的厂房中，如靠吊车梁位置布置侧窗，因吊车梁会遮挡一部分光线，该段的窗不能发挥作用（图 18-56）；因此，在该段范围内通常不设侧窗，而作成实墙面，这也是单层厂房侧窗一般至少分为两排的原因之一。

（二）侧窗的层数

单层厂房侧窗一般均为单层窗，但在寒冷地区的采暖车间，室内外计算温差不小于 35°

时，在 4m 以内的高度范围内或生产有特殊要求（如恒温恒湿、洁净车间等）的厂房应设双层窗。双层窗冬季保温、夏季隔热，但价格较高，施工复杂。

（三）侧窗布置形式及窗洞尺寸

单层厂房外墙侧窗布置形式一般有两种：一种是被窗间墙隔开的单独的窗洞口形式，另一种是厂房整个墙面或墙面大都分做成大片玻璃墙面或带状玻璃窗。

侧窗洞口尺寸的数列，应符合建筑模数协调标准的规定，以利窗的标准化和定型化。侧窗洞口宽度一般在 900～6000mm 之间；2400mm 以内以 300mm 为扩大模数，2400mm 以上以 600mm 为扩大模数进级。侧窗洞口高度一般在 900～4800mm 之间，1200～4800mm 之间以 600mm 为扩大模数进级。

由于厂房采光和通风的需要，厂房侧窗面积较大，而各类侧窗为便于制作和运输，其基本窗尺寸均有一定限制。如钢侧窗一般不超过 1800mm×2400mm（宽×高），木侧窗一般不超过 3600mm×3600mm 等。因此，如所需的窗洞尺寸大于上述尺寸时，就必须选择若干个基本窗进行拼装组合，这种窗称为拼框组合窗。

（四）侧窗种类及其构造

1. 侧窗种类

工业建筑侧窗种类，按开启方式分以下几种：

（1）平开窗：构造简单，开关方便，通风好，便于形成双层窗，多用于外墙下部。

（2）固定窗：构造简单，节省材料，主要用于采光。多用于厂房的中部。

（3）中悬窗：窗扇沿水平轴转动，开启角度大，利于泄压，便于设置开关器。其缺点是构造复杂，缝隙处易漏雨，不利于保温。多用于厂房外墙的上部。

（4）垂直旋转窗：窗扇沿垂直轴转动，窗扇可根据风向调节开启角度，有良好的通风效果。多用于热加工厂房的外墙下部，作为通风的进气口。

图 18-57 为单层工业厂房的侧窗组合示意。

图 18-57　侧窗组合示意

厂房的侧窗按材料分有木侧窗、钢侧窗、钢筋混凝土侧窗等。

2. 侧窗构造

现将各类常用侧窗的构造特点分述如下：

（1）木侧窗。木侧窗施工方便，造价较低，但耗木量大，容易变形，防火及耐久性差。常用于中、小型及辅助车间，或对金属腐蚀的车间（如化学制品生产车间、电镀车间），但不宜用于高温高湿或木材易腐蚀的车间（如发酵车间）。

工业建筑木侧窗的组成及构造与民用建筑基本相同。由于工业厂房侧窗窗洞面积较大，窗料截面也随之增大。要处理好木侧窗的拼框节点构造，木侧窗的拼接可采用木螺丝或螺栓。中悬木侧窗的形式有进框式和靠框式两种。进框式与民用建筑中木悬窗相同，虽密闭性好，构造简单，但木材受潮变形时会影响开启。而靠框式中悬窗，由于关闭后下冒头靠在窗的横档或下框上，因此防雨及排雨效果好，当窗扇发生变形或木料受潮膨胀时，不影响开关，因而目前采用较多；但靠框式用料较多，密闭性较差，对有防风沙和保温要求的厂房不宜采用。

（2）钢侧窗。钢侧窗具有坚固、耐火耐久性能好、挡光少、关闭严密且易于工厂机械化生产等优点，目前在工业厂房中应用较广。

目前我国生产的钢侧窗窗料有实腹钢窗料和空腹钢窗薄型钢窗料两种。

工业建筑中使用的空腹薄型钢窗料特点是重量轻且抗扭强度高，与实腹式钢窗比较，可节约钢材 40%左右，提高抗扭强度 2.5～3.0 倍。但因其壁薄，不宜用于有碳碱介质侵蚀的车间和湿度较大的车间。

工业建筑中使用的实腹钢窗窗料一般为 32mm 钢窗型钢。它适用于中悬窗、中悬窗、固定窗。当窗洞口尺寸较大，超过了基本的钢窗尺寸，构造上应作拼接处理，形成组合窗。横向拼装时应设竖梃，纵向拼装时应设横档。横档和竖梃两端均须伸入窗洞四周墙体，并用细石混凝土填实缝隙，或者用墙或柱上的预埋件焊牢。

钢窗框与窗洞口四周墙体的连接，一般是在墙上预留 50mm×50mm×100mm 的孔洞，把鱼尾铁脚一端伸入孔洞，再用 1∶2 的水泥砂浆或 C15 细石混凝土填实，另一端用螺栓与窗框固定。每边的第一个铁脚应距框边约 180mm，其余距离均分约为 500mm。若洞口上方为钢筋混凝土过梁，不便预留孔洞，则需要按铁脚的位置在梁上预埋铁件，安装时用连接件与窗框焊牢。固定好后，框的四周间隙必须用 1∶2 水泥砂浆填实。构造如图 18－58 所示。

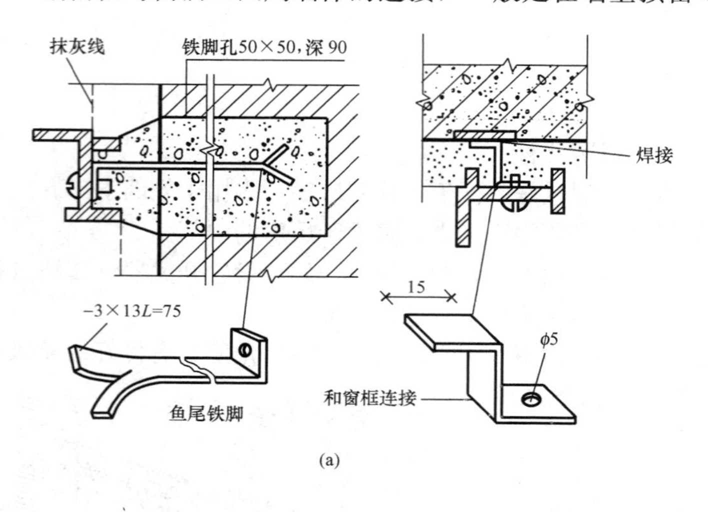

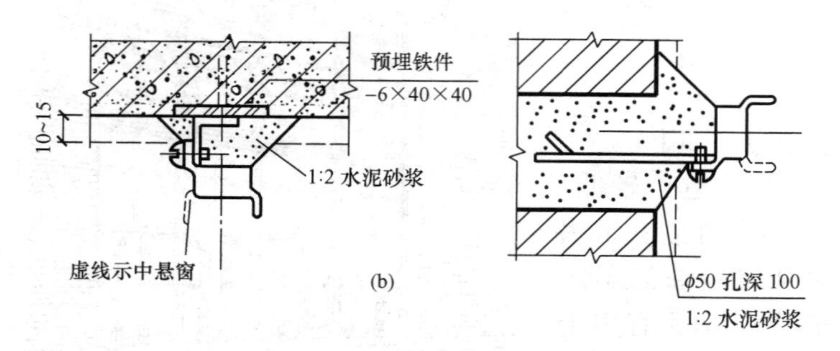

图 18－58　钢窗框与四周墙体的固定

（a）实腹钢窗；（b）空腹钢窗

（3）钢筋混凝土侧窗。钢筋混凝土侧窗主要用于固定窗。这类窗目前多由各地区自行编制通用图。从各地实践情况看，这种窗基本能满足使用要求，其主要不足是开扇与钢筋混凝土窗框接缝欠严密，风雨大时，易渗入雨水。此外，当单层厂房采用大型墙板作外墙时，按墙板规格设计钢筋混凝土条形窗或带形窗的墙板，与基本墙板配套使用，效果良好。

（4）垂直旋转通风板窗。垂直旋转通风板窗主要用于散发大量热量、烟灰和无密闭要求的高温车间。其制作材料有钢丝网水泥、钢筋混凝土和金属板等数种，其中以钢丝网水泥通风板窗应用较广。钢丝网水泥及其他材料的垂直旋转通风板窗均属于无框结构。

二、大门

工业厂房大门主要是供日常运输车辆和人员通行的，在特殊情况下还应考虑到疏散问题。厂房大门的设计应作多方位的考虑。

（一）大门的尺寸

门的尺寸应根据所需运输工具类型、规格、运输货物（原材料和产品等）的外形尺寸，并考虑通行方便等因素综合确定。一般门的宽度应比通过的满载货物车辆的轮廓尺寸加宽600～1000mm，高度应高出400～600mm。大门的尺寸，还应符合建筑模数协调标准的规定，以300mm为扩大模数进级，以减少大门类型，便于采用标准构配件。常用大门的规格尺寸见表18-2。

表18-2　常用大门的规格尺寸　mm

运输工具	3t矿车	电瓶车	轻型卡车	中型卡车	重型卡车	汽车起重机	火车
洞口宽	2100	2100	3000	3300	3600	3900	4200 4500
洞口高	2100	2400	2700	3000	3900	4200	5100 5400

（二）大门的类型及构造

工业厂房大门按用途可分为一般大门和特殊大门。特殊大门是根据特殊要求设计的，有保温门、防火门、冷藏门、射线防护门、防风砂门、隔声门等。

厂房大门按制作材料可分为木门、钢板门、钢木门、普通型钢门、铝合金门等。

厂房大门按开启方式可分为平开门、平开折叠门、推拉门、推拉折叠门、上翻门、升降门、卷帘门等（图18-59）。工业厂房各类大门的构造各不相同，一般均有标准图可供选择。以下着重介绍平开门及推拉门的构造。

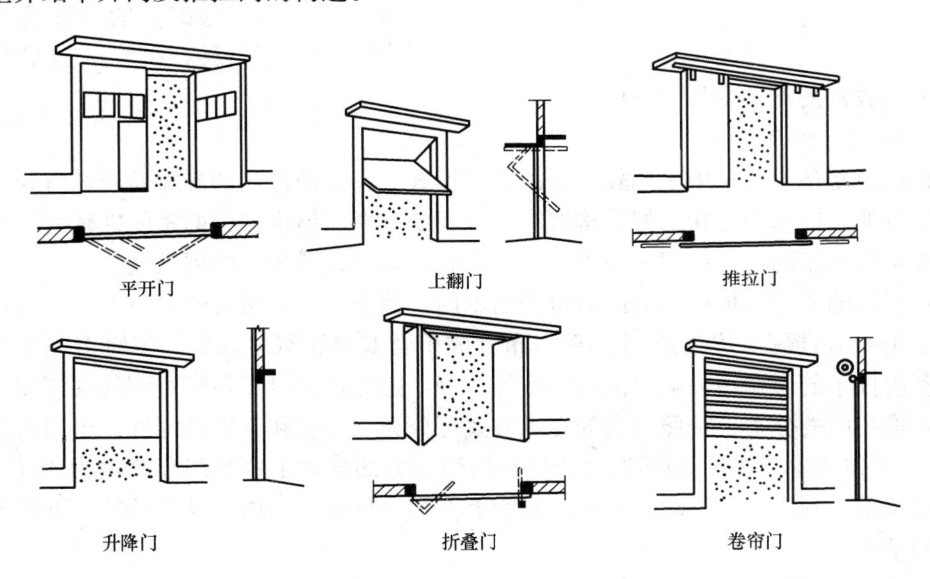

图18-59　常见的大门形式

1. 平开门特点及构造

平开门是单层厂房常用的一种大门，构造简单，开启方便。按照开启方式可将平开门分为内开门和外开门。门向内开虽可以免受风雨的影响，但占用车间的生产面积，也不利于事故的疏散，故厂房大门的平开门通常向外开启，但须设置雨篷，以保护门扇和方便疏散。大门的门扇均为两扇，大门扇上可开设一扇供人通行的小门，以便在大门关闭时使用。平开门受力状态较差，易产生下垂或扭曲变形，须用斜撑等进行加固，因此，门洞尺寸较大时不宜采用。

平开门一般由门扇、门框与五金配件组成。

(1) 门扇的构造。平开门的洞口尺寸一般不宜大于 3600mm×3600mm。门扇有木制、钢板、钢木混合等几种。当门扇面积大于 $5m^2$ 时，宜采用钢木或钢板制作。门扇是由骨架和面板构成。除木门外，骨架通常是用角钢或槽钢制成。为防止门扇变形，钢骨架应加设角钢的横撑和交叉支撑，木骨架应加设三角铁，以增强门扇的刚度。为防止风沙吹入车间，在门扇下沿以及门扇与门框、门扇与门扇间的缝隙处加钉橡皮条。

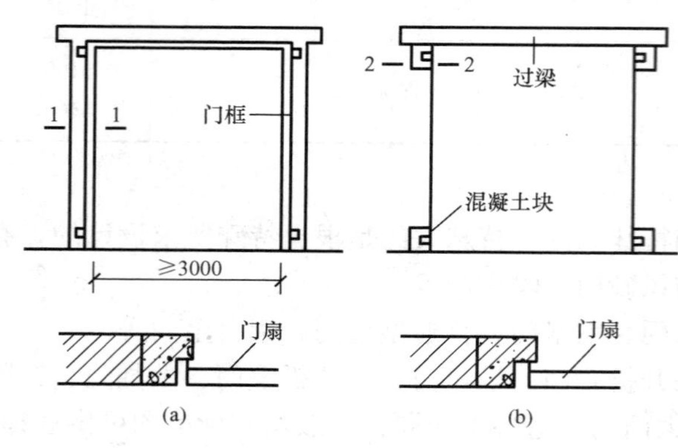

图 18 - 60 平开门的门框构造
(a) 1—1 剖面；(b) 2—2 剖面

(2) 门框的构造。平开门的门框由上框和边框构成。上框可利用门顶的钢筋混凝土过梁兼作。过梁上一般均带有雨篷，雨篷应比门洞每边宽出 370～500mm。门的边框有钢筋混凝土和砖砌两种。当门洞宽度大于 3m 时，应采用钢筋混凝土边框，在安装铰链位置上预埋铁件（图 18 - 60）。当洞口宽度小于 3m 且两边为砌体墙时，可不设钢筋混凝土边框，但应在铰链位置上砌混凝土预制块，其上带有与砌体的拉接筋和与铰链焊接的预埋铁件，砌块的数量和位置应与门扇上的铰链的位置数量相适应。

2. 推拉门特点及构造

推拉门也是单层厂房中采用较广泛的大门形式之一。推拉门的开关是通过滑轮沿着导轨向左右推拉的，门扇受力状态好，构造简单，不易变形。但推拉门的密闭性较差，故不宜用于密闭要求高的车间。推拉门一般由门扇、门轨、地槽、滑轮、门框组成。

(1) 门扇的构造。推拉门的门扇可采用木门、钢板门、空腹薄壁钢门等。门扇的宽度一般不大于 1.8m，根据门洞的尺寸门扇可布置成单轨双扇、双轨双扇、多轨多扇等形式。门扇因受室内柱子的影响，一般只能设在室外一侧，因此，应设置足够宽度的雨篷加以保护。

(2) 推拉门的分类。按照门扇的支承方式可分为上挂式和下滑式两种。当门扇高度不大于 4m 时采用上挂式，即门扇通过滑轮挂在门洞上方的导轨上；当门扇高度大于 4m 时，门扇的重量较重，则应采用下滑式，在门洞的上下均设导轨，门扇沿导轨推拉，下面的导轨承受门扇的重量。

上挂式推拉门的上轨道和滑轮是使门扇向两侧推拉的重要部件，构造上应做到坚固耐久，滚动灵活，并需经常维修，以免生锈。滑轮装置有单轮、双轮或四轮，前者制作简单，后者制作复杂但不易脱轨，可根据门洞的大小选用。为防止门扇脱轨，导轨尽端应设门挡。下部导向装置有凹式、凸式和导饼轨道，目前多用导饼，导饼由铸件制成，凸出地面20mm，间距300～900mm。

3. 折叠门

折叠门是由几个较窄的门扇互相间以铰链连接而成。门洞的上下设有导轨，开启时门扇沿导轨左右推开，使门扇折叠在一起。此门开启轻便，占用的空间较少，适用于较大的门洞。

折叠门按门扇转轴的位置不同又可分为中悬式和侧悬式折叠门。

4. 推拉折叠门

推拉折叠门是在推拉门的基础上演变而来的，即门由四扇组成，边扇做成推拉式，中间两扇用铰链分别侧挂在边扇上。需打开门时，先平开中间扇，并固定在边扇上，再推拉边扇。此种门使用灵活方便，门扇占地面积小。

5. 上翻门

上翻门是指门扇开启时，将整个门扇翻到门顶过梁下面。这种门不占车间使用面积，可避免大风及车辆造成门扇碰损破坏，门扇开启不受厂房柱子影响，常用于车库大门。

6. 卷帘门

卷帘门的帘板由薄钢板或铝合金冲压成型，开启时由门上部的转轴将帘板卷起。这种门的高度不受限制。卷帘门有手动和电动两种，当采用电动时，必须设置停电时手动开启的备用设施。卷帘门制作复杂，造价也较高，适用于非频繁开启的高大门洞。

三、厂房地面

工业厂房地面应能满足各种生产使用要求，如防尘、防水、防潮、抗腐蚀、耐冲击等要求。因此，地面类型的选择是否恰当，构造是否合理，将直接影响到产品质量的好坏和工人劳动条件的优劣。同时，因厂房内各工段生产要求不同，地面类型也应不同，这就使地面构造增加了复杂性。此外，单层厂房地面面积大，荷重大，材料用量也多，所以正确而合理地选择地面材料和相应的构造，不仅有利于生产，而且对节约材料和基建投资都有重要意义。

（一）地面的组成、类型

厂房地面与民用建筑一样，一般是由面层、垫层和基层（地基）组成。当它们不能充分满足使用要求或构造要求时，可增设其他构造层，如结合层、找平层、防水层等。

1. 面层及其选择

地面的名称常以面层材料来命名。根据构造及材料性能不同，面层可分为整体式（包括单层整体式和多层整体式）及块材地面两大类。由于面层是直接承受各种物理、化学作用的表面层，因此应根据生产特征、使用要求和技术经济条件来选择面层。

（1）单层整体地面。将面层和垫层合二为一，通常由夯实的黏土、灰土等直接铺在基层上。此类地面造价低、施工方便、耐高温、易修补，广泛用于某些高温车间。

（2）多层整体地面。这类地面面层厚度较小，材料的选用应根据生产状况、荷载大小等诸多因素综合考虑。常见的有以下几类。①水泥砂浆地面：可承受一定的机械作用，易起灰，适用于一般的金工、机修车间；②水磨石地面：承载力较高，耐磨，不易渗水，适用于有一定要求的车间，如精密加工车间、实验室等；③混凝土地面：一般采用60mm厚的C15

混凝土构成，应用较广，金工、机修、装配等车间常采用此种地面，但它的耐腐蚀性较差；④沥青砂浆及沥青混凝土地面：可用于工具室、乙炔站、电镀车间等，不宜用于使用有机溶剂的车间，如有汽油、甲苯的车间。

（3）块材类地面。这类地面是指采用各类砖、石、混凝土预制块等材料铺设形成的承载力较大、维修方便的地面。

2. 垫层的设置及选择

垫层是承受并传递地面荷载至基层（地基）的构造层。按材料性质不同，垫层可分刚性垫层、半刚性垫层和柔性垫层三种。

（1）刚性垫层。用混凝土、沥青混凝土和钢筋混凝土等材料做成的垫层，整体性好，不透水，强度大，适用于直接安装中小型设备、受较大集中荷载且要求变形小的地面。

（2）半刚性垫层。用灰土、三合土、四合土等材料做成的垫层，受力后有一定的塑性变形，可以利用工业废料和建筑废料制作，因而造价低。

（3）柔性垫层。用砂、碎（卵）石、矿渣、沥青碎石等材料做成的垫层，受力后产生塑性变形，但造价低，施工也较方便，适用于有重大冲击、剧烈振动作用或堆放笨重材料的地面。

垫层的选择应与面层材料相适应，同时应考虑生产特征和使用要求等因素。垫层的厚度主要取决于垫层的材料以及作用在面层上的荷载，通过相关的计算确定。

3. 基层（地基）

基层是承受上部荷载的土壤层，是经过处理的地基土层。最常见的是素土夯实。地基处理的质量直接影响地面承载力。地基土不应用过湿土、淤泥、腐殖土等性能差的土体。若地基土松软，可加入碎石、碎砖或铺设灰土夯实，以提高强度。

（二）不同地面的接缝处理

一个厂房内，由于各工段生产工艺要求不同，可能出现两种以上不同类型的地面，在不同地面的交接处，由于强度不同，接缝处容易遭到损坏，应根据使用情况采取加固措施。

当面层为水泥砂浆等脆性材料时，常在接缝处预埋角钢作护边处理，如图 18-61（a）所示。当接缝两边均为砂、矿渣等非刚性垫层时常设置混凝土块进行加固，如图 18-61（b）所示。

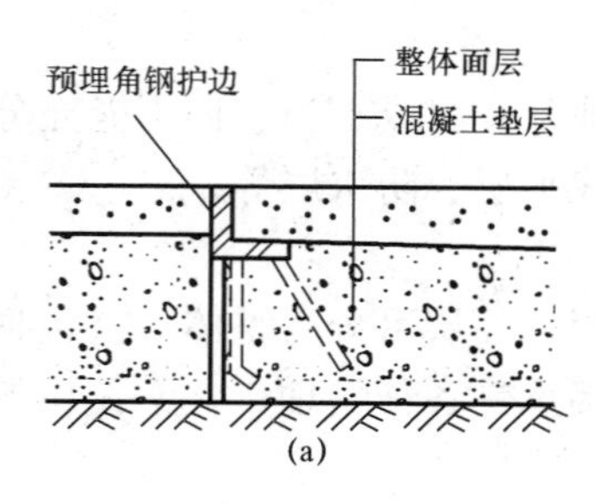

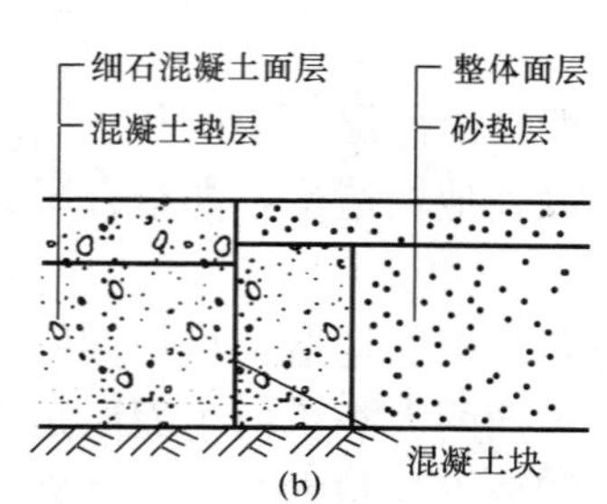

图 18-61 地面接缝处理

（a）预埋角钢作护边处理；（b）混凝土块进行加固

四、地沟

厂房建筑中，地沟是为了容纳各种管道如电缆、采暖、制冷等管道而设置的。地沟由底板、盖板、沟壁三部分组成，常用的材料有砖和混凝土两类。砖砌地沟适用于沟内部无防酸、防碱要求，沟外部也不受地下水影响的厂房。砖砌地沟一般须作防潮处理，在沟壁外侧刷冷底子油一道，热沥青两道，沟壁内部抹 20mm 厚的 1∶2 水泥砂浆，内掺 3%防水剂。具体作法如图 18-62 所示。

当地沟穿过外墙时，应注意室内外管沟接头处的构造。若处理不当，易发生不均匀沉陷，因此室内外地沟接头处应合理设置变形缝。

五、屋面检修及消防钢梯

为了便于屋面的检修、清灰、清除积雪和擦洗天窗，厂房均应设置屋面检修钢梯，并兼作消防梯。其形式多为直梯，宽度一般为 600mm，由梯段、踏条、支撑构成；当厂房很高时，用直梯既不方便也不安全，应采用设有休息平台的斜梯。

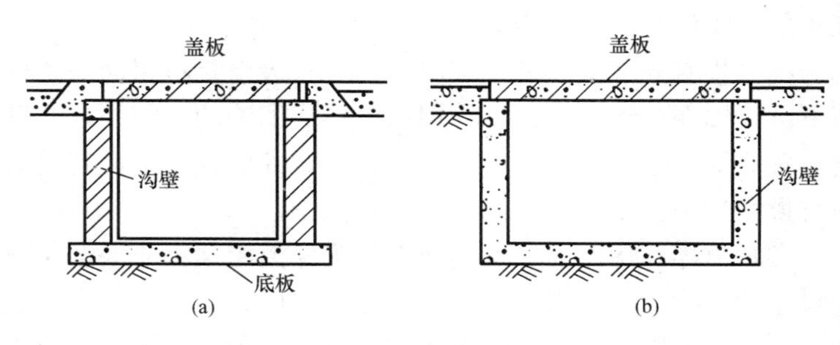

图 18-62 地沟构造

(a) 砖砌地沟；(b) 混凝土地沟

屋面检修钢梯设置在窗间墙或其他实墙上，不得面对窗口，通常沿厂房周边 200m 以内设置一个。梯的底端应距离地面 1500mm 以上，钢梯与外墙的距离一般不小于 250mm。当厂房有高低跨时，应使屋面检修钢梯经低跨屋面再通到高跨屋面；设有矩形、梯形等上升式天窗时，屋面检修及消防梯宜设在天窗的间断处附近，以便于上屋面后可以横向穿越，同时在天窗端壁上应设置上天窗屋面的直梯。

六、吊车梁走道板

吊车梁走道板是为维修吊车轨道及维修吊车而设置的，均沿吊车梁顶面铺设。当吊车为中级工作制，轨顶高度小于 8m 时，只需在吊车操纵室一侧的吊车梁上设统长走道板；当轨顶高度大于 8m 时，应在两侧的吊车梁上设置统长走道板；当厂房为高温车间且吊车为重级工作制或露天跨设吊车时，不论吊车台数与轨顶高度如何，均应在两侧的吊车梁上设统长走道板。

走道板有木制（已较少采用）、钢制及钢管混凝土三种。目前采用较多的预制钢筋混凝土走道板，均有定型构件供设计时进行选择。

本 章 小 结

（1）单层厂房的外墙是厂房的重要组成部分，在设计时除考虑结构等要求外还要考虑生产工艺因素。单层厂房的外墙按其材料类别可分为砖墙、砌块墙、板材墙、开敞式外墙等，按其承重形式则可分为承重墙、承自重墙和框架墙。

外墙的构造重点在于保证外墙的整体性和稳定性，墙与柱和屋架必须有可靠的连接。最常用的做法是沿柱高每隔 500～600mm 平行伸出两根$\phi 6$ 的钢筋砌入砌体水平灰缝中。圈梁与屋架和柱也要进行可靠的拉结。

厂房的围护结构采用大型的板材墙板，可以大大加快建设速度，墙体自重较轻，抗震性也较好，是墙体材料改革的发展趋势之一。墙板的布置方式有横向布置、竖向布置、混合布置三种。墙板与柱的连接有柔性连接和刚性连接。

（2）单层厂房中天窗类型的选择，要根据生产工艺的特点和自然采光、通风的要求综合确定。常见的天窗有矩形天窗、避风天窗、井式天窗等。

矩形天窗主要由天窗架、天窗扇、天窗屋面板、天窗侧板、天窗端壁组成。避风天窗是在矩形天窗的基础上，设置了挡风板、挡雨片等构件，较好地解决了热加工厂房的通风问题。挡风板有立柱式、悬挑式两种。井式天窗是将屋面一个柱距内、一定横向宽度内的屋面板下沉，铺在屋架的上面，在屋面上形成凹陷的天窗井，井壁上设置采光和通风口。井式天窗布置灵活，采光通风好，但构造复杂。井底板的铺设有横向、纵向两种。井口板的挡雨设施有挑檐挡雨、水平口挡雨、垂直口挡雨。

（3）单层厂房屋面按保温与否分为保温屋顶和非保温屋顶；按屋面的材料和构造做法有卷材屋面、构件自防水屋面、刚性防水屋面；屋面的排水方式有有组织排水和无组织排水两种，其中有组织排水分为内排水和外排水两种，内排水主要用于严寒地区的厂房和某些大跨多跨厂房，外排水主要有檐沟和长天沟外排水，一般适用于降雨量大的地方。

单层厂房屋面的防水目前采用较多的是卷材防水和构件自防水。卷材防水的原理构造与民用建筑相同，但由于温度变形、结构变形以及挠曲变形的原因极易造成屋面的开裂，大型屋面板的横缝处应做加铺卷材的重点处理。

构件自防水屋面是利用具有良好密实性的屋面板，并在板缝处做局部防水处理而成的以构件自身防水的屋面。其优点是屋面的重量减轻，节省材料，降低造价，施工简便，维修方便；缺点是板面易出现裂缝而渗漏，混凝土在自然条件下易风化炭化。

厂房屋顶的保温和隔热构造应针对不同的生产工艺要求以及气候特点综合确定。冬季采暖的厂房应设置保温层，其位置可在屋面板通风间层之上，屋面板之下，或喷涂与屋面板上，或者采用夹芯屋面板。厂房的屋顶隔热目前采用的较多的是通风间层做法，此方法构造简单，施工方便，隔热效果好。

（4）厂房的侧窗不仅满足采光、通风的要求，还要有利于泄压、保温、隔热等功能。侧窗按照开启方式的不同可分为平开窗、固定窗、悬转窗、推拉窗等。单层厂房的大门主要用于生产运输和人流的通行其设计要满足使用要求，做到适用、经济、美观，尽量少占厂房面积。

（5）厂房地面应满足生产使用的要求，坚固耐久，经济合理。厂房的地面由面层、垫层、基层组成，按照面层构造分为整体地面和块材地面两类。

习题与技能训练

一、习题

（一）填空题

1. 厂房外墙是单层厂房中的重要组成部分，外墙设计的主要依据是________、________和________。

2. 厂房外墙按受力情况可分为________、________和________三种；按所用材料和构造方式可分为________和________等多种。

3. 为保证外墙的整体性和稳定性，墙与柱和屋架必须有可靠的连接，最常用的做法是沿柱高每隔________平行设置两根________的钢筋砌入砌体灰缝中。

4. 在地震区，为增强外墙的刚度和抗剪能力，应限制女儿墙的高度，一般以不超过________为宜。

5. 墙板布置分为________、________、________三种。其中以________应用最为广泛。

6. 墙板与柱的连接可分为________和________两种，在抗震设防地区不宜采用________方式。

7. 墙板与柱的柔性连接方法通常有________、________两种。

8. 厂房屋顶按照基层的构造不同分为________、________两种。

9. 厂房屋顶排水形式有________、________两种。

10. 构件自防水屋面根据板缝的处理不同可分为________、________、________三种。

11. 冬季采暖的厂房应设置屋面保温层，保温层的位置可设在________、________以及________。

12. 矩形天窗主要由________、________、________、________、________等组成。

13. 矩形天窗中，上悬式钢天窗扇最大开启角度为________，其防雨好，但________较差。

14. 矩形避风天窗挡风板支架的支撑方式有两种，即________和________。

15. 避风天窗的挡雨方式常有________、________、________三种。

16. 井式天窗布置方式可分为________、________、________。

17. 井式天窗井底板铺设方式有________和________两种。

18. 厂房地面一般由________、________、________组成。

19. 厂房地面按面层构造可分为________和________两类。

（二）判断题

1. 无组织排水一般适应于降雨量不大的地区和屋面坡度较小，等级较低的厂房。（　）

2. 在选择厂房屋面排水方式时，宜优先选择无组织排水。（　）

3. 为了消防和检修屋面的需要及构造简化，一般厂房的两端和变形缝两侧各在一个柱距内不设天窗。（　）

4. 板材墙墙板布置方式以混合布置应用最多。（　）

5. 厂房大型屋面板交接处的纵横缝都需要做特别处理，否则极易渗漏。（　）

（三）名词解释

1. 柔性连接

2. 刚性连接

3. 构件自防水屋面

4. 长天沟排水

5. 矩形避风天窗

6. 天窗端壁

7. 天窗侧板

（四）简答题

1. 厂房保温层常设在屋面板哪些位置？

2. 常见天窗的特点有哪些？

3. 矩形避风天窗的避风原理是什么？其通风效果与挡风板、天窗的高度有何关系？

4. 如何加强厂房中砖砌外墙的整体性？

5. 厂房一般有几种墙与柱的布置方式？各有何特点？

6. 常见的横向布置墙板的优缺点及适用范围是什么？
7. 厂房钢侧窗窗框与四周墙体的连接方式有哪几种？
8. 单层厂房侧窗与民用建筑的窗相比有何区别？侧窗按开启方式不同可分为哪几类？
9. 构件自防水屋面有何优缺点？它有哪些类型？
10. 单层厂房为何要设置天窗？常见的天窗有哪些？
11. 立柱式天窗与悬臂式天窗在构造上有何区别？

二、技能训练

1. 图示厂房屋面横向变形缝构造（卷材防水保温屋面）。
2. 图示何为贴缝式构件自防水屋面。
3. 图示单层厂房砖墙与柱的连接节点构造详图。
4. 图示大型屋面板卷材防水横缝处的处理构造。
5. 图示砖砌地沟的构造。

第十九章　多层厂房建筑设计简介

本章提要　本章简要介绍了多层厂房的平面设计和剖面设计等内容。

学习目标　熟悉多层厂房的柱网选择、结构形式及定位轴线的布置；掌握多层厂房平面形式的选择及层高、层数的确定。

第一节　概　　述

工业建筑采用多层厂房的建筑形式主要是为了更好地满足生产工艺的要求，同时，又可节约建筑用地、缩短工艺线路、改善城市景观。

一、多层厂房的优越性

多层厂房的优越性有以下几点。

（1）占地面积小。不仅节约了建筑场地，降低了地基土石方量，减少了基础和屋顶的工程量，同时也缩短了厂区内道路及各种工程管网、管线的长度，从而节约了建筑总投资及部分管理和维修费用。

（2）外围护面积小。相同面积的厂房随着层数的增加，单位面积的外围护结构的面积亦大大减少，可节约大量建筑材料和冬季采暖费用和空调费用。

（3）屋顶构造简单。多层厂房的宽度一般比单层厂房小，可直接采用侧窗采光，故屋面可不设天窗，使屋顶构造简单化。雨雪、积灰容易被排除，有利于保温隔热处理。

（4）容易满足生产工艺的要求。不但可分层组织生产管理，还可以在水平和垂直两个方向布置生产工艺，有利于组织各工段间合理的生产流线。

（5）环境效益明显。多层厂房在建筑体形和立面选型上的多样化，有利于改善城市景观，美化城市，创造良好的空间艺术效果，还可扩大绿地面积，保护生态环境。

但是，除了上述优点外，多层厂房的承重构件是梁、板、柱，从经济角度考虑，柱网尺寸较小，从而限制了厂房的利用率；另外，除底层外，设备均安装在梁、板上，因此，对荷载大、振动大的设备较难适应。即使结构上满足了，也是不经济的，所以，多层厂房不适合于重、中型工业企业。

二、多层厂房的适用范围

多层厂房适用于以下范围：

（1）生产工艺需要垂直运输的工业厂房，如面粉厂、造纸厂、制糖厂等；

（2）生产上需要在不同标高处作业，如化工厂的大型蒸馏塔等设备比较高，生产时需在不同楼层操作；

（3）生产设备、原料及产品的体积、重量较轻，运输量也不大的工业厂房，如电子、仪表的生产厂房；

（4）对生产环境有特殊要求的厂房，如医药、食品、精密仪器等生产中对恒温、恒湿、洁净度要求高；

（5）城市用地紧张，厂区占地面积有限，或可向高空发展的改扩建工业厂房。

第二节　多层厂房的平面设计

多层厂房的平面设计首先应满足生产工艺流程的要求，其次应结合建筑、结构、采暖、通风、水电、设备等各个工种的技术要求，合理确定厂房的平面形式、柱网尺寸及楼电梯间、生活辅助用房的位置，另外还应兼顾节能、经济、环保、发展、美观等因素。

一、多层厂房生产工艺流程

生产工艺流程是多层厂房平面布置的主要依据，可分为以下三种形式（图 19-1）。

（1）自上而下式流程。其特点是先把原材料由底层直接送达最高层，然后自上而下逐层边加工边下降，最后到达底层，完成产品的加工后，由底层运出厂房。面粉厂、饲料加工厂等粒状或粉状材料的加工厂常采用这种形式。另外，对于加工原料轻、体积小，而成品重、体积大的厂房，也可采用这种形式，如生产家电的厂房、服装加工厂房等。

（2）自下而上式流程。其特点是原材料自底层按生产工艺流程逐层向上加工，最后产品在顶层加工完成，由顶层直接送至底层，运出厂房。如平板玻璃的生产，底层布置熔化工段，靠垂直辊道由下而上运行，在运行过程中自然冷却形成平板玻璃。若原料及一些设备较重，需要有吊车运输，则可将这些工段布置在底层，其他工段依次布置在以上各层，成品在顶层完成，如轻工业类的手表厂、照相机厂及精密仪表厂等。

（3）上下往复式流程。当生产工艺流程比较长、工艺布置较多时，采用这种布置方式。如印刷厂，印刷机和纸库的荷载都比较重，常设在底层，而排版、装订、包装可设在中间或顶层，属于上下往复式布置方式。

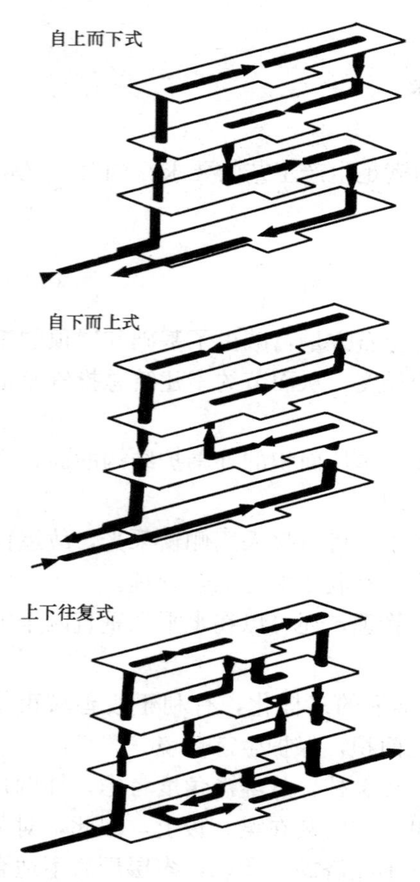

图 19-1　三种类型的生产工艺流程

二、平面布置的形式

多层厂房的平面布置形式一般有以下几种布置形式。

（1）内廊式（图 19-2）。内廊式是中间为内走廊，两侧按工艺流程的要求布置生产及相关用房，各工段通过内廊将其联系起来。这种布置形式适合于各工段所需面积不大，在生产上既需相互联系，又不希望相互干扰的厂房。如有恒温、恒湿、防尘、防震等特殊要求的工段，可分别集中布置。这样，即保证了各工段的相对独立、相互联系，又能减少空调等设备投资和工程造价。

（2）统间式（图 19-3）。中间只有承重柱，不设分隔墙。各工段按生产工艺流程布置在

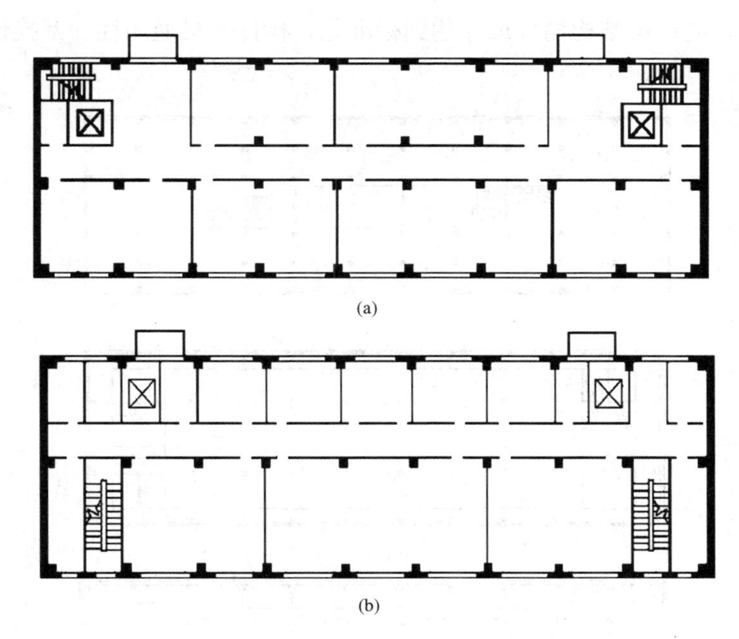

(a)

(b)

图 19-2 内廊式平面布置

(a) 走廊两边房间进深相等；(b) 走廊两边房间进深不等

一个大空间内。有需单独布置的工段或辅助房间，可将其集中起来布置在车间的某一部分。这种布置形式具有较大的通用性和灵活性，适用于生产工段需要较大面积，各工序间相互联系紧密的车间。

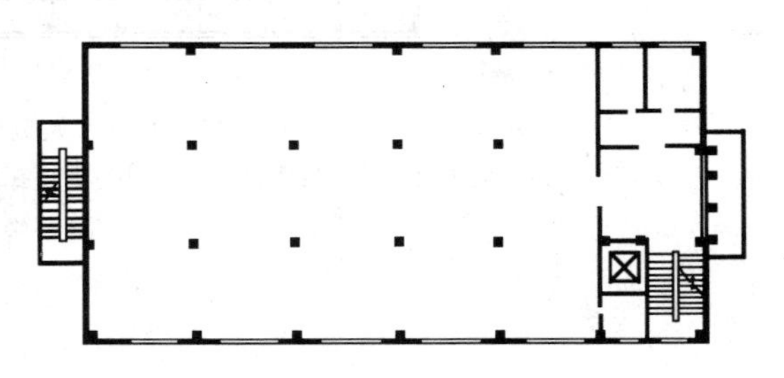

图 19-3 统间式平面布置

(3) 大宽度式（图 19-4）。当某些生产工艺对车间有特殊要求时，如对恒温恒湿，洁净无菌或通风采光等有要求的车间，为使厂房布置更为经济合理，可采用大宽度的平面布置形式。如将运输通道及辅助用房布置在厂房中部采光条件较差的部位，而将主要生产工段布置在四周，以满足生产工段对通风采光的要求［图 19-4 (a)］；对有恒温恒湿、洁净无菌等要求的工段，可采用通道外围环状布置的方式［图 19-4 (b)］，来满足其要求；也可沿通道外围布置一些一般性工段、生活辅助、行政用房等［图 19-4 (c)］。

(4) 混合式（图 19-5）。混合式布置形式是由内廊式和统间式混合布置形成的。不同的平面空间可用来满足不同生产工艺流程的要求。这种布置形式灵活性较大，但施工和构造处理麻烦。平、立、剖面复杂，且对抗震不利。

三、柱网布置

与单层厂房一样，多层厂房的柱网布置就是确定厂房的跨度和柱距。

(一) 柱网布置原则

应满足生产工艺的需要，尽量使工艺平面布置与建筑平面形状相一致；应考虑结构形式的需要、建筑材料的经济合理性和施工技术的方便可行性；应符合《厂房建筑模数协调标准》的有关规定，使厂房结构构件尺寸达到标准化，构件更具通用性和互换性，从而方便构件的预制和施工。

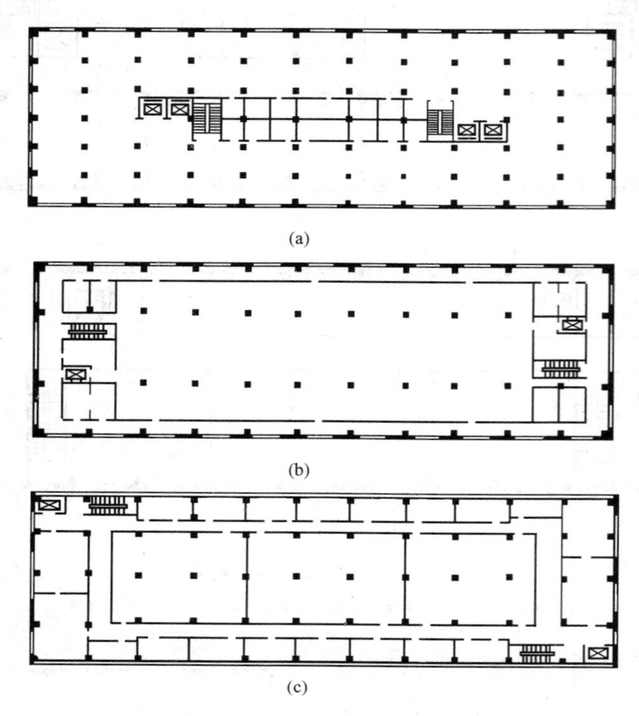

(a)

(b)

(c)

图 19-4　大宽度式平面布置

(a) 交通及辅助用房中部布置；(b) 通道在外围环状布置；(c) 交通在内部环状布置

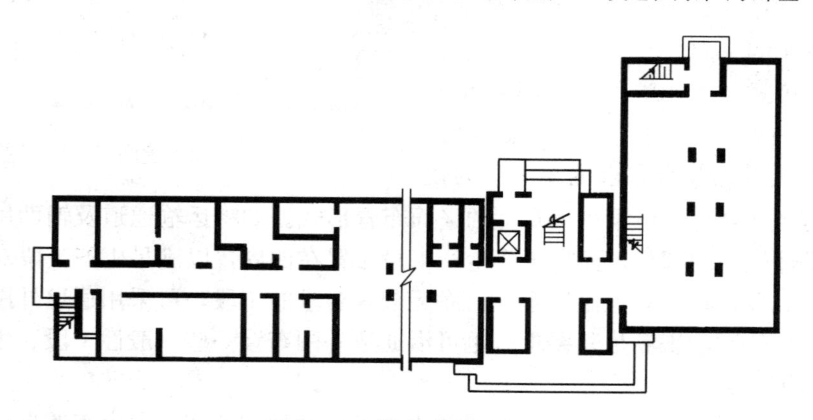

图 19-5　混合式平面布置

（二）柱网的类型

结合厂房的平面布置形式，常见的多层厂房柱网有以下几种主要类型（图 19-6）：

(1) 内廊式。适用于内廊式平面布置，一般采用对称式。多用于仪表、电子、电器等企业中的厂房，用于零件加工或装配车间。

(2) 等跨式。适用于大面积布置生产工艺的厂房。多为机械、纺织、仪表等工业厂房采用。用轻质隔墙分隔后，便成为内廊式平面布置。

(3) 对称不等跨式。在跨度方向沿中轴对称的柱网布置形式。内廊式就属这种形式。其

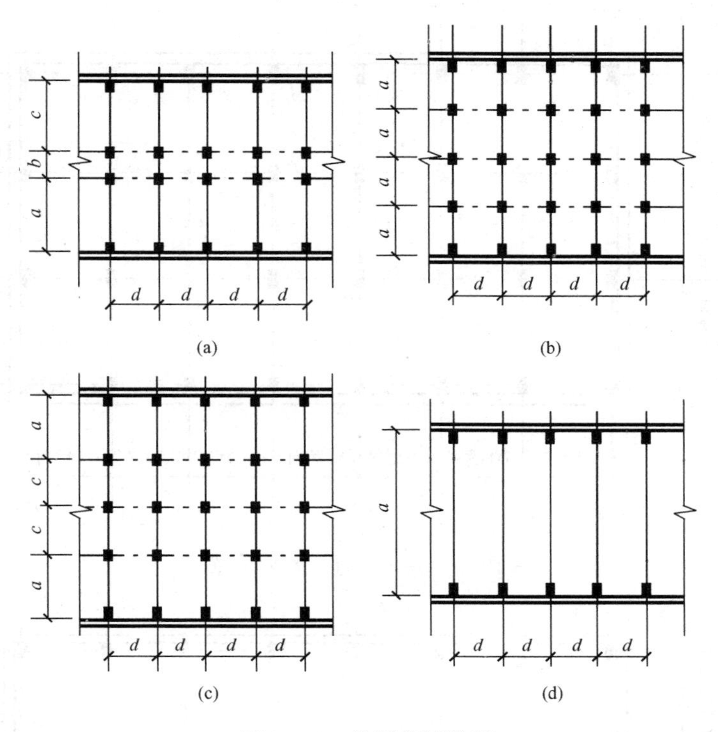

图 19-6　柱网布置类型

(a) 内廊式；(b) 等跨式；(c) 对称不等跨式；(d) 大跨度式

柱网特点及适用范围与等跨式柱网基本相同。它能较好地适应某些工艺布置的需要，提高了厂房面积利用率，但柱网构件的类型比等跨柱网的多，不利建筑工业化。

(4) 大跨度式。中间不设柱子，跨度一般在 9m 以上。这样，可为生产工艺变更提供更大的适应性。由于跨度大，楼层常采用桁架结构，桁架空间可作技术层，用来架设通风及其他各种管道。

(三) 柱网尺寸

根据《厂房建筑模数协调标准》的规定，多层厂房的跨度（进深）应采用扩大模数 15M 数列。常用的有 6.0、7.5、9.0、10.5、12m。柱距（开间）应采用扩大模数 6M 数列，常用的有 6.0、6.6m 和 7.2m（图 19-7）。内廊式的跨度可采用扩大模数 6M 数列，常采用 6.0、6.6m 和 7.2m，走廊的跨度采用扩大模数 3M 数列，常采用 2.4、2.7m 和 3.0m（图 19-8）。

多层厂房的柱网尺寸因受结构构件的限制，一般较小。为适应生产工艺的不断更新，提高厂房的灵活性，扩大其应变能力，从而提高其综合经济效益，多层厂房的柱网尺寸正在逐步趋于扩大。

四、多层厂房的结构形式

目前我国多层厂房承重结构按所用材料不同一般有以下几种：

(1) 混合结构。又分砖墙承重和内框架承重两种形式。砖墙占地面积较多，影响工艺布置，因而目前使用较多的是内框架承重的混合结构形式。

混合结构形式费用经济、保温隔热性能好，适用于地基条件好、跨度在 4～6m，层数在

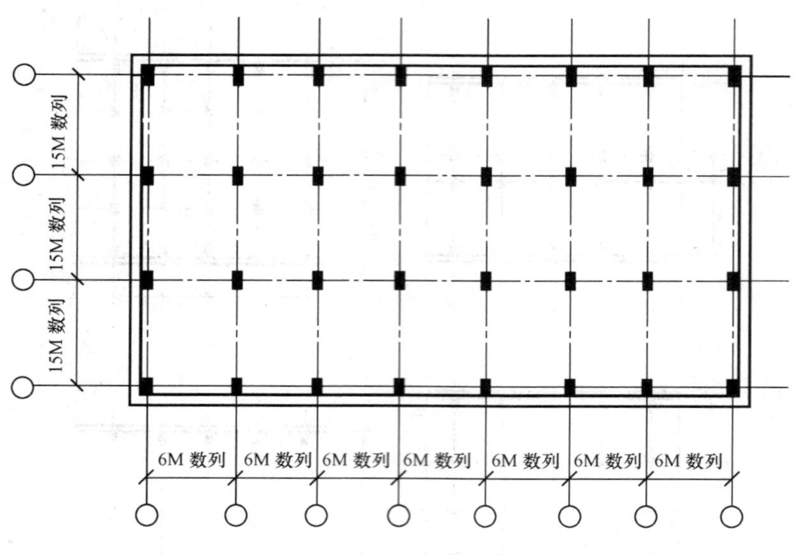

图 19-7 跨度和柱距数列示意图

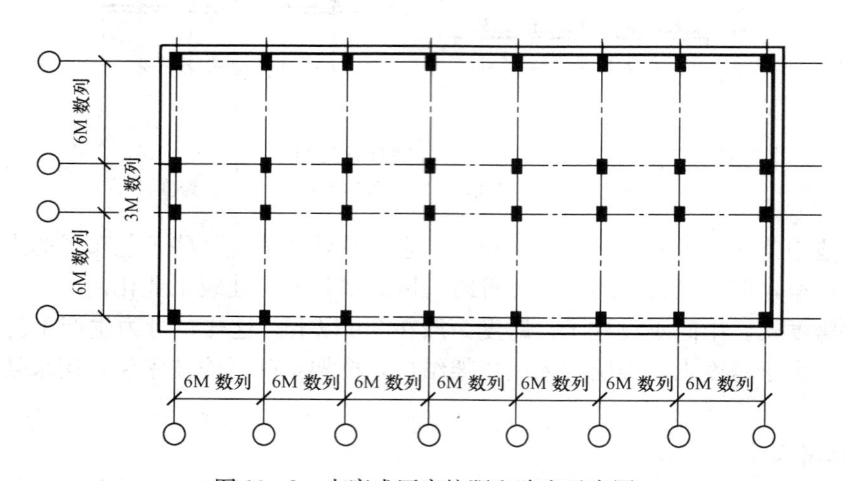

图 19-8 内廊式厂房柱距和跨度示意图

4～5 层，层高在 5～6m 且无振动荷载的厂房。

（2）钢筋混凝土结构。又分梁板式和无梁式两种结构形式。梁板式结构又可分为横向承重、纵向承重和纵横向承重三种情况。横向承重框架的刚度较好，是目前采用较多的一种形式；纵向承重框架的横向刚度较差，需要在横向设置抗风墙、剪力墙，适用于分间较灵活的厂房；纵横向承重框架厂房的刚度均较高，厂房整体性强，适用于地震区及各种类型的厂房。无梁式承重结构的楼板底面平整，室内净空高，适用于布置大统间及需灵活分间布置的情况。

钢筋混凝土结构由于其构件截面较小，强度较大，能适应层数较多、荷载较大、跨度较大的需要，所以是我国目前采用最多的结构形式。

（3）钢结构。钢结构具有重量轻、强度高、施工方便等优点。虽然造价较高些，但它施工速度快，可以提早投产来补偿损失；所以只要钢产量可以满足的话，将会被更多地采用。轻质高强的钢结构，可较普通的钢结构大大节约钢材，从而降低费用，是目前钢结构的发展趋势。

此外，多层厂房还有一些其他结构形式，如钢筋混凝土框架－剪力墙结构，大跨度桁架式结构等等。

五、多层厂房宽度的确定

多层厂房宽度是指沿厂房横向几个跨度之和。其大小与以下因素有关：

首先，生产工艺、设备的摆放方式及操作所需要面积的大小是决定多层厂房宽度的主要因素。如印刷厂的大型印刷机双行排列时，需 24m 的宽度；印染厂的大型印染机双行排列时，需要的宽度则为 30m。

其次，厂房对采光、通风的要求也与厂房的宽度密切相关。多层厂房一般是侧窗采光。当生产工艺要求以天然采光为主时，则厂房宽度不宜过大，一般以 24～27m 为佳，宽度过大会造成采光通风的不利。

再次，地域不同对厂房宽度要求不同。在南方炎热地区，为创造良好的自然通风条件，达到降温要求，多层厂房宽度不宜超过 30m；而在北方寒冷地区，为节约能源，降低外界气温影响，往往加大厂房的宽度。

最后，一般情况下，增加厂房宽度会相应地降低建筑造价。这是由于增加厂房宽度时，与它相应的外墙和窗的面积增加不多，致使单位面积材料消耗降低，从而降低了单位面积的造价。

六、多层厂房定位轴线的布置

多层厂房定位轴线的布置分横向和纵向两种，根据《厂房建筑模数协调标准》的规定，随厂房结构形式的不同而有所不同。

（1）砌体墙承重结构形式。小型多层砌块墙厂房，其内纵、横墙的中心线一般与定位轴线相重合，外纵、横墙的定位轴线可按砌块的块材类别分别位于距顶层墙内缘半块块材，或半块的倍数，或墙厚的一半处。带有壁柱的外纵墙，纵向定位轴线可与纵墙的内缘相重合，也可定位于砌体墙中半块或半块的倍数处（图 19－9）。

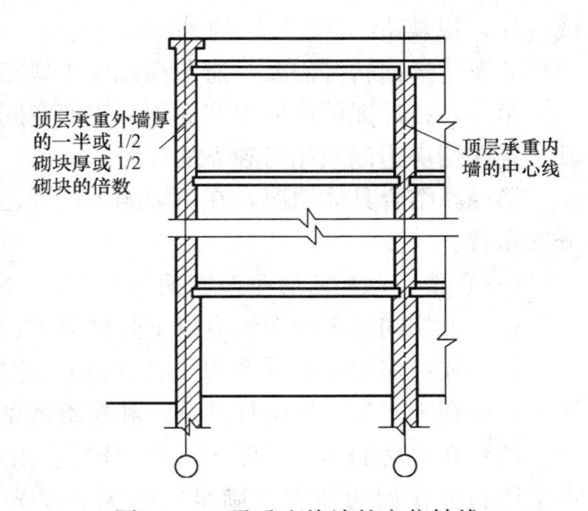

图 19－9　承重砌块墙的定位轴线

（2）钢筋混凝土框架结构形式。

1）横向定位轴线的标定：一般与柱子的中心线相重合（图 19－10），这样可使纵向构件（楼板、屋面板、纵向梁、纵向外墙板等）长度相同，以减少构件规格。横向伸缩缝或防震缝处，应采用加设插入距的双柱，并设两条横向定位轴线的标定方法，轴线与柱中心线相重合（图 19－11）。

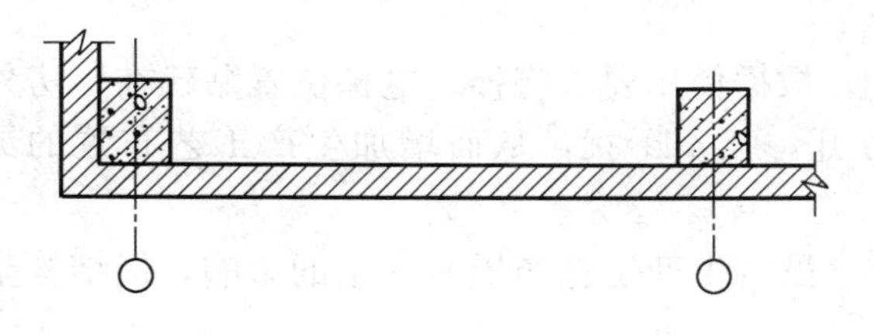

图 19－10　柱与横向定位轴线的定位

2）纵向定位轴线的标定：对于中柱，应与顶层柱中心线重合。对于边柱，纵向定位轴线在边柱下柱截面高度（h_1）范围内浮动定位（图 19－12），浮动值 a_n 主要根据构配件的统一和结构构造等要求来确定。

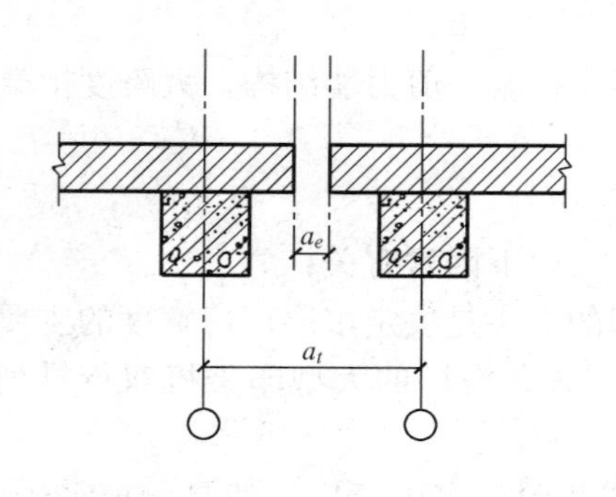

图 19-11 横向伸缩缝或防震缝处柱与横向定位轴线的定位

七、楼梯、电梯间及生活辅助用房的布置

多层厂房的楼梯一般是用来解决交通疏散问题，电梯主要是用来进行货物运输。为满足生产使用要求和考虑结构单元上的需要，通常将多层厂房的楼梯和电梯布置在一起，组成交通枢纽，并与生活、辅助用房组合在一起，既方便使用，又节约建筑空间。它们的具体位置的布置，是平面设计中的重要问题。其布置原则如下。

第一，楼电梯间及生活辅助用房的位置应结合厂区总平面的道路、出入口及使用管理的需要，布置在合适的部位，使货物运输和工作人员上下班路线通顺、短捷，避免人流和货流的交叉。

第二，楼梯、电梯间的主要出入口位置要明显易找，其数量及布置应满足安全疏散、防火及卫生等相关规定，且楼、电梯间前应有一定面积的通道或过厅，以满足运输工具的外形尺寸及货运回转等需要，避免在此发生堵塞。

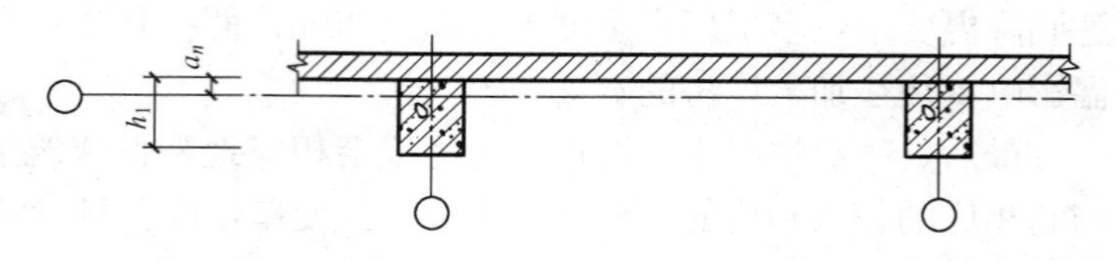

图 19-12 边柱与纵向定位轴线的定位

第三，在保证厂房内生产面积、生产空间完整，满足生产运输和防火疏散的前提下，将其布置在厂房边侧或相对独立的区段。

第四，结合具体情况，在不影响生产工艺的基础上，生活辅助用房与楼、电梯可集中或分散布置。

（一）楼、电梯间的平面布置

楼、电梯间的平面布置有以下几种方式：

(1) 在厂房的端部［图 19-13 (a)］。这样，厂房的生产工艺布置和通风采光要求不受影响，有利于建筑结构构件的统一和建筑造型的处理，适用于平面长度不长的厂房。

(2) 在厂房的内部［图 19-13 (b)］。由于楼、电梯不靠外墙，可在大宽度厂房中将生产工段布置在周边位置，满足其通风和采光的要求，但因无直接对外出口，对交通疏散不利。

(3) 在不同区段交接处［图 19-13 (c)］。楼、电梯位于两个生产区域连接处，将两个工部联系起来，相对独立于各个生产单元，便于组织较大规模的生产，使厂房的平面布局和建筑体型更加多样化。

(4) 在厂房外纵墙外侧［图 19-13 (d)］。根据使用要求将楼、电梯位置贴建在厂房外纵墙外侧适当位置，与厂房生产用房部分分开，互不干扰，从而增加生产工艺布置的灵活性。

(5) 在厂房外纵墙内侧［图 19-13 (e)］。虽对生产工艺布置有一定的影响，但结构整体刚度较外侧布置为好。

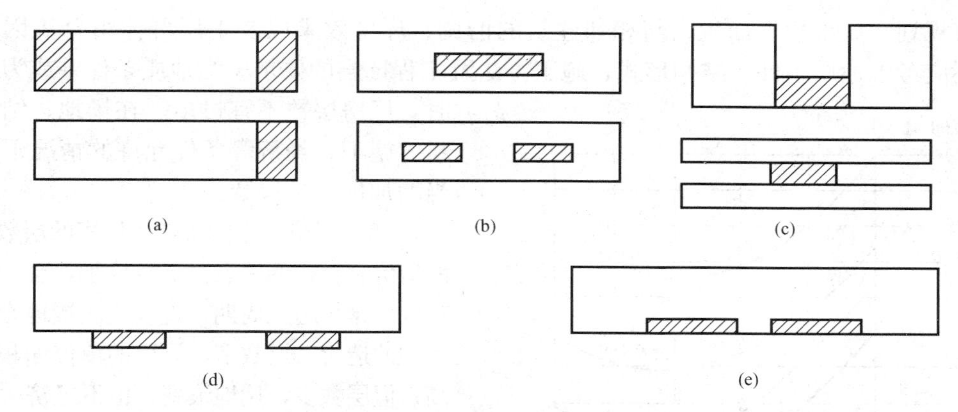

图 19-13　楼电梯间位置

(a) 厂房两端；(b) 厂房中部；(c) 不同区段交接处；(d) 外纵墙外侧；(e) 外纵墙内侧

▨——楼电梯间

(二) 生活辅助用房的平面布置

多层厂房生活辅助用房在建筑平面中的位置一般与楼、电梯间相同。

当位于厂房端部、内部及内侧时，厂房主体结构形式统一、构造简单、施工方便。但生活辅助用房的楼面荷载、柱网、层高和结构形式均与生产用房部分的一样，造成了使用空间上的浪费，相对增加了建筑造价。若考虑今后的发展，当生产工艺变更需要占用生活辅助用房的位置时，可及时移走生活辅助用房，改其为生产用房；所以，这种布置对增加空间使用的灵活性又有好处。

当生活辅助用房位于厂房外侧或不同工段的连接处时，其结构形式可与生产车间的一致。为节约建筑空间，也可根据需要改变层高，自成一结构形式。但错层布置会增加剖面的复杂性和使用上的不方便，也将增加结构、施工的麻烦。

第三节　多层厂房的剖面设计

多层厂房的剖面设计应结合平面和立面设计同时考虑，其主要内容是合理确定厂房的层数、层高、剖面形式和技术管线的布置等有关问题。

一、层数的确定

目前多层厂房多为 3～6 层。考虑节约建筑用地和提高经济效益，在满足生产要求的前提下，还应发展为更高层的厂房。层数的确定主要与生产工艺、城市规划、地质条件和经济技术条件等因素有关。

(1) 生产工艺的影响。对于生产工艺要求明确、严格的厂房，根据其竖向生产流程的需要，在确定各工程段的相对位置和面积的同时，厂房的层数也就相应地确定了。如面粉加工厂，其竖向生产流程自上而下分别为除尘、平筛、清粉、吸尘、磨粉、打包等六个部分，相应地确定厂房的层数为 6 层。但是，对于生产设备、原材料和产品均比较轻，用电梯就能解决所有垂直运输的厂房，如电子、医药、服装等轻工业厂房，因其生产工艺对厂房的限制小，这时，可适当考虑增加厂房的层数。

(2) 城市规划及其他技术条件的影响。在城市内建造多层厂房时，其层数的确定还要考虑城市规划、城市建筑面貌、与相邻建筑的谐调、环境效果以及工厂群体组合等因素。此外，还应考虑地质条件、结构形式、施工方法及工程抗震的要求。当地质条件差或为地震区时，厂房层数不宜过多。在场地、结构、材料、施工、经济等条件允许的情况下，可适当增加厂房的层数。

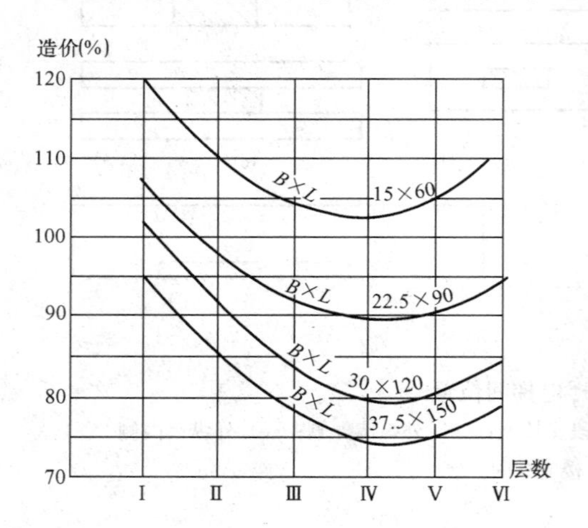

图 19-14 层数和厂房展开面积与造价的关系曲线
B—厂房宽度；L—厂房长度

（3）经济因素的影响。厂房的层数与厂房的造价有直接的关系。层数增加，会加大技术难度、延长施工周期，直接或间接地影响单位面积的造价。层数多，厂房的单位面积造价就高；但层数少，用地浪费，也不经济。经济的厂房层数与厂房展开面积的大小有关，展开面积越大，层数越可提高。图 19-14 是层数和厂房展开面积与造价的关系曲线。可以看出，相同展开面积的厂房一般在 3～5 层最为经济，同时，相同经济指标下，展开面积越大，经济层数可相应增加1～2 层。

二、层高的确定

多层厂房层高的确定主要与生产工艺、生产运输设备、采光通风及管道的布置等因素有关。

（1）与生产工艺、生产运输设备的关系。层高应充分满足生产工艺的要求，同时考虑生产和运输设备（吊车、传送装置等）对厂房高度的要求。与单层厂房一样，有吊车的多层厂房，也应根据设备、起吊重物尺寸以及吊车规格和安全净空等因素，相应地考虑层高。一般在工艺允许的情况下，把有吊车的工段和重量大、体积大或运输量大的设备布置在底层，相应地加大底层的层高。对个别较高的设备，可将局部楼层加高，形成有不同层高的剖面形式。

（2）与采光通风的关系。对采用双面侧窗自然采光的多层厂房，当厂房宽度增加时，为保证厂房中部的采光效果，应在提高侧窗高度、加大侧窗宽度的同时，增加厂房的建筑层高。在采用自然通风的车间，层高与通风的关系应满足《工业企业卫生标准》中的有关规定。如按每名工人占有的车间容积，计算每人每小时所需要的换气数量，以此来确定厂房的层高；对散发大量热量、有害气体或粉尘的工段，应根据通风计算，确定层高。

通常在天然采光和自然通风的情况下，层高越高，对改善环境越有利，但造价也随之越高。所以对生产有特殊要求的厂房，如要求恒温恒湿、洁净、无菌等，可采用空调与人工照明相结合，在满足卫生标准的条件下，尽量降低厂房的层高。

（3）与管道布置的关系。当管道布置在底层时，可利用地面下的空间。其他层除采用结构内部布置方式，如利用空心板、结构空隙布置管道外，都需要占据厂房一定的空间高度，尤其是一些水平管道，如空调管道，其断面较大，一般可达 1.5～2.0m，因此，管道布置对层高的影响较大。

常见的几种管道布置方式如图 19-15 所示。其中（a）、（c）表示干管布置在底层或顶层的形式，这时就需要加大底层或顶层的层高。（b）、（d）则表示管道集中布置在各层走廊

趋势。

此外，多层厂房还有一些其他结构形式，如钢筋混凝土框架—剪力墙结构，大跨度桁架式结构等等。

五、多层厂房宽度的确定

多层厂房宽度是指沿厂房横向几个跨度之和。其大小与以下因素有关：

首先，生产工艺、设备的摆放方式及操作所需要面积的大小是决定多层厂房宽度的主要因素。如印刷厂的大型印刷机双行排列时，需 24m 的宽度；印染厂的大型印染机双行排列时，需要的宽度则为 30m。

其次，厂房对采光、通风的要求也与厂房的宽度密切相关。多层厂房一般是侧窗采光。当生产工艺要求以天然采光为主时，则厂房宽度不宜过大，一般以 24～27m 为佳，宽度过大会造成采光通风的不利。

再次，地域不同对厂房宽度要求不同。在南方炎热地区，为创造良好的自然通风条件，达到降温要求，多层厂房宽度不宜超过 30m；而在北方寒冷地区，为节约能源，降低外界气温影响，往往加大厂房的宽度。

最后，一般情况下，增加厂房宽度会相应地降低建筑造价。这是由于增加厂房宽度时，与它相应的外墙和窗的面积增加不多，致使单位面积材料消耗降低，从而降低了单位面积的造价。

六、多层厂房定位轴线的布置

多层厂房定位轴线的布置分横向和纵向两种，根据《厂房建筑模数协调标准》的规定，随厂房结构形式的不同而有所不同。

(1) 砌体墙承重结构形式。小型多层砌块墙厂房，其内纵、横墙的中心线一般与定位轴线相重合，外纵、横墙的定位轴线可按砌块的块材类别分别位于距顶层墙内缘半块块材，或半块的倍数，或墙厚的一半处。带有壁柱的外纵墙，纵向定位轴线可与纵墙的内缘相重合，也可定位于砌体墙中半块或半块的倍数处（图 19-9）。

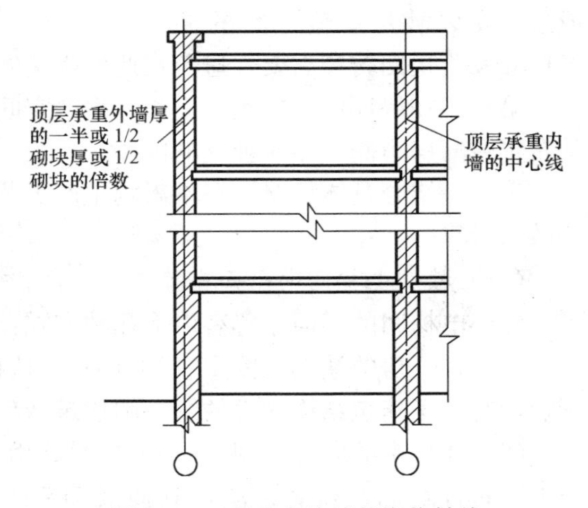

图 19-9　承重砌块墙的定位轴线

(2) 钢筋混凝土框架结构形式。

1) 横向定位轴线的标定：一般与柱子的中心线相重合（图 19-10），这样可使纵向构件（楼板、屋面板、纵向梁、纵向外墙板等）长度相同，以减少构件规格。横向伸缩缝或防震缝处，应采用加设插入距的双柱，并设两条横向定位轴线的标定方法，轴线与柱中心线相重合（图 19-11）。

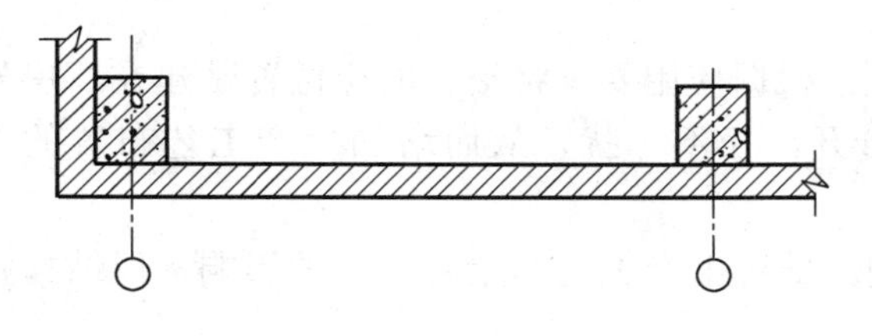

图 19-10　柱与横向定位轴线的定位

2) 纵向定位轴线的标定：对于中柱，应与顶层柱中心线重合。对于边柱，纵向定位轴线在边柱下柱截面高度（h_1）范围内浮动定位（图 19-12），浮动值 a_n 主要根据构配

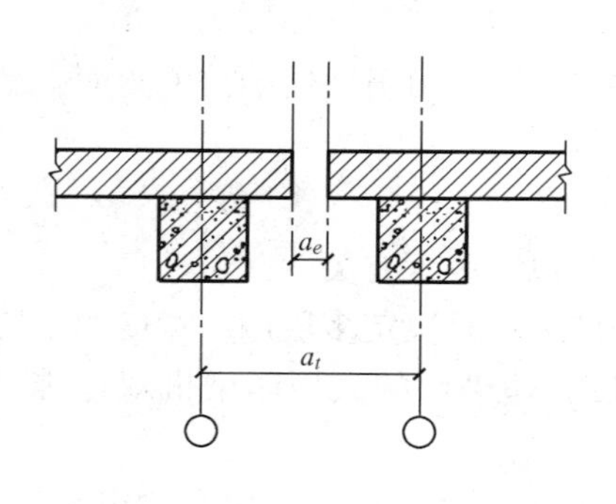

图 19-11 横向伸缩缝或防震缝处柱与横向定位轴线的定位

件的统一和结构构造等要求来确定。

七、楼梯、电梯间及生活辅助用房的布置

多层厂房的楼梯一般是用来解决交通疏散问题，电梯主要是用来进行货物运输。为满足生产使用要求和考虑结构单元上的需要，通常将多层厂房的楼梯和电梯布置在一起，组成交通枢纽，并与生活、辅助用房组合在一起，既方便使用，又节约建筑空间。它们的具体位置的布置，是平面设计中的重要问题。其布置原则如下。

第一，楼电梯间及生活辅助用房的位置应结合厂区总平面的道路、出入口及使用管理的需要，布置在合适的部位，使货物运输和工作人员上下班路线通顺、短捷，避免人流和货流的交叉。

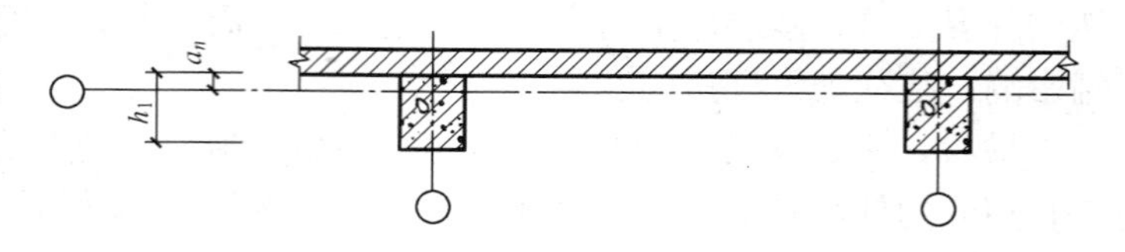

图 19-12 边柱与纵向定位轴线的定位

第二，楼梯、电梯间的主要出入口位置要明显易找，其数量及布置应满足安全疏散、防火及卫生等相关规定，且楼、电梯间前应有一定面积的通道或过厅，以满足运输工具的外形尺寸及货运回转等需要，避免在此发生堵塞。

第三，在保证厂房内生产面积、生产空间完整，满足生产运输和防火疏散的前提下，将其布置在厂房边侧或相对独立的区段。

第四，结合具体情况，在不影响生产工艺的基础上，生活辅助用房与楼、电梯可集中或分散布置。

（一）楼、电梯间的平面布置

楼、电梯间的平面布置有以下几种方式：

(1) 在厂房的端部［图 19-13 (a)］。这样，厂房的生产工艺布置和通风采光要求不受影响，有利于建筑结构构件的统一和建筑造型的处理，适用于平面长度不长的厂房。

(2) 在厂房的内部［图 19-13 (b)］。由于楼、电梯不靠外墙，可在大宽度厂房中将生产工段布置在周边位置，满足其通风和采光的要求，但因无直接对外出口，对交通疏散不利。

(3) 在不同区段交接处［图 19-13 (c)］。楼、电梯位于两个生产区域连接处，将两个工部联系起来，相对独立于各个生产单元，便于组织较大规模的生产，使厂房的平面布局和建筑体型更加多样化。

(4) 在厂房外纵墙外侧［图 19-13 (d)］。根据使用要求将楼、电梯位置贴建在厂房外纵墙外侧适当位置，与厂房生产用房部分分开，互不干扰，从而增加生产工艺布置的灵活性。

(5) 在厂房外纵墙内侧［图 19-13 (e)］。虽对生产工艺布置有一定的影响，但结构整体刚度较外侧布置为好。

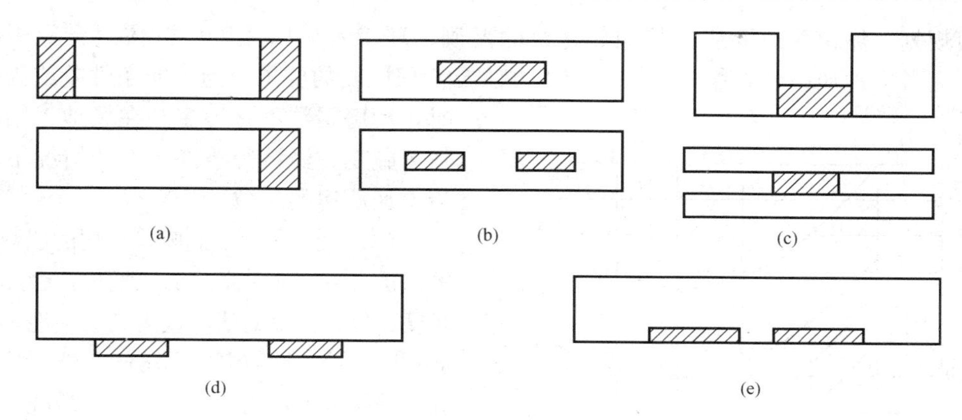

图 19-13　楼电梯间位置

(a) 厂房两端；(b) 厂房中部；(c) 不同区段交接处；(d) 外纵墙外侧；(e) 外纵墙内侧

▨——楼电梯间

(二) 生活辅助用房的平面布置

多层厂房生活辅助用房在建筑平面中的位置一般与楼、电梯间相同。

当位于厂房端部、内部及内侧时，厂房主体结构形式统一、构造简单、施工方便。但生活辅助用房的楼面荷载、柱网、层高和结构形式均与生产用房部分的一样，造成了使用空间上的浪费，相对增加了建筑造价。若考虑今后的发展，当生产工艺变更需要占用生活辅助用房的位置时，可及时移走生活辅助用房，改其为生产用房；所以，这种布置对增加空间使用的灵活性又有好处。

当生活辅助用房位于厂房外侧或不同工段的连接处时，其结构形式可与生产车间的一致。为节约建筑空间，也可根据需要改变层高，自成一结构形式。但错层布置会增加剖面的复杂性和使用上的不方便，也将增加结构、施工的麻烦。

第三节　多层厂房的剖面设计

多层厂房的剖面设计应结合平面和立面设计同时考虑，其主要内容是合理确定厂房的层数、层高、剖面形式和技术管线的布置等有关问题。

一、层数的确定

目前多层厂房多为 3～6 层。考虑节约建筑用地和提高经济效益，在满足生产要求的前提下，还应发展为更高层的厂房。层数的确定主要与生产工艺、城市规划、地质条件和经济技术条件等因素有关。

(1) 生产工艺的影响。对于生产工艺要求明确、严格的厂房，根据其竖向生产流程的需要，在确定各工程段的相对位置和面积的同时，厂房的层数也就相应地确定了。如面粉加工厂，其竖向生产流程自上而下分别为除尘、平筛、清粉、吸尘、磨粉、打包等六个部分，相应地确定厂房的层数为 6 层。但是，对于生产设备、原材料和产品均比较轻，用电梯就能解决所有垂直运输的厂房，如电子、医药、服装等轻工业厂房，因其生产工艺对厂房的限制小，这时，可适当考虑增加厂房的层数。

(2) 城市规划及其他技术条件的影响。在城市内建造多层厂房时，其层数的确定还要考虑城市规划、城市建筑面貌、与相邻建筑的谐调、环境效果以及工厂群体组合等因素。此外，还应考虑地质条件、结构形式、施工方法及工程抗震的要求。当地质条件差或为地震区时，厂房层数不宜过多。在场地、结构、材料、施工、经济等条件允许的情况下，可适当增加厂房的层数。

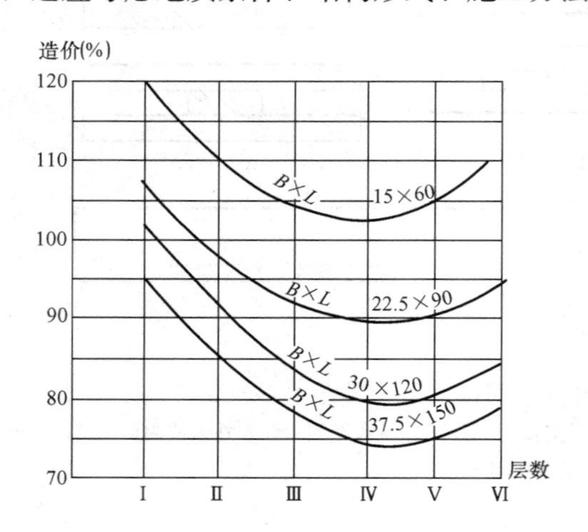

图 19-14 层数和厂房展开面积与造价的关系曲线

B—厂房宽度；*L*—厂房长度

(3) 经济因素的影响。厂房的层数与厂房的造价有直接的关系。层数增加，会加大技术难度、延长施工周期，直接或间接地影响单位面积的造价。层数多，厂房的单位面积造价就高；但层数少，用地浪费，也不经济。经济的厂房层数与厂房展开面积的大小有关，展开面积越大，层数越可提高。图 19-14 是层数和厂房展开面积与造价的关系曲线。可以看出，相同展开面积的厂房一般在 3～5 层最为经济，同时，相同经济指标下，展开面积越大，经济层数可相应增加1～2 层。

二、层高的确定

多层厂房层高的确定主要与生产工艺、生产运输设备、采光通风及管道的布置等因素有关。

(1) 与生产工艺、生产运输设备的关系。层高应充分满足生产工艺的要求，同时考虑生产和运输设备（吊车、传送装置等）对厂房高度的要求。与单层厂房一样，有吊车的多层厂房，也应根据设备、起吊重物尺寸以及吊车规格和安全净空等因素，相应地考虑层高。一般在工艺允许的情况下，把有吊车的工段和重量大、体积大或运输量大的设备布置在底层，相应地加大底层的层高。对个别较高的设备，可将局部楼层加高，形成有不同层高的剖面形式。

(2) 与采光通风的关系。对采用双面侧窗自然采光的多层厂房，当厂房宽度增加时，为保证厂房中部的采光效果，应在提高侧窗高度、加大侧窗宽度的同时，增加厂房的建筑层高。在采用自然通风的车间，层高与通风的关系应满足《工业企业卫生标准》中的有关规定。如按每名工人占有的车间容积，计算每人每小时所需要的换气数量，以此来确定厂房的层高；对散发大量热量、有害气体或粉尘的工段，应根据通风计算，确定层高。

通常在天然采光和自然通风的情况下，层高越高，对改善环境越有利，但造价也随之越高。所以对生产有特殊要求的厂房，如要求恒温恒湿、洁净、无菌等，可采用空调与人工照明相结合，在满足卫生标准的条件下，尽量降低厂房的层高。

(3) 与管道布置的关系。当管道布置在底层时，可利用地面下的空间。其他层除采用结构内部布置方式，如利用空心板、结构空隙布置管道外，都需要占据厂房一定的空间高度，尤其是一些水平管道，如空调管道，其断面较大，一般可达 1.5～2.0m，因此，管道布置对层高的影响较大。

常见的几种管道布置方式如图 19-15 所示。其中 (a)、(c) 表示干管布置在底层或顶层的形式，这时就需要加大底层或顶层的层高。(b)、(d) 则表示管道集中布置在各层走廊上部，这时层高也应采取相应变化。

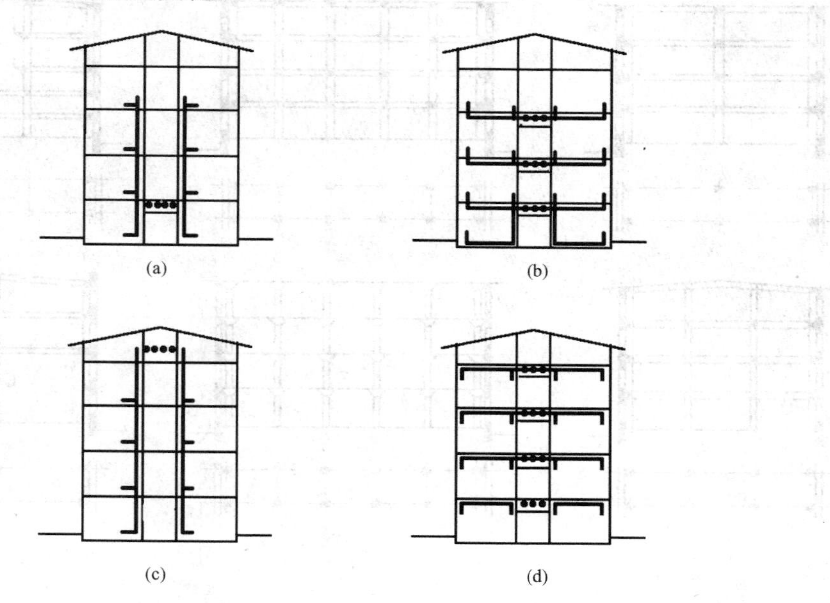

图 19-15　多层厂房的几种管道布置

（4）与经济因素的关系。从图 19-16 中可以看出，层高每增加 0.6m，单位面积造价提高约 8.3%左右。因此，在确定厂房层高的时候，经济的分析不能忽视。目前，我国多层厂房层高常采用 4.2、4.5、4.8、5.1、5.4、6.0m 等几种尺寸。经济的层高为 3.6～6.0m。同一幢厂房内，层高的尺寸不宜超过两种（地下室层高除外）。

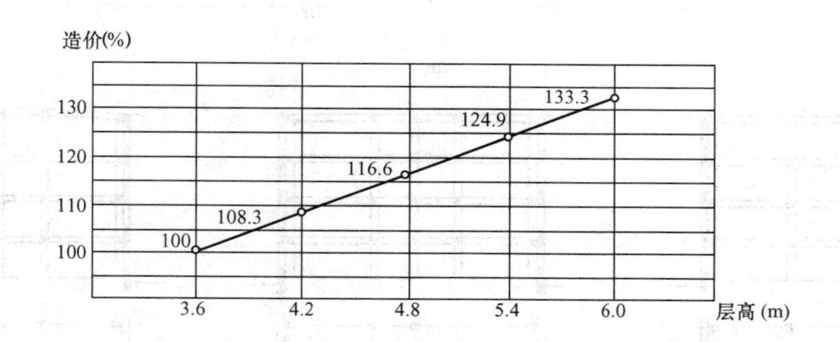

图 19-16　层高和单位面积造价的关系

（5）与室内空间比例的关系。多层厂房平面布置形式不同，其室内空间比例亦各不相同。因此，在满足生产工艺要求与经济合理的前提下，厂房的层高还应考虑室内建筑空间的比例关系，使其空间比例协调。

具体厂房层高的确定，还得根据工程的实际情况，进行比较后再进行确定。

三、剖面形式

多层厂房的平面柱网布置、结构形式、生产工艺布置是影响厂房剖面形式的直接因素。根据柱网布置情况不同，目前，我国多层厂房设计中常采用的剖面形式如图19-17所示。

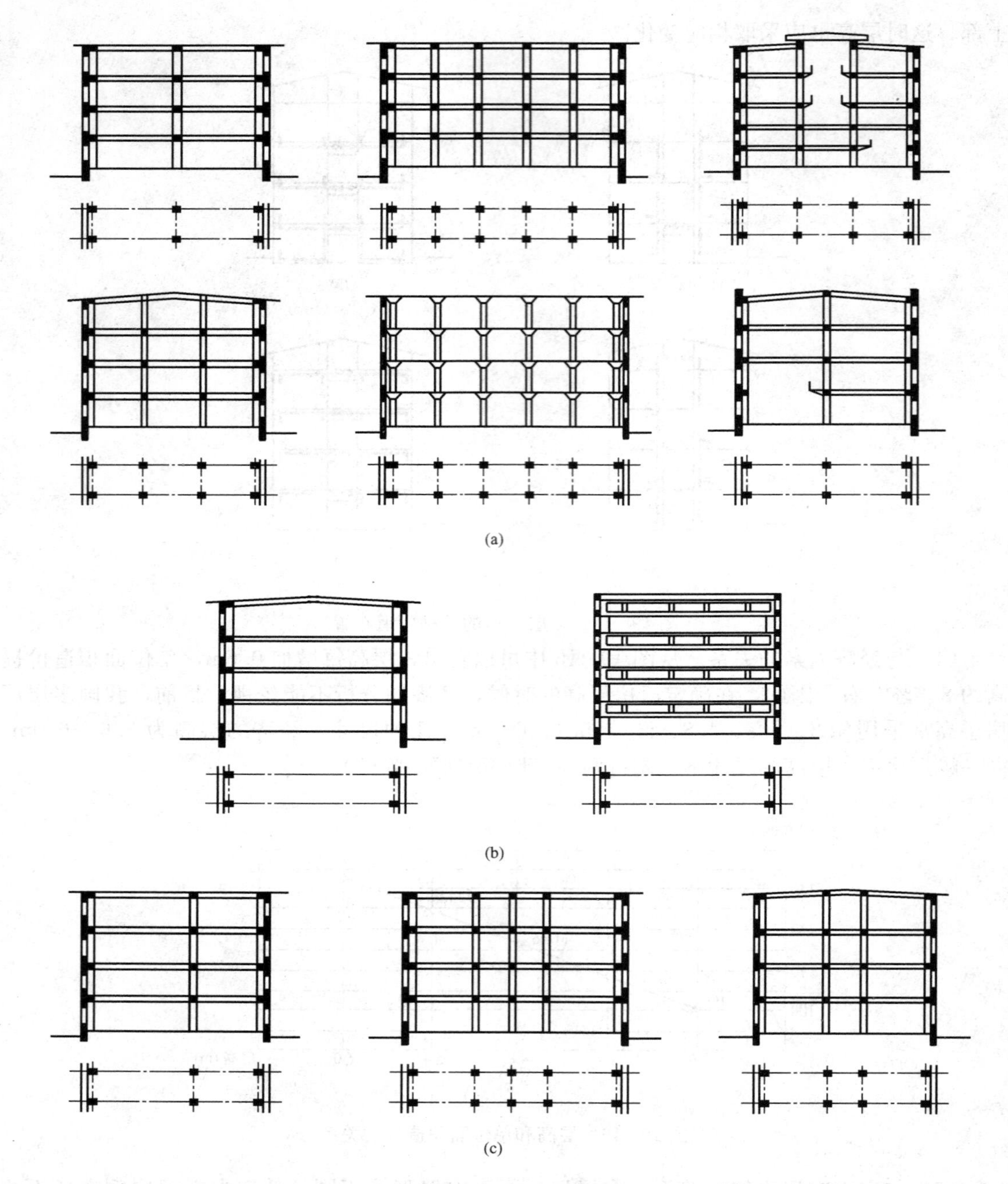

图 19-17 不同柱网剖面形式

(a) 等跨柱网剖面形式；(b) 大跨度柱网剖面形式；(c) 不等跨柱网剖面形式

本 章 小 结

多层厂房具有占地面积小、外围护面积小、屋顶构造简单、容易满足生产工艺要求和环境效益明显等多项优越性，但不适应于重、中型工业企业。

多层厂房的平面布置有内廊式、统间式、大宽度式和混合式等几种形式。内廊式适用于各工段所需面积不大，在生产上既需相互联系，又不希望相互干扰的厂房。统间式适用于生产工段需要较大面积，各工序间相互联系紧密的厂房。大宽度式适用于对生产厂房有如恒温、恒湿、洁净无菌或通风采光等特殊要求的厂房。混合式是由内廊式和统间式等多种形式混合而成的一种形式。

柱网的类型有内廊式、等跨式、对称不等跨和大跨度等形式。为适应生产工艺的不断更新，提高厂房的灵活性，扩大其应变能力，从而提高其综合经济效益，多层厂房的柱网尺寸在逐步趋于扩大。

多层厂房的结构形式按承重结构所用材料不同一般有混合结构、钢筋混凝土结构、钢结构、大跨度桁架式结构等几种形式。

多层厂房定位轴线的布置分横向和纵向两种。钢筋混凝土框架结构形式的横向定位轴线一般与柱子中心线重合，横向变形缝处应采用双柱，并设双轴线，轴线与柱中心线重合。纵向定位轴线中，对于中柱，应与顶柱中心线重合；对于边柱，纵向定位轴线在边柱下柱截面高度范围内浮动。

习题与技能训练

一、习题

（一）填空题

1. 多层厂房的平面设计首先应满足__________________的要求，其次应结合________、________、________、________、________、________等各个工种的要求，合理确定厂房的平面形式、柱网尺寸及楼电梯间、生活辅助用房的位置。

2. 多层厂房的平面布置有________、________、________和________等几种形式。

3. 多层厂房的结构形式一般有________、________、________等几种形式。

（二）名词解释

1. 统间式

2. 大宽度式

3. 多层厂房宽度

4. 柱网

（三）简答题

1. 多层厂房的优越性有哪些？适用于哪些工业企业？不适用于哪些工业企业？

2. 多层厂房的平面形式有哪几种？适用于哪些厂房？

3. 多层厂房柱网布置的原则是什么？柱网的类型有哪些？

4. 多层厂房宽度的确定与哪些因素有关？

5. 多层厂房的定位轴线有哪些形式？

6. 多层厂房的楼梯、电梯间及生活辅助用房的布置原则有哪些？

二、技能训练

1. 对照一已建建筑的图纸参观一多层厂房，分析其柱网布置属于哪种形式，了解多层厂房的横向、纵向定位轴线与柱子的关系。

2. 试确定一多层厂房的定位轴线，其平面轮廓图见图 19－18。

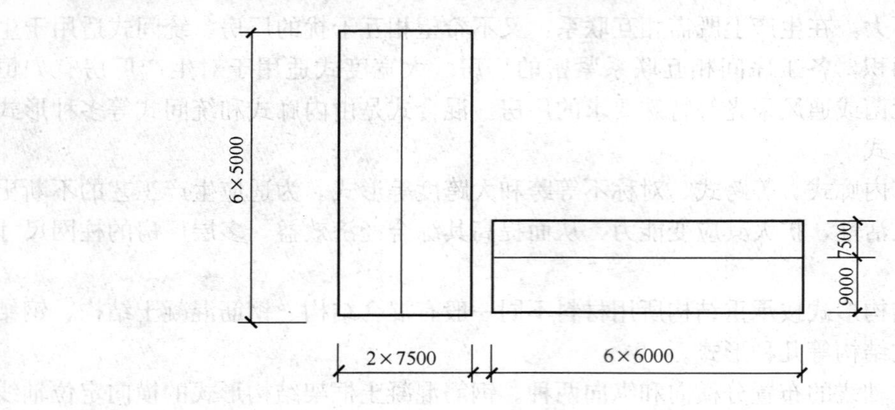

图 19－18 某多层厂房平面轮廓尺寸

设计要求：

(1) 图纸规格：3 号图纸一张，比例为 1∶200。

(2) 进行柱网布置（确定跨度与柱距尺寸）。

(3) 布置纵横向定位轴线。

(4) 标注两道尺寸线（轴线尺寸、总尺寸）。

(5) 标注图名、比例。

附录　课程设计任务书与指导书

一、课程设计任务书

（一）题目：单元式多层住宅设计

（二）目的要求

在理论教学和参观的基础上，通过单元式多层住宅的初步设计，使学生进一步了解民用建筑的设计原理，初步掌握建筑设计的基本方法与步骤，并提高绘图技巧。

（三）设计条件

1. 本设计为城市型住宅，位于城市居住小区内。
2. 面积指标：平均每套建筑面积 70～110m²。
3. 套型及套型比自定。
4. 层数：6 层。
5. 层高：2.8～3.0m。
6. 结构类型：自定。
7. 房间组成及要求。

（1）居室：包括卧室和起居室（或客厅），卧室之间不宜相互串套。居室面积规定：主卧室不小于 12m²，其他卧室不小于 6m²，起居室不小于 18m²；

（2）厨房：每户独用，内设案台、灶台、洗池等；

（3）卫生间：每户独用，内设蹲位、脸盆、淋浴（或浴盆）等；

（4）储藏设施：根据具体情况设置搁板、吊柜、壁柜等；

（5）阳台：生活阳台 1 个，服务阳台根据具体情况确定；

（6）其他房间：如书房、储藏室等可根据具体情况设置。

（四）设计内容及深度要求

本设计按设计时间可按初步设计或施工图设计深度要求进行，两单元组合图，2 号图纸。

1. 首层平面图 1∶100。
2. 标准层平面图 1∶100。
3. 立面图：主要立面图至少 2 个 1∶100。
4. 剖面图 1 个 1∶100。
5. 主要节点详图，比例自定。
6. 简要说明。

（1）技术经济指标。

平均每套建筑面积＝总建筑面积（m²）/总套数

使用面积系数＝（总套内使用面积/总建筑面积）×100％

（2）设计依据、标高定位及用料做法等。

（五）参考资料

1. 《建筑设计资料集（第二版）》。

2.《住宅建筑设计原理》。

3. 各地区及全国的住宅方案图集。

4.《中小型民用建筑图集》。

5. 各地区通用的民用建筑配件图。

二、课程设计指导书

（一）住宅设计的基本要求

一幢单元式多层住宅，可以由一户或几户组成单元，再由几个或多个单元组成一幢住宅。设计中应首先对户（也称为套）的大小和组成进行分析，即确定一种或几种户型（或称为套型），然后再考虑户型之间的组合关系。

单元式多层住宅的单元划分一般以一户或几户围绕一个楼梯间来划分单元。单元组合的原则是：满足建设规模及规划要求、适应基地环境。单元组合的方式有平直组合、错位组合、转角组合和多向组合等。

单元式住宅设计的基本要求如下：

（1）户型恰当。面积、户型及户型比恰当，不仅能保证住户住得下、分得开，还要求对家庭人口或生活方式发生变化时，户型有变更的可能性。

（2）使用方便，功能合理，体现“以人为本”的设计原则。不仅能满足住户在日照、通风、采光、隔声、隔热或保温、防水、防火、防盗等方面的要求，而且能合理解决公共空间（如客厅）与私密空间（如居室）、半私密空间（如书房）以及洁净空间（如客厅、居室）与有较多污染的空间（如厨房、卫生间）之间的相互关系，设置必要的储藏空间；此外，设计中还应尽量减少交通面积，避免户外交通对户内的干扰。

（3）经济合理。提高平面利用系数，合理利用空间。在设计中，应首先选择合理的结构与构造方案，减少构件与配件的类型，管线布置应集中、紧凑，方便施工；同时，选择经济合理的层高和层数，合理布置住宅的朝向以节约能源；此外，还要选择绿色环保建筑材料。

（4）造型美观。立面造型新颖、美观、丰富，体现时代性、民族性和地方性，满足基地的规划要求。

（二）图纸设计的内容及深度（施工图）

1. 平面图（比例 1∶100）

（1）建筑物平面图应在建筑物的门窗洞口处水平剖切俯视（屋顶平面图应在屋面以上俯视）。图内应包括剖切面及投影方向可见的建筑构造以及必要的尺寸、标高等，如需表示高窗、洞口、通气孔、槽、地沟及起重机等不可见部分，则应以虚线绘制。

（2）建筑物平面图标注应注意以下几点：①建筑物平面图应注写房间的名称或编号。②标注室内外地面或楼面标高、楼层中间休息平台标高，以及有水房间和阳台楼地面标高。③标注各纵横墙体厚度和走道墙段及其洞口局部尺寸，散水宽度。④一般建筑物内部尺寸与外墙部分尺寸，应该分开标注。标注时，应该遵循“就近标注”原则，而不要把内部尺寸标注在外部的三道尺寸线上。⑤在平面图的左、下、上三个方向各标注三道尺寸，即总尺寸、定位尺寸和细部尺寸。总尺寸为建筑物全长总尺寸，该尺寸线为第一道尺寸线（最外一道）。定位尺寸线为第二道尺寸线，定位尺寸是指外墙外边缘到第一条定位轴线的距离尺寸（或最后一条定位轴线到外墙外边缘的距离尺寸）；相邻的两条定位轴线之间的距离尺寸。细部尺寸为第三道尺寸线（靠内一道），细部尺寸是指在外墙上各墙段以及门窗洞口的尺寸，若轴线穿过墙段，则应分别在轴线两边标注墙段尺寸。⑥底层平面图中应标注剖切号、指北针。

（3）详图索引符号。分三种情况：一是本设计中绘制的详图，二是选用标准图集中的详图，三是本设计中未设计，也无法选择标准图者，画空圈详图索引号，表示该处应有详图。

（4）画出横向、纵向定位轴线和轴线编号圆圈，并编号。

（5）注写图名和比例。

2. 立面图（比例 1∶100）

（1）各种立面图应按正投影法绘制。

（2）建筑立面图应包括投影方向可见的建筑外轮廓线和墙面线脚、构配件、墙面做法及必要的尺寸、标高等。

（3）在建筑的立面图上，相同的门窗、阳台、外檐装修、构造做法等可在局部重点表示，绘出其完整图形，其余部分只画轮廓线。

（4）在建筑物的立面图上，外墙表面分格线应表示清楚，应用文字说明各部位所用的面材及色彩。

（5）标注图名和比例。有定位轴线的建筑物，宜根据两端定位轴线编号编注立面图名称（如①～⑩立面图等）；无定位轴线的建筑物，可按平面图各面的朝向确定名称。

3. 剖面图

（1）剖面图的剖切部位，应根据图纸的用途或者设计深度，在平面图上选择能反映全貌、构造特征以及有代表性的部位剖切。剖切符号可用阿拉伯数字、罗马数字或拉丁字母编号。

（2）建筑剖面图应包括剖切面和投影方向可见的建筑构造、构配件。

（3）画出必要的尺寸、标高等。标注尺寸：总高尺寸——坡屋顶为室外地坪至檐口底部，平屋顶为室外地坪至女儿墙压顶上表面或檐口上表面；层间尺寸——室外地坪到底层地面、底层地面到各层楼面、楼面到屋顶及檐口处（坡屋顶为顶棚底面）；门窗洞口及洞间墙段尺寸；局部尺寸——指室内的门窗洞口及窗台高度、搁板、吊柜、壁龛等高度，如每层相同，则只标一层即可。标高：包括楼地面、阳台面、室外地坪、檐口上表面、女儿墙压顶上表面、棚底面等处标高。

（4）剖面详图索引：如墙身节点、檐口节点、花格等。

（5）注写图名和比例。

4. 详图

应对平、立、剖面图中难以表达清楚的部分绘制详图，要绘制材料符号。

（三）设计图纸评分标准

图纸可按优、良、中、及格、不及格五级记分评定成绩。

优：按要求完成全部内容；原则性内容全部正确；其他允许有一至二处小错；线条清晰、图面整洁。

良：按要求完成全部内容；原则性内容全部正确；如果图面上有三至五处小错，则要求线条清晰、图面整洁；如果图面上只有一至二处小错，则图面表现一般亦可。

中：按要求完成全部内容；原则性内容全部正确；其他无原则性错误。

及格：原则性内容允许有一个错误，或完成内容有遗漏或其他错误超过五处。

不及格：原则性内容有两个或两个以上错误；或完成设计不认真，图纸潦草作不及格处理。

（四）课程设计成绩评定

课程设计最终成绩宜结合图纸质量、答辩情况以及设计过程中的表现综合评定，可按7：2：1的比例来最终认定。

（五）参考施工图（部分）

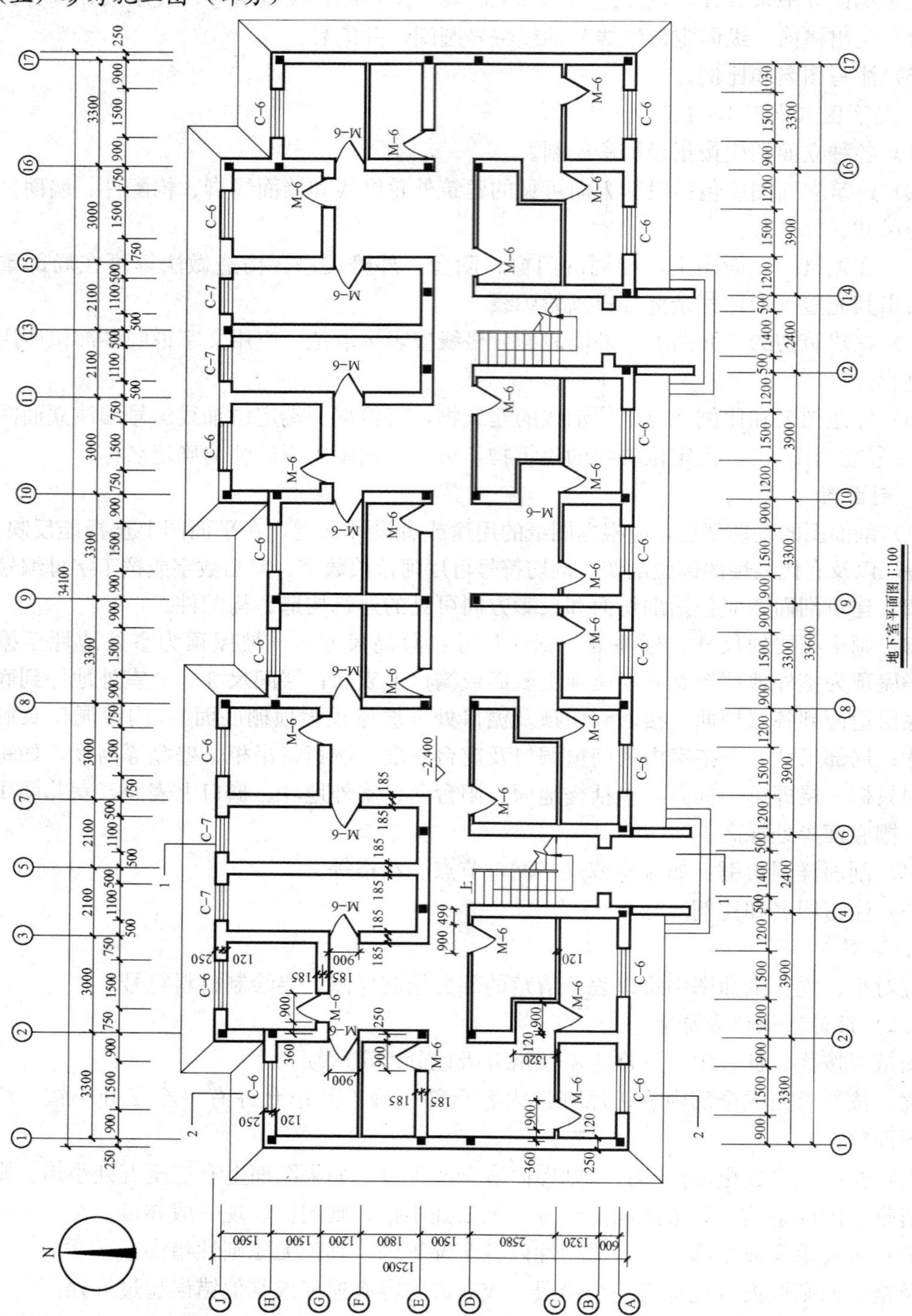

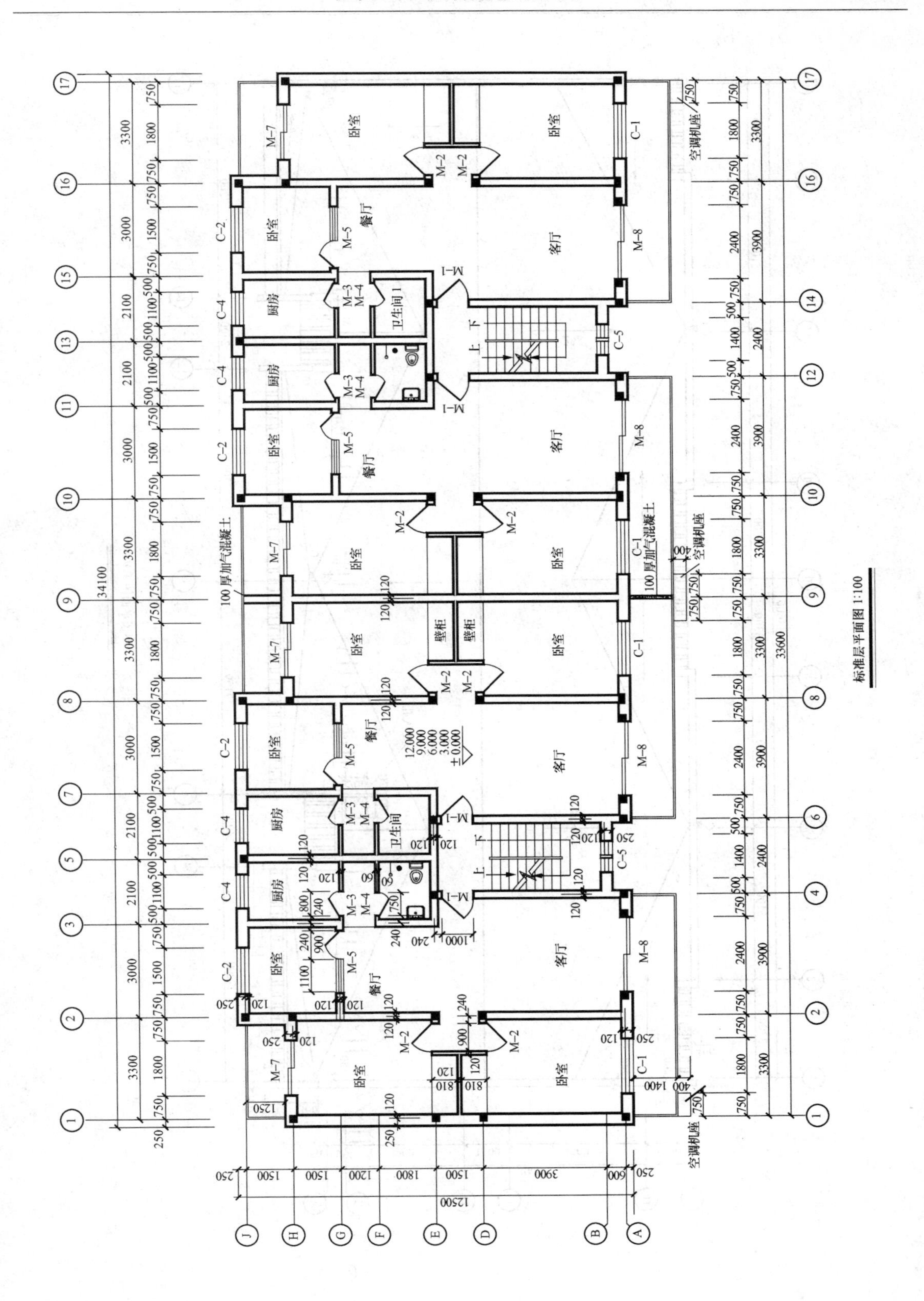
标准层平面图 1:100

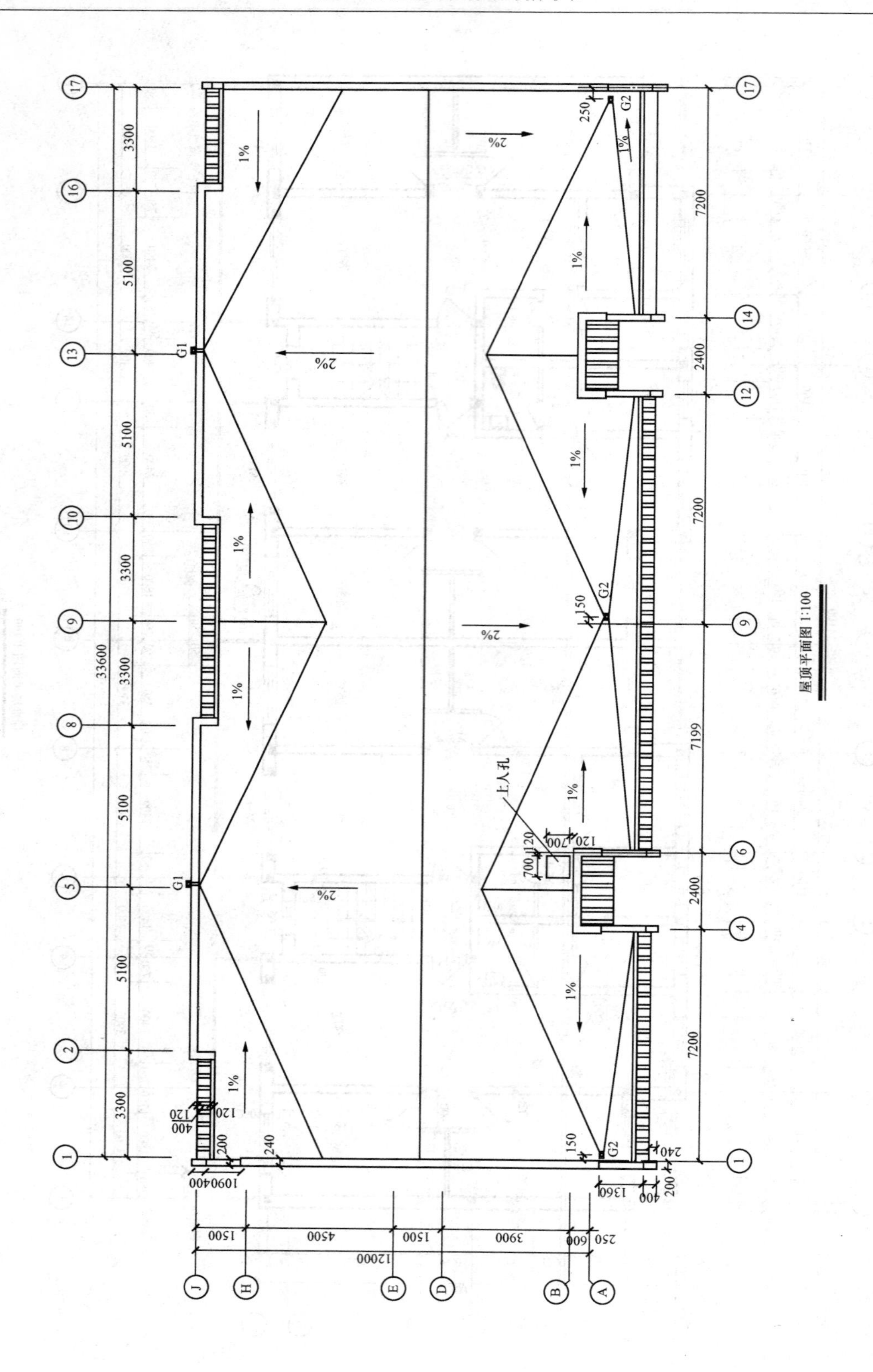

屋顶平面图 1:100

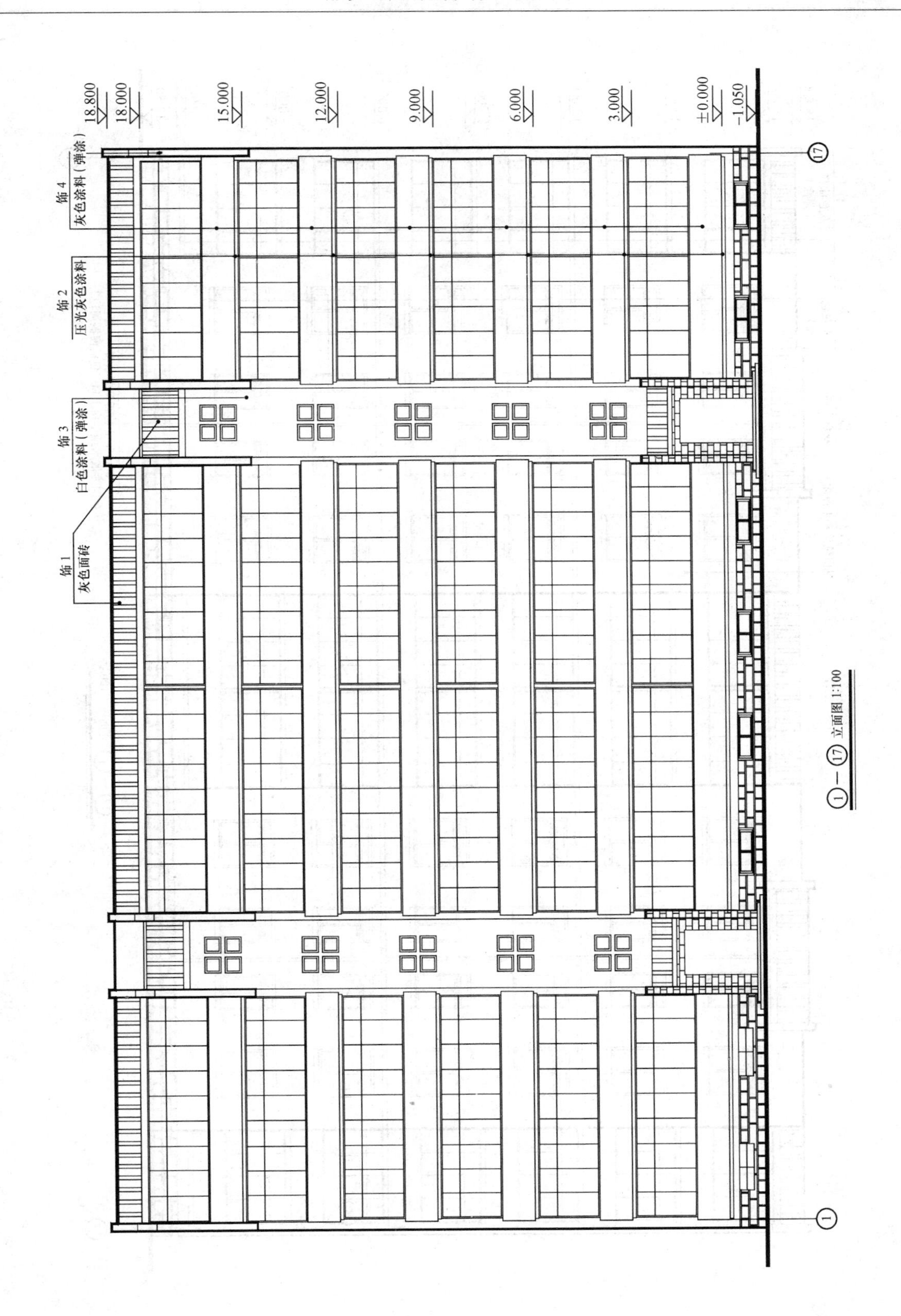

18.800
18.000
15.000
12.000
9.000
6.000
3.000
±0.000
-1.050
饰 4
灰色涂料（弹涂）
饰 2
压光灰色涂料
饰 3
白色涂料（弹涂）
饰 1
灰色面砖
17
1

①—⑰立面图 1:100

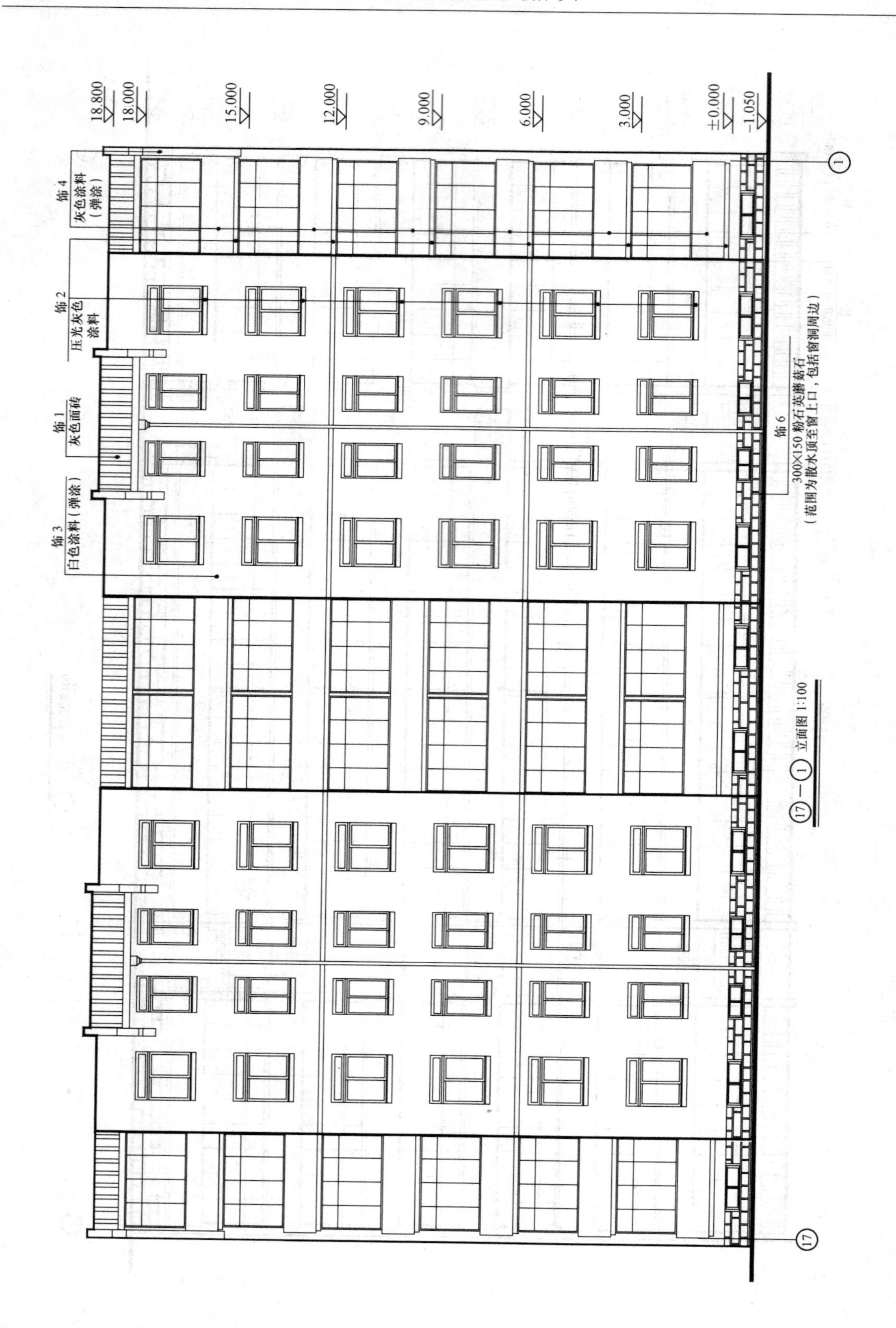
18.800
18.000
15.000
12.000
9.000
6.000
3.000
±0.000
-1.050
饰4
灰色涂料
（弹涂）
饰2
压光灰色
涂料
饰1
灰色面砖
饰3
白色涂料（弹涂）
饰6
300×150 粉石英蘑菇石
（范围为散水顶至窗上口，包括窗洞周边）
1
17

⑰—① 立面图 1:100

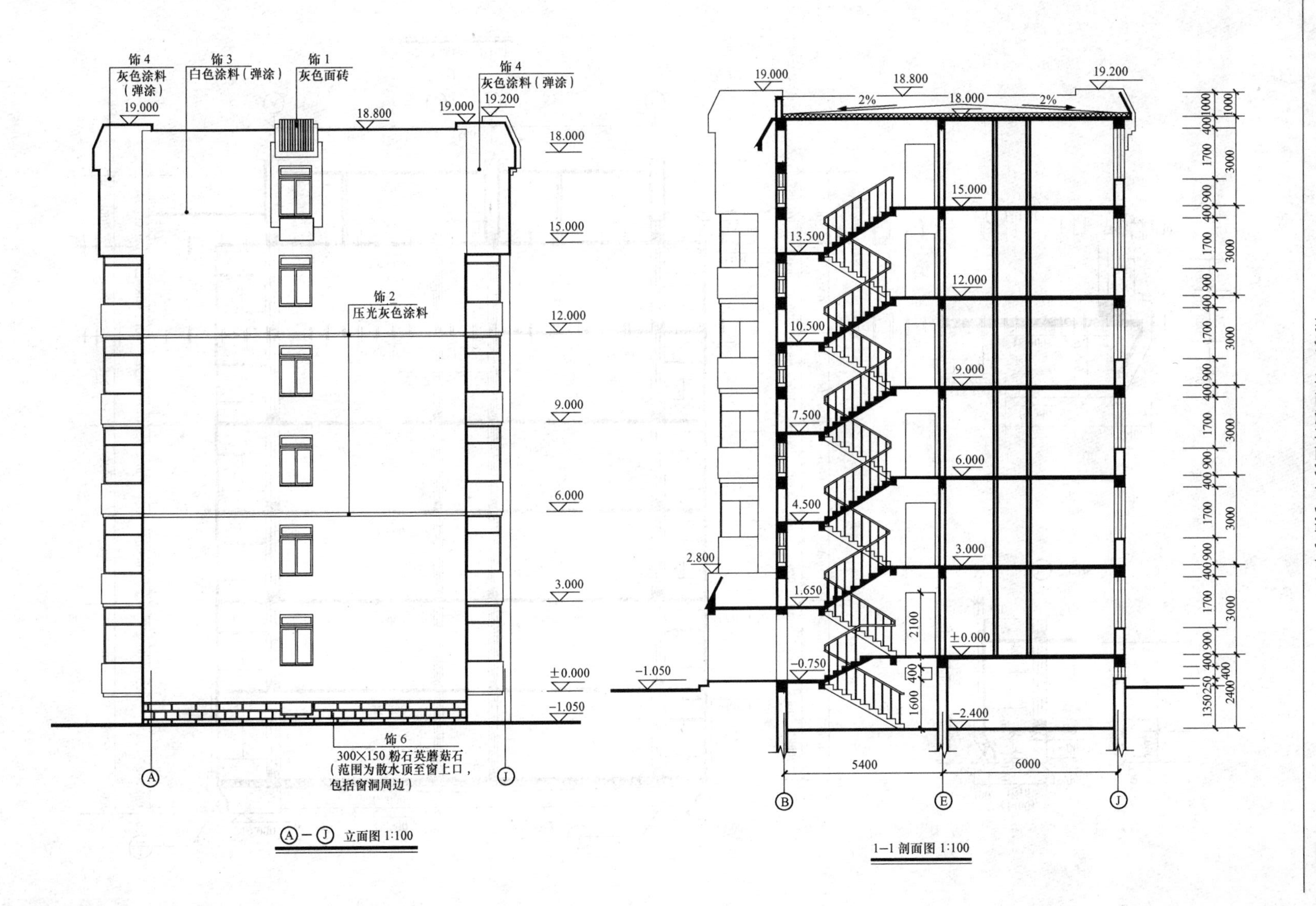

Ⓐ—Ⓙ 立面图 1:100

1-1 剖面图 1:100

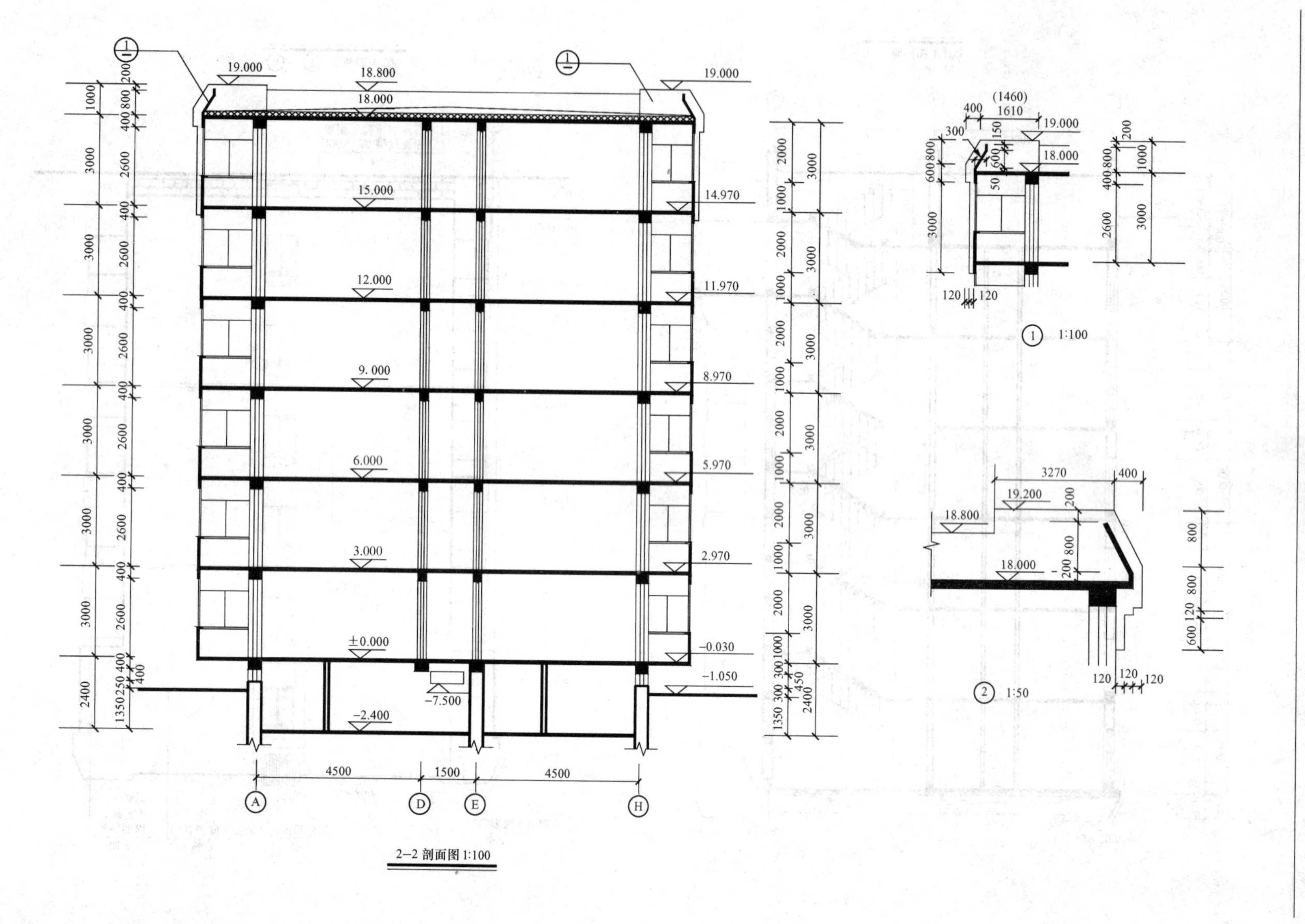
19.000
18.800
18.000
15.000
14.970
12.000
11.970
9.000
8.970
6.000
5.970
3.000
2.970
±0.000
−0.030
−1.050
−2.400
−7.500
4500
1500
4500
A
D
E
H
① 1:100
② 1:50

2-2 剖面图 1:100

参 考 文 献

[1] 同济大学，西安建筑科技大学，东南大学，重庆大学. 房屋建筑学. 4 版. 北京：中国建筑工业出版社，2005.
[2] 杨金铎. 房屋建筑构造. 北京：中国建材工业出版社，2003.
[3] 金虹. 房屋建筑学. 北京：科学出版社，2002.
[4] 冯美宇. 房屋建筑学. 武汉：武汉理工大学，2004.
[5] 王崇杰. 房屋建筑学. 北京：中国建筑工业出版社，1997.
[6] 叶佐豪. 房屋建筑学. 上海：同济大学出版社.
[7] 孙玉红. 房屋建筑构造. 北京：机械工业出版社，2004.
[8] 姜忆南，李世芬. 房屋建筑教程. 北京：化学工业出版社，2004.
[9] 赵西平 . 房屋建筑学 . 北京：中国建筑工业出版社，2006.